中国国家标准汇编

2010年修订-31

中国标准出版社　编

中国质检出版社
中国标准出版社

北　京

图书在版编目（CIP）数据

中国国家标准汇编：2010年修订. 31/中国标准出版社编. —北京：中国标准出版社，2011

ISBN 978-7-5066-6480-6

Ⅰ. ①中… Ⅱ. ①中… Ⅲ. ①国家标准-汇编-中国-2010 Ⅳ. ①T-652.1

中国版本图书馆CIP数据核字(2011)第187726号

中国质检出版社
中国标准出版社 出版发行

北京市朝阳区和平里西街甲2号(100013)
北京市西城区三里河北街16号(100045)

网址:www.spc.net.cn
总编室:(010)64275323 发行中心:(010)51780235
读者服务部:(010)68523946

中国标准出版社秦皇岛印刷厂印刷
各地新华书店经销

*

开本 880×1230 1/16 印张 34.5 字数 954 千字
2011年12月第一版 2011年12月第一次印刷

*

定价 220.00 元

出 版 说 明

1.《中国国家标准汇编》是一部大型综合性国家标准全集。自 1983 年起，按国家标准顺序号以精装本、平装本两种装帧形式陆续分册汇编出版。它在一定程度上反映了我国建国以来标准化事业发展的基本情况和主要成就，是各级标准化管理机构，工矿企事业单位，农林牧副渔系统，科研、设计、教学等部门必不可少的工具书。

2.《中国国家标准汇编》收入我国每年正式发布的全部国家标准，分为"制定"卷和"修订"卷两种编辑版本。

"制定"卷收入上一年度我国发布的、新制定的国家标准，顺延前年度标准编号分成若干分册，封面和书脊上注明"20××年制定"字样及分册号，分册号一直连续。各分册中的标准是按照标准编号顺序连续排列的，如有标准顺序号缺号的，除特殊情况注明外，暂为空号。

"修订"卷收入上一年度我国发布的、修订的国家标准，视篇幅分设若干分册，但与"制定"卷分册号无关联，仅在封面和书脊上注明"20××年修订-1，-2，-3，……"字样。"修订"卷各分册中的标准，仍按标准编号顺序排列（但不连续）；如有遗漏的，均在当年最后一分册中补齐。需提请读者注意的是，个别非顺延前年度标准编号的新制定的国家标准没有收入在"制定"卷中，而是收入在"修订"卷中。

读者配套购买《中国国家标准汇编》"制定"卷和"修订"卷则可收齐上一年度我国制定和修订的全部国家标准。

3. 由于读者需求的变化，自 1996 年起，《中国国家标准汇编》仅出版精装本。

4. 2010 年我国制修订国家标准共 2846 项。本分册为"2010 年修订-31"，收入新制修订的国家标准 29 项。

中国标准出版社

2011 年 8 月

目　录

目　录

ICS 75.160.20
E 31

中华人民共和国国家标准

GB 18351—2010
代替 GB 18351—2004

车用乙醇汽油(E10)

Ethanol gasoline for motor vehicles(E10)

2011-01-10 发布　　2011-07-01 实施

中华人民共和国国家质量监督检验检疫总局
中国国家标准化管理委员会　发布

前　言

本标准的第5章为强制性的(试验方法除外),其余为推荐性的。

本标准代替GB 18351—2004《车用乙醇汽油》及其随后3个修改单。

本标准与GB 18351—2004及其随后的修改单相比,主要变化如下:

——将标准名称修改为“车用乙醇汽油(E10)”;

——修改“3.3　车用乙醇汽油”的术语和定义(见3.3,2004年版的4.2);

——将夏季蒸气压的指标限值由“不大于74 kPa”修改为“不大于72 kPa”(见表1,2004版的表1);

——将硫含量的指标限值由“质量分数不大于0.05%”修改为“质量分数不大于0.015%”,仲裁试验方法修改为SH/T 0689(见表1,2004版的表1);

——将苯含量的指标限值由“体积分数不大于2.5%”修改为“体积分数不大于1.0%”(见表1,2004版的表1);

——将烯烃含量的指标限值由“体积分数不大于35%”修改为“体积分数不大于30%”(见表1,2004版的表1);

——将锰含量的指标限值由“不大于0.018 g/L”修改为“不大于0.016 g/L”(见表1,2004版的表1);

——增加第8章“安全”(见8);

——删除资料性附录A“车用乙醇汽油中变性燃料乙醇含量测定法(现场快速法)”。

本标准由全国石油产品和润滑剂标准化技术委员会(SAC/TC 280)提出。

本标准由全国石油产品和润滑剂标准化技术委员会石油燃料和润滑剂分技术委员会(SAC/TC 280/SC 1)归口。

本标准起草单位:中国石油化工股份有限公司石油化工科学研究院。

本标准主要起草人:倪蓓、陈延。

本标准于2001年首次发布,2004年为第一次修订,本次为第二次修订。

车用乙醇汽油(E10)

警告:如果不遵守适当的防范措施,本标准所属产品在生产、贮运和使用等过程中可能存在危险。本标准无意对与本产品有关的所有安全问题提出建议。用户在使用本标准之前,有责任建立适当的安全和防范措施,并确定相关规章限制的适用性。

1 范围

本标准规定了车用乙醇汽油(E10)的术语和定义、产品分类、要求和试验方法、检验规则、标志、包装、运输和贮存及安全。

本标准适用于在不添加含氧化合物的液体烃类中加入一定量变性燃料乙醇及改善使用性能的添加剂组成的车用乙醇汽油(E10)。

2 规范性引用文件

下列文件中的条款通过本标准的引用而成为本标准的条款。凡是注日期的引用文件,其随后所有的修改单(不包括勘误的内容)或修订版均不适用于本标准,然而,鼓励根据本标准达成协议的各方研究是否可使用这些文件的最新版本。凡是不注日期的引用文件,其最新版本适用于本标准。

GB/T 259 石油产品水溶性酸及碱测定法

GB/T 380 石油产品硫含量测定法(燃灯法)

GB/T 503 汽油辛烷值测定法(马达法)

GB/T 511 石油产品和添加剂机械杂质测定法(重量法)

GB/T 1792 馏分燃料中硫醇硫测定法(电位滴定法)

GB/T 4756 石油液体手工取样法(GB/T 4756—1998,eqv ISO 3170:1988)

GB/T 5096 石油产品铜片腐蚀试验法

GB/T 5487 汽油辛烷值测定法(研究法)

GB/T 6536 石油产品蒸馏测定法

GB/T 8017 石油产品蒸气压测定法(雷德法)

GB/T 8018 汽油氧化安定性测定法(诱导期法)

GB/T 8019 燃料胶质含量的测定 喷射蒸发法

GB/T 8020 汽油铅含量测定法(原子吸收光谱法)

GB/T 11132 液体石油产品烃类的测定 荧光指示剂吸附法

GB/T 11140 石油产品硫含量的测定 波长色散X射线荧光光谱法

GB 12268 危险货物品名表

GB 18350 变性燃料乙醇

GB/T 22030 车用乙醇汽油调合组分油

SH 0164 石油产品包装、贮运及交货验收规则

SH/T 0174 芳烃和轻质石油产品硫醇定性试验法(博士试验法)(SH/T 0174—1992,eqv ISO 5275:1979)

SH/T 0246 轻质石油产品中水含量测定法(电量法)

SH/T 0253 轻质石油产品中总硫含量测定法(电量法)

SH/T 0663 汽油中某些醇类和醚类测定法(气相色谱法)

SH/T 0689 轻质烃及发动机燃料和其它油品的总硫含量测定法(紫外荧光法)

SH/T 0693 汽油中芳烃含量测定法(气相色谱法)

SH/T 0711 汽油中锰含量测定法(原子吸收光谱法)
SH/T 0712 汽油中铁含量测定法(原子吸收光谱法)
SH/T 0713 车用汽油和航空汽油中苯和甲苯含量的测定(气相色谱法)
SH/T 0741 汽油中烃族组成测定法(多维气相色谱法)
SH/T 0742 汽油中硫含量测定法(能量色散X射线荧光光谱法)

3 术语和定义

下列术语和定义适用于本标准。

3.1

抗爆指数 antiknock index

研究法辛烷值(RON)和马达法辛烷值(MON)之和的二分之一。

3.2

变性燃料乙醇 denatured fuel ethanol

加入变性剂后不适于饮用的燃料乙醇。

3.3

车用乙醇汽油(E10) ethanol gasoline for motor vehicles(E10)

在不添加含氧化合物的车用乙醇汽油调合组分油中加入10%(体积分数)的变性燃料乙醇调合而成的用作车用点燃式发动机的燃料。

4 产品分类

车用乙醇汽油(E10)按研究法辛烷值分为90号、93号和97号三个牌号。

5 要求和试验方法

5.1 车用乙醇汽油(E10)采用符合GB/T 22030的车用乙醇汽油调合组分油与符合GB 18350的变性燃料乙醇进行调合,变性燃料乙醇的加入量应符合表1的规定。

5.2 车用乙醇汽油(E10)的技术要求和试验方法见表1。

表1 车用乙醇汽油(E10)技术要求和试验方法

项目		质量指标			试验方法
		90	93	97	
抗爆性:					
研究法辛烷值(RON)	不小于	90	93	97	GB/T 5487
抗爆指数(RON+MON)/2	不小于	85	88	报告	GB/T 503、GB/T 5487
铅含量[a]/(g/L)	不大于	0.005			GB/T 8020
馏程:					GB/T 6536
10%蒸发温度/℃	不高于	70			
50%蒸发温度/℃	不高于	120			
90%蒸发温度/℃	不高于	190			
终馏点/℃	不高于	205			
残留量(体积分数)/%	不大于	2			
蒸气压/kPa					GB/T 8017
11月1日至4月30日	不大于	88			
5月1日至10月31日	不大于	72			

表 1（续）

项　　目		质量指标			试验方法
		90	93	97	
溶剂洗胶质含量/(mg/100 mL)	不大于	5			GB/T 8019
诱导期/min	不小于	480			GB/T 8018
硫含量(质量分数)[b]/%	不大于	0.015			SH/T 0689
硫醇(需要满足下列要求之一)：					
博士试验		通过			SH/T 0174
硫醇硫含量(质量分数)/%	不大于	0.001			GB/T 1792
铜片腐蚀 (50 ℃,3 h)/级	不大于	1			GB/T 5096
水溶性酸或碱		无			GB/T 259
机械杂质		无			目测[c]
水分(质量分数)/%	不大于	0.20			SH/T 0246
乙醇含量(体积分数)/%		10.0±2.0			SH/T 0663
其他有机含氧化合物(质量分数)[a]/%	不大于	0.5			SH/T 0663
苯含量(体积分数)[d]/%	不大于	1.0			SH/T 0693
芳烃含量(体积分数)[e]/%	不大于	40			GB/T 11132
烯烃含量(体积分数)[e]/%	不大于	30			GB/T 11132
锰含量[f]/(g/L)	不大于	0.016			SH/T 0711
铁含量[a]/(g/L)	不大于	0.010			SH/T 0712

a 车用乙醇汽油(E10)中,不得人为加入其他有机含氧化合物以及含铅或含铁的添加剂。

b 允许采用 GB/T 380、GB/T 11140、SH/T 0253、SH/T 0742 进行测定。在有异议时,以 SH/T 0689 方法测定结果为准。

c 将试样注入 100 mL 玻璃量筒中观察,应当透明,没有悬浮和沉降的机械杂质及分层。在有异议时,以 GB/T 511方法测定结果为准。

d 允许采用 SH/T 0713 进行测定。在有异议时,以 SH/T 0693 方法测定结果为准。

e 对于 97 号车用乙醇汽油(E10),在烯烃、芳烃总含量控制不变的前提下,可允许芳烃的最大值为 42%(体积分数)。允许采用 SH/T 0741 进行测定。在有异议时,以 GB/T 11132 方法测定结果为准。

f 锰含量是指车用乙醇汽油(E10)中以甲基环戊二烯三羰基锰形式存在的总锰含量,不得加入其他类型的含锰添加剂。

6　取样

取样按 GB/T 4756 进行,每批产品取样 4 L 作为检验和留样用。车用乙醇汽油(E10)中如含锰,取样时应避光。

7　标志、包装、运输和贮存

7.1　标志、包装、运输和贮存及交货验收按 SH 0164 进行。

凡向用户销售的符合本标准的车用乙醇汽油(E10)所使用的加油机和容器上应标明下列标志:“90 号车用乙醇汽油(E10)”、“93 号车用乙醇汽油(E10)”、“97 号车用乙醇汽油(E10)”,上述标志应标识在汽车驾驶员易看见的地方。

7.2 符合本标准的车用乙醇汽油(E10)在运输、贮存过程中应使用专用的管道、容器和机泵。对这些储罐、泵、管线、计量器的密封件和材质的要求可参考车用乙醇汽油的相关规定。在储存运输过程中，整个系统应干净和不含水。如果发生相分离，分离出的水相应送往专门的废水处理厂进行处理。车用乙醇汽油(E10)中如含锰，运输和贮存时应避光。

8 安全

根据 GB 12268，车用乙醇汽油(E10)属于易燃液体，其涉及的安全问题应符合相关法律、法规和标准的规定。

ICS 65.150
B 52

中华人民共和国国家标准

GB/T 18395—2010
代替 GB/T 18395—2001

彭 泽 鲫

Pengze crucian carp

2011-01-10 发布 2011-06-01 实施

中华人民共和国国家质量监督检验检疫总局
中国国家标准化管理委员会 发布

前　言

本标准代替 GB/T 18395—2001《彭泽鲫》。

本标准与 GB/T 18395—2001 相比，主要变化如下：

——删去了原引用标准 GB 17716—1999，增加了引用标准 GB/T 18654.1、GB/T 18654.2、GB/T 18654.3、GB/T 18654.12、GB/T 18654.13；

——删除了原标准中的“4.2.2　肋骨”和“4.2.6　肠”；

——对原标准中“4.1.2　可数性状”、“4.1.3　可量性状”和“5.1　生长”的数据进行了调整和修订；

——增加了“不同年龄组个体怀卵量”数据及检测方法；

——增加了“染色体组型”图。

本标准由中华人民共和国农业部提出。

本标准由全国水产标准化技术委员会淡水养殖分技术委员会归口。

本标准起草单位：江西省九江市水产科学研究所、九江学院。

本标准主要起草人：王建民、张小谷、曹烈、黄金球、付纹琪、付永进、高小平、廖亚明。

本标准所代替标准的历次版本发布情况为：

——GB/T 18395—2001。

彭　泽　鲫

1　范围

本标准确立了彭泽鲫(*Carassius auratus* var. Pengzesis)的主要形态构造特征、生长与繁殖、生化遗传学特性、细胞遗传学特性及检测方法。

本标准适用于彭泽鲫的种质检测与鉴定。

2　规范性引用文件

下列文件中的条款通过本标准的引用而成为本标准的条款。凡是注日期的引用文件,其随后所有的修改单(不包括勘误的内容)或修订版均不适用于本标准,然而,鼓励根据本标准达成协议的各方研究是否可使用这些文件的最新版本。凡是不注日期的引用文件,其最新版本适用于本标准。

GB/T 18654.1　养殖鱼类种质检验　第1部分:检验规则

GB/T 18654.2　养殖鱼类种质检验　第2部分:抽样方法

GB/T 18654.3　养殖鱼类种质检验　第3部分:性状测定

GB/T 18654.12　养殖鱼类种质检验　第12部分:染色体组型分析

GB/T 18654.13　养殖鱼类种质检验　第13部分:同工酶电泳分析

3　学名与分类

3.1　学名

彭泽鲫(*Carassius auratus* var. Pengzesis)。

3.2　分类位置

鲤形目(Cypriniformes),鲤科(Cyprinidae),鲤亚科(Cyprininae),鲫属(*Carassius*)。

4　主要形态构造特征

4.1　外部特征

4.1.1　外形

体较长,呈纺锤形。头小,吻钝,口端位,弧形,唇较厚,无须,下颌部至胸鳍基部呈平缓弧形。背厚,鱼体背部呈灰黑色,腹部呈灰白色。鳍条青黑色,雄性胸鳍末端可达腹鳍基部。

彭泽鲫的外部形态见图1。

4.1.2　可数性状

4.1.2.1　背鳍鳍式:D. IV-16～19。

4.1.2.2　臀鳍鳍式:A. III-5～6。

4.1.2.3　侧线鳞鳞式:$31\frac{5\sim7}{5\sim7\text{-V}}33$。

4.1.2.4　左侧第一鳃弓外侧鳃耙数:38～49。

4.1.3　可量性状

不同年龄组的可量性状实测值及比例见表1。

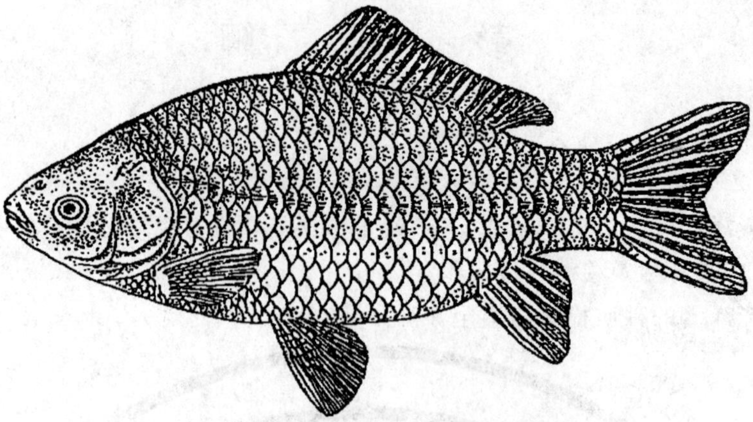

图 1 彭泽鲫外形图

表 1 不同年龄组彭泽鲫可量性状实测值及比例

项目	组别			
	1	2	3	4
全长/mm	155.11±29.25	248.48±17.47	296.04±10.30	315.60±9.94
体长/mm	129.17±25.83	211.18±15.32	252.74±8.85	270.96±8.66
体长/体高	2.67±0.01	2.58±0.01	2.62±0.01	2.66±0.01
体长/头长	4.23±0.03	4.80±0.03	4.82±0.02	4.87±0.03
体长/尾柄长	9.96±0.06	9.97±0.11	9.53±0.07	9.57±0.09
体长/尾柄高	6.75±0.04	6.44±0.05	6.29±0.02	6.39±0.03
头长/吻长	4.63±0.05	5.19±0.08	5.73±0.12	5.50±0.08
头长/眼径	4.92±0.01	5.20±0.06	6.04±0.07	6.15±0.07
头长/眼间距	2.05±0.02	1.79±0.04	1.86±0.03	1.88±0.02

4.2 内部构造

4.2.1 鳔

鳔分两室，前室粗短，后室细长。

4.2.2 下咽齿

下咽齿一行，齿式为4/4。

4.2.3 脊椎骨

脊椎骨总数为31～32。

4.2.4 腹膜

腹膜为黑色。

5 生长与繁殖

5.1 生长

不同年龄组鱼的体长和体重的实测值见表2。

表 2　不同年龄组鱼的体长与体重实测值

项　　目	年龄			
	1 龄	2 龄	3 龄	4 龄
体长/mm	84.4～172.3	165.6～286.9	203.6～269.9	257.8～305.4
体重/g	17.0～152.5	174.5～544.0	404.5～632.0	455.0～734.5

5.2　繁殖

5.2.1　性成熟年龄：雌、雄鱼均为 2 龄。

5.2.2　性成熟个体性腺每年成熟一次，分批产卵。

5.2.3　繁殖水温：17 ℃～28 ℃，繁殖最适水温：20 ℃～24 ℃。

5.2.4　怀卵量：随体重的增加而增大。不同年龄组彭泽鲫个体怀卵量见表 3。

表 3　不同年龄组个体的怀卵量

项　　目	年龄		
	2 龄	3 龄	4 龄
体重/g	480～540	550～630	650～730
绝对怀卵量/粒	53.8×10^3～67.5×10^3	63.2×10^3～86.3×10^3	78.0×10^3～102.9×10^3
相对怀卵量/(粒/g)	112～125	115～137	120～141

5.2.5　繁殖亲本标准：2 龄～3 龄，体重为 500 g 以上。

6　生化遗传学特性

6.1　肝组织乳酸脱氢酶(LDH)同工酶电泳酶谱见图 2a)。

6.2　肝组织乳酸脱氢酶(LDH)同工酶酶带扫描图见图 2b)。

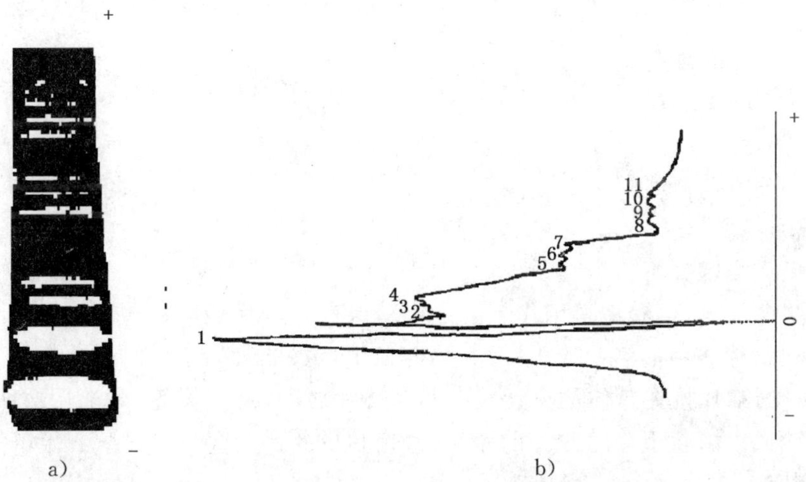

a)　　　　　　　　　　b)

图 2　彭泽鲫肝组织乳酸脱氢酶(LDH)同工酶电泳酶谱和酶带扫描图

7　细胞遗传学特性

体细胞染色体数：$3n$ 约为 150。

核型公式：$3n=33\text{m}+51\ \text{sm}+33\ \text{st}+33\ \text{t}$。染色体臂数(NF)=234。

彭泽鲫染色体组型见图 3。

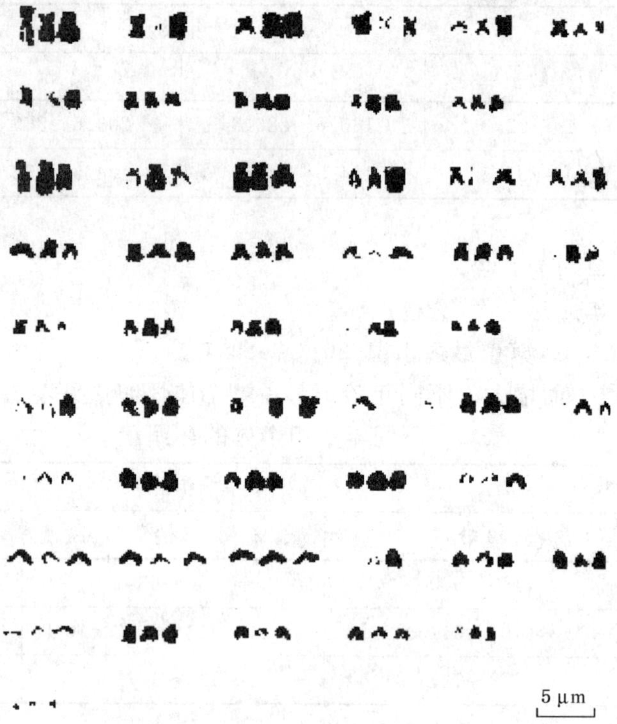

图 3　彭泽鲫的染色体组型

8　检测方法

8.1　抽样

按 GB/T 18654.2 的规定执行。

8.2　性状测定

按 GB/T 18654.3 的规定执行。

8.3　年龄鉴定

8.3.1　鳞片选取部位

体侧背鳍基部下方与侧线鳞上方之间。

8.3.2　操作步骤

年龄鉴定的操作步骤如下：

a）　取下背侧鳞片(再生鳞不得用作年龄鉴定)，保存在鳞片袋中；

b）　将保存在鳞片袋中的鳞片取出，放在培养皿中，清洗干净；

c）　将清洗好的鳞片按在鱼体的位置夹在两块玻片之间，贴上标签，两端用透明胶带封好；

d）　在显微镜或投影仪下观察鳞片的年轮，确定鱼的年龄。

8.4　繁殖力的测定

彭泽鲫的繁殖力可通过计数亲鱼实际产卵量来估算，避免杀死亲鱼。在繁殖季节，称量产卵前、后亲鱼(选取一次产空的亲鱼)的体重(精确到 50 g)，前后两次称量之差即为产的卵重。用电子天平称 1.0 g卵，2 个样品，在解剖镜下分别计数每克卵的平均卵粒数。卵巢中所含的全部卵粒数即为绝对怀卵量，单位体重(g)所含的卵粒数为相对怀卵量。

8.5　生化遗传分析

8.5.1　同工酶样品制备

取体重为 250 g～300 g 的彭泽鲫 30 尾，切断尾部，同时去鳃，在流水中放血。随后解剖，迅速摘取肝组织，用 4 ℃的生理盐水洗净，然后转入玻璃匀浆器，加入 5 倍体积量的冰冻磷酸缓冲液(pH 7.01)，在冰溶中匀浆。匀浆液在 4 ℃冰箱中放置 1 h～2 h 后，于 4 ℃离心 30 min(1 500 r/min)。离心后，吸取上清液置于－50 ℃低温冰箱中保存，供同工酶电泳分析用。

8.5.2 电泳方法

采用不连续聚丙烯酰胺凝胶平板电泳。分析 LDH 同工酶所用的分离胶浓度为 5.6%(质量分数)。电极缓冲液用三羟甲基氨基甲烷(Tris)-甘氨酸系统。电泳在 4 ℃条件下进行，预电泳时电流为 50 mA，电泳 30 min，加样后前电泳电流 20 mA，电泳 10 min，再正式电泳，将电流调至 40 mA，电泳时间为 2 h～2.5 h。

8.5.3 染色和酶谱分析

LDH 同工酶染色按 GB/T 18654.13 的规定执行。电泳图谱用激光扫描仪进行扫描，然后与标准比对，作出判定。

8.6 染色体检测

按 GB/T 18654.12 的规定执行。

9 结果判定

各项测定结果应进行综合判定，按 GB/T 18654.1 的规定执行。

ICS 25.040.10
J 50

中华人民共和国国家标准

GB/T 18400.1—2010/ISO 10791-1:1998

加工中心检验条件 第1部分:卧式和带附加主轴头机床几何精度检验(水平Z轴)

Test conditions for machining centres—Part 1:Geometric tests for machines with horizontal spindle and with accessory heads (horizontal *Z*-axis)

(ISO 10791-1:1998,IDT)

2010-11-10 发布　　2011-03-01 实施

中华人民共和国国家质量监督检验检疫总局
中国国家标准化管理委员会　发布

前　言

GB/T 18400《加工中心检验条件》分为以下十个部分：

——第1部分：卧式和带附加主轴头机床几何精度检验(水平 Z 轴)；

——第2部分：立式或带垂直主回转轴的万能主轴头机床几何精度检验(垂直 Z 轴)；

——第3部分：带水平主回转轴的整体万能主轴头机床几何精度检验(垂直 Z 轴)；

——第4部分：线性和回转轴线的定位精度和重复定位精度检验；

——第5部分：工件夹持托板的定位精度和重复定位精度检验；

——第6部分：进给量、速度和插补精度检验；

——第7部分：精加工试件精度检验；

——第8部分：三个坐标平面上轮廓特性的评定；

——第9部分：刀具转换和托板转换动作时间的评定；

——第10部分：热效应的评定。

本部分为 GB/T 18400 的第1部分。

本部分等同采用 ISO 10791-1:1998《加工中心检验条件　第1部分：卧式和带附加主轴头机床几何精度检验(水平 Z 轴)》(英文版)。

考虑到我国国情，在采用 ISO 10791-1:1998 时，本部分做了一些编辑性修改：

——“本标准”一词改为“本部分”；

——第4章标题“简要说明”改为“一般要求”；

——删除了 ISO 10791-1:1998 的前言和引言，增加了国家标准的前言；

——删除了 ISO 10791-1:1998 的附录 D(资料性附录)。

本部分的附录 A、附录 B 和附录 C 为规范性附录。

本部分由中国机械工业联合会提出。

本部分由全国金属切削机床标准化技术委员会(SAC/TC 22)归口。

本部分起草单位：北京第一机床厂、沈机集团昆明机床股份有限公司、北京机床研究所、四川长征机床集团有限公司、沈阳钻镗床研究所。

本部分主要起草人：胡瑞琳、唐其寿、李祥文、张维、王晓慧、许立亭。

加工中心检验条件 第1部分:卧式和带附加主轴头机床几何精度检验(水平 Z 轴)

1 范围

GB/T 18400 的本部分规定了卧式(即水平 Z 轴)加工中心(或可适用的数控铣床、数控镗床等)的几何精度检验。

本部分适用于基本上具有四个数控轴线,其中三个线性轴线(X、Y、Z)行程至 2 000 mm 和一个回转轴线(B')的卧式加工中心。也适用于滑动主轴、滑枕或三种不同形式的附加万能主轴头的附加运动。

本部分在附录中列出了三种可能的附加万能主轴头的检验项目:

——附录 A(规范性附录):45°对分分度主轴头,具有两个物体不同角度位置的机械分度,相应的检验项目(AG1~AG9)仅检查主轴所处的最后位置;

——附录 B(规范性附录):回转主轴头,具有相互垂直的两数控回转轴线(检验项目 BG1~BG7);

——附录 C(规范性附录):45°对分连续分度主轴头,类似第一种形式,但具备两个数控回转轴线的连续分度,相应的检验项目(CG1~CG7)要检查影响主轴所处最后位置的所有几何特性(平面和轴线),两回转轴线定位精度除外;如果其运动和锁紧允许,这些检验项目可用于对 45°对分主轴头做更深入的试验。

本部分仅适用于机床的几何精度检验,不适用于机床的运动精度检验。通常情况下这两种检验是分别进行的。在无负荷或精加工条件下机床的某些其他检验将包括在 GB/T 18400 的其他部分中。

2 规范性引用文件

下列文件中的条款通过 GB/T 18400 的本部分的引用而成为本部分的条款。凡是注日期的引用文件,其随后所有的修改单(不包括勘误的内容)或修订版均不适用于本部分,然而,鼓励根据本部分达成协议的各方研究是否可使用这些文件的最新版本。凡是不注日期的引用文件,其最新版本适用于本部分。

GB/T 17421.1—1998 机床检验通则 第1部分:在无负荷或精加工条件下机床的几何精度(eqv ISO 230-1:1996)

3 一般要求

3.1 测量单位

本部分中的所有线性尺寸、偏差和相应的公差的单位为毫米(mm);角度尺寸的单位为度(°),角度偏差和相应的公差用比值表示,但在某些情况下为了清晰,可用微弧度(μrad)或角秒(″)表示。表达式的等效关系如下:

$$0.010/1\ 000 = 10 \times 10^{-6} = 10\ \mu\text{rad} \approx 2''$$

3.2 参照标准

使用本部分时应参照 GB/T 17421.1—1998,尤其是机床检验前的安装,主轴和其他运动部件的升温,检验方法和检验工具的推荐精度。

在第4章和附录A至附录C的“检验方法”一栏中，其说明应符合该项检验参照的GB/T 17421.1—1998中相应章节的规定。

3.3 检验顺序

本部分所列出的检验项目的顺序，并不表示实际的检验顺序，为了装拆检验工具和检验方便，可按任意次序进行检验。

3.4 检验项目

检验机床时，根据结构特点并不是必须检验本部分中的所有项目。为了验收目的而要求检验时，可由用户取得制造厂同意选择一些感兴趣的检验项目，但这些项目必须在机床订货时明确提出。

3.5 检验工具

本部分所规定的检验工具仅为举例。可以使用相同指示量和至少具有相同精度的其他检验工具。指示器应具有0.001 mm的分辨率。

3.6 工作精度检验

工作精度检验应在精加工时进行，而不在粗加工时进行，因为粗加工易产生较大的切削力。

3.7 简图

为简明起见，本部分的几何精度检验项目仅附一种结构形式的机床简图。

3.8 托板

对于带有几个托板工作的机床，涉及到托板的固有几何特性或与机床轴线有关的运行状态的检验(检验项目G15至G22)，如果在机床订货协议中没有明确规定，仅对锁紧在工作位置上的任意一个代表性托板进行。

3.9 软件补偿

当软件设备可用来补偿某些检验项目偏差时，按用户和制造厂的协议，可在使用或不使用这些补偿的情况下进行相关项目的检验。当使用软件补偿时，应在检验项目中标明。

3.10 机床结构

本部分中的机床按照它们的结构和沿线性轴线运动的部件，划分为12种基本结构型式。这些结构型式分别用数字01至12标明，如图1所示。其结构型式分类见表1。

3.11 标志

本部分推荐用一种短代码的标志来表示机床的结构型式，这种标志由下列部分给定的顺序组成：

a) “加工中心”；

b) 本部分标准编号；

c) 字母“H”代表“卧式”；

d) 图1中相应框图和表1序号栏内标明的数字。

示例：立柱沿 X 轴线运动，主轴箱沿 Y 轴线运动，工作台沿 Z 轴线运动的卧式加工中心的标志为：

加工中心 GB/T 18400.1 型式 H02

3.12 最小公差

当实测长度与本部分规定的长度不同时，公差应根据GB/T 17421.1—1998中2.3.1.1的规定，按能够测量的长度折算。折算结果小于0.005 mm时，仍按0.005 mm计。

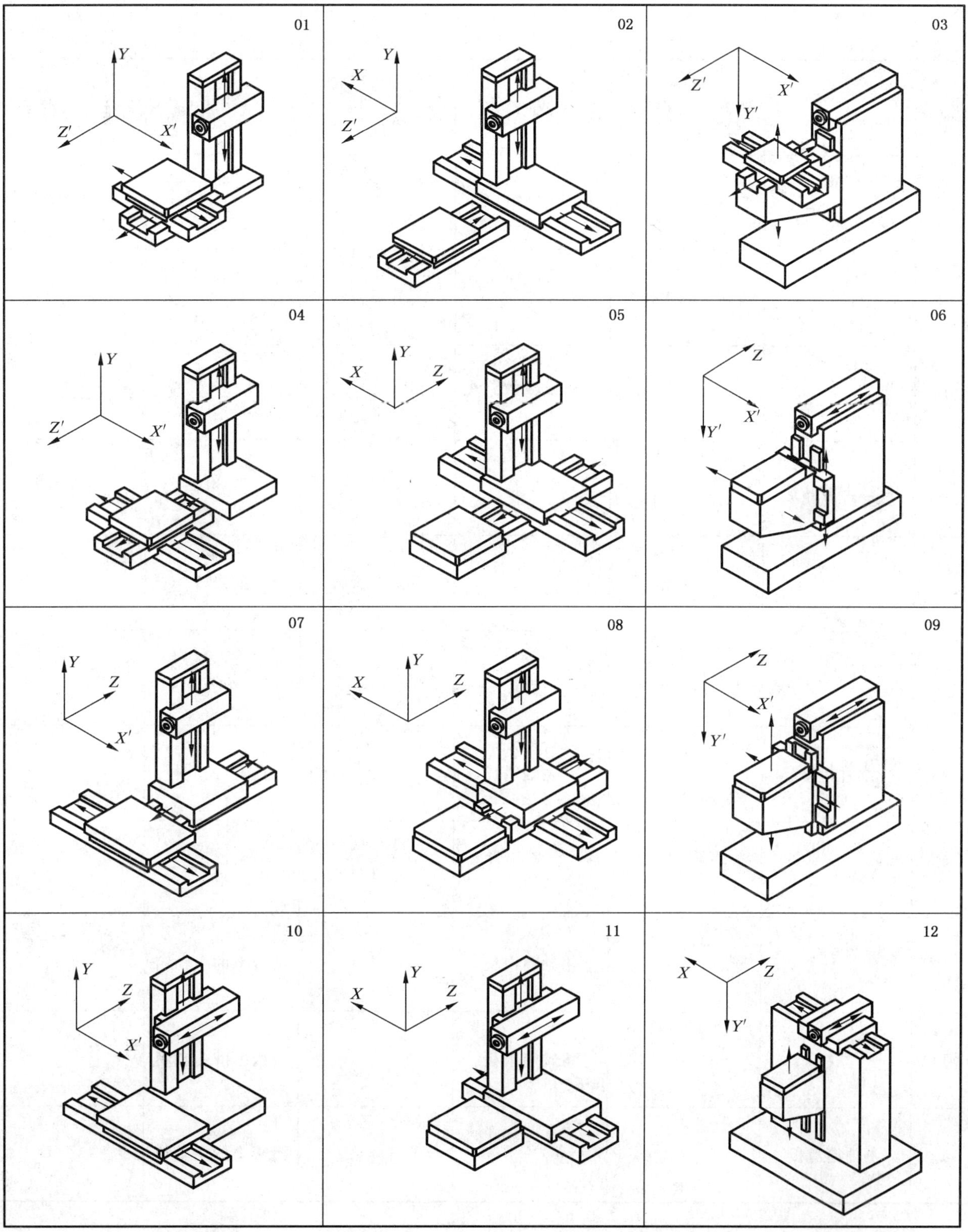
01
Y
Z′
X′
02
Y
X
Z′
03
Z′
X′
Y′
04
Y
Z′
X′
05
Y
X
Z
06
Z
X′
Y′
07
Y
Z
X′
08
Y
X
Z
09
Z
X′
Y′
10
Y
Z
X′
11
Y
X
Z
12
X
Z
Y′

图 1　机床结构型式图

表 1 卧式加工中的结构型式分类

序号	X	X'	Y	Y'	Z	Z'
01		滑鞍上的工作台	主轴箱			工作台滑鞍
02	立柱		主轴箱			工作台
03		滑鞍上的工作台		升降台		工作台滑鞍
04		工作台滑鞍	主轴箱			滑鞍上的工作台
05	滑鞍上的立柱		主轴箱		主柱滑鞍	
06		升降台		升降台滑鞍	主轴箱	
07		工作台	主轴箱		立柱	
08	立柱滑鞍		主轴箱		滑鞍上的立柱	
09		升降台滑鞍		升降台	主轴箱	
10		工作台	主轴箱滑板		滑板上的主轴箱	
11	立柱		主轴箱滑板		滑板上的主轴箱	
12	主轴箱滑板			升降台	滑板上的主轴箱	

4 几何精度检验

4.1 线性运动的直线度

检验项目 G1

X 轴线运动的直线度：

a) 在 XY 垂直平面内；

b) 在 ZX 水平面内。

简图

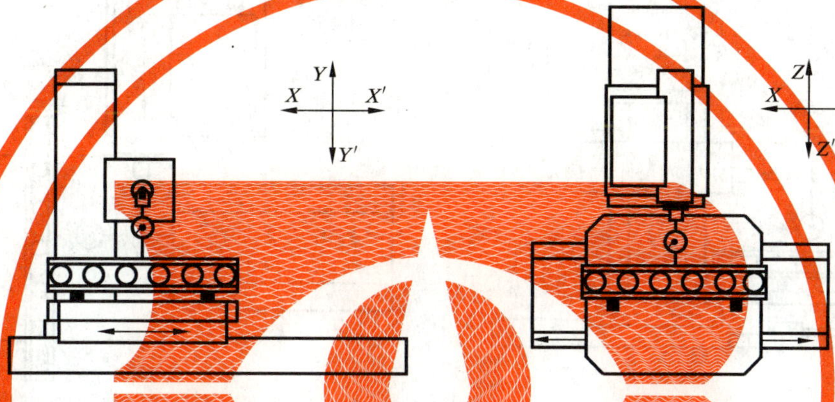

a)　　　　b)

公差

a)和 b)

$X \leqslant 500$	0.010
$500 < X \leqslant 800$	0.015
$800 < X \leqslant 1\ 250$	0.020
$1\ 250 < X \leqslant 2\ 000$	0.025

局部公差：在任意 300 测量长度上为 0.007

检验工具

a) 平尺 指示器或光学方法

b) 平尺 指示器或钢丝和显微镜或光学方法

检验方法(参照 GB/T 17421.1—1998 的有关条文：5.2.1.1；5.2.3；5.2.3.1.2；5.2.3.2.1 和 5.2.3.3.1)

对所有结构型式的机床，平尺或钢丝或直线度反射器都应置于工作台上，如主轴能锁紧，则指示器或显微镜或干涉仪可装在主轴上，否则检验工具应装在机床的主轴箱上。

测量线应尽可能靠近工作台的中央。

检验项目	G2

检验项目

Z 轴线运动的直线度：

a) 在 *YZ* 垂直平面内；

b) 在 *ZX* 水平面内。

简图

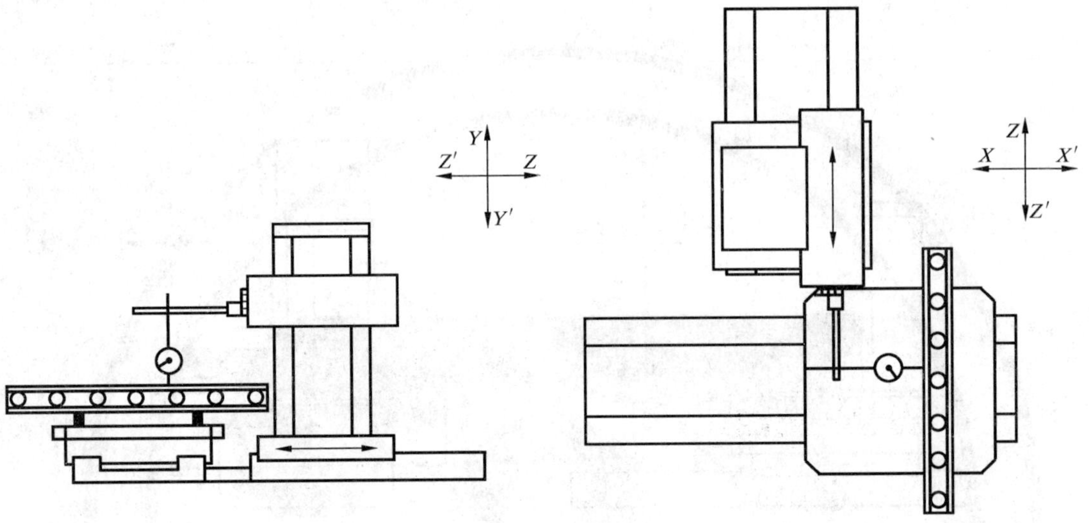

公差

a)和 b)

$Z \leqslant 500$	0.010
$500 < Z \leqslant 800$	0.015
$800 < Z \leqslant 1\,250$	0.020
$1\,250 < Z \leqslant 2\,000$	0.025

局部公差：在任意 300 测量长度上为 0.007

检验工具

a) 平尺 指示器或光学方法

b) 平尺 指示器或钢丝和显微镜或光学方法

检验方法（参照 GB/T 17421.1—1998 的有关条文：5.2.1.1；5.2.3；5.2.3.1.2；5.2.3.2.1 和 5.2.3.3.1）

对所有结构型式的机床，平尺或钢丝或直线度反射器都应置于工作台上，如主轴能锁紧，则指示器或显微镜或干涉仪可装在主轴上，否则检验工具应装在机床的主轴箱上。

测量线应尽可能靠近工作台的中央。

G3

检验项目

Y 轴线运动的直线度：

a） 在 XY 垂直平面内；

b） 在 YZ 垂直平面内。

简图

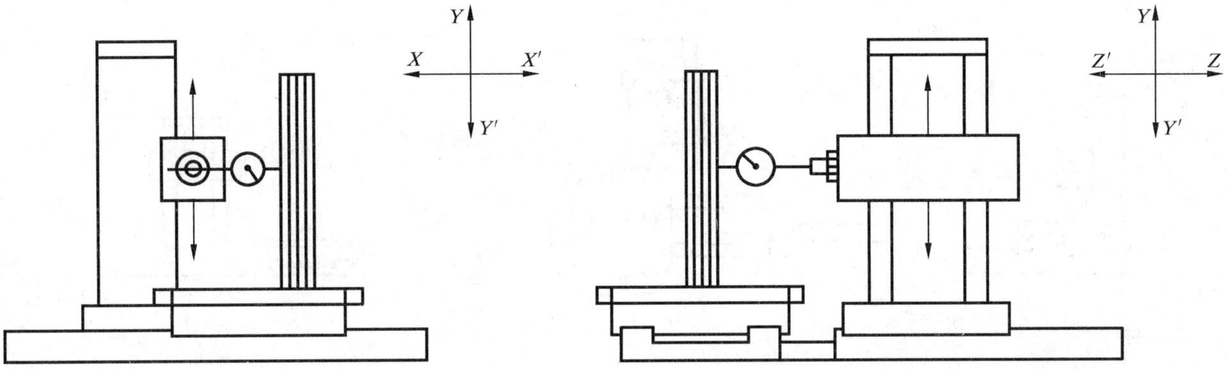

a)　　　　b)

公差

a）和 b）

Y≤500	0.010
500＜Y≤800	0.015
800＜Y≤1 250	0.020
1 250＜Y≤2 000	0.025

局部公差：在任意 300 测量长度上为 0.007

检验工具

角尺和指示器或钢丝和显微镜或光学方法

检验方法(参照 GB/T 17421.1—1998 的有关条文：5.2.1.1；5.2.3；5.2.3.1.2；5.2.3.2.1 和 5.2.3.3.1)

对所有结构型式的机床，角尺或钢丝或直线度反射器都应置于工作台中央，如主轴能锁紧，则指示器或显微镜或干涉仪可装在主轴上，否则检验工具应装在机床的主轴箱上。

4.2 线性运动的角度偏差

检验项目 X 轴线运动的角度偏差： a) 在垂直于主轴轴线的 XY 垂直平面内(俯仰)； b) 在 ZX 水平面内(偏摆)； c) 在平行于主轴轴线的 YZ 垂直平面内(倾斜)。	G4
简图 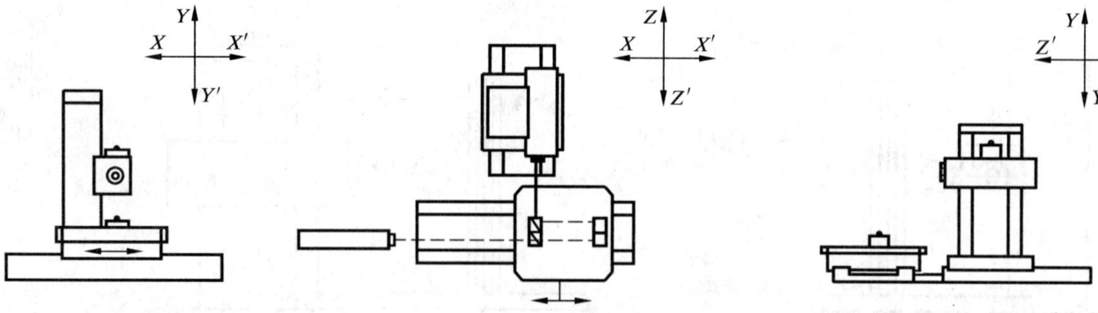 a) b) c)	
公差 a)和 b)和 c) 0.060/1 000 (或 60 μrad 或 12″)	
检验工具 a) 精密水平仪或光学角度偏差测量工具 b) 光学角度偏差测量工具 c) 精密水平仪	
检验方法(参照 GB/T 17421.1—1998 的有关条文:5.2.3.1.3;5.2.3.2.2;5.2.3.3.2) 检验工具应置于运动部件上： a)(俯仰)纵向;b)(偏摆)水平;c)(倾斜)横向。 当 X 轴线运动引起主轴箱和工件夹持工作台同时产生角运动时,这种角运动应分别测量并给予标明。在这种情况下,当使用水平仪测量时,基准水平仪应置于机床的非运动部件(主轴箱或工件夹持工作台)上。 应沿行程至少在等距离的 5 个位置进行检验,在每个位置的两个运动方向测取读数,最大与最小读数的差值应不超过公差。	

检验项目 G5

Z 轴线运动的角度偏差：

a) 在平行于主轴轴线的 *YZ* 垂直平面内(俯仰)；

b) 在 *ZX* 水平面内(偏摆)；

c) 在垂直于主轴轴线的 *XY* 垂直平面内(倾斜)。

简图

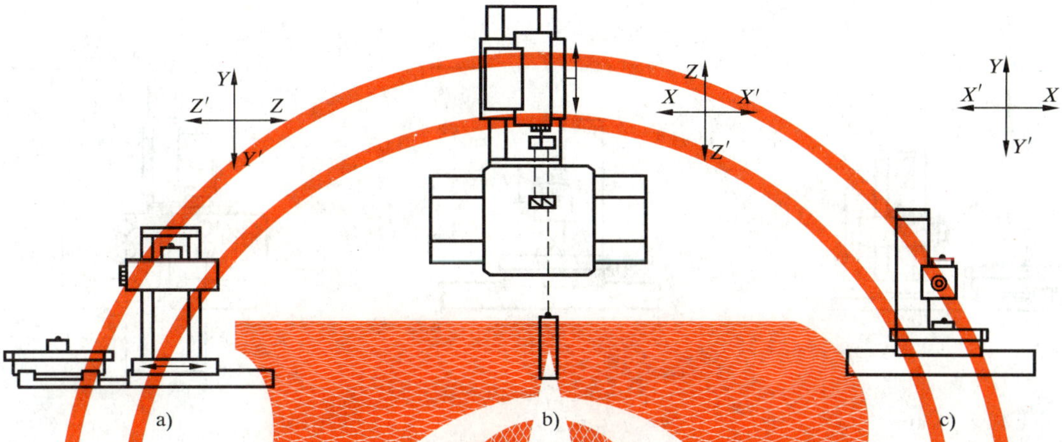

公差

a)和 b)和 c)

0.060/1 000 (或 60 μrad 或 12″)

检验工具

a) 精密水平仪或光学角度偏差测量工具

b) 光学角度偏差测量工具

c) 精密水平仪

检验方法(参照 GB/T 17421.1—1998 的有关条文：5.2.3.1.3；5.2.3.2.2；5.2.3.3.2)

检验工具应置于运动部件上：

a)(俯仰)纵向；b)(偏摆)水平；c)(倾斜)横向。

当 *Z* 轴线运动引起主轴箱和工件夹持工作台同时产生角运动时，这种角运动应分别测量并给予标明。在这种情况下，当使用水平仪测量时，基准水平仪应置于机床的非运动部件(主轴箱或工件夹持工作台)上。

应沿行程至少在等距离的 5 个位置进行检验，在每个位置的两个运动方向测取读数，最大与最小读数的差值应不超过公差。

G6

检验项目

Y 轴线运动的角度偏差：

a) 在平行于主轴轴线的 YZ 垂直平面内；

b) 在垂直于主轴轴线 XY 垂直平面内；

c) 在 ZX 水平面内。

简图

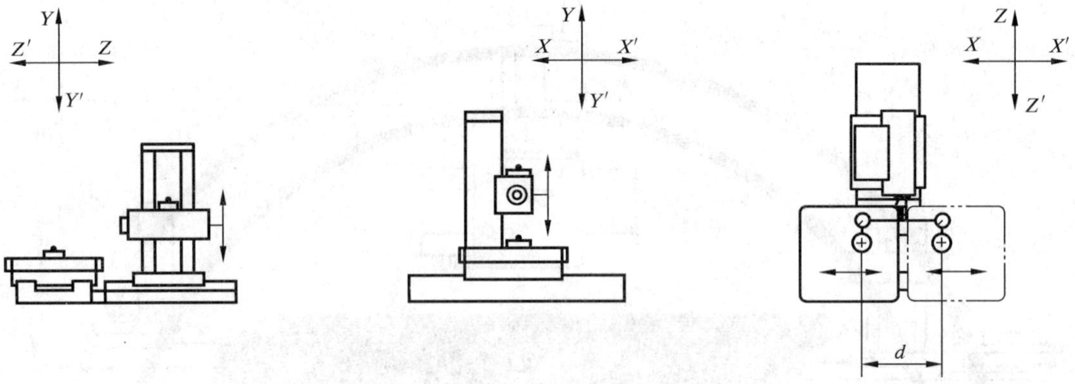

a) b) c)

公差

a)和 b)和 c)

0.060/1 000 (或 60 μrad 或 12″)

检验工具

a)和 b)：精密水平仪或光学角度偏差测量工具

c)：圆柱形角尺，精密水平仪和指示器或精密量块和指示器

检验方法(参照 GB/T 17421.1—1998 的有关条文：5.2.3.1.3；5.2.3.2.2；5.2.3.3.2)

检验工具应置于运动部件上：

a)(俯仰)纵向；b)(偏摆)水平。

当 Y 轴线运动引起主轴箱和工件夹持工作台同时产生角运动时，这种角运动应分别测量并给予标明。在这种情况下，当使用水平仪测量时，基准水平仪应置于机床的非运动部件(主轴箱或工件夹持工作台)上。

对于 c)(倾斜)：将圆柱形角尺近似平行于 Y 轴线放置在工作台上，使装在专用支架上的指示器的测头触及角尺。记录指示器的读数并在角尺的相应高度上做出标记。

应沿行程至少在等距离的 5 个位置进行检验，在每个位置的两个运动方向测取读数，最大与最小读数的差值应不超过公差。

4.3 线性运动间的垂直度

检验项目 *Y* 轴线运动和 *X* 轴线运动间的垂直度	G7

简图

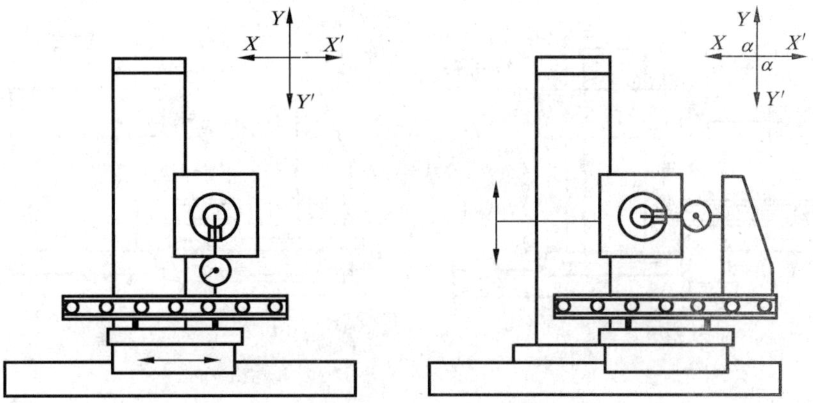

步骤 1)　　步骤 2)

公差

0.02/500

检验工具

平尺或平板、角尺和指示器

检验方法(参照 GB/T 17421.1—1998 的有关条文:5.5.2.2.4)

步骤 1)平尺或平板应平行于 *X* 轴线放置。

步骤 2)应通过直立在平尺或平板上的角尺检查 *Y* 轴线。

如主轴能锁紧,则指示器可装在主轴上,否则指示器应装在机床的主轴箱上。

应记录角度 *α* 的值(小于、等于或大于 90°),用于参考和可能进行的修正。

检验项目 G8

Y 轴线运动和 Z 轴线运动间的垂直度

简图

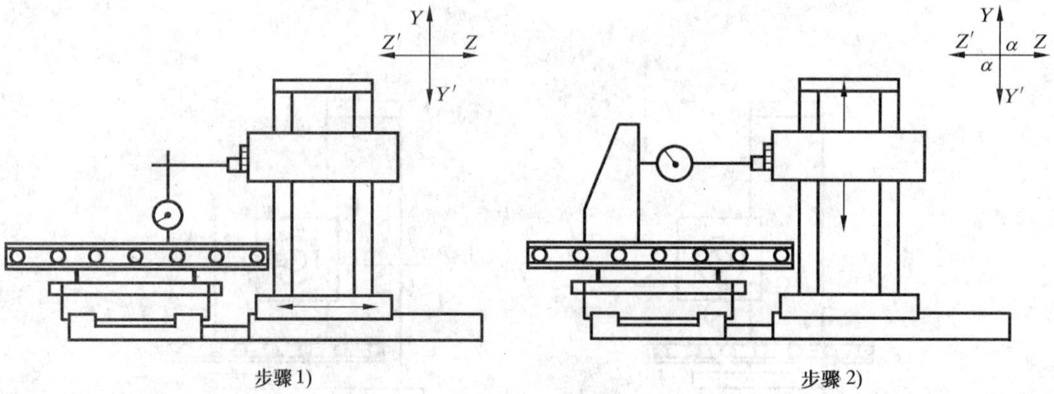

步骤 1) 步骤 2)

公差

0.02/500

检验工具

平尺或平板、角尺和指示器

检验方法(参照 GB/T 17421.1—1998 的有关条文:5.5.2.2.4)

步骤 1)平尺或平板应平行于 Z 轴线放置。

步骤 2)应通过直立在平尺或平板上的角尺检查 Y 轴线。

如主轴能锁紧,则指示器可装在主轴上,否则指示器应装在机床的主轴箱上。

应记录角度 α 的值(小于、等于或大于 90°),用于参考和可能进行的修正。

检验项目

G9

Z 轴线运动和 X 轴线运动间的垂直度

简图

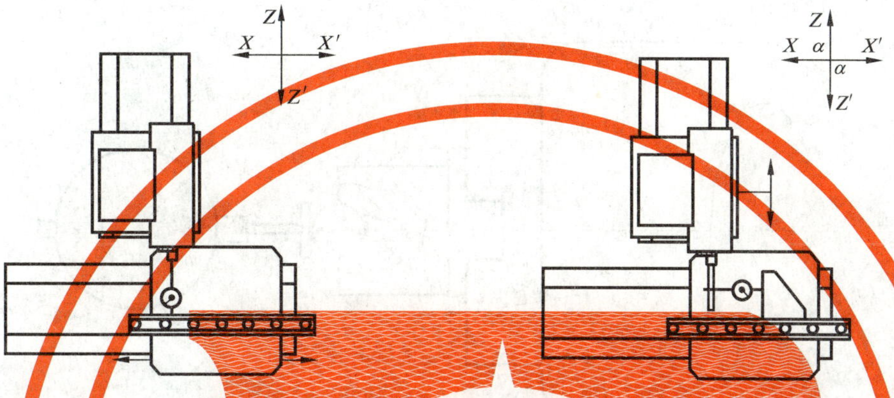

步骤 1)　　步骤 2)

公差

0.02/500

检验工具

平尺或平板、角尺和指示器

检验方法(参照 GB/T 17421.1—1998 的有关条文:5.5.2.2.4)

步骤 1)平尺或平板应平行于 X 轴线(或 Z 轴线)放置。

步骤 2)应通过放置在工作台上并一边紧靠平尺的角尺检验 Z 轴线(或 X 轴线)。

也可以不用平尺来进行本检验,将角尺的一边平行一条轴线,在角尺的另一边上检查第二条轴线。

如主轴能锁紧,则指示器可装在主轴上,否则指示器应装在机床的主轴箱上。

应记录角度 α 的值(小于、等于或大于 90°),用于参考和可能进行的修正。

4.4 主轴

检验项目 G10

主轴的周期性轴向窜动

简图

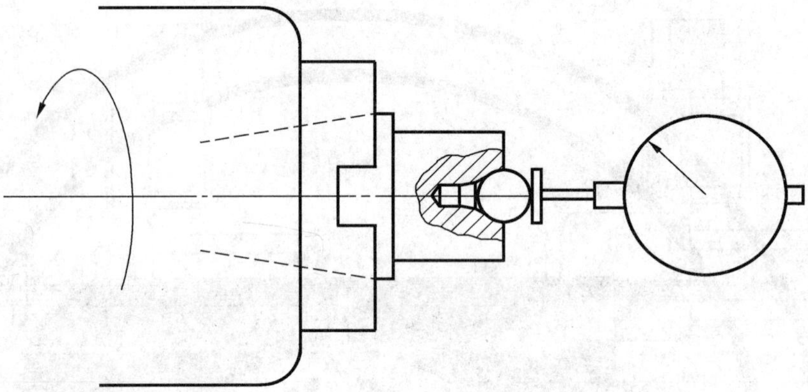

公差

0.005

检验工具

指示器

检验方法(参照 GB/T 17421.1—1998 的有关条文:5.6.2.1.1 和 5.6.2.2.2)

应在机床的所有工作主轴上进行检验。

检验项目	G11
主轴锥孔的径向跳动： a） 靠近主轴端部； b） 距主轴端部 300 mm 处。	

简图

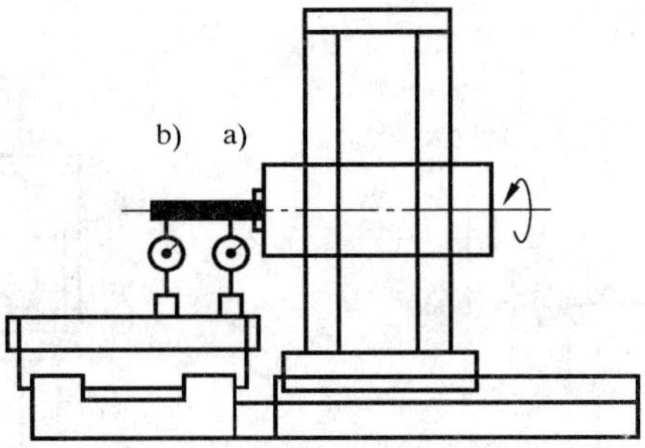

公差

整体主轴：	附加主轴头主轴：
a） 0.007	a） 0.01
b） 0.015	b） 0.02

检验工具

检验棒和指示器

检验方法(参照 GB/T 17421.1—1998 的有关条文:5.6.1.1.4 和 5.6.1.2.3)

应在机床的所有工作主轴上进行检验。

根据 GB/T 17421.1—1998 中 5.6.1.1.4 的注,应至少旋转两整圈进行检验。

G12

检验项目

主轴轴线和 Z 轴线运动间的平行度：

a) 在 YZ 垂直平面内；

b) 在 ZX 水平面内。

简图

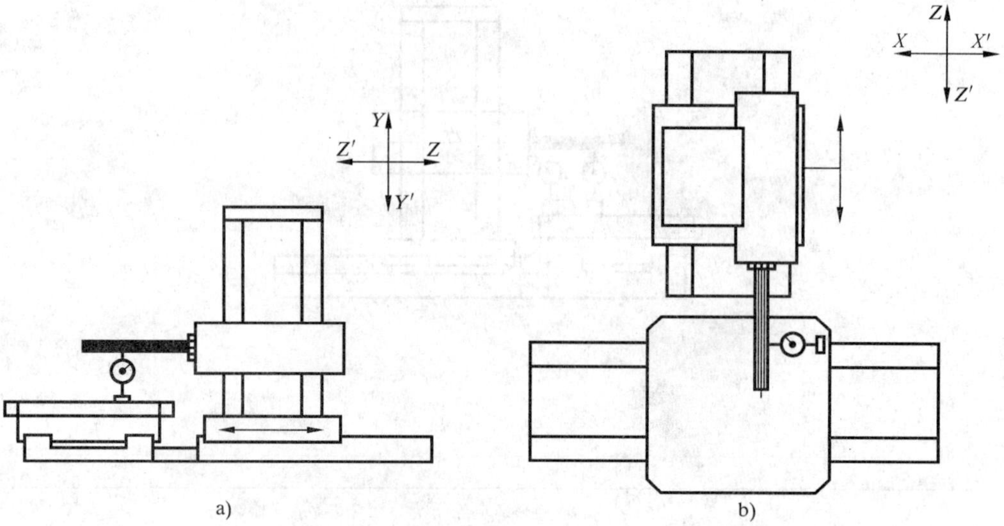

公差

a)及 b)

在 300 测量长度上为 0.015

检验工具

检验棒和指示器

检验方法(参照 GB/T 17421.1—1998 的有关条文：5.4.1.2.1 和 5.4.2.2.3)

X 轴线置于行程的中间位置。

对于 a)：如果可能，Y 轴线锁紧。

对于 b)：如果可能，X 轴线锁紧。

检验项目 G13

主轴轴线和 X 轴线运动间的垂直度

简图

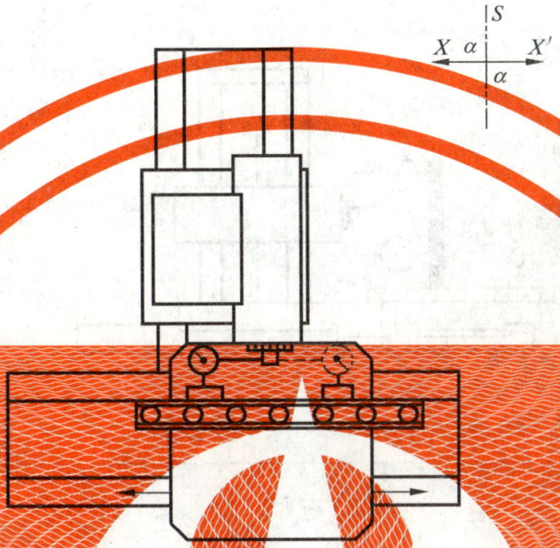

公差

0.015/300

300 为两测点间的距离。

检验工具

平尺、专用支架、指示器

检验方法(参照 GB/T 17421.1—1998 的有关条文:5.5.1.2.1;5.5.1.2.3.2 和 5.5.1.2.4)

如果可能,Y 轴线和 Z 轴线锁紧。

平尺应平行于 X 轴线放置。

此垂直度偏差也能从检验项目 G9 和 G12b)推出,其相关偏差之和不超过这里所示的公差。

应记录角度 α 的值(小于、等于或大于 90°),用于参考和可能进行的修正。

G14

检验项目

主轴轴线和 Y 轴线运动间的垂直度

简图

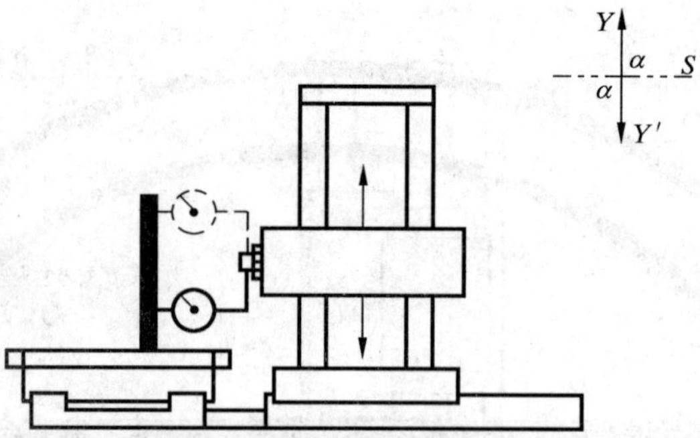

公差

0.015/300

300 为两测点间的距离。

检验工具

平尺、专用支架、指示器

检验方法(参照 GB/T 17421.1—1998 的有关条文:5.5.1.2.1;5.5.1.2.3.2 和 5.5.1.2.4.2)

如果可能,Z 轴线锁紧。

角尺测量边应平行于 Y 轴线放置,或在测量中应考虑该平行度偏差。

此垂直度偏差也能从检验项目 G8 和 G12a)推出,其相关偏差之和不超过这里所示的公差。

应记录角度 α 的值(小于、等于或大于 90°),用于参考和可能进行的修正。

4.5 工作台或托板

检验项目 G15

工作台[a] 面的平面度

简图

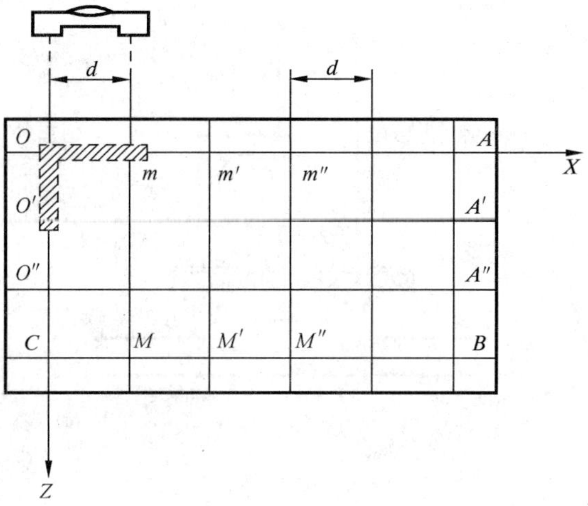

公差

$L \leqslant 500$	0.020
$500 < L \leqslant 800$	0.025
$800 < L \leqslant 1\ 250$	0.030
$1\ 250 < L \leqslant 2\ 000$	0.040

L 为工作台或托板的较短边。

工作台面不应中凸。

局部公差:在任意 300 测量长度上为 0.012

检验工具

精密水平仪或平尺、量块、指示器或光学方法

检验方法(参照 GB/T 17421.1—1998 的有关条文:5.3.2.2;5.3.2.3 和 5.3.2.4)

X 轴线和 Z 轴线置于其行程的中间位置。

工作台面的平面度应检查两次,一次回转工作台锁紧,一次不锁紧(如适用的话),两次测定的偏差均应符合公差要求。

a 固有的回转工作台或一个在应有位置锁紧的代表性托板。

检验项目 G16

在互成90°的四个回转位置处工作台[a]面和 X 轴线运动间的平行度

简图

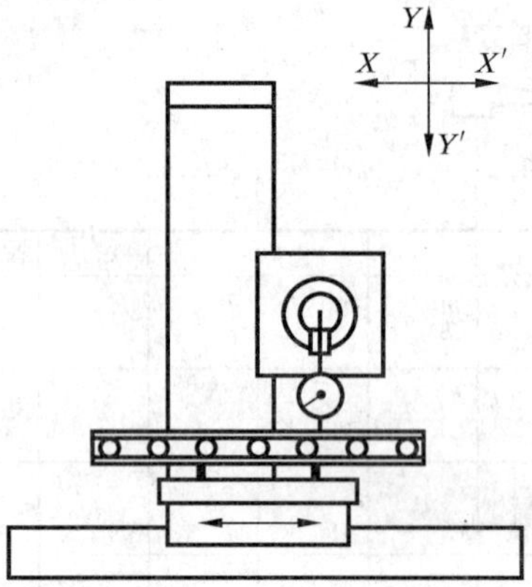

公差

$X\leqslant500$	0.020
$500<X\leqslant800$	0.025
$800<X\leqslant1\ 250$	0.030
$1\ 250<X\leqslant2\ 000$	0.040

检验工具

平尺、量块、指示器

检验方法(参照GB/T 17421.1—1998的有关条文:5.4.2.2.1和5.4.2.2.2)

如果可能,Y 轴线锁紧。

指示器测头近似地置于刀具的工作位置,可在平行于工作台面放置的平尺上进行测量。

如主轴能锁紧,则指示器可装在主轴上,否则指示器应装在机床的主轴箱上。

[a] 固有的回转工作台或一个在应有位置锁紧的代表性托板。

检验项目 G17

在互成90°的四个回转位置处工作台[a]面和 Z 轴线运动间的平行度

简图

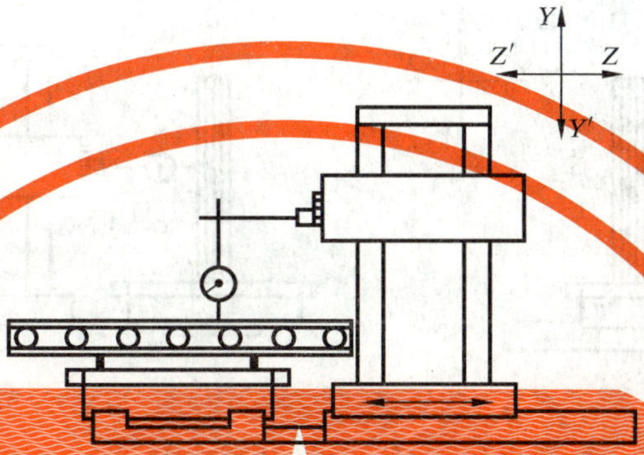

公差

$Z \leqslant 500$	0.020
$500 < Z \leqslant 800$	0.025
$800 < Z \leqslant 1\ 250$	0.030
$1\ 250 < Z \leqslant 2\ 000$	0.040

检验工具

平尺、量块、指示器

检验方法(参照 GB/T 17421.1—1998 的有关条文:5.4.2.2.1 和 5.4.2.2.2)

如果可能,Y 轴线锁紧。

指示器测头近似地置于刀具的工作位置,可在平行于工作台面放置的平尺上进行测量。

如主轴能锁紧,则指示器可装在主轴上,否则指示器应装在机床的主轴箱上。

[a] 固有的回转工作台或一个在应有位置锁紧的代表性托板。

G18

检验项目

在互成90°的四个回转位置处工作台[a]面和Y轴线运动间的垂直度：

a) 在垂直于主轴轴线的XY垂直平面内；

b) 在平行于主轴轴线的YZ垂直平面内。

简图

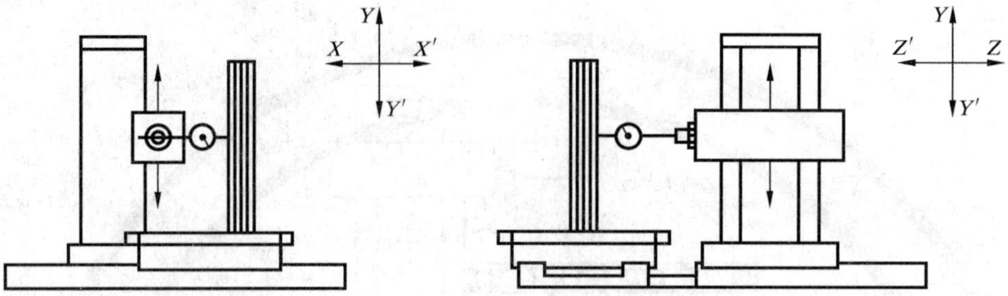

a) b)

公差

a)和b)

0.015/300

检验工具

平板、角尺或圆柱形角尺、指示器

检验方法(参照GB/T 17421.1—1998的有关条文:5.5.2.2.2)

a) 如果可能,X轴线锁紧。

b) 如果可能,Z轴线锁紧。

角尺或圆柱形角尺置于工作台中央。

如主轴能锁紧,则指示器可装在主轴上,否则指示器应装在机床的主轴箱上。

对于a):此垂直度偏差也能从检验项目G7和G16推出,其相关偏差之和不超过这里所示的公差;

对于b):此垂直度偏差也能从检验项目G8和G17推出,其相关偏差之和不超过这里所示的公差。

[a] 固有的回转工作台或一个在应有位置锁紧的代表性托板。

检验项目	G19

0°位置时工作台[a]的：

a） 纵向中央或基准T形槽；或

b） 纵向定位孔的中心线（如果有）；或

c） 纵向侧面定位器

和X轴线运动间的平行度。

简图

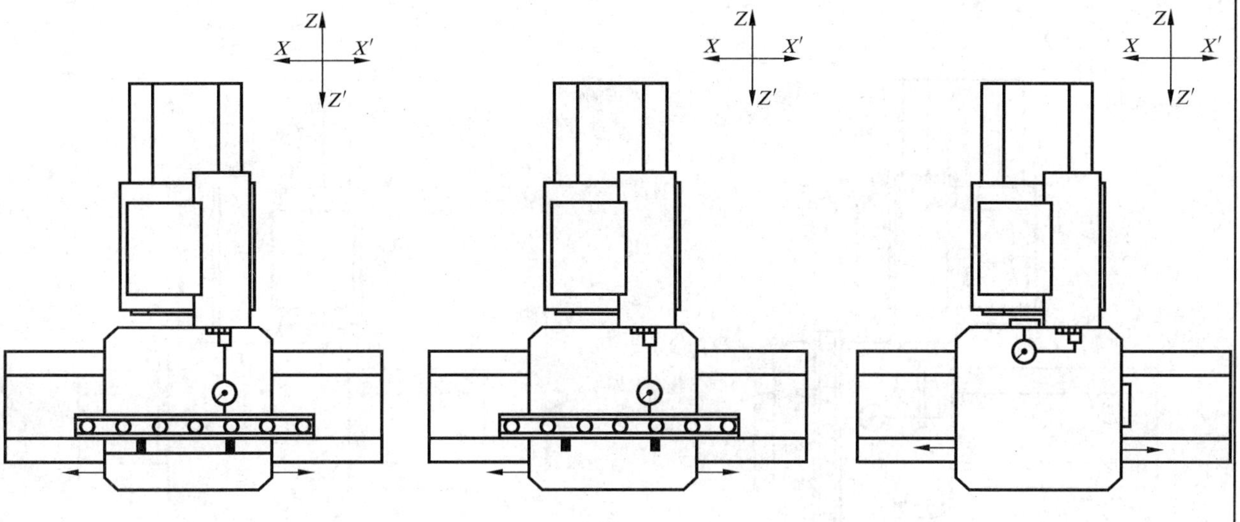

a) b) c)

公差

a)和b)和c)

在300测量长度上为0.015

检验工具

指示器、平尺、标准销（如果需要）

检验方法（参照GB/T 17421.1—1998的有关条文：5.4.2.2.1和5.4.2.2.2）

如果可能，Z轴线锁紧。

如主轴能锁紧，则指示器可装在主轴上，否则指示器应装在机床的主轴箱上。

如果有定位孔时，b)项的检验应使用两个与该孔配合且突出部分直径相同的标准销。平尺应紧靠它们放置。

[a] 固有的回转工作台或一个在应有位置锁紧的代表性托板。

检验项目 0°位置时工作台[a]的： a) 横向定位孔中心线(如果有)；或 b) 横向侧面定位器 和 Z 轴线运动间的平行度。	G20

简图

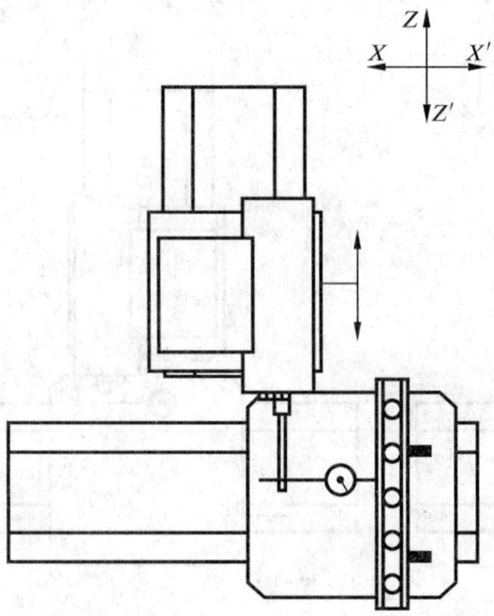

a)

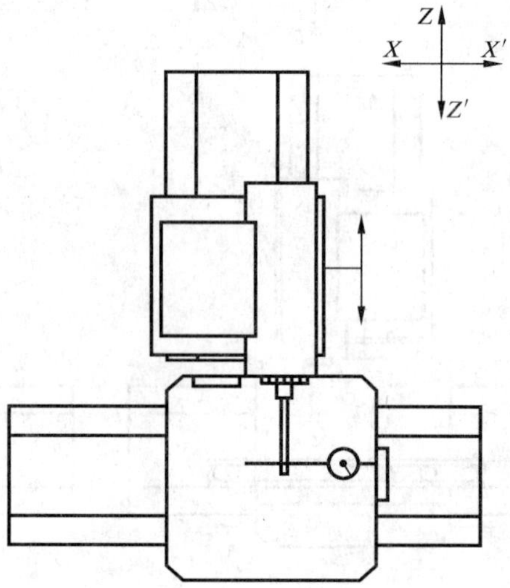

b)

公差

a)和 b)

在 300 测量长度上为 0.015

检验工具

指示器、平尺、标准销(如果需要)

检验方法(参照 GB/T 17421.1—1998 的有关条文：5.4.2.2.1 和 5.4.2.2.2)

如果可能，Z 轴线锁紧。

如主轴能锁紧，则指示器可装在主轴上，否则指示器应装在机床的主轴箱上。

如果有定位孔时，a)项的检验应使用两个与该孔配合且突出部分直径相同的标准销。平尺应紧靠它们放置。

[a] 固有的回转工作台或一个在应有位置锁紧的代表性托板。

G21

检验项目

a) 工作台[a] 中心孔的径向跳动(当中心孔用于定位目的时);

b) 工作台[a] 工作面的端面跳动。

简图

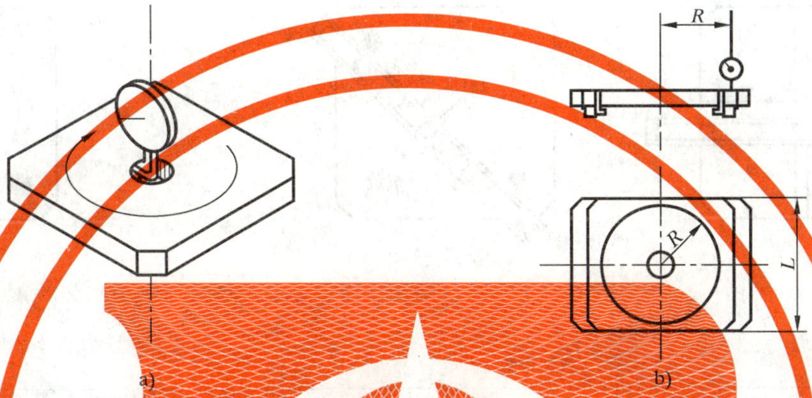

公差

a) 0.025

b)

$L \leqslant 500$	0.030
$500 < L \leqslant 800$	0.040
$800 < L \leqslant 1\ 250$	0.050
$1\ 250 < L \leqslant 2\ 000$	0.060

L 为工作台或托板的较短边的长度。

检验工具

a) 指示器

b) 量块、指示器

检验方法(参照 GB/T 17421.1—1998 的有关条文)

a) 5.6.1.2.3

如果可能,X 轴线和 Z 轴线锁紧。

如主轴能锁紧,则指示器可装在主轴上,否则指示器应装在机床的固定部位。

b) 5.6.3.2

如果可能,Y 轴线锁紧。

半径 R 应尽可能大。

绕相应改变轴线名称的垂直或水平轴线回转的所有工件夹持工作台均应检验。

[a] 固有的回转工作台或一个在应有位置锁紧的代表性托板。

G22

检验项目

a) 工作台[a] 回转轴线与：

——纵向中央 T 形槽，或

——两定位孔间，或

——横向榫槽(如果有)的中心线的相交度；

b) 定位孔与工作台[a] 回转轴线的等距度。

简图

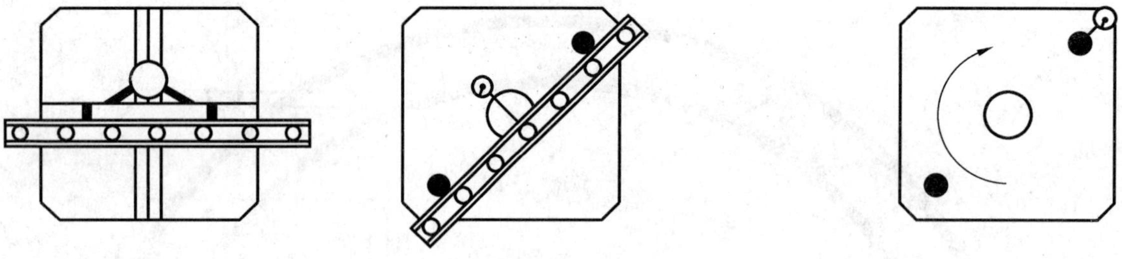

a)　　　　b)

公差

a)和 b)

0.030

检验工具

a) 平尺或标准销、指示器

b) 标准销、指示器

检验方法(参照 GB/T 17421.1—1998 的有关条文)

a) 在机床的固定部位固定指示器，使其测头触及平尺并调整零。移开平尺，工作台旋转 180°，将平尺重新靠近量块或标准销的另一侧，指示器新读数应不超过公差值。

b) 如果有定位孔时，应使用两个与该孔配合并具有相同直径突出部分的标准销来代替量块。

绕相应改变轴线名称的垂直或水平轴线回转的所有工件夹持工作台均应检验。

[a] 固有的回转工作台或一个在应有位置锁紧的代表性托板。

4.6 平行于 *Z* 轴的附加轴线

检验项目 G23

主轴轴向移动的直线度：

a） 在 *YZ* 垂直平面内；

b） 在 *ZX* 水平面内。

简图

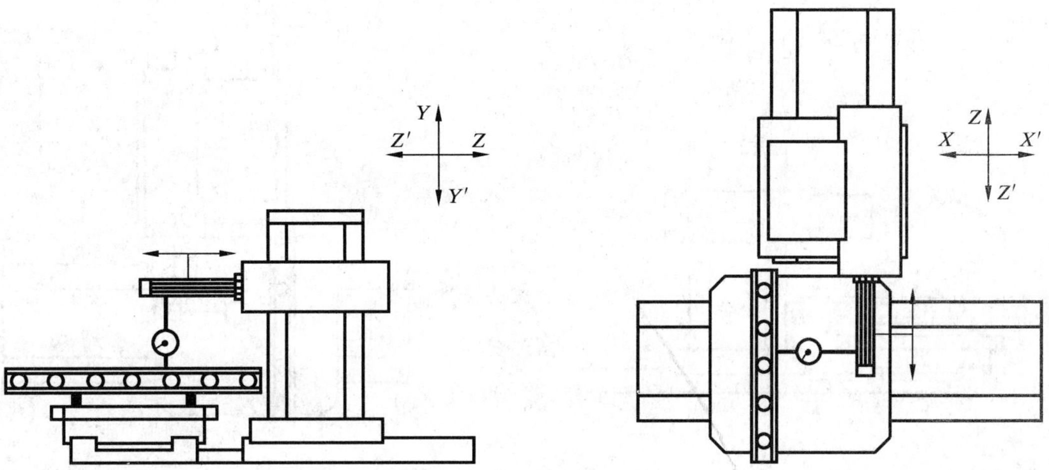

a)　　b)

公差

a)和 b)

在 300 测量长度上为 0.015

检验工具

平尺、指示器

检验方法(参照 GB/T 17421.1—1998 的有关条文：5.2.1.1;5.2.3;5.2.3.1.2 和 5.2.3.3.1)

a） 如果可能，*Y* 轴线锁紧。

b） 如果可能，*X* 轴线锁紧。

应注意：a)项偏差包含着主轴的常规挠度。

G24

检验项目

滑枕移动的直线度：

a） 在 *YZ* 垂直平面内；

b） 在 *ZX* 水平面内。

简图

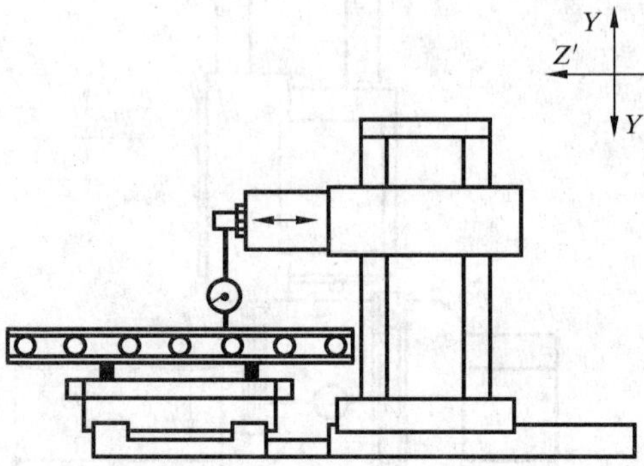

a)

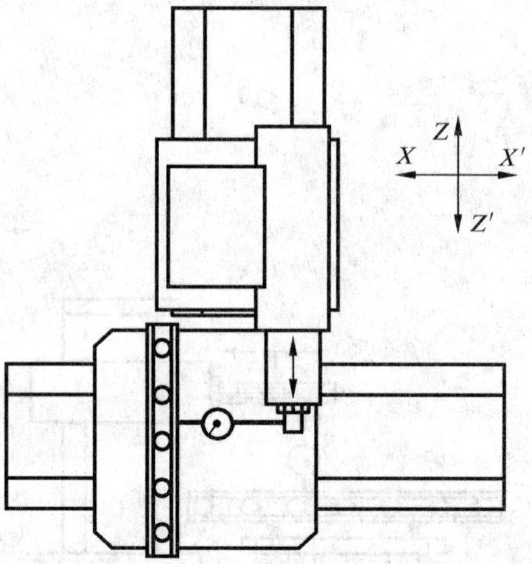

b)

公差

a）和 b）

在 300 测量长度上为 0.015

检验工具

平尺、指示器

检验方法（参照 GB/T 17421.1—1998 的有关条文：5.2.1.1；5.2.3；5.2.3.1.2；5.2.3.2.1 和 5.2.3.3.1）

a） 如果可能，*Y* 轴线锁紧。

b） 如果可能，*X* 轴线锁紧。

检验项目 G25

主轴轴向移动和 Z 轴线运动间的平行度：

a) 在 YZ 垂直平面内；

b) 在 ZX 水平面内。

简图

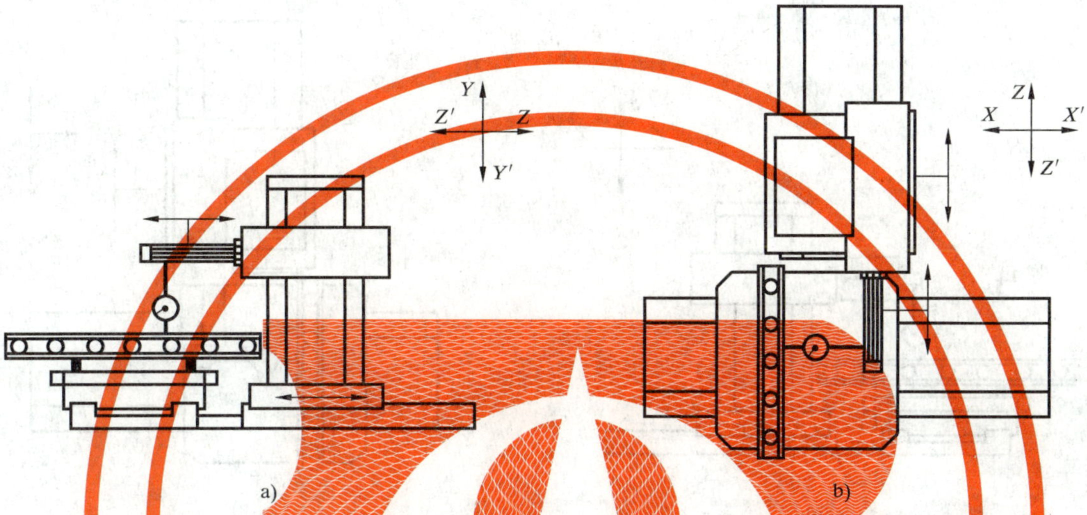

公差

a)和 b)

在 300 测量长度上为 0.025

检验工具

平尺、指示器或量块、指示器

检验方法(参照 GB/T 17421.1—1998 的有关条文:5.4.2.2.2 和 5.4.2.2.5)

a) 如果可能,Y 轴线锁紧。

b) 如果可能,X 轴线锁紧。

应注意:对于 a)偏差包含着主轴的常规挠度。

如果两个运动能同时动作,则用相同的速率移动两运动件,使指示器测头始终触及平尺或量块的相同点。

如果这不可能,则平尺应平行于 Z 轴线放置,或在测量中应考虑该平行度偏差。

检验项目

G26

滑枕移动和 Z 轴线运动间的平行度：

a) 在 YZ 垂直平面内；

b) 在 ZX 水平面内。

简图

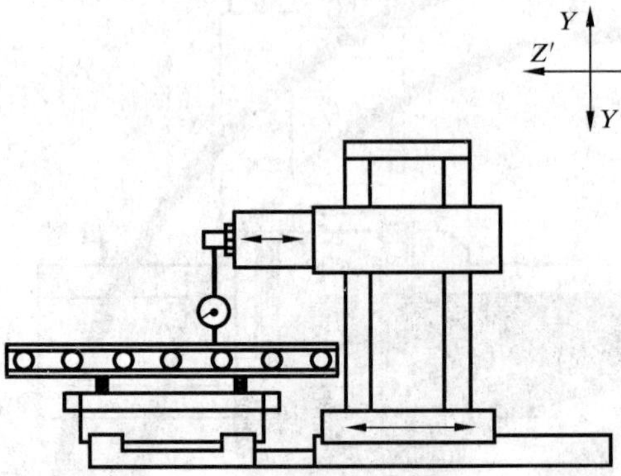

a)

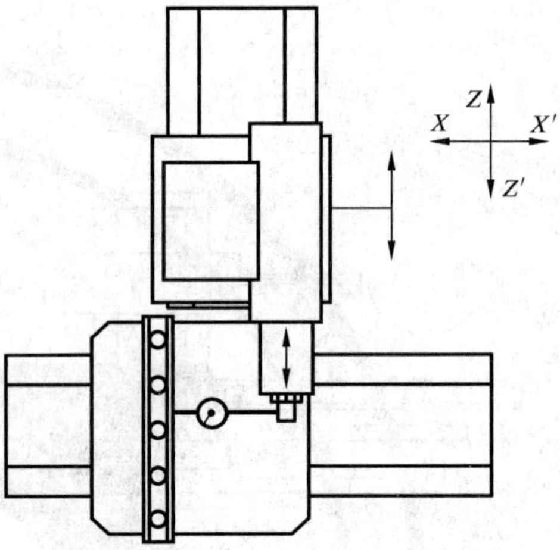

b)

公差

a)和 b)

在 300 测量长度上为 0.025

检验工具

平尺、指示器或量块、指示器

检验方法(参照 GB/T 17421.1—1998 的有关条文:5.4.2.2.2 和 5.4.2.2.5)

a) 如果可能,Y 轴线锁紧。

b) 如果可能,X 轴线锁紧。

如果两个运动能同时动作,则用相同的速率移动两运动件,使指示器测头始终触及平尺或量块的相同点。

如果这不可能,则平尺应平行于 Z 轴线放置,或在测量中应考虑该平行度偏差。

附 录 A
（规范性附录）
附加的 45°对分分度主轴头

检验项目 AG1

主轴轴线和 Z 轴线运动间的平行度：

a） 在 YZ 垂直平面内；

b） 在 ZX 水平面内。

简图

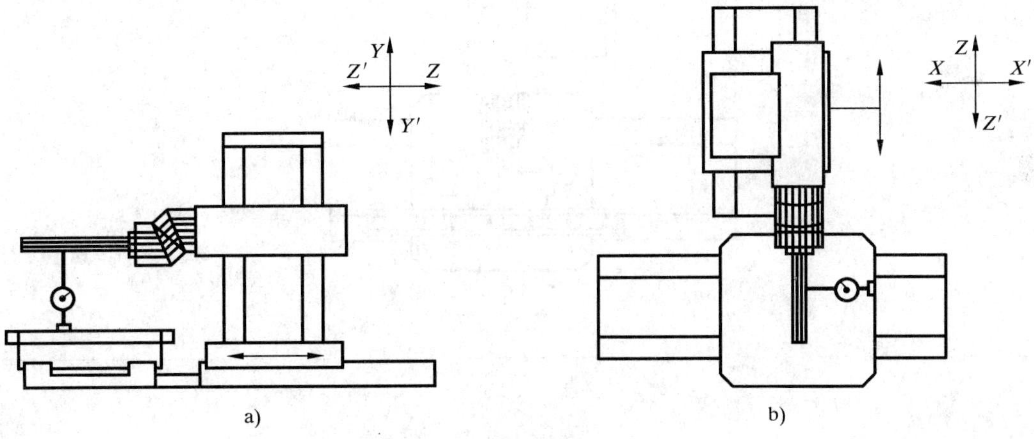

公差

a)和 b)

在 300 测量长度上为 0.025

检验工具

检验棒、指示器

检验方法（参照 GB/T 17421.1—1998 的有关条文：5.4.1.2.1 和 5.4.2.2.3）

X 轴线置于行程的中间位置。

对于 a)：如果可能，Y 轴线锁紧。

对于 b)：如果可能，X 轴线锁紧。

检验项目 主轴轴线和 X 轴线运动间的垂直度	AG2

简图

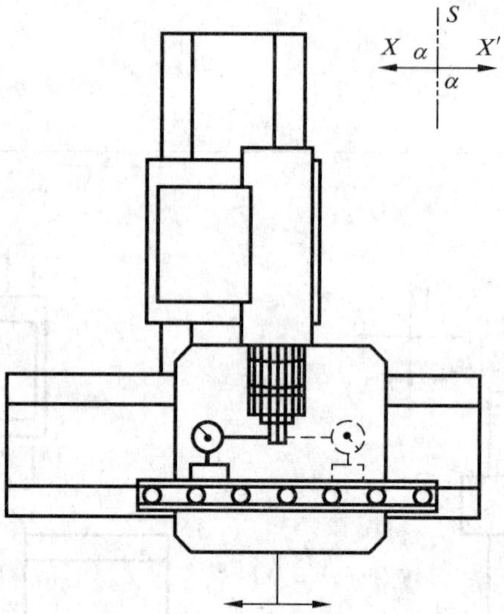

公差

0.025/300

检验工具

平尺、专用支架、指示器

检验方法(参照 GB/T 17421.1—1998 的有关条文:5.5.1.2.1;5.5.1.2.3.2 和 5.5.1.2.4.2)

如果可能,Z 轴线锁紧。

平尺应平行于 X 轴线放置。

此垂直度偏差也能从检验项目 G9 和 AG1b)推出,其相关偏差之和不超过这里所示的公差。

应记录角度 α 的值(小于、等于或大于 90°),用于参考和可能进行的修正。

检验项目

处于水平纵向位置的主轴轴线和 Y 轴线运动间的垂直度

AG3

简图

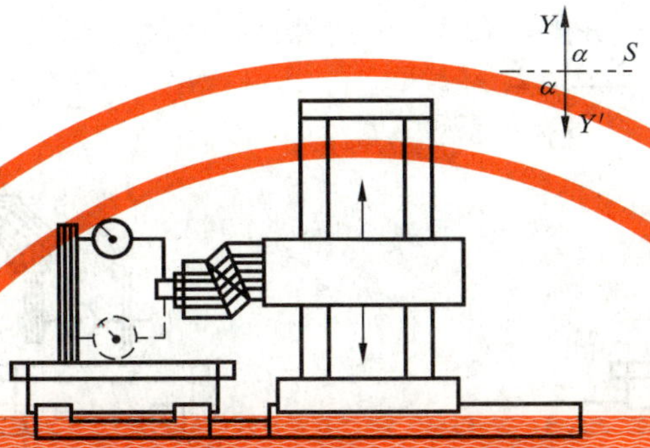

公差

0.025/300

检验工具

圆柱角尺、专用支架、指示器

检验方法(参照 GB/T 17421.1—1998 的有关条文:5.5.1.2.1;5.5.1.2.3.2 和 5.5.1.2.4.2)

如果可能,Z 轴线锁紧。

角尺应平行于角轴线放置,或在测量中应考虑该平行度偏差。

此垂直度偏差也能从检验项目 G8 和 AG1a)推出,其相关偏差之和不超过这里所示的公差。

应记录角度 α 的值(小于、等于或大于 90°),用于参考和可能进行的修正。

AG4

检验项目

处于垂直位置的主轴轴线和 Y 轴线运动间的平行度：

a） 在 XY 垂直平面内；

b） 在 YZ 垂直平面内。

简图

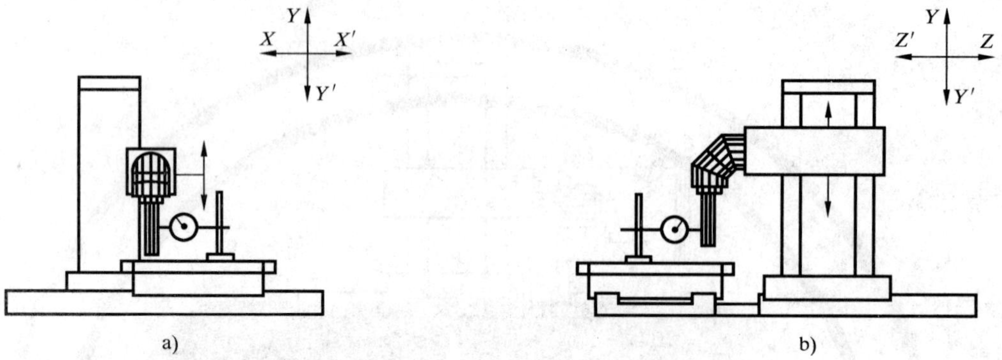

公差

a)和 b)

在 300 测量长度上为 0.025

检验工具

检验棒、指示器

检验方法（参照 GB/T 17421.1—1998 的有关条文：5.4.1.2.1 和 5.4.2.2.3）

X 轴置于其行程的中间位置。

对于 a)：如果可能，X 轴线锁紧。

对于 b)：如果可能，Z 轴线锁紧。

检验项目 AG5

处于垂直位置的主轴轴线和 X 轴线运动间的垂直度

简图

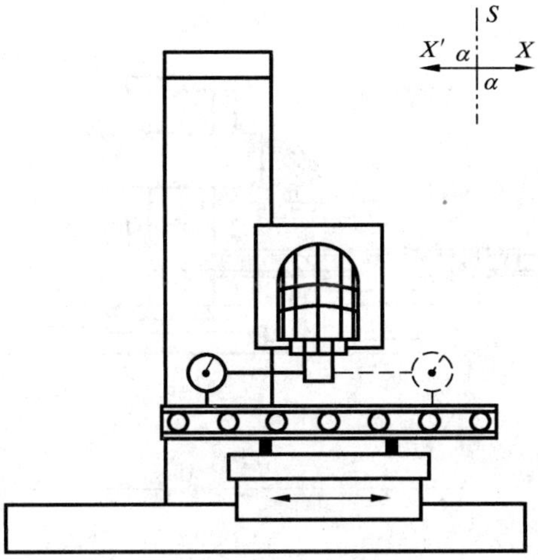

公差

0.025/300

检验工具

平尺、专用支架、指示器

检验方法(参照 GB/T 17421.1—1998 的有关条文:5.5.1.2.1 和 5.5.1.2.4.2)

如果可能,Y 轴线锁紧。

平尺应平行于 X 轴线放置。

此垂直度偏差也能从检验项目 G7 和 AG4a)推出,其相关偏差之和不超过这里所示的公差。

应记录角度 α 的值(小于、等于或大于 90°),用于参考和可能进行的修正。

AG6

检验项目

处于垂直位置的主轴轴线和 Z 轴线运动间的垂直度

简图

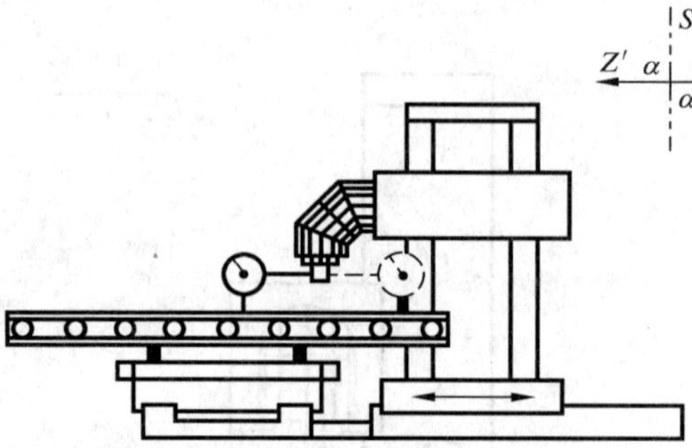

公差

0.025/300

检验工具

平尺、专用支架、指示器

检验方法(参照 GB/T 17421.1—1998 的有关条文:5.5.1.2.1 和 5.5.1.2.4.2)

如果可能,Y 轴线锁紧。

平尺应平行于 Z 轴线放置。

此垂直度偏差也能从检验项目 G8 和 AG4b)推出,其相关偏差之和不超过这里所示的公差。

应记录角度 α 的值(小于、等于或大于 90°),用于参考和可能进行的修正。

检验项目 AG7

处于水平横向位置的主轴轴线和 *X* 轴线运动间的平行度：

1） 主轴在左边位置：

a） 在 *XY* 垂直平面内；b） 在 *ZX* 水平面内。

2） 主轴在右边位置：

a） 在 *XY* 垂直平面内；b） 在 *ZX* 水平面内。

简图

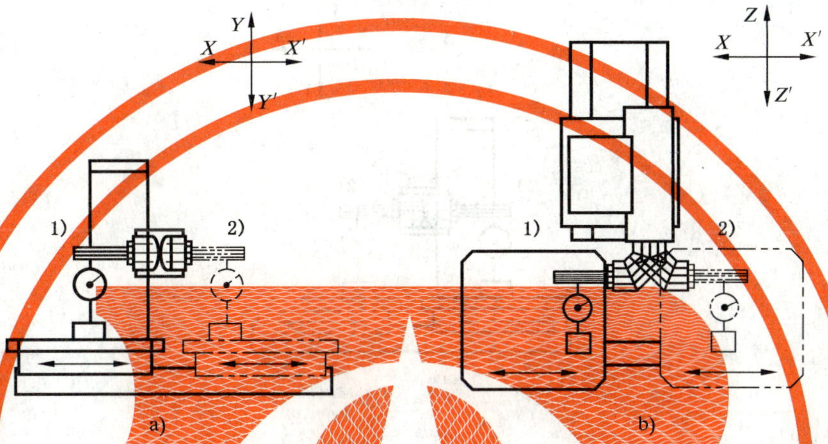

公差

在 300 测量长度上为 0.025

检验工具

检验棒 指示器

检验方法（参照 GB/T 17421.1—1998 的有关条文：5.4.1.2.1 和 5.4.2.2.3）

对于 a)：如果可能，*Y* 轴线锁紧。

对于 b)：如果可能，*Z* 轴线锁紧。

检验项目

两水平横向位置处主轴的高度差

AG8

简图

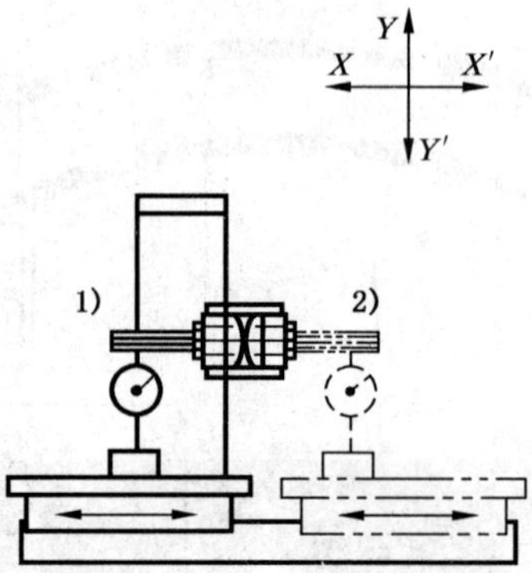

公差

0.030

检验工具

检验棒 指示器

检验方法(参照 GB/T 17421.1—1998 的有关条文)

为了忽略平行度偏差,仅在靠近主轴端部测取读数。

此偏差也能从检验项目 AG7 的 1)a)和 2)a)的读数推出。

检验项目 AG9

主轴轴线 S 和 45°回转轴线 D 处于同一平面内

简图

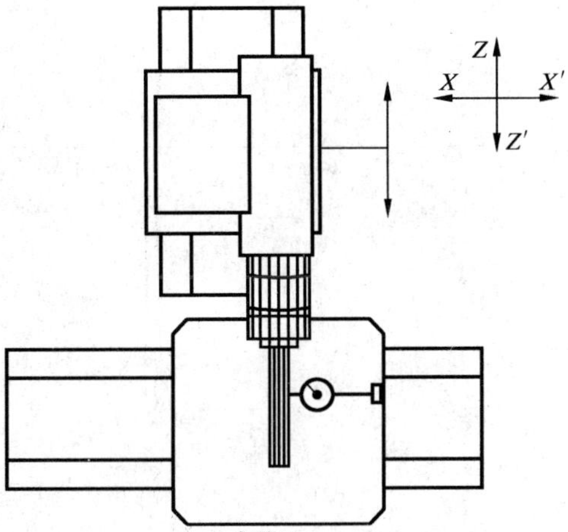

步骤1)

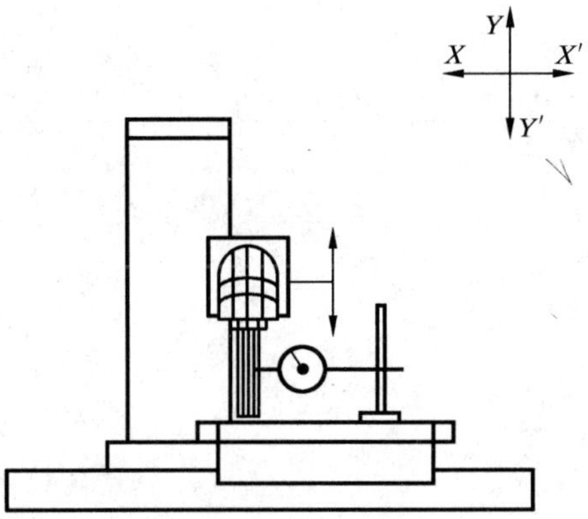

步骤2)

公差

0.020

检验工具

检验棒 指示器

检验方法(参照 GB/T 17421.1—1998 的有关条文)

如果可能,X 轴线锁紧。

步骤 1)主轴调至沿 Z 轴方向的水平位置,在工作台上固定指示器,使其测头触及检验棒靠近主轴端部并调零。

步骤 2)仅沿 Y 轴线和 Z 轴线移开主轴头,以避免干涉指示器,旋转 D 轴线以调整主轴轴线至垂直位置,并使检验棒重新与指示器接触。

当步骤 2)中的运动结束后,指示器读数之半不应超过公差值。

此项检验的偏差能在检验 AG1b)之后进行检验 AG4a)时,在不移动 X 轴线和不重新调整指示器的情况下测得。

附 录 B
（规范性附录）
附加的回转主轴头

检验项目 BG1

主轴头座旋转轴线 C 和 X 轴线运动间的垂直度

简图

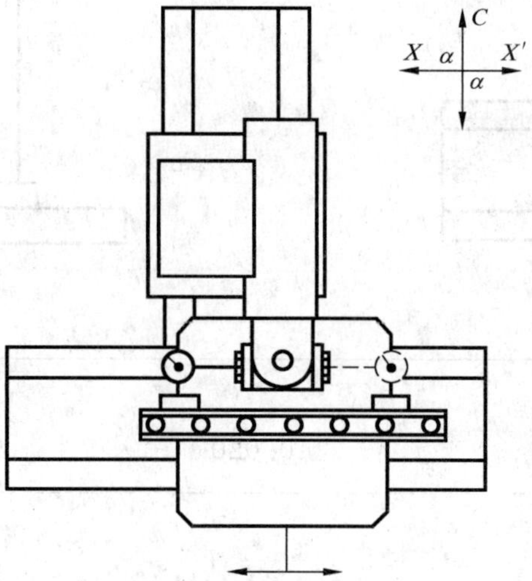

公差

0.025/500

检验工具

平尺、指示器

检验方法（参照 GB/T 17421.1—1998 的有关条文：5.5.1.2.1；5.5.1.2.3.2 和 5.5.1.2.4.2）

如果可能，Z 轴线锁紧。

平尺应平行于 X 轴线放置。

指示器可装在专用支架上或检验棒上，在这种情况下调整主轴垂直于 Z 轴线。

应记录角度 α 的值（小于、等于或大于 90°），用于参考和可能进行的修正。

检验项目 主轴头座旋转轴线 C 和 Y 轴线运动间的垂直度	BG2

简图

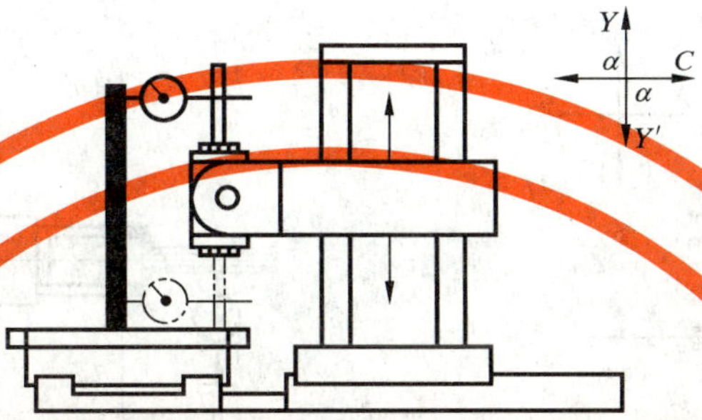

公差

0.025/500

检验工具

角尺、指示器

检验方法(参照 GB/T 17421.1—1998 的有关条文:5.5.1.2.1;5.5.1.2.3.2 和 5.5.1.2.4.2)

如果可能,Z 轴线锁紧。

角尺应平行于 Y 轴线放置。

指示器可装在专用支架上或检验棒上,在这种情况下调整主轴垂直于 Z 轴线。

应记录角度 α 的值(小于、等于或大于 90°),用于参考和可能进行的修正。

BG3

检验项目

主轴头旋转轴线 A 和主轴头座旋转轴线 C 间的垂直度

简图

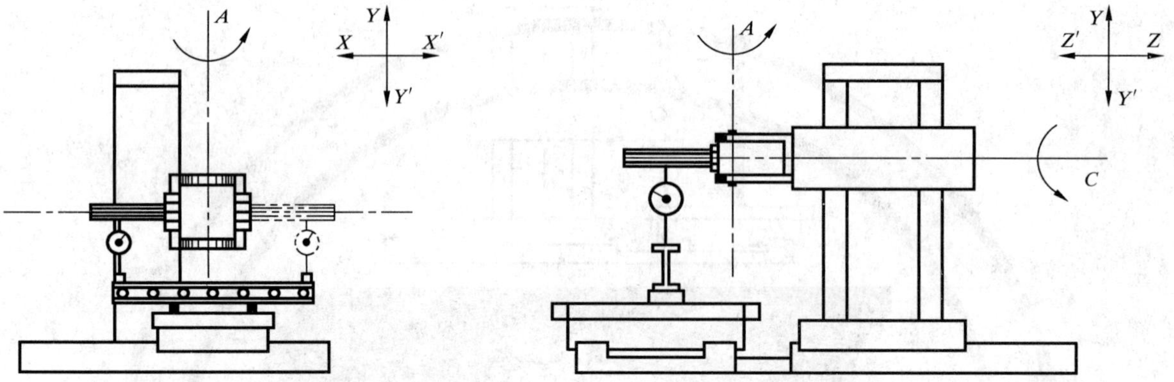

步骤 1)　　　　步骤 2)

公差

0.035/500

检验工具

平尺或平板、检验棒、指示器

检验方法(参照 GB/T 17421.1—1998 的有关条文)

如果可能,Y 轴线锁紧。

平尺应平行于 X 轴线放置。

步骤 1)调整主轴头座(C 轴线)的角度位置,使指示器两读数在主轴处于左、右位置时相等(A 轴线垂直于 X 轴线),将指示器调零,并在检验棒上接触点处作出标记。

步骤 2)旋转主轴头(A 轴线)90°,使主轴调至沿 Z 轴线方向的水平位置,移动 Z 轴线(指示器置于平尺上)使指示器测头重新触及检验棒上标记点处,记录读数。

步骤 3)旋转主轴头座(C 轴线)180°,重复步骤 1)调整和步骤 2)测量。

步骤 2)中两次测量差之半除以指示器与主轴头旋转轴线 A 间的距离,应不超过公差值。

注:步骤 2)中两次测量读数和之半(即它们的平均值)除以指示器与主轴头旋转轴线 A 间的距离。给出了 C 轴线和 Z 轴线间在 YZ 垂直平面内的平行度偏差,相当于检验 G8 和 BG2 的综合。通过步骤 1)调整时的指示器调零,避免了主轴轴线 S 和 A 轴线间的垂直度偏差(由检验 BG4 测量)。

检验项目	BG4

主轴轴线 S 和主轴头旋转轴线 A 间的垂直度

简图

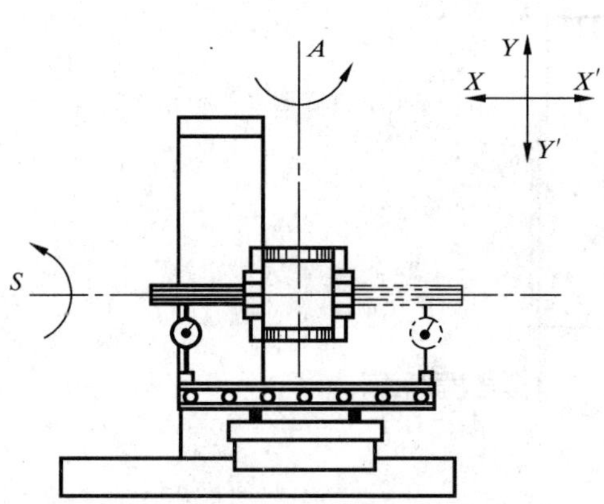

步骤 1)

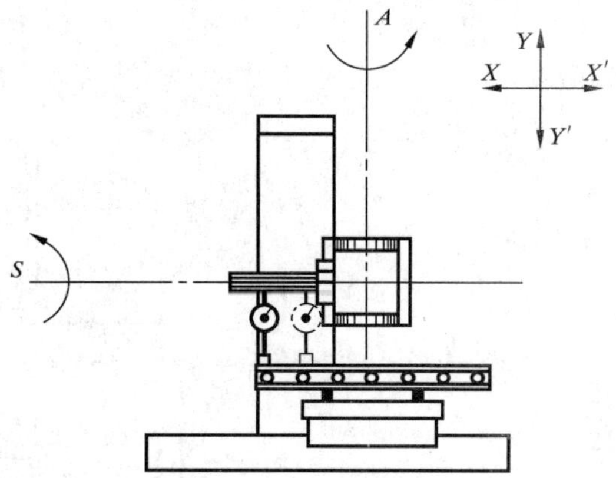

步骤 2)

公差

在 500 测量长度上为 0.040

检验工具

平尺或平板、检验棒、指示器

检验方法(参照 GB/T 17421.1—1998 的有关条文)

如果可能，X 轴线锁紧。

平尺应平行于 X 轴线放置。

步骤 1)用上述检验 BG3a)的方法进行调整。

步骤 2)在两个主轴横向位置中的任一位置处，测量主轴轴线 S 在 XY 垂直平面内的平行度偏差，该偏差即等于主轴轴线 S 和 A 轴线间的垂直度偏差。

BG5

检验项目

主轴轴线 S 和主轴头旋转轴线 A 处于同一平面内

简图

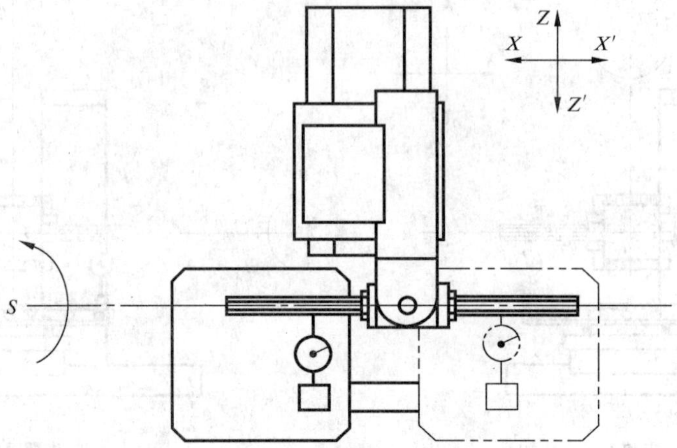

公差

0.020

检验工具

检验棒、指示器

检验方法(参照 GB/T 17421.1—1998 的有关条文)

如果可能,Z 轴线锁紧。

旋转主轴头至一边,调整 A 轴线使检验棒在 ZX 水平面内平行于 X 轴线。

指示器调零并固定在工作台上。

仅沿 X 轴线和 Y 轴线移开主轴头,以避免干涉指示器,旋转 A 轴线 180°,沿 X 轴线和 Y 轴线运动使检验棒重新与指示器接触。

调整 A 轴线使检验棒在另一边平行于 X 轴线,不再调整指示器。

指示器新读数之半应不超过公差值。

检验项目 BG6

沿 Z 轴方向处于水平位置主轴轴线 S 和主轴头座旋转轴线 C 的重合度：

a) 在包含 A 轴线和 C 轴线的 AC 平面内；

b) 在垂直于 AC 平面的平面内。

简图

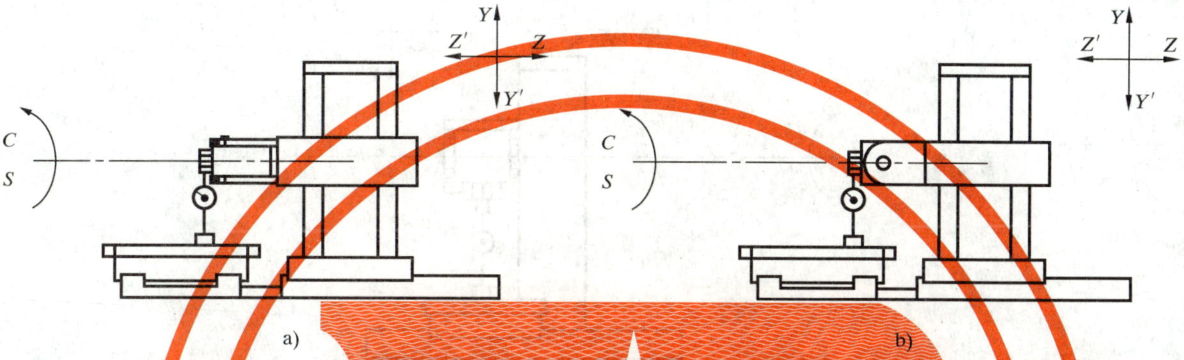

公差

a) 0.020　　b) 0.030

检验工具

指示器或检验棒、指示器

检验方法(参照 GB/T 17421.1—1998 的有关条文)

调整主轴头旋转轴线 A，使主轴轴线 S 和 C 轴线间的平行度偏差为最小。指示器测头应触及主轴的外表面或内表面，或触及检验棒靠近主轴端部处，旋转 C 轴线 90°四次。

在 a)和 b)两平面测得的读数应除以 2，并和公差相比较。

在垂直于 A 轴线的平面内 b)的测量结果，包含着由检验项目 BG5 检查的主轴轴线 S 和 A 轴线间的距离，以及由检验项目 BG7 检查的 A 轴线和 C 轴线间的距离。

对于此项检验，S 轴线和 C 轴线均平行于 Z 轴线。

检验项目 BG7

主轴头旋转 A 和主轴头座旋转轴线 C 处于同一平面内

简图

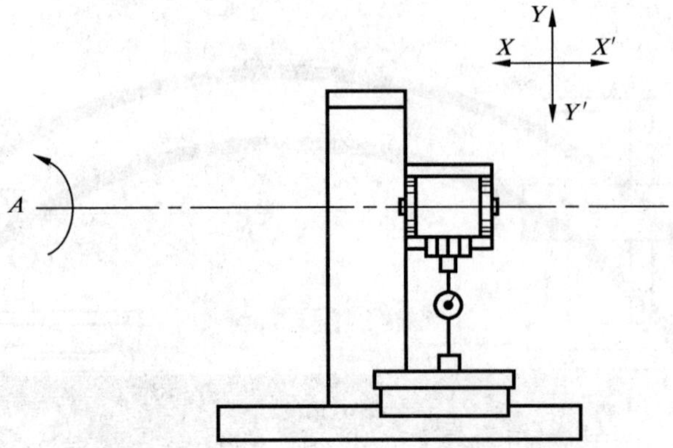

公差

0.020

检验工具

指示器、平板

检验方法(参照 GB/T 17421.1—1998 的有关条文:5.4.2.2.2 和 5.4.2.2.5)

如果可能,Y 轴线锁紧。

平板应平行于 ZX 平面放置。

如主轴能锁紧,则指示器可装在主轴上。

调整 A 轴线和 C 轴线使主轴垂直于平板,指示器调零。

旋转 A 轴线和 C 轴线 180°并测取指示器读数。

指示器读数之半应不超过公差值。

附 录 C
（规范性附录）
整体万能45°对分连续分度主轴头

检验项目 CG1

主轴头体旋转轴线 C 和 X 轴线运动间的垂直度

简图

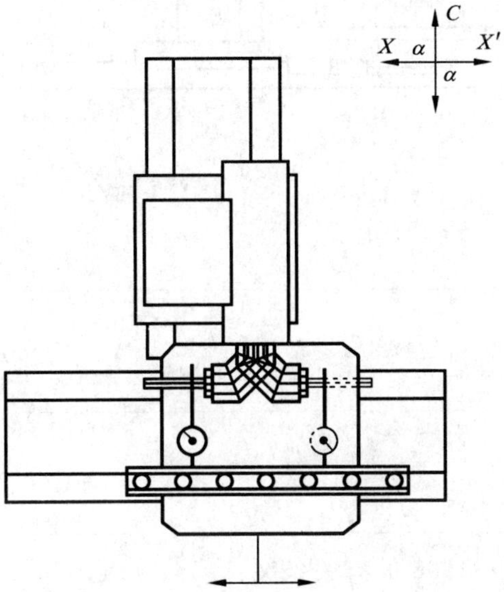

公差

0.035/500

检验工具

平尺、指示器

检验方法（参照 GB/T 17421.1—1998 的有关条文：5.5.1.2.1；5.5.1.2.3.2 和 5.5.1.2.4.2）

如果可能，Z 轴线锁紧。

平尺应平行于 X 轴线放置。

指示器可装在主轴头体上，在这种情况下调整主轴垂直于 Z 轴线。

应记录角度 α 的值（小于、等于或大于 90°），用于参考和可能进行的修正。

检验项目 CG2

主轴头体旋转轴线 C 和 Y 轴线运动间的垂直度

简图

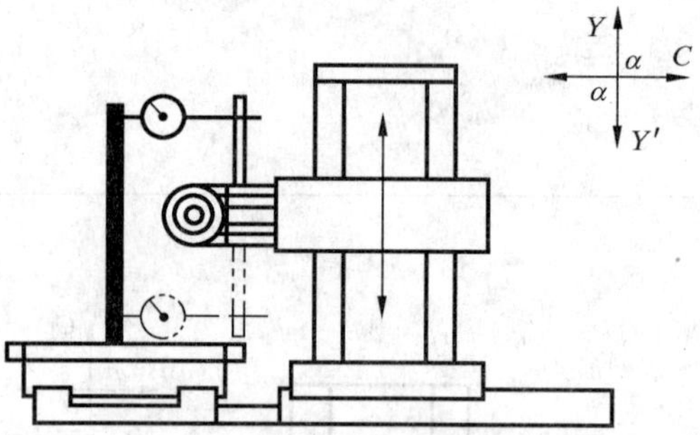

公差

0.035/500

检验工具

角尺、指示器

检验方法(参照 GB/T 17421.1—1998 的有关条文:5.5.1.2.1;5.5.1.2.3.2 和 5.5.1.2.4.2)

如果可能,Z 轴线锁紧。

角尺应平行于 Y 轴线放置。

指示器可装在主轴头体上,在这种情况下调整主轴垂直于 Z 轴线。

应记录角度 α 的值(小于、等于或大于 90°),用于参考和可能进行的修正。

检验项目

CG3

主轴头体旋转轴线 C 和 Z 轴线运动间的平行度：

a) 在 YZ 垂直平面内；

b) 在 ZX 水平面内。

简图

公差

a)和 b)

在 300 测量长度上为 0.020

检验工具

检验棒、指示器

检验方法(参照 GB/T 17421.1—1998 的有关条文:5.4.1.2.1 和 5.4.2.2.3)

只有 C 轴线能至少旋转 180°时才能进行此项检验。

X 轴线置于行程的中间位置。

对于 a):如果可能,Y 轴线锁紧。

对于 b):如果可能,X 轴线锁紧。

调整主轴至沿 Z 轴方向的水平位置,并检查其在 YZ 垂直平面内和 ZX 水平面内与 Z 轴线间的平行度。然后旋转主轴头体(C 轴线)180°,并重复测量在两个平面的平行度。

在两个平面内,旋转 180°前、后两读数偏差的平均值应不超过公差值。

检验项目 主轴轴线 S 和主轴头旋转轴线 D 间的 45°角度精度	CG4

简图

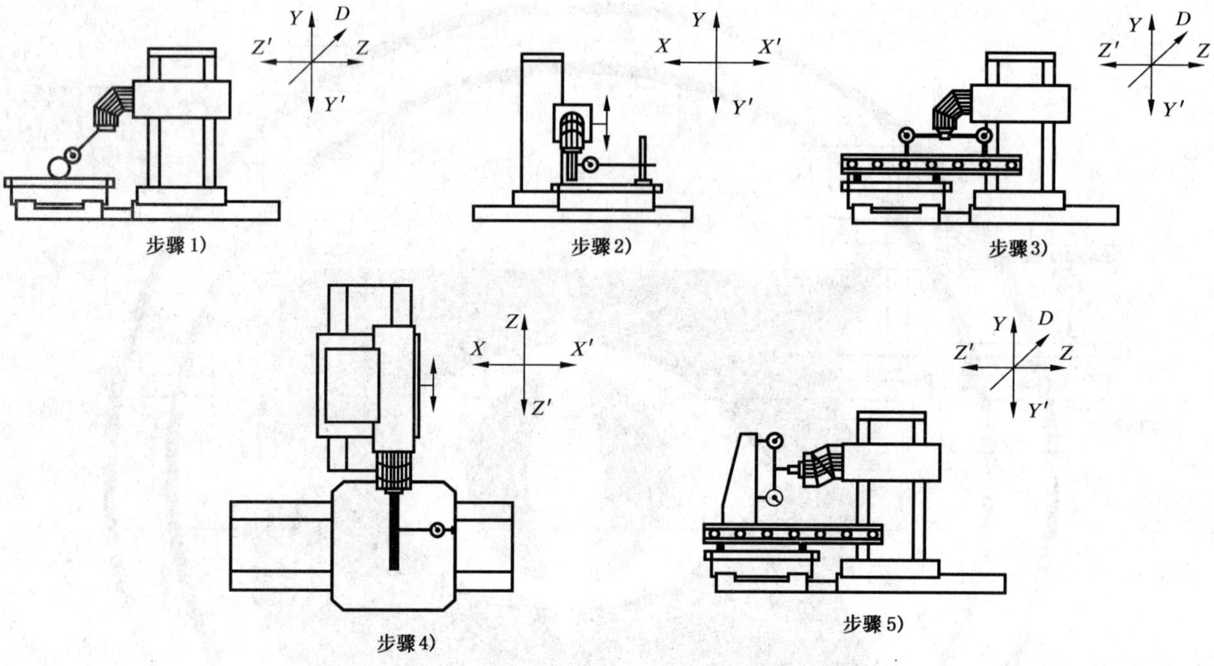

公差

0.020/300

检验工具

检验棒、平尺、圆柱形角尺、指示器

检验方法(参照 GB/T 17421.1—1998 的有关条文)

步骤 1)借助于平行于 X 轴线放置的圆柱以及旋转固定有指示器的主轴头(D 轴线)180°,将主轴头体(C 轴线)调至垂直位置。锁紧主轴头体。

步骤 2)将主轴头(D 轴线)调至垂直位置,使主轴轴线在 XY 平面内平行于 Y 轴线。

步骤 3)测量主轴轴线和平行于 Z 轴线放置的平尺间的垂直度,记录读数及其方向(例如:正为张开,负为闭合)。

步骤 4)将主轴头(D 轴线)调至水平位置,使主轴轴线在 ZX 水平面内平行于 Z 轴线。

步骤 5)测量主轴轴线和置于平尺上的角尺间的垂直度,记录读数及其方向。

步骤 3)和步骤 5)中所测得偏差的代数差之半应不超过公差值(不可以把上述计算与代数和之半相混淆,后者具有完全不同的含义)。

检验项目 CG5

主轴头体旋转轴线 D 和主轴头体旋转轴线 C 间的 45°角度精度

简图

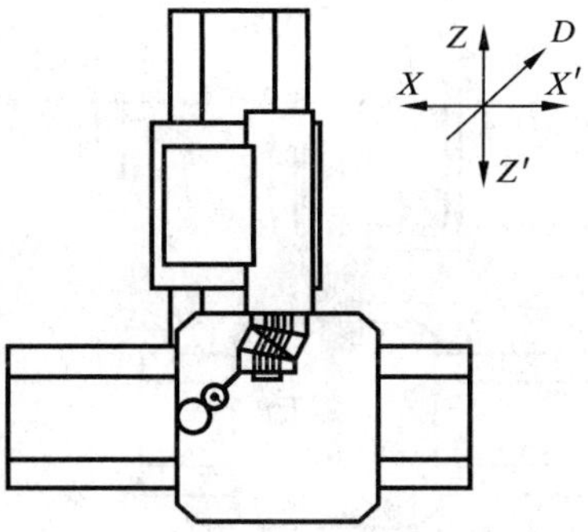

步骤 1)

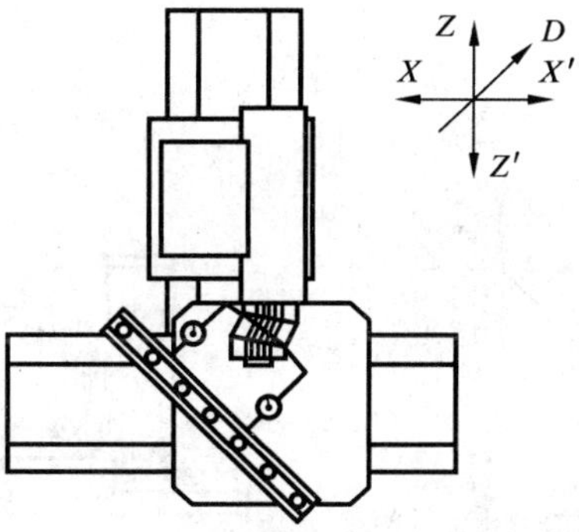

步骤 2)

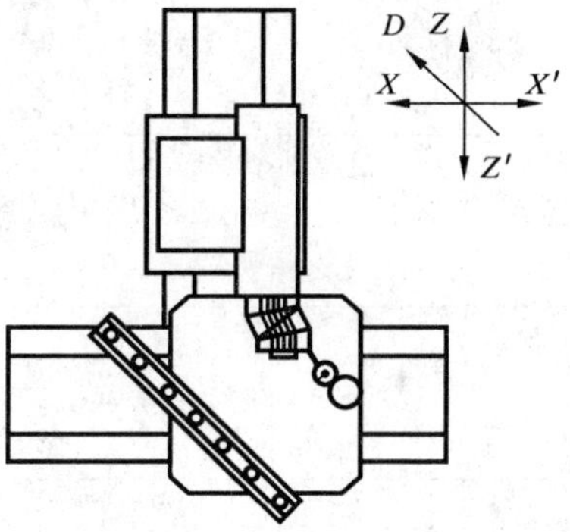

步骤 3)

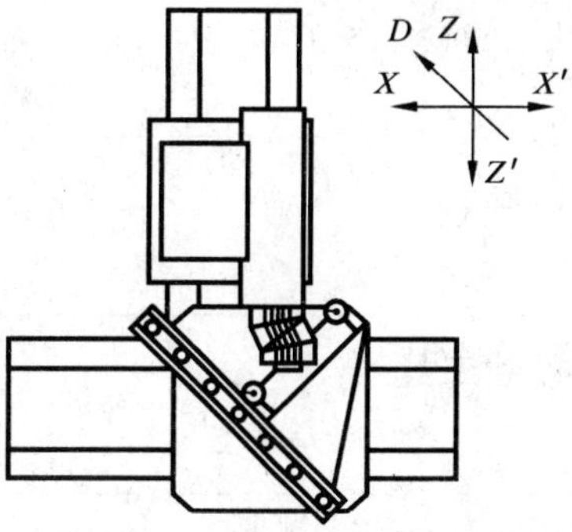

步骤 4)

公差

0.020/300

检验工具

平尺、角尺、圆柱形角尺、指示器

检验方法(参照 GB/T 17421.1—1998 的有关条文:5.4.2.2.2 和 5.4.2.2.5)

步骤 1)借助于平行于 Y 轴线放置的圆柱以及旋转固定指示器的主轴头(D 轴线)180°,将主轴头体(C 轴线)调至水平位置。锁紧主轴头体。

步骤 2)在工作台上放置角尺,使其一边垂直于旋转轴线 D。

步骤 3)使用步骤 1)中相同的方法在另一边调整主轴头体。

步骤 4)然后测量旋转轴线 D 和紧靠平尺放置的角尺间的垂直度。

测得的偏差之半应不超过公差值。

检验项目 CG6

主轴轴线 S 和主轴头旋转轴线 D 处于同一平面内

简图

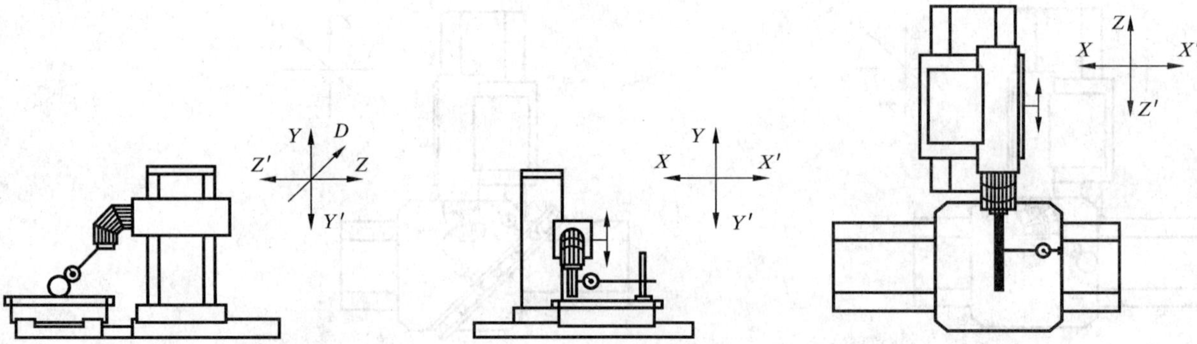

步骤1)　　步骤2)　　步骤3)

公差

0.020

检验工具

检验棒、指示器

检验方法(参照 GB/T 17421.1—1998 的有关条文)

如果可能,X 轴线锁紧。

步骤 1)按检验项目 CG4 步骤 1)调整主轴头体(C 轴线)。

步骤 2)按检验项目 CG4 步骤 2)调整主轴头(D 轴线)。

步骤 3)按检验项目 CG4 步骤 4)调整主轴头(D 轴线),不重调指示器,仅移动 Y 轴线和 Z 轴线。

在完成步骤 3)调整后,指示器读数之半应不超过公差值。

检验项目

CG7

主轴头旋转轴线 D 和主轴头旋转轴线 C 处于同一平面内

简图

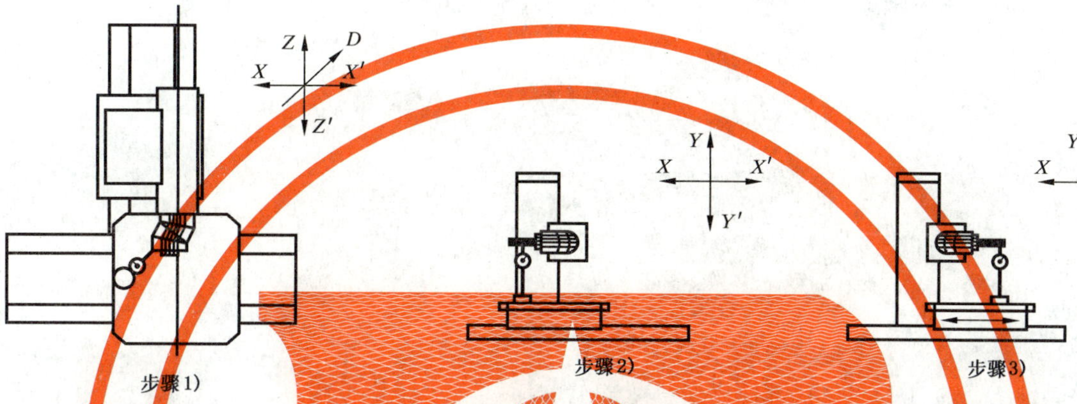

公差

0.020

检验工具

检验棒、指示器

检验方法(参照 GB/T 17421.1—1998 的有关条文)

如果可能,Y 轴线锁紧。

步骤 1)按检验 CG5a)中步骤 1)调整主轴头体(C 轴线)。

步骤 2)调整主轴头(D 轴线)。使主轴轴线在 XY 垂直平面内平行于 X 轴线,指示器调零。

步骤 3)旋转主轴体(C 轴线)180°并调整,使主轴在另一面再次平行于 X 轴线,不重调指示器,仅移动 X 轴线和 Z 轴线。

指示器读数之半等于此项偏差和检验项目 CG6 偏差的代数和。

ICS 25.040.10
J 50

中华人民共和国国家标准

GB/T 18400.2—2010/ISO 10791-2:2001

加工中心检验条件
第2部分:立式或带垂直主回转轴的万能主轴头机床几何精度检验(垂直Z轴)

**Test conditions for machining centres—
Part 2:Geometric tests for machines with vertical spindle or universal heads with vertical primary rotary axis (vertical *Z*-axis)**

(ISO 10791-2:2001, IDT)

2010-11-10 发布　　2011-03-01 实施

中华人民共和国国家质量监督检验检疫总局
中国国家标准化管理委员会　发布

前　言

GB/T 18400《加工中心检验条件》分为以下十个部分：

——第1部分：卧式和带附加主轴头机床几何精度检验（水平Z轴）；

——第2部分：第2部分：立式或带垂直主回转轴的万能主轴头机床几何精度检验（垂直Z轴）；

——第3部分：带水平主回转轴的整体万能主轴头机床几何精度检验（垂直Z轴）；

——第4部分：线性和回转轴线的定位精度和重复定位精度检验；

——第5部分：工件夹持托板的定位精度和重复定位精度检验；

——第6部分：进给量、速度和插补精度检验；

——第7部分：精加工试件精度检验；

——第8部分：三个坐标平面上轮廓特性的评定；

——第9部分：刀具转换和托板转换动作时间的评定；

——第10部分：热效应的评定。

本部分为GB/T 18400的第2部分。

本部分等同采用ISO 10791-2:2001《加工中心检验条件　第2部分：立式或带垂直主回转轴的万能主轴头机床几何精度检验（垂直Z轴）》（英文版）。

考虑到我国国情，在采用ISO 10791-2:2001时，本部分做了一些编辑性修改：

——“本标准”一词改为“本部分”；

——第3章标题“简要说明”改为“一般要求”；

——删除了ISO 10791-2:2001的前言和引言，增加了国家标准的前言；

——删除了ISO 10791-2:2001的参考文献。

本部分的附录A、附录B和附录C为规范性附录。

本部分由中国机械工业联合会提出。

本部分由全国金属切削机床标准化技术委员会（SAC/TC 22）归口。

本部分起草单位：北京机床研究所、北京第一机床厂、昆明机床股份有限公司、沈阳钻镗床研究所。

本部分主要起草人：李祥文、张维、胡瑞琳、唐其寿、许立亭。

加工中心检验条件 第2部分:立式或带垂直主回转轴的万能主轴头机床几何精度检验(垂直Z轴)

1 范围

GB/T 18400的本部分规定了立式(即:垂直Z轴)加工中心(或数控铣床、数控镗床等)的几何精度检验。

本部分适用于基本上具有三个数控轴线,即三个线性轴线(X、Y和Z)至2 000 mm的立式加工中心,也适用于滑枕、套筒或万能主轴头的附加运动,如:回转轴线(A′、B′、和C′)。

本部分在附录中列出了可能的附加任选水平轴和二种附加万能主轴头的检验项目:

——附录A:任选水平轴(检验项目AG1～AG6);

——附录B:回转摇摆主轴头,具有一个数控回转轴线(检验项目BG1～BG2);

——附录C:回转主轴头,具有相互垂直的两数控回转轴线(检验项目CG1～CG7)。

本部分仅适用于机床的几何精度检验,不适用于机床的运动精度检验。通常情况下这两种检验是分别进行的。在无负荷或精加工条件下机床的某些其他检验将包括在GB/T 18400的其他部分中。

2 规范性引用文件

下列文件中的条款通过GB/T 18400的本部分的引用而成为本部分的条款。凡是注日期的引用文件,其随后所有的修改单(不包括勘误的内容)或修订版均不适用于本部分,然而,鼓励根据本部分达成协议的各方研究是否可使用这些文件的最新版本。凡是不注日期的引用文件,其最新版本适用于本部分。

GB/T 17421.1—1998 机床检验通则 第1部分:在无负荷或精加工条件下机床的几何精度(eqv ISO 230-1:1996)

ISO 8526-1:1990 机床通用部件 随行托板 第1部分:名义尺寸至800 mm的工件随行托板

ISO 8526-2:1990 机床通用部件 随行托板 第2部分:名义尺寸大于800 mm的工件随行托板

3 一般要求

3.1 测量单位

本部分中的所有线性尺寸、偏差和相应的公差的单位为毫米(mm);角度尺寸的单位为度(°),角度偏差和相应的公差用比值表示,但在某些情况下为了清晰,可用微弧度(μrad)或角秒(″)表示。表达式的等效关系如下:

$$0.010/1\ 000 = 10 \times 10^{-6} = 10\ \mu rad \approx 2''$$

3.2 参照标准

使用本部分时应参照GB/T 17421.1—1998,尤其是机床检验前的安装,主轴和其他运动部件的升温,检验方法和检验工具的推荐精度。

在第4章和附录A至附录C的“检验方法”一栏中,其说明应符合该项检验参照的GB/T 17421.1—1998中相应章节的规定。

3.3 检验顺序

本部分所列出的检验项目的顺序,并不表示实际的检验顺序,为了装拆检验工具和检验方便,可按任意次序进行检验。

3.4 检验项目

检验机床时，根据结构特点并不是必须检验本部分中的所有项目。为了验收目的而要求检验时，可由用户取得制造厂同意选择一些感兴趣的检验项目，但这些项目必须在机床订货时明确提出。

3.5 检验工具

本部分所规定的检验工具仅为举例。可以使用相同指示量和至少具有相同精度的其他检验工具。指示器应具有 0.001 mm 的分辨率。

3.6 简图

为简明起见，本部分的几何精度检验项目仅附一种结构形式的机床简图。

3.7 托板

对于带有几个托板工作的机床，涉及到托板的固有几何特性或与机床轴线有关的运行状态的检验（检验项目 G15 至 G22），如果在机床订货协议中没有明确规定，仅对锁紧在工作位置上的任意一个代表性托板进行。

3.8 软件补偿

当软件设备可用来补偿某些检验项目偏差时，按用户和制造厂的协议，可在使用或不使用这些补偿的情况下进行相关项目的检验。当使用软件补偿时，应在检验项目中标明。

3.9 机床结构

本部分中的机床按照它们的结构和沿线性轴线运动的部件，划分为 12 种基本结构型式。这些结构型式分别用数字 01 至 12 标明，如图 1 所示。其结构型式分类见表 1[1)]。

3.10 标志

本部分推荐用一种短代码的标志来表示机床的结构型式，这种标志由下列部分给定的顺序组成：

a） “加工中心”；

b） 本部分标准编号；

c） 字母“V”代表“立式”；

d） 图 1 中相应框图和表 1 序号栏内标明的数字。

示例：工作台沿 X 轴线运动、立柱沿 Y 轴线运动，主轴箱沿 Z 轴线运动的立式加工中心的标志为：

加工中心　　GB/T 18400.2　　型式　　V07

3.11 最小公差

当实测长度与本部分规定的长度不同时，公差应根据 GB/T 17421.1—1998 中 2.3.1.1 的规定，按能够测量的长度折算。折算结果小于 0.005 mm 时，仍按 0.005 mm 计。

1） 一些立式加工中心的结构型式与型式 V10（龙门固定式）和型式 V11（龙门移动式）类似，但只有一个立柱。GB/T 18400 的本部分也适用于它们。在这种情况下，必要时应修改条文，用术语“立柱”代替“龙门”，“摇臂”代替“横梁”。

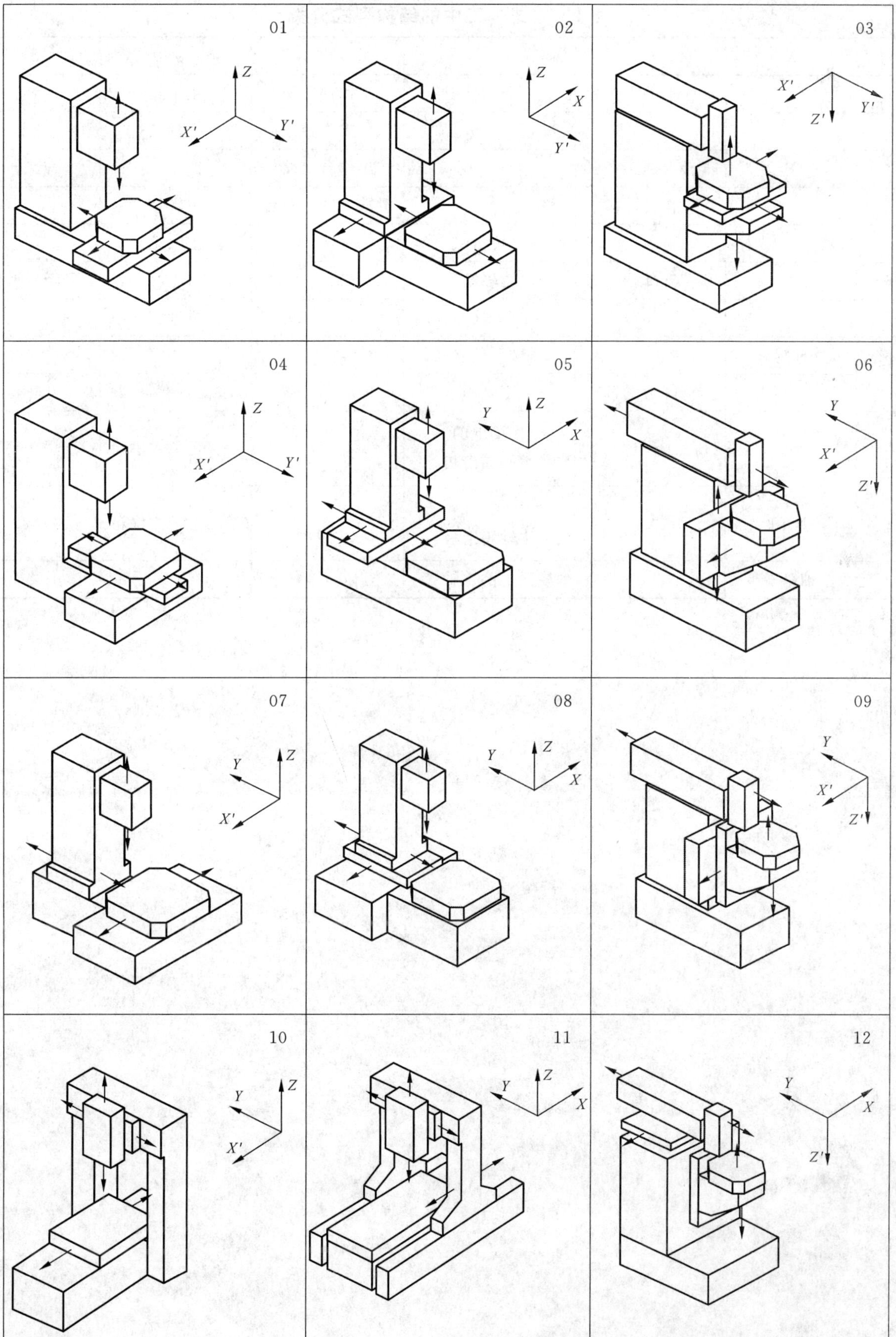
01
Z
X'
Y'
02
Z
X
Y'
03
X'
Y'
Z'
04
Z
X'
Y'
05
Y
Z
X
06
Y
X'
Z'
07
Y
Z
X'
08
Y
Z
X
09
Y
X'
Z'
10
Y
Z
X'
11
Y
Z
X
12
Y
X
Z'

图 1　机床结构型式图

表 1　立式加工中的结构型式分类

序号	X	X'	Y	Y'	Z	Z'
01		滑鞍上的工作台		工作台滑鞍	主轴箱	
02	立柱			工作台	主轴箱	
03		滑鞍上的工作台		工作台滑鞍		升降台
04		工作台滑鞍		滑鞍上的工作台	主轴箱	
05	滑鞍上的立柱		立柱滑鞍		主轴箱	
06		升降台	主轴箱			升降台滑鞍
07		工作台	立柱		主轴箱	
08	立柱滑鞍		滑鞍上的立柱		主轴箱	
09		升降台滑鞍	主轴箱			升降台
10		工作台	横梁上的 主轴箱滑板		滑板上的主轴箱	
11	龙 门		横梁上的 主轴箱滑板		滑板上的主轴箱	
12	主轴箱滑板		横梁上的主轴箱			升降台

4 几何精度检验

4.1 线性运动的直线度

检验项目 G1

X 轴线运动的直线度：

a) 在 ZX 垂直平面内；

b) 在 XY 水平面内。

简图

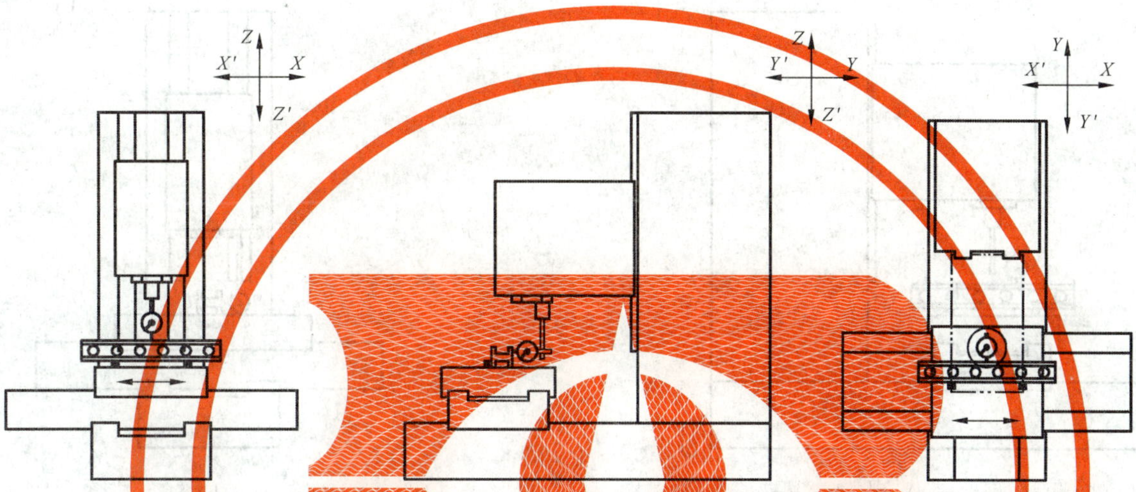

a) b)

公差

a)和 b)

X≤500	0.010
500<X≤800	0.015
800<X≤1 250	0.020
1 250<X≤2 000	0.025

局部公差：在任意 300 测量长度上为 0.007

检验工具

a) 平尺 指示器或光学方法

b) 平尺 指示器或钢丝和显微镜或光学方法

检验方法(参照 GB/T 17421.1—1998 的有关条文：5.2.1.1；5.2.3；5.2.3.1.2；5.2.3.2.1 和 5.2.3.3.1)

对所有结构型式的机床，平尺或钢丝或直线度反射器都应置于工作台上，如主轴能锁紧，则指示器或显微镜或干涉仪可装在主轴上，否则检验工具应装在机床的主轴箱上。

测量线应尽可能靠近工作台的中央。

检验项目 G2

Y 轴线运动的直线度：

a) 在 *YZ* 垂直平面内；

b) 在 *XY* 水平面内。

简图

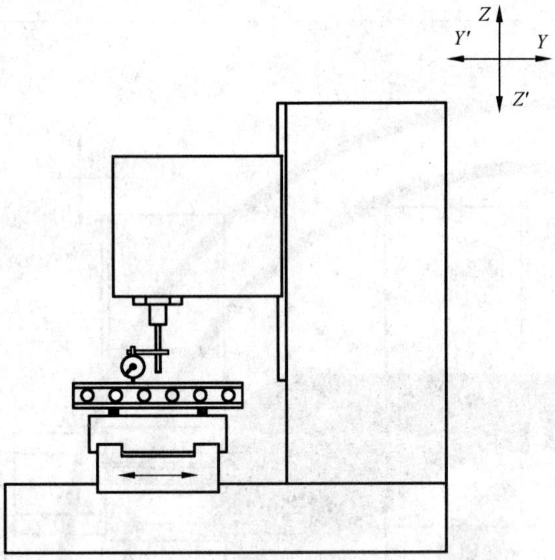

a)

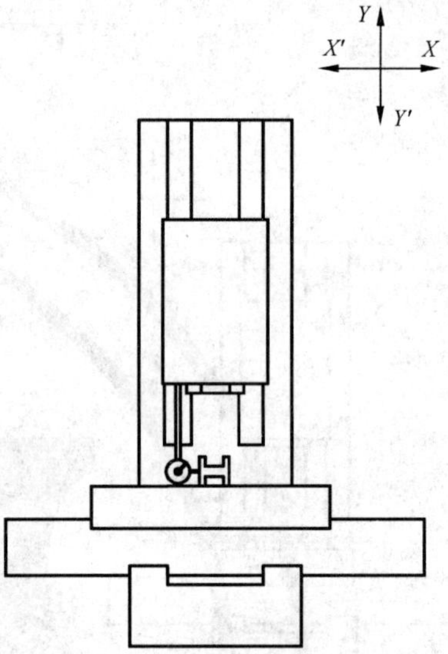

b)

公差

a)和 b)

$Y \leqslant 500$	0.010
$500 < Y \leqslant 800$	0.015
$800 < Y \leqslant 1\,250$	0.020
$1\,250 < Y \leqslant 2\,000$	0.025

局部公差：在任意 300 测量长度上为 0.007

检验工具

a) 平尺 指示器或光学方法

b) 平尺 指示器或钢丝和显微镜或光学方法

检验方法（参照 GB/T 17421.1—1998 的有关条文：5.2.1.1；5.2.3；5.2.3.1.2；5.2.3.2.1 和 5.2.3.3.1）

对所有结构型式的机床，平尺或钢丝或直线度反射器都应置于工作台上，如主轴能锁紧，则指示器或显微镜或干涉仪可装在主轴上，否则检验工具应装在机床的主轴箱上。

测量线应尽可能靠近工作台的中央。

G3

检验项目

Z 轴线运动的直线度：

a) 在平行于 Y 轴线的 YZ 垂直平面内；

b) 在平行于 X 轴线的 ZX 垂直平面内。

简图

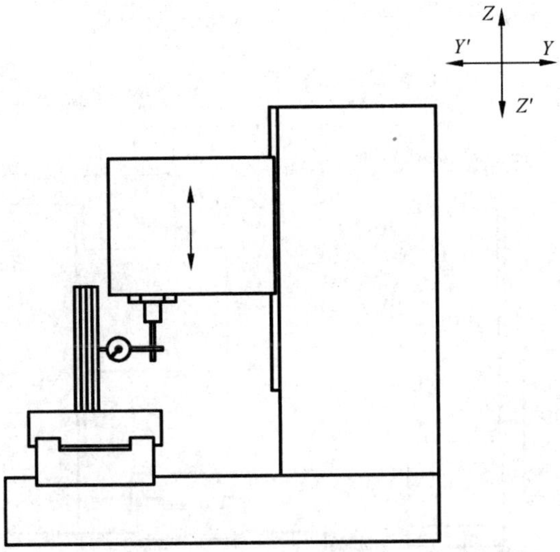

a)

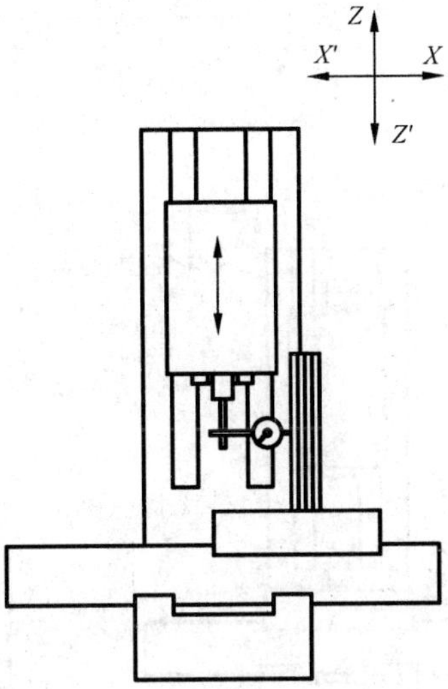

b)

公差

a)和 b)

$Z\leqslant 500$	0.010
$500<Z\leqslant 800$	0.015
$800<Z\leqslant 1\ 250$	0.020
$1\ 250<Z\leqslant 2\ 000$	0.025

局部公差：在任意 300 测量长度上为 0.007

检验工具

角尺和指示器或钢丝和显微镜或光学方法

检验方法（参照 GB/T 17421.1—1998 的有关条文：5.2.1.1；5.2.3；5.2.3.1.2；5.2.3.2.1 和 5.2.3.3.1）

对所有结构型式的机床，角尺或钢丝或直线度反射器都应置于工作台中央，如主轴能锁紧，则指示器或显微镜或干涉仪可装在主轴上，否则检验工具应装在机床的主轴箱上。

4.2 线性运动的角度偏差

检验项目 G4

X 轴线运动的角度偏差：

a) 在平行于移动方向的 *ZX* 垂直平面内(俯仰)；

b) 在 *XY* 水平面内(偏摆)；

c) 在垂直于移动方向的 *YZ* 垂直平面内(倾斜)。

简图

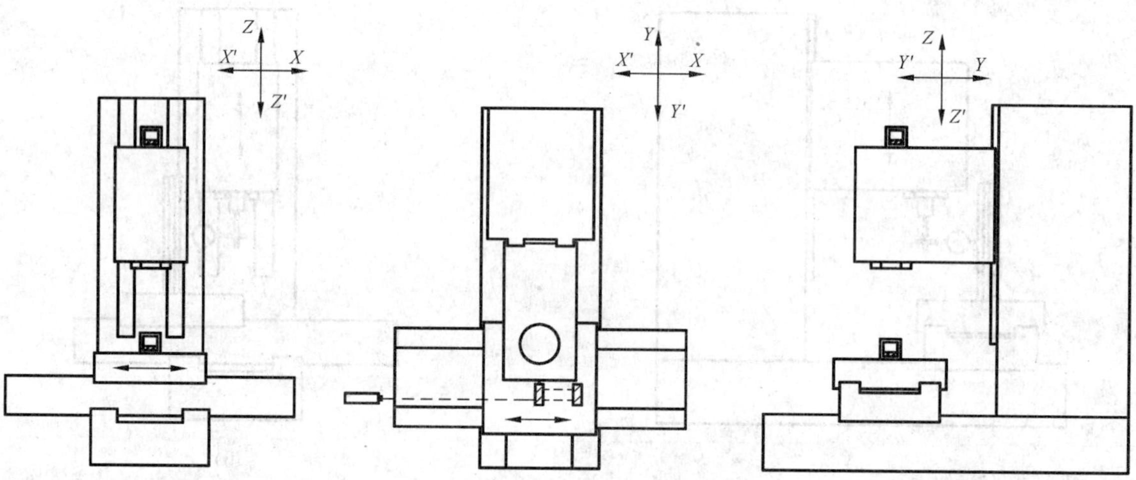

a)　　b)　　c)

公差

a)、b)和 c)

0.060/1 000(或 60 μrad 或 12″)

检验工具

a) 精密水平仪或光学角度偏差测量工具

b) 光学角度偏差测量工具

c) 精密水平仪

检验方法(参照 GB/T 17421.1—1998 的有关条文：5.2.3.1.3；5.2.3.2.2；5.2.3.3.2)

检验工具应置于运动部件上(主轴箱或工件夹持工作台)：

a)(俯仰)纵向；b)(偏摆)水平；c)(倾斜)横向。

当 *X* 轴线运动引起主轴箱和工件夹持工作台同时产生角运动时，这种角运动应分别测量并给予标明。在这种情况下，当使用水平仪测量时，基准水平仪应置于机床的非运动部件(主轴箱或工件夹持工作台)上。

沿行程在等距离的五个位置上检验。

应在每个位置的两个运动方向测取读数，最大与最小读数的差值应不超过公差。

G5

检验项目

Y 轴线运动的角度偏差：

a) 在平行于移动方向的 YZ 垂直平面内(俯仰)；

b) 在 XY 水平面内(偏摆)；

c) 在垂直于移动方向的 ZX 垂直平面内(倾斜)。

简图

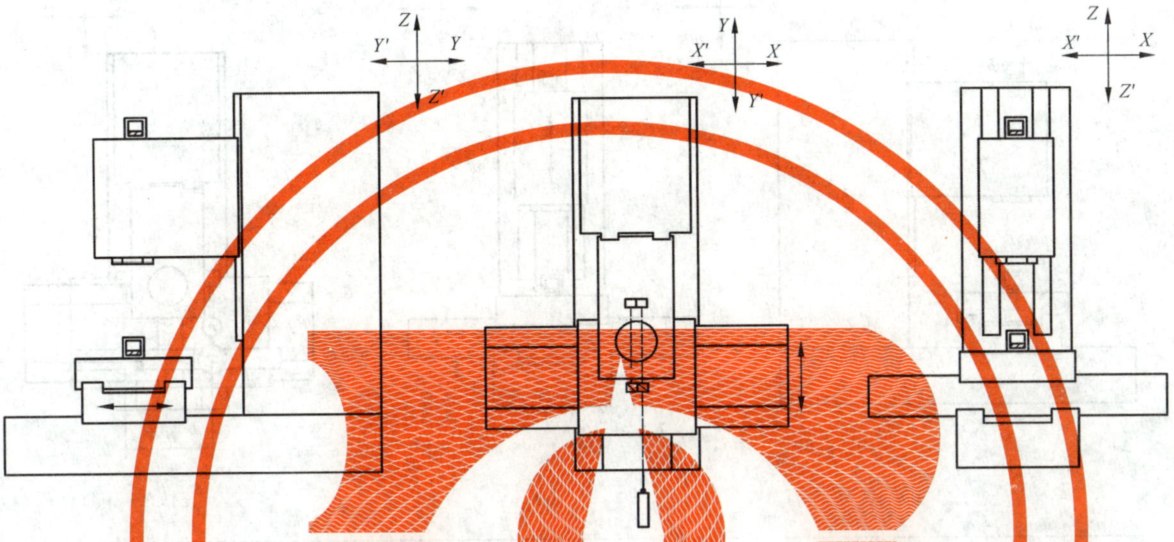

a)　　b)　　c)

公差

a)、b)和 c)

0.060/1 000(或 60 μrad 或 12″)

检验工具

a) 精密水平仪或光学角度偏差测量工具

b) 光学角度偏差测量工具

c) 精密水平仪

检验方法(参照 GB/T 17421.1—1998 的有关条文：5.2.3.1.3；5.2.3.2.2；5.2.3.3.2)

检验工具应置于运动部件上：

a)(俯仰)纵向；b)(偏摆)水平；c)(倾斜)横向。

当 Y 轴线运动引起主轴箱和工件夹持工作台同时产生角运动时，这种角运动应分别测量并给予标明。在这种情况下，当使用水平仪测量时，基准水平仪应置于机床的非运动部件(主轴箱或工件夹持工作台)上。

沿行程在等距离的五个位置上检验。

应在每个位置的两个运动方向测取读数，最大与最小读数的差值应不超过公差。

检验项目 G6

Z 轴线运动的角度偏差：

a) 在平行于 Y 轴线的 YZ 垂直平面内；

b) 在平行于 X 轴线的 ZX 垂直平面内。

简图

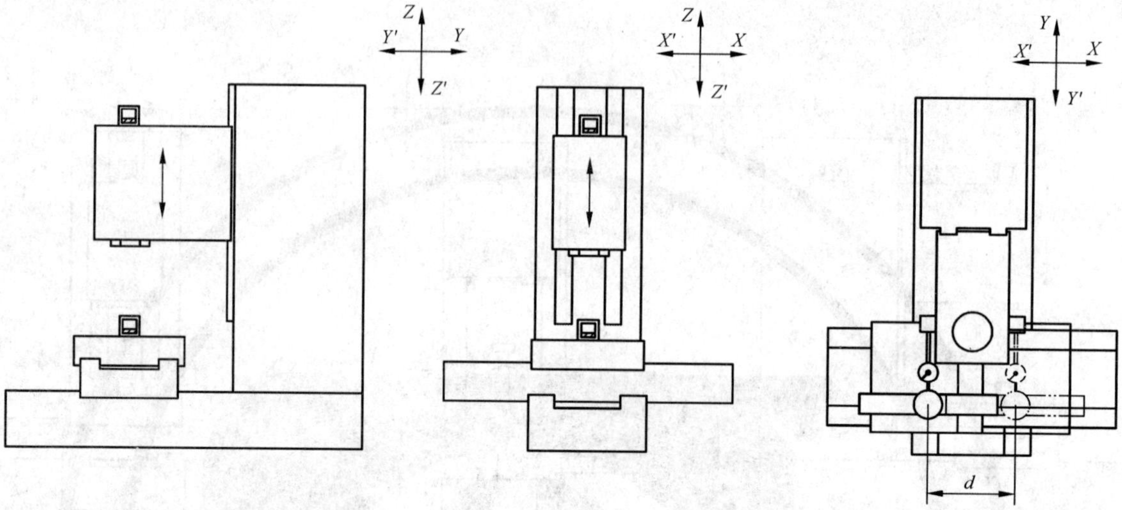

a) b) c)

公差

a)、b)和 c)

0.060/1 000(或 60 μrad 或 12″)

检验工具

精密水平仪或光学角度偏差测量工具

检验方法(参照 GB/T 17421.1—1998 的有关条文：5.2.3.1.3；5.2.3.2.2；5.2.3.3.2)

应沿行程至少在等距离的五个位置进行检验，在每个位置的两个运动方向测取读数，最大与最小读数的差值应不超过公差。

检验工具应置于运动部件上：

a)(俯仰)纵向；b)(偏摆)水平；c)(倾斜)横向。

当 Z 轴线运动引起主轴箱和工件夹持工作台同时产生角运动时，这种角运动应分别测量并给予标明。在这种情况下，当使用精密水平仪测量时，基准水平仪应置于机床的非运动部件(主轴箱或工件夹持工作台)上。

对于 c)(倾斜)：将圆柱形角尺近似平行于 Z 轴线放置在工作台上，使装在专用支架上的指示器的测头触及角尺。记录指示器的读数并在角尺的相应高度上做出标记。沿 X 轴线移动工作台并回转专用支架使指示器测头在主轴箱另一侧沿相同高度重新触及角尺。应考虑 X 轴线运动可能引起的倾斜偏差并进行测量。指示器应重新调零，且应在上述角尺的高度处重新测量并记录读数。算出每个测量高度两个读数的差值，选择这些差值中的最大值与最小值，且(最大值－最小值)/d 的计算结果应不超过公差。“d”为指示器两位置间的距离。

4.3 线性运动间的垂直度

检验项目 G7

Z 轴线运动和 X 轴线运动间的垂直度

简图

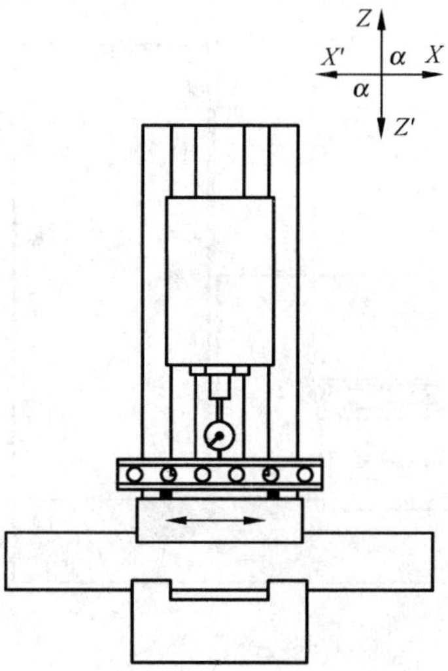

步骤 1)

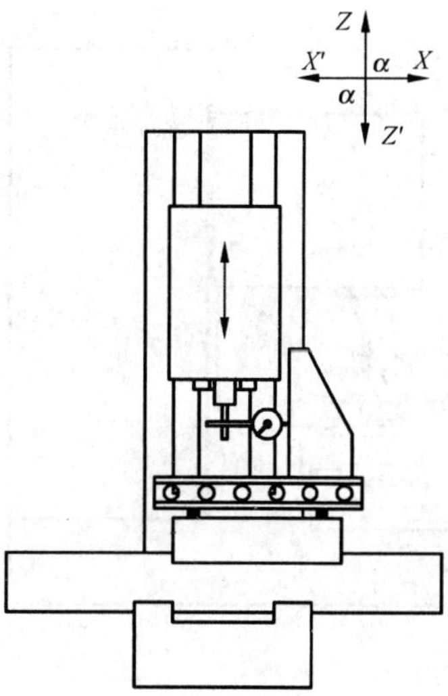

步骤 2)

公差

0.02/500

检验工具

平尺或平板、角尺和指示器

检验方法(参照 GB/T 17421.1—1998 的有关条文:5.5.2.2.4)

步骤 1) 平尺或平板应平行于 X 轴线放置。

步骤 2) 应通过直立在平尺或平板上的角尺检查 Z 轴线。

如主轴能锁紧,则指示器可装在主轴上,否则指示器应装在机床的主轴箱上。

应记录角度 α 的值(小于、等于或大于 90°),用于参考和可能进行的修正。

检验项目

G8

Z 轴线运动和 *Y* 轴线运动间的垂直度

简图

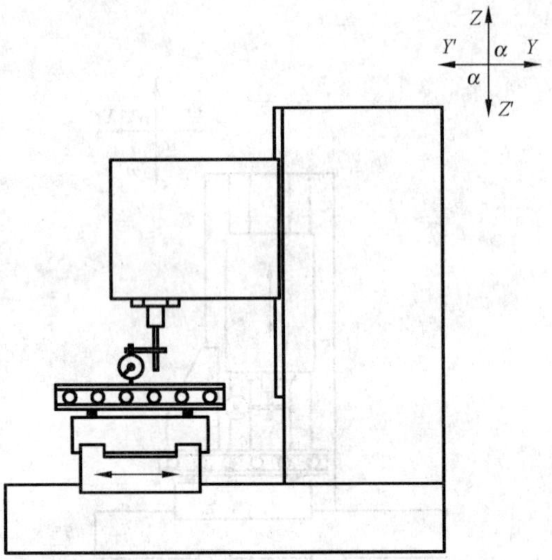

步骤 1)

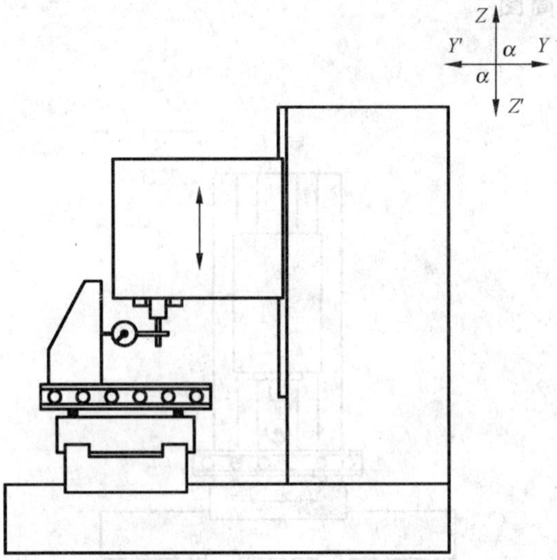

步骤 2)

公差

0.02/500

检验工具

平尺或平板、角尺和指示器

检验方法(参照 GB/T 17421.1—1998 的有关条文:5.5.2.2.4)

步骤 1) 平尺或平板应平行于 *Y* 轴线放置。

步骤 2) 应通过直立在平尺或平板上的角尺检查 *Z* 轴线。

如主轴能锁紧,则指示器可装在主轴上,否则指示器应装在机床的主轴箱上。

应记录角度 α 的值(小于、等于或大于 90°),用于参考和可能进行的修正。

对于装有可移动式横梁的龙门固定式(见图 1 中的 10)和龙门移动式(见图 1 中的 11)的机床,还应检查横梁在立柱上的垂直运动(最低位置、中间位置、最高位置)。

检验项目 G9

Y 轴线运动和 *X* 轴线运动间的垂直度

简图

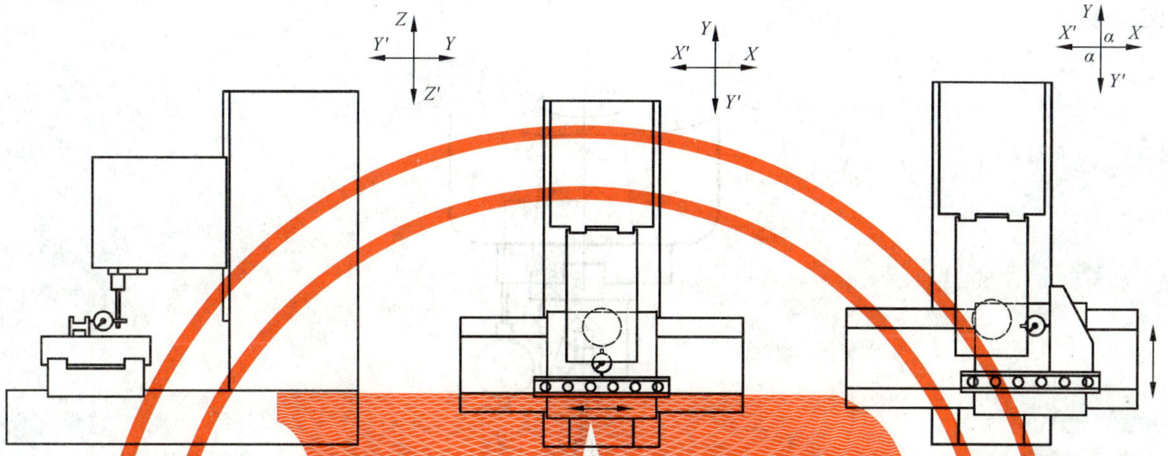

步骤 1)　　　　　　　　　　　　步骤 2)

公差

0.02/500

检验工具

平尺或平板或角尺和指示器

检验方法(参照 GB/T 17421.1—1998 的有关条文:5.5.2.2.4)

步骤 1)　平尺或平板应平行于 *X* 轴线(或 *Y* 轴线)放置。

步骤 2)　应通过放置在工作台上并一边紧靠平尺的角尺检验 *Y* 轴线(或 *X* 轴线)。

也可以不用平尺来进行本检验,将角尺的一边平行一条轴线,在角尺的另一边上检查第二条轴线。

如主轴能锁紧,则指示器可装在主轴上,否则指示器应装在机床的主轴箱上。

应记录角度 α 的值(小于、等于或大于 90°),用于参考和可能进行的修正。

4.4 主轴

检验项目 a) 主轴的周期性轴向窜动; b) 主轴端面跳动。	G10

简图

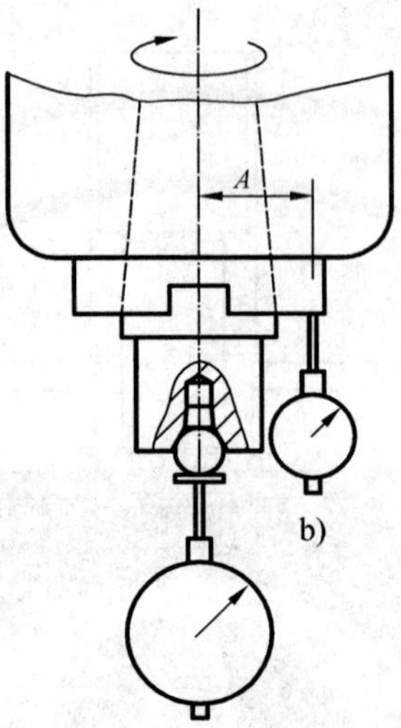

公差

a) 0.005

b) 0.010

检验工具

指示器

检验方法(参照 GB/T 17421.1—1998 的有关条文:5.6.2.2.1;5.6.2.2.2;5.6.3.1 和 5.6.3.2)

应在机床的所有工作主轴上进行检验。

当使用非预加负荷轴承时,应施加轴向力。

检验 b)时,A 的距离应尽可能大。

G11

检验项目

主轴锥孔的径向跳动：

a） 靠近主轴端部；

b） 距主轴端部 300 mm 处。

简图

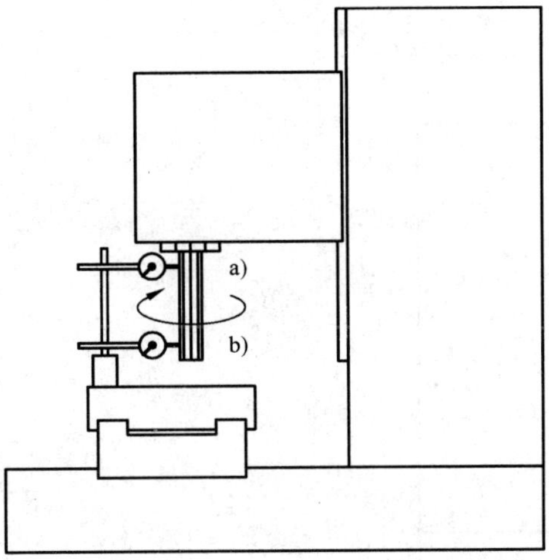

公差

a） 0.010

b） 0.020

检验工具

检验棒和指示器

检验方法（参照 GB/T 17421.1—1998 的有关条文：5.6.1.2.2 和 5.6.1.2.3）

应在机床的所有工作主轴上进行检验。

根据 GB/T 17421.1—1998 中 5.6.1.1.4 的注，应至少旋转两整圈进行检验。

G12

检验项目

主轴轴线和 Z 轴线运动间的平行度：

a) 在 *YZ* 垂直平面内；

b) 在 *ZX* 垂直平面内。

简图

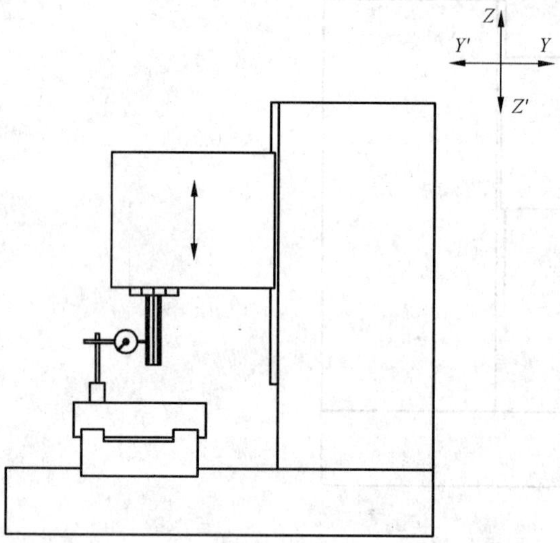

a)

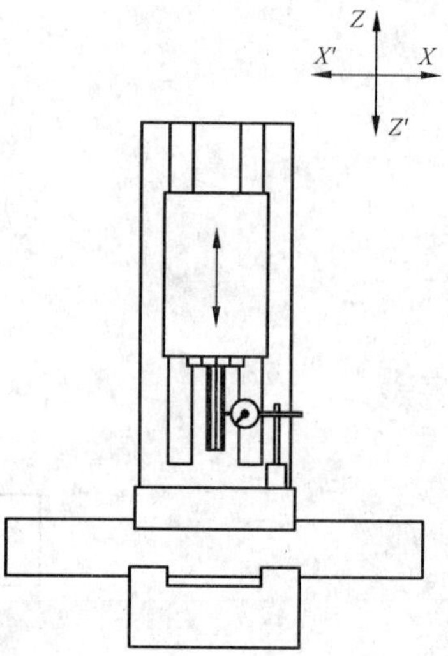

b)

公差

a)及 b)

在 300 测量长度上为 0.015

检验工具

检验棒和指示器

检验方法(参照 GB/T 17421.1—1998 的有关条文:5.4.1.2.1 和 5.4.2.2.3)

X 轴线置于行程的中间位置。

对于 a):如果可能,*Y* 轴线锁紧。

对于 b):如果可能,*X* 轴线锁紧。

对于装有可移动式横梁的龙门固定式(见图 1 中的 10)和龙门移动式(见图 1 中的 11)的机床,还应检查横梁在立柱上的垂直运动(最低位置、中间位置、最高位置)。

G13

检验项目

主轴轴线和 X 轴线运动间的垂直度

简图

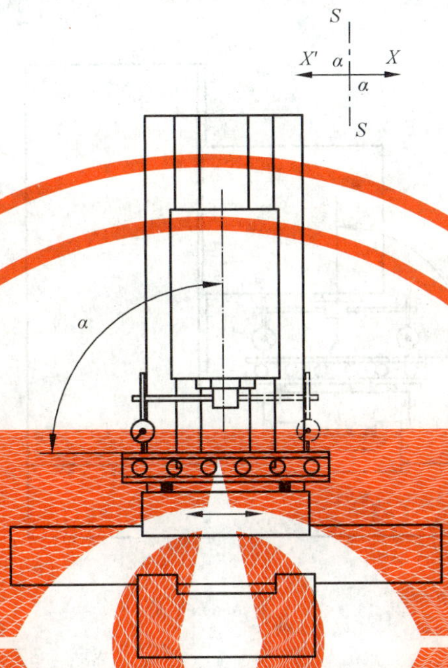

公差

0.020/300

300 为两测点间的距离。

检验工具

平尺、专用支架、指示器

检验方法（参照 GB/T 17421.1—1998 的有关条文：5.5.1.2.1；5.5.1.2.3.2 和 5.5.1.2.4）

如果可能，Z 轴线锁紧。

平尺应平行于 X 轴线放置。

此垂直度偏差也能从检验项目 G7 和 G12b）推出，其相关偏差之和不超过这里所示的公差。

应记录角度 α 的值（小于、等于或大于 90°），用于参考和可能进行的修正。

检验项目 主轴轴线和 Y 轴线运动间的垂直度	G14

简图

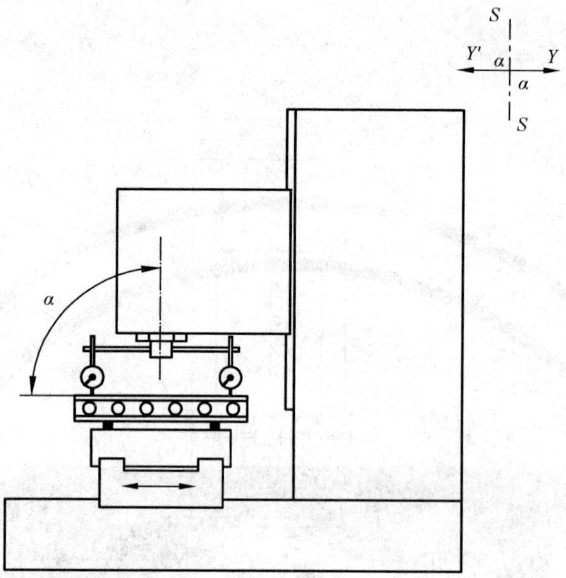

公差

0.020/300

300 为两测点间的距离。

检验工具

平尺、专用支架、指示器

检验方法(参照 GB/T 17421.1—1998 的有关条文:5.5.1.2.1;5.5.1.2.3.2 和 5.5.1.2.4.2)

如果可能,Z 轴线锁紧。

角尺测量边应平行于 Y 轴线放置,或在测量中应考虑该平行度偏差。

此垂直度偏差也能从检验项目 G8 和 G12a)推出,其相关偏差之和不超过这里所示的公差。

应记录角度 α 的值(小于、等于或大于 90°),用于参考和可能进行的修正。

4.5 工作台或托板

检验项目 G15

工作台[a]面的平面度

简图

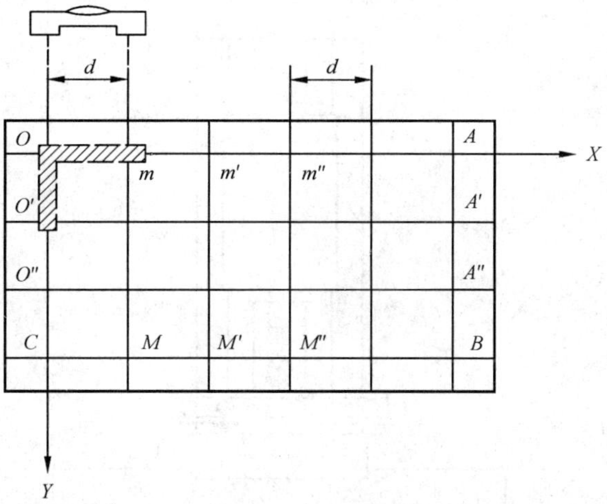

公差

$L \leqslant 500$　0.020

$500 < L \leqslant 800$　0.025

$800 < L \leqslant 1\ 250$　0.030

$1\ 250 < L \leqslant 2\ 000$　0.040

L 为工作台或托板的较短边。

局部公差：在任意 300 测量长度上为 0.012

检验工具

精密水平仪或平尺、量块、指示器或光学方法

检验方法(参照 GB/T 17421.1—1998 的有关条文：5.3.2.2；5.3.2.3 和 5.3.2.4)

X 轴线和 Y 轴线置于其行程的中间位置。

工作台面的平面度应检查两次，一次回转工作台锁紧，一次不锁紧(如适用的话)，两次测定的偏差均应符合公差要求。

检验适用于尺寸符合 ISO 8526-1:1990 和 ISO 8526-2:1990 规定的托板。

[a] 固有的回转工作台或一个在应有位置锁紧的代表性托板。

G16

检验项目

工作台[a] 面和 X 轴线运动间的平行度

简图

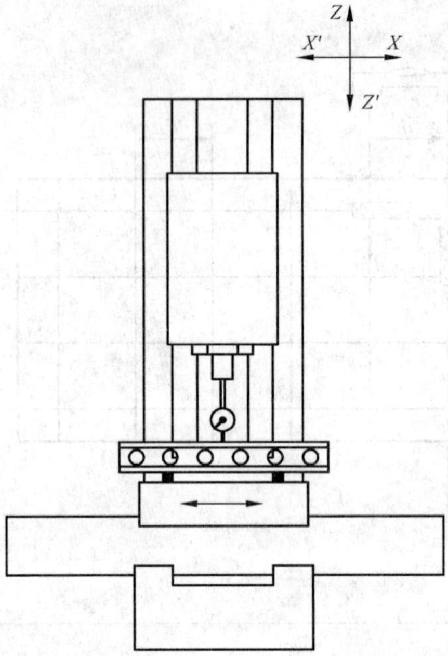

公差

$X\leqslant500$	0.020
$500<X\leqslant800$	0.025
$800<X\leqslant1\ 250$	0.030
$1\ 250<X\leqslant2\ 000$	0.040

检验工具

平尺、量块、指示器

检验方法（参照 GB/T 17421.1—1998 的有关条文：5.4.2.2.1 和 5.4.2.2.2）

如果可能，Y 轴线锁紧。

指示器测头近似地置于刀具的工作位置，可在平行于工作台面放置的平尺上进行测量。

如主轴能锁紧，则指示器可装在主轴上，否则指示器应装在机床的主轴箱上。

[a] 固有的回转工作台或一个在应有位置锁紧的代表性托板。

检验项目 工作台[a] 面和 *Y* 轴线运动间的平行度	G17

简图

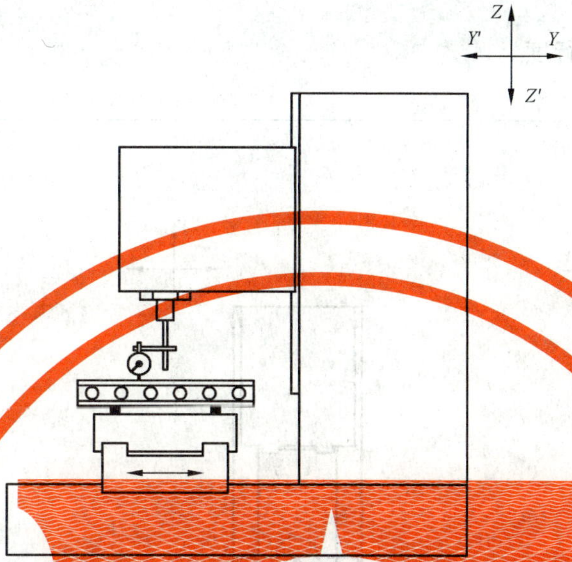

公差

$Y \leqslant 500$	0.020
$500 < Y \leqslant 800$	0.025
$800 < Y \leqslant 1\ 250$	0.030
$1\ 250 < Y \leqslant 2\ 000$	0.040

检验工具

平尺、量块、指示器

检验方法(参照 GB/T 17421.1—1998 的有关条文:5.4.2.2.1 和 5.4.2.2.2)

如果可能,*X* 轴线和 *Z* 轴线锁紧。

指示器测头近似地置于刀具的工作位置,可在平行于工作台面放置的平尺上进行测量。

如主轴能锁紧,则指示器可装在主轴上,否则指示器应装在机床的主轴箱上。

[a] 固有的回转工作台或一个在应有位置锁紧的代表性托板。

检验项目 G18

0°位置时工作台[a]的

a) 纵向中央或基准T形槽;或

b) 纵向定位孔的中心线(如果有);或

c) 纵向侧面定位器

和 X 轴线运动间的平行度。

简图

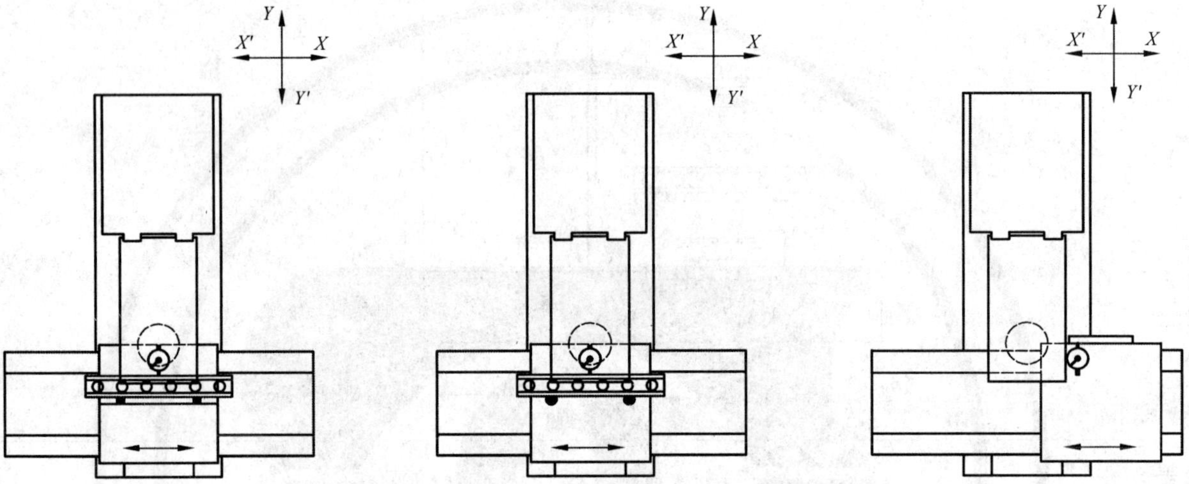

a) b) c)

公差

a)和 b)和 c)

在 300 测量长度上为 0.015

检验工具

平板、角尺或圆柱形角尺、指示器

检验方法(参照 GB/T 17421.1—1998 的有关条文:5.5.2.2.2)

如果可能,Y 轴线锁紧。

如主轴能锁紧,则指示器可装在主轴上,否则指示器应装在机床的主轴箱上。

如果有定位孔时,应使用两个与该孔配合且突出部分具有相同直径的标准销。平尺应紧靠它们放置。

[a] 固有的回转工作台或一个在应有位置锁紧的代表性托板。

4.6 平行于 Z 轴线的附加轴线(W 轴线)

G19

检验项目

W 轴线运动的直线度:

a) 在 *YZ* 垂直平面内;

b) 在 *ZX* 垂直平面内。

简图

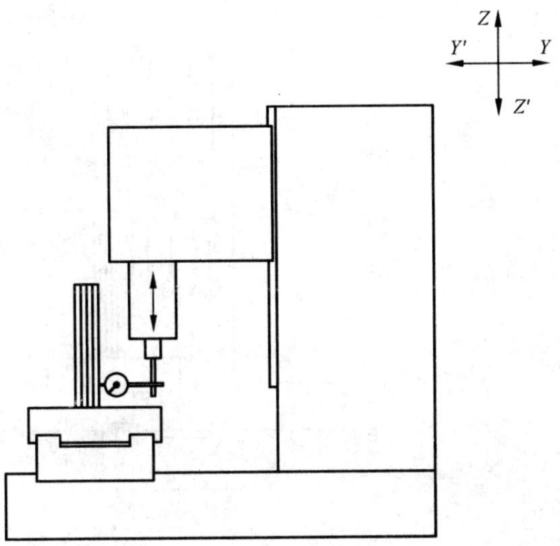

a)

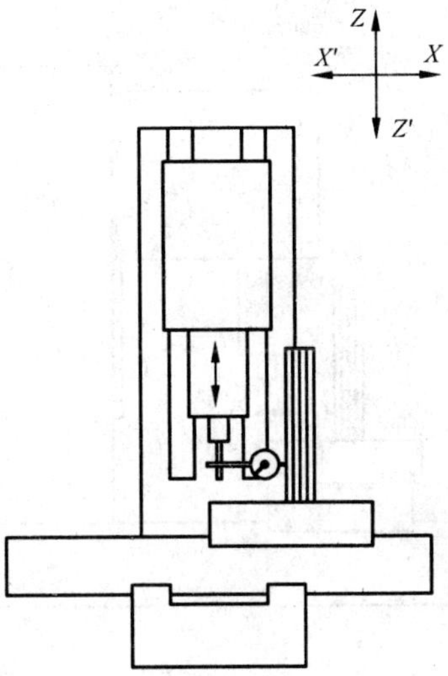

b)

公差

a)和 b)

在 300 测量长度上为 0.015

检验工具

角尺和指示器

检验方法(参照 GB/T 17421.1—1998 的有关条文:5.2.1.1;5.2.3.1.2;5.2.3.2.1 和 5.2.3.3.1)

a) 如果可能,*Y* 轴线锁紧。

b) 如果可能,*X* 轴线锁紧。

如果主轴能锁紧,则指示器可装在主轴上,否则指示器应装在机床的主轴箱上。

检验项目 G20

W 轴线运动和 *Z* 轴线运动间的平行度：

a) 在 *YZ* 垂直平面内；

b) 在 *ZX* 垂直平面内。

简图

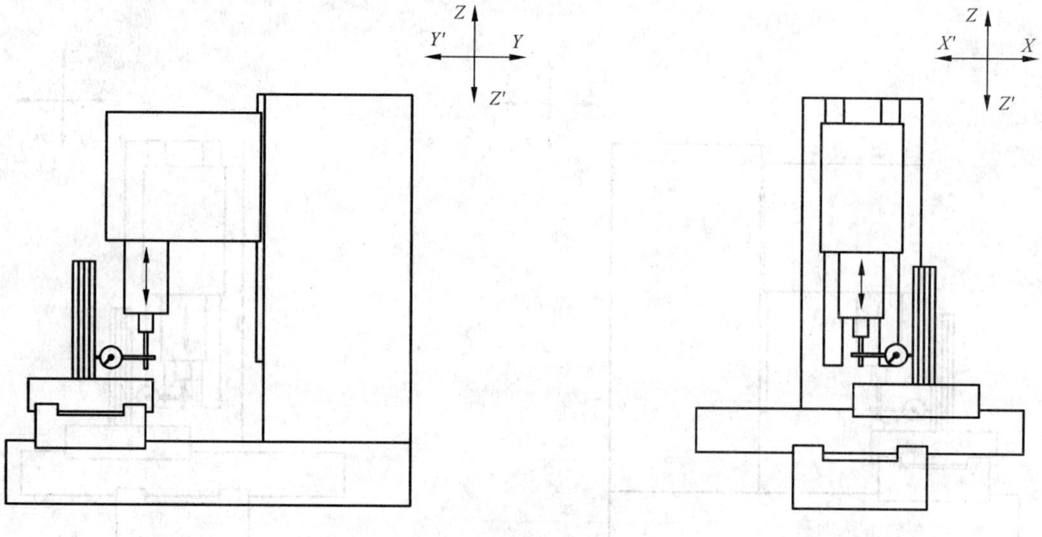

a) b)

公差

a)和 b)

在 300 测量长度上为 0.025

检验工具

角尺和指示器

检验方法（参照 GB/T 17421.1—1998 的有关条文：5.4.2.2.2 和 5.4.2.2.5）

a) 如果可能，*Y* 轴线锁紧。

b) 如果可能，*X* 轴线锁紧。

如果两个运动能同时动作，则用相同的速率移动两运动件，使得指示器测头始终触及角尺或量块的相同点。

如果不可能，则角尺应平行于 *W* 轴线放置，否则在测量中应考虑该平行度偏差。

如果主轴能锁紧，则指示器可装在主轴上，否则指示器应装在机床的主轴箱上。

附　录　A
（规范性附录）
任选水平轴

A.1　平行于 X 轴线的附加主轴

检验项目	AG1
主轴轴线和 X 轴线运动间的平行度： a)　在 ZX 垂直平面内； b)　在 XY 水平面内。	
简图 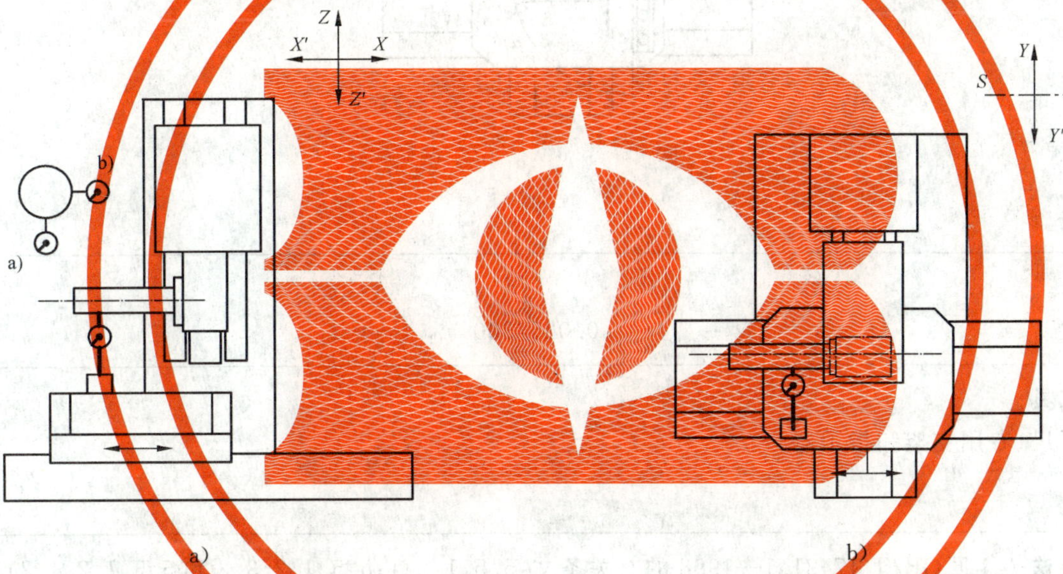	
公差 a) 和 b) 在 300 测量长度上为 0.020	
检验工具 检验棒和指示器	
检验方法（参照 GB/T 17421.1—1998 的有关条文：5.4.1.2.1 和 5.4.2.2.3） Y 轴线置于行程的中间位置。 对于 a)：如果可能，Z 轴线锁紧； 对于 b)：如果可能，Y 轴线锁紧。	

AG2

检验项目

主轴轴线和 Y 轴线运动间的垂直度

简图

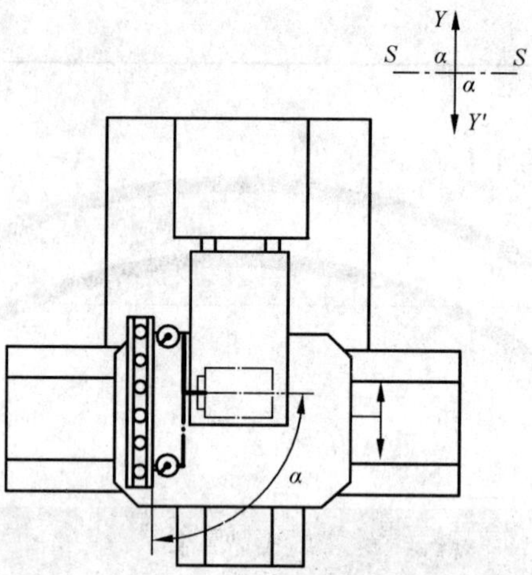

公差

0.025/300

检验工具

平尺、专用支架和指示器

检验方法（参照 GB/T 17421.1—1998 的有关条文：5.5.1.2.1；5.5.1.2.3.2 和 5.5.1.2.4.2）

如果可能，X 轴线锁紧。

平尺应平行于 Y 轴线放置。

此垂直度偏差也能从检验项目 G9 和 AG1b）推出，其相关偏差之和不超过这里所示的公差。

应记录角度 α 的值（小于、等于或大于 90°），用于参考和可能进行的修正。

AG3

检验项目

主轴轴线和 Z 轴线运动间的垂直度

简图

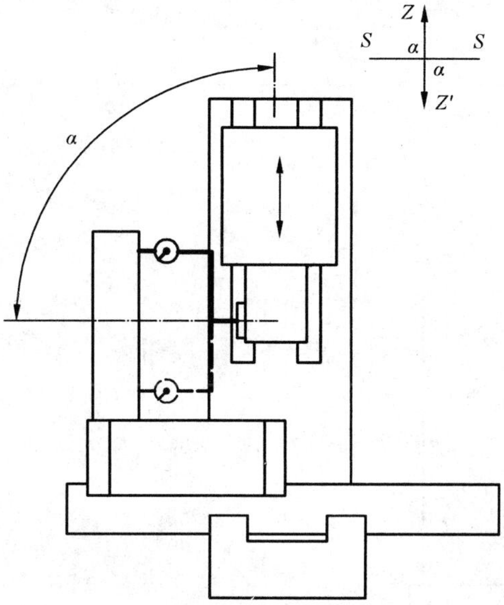

公差

0.025/300

检验工具

角尺、专用支架和指示器

检验方法（参照 GB/T 17421.1—1998 的有关条文：5.5.1.2.1 和 5.5.1.2.3.2）

如果可能，X 轴线锁紧。

角尺应平行于 Z 轴线放置，否则在测量中应考虑该平行度偏差。

此垂直度偏差也能从检验项目 G7 和 AG1a）推出，其相关偏差之和不超过这里所示的公差。

应记录角度 α 的值（小于、等于或大于 90°），用于参考和可能进行的修正。

A.2 平行于 *Y* 轴线的附加主轴

	AG4
检验项目 主轴轴线和 *Y* 轴线运动间的平行度： a) 在 *XY* 垂直平面内； b) 在 *XY* 水平面内。	

简图

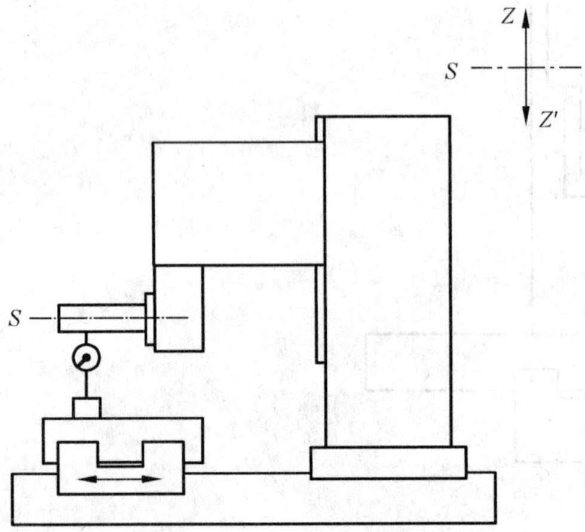

a)

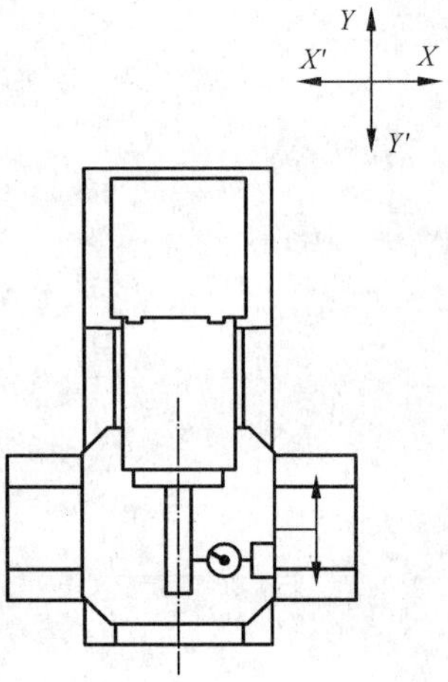

b)

公差

a)和 b)

在 300 测量长度上为 0.020

检验工具

检验棒和指示器

检验方法（参照 GB/T 17421.1—1998 的有关条文：5.4.1.2.1 和 5.4.2.2.3）

X 轴置于其行程的中间位置。

对于 a)：如果可能，*Z* 轴线锁紧；

对于 b)：如果可能，*X* 轴线锁紧。

AG5

检验项目

主轴轴线和 X 轴线运动间的垂直度

简图

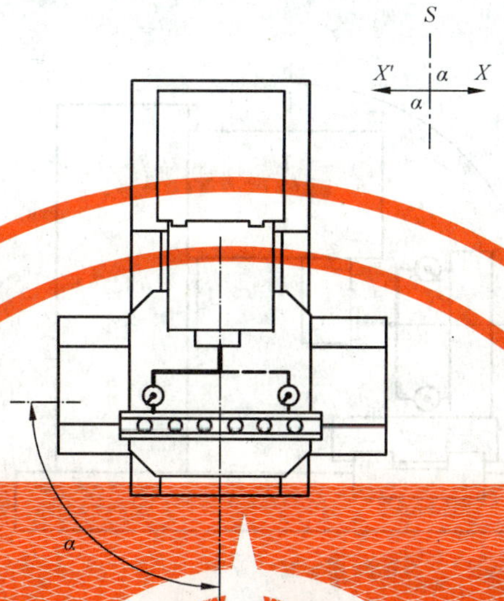

公差

0.025/300

检验工具

平尺、专用支架和指示器

检验方法(参照 GB/T 17421.1—1998 的有关条文:5.5.1.2.1;5.5.1.2.3.2 和 5.5.1.2.4.2)

如果可能,Y 轴线锁紧。

平尺应平行于 X 轴线放置。

此垂直度偏差也能从检验项目 G7 和 AG4b)推出,其相关偏差之和不超过这里所示的公差。

应记录角度 α 的值(小于、等于或大于 90°),用于参考和可能进行的修正。

AG6

检验项目

主轴轴线和 Z 轴线运动间的垂直度

简图

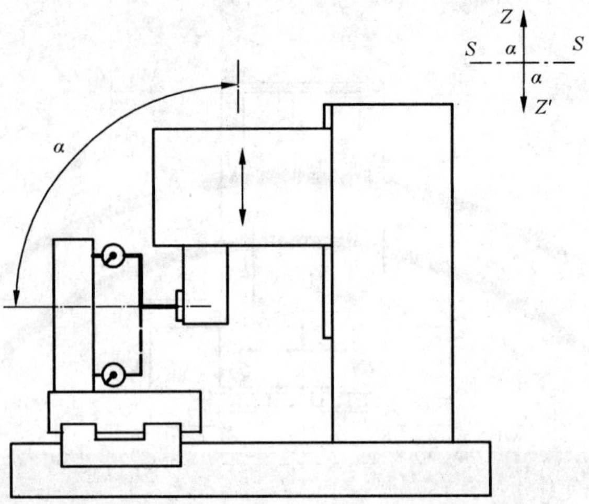

公差

0.025/300

检验工具

角尺、专用支架和指示器

检验方法(参照 GB/T 17421.1—1998 的有关条文:5.5.1.2.1 和 5.5.1.2.4.2)

X 轴线置于行程的中间位置。

如果可能,Y 轴线锁紧。

角尺应平行于 Z 轴线放置。

此垂直度偏差也能从检验项目 G8 和 AG4a)推出,其相关偏差之和不超过这里所示的公差。

应记录角度 α 的值(小于、等于或大于 90°),用于参考和可能进行的修正。

附 录 B
（规范性附录）
回转主轴头

BG1

检验项目

主轴头旋转轴线对 XY 平面的垂直度（或对 XY 平面的平行度）

简图

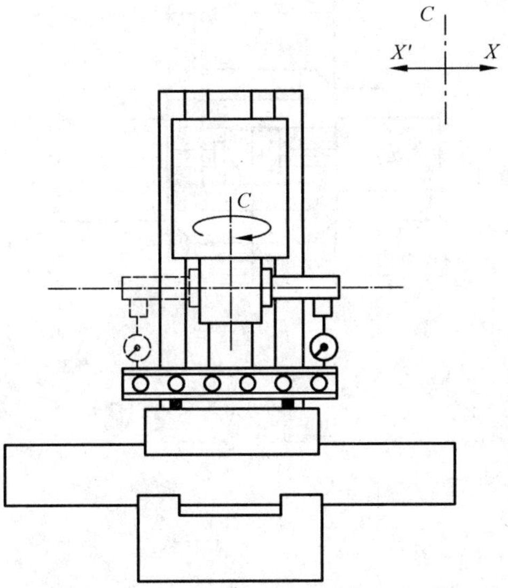

公差

0.015/300

检验工具

平板和指示器

检验方法（参照 GB/T 17421.1—1998 的有关条文：5.5.1.2.1；5.5.1.2.3.2 和 5.5.1.2.4.2）

平板应平行于 XY 平面放置。

BG2

检验项目

水平主轴轴线和回转主轴头的旋转轴线的相交度

简图

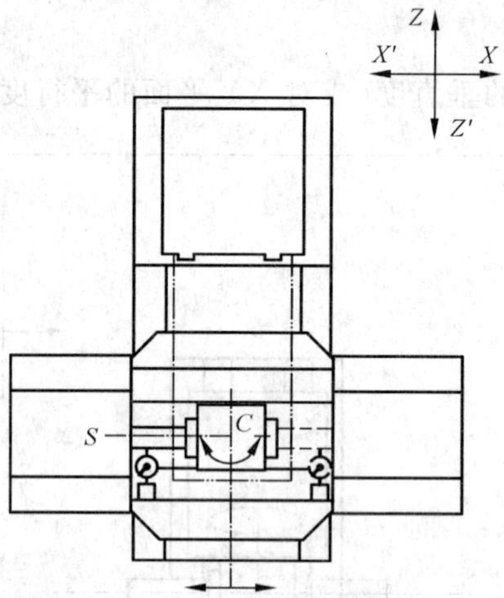

公差

0.030

检验工具

角尺、指示器

检验方法（参照 GB/T 17421.1—1998 的有关条文:5.5.1.2.1;5.5.1.2.3.2 和 5.5.1.2.4.2）

调整回转主轴头使主轴轴线在 XY 水平面内平行于 X 轴线（或 Y 轴线），指示器调零。将主轴头回转 180°并进行调整，使主轴轴线重新平行于 X 轴线（或 Y 轴线），不重调指示器，仅移动 X 轴线（或 Y 轴线）和 Z 轴线。测取新读数。该读数之半应不超过公差。此检验结果还可用于对比目的。

附　录　C
（规范性附录）
回转摆动主轴头

CG1

检验项目

主轴头座旋转轴线 C 和 X 轴线运动间的垂直度

简图

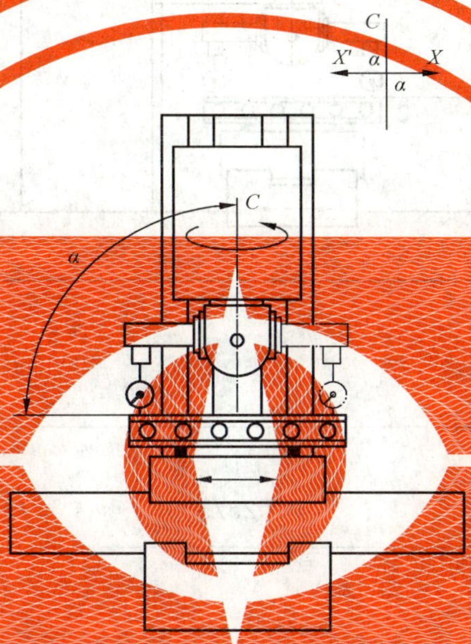

公差

0.025/300

检验工具

平尺或平板和指示器

检验方法（参照 GB/T 17421.1—1998 的有关条文：5.5.1.2.1；5.5.1.2.3.2 和 5.5.1.2.4.2）

如果可能，Z 轴线和 A 轴线锁紧。

平尺应平行于 X 轴线放置。

指示器可装在主轴头体上，在这种情况下调整主轴垂直于 Z 轴线。

应记录角度 α 的值（小于、等于或大于 90°），用于参考和可能进行的修正。

CG2

检验项目

主轴头座旋转轴线 C 和 Y 轴线运动间的垂直度

简图

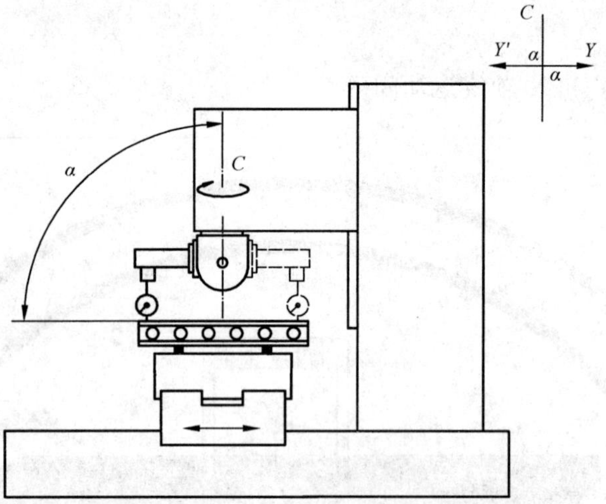

公差

0.025/300

检验工具

平尺或平板和指示器

检验方法(参照 GB/T 17421.1—1998 的有关条文:5.5.1.2.1;5.5.1.2.3.2 和 5.5.1.2.4.2)

如果可能,Z 轴线和 A 轴线锁紧。

平尺应平行于 Y 轴线放置。

指示器可装在主轴头体上,在这种情况下调整主轴垂直于 Z 轴线。

应记录角度 α 的值(小于、等于或大于 90°),用于参考和可能进行的修正。

CG3

检验项目

主轴头旋转轴线 A 和主轴头座旋转轴线 C 间的垂直度

简图

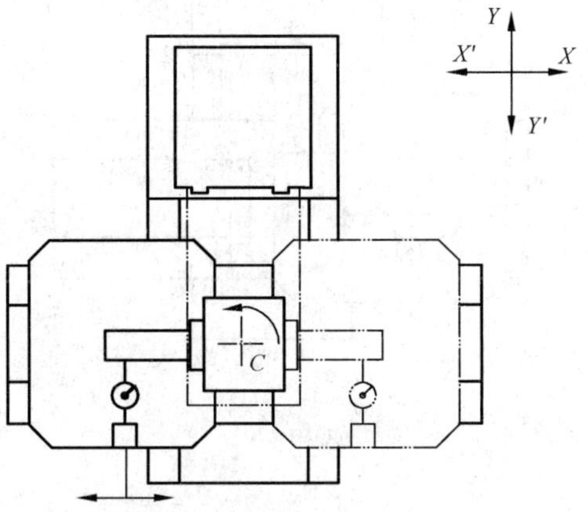

步骤 1)

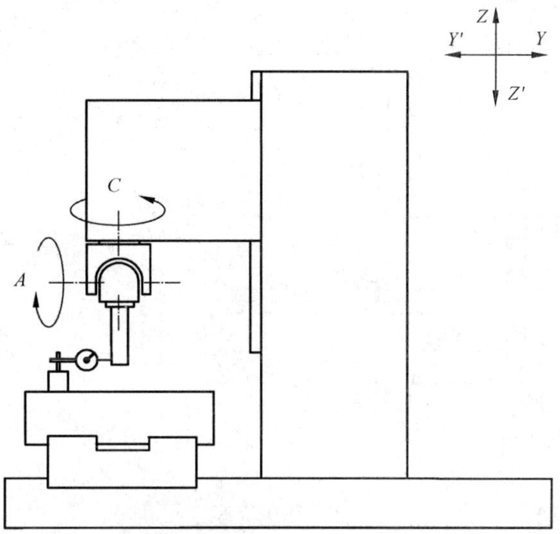

步骤 2)

公差

0.035/300

检验工具

检验棒和指示器

检验方法(参照 GB/T 17421.1—1998 的有关条文)

如果可能,Y 轴线锁紧。

步骤 1)调整主轴头座(C 轴线)的角度位置,使指示器在主轴处于左、右位置时的两个读数相等(A 轴线垂直于 X 轴线)。将指示器调零,并在检验棒的接触点处作出标记。

步骤 2)回转摇摆主轴头(A 轴线)90°,使主轴调至垂直位置(在 YZ 平面内),移动 Z 轴线和 X 轴线使指示器测头重新触及检验棒上的标记点处。记录读数。

步骤 3)回转摇摆主轴头座(C 轴线)180°,按步骤 1)重复调整和按步骤 2)重复测量。

步骤 2)中两次测量差之半除以指示器与主轴头旋转轴线 A 间的距离,应不超过公差。

注:步骤 2)中两次测量和之半(即:它们的平均值)除以指示器与主轴头旋转轴线 A 间的距离,给出了 C 轴线和 Z 轴线在 YZ 垂直平面内的平行度偏差,相当于检验项目 G8 和 CG2 的综合。通过步骤 1)调整时指示器调零,避免了主轴轴线 S 和 A 轴线间的垂直度偏差(由检验项目 CG4 测量)。

CG4

检验项目

主轴轴线 S 和主轴头旋转轴线 A 间的垂直度

简图

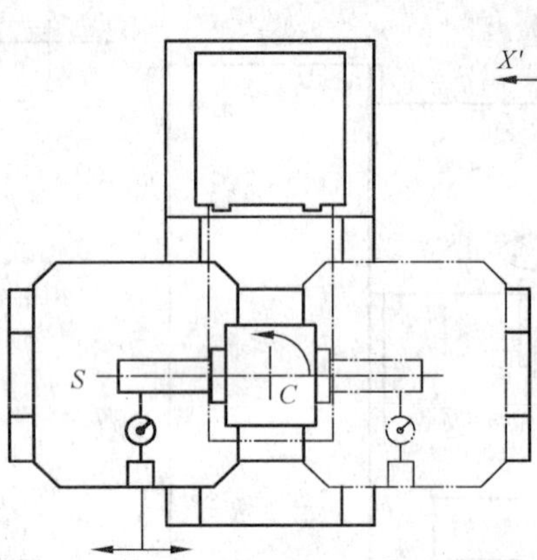

步骤 1)

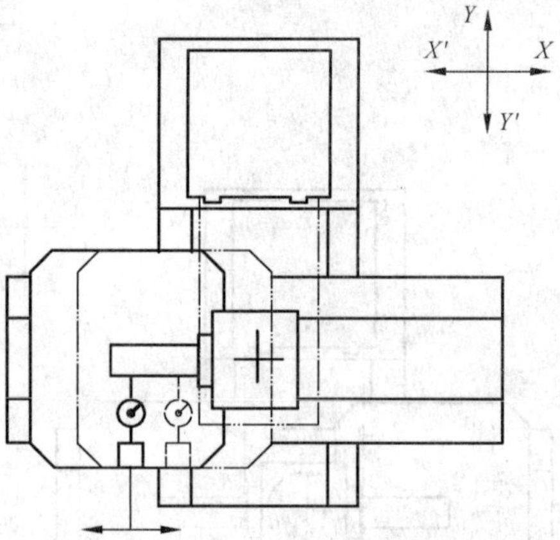

步骤 2)

公差

0.025/300

检验工具

检验棒和指示器

检验方法(参照 GB/T 17421.1—1998 的有关条文)

如果可能,Y 轴线锁紧。

步骤 1)用上述检验项目(CG3)中步骤 1)的方法进行调整。

步骤 2)在主轴相对的两个水平位置中的任一位置处,测量主轴轴线和 X 轴线在 XY 水平面内的平行度偏差。该偏差即等于主轴轴线 S 和 A 轴线间的垂直度偏差。

CG5

检验项目

主轴轴线对 Z 轴线运动的垂直度

简图

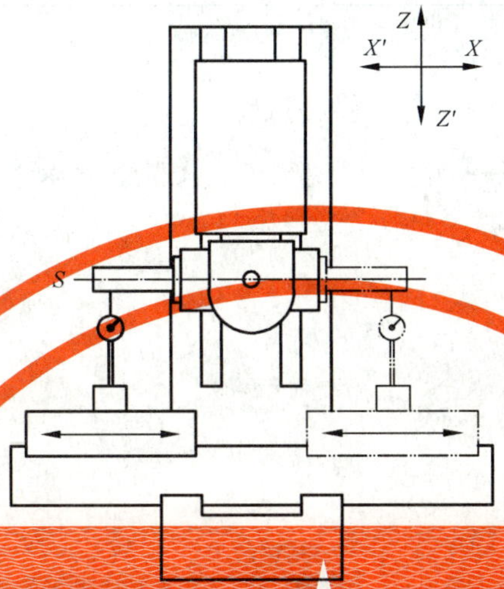

公差

0.020

检验工具

检验棒和指示器

检验方法(参照 GB/T 17421.1—1998 的有关条文)

如果可能,Z 轴线锁紧。

回转摇摆主轴头转至一边,调整 A 轴线使检验棒在 ZX 水平面内平行于 X 轴线。

指示器调零并固定在工作台上。

仅沿 X 轴线和 Y 轴线移开主轴头以避免干涉指示器。旋转 A 轴线至 180°,通过 X 轴线和 Y 轴线运动使检验棒重新与指示器接触。

调整 A 轴线使检验棒在另一边重新平行于 X 轴线,而不再调整指示器。

新读数之半应不超过公差。

CG6

检验项目

沿 Z 轴方向处于垂直位置的主轴轴线 S 和主轴头座旋转轴线 C 的重合度：

a) 在包含 A 轴线和 C 轴线的 AC 垂直平面内；

b) 在垂直于 AC 平面的垂直平面内。

简图

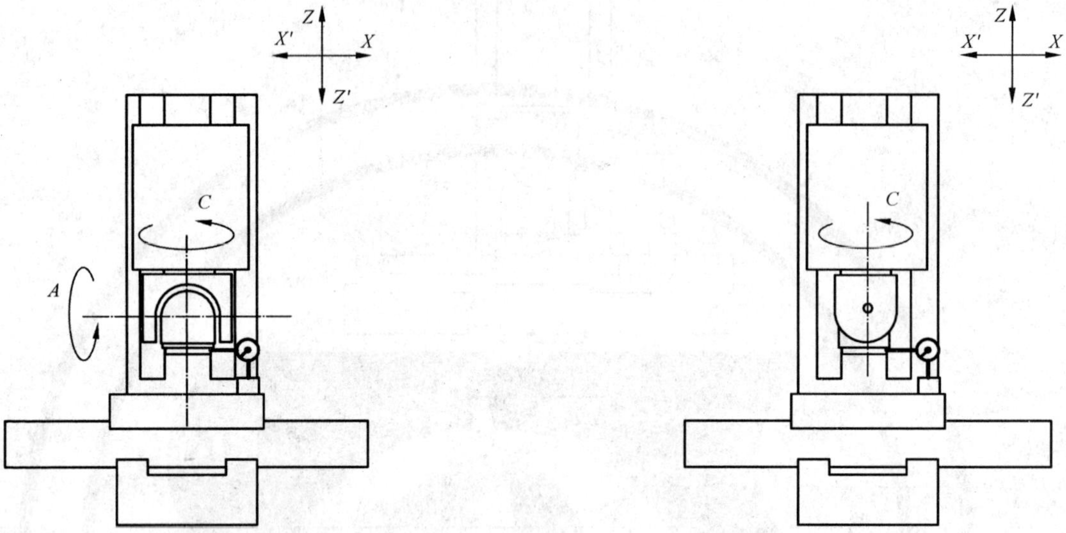

a) b)

公差

a) 0.015

b) 0.030

检验工具

指示器或检验棒和指示器

检验方法(参照 GB/T 17421.1—1998 的有关条文)

调整主轴头旋转轴线 A,使主轴轴线 S 和 C 轴线间的平行度偏差为最小。指示器测头应触及主轴的外表面。旋转 C 轴 90°四次。

在 a)和 b)两平面测得的读数除以 2,并和公差相比较。

在垂直于 A 轴线的平面内 b)的测量结果,包含着由检验项目 CG5 检查的主轴轴线 S 和 A 轴线间的距离,

以及由检验项目 CG7 检查的 A 轴线和 C 轴线间的距离。

对于此项检验要使 2 个 S 轴线和 C 轴线平行于 Z 轴线。

CG7

检验项目

主轴头旋转轴线 A 和主轴头旋转轴线 C 处于同一平面内

简图

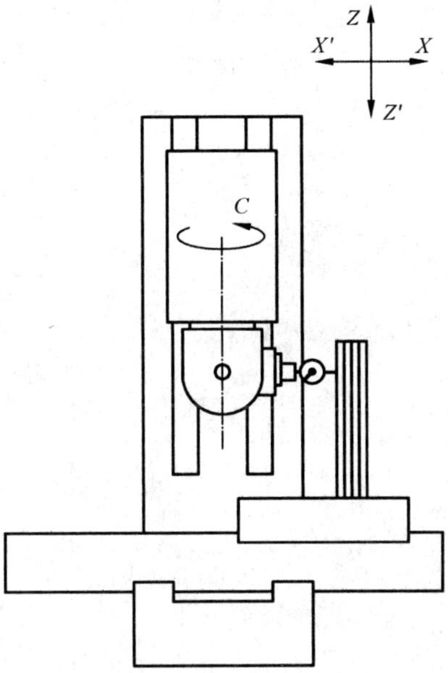

公差

0.020

检验工具

指示器和平板

检验方法(参照 GB/T 17421.1—1998 的有关条文)

如果可能,X 轴线锁紧。

平板应平行于 YZ 平面放置。

如主轴能锁紧,则指示器可装在主轴上。

调整 A 轴线和 C 轴线使主轴垂直于平板。指示器调零。

旋转 A 轴线和 C 轴线 180°并测得新读数。

新读数之半应不超过公差。

ICS 25.040.10
J 50

中华人民共和国国家标准

GB/T 18400.4—2010/ISO 10791-4:1998

加工中心检验条件 第4部分:线性和回转轴线的定位精度和重复定位精度检验

Test conditions for machining centres—Part 4:Accuracy and repeatability of positioning of linear and rotary axes

(ISO 10791-4:1998,IDT)

2010-11-10 发布　　2011-03-01 实施

中华人民共和国国家质量监督检验检疫总局
中国国家标准化管理委员会　发布

前　言

GB/T 18400《加工中心检验条件》分为以下十个部分：

——第1部分：卧式和带附加主轴头机床几何精度检验(水平 Z 轴)；

——第2部分：立式或带垂直主回转轴的万能主轴头机床几何精度检验(垂直 Z 轴)；

——第3部分：带水平主回转轴的整体万能主轴头机床几何精度检验(垂直 Z 轴)；

——第4部分：线性和回转轴线的定位精度和重复定位精度检验；

——第5部分：工件夹持托板的定位精度和重复定位精度检验；

——第6部分：进给量、速度和插补精度检验；

——第7部分：精加工试件精度检验；

——第8部分：三个坐标平面上轮廓特性的评定；

——第9部分：刀具转换和托板转换动作时间的评定；

——第10部分：热效应的评定。

本部分为 GB/T 18400 的第4部分。

本部分等同采用 ISO 10791-4:1998《加工中心检验条件　第4部分：线性和回转轴线的定位精度和重复定位精度检验》(英文版)。

考虑到我国国情，在采用 ISO 10791-4:1998 时，本部分做了一些编辑性修改：

——"本标准"一词改为"本部分"；

——第3章标题"简要说明"改为"一般要求"；

——删除了 ISO 10791-4:1998 的前言和引言，增加了国家标准的前言；

——删除了 ISO 10791-4:1998 的附录 A(资料性附录)。

本部分由中国机械工业联合会提出。

本部分由全国金属切削机床标准化技术委员会(SAC/TC 22)归口。

本部分起草单位：四川长征机床集团有限公司、北京第一机床厂、北京机床研究所。

本部分主要起草人：王晓慧、胡瑞琳、徐中行、李祥文、张维。

加工中心检验条件 第4部分:线性和回转轴线的定位精度和重复定位精度检验

1 范围

GB/T 18400 的本部分规定了加工中心线性和回转轴线的定位精度和重复定位精度检验的公差。

本部分适用于线性轴线行程至 2 000 mm 和具有回转轴线的加工中心。

本部分不再涉及 GB/T 17421.2—2000 中已规定的环境条件、机床的升温和检验方法。

2 规范性引用文件

下列文件中的条款通过 GB/T 18400 的本部分的引用而成为本部分的条款。凡是注日期的引用文件,其随后所有的修改单(不包括勘误的内容)或修订版均不适用于本部分,然而,鼓励根据本部分达成协议的各方研究是否可使用这些文件的最新版本。凡是不注日期的引用文件,其最新版本适用于本部分。

GB/T 17421.1—1998 机床检验通则 第1部分:在无负荷或精加工条件下机床的几何精度(eqv ISO 230-1:1996)

GB/T 17421.2—2000 机床检验通则 第2部分:数控轴线的定位精度和重复定位精度的确定(eqv ISO 230-2:1997)

GB/T 18400.1—2010 加工中心检验条件 第1部分:卧式和带附加主轴头机床几何精度检验(水平 Z 轴)(ISO 10791-1:1998,IDT)

GB/T 18400.2—2010 加工中心检验条件 第2部分:立式或带垂直主回转轴的万能主轴头机床几何精度检验(垂直 Z 轴)(ISO 10791-2:2001,IDT)

3 一般要求

3.1 测量单位

在本部分中,所有线性尺寸和相应的公差都用毫米(mm)表示;角度尺寸和相应的公差用度(°)、微弧度(μrad)和角秒(″)表示。其换算关系按下式:

$$0.010/1\ 000 = 10 \times 10^{-6} = 10\ \mu\text{rad} \approx 2''$$

3.2 参照标准

使用本部分时必须参照 GB/T 17421.2—2000 的规定,尤其是检验条件、检验程序和结果的评定。

3.3 检验顺序

本部分中的检验项目的顺序并不表示实际检验次序,为了便于检验工具的装拆和检验,可按任意次序进行检验。

3.4 检验项目

检验机床时,根据结构特点并不是必须检验本部分中的所有项目。为了验收目的而要求检验时,可由用户取得制造厂同意选择一些感兴趣的检验项目,但这些检验项目应在机床订货时明确提出。

3.5 非检验轴线的位置

在轴线检验过程中,非检测轴线上的运动部件应尽可能置于其行程的中间位置,或置于对测量元件的挠度影响最小的位置。滑动主轴、滑枕等,当它们为辅助轴线时,应保持在缩回位置。

4 线性轴线的定位

4.1 公差

如 GB/T 17421.2—2000 的第 2 章中所定义，表 1 给出了轴线行程至 2 000 mm 的加工中心不同测量行程下的定位精度公差。

表 1 线性轴线行程至 2 000 mm 的定位精度的公差　　单位为毫米

检验项目		轴线的测量行程			
		≤500	>500～800	>800～1 250	>1 250～2 000
		公差			
双向定位精度	A	0.022	0.025	0.032	0.042
单向定位精度	A↑ 和 A↓	0.016	0.020	0.025	0.030
双向重复定位精度	R	0.012	0.015	0.018	0.020
单向重复定位精度	R↑ 和 R↓	0.006	0.008	0.010	0.013
轴线的反向差值	B	0.010	0.010	0.012	0.012
轴线的平均反向差值	$\bar{B}$	0.006	0.006	0.008	0.008
双向定位系统偏差	E	0.015	0.018	0.023	0.030
单向定位系统偏差	E↑ 和 E↓	0.010	0.012	0.015	0.018
轴线的平均双向位置偏差范围	M	0.010	0.012	0.015	0.020

4.2 检验工具

可使用激光干涉仪或具有类似精度的其他测量系统(见 GB/T 17421.1—1998 中的 5.1)。

4.3 备注和参照标准

当使用激光干涉仪时，应参照 GB/T 17421.1—1998 中 A.13 所规定的注意事项。

关于检验的执行，应遵循 GB/T 17421.2—2000 所规定的检验过程，尤其是 4.3.2 所规定的轴线行程至 2 000 mm 的全部检验要求。

4.4 计算偏差

通过对实测数据进行统计分析计算出的偏差结果的表格示例见表 2。另外，按 GB/T 17421.2—2000 的要求应提供用图解表示的结果。

表 2 线性轴线行程至 2 000 mm 的检查结果的表格形式　　单位为毫米

测量项目名称		轴线名称及测量行程			
双向定位精度	A				
定位精度(正向)	A↑				
定位精度(负向)	A↓				
双向重复定位精度	R				
重复定位精度(正向)	R↑				
重复定位精度(负向)	R↓				
轴线的反向差值	B				
轴线的平均反向差值	$\bar{B}$				

表 2(续)

单位为毫米

测量项目名称		轴线名称及测量行程			
双向定位系统偏差	E				
定位系统偏差(正向)	E↑				
定位系统偏差(负向)	E↓				
轴线的平均双向位置偏差范围	M				

5 回转轴线的定位

5.1 公差

如 GB/T 17421.2—2000 中第 2 章所定义、表 3 给出了回转轴线测量行程至 360°的加工中心的定位精度公差。

表 3 回转轴线行程至 360°的定位精度公差

单位为角秒

检验项目		公差
双向定位精度	A	28
单向定位精度	A↑和A↓	22
双向重复定位精度	R	16
单向重复定位精度	R↑和R↓	8
轴线的反向差值	B	12
轴线的平均反向差值	$\bar{B}$	8
双向定位系统偏差	E	20
单向定位系统偏差	E↑和E↓	14
轴线的平均双向位置偏差范围	M	12

5.2 检验工具

带分度工作台的激光角度干涉仪，带多面体的自准直仪，或可以使用具有类似精度的其他测量系统。

5.3 备注和参照标准

当使用自准直仪时，应参照 GB/T 17421.1—1998 中 A.11 所规定的注意事项。

关于检验的执行，应遵循 GB/T 17421.2—2000 所规定的检验过程，尤其是 4.3.4 所规定的轴线行程至 360°的全部检验要求。

5.4 计算偏差

通过对实测数据进行统计分析计算出的偏差结果的表格示例见表 4。另外，按 GB/T 17421.2—2000 的要求应提供用图解表示的结果。

表 4 回转轴线行程至 360°的检查结果表格形式

单位为角秒

测量项目名称		轴线名称			
双向定位精度	A				
定位精度(正向)	A↑				
定位精度(负向)	A↓				

表 4（续）

单位为角秒

测量项目名称	轴线名称			
双向重复定位精度 R				
重复定位精度(正向) R↑				
重复定位精度(负向) R↓				
轴线的反向差值 B				
轴线的平均反向差值 $\bar{B}$				
双向定位系统偏差 E↑				
定位系统偏差(正向) E				
定位系统偏差(负向) E↓				
轴线的平均双向位置偏差范围 M				

6 记录的信息

检验报告应包括下列信息(见 6.1～6.3)。

6.1 辨别机床的信息

a) 制造厂名称；

b) 制造年度号(如果可获得的话)；

c) 型号和编号；

d) 与 GB/T 18400.1—2010 中 3.10 和 GB/T 18400.2—2010 中 3.9 对应的机床结构型式(如果有的话)。

6.2 辨别检验的信息

a) 检验日期和地点；

b) 公司和检验员姓名；

c) 使用的检验设备清单，包括制造厂名称、部件(例如激光头、光学部件、温度传感器)的型号和编号。

6.3 检验条件的信息

a) 检验中沿着或围绕轴线运动的机床部件；

b) 进给率；

c) 不在检验内的滑板或运动部件的轴线位置；

d) 测量线的位置；

e) 温度传感器数量和位置；

f) 检验之前、之后的温度传感器读数；

g) 使用材料补偿的膨胀系数;

h) 检验之前、之后的空气温度、压力和湿度;

i) 用于机床轴线的补偿形式;

j) 用于测量数据的补偿形式。

ICS 25.040.10
J 50

中华人民共和国国家标准

GB/T 18400.5—2010/ISO 10791-5:1998

加工中心检验条件 第5部分:工件夹持托板的定位精度和重复定位精度检验

Test conditions for machining centres—
Part 5:Accuracy and repeatability of positioning of work-holding pallets

(ISO 10791-5:1998,IDT)

2010-11-10 发布　　2011-03-01 实施

中华人民共和国国家质量监督检验检疫总局
中国国家标准化管理委员会　发布

前　言

GB/T 18400《加工中心检验条件》分为以下十个部分：

——第1部分：卧式和带附加主轴头机床几何精度检验(水平Z轴)；

——第2部分：立式或带垂直主回转轴的万能主轴头机床几何精度检验(垂直Z轴)；

——第3部分：带水平主回转轴的整体万能主轴头机床几何精度检验(垂直Z轴)；

——第4部分：线性和回转轴线的定位精度和重复定位精度检验；

——第5部分：工件夹持托板的定位精度和重复定位精度检验；

——第6部分：进给量、速度和插补精度检验；

——第7部分：精加工试件精度检验；

——第8部分：三个坐标平面上轮廓特性的评定；

——第9部分：刀具转换和托板转换动作时间的评定；

——第10部分：热效应的评定。

本部分为GB/T 18400的第5部分。

本部分等同采用ISO 10791-5:1998《加工中心检验条件　第5部分：工件夹持托板的定位精度和重复定位精度检验》(英文版)。

考虑到我国国情，在采用ISO 10791-5:1998时，本部分做了一些编辑性修改：

——“本标准”一词改为“本部分”；

——第3章标题“简要说明”改为“一般要求”；

——删除了ISO 10791-5:1998的前言和引言，增加了国家标准的前言；

——删除了ISO 10791-5:1998的附录A(资料性附录)。

本部分由中国机械工业联合会提出。

本部分由全国金属切削机床标准化技术委员会(SAC/TC 22)归口。

本部分起草单位：北京机床研究所、北京第一机床厂。

本部分主要起草人：李祥文、张维、胡瑞琳。

加工中心检验条件
第5部分:工件夹持托板的定位精度和重复定位精度检验

1 范围

GB/T 18400 的本部分规定了机床上各个工件夹持托板(以下简称托板)的重复定位精度和一组托板的定位精度的检验方法及公差。

本部分适用于单台的带有多个托板的加工中心,而不适用于加工中心制造系统。在制造系统中,工件或工件夹持夹具的定位精度取决于托板与接受装置的配合。只有当检验工具放置在不同机床的位置相对于线性轴线的原点正好相同时,本部分的检验结果才能被扩展至整个制造系统。而实际上是很难做到的,并有误差的,因为线性轴线的原点受轴线的重复定位精度的影响。

2 规范性引用文件

下列文件中的条款通过 GB/T 18400 的本部分的引用而成为本部分的条款。凡是注日期的引用文件,其随后所有的修改单(不包括勘误的内容)或修订版均不适用于本部分,然而,鼓励根据本部分达成协议的各方研究是否可使用这些文件的最新版本。凡是不注日期的引用文件,其最新版本适用于本部分。

GB/T 17421.1—1998 机床检验通则 第1部分:在无负荷或精加工条件下机床的几何精度(eqv ISO 230-1:1996)

GB/T 17421.2—2000 机床检验通则 第2部分:数控轴线的定位精度和重复定位精度的确定(eqv ISO 230-2:1997)

ISO 8526-1:1990 机床通用部件 随行托板 第1部分:名义尺寸至800 mm的工件随行托板

ISO 8526-2:1990 机床通用部件 随行托板 第2部分:名义尺寸大于800 mm的工件随行托板

3 一般要求

3.1 测量单位

本部分中的所有线性尺寸、偏差和相应的公差的单位为毫米(mm);角度尺寸的单位为度(°),角度偏差和相应的公差用比值表示,但在某些情况下为了清晰,可用微弧度(μrad)或角秒(″)表示。表达式的等效关系如下:

$$0.010/1\,000 = 10 \times 10^{-6} = 10\ \mu rad \approx 2''$$

3.2 参照标准

使用本部分时,几何精度的测量方法和检验工具的推荐精度应参照 GB/T 17421.1—1998。重复定位精度和定位精度的检测条件等应参照 GB/T 17421.2—2000。

3.3 轴线的表示

本部分中使用了一些通用字母,这些字母的含义表示如下:

——M 和 N 表示机床的水平轴线。在托板的趋近方向功能中,对卧式加工中心,M 和 N 是指 X 轴和 Z 轴(或 Z 轴和 X 轴)轴线;对立式加工中心,M 和 N 则是指 X 轴和 Y 轴(或 Y 轴和 X 轴)轴线;

——P 表示机床的垂直轴线。对卧式加工中心,P 是指 Y 轴轴线;对立式加工中心,P 则是指 Z 轴轴线;

——R 表示托板的回转轴线。对卧式加工中心，R 是指 *B* 轴轴线；对立式加工中心，R 则是指 *C* 轴轴线；

——*i* 为与托板有关的顺序号(第 *i* 个托板)；

——*j* 为与趋近有关的顺序号(第 *j* 次趋近)；

——*k* 为在公式中用来表示各个轴线 M、N、P 和 R 的通用字母。

3.4 检验项目

检验机床时，根据结构特点并不是必须检验本部分中的所有项目。为了验收目的而要求检验时，可由用户取得制造厂同意选择一些感兴趣的检验项目，但这些项目必须在机床订货时明确提出。

3.5 检验工具

本部分所规定的检验工具仅为举例。可以使用相同指示量和至少具有相同精度的其他检验工具。指示器应具有 0.001 mm 的分辨率。

4 机床上各个托板的重复定位精度

4.1 检验工具的安装

检验工具的安装如图 1 所示。在托板基准槽中放置量块，在托板台面上紧贴量块放一角尺。如果托板用于固定工件或夹具的基准不同(如 ISO 8526-1 和 ISO 8526-2 中所示的定位孔或侧面定位块)，则检验工具一定要放在每个托板相同的基准位置上。检验工具 1、2 和 4 应尽可能置于托板的中心线上。

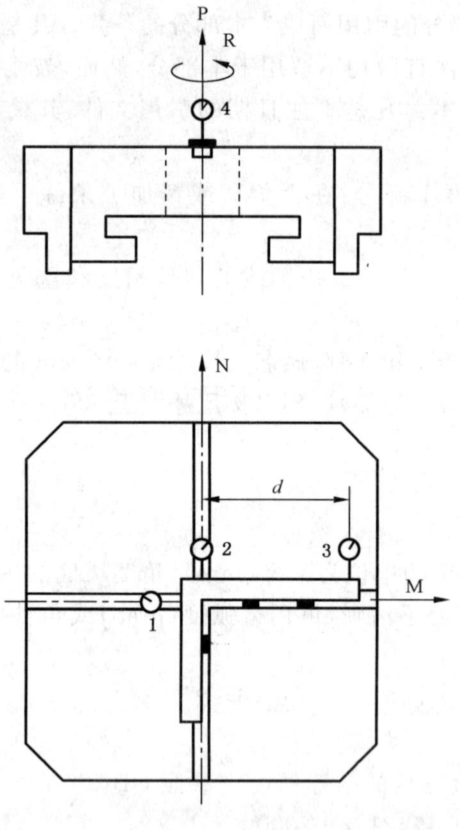

M 和 N 为水平轴线；
P 为垂直轴线；
R 为托板的回转轴线；
表 1 中给出了这些轴线与机床实际轴线的对应关系。

图 1

4.2 检验方法

除托板的运动轴线外，其余轴线均应锁紧。在托板夹具用的定位基准上，固定一专用夹具或角尺或其他检验工具，应确保检验工具在每个托板上的固定位置和方向相同。

指示器应固定在不影响托板装卸的位置。为防止测头与检验工具直接接触，则可用每次放置在检验工具和测头之间的量块来测取读数。

仅在第一个托板第一次定位趋近时将指示器调零。每个托板装卸(自动交换)5 次而不重调指示器,并记录指示器的 5 个读数。不同方向上的偏差 a 按 4.3 从各个读数求出。

注:a_R 偏差也可借助自准直仪来测量,只要反射镜放置在不同托板相对于夹具用定位基准的相同位置处。

4.3 从各个读数计算偏差的公式

a 为指示器的读数,W 为托板沿(或绕)每个轴线的重复定位精度,偏差值按下式从各个读数求出。

$a_M = a_1$

$a_N = a_2$(指示器 2 靠近托板回转轴线)

$a_P = a_4$

$a_R = (a_2 - a_3)/d$

$W_{ik} = (a_{j\max})_{ik} - (a_{j\min})_{ik}$

式中:

i——托板顺序号;

j——定位趋近顺序号;

k——M、N、P 和 R(即 X、Y、Z 和 B 或 C)。

4.4 公差

$L \leqslant 500$	$W_{X、Y、Z} = 0.008$
$500 < L \leqslant 800$	$W_{X、Y、Z} = 0.010$
$800 < L \leqslant 1\ 250$	$W_{X、Y、Z} = 0.013$
$1\ 250 < L \leqslant 2\ 000$	$W_{X、Y、Z} = 0.016$
在任意长度 L 上	$W_R = 0.013/1\ 000$

L 为托板短边长度。

4.5 检验工具

指示器、量块、角尺或专用夹具,或具有相同测量效果的其他检验工具。

4.6 误差评定

在本部分中重复定位精度不采用 GB/T 17421.2—2000 中 $4s$(四倍标准不确定度的估算值)的范围表示,而是用最大读数和最小读数间的范围 W 表示。

4.7 实测偏差记录

表 1 给出了一个记录各个读数及确定所求偏差的示例。表中允许用与图 1 所示和 3.3 所述的 M、N、P、R 相对应的 X、Y、Z、B 和 C 实际轴线表示。

表 1 各个托板的重复定位精度

托板 i=____			d=____			托板 i=____			d=____		
定位顺序 j	a_1 (M)	a_2 (N)	a_3	a_4 (P)	$\frac{a_2-a_3}{d}$ (R)	定位顺序 j	a_1 (M)	a_2 (N)	a_3	a_4 (P)	$\frac{a_2-a_3}{d}$ (R)
1						1					
2						2					
3						3					
4						4					
5						5					
$(a_{j\max})_k$						$(a_{j\max})_k$					
$(a_{j\min})_k$						$(a_{j\min})_k$					
W_k						W_k					

表 1（续）

托板 $i=$____				$d=$____		托板 $i=$____				$d=$____	
定位顺序 j	a_1 (M)	a_2 (N)	a_3	a_4 (P)	$\frac{a_2-a_3}{d}$ (R)	定位顺序 j	a_1 (M)	a_2 (N)	a_3	a_4 (P)	$\frac{a_2-a_3}{d}$ (R)
1						1					
2						2					
3						3					
4						4					
5						5					
$(a_{j\max})_k$						$(a_{j\max})_k$					
$(a_{j\min})_k$						$(a_{j\min})_k$					
W_k						W_k					

注：对于卧式加工中心，M、N、P、R 对应的是 X、Z、Y、B 轴线；而对于立式加工中心，M、N、P、R 则对应的是 X、Y、Z、C 轴线。

5 与机床关联的一组托板的定位精度

5.1 检验工具的安装

因为此项检验的结果是利用上述检验时所测取的读数来确定，因此检验工具的安装同图 1。

5.2 计算偏差的公式

a 为指示器的读数，A 为一组托板沿（或绕）每个轴线的定位精度，偏差值按下式从各个读数求出：

$$A_k=(a_{ij\max})_k-(a_{ij\min})_k$$

通常情况下，两个 i 值和两个 j 值不同。特别是如果上述公式中 a 的最大值和最小值是属于同一个 i 托板，那么对于具体的 k 轴线来说就意味着：

$$A_k=W_{ik}$$

5.3 公差

$L\leqslant500$	$A_{X、Y、Z}=0.016$
$500<L\leqslant800$	$A_{X、Y、Z}=0.020$
$800<L\leqslant1\,250$	$A_{X、Y、Z}=0.025$
$1\,250<L\leqslant2\,000$	$A_{X、Y、Z}=0.032$
在任意长度 L 上	$A_R=0.025/1\,000$

L 为托板短边长度。

5.4 检验工具

指示器、量块、角尺或专用夹具，或具有相同测量结果的其他检验工具。

5.5 检验方法

检验方法同 4.2。

一组托板的定位精度误差利用上述检验时所测取的读数按 5.2 分别计算。误差以该组托板指示器读数的最大差值计。

5.6 实测偏差记录

表 2 给出了一个记录各个读数及确定所求偏差的示例。表中允许用与图 1 所示和 3.3 所述的 M、N、P、R 相对应的 X、Y、Z、B、C 实际轴线表示。

表 2 中 $a_{ijk\max}$ 和 $a_{ijk\min}$ 的单个数值应取自表 1 中第 i 个托板相应的 M、N、P 和 R 栏。

表 2 一组托板的定位精度

	M=________		N=________		P=________		R=________	
i	$a_{ij\mathrm{Mmax}}$	$a_{ij\mathrm{Mmin}}$	$a_{ij\mathrm{Nmax}}$	$a_{ij\mathrm{Nmin}}$	$a_{ij\mathrm{Pmax}}$	$a_{ij\mathrm{Pmin}}$	$a_{ij\mathrm{Rmax}}$	$a_{ij\mathrm{Rmin}}$
1								
2								
3								
4								
5								
6								
7								
8								
9								
10								
	a_{Mmax}	a_{Mmin}	a_{Nmax}	a_{Nmin}	a_{Pmax}	a_{Pmin}	a_{Rmax}	a_{Rmin}
	A_{M}=________		A_{N}=________		A_{P}=________		A_{R}=________	

ICS 25.040.10
J 50

中华人民共和国国家标准

GB/T 18400.7—2010/ISO 10791-7:1998

加工中心检验条件 第7部分:精加工试件精度检验

Test conditions for machining centres—Part 7:Accuracy of a finished test piece

(ISO 10791-7:1998,IDT)

2010-11-10 发布

2011-03-01 实施

中华人民共和国国家质量监督检验检疫总局
中国国家标准化管理委员会 发布

前　言

GB/T 18400《加工中心检验条件》分为以下十个部分：

——第1部分：卧式和带附加主轴头机床几何精度检验(水平Z轴)；

——第2部分：立式或带垂直主回转轴的万能主轴头机床几何精度检验(垂直Z轴)；

——第3部分：带水平主回转轴的整体万能主轴头机床几何精度检验(垂直Z轴)；

——第4部分：线性和回转轴线的定位精度和重复定位精度检验；

——第5部分：工件夹持托板的定位精度和重复定位精度检验；

——第6部分：进给量、速度和插补精度检验；

——第7部分：精加工试件精度检验；

——第8部分：三个坐标平面上轮廓特性的评定；

——第9部分：刀具转换和托板转换动作时间的评定；

——第10部分：热效应的评定。

本部分为GB/T 18400的第7部分。

本部分等同采用ISO 10791-7:1998《加工中心检验条件　第7部分：精加工试件精度检验》(英文版)。

考虑到我国国情，在采用ISO 10791-7:1998时，本部分做了一些编辑性修改：

——“本标准”一词改为“本部分”；

——第3章标题“简要说明”改为“一般要求”；

——删除了ISO 10791-7:1998的前言和引言，增加了国家标准的前言；

——删除了ISO 10791-7:1998的附录A(资料性附录)。

本部分由中国机械工业联合会提出。

本部分由全国金属切削机床标准化技术委员会(SAC/TC 22)归口。

本部分起草单位：北京第一机床厂、四川长征机床集团有限公司、北京机床研究所。

本部分主要起草人：胡瑞琳、王晓慧、李祥文、张维。

加工中心检验条件
第7部分:精加工试件精度检验

1 范围

GB/T 18400 的本部分规定了在精加工条件下标准试件的一系列切削检验要求,以及试件本身的特征和尺寸。本部分可作为评定加工中心切削精度的基本要求。根据供方/制造厂与用户之间的协议,可以采用进行不同的、更加严格的检验。

2 规范性引用文件

下列文件中的条款通过 GB/T 18400 的本部分的引用而成为本部分的条款。凡是注日期的引用文件,其随后所有的修改单(不包括勘误的内容)或修订版均不适用于本部分,然而,鼓励根据本部分达成协议的各方研究是否可使用这些文件的最新版本。凡是不注日期的引用文件,其最新版本适用于本部分。

GB/T 5342.1—2006 可转位面铣刀 第1部分:套式面铣刀(ISO 6462:1983,MOD)

GB/T 17421.1—1998 机床检验通则 第1部分:在无负荷或精加工条件下机床的几何精度(eqv ISO 230-1:1996)

3 一般要求

3.1 测量单位

本部分中的所有线性尺寸、偏差和相应的公差的单位为毫米(mm);角度尺寸的单位为度(°),角度偏差和相应的公差用比值表示。在有些情况下为了清晰,也用微弧度(μrad)或角秒(″)表示。其换算关系见下式:

$$0.010/1\,000=10\times10^{-6}=10\ \mu\text{rad}\approx2''$$

3.2 参照标准

使用本部分时应参照 GB/T 17421.1—1998,尤其是精度检验前的安装、主轴和其他部件的空运转升温、检验方法、检验工具的精度。

3.3 检验顺序

本部分所列出的检验项目的顺序,并不表示实际的检验顺序,为了装拆检验工具和检验方便,可按任意次序进行检验。

3.4 检验项目

检验机床时,根据结构特点并不是必须检验本部分中的所有项目。为了验收目的而要求检验时,可由用户取得制造厂同意选择一些感兴趣的检验项目,但这些项目必须在机床订货时明确提出。

3.5 检验工具

本部分所规定的检验工具仅为举例。可以使用相同指示量和至少具有相同精度的其他检验工具。指示器应具有 0.001 mm 或更高的分辨率。

4 试件的型式

在本部分中提供了两种型式,且每种型式具有两种规格的试件。试件的型式、规格和标志见表1。

原则上在验收时每种试件仅应加工一件。在特殊要求的情况下,例如机床的性能统计评定,可按制造厂和用户之间的协议确定加工试件的数量。

表 1 试件的型式、规格和标志

型式	名义规格	标志
A 轮廓加工试件	160 320	试件 GB/T 18400.7-A160 试件 GB/T 18400.7-A320
B 端铣试件	80 160	试件 GB/T 18400.7-B80 试件 GB/T 18400.7-B160

5 试件的定位

试件的定位位置应根据制造厂和用户之间的协议规定。当无特殊要求时,试件应近似定位于 X 轴线行程的中间位置,并沿 Y 轴线和 Z 轴线在适合于试件和/或夹具定位及刀具长度的位置处放置。

6 试件的固定

试件应适当安装在专用的夹具上,以达到刀具和夹具的最大稳定性。夹具和试件的安装面应平直。应检查试件安装表面与夹具夹持面的平行度。应使用合适的夹持方法以便使刀具能贯穿和加工中心孔的全长。建议使用埋头螺钉固定试件,以避免刀具与螺钉发生干涉。也可选用其他等效的方法。试件的总高度取决于所选用的固定方法。

7 试件的材料、刀具和切削参数

试件的材料和切削刀具及切削参数应按照制造厂与用户之间的协议选取,并应记录下来。在第 9 章和第 10 章中给出了推荐的切削参数。

8 试件的尺寸

如果轮廓加工试件被加工多次,会使外形尺寸相应减小,孔径相应增大,当试件用于验收目的时,建议选用的最终轮廓加工试件应符合本部分中规定的尺寸,以便能如实反映出机床的切削精度。

如果轮廓加工试件可被重复使用,其特征尺寸应保持在本部分所给出的特征尺寸的±10%以内。当试件再次使用时,在进行新的精切试验前,应进行一次薄层切削,以清理所有的表面。

建议在轮廓加工试件上标示出机床的型号和编号、检验日期、轴线的名称和方向,以便在机床交货时用于参考。

9 轮廓加工试件(型式 A)

9.1 概述

该检验包括五个孔的定位加工和镗削,以及在不同轮廓上的一系列精加工,用来检查不同运动条件下的机床性能,即仅一个轴线进给、两轴线的线性插补和圆弧插补。

该检验通常在 X-Y 平面内进行,下列所示的检验即这种情况。但当备有万能主轴头时,同样可以在其他平面内进行该检验。

9.2 尺寸

本部分提供了两种规格的轮廓加工试件,其尺寸见表 2。

表 2 试件尺寸

单位为毫米

名义尺寸 l	m	p	q	r
160	140	30	110	52
320	280	50	220	100

试件的最终形状(如图 1 和图 2 所示)应由下列加工形成:

a) 通镗位于试件中心直径为 p 的孔;

b) 加工边长为 l 的外正四方形和边长为 m 的正四方形底座;

c) 加工正四方形上面边长为 q 的菱形(对角线倾斜 75°的正四方形);

d) 加工菱形上面直径为($q-2$) mm、且深为 6 mm 的圆;

e) 在外正四方形两边上加工角度为 3°或正切值为 0.05、且深为 6 mm 的倾斜面;

f) 镗削直径为 26 mm(或大规格试件上为 43 mm)的四个孔和直径为 28 mm(或大规格试件上为 45 mm)的四个孔;加工时,直径为 26 mm 的孔沿轴线的正向趋近,直径为 28 mm 的孔沿轴线的负向趋近。在距试件中心为 r 处定位这些孔。

因为是在不同的轴向高度加工不同的轮廓表面,因此应保持刀具与下表面平面离开零点几毫米的距离以避免面接触。

单位为毫米

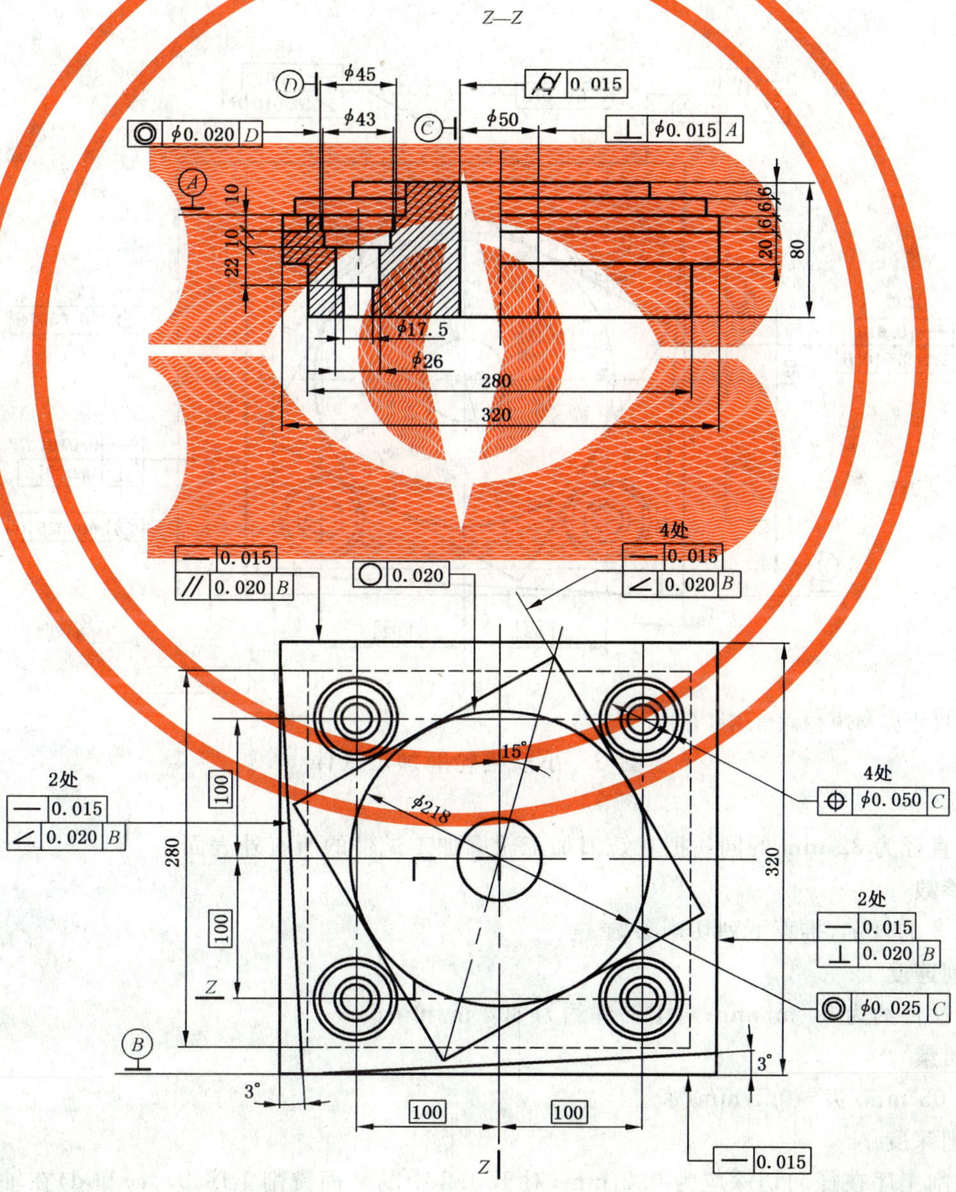

注:固定尺寸与 M16 内六角螺钉有关。

图 1 大规格轮廓加工试件

单位为毫米

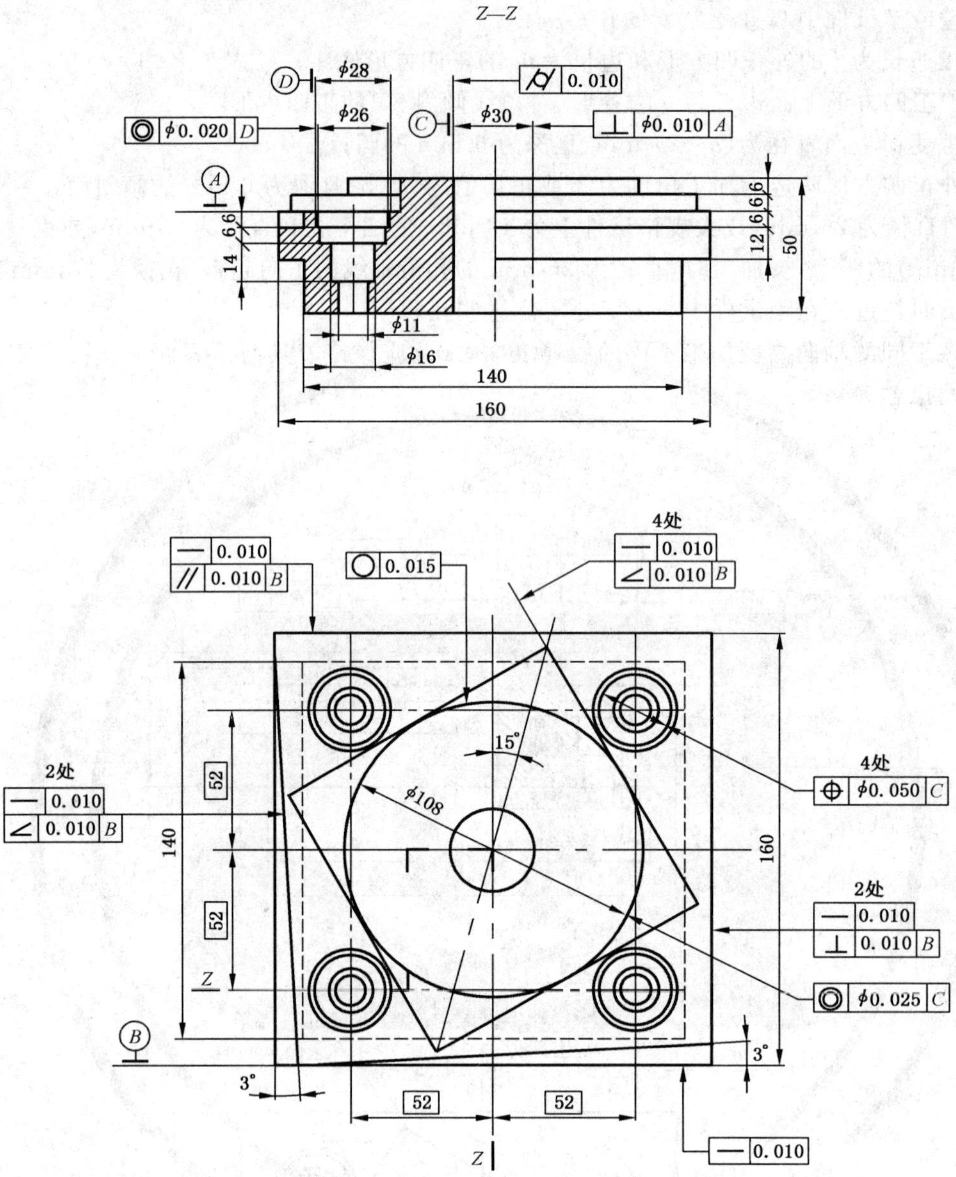

注：固定尺寸与M10内六角螺钉有关。

图2 小规格轮廓加工试件

9.3 刀具

可选用直径为32 mm的同一把立铣刀加工轮廓加工试件的所有外表面。

9.4 切削参数

根据9.3的规定，推荐下列切削参数。

9.4.1 切削速度

对于铸铁件约为50 m/min；对于铝件约为300 m/min。

9.4.2 进给量

约为0.05 mm/齿～0.1 mm/齿。

9.4.3 切削深度

所有铣削工序在径向切深应为0.2 mm，对于9.2中的平面铣削工序b)、c)和d)在轴向切深约为6 mm。

9.5 毛坯和预加工

毛坯的底部为正方形底座，该底座边长为 m，高度根据安装方法确定。

固定试件用的螺钉孔应位于菱形边之外的正方形底座上，如图1和图2所示。

为使切削深度尽可能保持一致，应进行预加工。

9.6 检验和公差

按GB/T 18400的本部分进行精加工的试件的检验和公差见表3。

表3 轮廓加工试件几何精度检验

单位为毫米

检验项目	公差		检验工具
	名义规格 l=320	名义规格 l=160	
中心孔 a) 圆柱度 b) 孔轴线对基准 A 的垂直度	 a) 0.015 b) ϕ0.015	 a) 0.010 b) ϕ0.010	 a) 坐标测量机 b) 坐标测量机
正四方形 c) 边的直线度 d) 相邻边对基准 B 的垂直度 e) 相对边对基准 B 的平行度	 c) 0.015 d) 0.020 e) 0.020	 c) 0.010 d) 0.010 e) 0.010	 c) 坐标测量机或平尺和指示器 d) 坐标测量机或角尺和指示器 e) 坐标测量机或高度规或指示器
菱形 f) 边的直线度 g) 四边对基准 B 的倾斜度	 f) 0.015 g) 0.020	 f) 0.010 g) 0.010	 f) 坐标测量机或平尺和指示器 g) 坐标测量机或正弦规和指示器
圆 h) 圆度 i) 外圆和中心孔 C 的同心度	 h) 0.020 i) ϕ0.025	 h) 0.015 i) ϕ0.025	 h) 坐标测量机或指示器或圆度测量仪 i) 坐标测量机或指示器或圆度测量仪
斜面 j) 面的直线度 k) 斜面对基准 B 的倾斜度	 j) 0.015 k) 0.020	 j) 0.010 k) 0.010	 j) 坐标测量机或平尺和指示器 k) 坐标测量机或正弦规和指示器
镗孔 n) 孔相对于中心孔 C 的位置度 o) 内孔与外孔 D 的同心度	 n) ϕ0.05 o) ϕ0.02	 n) ϕ0.05 o) ϕ0.02	 n) 坐标测量机 o) 坐标测量机或圆度测量仪

注1：如果可能，应将试件放在坐标测量机上进行测量。

注2：对于直边(或正四方形、菱形和斜面)的检验，为得到直线度、垂直度和平行度的偏差，测头至少在10个点处触及被测表面。

注3：对于圆度(或圆柱度)检验，当测量为非连续性时，则至少检查15个点(圆柱度在每个测量平面内)。建议圆度检验最好采用连续测量。

9.7 记录的信息

按本部分的要求进行检验时，应尽可能完整地将下列信息记录到检验报告中去：

a) 试件的材料和标志；

b) 刀具的材料和尺寸；

c) 切削速度；

d) 进给量；

e) 切削深度；

f) 斜面3°和 $\tan^{-1}0.05$ 间的选择。

10 端铣试件(型式 B)

10.1 概述

本试验的目的是检验通过两次走刀精铣端面时的平面度,两次走刀重叠约为直径的 20%。通常该试验是通过沿 X 轴轴线的纵向运动和沿 Y 轴轴线的横向运动来完成的,但也可按制造厂和用户之间的协议,用其他的方法来完成。

10.2 试件尺寸

两种试件尺寸和有关刀具的选择由制造厂规定或按制造厂与用户之间的协议。

在表 4 中,试件表面宽度是刀具直径的 1.6 倍,用 80% 刀具直径两次走刀来完成试件表面宽度的切削。为了使两次走刀的切削宽度近似相同,第一次走刀时刀具伸出试件表面约 20% 刀具直径,第二次走刀时刀具应伸出试件另一边约 1 mm(见图 3)。试件长度应为宽度的 1.25 倍~1.6 倍。

表 4 切削参数

试件表面宽度 W/ mm	试件表面长度 L/mm	切削宽度 w/mm	刀具直径/mm	刀具齿数
80	100~130	40	50	4
160	200~250	80	100	8

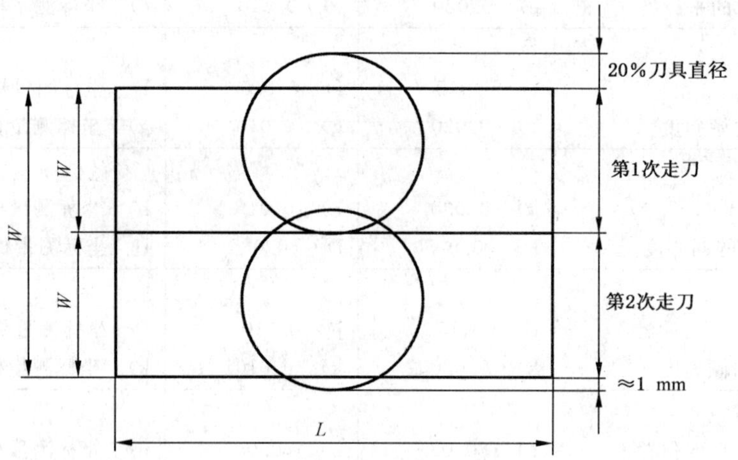

图 3 端铣试件走刀图

10.3 刀具

采用可转位面铣刀(见 GB/T 5342.1—2006)。

10.4 切削参数

本部分对试件的材料未做具体规定,当使用铸铁件时,可参见表 4 的切削参数。

当进给速度为 300 mm/min 时,每齿进给量约为 0.12 mm,切削深度不应超过 0.5 mm。如果可能,在切削时,垂直于被加工表面的轴线(通常为 Z 轴轴线)应锁紧。

10.5 毛坯和预加工

毛坯底座应具有足够的刚性,并适合于夹紧到工作台或托板或夹具上。为了使切削深度尽可能保持一致,精切前应进行预切削加工。

刀具安装时应符合下列公差要求:

a) 径向跳动≤0.02 mm;

b) 端面跳动≤0.03 mm。

10.6 精加工表面的平面度公差

小规格试件被加工表面的平面度公差不应超过 0.02 mm;大规格试件被加工表面的平面度公差不应超过 0.03 mm。垂直于铣削方向的直线度检验反映出两次走刀重叠的影响,而平行于铣削方向的直线度检验反映出刀具进刀和出刀的影响。

10.7 记录的信息

按本部分的要求进行的检验,应尽可能完整地将下列信息记录到检验报告中:

a) 试件的材料和尺寸;

b) 刀具的材料和尺寸;

c) 切削速度;

d) 进给量;

e) 切削深度。

ICS 59.080.01
W 09

中华人民共和国国家标准

GB 18401—2010
代替 GB 18401—2003

国家纺织产品基本安全技术规范

National general safety technical code for textile products

2011-01-14 发布　　　　2011-08-01 实施

中华人民共和国国家质量监督检验检疫总局
中国国家标准化管理委员会　发布

前 言

本标准的全部技术内容为强制性。

本标准代替 GB 18401—2003《国家纺织产品基本安全技术规范》。本标准与 GB 18401—2003 相比，主要技术内容变化如下：

——范围中增加“家用”，删除“使用”、删除“供需双方另有协议的除外”；

——第 2 章增加 1 项引用标准 GB/T 23344；

——婴幼儿的年龄由 24 个月改为 36 个月；

——4.1 的产品分类由 A、B 和 C 类代号改为直接以文字描述分类；

——表 1 中 B 类的 pH 值由 4.0～7.5 修改为 4.0～8.5；

——表 1 的脚注 a 和 b 的产品明确为“非最终产品”；

——表 1 的脚注 b 增加了“本色及漂白产品不要求；扎染、蜡染等传统的手工着色产品不要求；耐唾液色牢度仅考核婴幼儿纺织产品。”；

——表 1 的脚注 c 增加了致癌芳香胺的限量值≤20 mg/kg；

——5.2 增加“窗帘等悬挂类装饰产品不考核耐汗渍色牢度”；

——5.3 增加“产品按件标注一种类别”，该条注中的 80 cm 改为 100 cm；

——删除了 6.8 中的检出限；

——将 7.4 注的内容纳入条文中；

——附录 A 增加了 A.11、A.12 和 A.13，A.9 修改为“布艺工艺品”；

——调整了附录 B 中的一些示例；

——附录 C 清单中增加了“4-氨基偶氮苯”；

——增加了附录 D。

本标准仅对纺织产品的基本安全性能提出要求，其他要求按相应标准执行。

本标准的附录 C 为规范性附录，附录 A、附录 B 和附录 D 为资料性附录。

本标准由中国纺织工业协会提出。

本标准由全国纺织品标准化技术委员会归口。

本标准由纺织工业标准化研究所、国家纺织制品质量监督检验中心负责起草。

本标准主要起草人：郑宇英、徐 路、王宝军。

本标准所代替标准的历次版本发布情况为：

——GB 18401—2001，GB 18401—2003。

国家纺织产品基本安全技术规范

1 范围

本标准规定了纺织产品的基本安全技术要求、试验方法、检验规则及实施与监督。纺织产品的其他要求按有关的标准执行。

本标准适用于在我国境内生产、销售的服用、装饰用和家用纺织产品。出口产品可依据合同的约定执行。

注：附录A中所列举产品不属于本标准的范畴，国家另有规定的除外。

2 规范性引用文件

下列文件中的条款通过本标准的引用而成为本标准的条款。凡是注日期的引用文件，其随后所有的修改单(不包括勘误的内容)或修订版均不适用于本标准，然而，鼓励根据本标准达成协议的各方研究是否可使用这些文件的最新版本。凡是不注日期的引用文件，其最新版本适用于本标准。

GB/T 2912.1 纺织品 甲醛的测定 第1部分：游离和水解的甲醛(水萃取法)(GB/T 2912.1—2009，ISO 14184.1:1998，MOD)

GB/T 3920 纺织品 色牢度试验 耐摩擦色牢度(GB/T 3920—2008，ISO 105-X12:2001，MOD)

GB/T 3922 纺织品耐汗渍色牢度试验方法(GB/T 3922—1995，eqv ISO 105-E04:1994)

GB/T 5713 纺织品 色牢度试验 耐水色牢度(GB/T 5713—1997，eqv ISO 105-E01:1994)

GB/T 7573 纺织品 水萃取液pH值的测定(GB/T 7573—2009，ISO 3071:2005，MOD)

GB/T 17592 纺织品 禁用偶氮染料的测定

GB/T 18886 纺织品 色牢度试验 耐唾液色牢度

GB/T 23344 纺织品 4-氨基偶氮苯的测定

3 术语和定义

下列术语和定义适用于本标准。

3.1

纺织产品 textile products

以天然纤维和化学纤维为主要原料，经纺、织、染等加工工艺或再经缝制、复合等工艺制成的产品，如纱线、织物及其制成品。

3.2

基本安全技术要求 general safety specification

为保证纺织产品对人体健康无害而提出的最基本的要求。

3.3

婴幼儿纺织产品 textile products for infants

年龄在36个月及以下的婴幼儿穿着或使用的纺织产品。

3.4

直接接触皮肤的纺织产品 textile products with direct contact to skin

在穿着或使用时，产品的大部分面积直接与人体皮肤接触的纺织产品。

3.5

非直接接触皮肤的纺织产品　textile products without direct contact to skin

在穿着或使用时，产品不直接与人体皮肤接触，或仅有小部分面积直接与人体皮肤接触的纺织产品。

4　产品分类

4.1　产品按最终用途分为以下 3 种类型：

——婴幼儿纺织产品；

——直接接触皮肤的纺织产品；

——非直接接触皮肤的纺织产品。

附录 B 给出了 3 种类型产品的典型示例。

4.2　需用户再加工后方可使用的产品(例如，面料、纱线)根据最终用途归类。

5　要求

5.1　纺织产品的基本安全技术要求根据指标要求程度分为 A 类、B 类和 C 类，见表 1。

表 1

项　目		A 类	B 类	C 类
甲醛含量/(mg/kg)　≤		20	75	300
pH 值[a]		4.0～7.5	4.0～8.5	4.0～9.0
染色牢度[b]/级　≥	耐水(变色、沾色)	3-4	3	3
	耐酸汗渍(变色、沾色)	3-4	3	3
	耐碱汗渍(变色、沾色)	3-4	3	3
	耐干摩擦	4	3	3
	耐唾液(变色、沾色)	4	—	—
异味		无		
可分解致癌芳香胺染料[c]/(mg/kg)		禁用		

a　后续加工工艺中必须要经过湿处理的非最终产品，pH 值可放宽至 4.0～10.5 之间。

b　对需经洗涤褪色工艺的非最终产品、本色及漂白产品不要求；扎染、蜡染等传统的手工着色产品不要求；耐唾液色牢度仅考核婴幼儿纺织产品。

c　致癌芳香胺清单见附录 C，限量值≤20 mg/kg 。

5.2　婴幼儿纺织产品应符合 A 类要求，直接接触皮肤的产品至少应符合 B 类要求，非直接接触皮肤的产品至少应符合 C 类要求，其中窗帘等悬挂类装饰产品不考核耐汗渍色牢度。

5.3　婴幼儿纺织产品必须在使用说明上标明“婴幼儿用品”字样。其他产品应在使用说明上标明所符合的基本安全技术要求类别(例如，A 类、B 类或 C 类)。产品按件标注一种类别。

注：一般适用于身高 100 cm 及以下婴幼儿使用的产品可作为婴幼儿纺织产品。

6　试验方法

6.1　甲醛含量的测定按 GB/T 2912.1 执行。

6.2　pH 值的测定按 GB/T 7573 执行。

6.3　耐水色牢度的测定按 GB/T 5713 执行。

6.4 耐酸碱汗渍色牢度的测定按 GB/T 3922 执行。

6.5 耐干摩擦色牢度的测定按 GB/T 3920 执行。

6.6 耐唾液色牢度的测定按 GB/T 18886 执行。

6.7 异味的检测采用嗅觉法，操作者应是经过训练和考核的专业人员。

样品开封后，立即进行该项目的检测。检测应在洁净的无异常气味的环境中进行。操作者洗净双手后戴手套，双手拿起样品靠近鼻孔，仔细嗅闻样品所带有的气味，如检测出有霉味、高沸程石油味（如汽油、煤油味）、鱼腥味、芳香烃气味中的一种或几种，则判为“有异味”，并记录异味类别。否则判为“无异味”。

应有 2 人独立检测，并以 2 人一致的结果为样品检测结果。如 2 人检测结果不一致，则增加 1 人检测，最终以 2 人一致的结果为样品检测结果。

6.8 可分解致癌芳香胺染料的测定按 GB/T 17592 和 GB/T 23344 执行。

注：一般先按 GB/T 17592 检测，当检出苯胺和/或 1,4-苯二胺时，再按 GB/T 23344 检测。

7 检验规则

7.1 从每批产品中按品种、颜色随机抽取有代表性样品，每个品种按不同颜色各抽取 1 个样品。

7.2 布匹取样至少距端头 2 m，样品尺寸为长度不小于 0.5 m 的整幅宽；服装或其他制品的取样数量应满足试验需要。

7.3 样品抽取后密封放置，不应进行任何处理。相关试验的取样方法参见附录 D 的取样说明。

7.4 根据产品的类别对照表 1 评定，如果样品的测试结果全部符合表 1 相应类别的要求（含有 2 种及以上组件的产品，每种组件均符合表 1 相应类别的要求），则该样品的基本安全性能合格，否则为不合格。对直接接触皮肤的产品和非直接接触皮肤的产品中重量不超过整件制品 1%的小型组件不考核。

7.5 如果所抽取样品全部合格，则判定该批产品的基本安全性能合格。如果有不合格样品，则判定该样品所代表的品种或颜色的产品不合格。

8 实施与监督

8.1 依据《中华人民共和国标准化法》及《中华人民共和国标准化法实施条例》的有关规定，从事纺织产品科研、生产、经营的单位和个人，必须严格执行本标准。不符合本标准的产品，禁止生产、销售和进口。

8.2 依据《中华人民共和国标准化法》及《中华人民共和国标准化法实施条例》的有关规定，任何单位和个人均有权检举、申诉、投诉违反本标准的行为。

8.3 依据《中华人民共和国产品质量法》的有关规定，国家对纺织产品实施以抽查为主要方式的监督检查制度。

8.4 关于纺织产品的基本安全方面的产品认证等工作按国家有关法律、法规的规定执行。

9 法律责任

对违反本标准的行为，依据《中华人民共和国标准化法》、《中华人民共和国产品质量法》等有关法律、法规的规定处罚。

附 录 A
（资料性附录）
不属于本标准范围的纺织产品目录

A.1 土工布、防水油毡基布等工程用纺织产品
A.2 造纸毛毯、帘子布、过滤布、绝缘纺织品等工业用纺织产品
A.3 无土栽培基布等农业用纺织产品
A.4 防毒、防辐射、耐高温等特种防护用品
A.5 渔网、缆绳、登山用绳索等绳网类产品
A.6 麻袋、邮包等包装产品
A.7 医用纱布、绷带等医疗用品
A.8 布艺类及毛绒类玩具
A.9 布艺工艺品
A.10 广告灯箱布、遮阳布、帐篷等室外产品
A.11 一次性使用卫生用品
A.12 箱包、背提包、鞋、伞等
A.13 地毯

附 录 B
（资料性附录）
纺织产品分类示例

表B.1给出的产品作为陈述产品分类的示例。表B.1中没有列出的产品应按照产品的最终用途确定类型。

表 B.1

类　型	典型示例
婴幼儿纺织产品	尿布、内衣、围嘴儿、睡衣、手套、袜子、外衣、帽子、床上用品
直接接触皮肤的纺织产品	内衣、衬衣、裙子、裤子、袜子、床单、被套、毛巾、泳衣、帽子
非直接接触皮肤的纺织产品	外衣、裙子、裤子、窗帘、床罩、墙布

附 录 C
（规范性附录）
致癌芳香胺清单

表 C.1

序号	英文名称	中文名称	化学文摘编号
1	4-aminobiphenyl	4-氨基联苯	92-67-1
2	benzidine	联苯胺	92-87-5
3	4-chloro-*o*-toluidine	4-氯-邻甲苯胺	95-69-2
4	2-naphthylamine	2-萘胺	91-59-8
5	*o*-aminoazotoluene	邻氨基偶氮甲苯	97-56-3
6	5-nitro-*o*-toluidine	5-硝基-邻甲苯胺	99-55-8
7	*p*-chloroaniline	对氯苯胺	106-47-8
8	2,4-diaminoanisole	2,4-二氨基苯甲醚	615-05-4
9	4,4′-diaminobiphenymethane	4,4′-二氨基二苯甲烷	101-77-9
10	3,3′-dichlorobenzidine	3,3′-二氯联苯胺	91-94-1
11	3,3′-dimethoxybenzidine	3,3′-二甲氧基联苯胺	119-90-4
12	3,3′-dimethylbenzidine	3,3′-二甲基联苯胺	119-93-7
13	3,3′-dimethy1-4,4′-diaminobiphenylmthane	3,3′-二甲基-4,4′-二氨基二苯甲烷	838-88-0
14	*p*-cresidine	2-甲氧基-5-甲基苯胺	120-71-8
15	4,4′-methylene-bis-(2-chloroaniline)	4,4′-亚甲基-二-(2-氯苯胺)	101-14-4
16	4,4′-oxydianiline	4,4′-二氨基二苯醚	101-80-4
17	4,4′-thiodianiline	4,4′-二氨基二苯硫醚	139-65-1
18	*o*-toluidine	邻甲苯胺	95-53-4
19	2,4-toluylendiamine	2,4-二氨基甲苯	95-80-7
20	2,4,5-trimethylaniline	2,4,5-三甲基苯胺	137-17-7
21	*o*-anisidine	邻氨基苯甲醚	90-04-0
22	4-aminoazobenzene	4-氨基偶氮苯	60-09-3
23	2,4-xylidine	2,4-二甲基苯胺	95-68-1
24	2,6-xylidine	2,6-二甲基苯胺	87-62-7

附　录　D
（资料性附录）
取样说明

D.1　染色牢度试验的取样

按相应的试验方法规定。对于花型循环较大或无规律的印花和色织产品，分别取各色相检测，以级别最低的作为试验结果。

D.2　甲醛、pH值和可分解致癌芳香胺染料试验的取样

D.2.1　有颜色图案的产品：

——有规律图案的产品，按循环取样，剪碎混合后作为一个试样。

——图案循环很大的产品，按地、花面积的比例取样，剪碎混合后作为一个试样。

——独立图案的产品，其图案面积能满足一个试样时，图案单独取样；图案很小不足一个试样时，取样应包括该图案，不宜从多个样品上剪取后合为一个试样。

——图案较小处仅检测可分解芳香胺。

D.2.2　多层及复合的产品：

——能手工分层的产品，分层取样，分别测定；

——不能手工分层的产品，整体取样。

参 考 文 献

［1］ 中华人民共和国标准化法
［2］ 中华人民共和国标准化法实施条例
［3］ 中华人民共和国产品质量法

ICS 13.220.10
C 84

中华人民共和国国家标准

GB 18428—2010
代替 GB 18428—2001

自动灭火系统用玻璃球

Glass bulbs used for automatic fire extinguishing systems

2011-01-10 发布　　2011-06-01 实施

中华人民共和国国家质量监督检验检疫总局
中国国家标准化管理委员会　发布

前　言

本标准的第4章和第6章为强制性的，其余为推荐性的。

本标准代替GB 18428—2001《自动灭火系统用玻璃球》。

本标准与GB 18428—2001相比主要变化如下：

——修改了"外观和尺寸"中标注和工作液色标的要求(2001版的4.1，本版的4.1)；

——修改了"静态动作温度"中温度范围的要求(2001版的4.2，本版的4.2)；

——修改了"破碎载荷"中平均破碎载荷和破碎载荷误差下限的要求(2001版的4.5，本版的4.5)；

——修改了"功能"中动作时间的要求，删除了破碎长度的要求(2001版的4.9，本版的4.9)；

——修改了"残余颜色"为"工作液挥发性能"，"残余颜色试验"为"工作液挥发试验"，并修改了试验方法(2001版的4.11和5.12，本版的4.11和5.11)；

——修改了"光褪色试验"中的试验方法(2001版的5.11，本版的5.10)；

——删除了"低温试验"(2001版的4.6.1)；

——修改了检验规则(2001版的第6章，本版的第6章)。

本标准由中华人民共和国公安部提出。

本标准由全国消防标准技术委员会固定灭火系统分技术委员会(SAC/TC 113/SC 2)归口。

本标准负责起草单位：公安部天津消防研究所。

本标准参加起草单位：德国久保有限公司北京代表处、成都微巨科技有限责任公司。

本标准主要起草人：张少禹、啜凤英、王军、李毅、梁志宏、沙崇伟。

本标准所代替标准的历次版本发布情况：

——GB 18428—2001。

自动灭火系统用玻璃球

1 范围

本标准规定了自动灭火系统用玻璃球的要求、试验方法、检验规则、使用说明书和产品数据单、包装、贮存和运输等。

本标准适用于自动灭火系统用玻璃球,用于其他消防装置的感温玻璃球也可参照使用。

2 规范性引用文件

下列文件中的条款通过本标准的引用而成为本标准的条款。凡是注日期的引用文件,其随后所有的修改单(不包括勘误的内容)或修订版均不适用于本标准,然而,鼓励根据本标准达成协议的各方研究是否可使用这些文件的最新版本。凡是不注日期的引用文件,其最新版本适用于本标准。

GB/T 2828.1 计数抽样检验程序 第1部分 按接收质量限(AQL)检索的逐批检验抽样计划(GB/T 2828.1—2003,ISO 2859-1:1999,IDT)

GB/T 2829 周期检验计数抽样程序及表(适用于对过程稳定性的检验)

3 术语和定义

下列术语和定义适用于本标准。

3.1

静态动作温度 static operating temperature

一定的升温速率下,在液浴中玻璃球圆柱体破碎时的温度,单位为摄氏度(℃)。

3.2

响应时间系数 response time index

RTI

在标准条件下测定的用于度量玻璃球灵敏度的一个系数。

表达式:$RTI = \tau u^{0.5}$

式中:

RTI ——响应时间系数,单位为$(m \cdot s)^{0.5}$;

τ——响应时间常数,单位为秒(s);

u——气体流速,单位为米每秒(m/s)。

3.3

快速响应玻璃球 fast response glass bulb

响应时间系数(RTI)小于或等于$50(m \cdot s)^{0.5}$的玻璃球。

3.4

特殊响应玻璃球 special response glass bulb

响应时间系数(RTI)大于$50(m \cdot s)^{0.5}$且小于或等于$80(m \cdot s)^{0.5}$的玻璃球。

3.5

标准响应玻璃球 standard response glass bulb

响应时间系数(RTI)大于$80(m \cdot s)^{0.5}$且小于或等于$350(m \cdot s)^{0.5}$的玻璃球。

4 要求

4.1 外观和尺寸

4.1.1 玻璃球外表面不应有损伤,玻璃材料内部不应有气泡或其他杂质,同种规格的玻璃球工作液体内气泡大小应均匀一致。

4.1.2 玻璃球的直径与标称直径的偏差不应超过±0.1 mm,玻璃球装配长度与标称装配长度的偏差不应超过±0.5 mm。

4.1.3 玻璃球圆柱体上应至少牢固标注产品的代号和生产企业标志或商标,相同色标的不同公称动作温度的玻璃球应能以适当的标注区分并易于识别。

4.1.4 玻璃球公称动作温度与工作液色标应符合表1的规定。

表1 玻璃球公称动作温度与工作液色标

公称动作温度/℃	57	68	79	93	107	121	141	163	182	204	227	260	343
工作液色标	橙	红	黄	绿	绿	蓝	蓝	紫	紫	黑	黑	黑	黑

4.2 静态动作温度

按5.2的规定进行静态动作温度试验,玻璃球的静态动作温度不应超过下述温度范围:

$$X \pm (0.035X + 0.62)$$

式中:

X——公称动作温度,单位为摄氏度(℃)。

4.3 疲劳强度

按5.3的规定进行疲劳强度试验,玻璃球不应有任何破损。试验后玻璃球的静态动作温度应符合4.2的规定。

4.4 热稳定性能

按5.4的规定进行热稳定性试验,玻璃球不应有任何破损。试验后玻璃球的静态动作温度应符合4.2的规定。

4.5 破碎载荷

玻璃球的平均破碎载荷由生产商提出。

按5.5的规定进行破碎载荷试验,测得的平均破碎载荷不应低于生产商的公布值且破碎载荷误差下限(TL)不应低于平均破碎载荷的50%。

破碎载荷误差的计算按正态分布进行。对所有玻璃球的99%正态分布的置信系数为0.99。

4.6 耐低温储存性能

按5.6的规定进行低温储存试验,玻璃球不应损坏。试验后玻璃球的静态动作温度应符合4.2的规定。

4.7 环境温度的适应性

按5.7的规定进行环境温度试验,玻璃球不应出现任何损坏。试验后,玻璃球的静态动作温度应符合4.2的规定。

4.8 动态响应性能

玻璃球的响应类型由生产商提供。

按5.8的规定进行动态响应试验,快速响应玻璃球的所有RTI值均应小于或等于50$(m \cdot s)^{0.5}$。标准响应玻璃球的所有RTI值均应大于80$(m \cdot s)^{0.5}$且小于或等于350$(m \cdot s)^{0.5}$。特殊响应玻璃球平均RTI值应在50$(m \cdot s)^{0.5}$～80$(m \cdot s)^{0.5}$之间,且任一值不得小于40$(m \cdot s)^{0.5}$或大于100$(m \cdot s)^{0.5}$。

4.9 功能

按5.9的规定进行功能试验,玻璃球应在120 s内爆破。

4.10 光褪色

按 5.10 的规定进行光褪色试验，试验后玻璃球的工作液颜色不应与其他公称动作温度玻璃球的工作液颜色相同或相近。

4.11 工作液挥发性能

按 5.11 的规定进行工作液挥发试验，玻璃球内工作液应发生明显变化。

5 试验方法

5.1 外观检查

对照技术文件检查玻璃球的外观、尺寸和标志，判断每一个样品是否符合 4.1 的规定。

5.2 静态动作温度试验

试验环境温度为(20±5)℃，试验在液浴中进行。公称动作温度不大于 79 ℃的玻璃球采用水浴(宜采用蒸馏水)，公称动作温度 79 ℃以上的玻璃球采用油浴(与公称动作温度适宜的油品)。试验液浴的温度应均匀，试验区内温度偏差不得超过 0.5 ℃，温度测量精度不低于±0.1 ℃。

将玻璃球样品垂直置于液浴中，玻璃球中心距液面不小于(40±5)mm，以不超过 20 ℃/min 的升温速率从室温升温到低于公称动作温度(20±2)℃，保持 10 min 后，以 0.4 ℃/min～0.6 ℃/min 的速率升温，直至样品全部破碎，记录每只样品的动作温度，判断试验结果是否符合 4.2 的规定。

5.3 疲劳强度试验

试验环境温度应为(20±5)℃，试验在液浴中进行。公称动作温度不大于 79 ℃的玻璃球采用水浴(宜采用蒸馏水)。公称动作温度 79 ℃以上的玻璃球采用油浴(与公称动作温度适宜的油品)。将样品置于试验容器中，以不超过 20 ℃/min 的升温速率从室温升温到低于公称动作温度(20±2)℃，然后以 1 ℃/min 的速率升温直至玻璃球内气泡消失或低于公称动作温度 5 ℃，立即将样品从液浴中取出，保持玻璃球密封尖端朝下，在空气中自然冷却，直至玻璃球内部气泡重新出现。

每一样品重复上述试验 6 次，判断试验结果是否符合 4.3 的规定。试验后，按 5.2 的规定进行静态动作温度试验。

5.4 热稳定性试验

试验在液浴中进行，试验前，使玻璃球样品置于(20±5)℃的环境温度中不少于 2 h，然后将玻璃球浸入低于公称动作温度(10±2)℃的液浴中，液浴试验区域的温度偏差不应超过±1 ℃。保持 5 min 后取出，使玻璃球密封尖端朝下，立即浸入(10±1)℃的水中。判断试验结果是否符合 4.4 的规定。试验后，按 5.2 的规定进行静态动作温度试验。

5.5 破碎载荷试验

将玻璃球以适当的方式固定在支撑元件之间，支撑元件为钢质材料，洛氏硬度为(44±6)HRC，其应符合生产商的设计使用要求。

沿玻璃球轴线方向施加均匀载荷，直至玻璃球发生爆破，载荷增加的速率为(250± 25)N/s。用于测量破碎载荷的设备的最大偏差不得超过测量值的±1%。

至少取 25 只试样进行本项试验，也可要求使用更多的试样进行试验，以取得精确的测量结果。

使用测量得到的数据计算破碎载荷的平均值和标准偏差，标准偏差(s)按公式(1)确定，判断计算结果是否符合 4.5 的规定。

$$s=[\sum_{i=1}^{n}(x_i-x)^2/(n-1)]^{0.5} \qquad \cdots\cdots(1)$$

式中：

s——标准偏差，单位为牛顿(N)；

x——破碎载荷平均值，单位为牛顿(N)；

x_i——每次测得的破碎载荷值，单位为牛顿(N)；

n——试样个数。

破碎载荷的误差下限按公式(2)计算，k 值根据试样的数量从表 2 中选取。

$$TL = x - ks \quad \cdots\cdots(2)$$

式中：

TL——确定的破碎载荷误差下限，单位为牛顿(N)；

x——确定的平均破碎载荷，单位为牛顿(N)；

k——从表 2 中选取的 k 值；

s——根据公式(1)得到的标准偏差。

表 2　正态分布下的单边误差限 *k* 值

n	*k*	*n*	*k*
10	5.075	21	3.776
11	4.828	22	3.727
12	4.633	23	3.680
13	4.472	24	3.638
14	4.336	25	3.601
15	4.224	30	3.446
16	4.124	35	3.334
17	4.038	40	3.250
18	3.961	45	3.181
19	3.893	50	3.124
20	3.832		

5.6　低温储存试验

将玻璃球样品放置在低温试验箱中，箱内温度为(－40±5)℃，保持 24 h，判断试验结果是否符合 4.6 的规定。试验后，待样品温度恢复至室温，按 5.2 的规定进行静态动作温度试验。

5.7　环境温度试验

将玻璃球安装在专用卡具上，其承受的载荷为生产商推荐的装配载荷，温度试验箱工作室内温度控制精度应符合表 3 的规定。

将玻璃球置于温度试验箱内，箱内温度保持在低于公称动作温度 16 ℃，但最低不应低于 49 ℃，每隔 7 d 取出样品检查一次，整个试验历时 90 d，判断试验结果是否符合 4.7 的规定。试验后玻璃球按 5.2的规定进行静态动作温度试验。

表 3　温度试验箱的温度控制精度

单位为摄氏度

试验箱内温度范围	精度要求
49～100	±2
100～200	±3
200～350	±5

5.8 动态响应试验

5.8.1 试验步骤

动态响应试验在风洞试验装置(见图1)上进行。

玻璃球试样装配在专用卡具上称为组件,专用卡具见图2,卡具的球座及螺钉见图3、图4,密封件采用聚四氟乙烯塑料垫片(其中球座的具体装配尺寸由生产商公布)。玻璃球的装配扭矩为(0.20±0.03)N·m。在下述试验中,风洞试验段气流的方向应与玻璃球的轴线及专用卡具双臂所在的平面垂直。

组件应安装在黄铜固定座上,固定座应保证在每一个独立的试验中,历时55 s的试验期间固定座温升不超过2 ℃(固定座的温升采用热电偶进行测量,将热电偶置于卡具入口中心部的水中,测点位于基座内从内螺纹根部径向向外不超过8 mm处)。在每个独立的试验中,如果响应时间超过55 s,固定座温升数值不得超过响应时间(s)的0.036倍。

在组件接口螺纹处缠1～1.5圈的聚四氟乙烯带,拧入固定座的力矩为(15±3)N·m。将每个组件安装在风洞试验段盖上,保存在温度为(20±5)℃的恒温箱内不少于30 min。

试验前应将不少于25 mL达到(20±5)℃的水引入组件入口,试验时应在其入口端充0.05 MPa的水压。用精度为±0.01 s的计时装置测量从组件插入风洞到其动作的时间,即响应时间t。

在试验过程中,风洞试验段(组件部位)的气流及温度按表4选取。选择的空气温度应在试验段保持恒定。在整个试验过程中,当空气温度范围在129 ℃～141 ℃时,控温精度为±1 ℃;对于其他空气温度范围,控温精度为±2 ℃。选择的空气流速应保持恒定,在整个试验过程中,当流速在1.65 m/s～1.85 m/s和2.4 m/s～2.6 m/s范围时,精度为±0.03 m/s;当流速在3.4 m/s～3.6 m/s范围时,精度为±0.04 m/s。

为了将组件和限流边界(风洞壁)之间的辐射交换尽量减小,风洞的最大设备期望误差不应超过3%。应在设计上保证试验段可将辐射效果限制在RTI计算值的±3%以内,可通过在一个涂黑(高辐射率)的金属试件和一个抛光(低辐射率)的金属试件上进行试验比较来确定辐射效果。

表4 试验段动态响应试验条件范围

空气温度范围/℃				流速范围/(m/s)		
公称动作温度	标准响应玻璃球	特殊响应玻璃球	快速响应玻璃球	标准响应玻璃球	特殊响应玻璃球	快速响应玻璃球
57～77	191～203	129～141	129～141	2.4～2.6	2.4～2.6	1.65～1.85
79～107	282～300	191～203	191～203	2.4～2.6	2.4～2.6	1.65～1.85
121～149	382～432	282～300	282～300	2.4～2.6	2.4～2.6	1.65～1.85
163～191	382～432	382～432	382～432	3.4～3.6	2.4～2.6	1.65～1.85

5.8.2 RTI值的计算

RTI值按公式(3)计算。

$$\mathrm{RTI}=\frac{-tu^{0.5}}{\ln\left[1-\frac{\Delta T_e}{\Delta T_g}\right]} \quad \cdots\cdots(3)$$

式中:

t——玻璃球的响应时间,单位为秒(s);

u——风洞试验段根据表4而确定的实际气流速度,单位为米每秒(m/s);

ΔT_e——玻璃球的平均液浴动作温度－环境温度,单位为摄氏度(℃);

ΔT_g——风洞试验段实际气体温度－环境温度,单位为摄氏度(℃)。

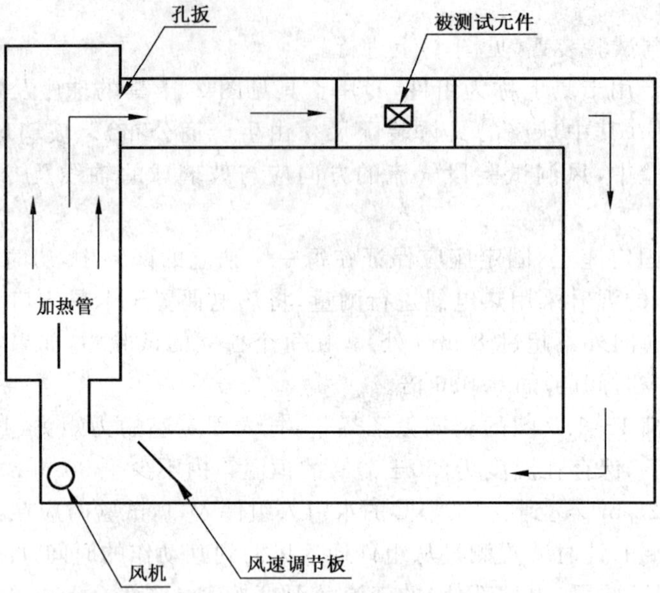

图 1 风洞装置示意图

单位为毫米

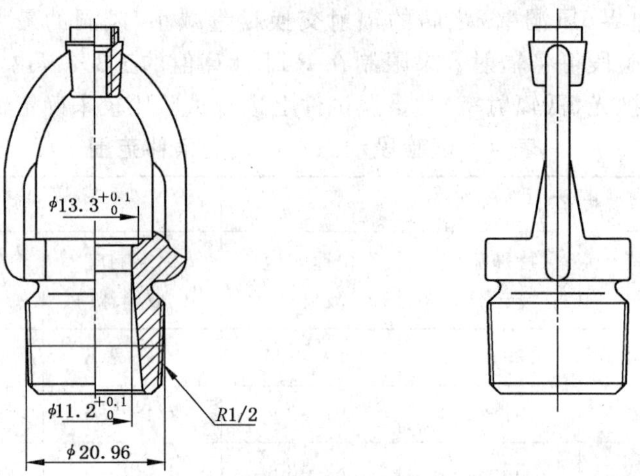

图 2 卡具组件图

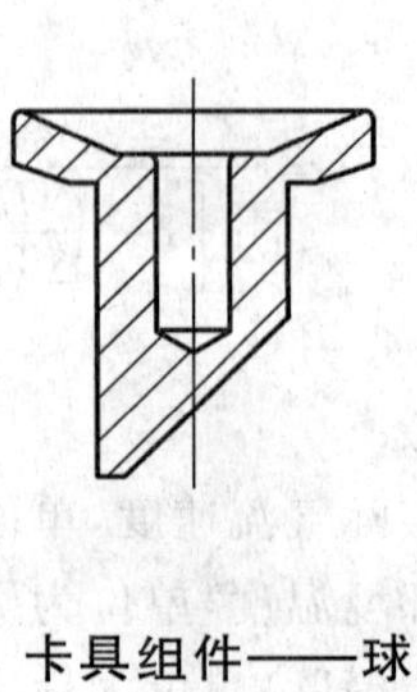

图 3 卡具组件——球座图

单位为毫米

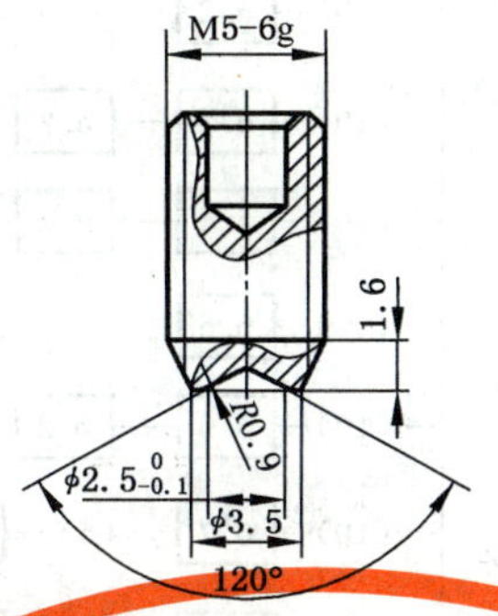

图4 卡具组件——螺钉图

5.9 功能试验

将玻璃球安装在固定装置上(如喷头),放入温度为高于公称动作温度(200±5)℃的试验箱中,判断试验结果是否符合4.9的规定。

5.10 光褪色试验

将玻璃球试样置于耐黄变试验箱中,照射光源为UV紫外光源,光源功率为300 W,光源与试样之间设置一块厚度为2 mm～3 mm无色透明的平板玻璃,试样处的辐射照度为(25±5)W/m²,试验箱内温度保持在(50±3)℃,进行7 d连续照射试验。试验后检查试样工作液颜色,判断试验结果是否符合4.10的规定。

5.11 工作液挥发试验

用适当的方法打破玻璃球密封尖,将其存放于温度保持在低于公称动作温度16 ℃,但最低不低于49 ℃的环境中90 d,试验后目视检查玻璃球工作液,判断试验结果是否符合4.11的规定。

6 检验规则

6.1 检验分类

6.1.1 出厂检验

出厂检验的项目至少包括4.1、4.2和4.5。

6.1.2 型式检验

6.1.2.1 型式检验的项目为第4章的全部项目。

6.1.2.2 有下述情况之一者,应进行该产品的型式检验:

a) 正式生产后,如结构、材料、工艺任何一项有较大改变,可能影响产品性能时;

b) 产品停产超过一年,恢复生产时;

c) 产品转厂生产的试制定型鉴定时;

d) 国家质量监督机构提出进行型式检验要求时。

6.2 组批

相同材料、相同工艺、连续生产的玻璃球为一个批次。

6.3 抽样及试验程序

样品的抽取按GB/T 2828.1和GB/T 2829的有关规定进行,型式检验抽样基数不少于5 000只。试验程序和样品数量见图5。

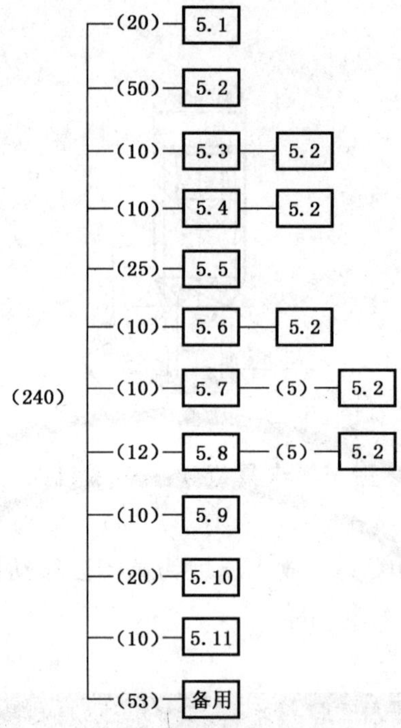

注：括号内数字为样品数量，方框内数字为试验条款号。

图5　试验程序及样品数量

6.4　判定规则

6.4.1　出厂检验

出厂检验的全部项目都合格，则判定该批产品出厂检验合格。若有一项不合格，则该批产品为不合格。

6.4.2　型式检验

各种型号、规格的玻璃球，按本标准规定的各项检验项目进行检验，达到第4章相应条款的要求为合格。若4.1～4.9中有一项不合格，则判定该批产品不合格。其余各项中，若有一项不合格，可判该批产品为合格；若有两项以上（包括两项）不合格，则判定该批产品不合格。

7　使用说明书和产品数据单

7.1　玻璃球产品应有产品说明书，产品说明书中至少应标有产品的特性、用途和使用说明。

7.2　玻璃球产品应有产品数据单，产品数据单应包括以下内容：

a）　型号；

b）　响应等级；

c）　公称动作温度和色标；

d）　标称直径；

e）　标称装配长度；

f）　平均破碎载荷；

g）　玻璃球支撑元件的装配图（至少应包括玻璃球标称直径、标称装配长度、支撑元件的尺寸、材料的硬度、材料表面质量和安装尺寸）。

8　包装、贮存和运输

8.1　样品应采用适当的形式独立包装，每只玻璃球占据一个位置。包装盒内应有产品合格证、说明书和产品数据单。包装箱外宜标有生产商、产品批号或生产日期、公称动作温度、标称直径以及易碎品标志等。

8.2　产品应贮存在通风干燥处，贮存温度应在－10 ℃～＋45 ℃范围内。

8.3　产品在运输中应采取适当的措施，以防止有可能由于磕碰、颠震等造成的损坏。

ICS 23.020
J 74

中华人民共和国国家标准

GB/T 18443.1—2010

真空绝热深冷设备性能试验方法 第1部分:基本要求

Testing method of performance for vacuum insulation cryogenic equipment—Part 1: Basic requirements

2010-09-26 发布 2011-02-01 实施

中华人民共和国国家质量监督检验检疫总局
中国国家标准化管理委员会 发布

前　言

GB/T 18443《真空绝热深冷设备性能试验方法》分为 8 个部分：

——第 1 部分：基本要求；

——第 2 部分：真空度测量；

——第 3 部分：漏率测量；

——第 4 部分：漏放气速率测量；

——第 5 部分：静态蒸发率测量；

——第 6 部分：漏热量测量；

——第 7 部分：维持时间测量；

——第 8 部分：容积测量。

本部分为 GB/T 18443 的第 1 部分。

本部分的附录 A 为规范性附录，附录 B 和附录 C 为资料性附录。

本部分由全国锅炉压力容器标准化技术委员会(SAC/TC 262)提出并归口。

本部分起草单位：上海市特种设备监督检验技术研究院、上海市气体工业协会、上海交通大学、国家低温容器质量监督检验中心、中国特种设备检测研究院、上海华谊集团装备工程有限公司。

本部分主要起草人：舒文华、周伟明、罗晓明、寿比南、薛季爱、薛小龙、汪荣顺、施宝毅、顾福明、施锋萍、魏勇彪、王为国、尹立军。

本部分为首次发布。

真空绝热深冷设备性能试验方法
第1部分:基本要求

1 范围

GB/T 18443的本部分规定了真空绝热深冷设备性能试验对试验环境、试验设备、被检件与试验介质、试验项目和顺序、数据处理、试验记录和试验报告等的基本要求。

本部分适用于除储运液氢介质以外的真空绝热深冷设备的性能试验,其他设备可参照执行。

2 规范性引用文件

下列文件中的条款通过GB/T 18443的本部分的引用而成为本部分的条款。凡是注日期的引用文件,其随后所有的修改单(不包括勘误的内容)或修订版均不适用于本部分,然而,鼓励根据本部分达成协议的各方研究是否可使用这些文件的最新版本。凡是不注日期的引用文件,其最新版本适用于本部分。

GB/T 18443.2 真空绝热深冷设备性能试验方法 第2部分:真空度测量

GB/T 18443.3 真空绝热深冷设备性能试验方法 第3部分:漏率测量

GB/T 18443.4 真空绝热深冷设备性能试验方法 第4部分:漏放气速率测量

GB/T 18443.5 真空绝热深冷设备性能试验方法 第5部分:静态蒸发率测量

GB/T 18443.6 真空绝热深冷设备性能试验方法 第6部分:漏热量测量

GB/T 18443.7 真空绝热深冷设备性能试验方法 第7部分:维持时间测量

GB/T 18443.8 真空绝热深冷设备性能试验方法 第8部分:容积测量

JB/T 8105.1 橡胶密封真空规管接头

JB/T 8105.2 金属密封真空规管接头

3 术语和定义

下列术语和定义适用于本部分。

3.1

夹层 interspace

内容器与外壳之间形成的密闭空间。

3.2

真空绝热 vacuum insulation

夹层内填充或不填充绝热材料,并抽成真空的绝热方式的统称。绝热材料指粉末、纤维、多层及多层内放置多屏等材料。

3.3

真空绝热深冷设备 vacuum insulated cryogenic equipment

采用真空绝热结构的深冷压力容器、深冷常压容器、真空绝热深冷焊接气瓶、真空绝热管及其管件等设备的统称。

3.4

标准环境状态 standard ambient condition

温度为20 ℃,相对湿度为65%,大气压力为101.325 kPa下的环境状态。

3.5

被检件　measured piece

指被检测的真空绝热深冷设备,可以是产品或圆筒、封头和组件等。

3.6

静态蒸发率　static evaporation rate

测试蒸发率换算为标准环境状态下的蒸发率值,单位为百分比每天(%/d)。

4　一般要求

4.1　环境条件

4.1.1　试验环境要求应为清洁、通风良好,且有防静电、防明火等措施。

4.1.2　试验现场应设置警戒区域和红色信号标志。

4.1.3　试验现场不应有强电磁干扰和强烈振动、冲击。

4.1.4　环境压力为当地大气压,温度范围为 0 ℃～40 ℃,相对湿度小于 85%。

4.1.5　易燃易爆深冷液体作为试验介质时,应设置安全区域,且不应有可能发生危险的危险源存在。

4.2　试验设备

4.2.1　基本要求

4.2.1.1　当试验介质为易燃易爆深冷液体时,被检件和测量管路采取必要的防静电措施,且不应产生明火。

4.2.1.2　仪器设备的性能、量程及精度应满足试验要求。计量器具及仪器应经国家法定计量机构校准或检定合格,并在校验有效期内使用。

4.2.1.3　真空绝热深冷设备充装深冷液体后,在静置准备阶段,应采用导气管将汽化的气体从深冷容器放空口导向指定的安全区域。导气管及各连接件应密封良好,不应泄漏。

4.2.1.4　当试验介质为易燃介质时,相关连接管道先用氮气或惰性气体进行置换。真空绝热深冷设备的放空口及安全阀泄放口排气管道应采用管道连接至准备好的密封气囊、或回收利用装置、或安全排放出口。

4.2.1.5　温度计允许测量误差为±1 ℃。

4.2.1.6　大气压力计允许测量误差为±50 Pa。

4.2.2　真空机组

4.2.2.1　真空机组的极限真空度至少应高于被检件封口真空度一个数量级。

4.2.2.2　真空机组的有效抽速应满足被检件的气体负荷。

4.2.3　真空规管与真空计

4.2.3.1　橡胶密封真空规管接头应符合 JB/T 8105.1 的规定,金属密封真空规管接头应符合 JB/T 8105.2 的规定。

4.2.3.2　真空规管及配套的真空计的类型和测量范围应满足被测真空绝热深冷设备中夹层真空度的要求,真空度测量不确定度应小于 50%。

4.2.3.3　热阴极和冷阴极电离真空规管不允许用于装载液氧或易燃介质的高真空多层绝热深冷设备上。

4.2.3.4　装载液氧或易燃介质的高真空多层绝热深冷设备的真空夹层上可安装电阻规管与电离型真空规管组合的复合规管,或并联安装电阻规管和电离型真空规管。当真空度优于 10^{-1} Pa 时方可启动电离型真空规管进行测量。

4.2.4　真空阀门

4.2.4.1　与抽空机组和被检件上真空阀门相连的抽气管路的通径应大于被检件上真空阀门的通径。

4.2.4.2　真空阀门的漏率应不大于 1×10^{-9} Pa·m^3/s。

4.2.5 **连接管路**

连接管路材质宜采用不锈钢、铜或铝合金。

4.3 **被检件与试验介质**

4.3.1 被检件的清洁度应满足试验安全和测量精度的要求。

4.3.2 性能试验宜采用液氮作为试验介质，且按附录A进行修正。

4.3.3 当条件受限时，可采用实际储存的介质为试验介质，但不应使用液氢作为试验介质。

4.3.4 当试验介质为液氧的被检件不应与充装易燃易爆介质的被检件在邻近区域内同时进行试验。

4.4 **试验项目和顺序**

4.4.1 真空绝热深冷设备应在结构强度试验合格后方可进行性能试验。

4.4.2 试验项目及其试验顺序参照附录B。

4.5 **数据处理**

应由试验介质的标态下的漏热量或静态蒸发率，按附录A计算出实际储存介质的标态漏热量或静态蒸发率。

4.6 **试验记录和试验报告**

4.6.1 试验记录填写应及时、准确、完整，并经责任人员签字，试验数据按照GB/T 18443.2～18443.8各附录中的表格填写。

4.6.2 试验报告的内容至少应包括：试验结论、产品概况、主要试验仪器和设备等。试验结论报告格式参照附录C。

附 录 A
（规范性附录）
实际储存介质的标态漏热量和静态蒸发率的确定

A.1 确定实际储存介质的标态漏热量

$$Q_s = Q_{20}\frac{(293.15 - T_{cos})}{(293.15 - T_{cot})} \qquad (A.1)$$

式中：

Q_s——实际储存介质的标态漏热量，单位为瓦(W)；

Q_{20}——试验介质的标态漏热量，单位为瓦(W)；

T_{cos}——标准大气压(101.325 kPa)下实际储存介质的饱和温度，单位为开尔文(K)；

T_{cot}——标准大气压(101.325kPa)下试验介质的饱和温度，单位为开尔文(K)。

A.2 确定实际储存介质的静态蒸发率

$$\alpha_s = \frac{\alpha_t(293.15 - T_{cos})(h_{Got} - h_{Lot})F_t}{(293.15 - T_{cot})(h_{Gost} - h_{Los})F_s} \qquad (A.2)$$

式中：

α_s——实际储存介质的静态蒸发率，单位为百分比每天(%/d)；

α_t——试验介质的静态蒸发率，单位为百分比每天(%/d)；

T_{cos}——标准大气压(101.325 kPa)下实际储存介质的饱和温度，单位为开尔文(K)；

h_{Got}——标准大气压(101.325 kPa)下试验介质的蒸气比焓，单位为焦耳每千克(J/kg)；

h_{Lot}——标准大气压(101.325 kPa)下试验介质的液体比焓，单位为焦耳每千克(J/kg)；

F_t——试验介质的最大允许充装质量，单位为千克(kg)；

T_{cot}——标准大气压(101.325 kPa)下试验介质的饱和温度，单位为开尔文(K)；

h_{Gos}——标准大气压(101.325 kPa)下实际储存介质的蒸气比焓，单位为焦耳每千克(J/kg)；

h_{Los}——标准大气压(101.325 kPa)下实际储存介质的液体比焓，单位为焦耳每千克(J/kg)；

F_s——实际储存介质的最大允许充装质量，单位为千克(kg)。

A.3 式 A.1 和式 A.2 适用于 $|T_{cot} - T_{cos}|$ 小于 20 K 时，超出该范围则不再适用。

附 录 B
（资料性附录）
试验项目和顺序

试验项目及其试验顺序可参照表 B.1。

表 B.1 试验项目和顺序

试验顺序	试验项目	标准	真空绝热深冷容器和气瓶	真空绝热管及其管件
1	容积测量	GB/T 18443.8	▲	▲
2	漏率测量	GB/T 18443.3	▲	▲
3	真空度测量	GB/T 18443.2	▲	▲
4	漏放气速率测量	GB/T 18443.4	▲	▲
5	低温真空度测量	GB/T 18443.2	▲	▲
6	静态蒸发率测量	GB/T 18443.5	▲	
7	漏热量测量	GB/T 18443.6		▲
8	维持时间测量	GB/T 18443.7	▲	
注：▲—表示该类产品应进行的试验项目。				

附　录　C
（资料性附录）
真空绝热深冷设备性能试验报告

真空绝热深冷设备性能试验报告可参照表 C.1。

表 C.1　真空绝热深冷设备性能试验报告

报告编号：

产品名称		产品型号	
产品规格		样品编号	
制造单位			
设计单位			
试验地点			
试验日期		判定依据[a]	
试验项目			
试验结论			
试验人员			
备注			
[a] 判定依据应为安全技术规范、标准、合同、协议等。			

编制：__________　　　　核对：__________　　　　审核：__________

真空绝热深冷设备产品概况可参照表 C.2。

表 C.2 真空绝热深冷设备产品概况

几何容积 m^3			有效容积 m^3	
真空夹层几何容积 m^3			真空夹层厚度 mm	
绝热方式				
内容器	材料		内直径×壁厚 mm	
	设计压力 MPa		最高工作压力 MPa	
	设计温度 ℃		工作温度 ℃	
	外直径×长度 mm			
外壳	材料		内直径×壁厚 mm	
	设计压力 MPa		最高工作压力 MPa	
	设计温度 ℃		工作温度 ℃	
	外直径×长度 mm			
空载质量 kg			试验介质	
按额度充满率充装试验介质后总质量 kg			外形尺寸 mm	

主要试验仪器和设备清单可参照表C.3。

表C.3 主要试验仪器和设备

序号	名称	型号	量程	编号	校准或检定有效期	校准或检定证书号
1	真空规管					
2	真空计					
3	检漏仪					
4	气压计					
5	温湿度计					
6	流量计					
7	温度计					
8	标准漏孔					
9	压力表					
10	液位计					
11	称重器具					

ICS 23.020
J 74

中华人民共和国国家标准

GB/T 18443.2—2010
代替 GB/T 18443.2—2001,GB/T 16876—1997

真空绝热深冷设备性能试验方法 第2部分:真空度测量

Testing method of performance for vacuum insulation cryogenic equipment—Part 2:Vacuum degree measurement

2010-09-26 发布　　　　2011-02-01 实施

中华人民共和国国家质量监督检验检疫总局
中国国家标准化管理委员会　发布

前 言

GB/T 18443《真空绝热深冷设备性能试验方法》分为8个部分：

——第1部分：基本要求；

——第2部分：真空度测量；

——第3部分：漏率测量；

——第4部分：漏放气速率测量；

——第5部分：静态蒸发率测量；

——第6部分：漏热量测量；

——第7部分：维持时间测量；

——第8部分：容积测量。

本部分为GB/T 18443的第2部分。

本部分代替GB/T 18443.2—2001《低温绝热压力容器试验方法 真空度测量》和GB/T 16876—1997《液氮容器夹层真空度检验方法》。

本部分与GB/T 18443.2—2001相比，主要变化如下：

——适用范围由低温绝热压力容器的夹层真空度测量，扩大为真空绝热深冷压力容器、真空绝热深冷焊接气瓶和真空绝热管及其管件等真空绝热深冷设备的夹层真空度测量。

——增加了术语和定义。

——将GB/T 16876—1997的内容整合进入了本部分。

本部分的附录A和附录B为资料性附录。

本部分由全国锅炉压力容器标准化技术委员会(SAC/TC 262)提出并归口。

本部分起草单位：上海市特种设备监督检验技术研究院、上海市气体工业协会、上海交通大学、四川空分设备(集团)有限责任公司、国家低温容器质量监督检验中心、上海华谊集团装备工程有限公司、中国特种设备检测研究院。

本部分主要起草人：罗晓明、周伟明、易希朗、陈光奇、舒文华、寿比南、薛季爱、顾福明、汪荣顺、薛小龙、施锋萍、魏勇彪、王为国。

本部分所代替标准的历次版本发布情况为：

——GB/T 18443.2—2001；

——GB/T 16876—1997。

真空绝热深冷设备性能试验方法
第2部分：真空度测量

1 范围

GB/T 18443的本部分规定了真空绝热深冷设备夹层真空度测量的试验原理与方法、试验装置、设备和仪器、试验条件与试验准备、试验步骤、数据处理和试验记录与试验报告等要求。

本部分适用于除储运液氢介质以外的真空绝热深冷压力容器、真空绝热深冷焊接气瓶、真空绝热管及其管件等真空绝热深冷设备夹层真空度的测量，其他设备可参照执行。

2 规范性引用文件

下列文件中的条款通过GB/T 18443的本部分的引用而成为本部分的条款。凡是注日期的引用文件，其随后所有的修改单(不包括勘误的内容)或修订版均不适用于本部分，然而，鼓励根据本部分达成协议的各方研究是否可使用这些文件的最新版本。凡是不注日期的引用文件，其最新版本适用于本部分。

GB/T 18443.1—2010 真空绝热深冷设备性能试验方法 第1部分：基本要求

3 术语和定义

GB/T 18443.1确立的以及下列术语和定义适用于本部分。

3.1

夹层真空度 interspaced vacuum degree

真空绝热深冷设备中夹层空间的气体绝对压力，单位为帕(Pa)。

3.2

静态夹层真空度 static interspace vacuum degree

真空绝热深冷设备中夹层空间在密闭状态下的真空度，单位为帕(Pa)。

3.3

动态夹层真空度 dynamic interspace vacuum degree

真空绝热深冷设备中夹层空间在抽气系统抽气状态下的真空度，单位为帕(Pa)。

3.4

常温真空度 interspace vacuum degree of normal atmospheric temperature

真空绝热深冷设备中未注入深冷液体，且内胆与外壳都处于环境温度时的静态夹层真空度，单位为帕(Pa)。

3.5

低温真空度 interspace vacuum degree after loaded

真空绝热深冷设备已注入深冷液体，且处于热平衡状态时的静态夹层真空度，单位为帕(Pa)。

3.6

封口真空度 sealing-off vacuum degree

常温下封口时的夹层真空度，单位为帕(Pa)。

4 试验原理与方法

4.1 夹层真空度的测量分为直接测量法和间接测量法。直接测量法试验装置原理图见图1，间接测量法试验装置原理图见图 2。

4.2 直接测量法是指利用安装在被检件上的真空规管直接测量夹层的真空度。

4.3 间接测量法是指在被检件上外接真空维持系统后测量夹层真空度。

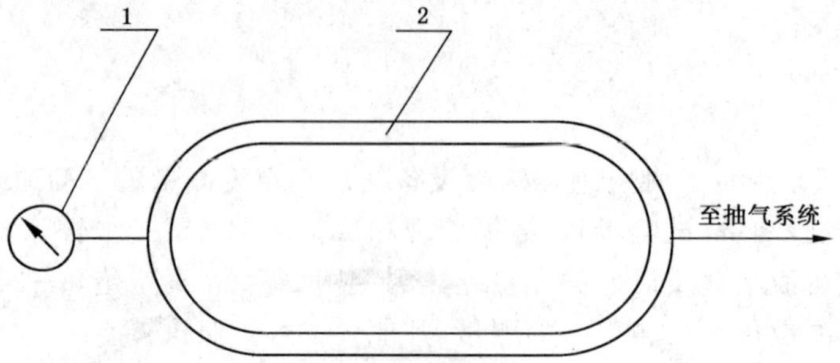

1——真空规管；
2——被检件。

图 1 直接测量法试验装置原理图

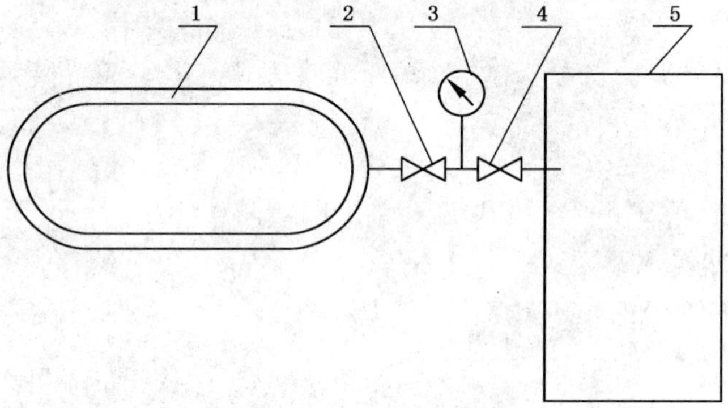

1——被检件；
2——被检件真空阀；
3——真空规管；
4——抽气系统真空阀；
5——真空机组。

图 2 间接测量法试验装置原理图

5 试验装置、设备和仪器

试验装置、设备和仪器应符合 GB/T 18443.1—2010 中 4.2 的规定。

6 试验条件与试验准备

6.1 试验基本要求应符合 GB/T 18443.1 的规定。

6.2 常温真空度测量时，被检件内容器和外壳应处于环境温度下。

6.3 低温真空度测量时，被检件中试验介质的液位应大于 50%，且系统达到热平衡后进行试验。

6.4 测量管路上的真空规管应垂直安放，真空规管开口平面应平行于气流流动方向，且真空规管在试验前 15 min 内不应进行“除气”。

6.5 当采用易燃深冷液体作为试验介质时，充装前应进行安全检查。充装时应测量真空度，如真空度值上升，应立即停止充装并排液，最后用氮气置换易燃介质。

7 试验步骤

7.1 直接测量法

7.1.1 直接测量法按图1进行连接。

7.1.2 调整真空测量仪器，确定合适的量程，开启真空计，从较低真空起预测夹层真空度。

7.1.3 真空计稳定后的读数即为被检件夹层真空度。

7.2 间接测量法

7.2.1 被检件与真空测量系统按图2进行连接。

7.2.2 在被检件真空阀和抽气系统真空阀处于关闭的状态下，启动真空机组。

7.2.3 打开抽气系统真空阀，由低真空泵将测量管路压力抽到3 Pa以下，再由高真空泵抽气。测量管路抽气时允许加热除气。

7.2.4 不同绝热结构和深冷介质的被检件，其测量管路真空度应符合表1的要求。

7.2.5 封口真空度和低温真空度测量时，其测量管路的漏放气速率应符合表2的要求。

7.2.6 测量管路漏放气速率达到要求后，应继续抽气10 min，记下管路本底真空度 P_0，立即关闭抽气系统真空阀、打开被检件真空阀，观察测量管路真空度的变化。

7.2.7 观察2 min后，待夹层空间与测量管路空间压力平衡，记下稳定后连通空间的真空度 P_1。

表1 测量管路真空度

单位为帕

深冷介质	真空多层绝热	真空粉末绝热
液氦	1×10^{-3}	1×10^{-1}
液氮、液氩、液氧、液化天然气	5×10^{-3}	5×10^{-1}

表2 测量管路漏放气速率

被检件有效容积 V/m^3	常温真空度测量 $Pa\cdot m^3/s$	低温真空度测量 $Pa\cdot m^3/s$
$V\leqslant10$	$\leqslant1\times10^{-5}$	$\leqslant1\times10^{-7}$
$10<V\leqslant100$	$\leqslant5\times10^{-5}$	$\leqslant5\times10^{-7}$
$100<V\leqslant1\ 000$	$\leqslant1\times10^{-4}$	$\leqslant1\times10^{-6}$

8 数据处理

8.1 间接测量法测常温真空度时，按式(1)计算：

$$P=P_1+(P_1-P_0)\frac{V_1}{V} \qquad \cdots\cdots(1)$$

式中：

P——被检件夹层真空度，单位为帕(Pa)；

P_1——试验时连通空间的真空度，单位为帕(Pa)；

P_0——试验前测量管路的本底真空度，单位为帕(Pa)；

V_1——被检件真空阀至抽气系统真空阀间测量管路(包括真空规管)的容积，单位为立方米(m^3)；

V——被检件夹层空间的有效容积，单位为立方米(m^3)。

8.2 间接测量法测低温真空度时，按如下公式计算：

a) 当连通空间真空度 P_1 高于 1×10^{-2} Pa时，按式(1)计算。

b) 当连通空间真空度 P_1 低于 1×10^{-2} Pa时，按式(2)计算：

$$P=\sqrt{\frac{T}{T_0}}\left[P_1+(P_1-P_0)\frac{V_1}{V}\right] \qquad \cdots\cdots(2)$$

式中：

P——被检件夹层真空度，单位为帕(Pa)；

T——(深冷液体温度＋环境温度)/2，单位为开尔文(K)；

T_0——环境温度，单位为开尔文(K)；

P_1——试验时连通空间的真空度，单位为帕(Pa)；

P_0——测量管路的本底真空度，单位为帕(Pa)；

V_1——被检件真空阀至抽气系统真空阀间测量管路(包括真空规管)的容积，单位为立方米(m^3)；

V——被检件夹层空间的有效容积，单位为立方米(m^3)。

9 试验记录与试验报告

9.1 试验记录格式参照附录A。

9.2 试验报告格式参照附录B。

附 录 A
（资料性附录）
常温或低温真空度检测记录

常温或低温真空度检测记录格式可参照表 A.1。

表 A.1 常温或低温真空度检测记录

直接测量法							
试验日期		试验时间		环境温度 ℃		大气压 kPa	
真空夹层几何容积 m^3				常温/低温真空度 Pa			
间接测量法							
试验日期				试验起止时间			
环境温度 ℃				大气压 kPa			
真空夹层几何容积 m^3				测量管路几何容积 m^3			
计算测量管路漏放气速率 $Pa \cdot m^3/s$		开始时间		开始时测量管路的本底真空度 P_0' Pa	结束时间	结束时测量管路真空度 P_1' Pa	
测量管路的本底真空度 P_0 Pa				连通夹层后连通空间真空度 P_1 Pa			

记录：__________ 核对：__________

附　录　B
（资料性附录）
常温或低温真空度检测报告

常温或低温真空度检测报告格式可参照表 B.1。

表 B.1　常温或低温真空度检测报告

报告编号：

常温真空度检测（　　　）	低温真空度检测（　　　）		
日期		真空夹层几何容积 m^3	
环境温度 ℃		大气压 kPa	
试验前仪器情况			
内容器温度是否在环境温度下		外壳温度是否在环境温度下	
真空度 Pa			
试验后仪器情况			
备注			

编制：__________　　　核对：__________　　　审核：__________

ICS 23.020
J 74

中华人民共和国国家标准

GB/T 18443.3—2010
代替 GB/T 18443.3—2001,GB/T 16775—1997

真空绝热深冷设备性能试验方法 第3部分:漏率测量

Testing method of performance for vacuum insulation cryogenic equipment—Part 3:Leak rate measurement

2010-09-26 发布　　2011-02-01 实施

中华人民共和国国家质量监督检验检疫总局
中国国家标准化管理委员会　发布

前　言

GB/T 18443《真空绝热深冷设备性能试验方法》分为8个部分：

——第1部分：基本要求；

——第2部分：真空度测量；

——第3部分：漏率测量；

——第4部分：漏放气速率测量；

——第5部分：静态蒸发率测量；

——第6部分：漏热量测量；

——第7部分：维持时间测量；

——第8部分：容积测量。

本部分为GB/T 18443的第3部分。

本部分代替GB/T 18443.3—2001《低温绝热压力容器试验方法　漏率测量》和GB/T 16775—1997《低温容器漏气速率测定方法》。

本部分与GB/T 18443.3—2001相比，主要变化如下：

——适用范围由低温绝热压力容器的漏率测量，扩大为真空绝热深冷压力容器、真空绝热深冷焊接气瓶和深冷绝热管及管件等真空绝热深冷设备的漏率测量。

——增加了术语和定义；

——试验方法由原"动态检漏法和累积检漏法"修改为"无分流检测法和分流检测法"；

——增加了有效最小可检漏率复验要求；

——增加了试验记录格式要求。

本部分的附录A和附录B为资料性附录。

本部分由全国锅炉压力容器标准化技术委员会(SAC/TC 262)提出并归口。

本部分起草单位：上海市特种设备监督检验技术研究院、上海市气体工业协会、国家低温容器质量监督检验中心、上海交通大学、上海华谊集团装备工程有限公司、中国特种设备检测研究院。

本部分主要起草人：陈光奇、周伟明、鲁雪生、舒文华、寿比南、罗晓明、薛季爱、汪荣顺、薛小龙、施锋萍、魏勇彪、顾福明、王为国。

本部分所代替标准的历次版本发布情况为：

——GB/T 18443.3—2001；

——GB/T 16775—1997。

真空绝热深冷设备性能试验方法 第3部分：漏率测量

1 范围

GB/T 18443 的本部分规定了真空绝热深冷设备漏率测量的试验原理与方法、试验装置、设备和仪器、试验条件与试验准备、试验步骤、数据处理、试验记录与试验报告等要求。

本部分适用于除储运液氢介质以外的真空绝热深冷压力容器、真空绝热深冷焊接气瓶、真空绝热管及其管件等真空绝热深冷设备漏率的测量，其他设备可参照执行。

2 规范性引用文件

下列文件中的条款通过 GB/T 18443 的本部分的引用而成为本部分的条款。凡是注日期的引用文件，其随后所有的修改单(不包括勘误的内容)或修订版均不适用于本部分，然而，鼓励根据本部分达成协议的各方研究是否可使用这些文件的最新版本。凡是不注日期的引用文件，其最新版本适用于本部分。

GB/T 18443.1—2010 真空绝热深冷设备性能试验方法 第1部分：基本要求

GB/T 18443.2 真空绝热深冷设备性能试验方法 第2部分：真空度测量

3 术语和定义

GB/T 18443.1—2010 和 GB/T 18443.2 确立的以及下列术语和定义适用于本部分。

3.1

漏率 leak rate

在规定条件下，一种特定气体通过漏孔的流量，单位为帕立方米每秒($Pa \cdot m^3/s$)。

3.2

有效最小可检漏率 effective systematic minimum detectable leak rate

在具体检漏工作条件、检漏方法、检漏系统下，仪器能够对被检件检出的最小漏孔漏率，单位为帕立方米每秒($Pa \cdot m^3/s$)。

3.3

标准漏孔

reference leak

standard leak

在规定条件(温度、压力)下，对某种规定气体提供已知流量的一种校准用装置。

3.4

无分流检测法 helium hood leak detection method

用封闭罩将被检件部分或全部罩住，罩内充入氦气，对被罩部位进行氦质谱真空检漏的一种方法。

3.5

分流检测法 helium hood leak detection method by-passing

检漏中，被检件被有效抽空，一部分经漏孔进入的示漏气体被抽走，另一部分在检漏仪中建立起示漏气体分压，最终建立起平衡分压力而被检漏仪指示的一种真空检漏方法。

4 试验原理与方法

4.1 检漏系统

氦罩检漏系统试验装置原理图见图1。

4.2 试验原理

4.2.1 基本原理

封闭的气罩将被检件外侧的被检区域罩住，被检件内部封闭空间抽至能保证氦质谱仪稳定工作在需要的灵敏度区间的真空度后，罩内充氦气。当被检件存在漏孔时，氦气经漏孔进入系统内部并被吸入检漏仪，检漏仪示出氦信号。通过与标准漏孔引起的氦信号进行比较，计算出被检件的漏率。

4.2.2 无分流检测法

被检件夹层内压力较低、气体负荷满足检漏仪抽气能力的条件下，经漏孔进入被检件的氦气全部进入检漏仪并转化为输出信号。本方法适用于高真空多层型绝热设备的漏率测量。

4.2.3 分流检测法

被检件夹层内压力较高、气体负荷不能满足检漏仪抽气能力的条件下，为维持检漏仪的工作压力，需增加辅助泵进行辅助抽气。经漏孔进入被检件的氦气一部分被辅助泵抽走，另一部分进入检漏仪并在检漏仪内建立起氦平衡分压力，检漏仪给出该压力下的氦输出信号。本方法适用于真空粉末型真空绝热深冷设备的漏率测量。

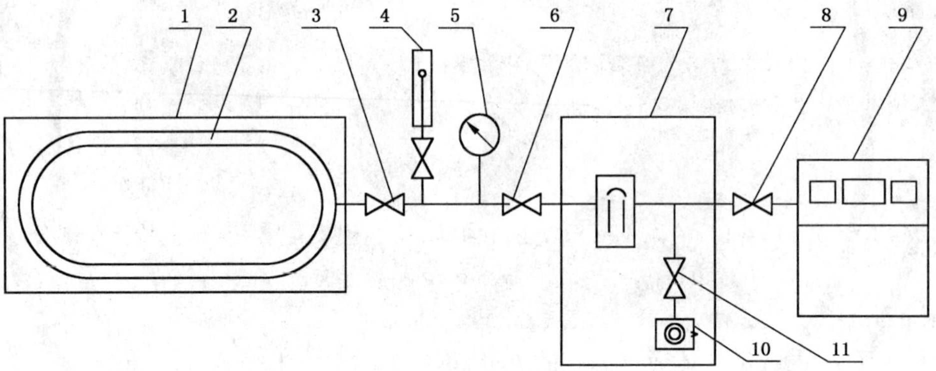

1——氦气罩；
2——被检件；
3——被检件真空阀；
4——标准漏孔；
5——真空规管；
6——检测阀；
7——真空机组；
8——检漏阀；
9——氦质谱检漏仪；
10——辅助泵；
11——分流阀。

图1 检漏系统试验装置原理图

5 试验装置、设备和仪器

试验装置、设备和仪器应符合GB/T 18443.1中4.2的规定，且满足以下要求：

a) 检漏仪应采用氦质谱检漏仪，其最小可检漏率应小于被检件的规定漏率指标一个数量级；

b) 根据被检件的漏率指标选择同数量级的薄膜渗氦型或通道型标准漏孔。

6 试验条件与试验准备

6.1 试验基本要求应符合 GB/T 18443.1 的规定,且应满足以下要求:

a) 氦质谱检漏仪在检漏前应按照使用说明书调整仪器各项工作参数,使仪器处于最佳工作状态。校准并调试其有效最小可检漏率 Q_{min},有效最小可检漏率应小于被检件规定漏率指标的一个数量级。

b) 当采用氦罩法检漏时,应根据被检件的尺寸制作相适应的氦气罩。氦气罩材料宜选用气密性较好的塑料薄膜。

c) 检测用氦气的纯度应不低于 90%。

d) 当真空绝热深冷设备储存易燃易爆深冷液体时,在组装前应需采用氦质谱检漏仪进行总漏率的测定。

6.2 试验方法选择

6.2.1 当被检件气体负荷满足检漏仪抽气能力的条件时,应选用无分流检测法进行测量。

6.2.2 当被检件气体负荷不能满足检漏仪抽气能力的条件,且需增加辅助泵抽气时,应选用分流检测法进行测量。

7 试验步骤

7.1 无分流检测法

7.1.1 仪器有效最小可检漏率测量应符合下列要求:

a) 开启检漏仪,关闭检漏阀,检漏仪保持最佳工作状态;

b) 关闭检漏仪标准漏孔,测出 2 min 内的本底噪声 ΔN_n;

c) 读出仪器本底 N_0;

d) 打开检漏仪标准漏孔,读出并记录稳定后的检漏仪输出指示值 N_{sp}。

7.1.2 连接被检件应符合下列要求:

a) 按图 1 连接被检件,且根据被检件容积的大小选择配置相适应的检漏系统,标准漏孔应安装在被检件真空阀一端;

b) 关闭被检件真空阀、开启检测阀、分流阀和检漏阀条件下,启动真空机组;

c) 按说明书对仪器进行自校,且检漏仪应符合第 5 章的要求;

d) 当真空计指示压力小于被检件压力时,关闭分流阀。

7.1.3 系统有效最小可检漏率测量应符合下列要求:

a) 打开检测阀,在真空计指示压力小于被检件真空夹层压力后,打开被检件真空阀,检漏仪保持稳定的工作压力;

b) 关闭标准漏孔阀,测出 2 min 内的本底噪声 ΔI_n;

c) 读出系统本底 I_0;

d) 打开标准漏孔阀,读出并记录稳定后的检漏仪输出指示值 I_{sp}。

7.1.4 被检件检漏应符合下列要求:

a) 将氦气罩套在被检件上,且进行密封;

b) 氦气罩及内容器充入已知浓度的氦气。一般情况下,充气后氦气的浓度应不低于 10%;

c) 估算氦气罩内氦气的浓度,并记录氦气浓度 γ;

d) 打开被检件真空阀,在规定的观察时间内,读出并记录检漏仪输出指示值 I_v。观察时间一般不少于 10 min;

e) 测量完毕,关闭被检件真空阀。

7.1.5 系统有效最小可检漏率复验应符合下列要求:

a） 打开检测阀，检漏仪保持稳定的工作压力；

b） 关闭标准漏孔阀，测出 2 min 内的本底噪声 ΔM_n；

c） 读出系统本底 M_0；

d） 打开标准漏孔阀，读出并记录稳定后的输出指示值 M_{sp}；

e） 复测的有效最小可检漏率应与 7.1.3 测量的值基本保持一致；

f） 当复测的系统有效最小可检漏率超过测量前的 50％时，应调试检漏系统，需重新测量。

7.2 分流检测法

7.2.1 仪器最小可检漏率测量

仪器有效最小可检漏率测量按 7.1.1 的要求进行。

7.2.2 连接被检件应符合下列要求：

a） 按图 1 连接被检件，根据被检件容积的大小选择配置相适应的检漏系统，标准漏孔应安装在被检件真空阀一端；

b） 在被检件真空阀和检漏阀未开启的状态下启动真空机组及检漏仪，打开检测阀和分流阀，在抽气管路达到稳定真空后，打开检漏阀和被检件真空阀；

c） 缓慢调节分流阀，维持检漏仪工作压力稳定。

7.2.3 系统有效最小可检漏率测量应符合下列要求：

a） 打开检测阀，当真空计指示压力小于被检件真空夹层压力后，打开被检件真空阀，分流阀状态应符合 7.2.2c）的规定；

b） 按 7.1.3 的要求进行测量。

7.2.4 被检件检漏应符合下列要求：

a） 打开被检件真空阀、检测阀，检漏阀状态应符合 7.2.2 的规定，分流阀保持不变，记录本底指示值 I_0；

b） 将氦气罩套在真空绝热深冷设备上，且进行密封；

c） 氦气罩及内容器充入已知浓度的氦气，一般情况下，充气后氦气的浓度应不低于 10％；

d） 估算氦气罩内氦气的浓度，并记录氦气浓度 γ；

e） 在规定的观察时间内读出并记录检漏仪输出指示值 I_v。观察时间一般不少于 10 min；

f） 测量完毕，关闭被检件真空阀。

7.2.5 系统有效最小可检漏率复验应符合下列要求：

a） 按 7.1.5 复测有效最小可检漏率；

b） 按 7.1.5 确定是否结束检漏。

8 数据处理

8.1 仪器有效最小可检漏率按式(1)计算：

$$Q_{min} = \frac{\Delta N_n}{N_{sp} - N_0} Q_{sp} \qquad \cdots\cdots (1)$$

式中：

Q_{min}——仪器有效最小可检漏率，单位为帕立方米每秒(Pa · m³/s)；

ΔN_n——仪器本底噪声，单位为伏(V)或帕立方米每秒(Pa · m³/s)；

N_{sp}——打开标准漏孔阀后，检漏仪输出指示的稳定值，单位为伏(V)或帕立方米每秒(Pa · m³/s)；

N_0——仪器本底，单位为伏(V)或帕立方米每秒(Pa · m³/s)；

Q_{sp}——标准漏孔漏率，单位为帕立方米每秒(Pa · m³/s)。

8.2 系统有效最小可检漏率按式(2)计算：

$$Q_0 = \frac{\Delta I_n}{I_{sp} - I_0} Q_{sp} \qquad \cdots\cdots (2)$$

式中：

Q_0——系统有效最小可检漏率，单位为帕立方米每秒（Pa·m³/s）；

ΔI_n——系统本底噪声，单位为伏（V）或帕立方米每秒（Pa·m³/s）；

I_{sp}——打开标准漏孔阀后，检漏仪输出指示的稳定值，单位为伏（V）或帕立方米每秒（Pa·m³/s）；

I_0——系统本底，单位为伏（V）或帕立方米每秒（Pa·m³/s）；

Q_{sp}——标准漏孔漏率，单位为帕立方米每秒（Pa·m³/s）。

8.3　被检件漏率按式(3)计算：

$$Q_L = \frac{I_v - I}{I_{sp} - I} Q_{sp} \frac{1}{\gamma} \qquad \cdots\cdots(3)$$

式中：

Q_L——真空夹层漏率，单位为帕立方米每秒（Pa·m³/s）；

I_v——内容器及氦气罩内施氦后仪器输出指示值，单位为伏（V）或帕立方米每秒（Pa·m³/s）；

I——测试时系统本底，单位为伏（V）或帕立方米每秒（Pa·m³/s）；

I_{sp}——打开标准漏孔阀后，检漏仪输出指示的稳定值，单位为伏（V）或帕立方米每秒（Pa·m³/s）；

Q_{sp}——标准漏孔漏率，单位为帕立方米每秒（Pa·m³/s）；

γ——内容器及氦气罩内氦气的体积百分浓度。

当仪器没有反应时，$Q_L < Q_{min}$。

8.4　系统有效最小可检漏率复验按式(4)计算：

$$Q_0 = \frac{\Delta M_n}{M_{sp} - M_0} Q_{sp} \qquad \cdots\cdots(4)$$

式中：

Q_0——系统有效最小可检漏率，单位为帕立方米每秒（Pa·m³/s）；

ΔM_n——系统本底噪声，单位为伏（V）或帕立方米每秒（Pa·m³/s）；

M_{sp}——打开标准漏孔阀后，检漏仪输出指示的稳定值，单位为伏（V）或帕立方米每秒（Pa·m³/s）；

M_0——测试结束时系统本底，单位为伏（V）或帕立方米每秒（Pa·m³/s）；

Q_{sp}——标准漏孔漏率，单位为帕立方米每秒（Pa·m³/s）。

9　试验记录与试验报告

9.1　试验记录格式参照附录 A。

9.2　试验报告格式参照附录 B。

附 录 A
（资料性附录）
漏率检测记录

漏率检测记录表格可参照表 A.1。

表 A.1 漏率检测记录

<table>
<tr><td colspan="2">试验日期</td><td></td><td>试验起止时间</td><td></td></tr>
<tr><td colspan="2">影响总漏率和测量的产品附件</td><td colspan="3"></td></tr>
<tr><td colspan="2">以上产品是否全部安装</td><td colspan="3"></td></tr>
<tr><td colspan="2">内胆几何容积
m^3</td><td></td><td>夹层容积
m^3</td><td></td></tr>
<tr><td colspan="2">内胆充入的氦气量
m^3</td><td></td><td>内胆氦气浓度
%</td><td></td></tr>
<tr><td colspan="2">外壳氦气罩体积
m^3</td><td></td><td>氦气罩内氦气浓度
%</td><td></td></tr>
<tr><td colspan="2">Q_{sp}校准标准漏孔漏率
$Pa \cdot m^3/s$</td><td></td><td>内外氦气平均浓度
%</td><td></td></tr>
<tr><td colspan="2">环境温度
℃</td><td></td><td>环境大气压
Pa</td><td></td></tr>
<tr><td rowspan="3">仪器
可检
状态</td><td>仪器本底噪声 ΔN_n</td><td></td><td rowspan="3">$Q_{min}=\frac{\Delta N_n}{N_{sp}-N_0}Q_{sp}$</td><td>仪器有效最小可检漏率</td></tr>
<tr><td>仪器本底 N_0</td><td></td><td rowspan="2"></td></tr>
<tr><td>仪器读数 N_{sp}</td><td></td></tr>
<tr><td rowspan="3">系统
可检
状态</td><td>系统本底噪声 ΔI_n</td><td></td><td rowspan="3">$Q_0=\frac{\Delta I_n}{I_{sp}-I_0}Q_{sp}$</td><td>系统有效最小可检漏率</td></tr>
<tr><td>系统本底 I_0</td><td></td><td rowspan="2"></td></tr>
<tr><td>仪器读数 I_{sp}</td><td></td></tr>
<tr><td rowspan="3">系统
检测
结果</td><td>氦气平均浓度 γ</td><td></td><td rowspan="3">$Q_L=\frac{I_v-I}{I_{sp}-I}Q_{sp}\frac{1}{\gamma}$</td><td>真空夹层漏率</td></tr>
<tr><td>系统本底 I</td><td></td><td rowspan="2"></td></tr>
<tr><td>仪器读数 I_v</td><td></td></tr>
<tr><td rowspan="3">系统
状态
复验</td><td>系统本底噪声 ΔM_n</td><td></td><td rowspan="3">$Q_0=\frac{\Delta M_n}{M_{sp}-M_0}Q_{sp}$</td><td>系统有效最小可检漏率
（复验）</td></tr>
<tr><td>测试结束时系统
本底 M_0</td><td></td><td rowspan="2"></td></tr>
<tr><td>仪器读数 M_{sp}</td><td></td></tr>
<tr><td colspan="3">试验后仪器情况</td><td colspan="2"></td></tr>
</table>

记录：__________　　　　　　　　　　　　核对：__________

附　录　B
（资料性附录）
漏率检测报告

漏率检测报告表格可参照表 B.1。

表 B.1　漏率检测记录

报告编号：

<table>
<tr><td colspan="2">试验日期</td><td></td><td>环境温度
℃</td><td></td></tr>
<tr><td colspan="2">起止时间</td><td></td><td>大气压
kPa</td><td></td></tr>
<tr><td colspan="3">试验前仪器情况</td><td colspan="2"></td></tr>
<tr><td colspan="3">标准漏孔漏率
Pa · m³/s</td><td colspan="2"></td></tr>
<tr><td rowspan="3">仪器
可检
状态</td><td>仪器噪声 ΔN_n</td><td></td><td colspan="2">仪器最小可检漏率</td></tr>
<tr><td>仪器本底 N_0</td><td></td><td colspan="2" rowspan="2"></td></tr>
<tr><td>仪器标漏读数 N_{sp}</td><td></td></tr>
<tr><td rowspan="3">系统
可检
状态</td><td>本底噪声 ΔI_n</td><td></td><td colspan="2">有效最小可检漏率</td></tr>
<tr><td>系统本底 I_0</td><td></td><td colspan="2" rowspan="2"></td></tr>
<tr><td>Q_{sp} 输出读数 I_{sp}</td><td></td></tr>
<tr><td rowspan="3">系统
检测
结果</td><td>氦气平均浓度 γ</td><td></td><td colspan="2">真空夹层漏率</td></tr>
<tr><td>系统本底 I</td><td></td><td colspan="2" rowspan="2"></td></tr>
<tr><td>输出读数 I_v</td><td></td></tr>
<tr><td rowspan="3">系统
状态
复验</td><td>本底噪声 ΔM_n</td><td></td><td colspan="2">有效最小可检漏率
（复测）</td></tr>
<tr><td>测试结束时系统
本底 M_0</td><td></td><td colspan="2" rowspan="2"></td></tr>
<tr><td>Q_{sp} 输出读数 M_{sp}</td><td></td></tr>
<tr><td colspan="3">试验后仪器情况</td><td colspan="2"></td></tr>
</table>

编制：________　　　　核对：________　　　　审核：________

ICS 23.020
J 74

中华人民共和国国家标准

GB/T 18443.4—2010
代替 GB/T 18443.4—2001

真空绝热深冷设备性能试验方法
第4部分:漏放气速率测量

Testing method of performance for vacuum insulation cryogenic equipment—Part 4: Leak-outgassing rate measurement

2010-09-26 发布　　2011-02-01 实施

中华人民共和国国家质量监督检验检疫总局
中国国家标准化管理委员会　发布

前　言

GB/T 18443《真空绝热深冷设备性能试验方法》分为8个部分：

——第1部分：基本要求；

——第2部分：真空度测量；

——第3部分：漏率测量；

——第4部分：漏放气速率测量；

——第5部分：静态蒸发率测量；

——第6部分：漏热量测量；

——第7部分：维持时间测量；

——第8部分：容积测量。

本部分为GB/T 18443的第4部分。

本部分代替GB/T 18443.4—2001《低温绝热压力容器试验方法　漏放气速率测量》。

本部分与GB/T 18443.4—2001相比，主要变化如下：

——适用范围由低温绝热压力容器扩大为真空绝热深冷压力容器、真空绝热深冷焊接气瓶和真空绝热管及其管件等真空绝热深冷设备的漏放气速率测量；

——增加、修改了一些术语和定义；

——增加了试验持续时间的要求；

——增加了间接测量法2；

——增加了试验记录和试验报告的格式。

本部分的附录A和附录B为资料性附录。

本部分由全国锅炉压力容器标准化技术委员会(SAC/TC 262)提出并归口。

本部分起草单位：上海市特种设备监督检验技术研究院、上海市气体工业协会、航天晨光股份有限公司、上海交通大学、国家低温容器质量监督检验中心、上海华谊集团装备工程有限公司、中国特种设备检测研究院。

本部分主要起草人：王芳、周伟明、罗晓明、汪荣顺、舒文华、寿比南、薛季爰、陈光奇、顾福明、施锋萍、魏勇彪、薛小龙、王为国。

本部分所代替标准的历次版本发布情况为：

——GB/T 18443.4—2001。

真空绝热深冷设备性能试验方法 第4部分:漏放气速率测量

1 范围

GB/T 18443的本部分规定了真空绝热深冷设备夹层漏放气速率测量的试验原理与方法、试验装置、设备和仪器、试验条件与试验准备、试验步骤、数据处理和试验记录与试验报告等要求。

本部分适用于除储运液氢介质以外的真空绝热深冷压力容器、真空绝热深冷焊接气瓶、真空绝热管及其管件等真空绝热深冷设备夹层漏放气速率的测量,其他设备可参照执行。

2 规范性引用文件

下列文件中的条款通过GB/T 18443的本部分的引用而成为本部分的条款。凡是注日期的引用文件,其随后所有的修改单(不包括勘误的内容)或修订版均不适用于本部分,然而,鼓励根据本部分达成协议的各方研究是否可使用这些文件的最新版本。凡是不注日期的引用文件,其最新版本适用于本部分。

GB/T 18443.1—2010 真空绝热深冷设备性能试验方法 第1部分:基本要求

GB/T 18443.2 真空绝热深冷设备性能试验方法 第2部分:真空度测量

GB/T 18443.3 真空绝热深冷设备性能试验方法 第3部分:漏率测量

3 术语和定义

GB/T 18443.1—2010、GB/T 18443.2和GB/T 18443.3确立的以及下列术语和定义适用于本部分。

3.1

解吸 desorption

被材料吸附的气体或蒸气的释放现象。释放可以是自然的,也可采用物理方法加速。

3.2

放气 outgassing

气体从材料中自然的解吸。

3.3

放气速率 outgassing rate

常温状态下,单位时间内真空夹层中各种材料所有表面解吸的气体量,单位为帕立方米每秒(Pa·m^3/s)。

3.4

漏放气速率 leak-outgassing rate

真空夹层内总的漏率和放气速率之和,单位为帕立方米每秒(Pa·m^3/s)。

4 试验原理与方法

4.1 通过测量常温下一定时间间隔内静态夹层真空度的变化值,计算漏放气速率值。

4.2 真空夹层的漏放气速率测量分为直接测量法和间接测量法。

4.3 当被检件夹层上安装有真空规管,可采用直接测量法,其试验装置原理图见图1。

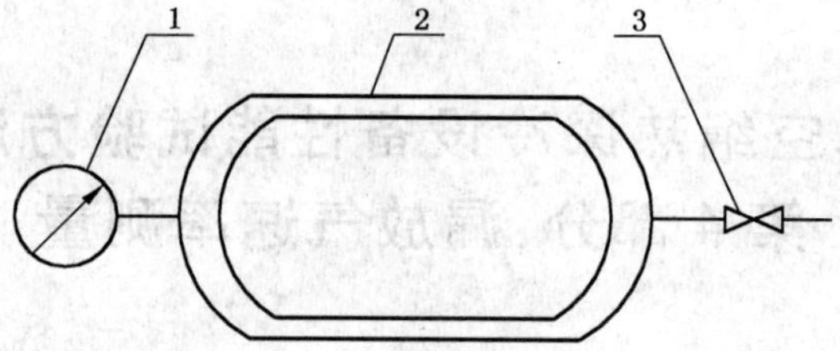

1——真空规管；

2——被检件；

3——被检件真空阀。

图 1　直接测量法试验原理图

4.4　当被检件夹层上未安装真空规管，可采用间接测量法，其试验装置原理图见图 2。

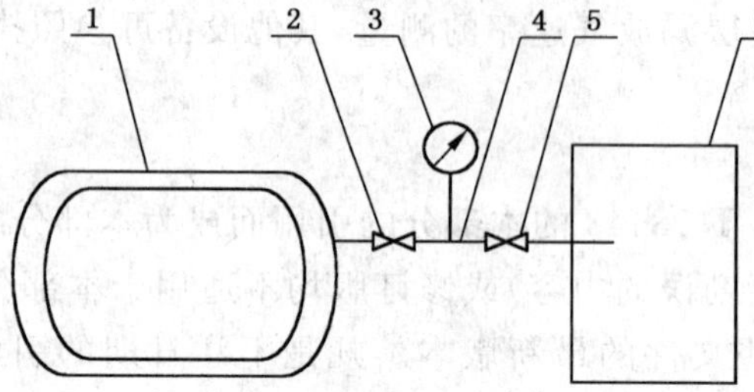

1——被检件；

2——被检件真空阀；

3——真空规管；

4——测量管路；

5——抽气系统真空阀；

6——真空机组。

图 2　间接测量法试验原理图

5　试验装置、设备和仪器

试验装置、设备和仪器应符合 GB/T 18443.1 中 4.2 的规定。

6　试验条件与试验准备

试验条件与试验准备应符合 GB/T 18443.1 的规定。当采用间接测量法还应符合以下要求：

a)　应对测量管路进行除气、抽空处理；

b)　真空机组应对测量管路进行抽空，其本底真空度应优于 1×10^{-2} Pa，且优于被检件夹层真空度一个数量级；

c)　采用间接测量法时，应先对测量管路进行漏放气速率测量，测量管路的漏放气速率值应小于 1×10^{-8} Pa·m³/s；

d)　真空规管在试验开始前 15 min 内不应进行“除气”。

7　试验步骤

7.1　直接测量法

7.1.1　被检件真空阀处于关闭状态，内胆和外壳接近环境温度，且夹层压力相对稳定后，测量夹层初始真空度，同时开始记录数据。

7.1.2　试验持续时间不小于 2 h 且不超过 72 h，测量静置后的真空度。

7.1.3　记录真空度 $P_1(t)$ 的时间间隔应不大于 2 h。

7.2 间接测量法

7.2.1 间接测量法 1

7.2.1.1 关闭被检件真空阀和抽气系统真空阀，记录测量管路的本底真空度，然后打开被检件真空阀，观察测量管路真空度的变化，压力平衡后，记录稳定后的连通空间初始真空度和时间。

7.2.1.2 试验持续时间不小于 2 h 且不超过 72 h，以时间间隔不大于 10 min 记录连通空间真空度 $P_2(t)$ 随时间的变化过程。

7.2.1.3 关闭被检件真空阀和抽气系统真空阀，用直接测量法测定测量管路的漏放气速率，以时间间隔不大于 10 min 记录测量管路真空度 $P_3(t)$ 随时间的变化过程。

7.2.1.4 测量完成后打开被检件真空阀和抽气系统真空阀，重新对被检件抽空至原真空度。

7.2.2 间接测量法 2

7.2.2.1 关闭被检件真空阀和抽气系统真空阀，记录测量管路的本底真空度，然后打开被检件真空阀，观察测量管路真空度的变化，待压力平衡后，记录稳定后的连通空间初始真空度 P_1，P_1 即被检件夹层空间初始真空度 P_1'；关闭被检件真空阀，同时记录时间。

7.2.2.2 试验持续时间应不小于 2 h 且不超过 72 h，关闭抽气系统真空阀，记录管路本底真空度 P_0，打开被检件真空阀，观察测量管路真空度的变化。观察 2 min 后，待夹层空间与测量管路空间压力平衡，记录稳定后连通空间的真空度 P_2。

7.2.2.3 测量完成后打开被检件真空阀和抽气系统真空阀，重新对被检件抽空至原真空度。

8 数据处理

8.1 直接测量法测漏放气速率时，按式(1)计算：

$$Q=\frac{\Delta P_1(t)}{\Delta t}VK \qquad \cdots\cdots(1)$$

式中：

Q——被检件真空夹层的漏放气速率，单位为帕立方米每秒(Pa·m³/s)；

$\frac{\Delta P_1(t)}{\Delta t}$——夹层空间真空度变化率，单位为帕每秒(Pa/s)；即夹层空间真空度变化量 $\Delta P_1(t)$ 与产生该变化所需时间 Δt 的比值，$\Delta P_1(t)$ 取测试记录时间内的后 1/3 时间段内的变化量；

V——被检件真空夹层几何容积，单位为立方米(m³)；

K——夹层容积的修正系数，真空绝热 $K=1$，真空多层绝热 $K=0.9$，真空粉末绝热 $K=0.6$。

8.2 间接测量法 1 测漏放气速率时，按式(2)计算：

$$Q=\frac{\Delta P_2(t)}{\Delta t}(V_0+KV)-\frac{\Delta P_3(t)}{\Delta t}V_0 \qquad \cdots\cdots(2)$$

式中：

Q——被检件真空夹层的漏放气速率，单位为帕立方米每秒(Pa·m³/s)；

$\frac{\Delta P_2(t)}{\Delta t}$——连通空间真空度变化率，单位为帕每秒(Pa/s)；即连通空间真空度变化量 $\Delta P_2(t)$ 与产生该变化所需时间 Δt 的比值，$\Delta P_2(t)$ 取测试记录时间内的后 1/3 时间段内的变化量。

V_0——测量管路的几何容积，单位为立方米(m³)；

K——夹层容积的修正系数，真空绝热 $K=1$，真空多层绝热 $K=0.9$，真空粉末绝热 $K=0.6$；

V——被检件真空夹层几何容积，单位为立方米(m³)；

$\frac{\Delta P_3(t)}{\Delta t}$——测量管路真空度变化率，单位为帕每秒(Pa/s)；即测量管路真空度变化量 $\Delta P_3(t)$ 与产生该变化所需时间 Δt 的比值，$\Delta P_3(t)$ 取测试记录时间内的后 1/3 时间段内的变化量。

8.3 间接测量法2测漏放气速率时，按如下公式计算

8.3.1 静置时间间隔 t 后的夹层真空度值按式(3)计算：

$$P_2' = P_2 + (P_2 - P_0)\frac{V_0}{V} \quad \cdots\cdots(3)$$

式中：

P_2'——静置时间间隔 t 后的夹层真空度，单位为帕(Pa)；

P_2——静置时间间隔 t 后，连通空间的真空度，单位为帕(Pa)；

P_0——静置时间间隔 t 后，管路本底真空度，单位为帕(Pa)；

V_0——测量管路的几何容积，单位为立方米(m^3)；

V——被检件真空夹层几何容积，单位为立方米(m^3)。

8.3.2 被检件真空夹层的漏放气速率按式(4)计算。

$$Q = \frac{P_2' - P_1'}{t}VK \quad \cdots\cdots(4)$$

式中：

Q——被检件真空夹层的漏放气速率，单位为帕立方米每秒($Pa \cdot m^3/s$)；

P_1'——夹层空间初始真空度，单位为帕(Pa)；

P_2'——静置时间间隔 t 后夹层真空度，单位为帕(Pa)；

V——被检件真空夹层几何容积，单位为立方米(m^3)；

K——夹层容积的修正系数，真空绝热 $K=1$，真空多层绝热 $K=0.9$，真空粉末绝热 $K=0.6$；

t——静置时间，单位为秒(s)。

9 试验记录与试验报告

9.1 试验记录格式可参照附录A。

9.2 试验报告格式可参照附录B。

附 录 A
(资料性附录)
漏放气速率检测记录(直接法)

直接法测量漏放气速率检测记录表格可参照表 A.1。

表 A.1 漏放气速率检测记录(直接法)

<table>
<tr><td colspan="2">产品编号</td><td colspan="2"></td><td>产品型号</td><td></td><td>产品名称</td><td></td></tr>
<tr><td colspan="2">真空计型号</td><td colspan="2"></td><td>真空计编号</td><td></td><td>真空机组编号</td><td></td></tr>
<tr><td colspan="2">真空夹层几何容积
m^3</td><td colspan="3"></td><td>绝热方式</td><td colspan="2"></td></tr>
<tr><td>序号</td><td colspan="2">时间</td><td colspan="3">真空计度数 P_1
Pa</td><td>环境温度
℃</td><td>记录人</td></tr>
<tr><td>1</td><td colspan="2"></td><td colspan="3"></td><td></td><td></td></tr>
<tr><td>2</td><td colspan="2"></td><td colspan="3"></td><td></td><td></td></tr>
<tr><td>3</td><td colspan="2"></td><td colspan="3"></td><td></td><td></td></tr>
<tr><td>4</td><td colspan="2"></td><td colspan="3"></td><td></td><td></td></tr>
<tr><td>5</td><td colspan="2"></td><td colspan="3"></td><td></td><td></td></tr>
<tr><td>6</td><td colspan="2"></td><td colspan="3"></td><td></td><td></td></tr>
<tr><td>7</td><td colspan="2"></td><td colspan="3"></td><td></td><td></td></tr>
<tr><td>8</td><td colspan="2"></td><td colspan="3"></td><td></td><td></td></tr>
<tr><td>9</td><td colspan="2"></td><td colspan="3"></td><td></td><td></td></tr>
<tr><td>10</td><td colspan="2"></td><td colspan="3"></td><td></td><td></td></tr>
<tr><td>11</td><td colspan="2"></td><td colspan="3"></td><td></td><td></td></tr>
<tr><td>12</td><td colspan="2"></td><td colspan="3"></td><td></td><td></td></tr>
<tr><td colspan="2">备注</td><td colspan="6"></td></tr>
</table>

记录:__________ 核对:__________

间接法 1 测量漏放气速率检测记录表格可参照表 A.2。

表 A.2 漏放气速率检测记录(间接法 1)

产品编号			产品型号		产品名称	
真空计型号			真空计编号		真空机组编号	
真空夹层几何容积 m^3			测量管路几何容积 m^3		绝热方式	
序号	时间	连通空间真空度 P_2 Pa		管路真空度 P_3 Pa	环境温度 ℃	记录人
1						
2						
3						
4						
5						
6						
7						
8						
9						
10						
11						
12						
备注						

记录:__________ 核对:__________

间接法 2 测量漏放气速率检测记录表格可参照表 A.3。

表 A.3 漏放气速率检测记录(间接法 2)

产品编号			产品型号		产品名称	
真空计型号			真空计编号		真空机组编号	
真空夹层几何容积 m^3			测量管路几何容积 m^3		绝热方式	
序号	时间	真空计度数 Pa			环境温度 ℃	记录人
1		连通空间初始真空度 P_1 Pa				
2		管路本底真空度 P_0 Pa				
3		连通空间的真空度 P_2 Pa				
备注						

记录:__________ 核对:__________

附 录 B
（资料性附录）
漏放气速率检测报告

漏放气速率检测报告格式可参照表 B.1。

表 B.1 漏放气速率检测报告

报告编号：

试验日期		环境温度 ℃	
起止时间		大气压 kPa	
真空夹层几何容积 m^3		试验前仪器情况	
开始时真空夹层真空度 Pa		结束时真空夹层真空度 Pa	
内容器温度 ℃		试验后仪器情况	
真空夹层漏放气速率 $Pa \cdot m^3/s$			
备注			

编制：__________ 核对：__________ 审核：__________

ICS 23.020
J 74

中华人民共和国国家标准

GB/T 18443.5—2010
代替 GB/T 18443.5—2001

真空绝热深冷设备性能试验方法
第5部分：静态蒸发率测量

Testing method of performance for vacuum insulation cryogenic equipment—Part 5：Static evaporation rate measurement

2010-09-26 发布　　2011-02-01 实施

中华人民共和国国家质量监督检验检疫总局
中国国家标准化管理委员会　发布

前　言

GB/T 18443《真空绝热深冷设备性能试验方法》分为8个部分：

——第1部分：基本要求；

——第2部分：真空度测量；

——第3部分：漏率测量；

——第4部分：漏放气速率测量；

——第5部分：静态蒸发率测量；

——第6部分：漏热量测量；

——第7部分：维持时间测量；

——第8部分：容积测量。

本部分为GB/T 18443的第5部分。

本部分代替GB/T 18443.5—2001《低温绝热压力容器试验方法　静态蒸发率测量》。

本部分与GB/T 18443.5—2001相比主要变化如下：

——适用范围由低温绝热压力容器的静态蒸发率测量，扩大为真空绝热深冷压力容器、真空绝热深冷气瓶和真空绝热管及其管件等真空绝热深冷设备的静态蒸发率测量；

——增加了术语和定义；

——静态蒸发率的环境温度修正由统一的导热修正更改为由导热和辐射的双重的修正，提高了合理性；

——增加了试验记录格式要求；

——增加资料性附录B。

本部分的附录A、附录B、附录C和附录D均为资料性附录。

本部分由全国锅炉压力容器标准化技术委员会(SAC/TC 262)提出并归口。

本部分起草单位：上海市特种设备监督检验技术研究院、上海市气体工业协会、上海交通大学、张家港中集圣达因低温装备有限公司、山东商业职业技术学院、上海华谊集团装备工程有限公司、中国特种设备检测研究院。

本部分起草人：薛季爱、周伟明、汪荣顺、唐家雄、魏蔚、罗晓明、舒文华、寿比南、薛小龙、施锋萍、魏勇彪、顾福明、王为国。

本部分所代替标准的历次版本发布情况为：

——GB/T 18443.5—2001。

真空绝热深冷设备性能试验方法
第5部分：静态蒸发率测量

1 范围

GB/T 18443 的本部分规定了真空绝热深冷设备静态蒸发率测量的试验原理与方法、试验装置、设备和仪器、试验条件与试验准备、试验步骤、数据处理和试验记录与试验报告等要求。

本部分适用于除储运液氢介质以外的真空绝热深冷压力容器、真空绝热深冷气瓶等真空绝热深冷设备静态蒸发率的测量，其他可参照执行。

2 规范性引用文件

下列文件中的条款通过 GB/T 18443 的本部分的引用而成为本部分的条款。凡是注日期的引用文件，其随后所有的修改单（不包括勘误的内容）或修订版均不适用于本部分，然而，鼓励根据本部分达成协议的各方研究是否可使用这些文件的最新版本。凡是不注日期的引用文件，其最新版本适用于本部分。

GB/T 18443.1 真空绝热深冷设备性能试验方法 第1部分：基本要求

GB/T 18443.2 真空绝热深冷设备性能试验方法 第2部分：真空度测量

GB/T 18443.3 真空绝热深冷设备性能试验方法 第3部分：漏率测量

GB/T 18443.4 真空绝热深冷设备性能试验方法 第4部分：漏放气速率测量

3 术语和定义

GB/T 18443.1～GB/T 18443.4 确立的以及下列术语和定义适用于本部分。

3.1

测试蒸发率 percentage loss of product per day

深冷储运设备在额定充满率下，静置达到热平衡后，24 h 内自然蒸发损失的深冷液体质量与内容器有效容积下深冷液体质量的百分比，单位为百分比每天（%/d）。

4 试验原理与方法

4.1 试验原理

利用体积流量计或质量流量计测量单位时间内深冷液体的自然蒸发量，或利用称重法测量单位时间内的深冷液体的损失量。

4.2 试验方法

4.2.1 采用湿式气体流量计测量单位时间内被检件中液体蒸发后通过流量计的气体流量，通过测出的气体流量计算测试蒸发率和静态蒸发率，试验装置原理图见图1。

4.2.2 采用气体质量流量计测量单位时间内被检件中液体蒸发后通过质量流量计的气体质量流量，通过测出的气体质量流量计算测试蒸发率和静态蒸发率，试验装置原理图见图2。

4.2.3 当被检件有效容积不大于 5 m^3 时，允许采用称重法测量。采用称重法测量时，被检件充至额定的充装量后，将被检件置于衡器上，通过衡器测量真空绝热深冷设备中深冷液体蒸发的质量，利用称重测量的蒸发量计算测试蒸发率和静态蒸发率。

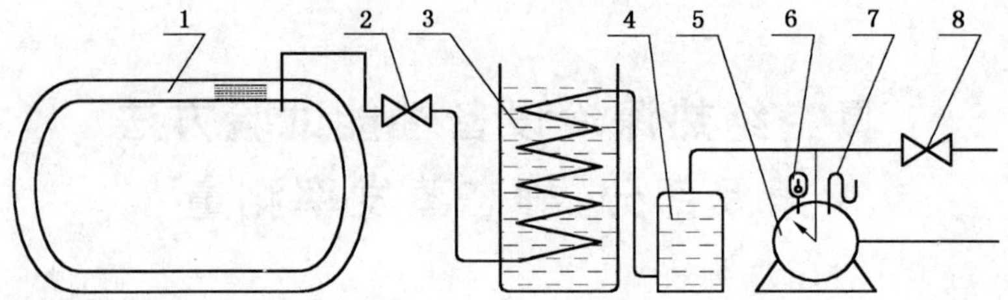

1——被检件；
2——放空管阀；
3——升温器；
4——增湿器；
5——湿式气体流量计；
6——温度计；
7——U 型差压计；
8——旁通阀。

图 1 湿式气体流量计法试验装置原理图

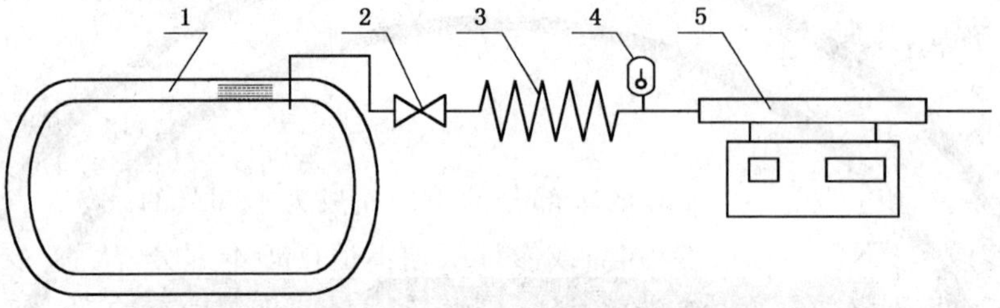

1——被检件；
2——放空管阀；
3——升温器；
4——温度计；
5——气体质量流量计。

图 2 气体质量流量计法试验装置原理图

5 试验装置、设备和仪器

5.1 试验装置、设备和仪器要求应符合 GB/T 18443.1 中 4.2 的规定，且还应满足以下要求：

a) 当流量计的量程小于等于 5 L/min 时，精度需达到 0.5%；当量程大于 5 L/min 时，精度需达到 1.0%；

b) 流量计的额定流量应与被检件蒸发的气体流量相适应；

c) 应有环境温度、环境压力及流量计进口温度和压力测量装置；

d) 称重法使用的衡器最大称量应在被检件满载质量的 1.2～2.0 倍之间，其精度应满足下列要求：

——衡器最大称量为 $5T \leqslant t < 10T$ 时，其允许偏差不超过 1 kg；

——衡器最大称量为 $3T \leqslant t < 5T$ 时，其允许偏差不超过 0.5 kg；

——衡器最大称量为 $1T \leqslant t < 3T$ 时，其允许偏差不超过 0.2 kg；

——衡器最大称量为 $t < 1T$ 时，其允许偏差不超过 0.1 kg。

6 试验条件与试验准备

试验条件与试验准备应符合 GB/T 18443.1 的规定。

7 试验步骤

7.1 流量计法

7.1.1 一般采用液氮作为试验介质。

7.1.2 测量时深冷液体充满率应为额定充满率。

7.1.3 充液结束后应至少静置 48 h。静置期间应打开真空绝热深冷设备的放空阀。

7.1.4 当内胆表压力接近为零时放空管路中接入流量计。流量计接入后除了放空阀打开外，其他被检件的阀门均处于关闭状态。

7.1.5 蒸发气体的流量稳定后，且应不大于 1 h 的时间间隔采集、记录流量计示值、环境温度、大气压力、流量计入口温度和压力，且记录数据的时间应为 24 h。

7.1.6 计算被检件静态蒸发率，并应与此前 24 h 的静态蒸发率对比。当静态蒸发率的变化范围小于 5%时，则记录的数据有效；当静态蒸发率的变化范围大于 5%时，允许重新记录数据一次，重新记录时间应不少于为 24 h，且该数据为最终记录数据。

7.2 称重法

7.2.1 除特殊要求外，测试介质应为液氮。

7.2.2 测量时深冷液体充满率应为额定充满率。

7.2.3 充液结束后应静置 48 h 开始记录数据。静置期间应打开真空绝热深冷设备的放空阀。

7.2.4 当内胆表压力接近为零时，除了放空阀打开外，其他被检件的阀门均处于关闭状态，同时记录称量衡器上的初始数据。

7.2.5 记录时间间隔为 24 h 和 48 h 时的称量衡器上的数据。

8 数据处理

8.1 测试蒸发率 α_0

8.1.1 采用湿式气体流量计测量时，测试蒸发率 α_0 按式(1)计算：

$$\alpha_0 = \frac{q_v \psi \rho_g}{\rho_1 V} \times \frac{273.15}{T} \times \frac{P}{0.101\,325} \times 100\% \quad \cdots\cdots(1)$$

式中：

α_0——测试蒸发率，单位为百分比每天(%/d)；

q_v——蒸发气体体积流量日平均值，单位为立方米每天(m^3/d)；

ψ——流量计的校正系数，标定时的给定值；

ρ_g——标准大气压(101.325 kPa)、273.15 K 下气体密度，单位为千克每立方米(kg/m^3)；

ρ_1——标准大气压(101.325 kPa)下饱和液体的密度，单位为千克每立方米(kg/m^3)；

V——被检件的有效容积，单位为立方米(m^3)；

T——流量计入口日平均温度，单位为开尔文(K)；

P——流量计入口日平均压力，单位为兆帕(MPa)。

8.1.2 采用气体质量流量计测量时，测试蒸发率 α_0 按式(2)计算：

$$\alpha_0 = \frac{q_m \psi}{\rho_1 V} \times 100\% \quad \cdots\cdots(2)$$

式中：

α_0——测试蒸发率，单位为百分比每天(%/d)；

q_m——蒸发气体质量流量日平均值，单位为千克每天(kg/d)；

ψ——流量计的校正系数，标定时的给定值；

ρ_1——标准大气压(101.325 kPa)下饱和液体的密度，单位为千克每立方米(kg/m^3)；

V——被检件的有效容积，单位为立方米(m^3)。

8.1.3 采用称重法测量时，测试蒸发率 α_0 按式(3)计算：

$$\alpha_0 = \frac{q_g}{\rho_1 V} \times 100\% \quad \cdots\cdots(3)$$

式中：

α_0——测试蒸发率，单位为百分比每天(%/d)；

q_g——24 h 内蒸发的气体质量，单位为千克每天(kg/d)；

ρ_1——标准大气压(101.325 kPa)下饱和液体的密度,单位为千克每立方米(kg/m^3);

V——被检件的有效容积,单位为立方米(m^3)。

8.2 静态蒸发率计算

8.2.1 高真空多层绝热静态蒸发率 α_{20} 按式(4)计算:

$$\alpha_{20}=\alpha_0\frac{h}{h_{fg}}\left(0.7\times\frac{293.15-T_s}{T_1-T_2}+0.3\times\frac{293.15^4-T_s{}^4}{T_1{}^4-T_2{}^4}\right) \quad \cdots\cdots(4)$$

式中:

α_{20}——静态蒸发率,单位为百分比每天(%/d);

α_0——测试蒸发率,单位为百分比每天(%/d);

h——试验环境压力下饱和液体的汽化潜热,单位为千焦耳每千克(kJ/kg);

h_{fg}——标准大气压(101.325 kPa)下饱和液体的汽化潜热,单位为千焦耳每千克(kJ/kg);

T_s——标准大气压(101.325 kPa)下饱和液体的温度,单位为开尔文(K);

T_1——试验时日平均环境温度,单位为开尔文(K);

T_2——试验时被检件内日平均压力对应的深冷液体饱和温度,单位为开尔文(K)。

8.2.2 粉末或纤维真空绝热静态蒸发率 α_{20} 按式(5)计算:

$$\alpha_{20}=\alpha_0\frac{h}{h_{fg}}\times\frac{293.15-T_s}{T_1-T_2} \quad \cdots\cdots(5)$$

式中:

α_{20}——静态蒸发率,单位为百分比每天(%/d);

α_0——测试蒸发率,单位为百分比每天(%/d);

h——试验环境压力下饱和液体的汽化潜热,单位为千焦耳每千克(kJ/kg);

h_{fg}——标准大气压(101.325 kPa)下饱和液体的汽化潜热,单位为千焦耳每千克(kJ/kg);

T_s——标准大气压(101.325 kPa)下饱和液体的温度,单位为开尔文(K);

T_1——试验时日平均环境温度,单位为开尔文(K);

T_2——试验时被检件内日平均压力对应的深冷液体饱和温度,单位为开尔文(K)。

8.2.3 高真空绝热静态蒸发率 α_{20} 按式(6)计算:

$$\alpha_{20}=\alpha_0\frac{h}{h_{fg}}\times\frac{293.15^4-T_s{}^4}{T_1{}^4-T_2{}^4} \quad \cdots\cdots(6)$$

式中:

α_{20}——静态蒸发率,单位为百分比每天(%/d);

α_0——测试蒸发率,单位为百分比每天(%/d);

h——试验环境压力下饱和液体的汽化潜热,单位为千焦耳每千克(kJ/kg);

h_{fg}——标准大气压(101.325 kPa)下饱和液体的汽化潜热,单位为千焦耳每千克(kJ/kg);

T_s——标准大气压(101.325 kPa)下饱和液体的温度,单位为开尔文(K);

T_1——试验时日平均环境温度,单位为开尔文(K);

T_2——试验时被检件内日平均压力对应的深冷液体饱和温度,单位为开尔文(K)。

9 试验记录与试验报告

9.1 试验记录格式可参照附录 A 和附录 B,物性数据参照附录 C。

9.2 试验报告格式可参照附录 D。

附 录 A
（资料性附录）
静态蒸发率检测记录（流量计法）

流量法测静态蒸发率的检测记录格式可参照表 A.1。

表 A.1 静态蒸发率检测记录（流量计法）

真空绝热深冷设备编号			温度计型号与编号		
检测日期			检测地点		
大气压计型号与编号			流量计型号与编号		
充液结束日期和时间					
时　间	流量计读数	大气压 MPa	环境温度 ℃	流量计入口温度 ℃	流量计入口压力 Pa

记录：＿＿＿＿＿＿＿＿＿＿　　核对：＿＿＿＿＿＿＿＿＿＿

附　录　B
（资料性附录）
静态蒸发率检测记录（称重法）

称重法测静态蒸发率的检测记录格式可参照表 B.1。

表 B.1　静态蒸发率检测记录（称重法）

真空绝热深冷设备编号		衡器型号与编号	
检测日期		环境温度计型号与编号	
检测地点		大气压计型号与编号	
时　　间	衡器读数	大气压 MPa	环境温度 ℃
充液结束时间			
静置 48 h			
测量 24 h			
测量 48 h			

记录：＿＿＿＿＿＿＿＿＿＿＿＿　核对：＿＿＿＿＿＿＿＿＿＿＿＿

附　录　C
（资料性附录）
氮的物性数据

氮的物性数据可参照表C.1。

表C.1　氮的物性数据

介　　质	标准大气压力(101.325 kPa)			
	饱和液体密度 ρ_l kg/m^3	饱和液体气化潜热 h kJ/kg	273.15 K下气体密度 ρ_g kg/m^3	饱和温度 K
氮	807.3	199.3	1.255 5	77.36

附 录 D
（资料性附录）
静态蒸发率检测报告

静态蒸发率检测报告格式可参照表D.1。

表D.1 静态蒸发率检测报告 报告编号：

试验起止日期和时间		试验前仪器情况	
试验介质		充液结束日期和时间	
充满率			
试验计算开始时间		试验结束时间	
平均环境温度 ℃		平均大气压 kPa	
内容器有效容积 m^3		试验后仪器情况	
平均蒸发量 kg/d或m^3/d		静态蒸发率 %/d	
备 注			

编制：________ 核对：________ 审核：________

ICS 23.020
J 74

中华人民共和国国家标准

GB/T 18443.6—2010

真空绝热深冷设备性能试验方法 第6部分：漏热量测量

Testing method of performance for vacuum insulation cryogenic equipment—Part 6: Heat-leak rate measurement

2010-09-26 发布　　2011-02-01 实施

中华人民共和国国家质量监督检验检疫总局
中国国家标准化管理委员会　发布

前　言

GB/T 18443《真空绝热深冷设备性能试验方法》分为8个部分：

——第1部分：基本要求；

——第2部分：真空度测量；

——第3部分：漏率测量；

——第4部分：漏放气速率测量；

——第5部分：静态蒸发率测量；

——第6部分：漏热量测量；

——第7部分：维持时间测量；

——第8部分：容积测量。

本部分为GB/T 18443的第6部分。

本部分的附录A、附录B和附录C均为资料性附录。

本部分由全国锅炉压力容器标准化技术委员会(SAC/TC 262)提出并归口。

本部分起草单位：上海市特种设备监督检验技术研究院、上海市气体工业协会、上海交通大学、查特深冷工程系统(常州)有限公司、山东商业职业技术学院、四川空分设备(集团)有限责任公司、南京航天晨光股份有限公司、上海华谊集团装备工程有限公司、中国特种设备检测研究院。

本部分起草人：汪荣顺、周伟明、徐惠新、舒文华、罗晓明、寿比南、薛季爱、魏蔚、易希朗、王芳、薛小龙、施锋萍、魏勇彪、顾福明、王为国。

本部分为首次发布。

真空绝热深冷设备性能试验方法
第6部分:漏热量测量

1 范围

GB/T 18443 的本部分规定了真空绝热深冷设备漏热量测量的试验原理与方法、试验装置、设备和仪器、试验条件与试验准备、试验步骤、数据处理和试验记录与试验报告等要求。

本部分适用于除储运液氢介质以外的真空绝热深冷压力容器、真空绝热深冷焊接气瓶、真空绝热管及其管件等真空绝热深冷设备的漏热量测量,其他设备可参照执行。

流量计测量法适用于真空绝热深冷压力容器、真空绝热深冷焊接气瓶等真空绝热深冷设备的漏热量测量,表面温度测量法适用于真空绝热管及其管件的漏热量测量。

2 规范性引用文件

下列文件中的条款通过 GB/T 18443 的本部分的引用而成为本部分的条款。凡是注日期的引用文件,其随后所有的修改单(不包括勘误的内容)或修订版均不适用于本部分,然而,鼓励根据本部分达成协议的各方研究是否可使用这些文件的最新版本。凡是不注日期的引用文件,其最新版本适用于本部分。

GB/T 18443.1—2010 真空绝热深冷设备性能试验方法 第1部分:基本要求

GB/T 18443.2 真空绝热深冷设备性能试验方法 第2部分:真空度测量

GB/T 18443.3 真空绝热深冷设备性能试验方法 第3部分:漏率测量

GB/T 18443.4 真空绝热深冷设备性能试验方法 第4部分:漏放气速率测量

GB/T 18443.5—2010 真空绝热深冷设备性能试验方法 第5部分:静态蒸发率测量

3 术语和定义

GB/T 18443.1~GB/T 18443.5 确立的以及下列术语和定义适用于本部分。

3.1

漏热量 heat-leak rate

单位时间内从周围环境传递到真空绝热深冷设备储存介质的热量,单位为瓦(W)。

3.2

测试漏热量 test heat-leak rate

真空绝热深冷设备充分冷却,达到热平衡后,单位时间内从周围环境传递到真空绝热深冷设备储存介质的热量,单位为瓦(W)。

3.3

标准环境状态下漏热量 heat-leak rate of standard ambient condition

测试漏热量换算为标准环境状态下的漏热量值,单位为瓦(W)。

4 试验原理与方法

4.1 流量计测量法

试验原理、方法和装置符合 GB/T 18443.5—2010 中 4.2.1 和 4.2.2 的规定。

4.2 表面温度测量法

4.2.1 试验原理与方法

通过测量真空绝热管的外表面温度及对应的环境温度,按大空间自然对流计算漏入真空绝热管的漏热量,按测得的接头空气侧温度与液体温度的差值计算接头的导热漏热量,或建立接头的有限元传热模型求解接头的漏热量。试验装置原理图见图1。

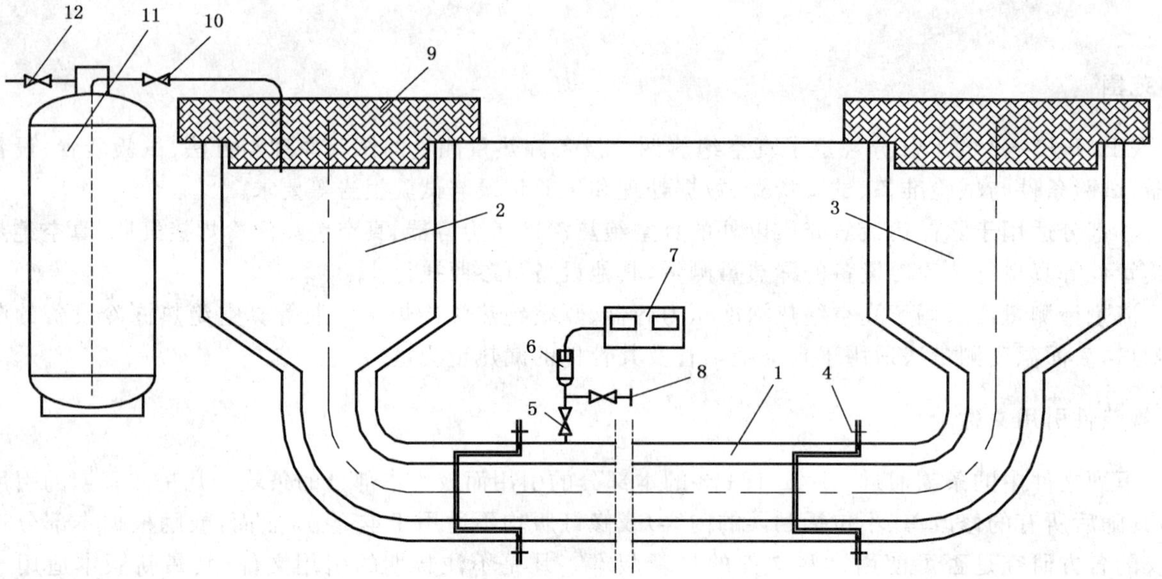

1——检测漏热量的试验管;
2、3——辅助试验段;
4——连接法兰(KF或CF);
5——真空阀;
6——高真空规管;
7——真空计;
8——带接口的真空阀(接检漏仪与真空机组);
9——保温板;
10——加液阀;
11——深冷液体容器;
12——放空阀。

图1 表面温度法测量装置原理图

4.2.2 当采用易燃介质测量真空绝热管及其管件的漏热量时应有安全措施,否则不应使用表面温度法。

5 试验装置、设备和仪器

5.1 试验装置由检测漏热量的试验管、辅助试验段、连接法兰(KF或CF)、真空阀、高真空规管、真空计、带接口的真空阀(接检漏仪与真空机组)、保温板、加液阀、深冷液体容器、放空阀、热电偶或铂电阻温度计、数据采集仪等组成。

5.2 试验装置、设备和仪器应符合GB/T 18443.1—2010中4.2的规定,且还应满足以下要求:

a) 当流量计的量程小于或等于5 L/min时,精度应达到0.5%;量程大于5 L/min时,精度应达到1.0%;

b) 流量计的额定流量应与被检深冷绝热管蒸发的气体流量相适应;

c) 应有环境温度、环境大气压力及流量计进口温度和压力测量装置。

6 试验条件与试验准备

6.1 试验条件与试验准备应符合GB/T 18443.1的规定。

6.2 采用表面温度法测量时应在避光、自然对流、无风的室内进行。

6.3 被检真空绝热管的有效长度应不小于5 m,且在中间3 m长的外管表面底部均布不少于6个温度的测量点。

6.4 辅助试验段的内容积应大于被检真空绝热管内容积的2倍,辅助试验段的高度应小于1.5 m。

7 试验步骤

7.1 流量计测量法

试验步骤、试验过程和数据记录应符合 GB/T 18443.5 中 7.1 的规定。

7.2 表面温度测量法

7.2.1 一般采用液氮作为试验介质，也可采用实际输送的深冷液体作为试验介质。

7.2.2 打开阀门 10，用深冷容器 11 向被检真空绝热管及其管件连续输送深冷液体，直至加满为止。当辅助试验段内液位降至一半时，应重新加液补满，保证被检真空绝热管内充满试验介质液体。

7.2.3 真空绝热管及其管件持续输送深冷液体 24 h 后，方可记录数据。

7.2.4 数据记录应按不大于 10 min 的时间间隔，采集表面及环境温度，直至 1 h 内采集数据的相对误差小于±5%为止。

7.2.5 按附录 A 规定的表格格式填写试验数据或自动采集数据。

8 数据处理

8.1 测试漏热量 Q_0

8.1.1 流量计测量法

8.1.1.1 采用湿式气体流量计测量时，测试漏热量 Q_0 按式(1)计算：

$$Q_0 = G_V \psi \rho_g \left(1 + \frac{\rho_V}{\rho_L}\right) \times \frac{273.15}{T} \times \frac{P}{0.101\,325} h_{fg} \times 1\,000 \qquad (1)$$

式中：

Q_0——测试漏热量，单位为瓦(W)；

G_V——蒸发气体体积流量日平均值，单位为立方米每秒(m^3/s)；

ψ——流量计的校正系数，标定时给定值；

ρ_g——标准大气压(101.325 kPa)、273.15 K 下试验介质的气体密度，单位为千克每立方米(kg/m^3)；

ρ_V——试验环境压力日平均值下试验介质的饱和蒸气密度，单位为千克每立方米(kg/m^3)；

ρ_L——试验环境压力日平均值下试验介质的饱和液体密度，单位为千克每立方米(kg/m^3)；

T——流量计入口温度日平均值，单位为开尔文(K)；

P——流量计入口压力日平均值，单位为兆帕(MPa)；

h_{fg}——流量计入口压力日平均值下饱和液体的汽化潜热，单位为千焦每千克(kJ/kg)。

8.1.1.2 采用气体质量流量计测量时，测试漏热量 Q_0 按式(2)计算：

$$Q_0 = G_m \left(1 + \frac{\rho_V}{\rho_L}\right) \psi \times h_{fg} \times 1\,000 \qquad (2)$$

式中：

Q_0——测试漏热量，单位为瓦(W)；

G_m——蒸发气体质量流量日平均值，单位为千克每秒(kg/s)；

ρ_V——试验环境压力日平均值下试验介质的饱和蒸气密度，单位为千克每立方米(kg/m^3)；

ρ_L——试验环境压力日平均值下试验介质的饱和液体密度，单位为千克每立方米(kg/m^3)；

ψ——流量计的校正系数，标定时给定值；

其余同式(1)。

8.1.2 表面温度测量法

8.1.2.1 真空绝热管的测试漏热量 Q_0 应按式(3)计算：

$$Q_0 = h(T_a - T_w)\pi DL \qquad (3)$$

式中：

Q_0——测试漏热量，单位为瓦(W)；

T_a——环境平均温度，单位为开尔文(K)；

T_w——管壁温度的平均温度，单位为开尔文(K)，按式(4)计算：

$$T_w = \frac{\sum_{i=1}^{n} T_{wi}}{n} \quad \cdots\cdots(4)$$

式中：

$T_{wi}, i=1,2\cdots n$——壁面的各测量处温度，单位为开尔文(K)；

n——壁面温度测量数量。

D——管道外径，单位为米(m)；

L——管道长度，单位为米(m)；

h——管道与空气的自然对流换热系数，单位为瓦每平方米开尔文[W/(m² · K)]。

h 按式(5)计算：

$$Nu = \frac{hD}{\lambda} = 0.48 \times (Gr \cdot Pr)^{\frac{1}{4}} \quad \cdots\cdots(5)$$

式中：

Nu——努塞尔特数；

D——管道外径，单位为米(m)；

λ——空气的导热系数，单位为瓦每米开尔文(W/m · K)；

Gr——格拉晓夫数，按式(6)计算：

$$Gr = \frac{g\beta\Delta TD^3}{\nu^2} \quad \cdots\cdots(6)$$

式中：

g——重力加速度，单位为米每秒平方(m/s²)；

ΔT——传热温差，$\Delta T = |T_a - T_w|$，单位为开尔文(K)；

ν——空气的运动黏度，单位为二次方米每秒(m²/s)；

β——空气的热膨胀系数，$\beta = 1/T_m$，T_m 按式(7)计算：

$$T_m = \frac{T_a + T_w}{2} \quad \cdots\cdots(7)$$

式中：

T_m——定性温度，单位为开尔文(K)；

其余同式(3)。

Pr——空气普朗特数，可参照附录B查取。

8.1.2.2 真空绝热管接头对的测试漏热量 Q_0 的计算应符合下列要求：

a) 真空绝热管阴阳接头对的漏热量应按式(8)计算：

$$Q_0 = \frac{\pi}{4}\sum_{i=1}^{2}\left\{[D_i{}^2 - (D_i - \delta_i)^2]\lambda_i \frac{(T_{wji} - T_2)}{L_i}\right\} \quad \cdots\cdots(8)$$

式中：

Q_0——接头对的总漏热量，单位为瓦(W)；

D_1——阳接头的外管外径，单位为米(m)；

D_2——阴接头的内管外径，单位为米(m)；

δ_1——阳接头的外管壁厚，单位为米(m)；

δ_2——阴接头的内管壁厚，单位为米(m)；

T_{wj1}——阳接头与环境接触的外表面平均温度，单位为开尔文(K)；

T_{wj2}——阴接头与环境接触的外表面平均温度，单位为开尔文(K)；

T_2——试验时被检件内平均压力对应的深冷液体饱和温度，单位为开尔文(K)；

λ_1——阳接头的外管材料从 T_{wj1} 到 T_2 温区内的平均导热系数，单位为瓦每米开尔文(W/m·K)；

λ_2——阴接头的内管材料从 T_{wj2} 到 T_2 温区内的平均导热系数，单位为瓦每米开尔文(W/m·K)；

L_1——阳接头的外管管长，单位为米(m)；

L_2——阴接头的内管管长，单位为米(m)。

b) 计算管道其他接头对的漏热量时按实际尺寸的导热结构考虑，温差为实测表面温度与饱和液体温度之差，复杂结构应采用有限元热分析计算。

8.2 标态(标准环境状态)下漏热量 Q_{20} 计算

8.2.1 标态下的高真空多层绝热漏热量 Q_{20} 应按式(9)计算：

$$Q_{20}=Q_0\left(0.7\times\frac{293.15-T_s}{T_1-T_2}+0.3\times\frac{293.15^4-T_s{}^4}{T_1{}^4-T_2{}^4}\right) \quad \cdots\cdots(9)$$

式中：

Q_{20}——标态下漏热量，单位为瓦(W)；

Q_0——接头对的总漏热量，单位为瓦(W)；

T_s——标准大气压(101.325 kPa)下深冷液体饱和温度，单位为开尔文(K)；

T_1——试验时平均环境温度，单位为开尔文(K)；

T_2——试验时被检件内平均压力对应的深冷液体饱和温度，单位为开尔文(K)。

8.2.2 标态下的粉末或纤维真空绝热漏热量 Q_{20} 应按式(10)计算：

$$Q_{20}=Q_0\,\frac{293.15-T_s}{T_1-T_2} \quad \cdots\cdots(10)$$

式中：

Q_{20}——标态下漏热量，单位为瓦(W)；

Q_0——接头对的总漏热量，单位为瓦(W)；

T_s——标准大气压(101.325 kPa)下深冷液体饱和温度，单位为开尔文(K)；

T_1——试验时平均环境温度，单位为开尔文(K)；

T_2——试验时被检件内平均压力对应的深冷液体饱和温度，单位为开尔文(K)。

8.2.3 标态下的高真空绝热漏热量 Q_{20} 应按式(11)计算：

$$Q_{20}=Q_0\,\frac{293.15^4-T_s{}^4}{T_1{}^4-T_2{}^4} \quad \cdots\cdots(11)$$

式中：

Q_{20}——标态下漏热量，单位为瓦(W)；

Q_0——接头对的总漏热量，单位为瓦(W)；

T_s——标准大气压(101.325 kPa)下深冷液体饱和温度，单位为开尔文(K)；

T_1——试验时平均环境温度，单位为开尔文(K)；

T_2——试验时被检件内平均压力对应的深冷液体饱和温度，单位为开尔文(K)。

9 试验记录与试验报告

9.1 试验记录格式可参照附录 A。

9.2 试验报告格式可参照附录 C。

附　录　A
（资料性附录）
漏热量检测记录

漏热量检测记录表格可参照表A.1。

表 A.1　漏热量检测记录

真空绝热深冷设备编号		环境温度计型号与编号	
试验起止日期和时间		大气压计型号与编号	
试验地点		壁面温度传感器型号与编号	

时间	环境温度 ℃	壁温 1 ℃	壁温 2 ℃	壁温 3 ℃	壁温 4 ℃	壁温 5 ℃	壁温 6 ℃	壁温 7 ℃	壁温 8 ℃

记录：____________　　　　　　核对：____________

附 录 B
（资料性附录）
标准大气压(101.325 kPa)下的空气物性数据表

标准大气压(101.325 kPa)下的空气物性数据表可参照表B.1。

表B.1 标准大气压(101.325 kPa)下的空气物性数据表

温度 K	密度 kg/m^3	定压比热容 J/(kg·K)	导热系数 10^{-2} W/(m·K)	动力黏度 μPa·s	运动黏度 mm^2/s	定压膨胀系数 10^{-3}/K	普朗特数
243	1.454	1 005.4	2.213	15.71	10.81	4.136	0.714
244	1.448	1 005.4	2.221	15.76	10.89	4.119	0.714
245	1.442	1 005.4	2.228	15.82	10.97	4.102	0.714
246	1.436	1 005.4	2.235	15.87	11.05	4.085	0.714
247	1.430	1 005.4	2.243	15.92	11.13	4.068	0.714
248	1.424	1 005.4	2.250	15.97	11.21	4.051	0.714
249	1.419	1 005.4	2.258	16.02	11.30	4.035	0.714
250	1.413	1 005.4	2.265	16.08	11.38	4.019	0.714
251	1.407	1 005.4	2.272	16.13	11.46	4.002	0.714
252	1.402	1 005.4	2.280	16.18	11.54	3.986	0.714
253	1.396	1 005.4	2.287	16.23	11.63	3.970	0.714
254	1.391	1 005.4	2.294	16.28	11.71	3.954	0.714
255	1.385	1 005.4	2.302	16.33	11.79	3.939	0.714
256	1.380	1 005.4	2.309	16.39	11.88	3.923	0.714
257	1.374	1 005.4	2.316	16.44	11.96	3.908	0.714
258	1.369	1 005.4	2.324	16.49	12.05	3.892	0.714
259	1.364	1 005.4	2.331	16.54	12.13	3.877	0.714
260	1.358	1 005.5	2.338	16.59	12.21	3.862	0.714
261	1.353	1 005.5	2.345	16.64	12.30	3.847	0.713
262	1.348	1 005.5	2.353	16.69	12.38	3.832	0.713
263	1.343	1 005.5	2.360	16.75	12.47	3.817	0.713
264	1.338	1 005.5	2.367	16.80	12.56	3.803	0.713
265	1.333	1 005.5	2.374	16.85	12.64	3.788	0.713
266	1.328	1 005.5	2.382	16.90	12.73	3.774	0.713
267	1.323	1 005.5	2.389	16.95	12.81	3.760	0.713
268	1.318	1 005.5	2.396	17.00	12.90	3.745	0.713
269	1.313	1 005.6	2.403	17.05	12.99	3.731	0.713
270	1.308	1 005.6	2.410	17.10	13.07	3.717	0.713
271	1.303	1 005.6	2.418	17.15	13.16	3.704	0.713

表 B.1（续）

温度 K	密度 kg/m³	定压比热容 J/(kg·K)	导热系数 10^{-2} W/(m·K)	动力黏度 μPa·s	运动黏度 mm²/s	定压膨胀系数 10^{-3}/K	普朗特数
272	1.298	1 005.6	2.425	17.20	13.25	3.690	0.713
273	1.293	1 005.6	2.432	17.25	13.34	3.676	0.713
274	1.289	1 005.6	2.439	17.30	13.43	3.663	0.713
275	1.284	1 005.7	2.446	17.35	13.51	3.649	0.713
276	1.279	1 005.7	2.453	17.40	13.60	3.636	0.713
277	1.275	1 005.7	2.460	17.45	13.69	3.622	0.713
278	1.270	1 005.7	2.467	17.50	13.78	3.609	0.713
279	1.266	1 005.8	2.475	17.55	13.87	3.596	0.713
280	1.261	1 005.8	2.482	17.60	13.96	3.583	0.713
281	1.257	1 005.8	2.489	17.65	14.05	3.570	0.713
282	1.252	1 005.8	2.496	17.70	14.14	3.558	0.713
283	1.248	1 005.8	2.503	17.75	14.23	3.545	0.713
284	1.243	1 005.9	2.510	17.80	14.32	3.532	0.713
285	1.239	1 005.9	2.517	17.85	14.41	3.520	0.713
286	1.234	1 005.9	2.524	17.90	14.50	3.507	0.713
287	1.230	1 006.0	2.531	17.95	14.59	3.495	0.713
288	1.226	1 006.0	2.538	18.00	14.68	3.483	0.713
289	1.222	1 006.0	2.545	18.05	14.77	3.471	0.713
290	1.217	1 006.0	2.552	18.09	14.86	3.459	0.713
291	1.213	1 006.1	2.559	18.14	14.96	3.447	0.713
292	1.209	1 006.1	2.566	18.19	15.05	3.435	0.713
293	1.205	1 006.1	2.573	18.24	15.14	3.423	0.713
294	1.201	1 006.2	2.580	18.29	15.23	3.411	0.713
295	1.197	1 006.2	2.587	18.34	15.32	3.399	0.713
296	1.193	1 006.2	2.594	18.39	15.42	3.388	0.713
297	1.189	1 006.3	2.601	18.44	15.51	3.376	0.713
298	1.185	1 006.3	2.608	18.48	15.60	3.365	0.713
299	1.181	1 006.3	2.615	18.53	15.70	3.354	0.713
300	1.177	1 006.4	2.622	18.58	15.79	3.342	0.713
301	1.173	1 006.4	2.629	18.63	15.89	3.331	0.713
302	1.169	1 006.5	2.636	18.68	15.98	3.320	0.713
303	1.165	1 006.5	2.643	18.73	16.07	3.309	0.713
304	1.161	1 006.5	2.650	18.77	16.17	3.298	0.713
305	1.157	1 006.6	2.657	18.82	16.26	3.287	0.713

表 B.1（续）

温度 K	密度 kg/m³	定压比热容 J/(kg·K)	导热系数 10^{-2} W/(m·K)	动力黏度 μPa·s	运动黏度 mm²/s	定压膨胀系数 10^{-3}/K	普朗特数
306	1.154	1 006.6	2.663	18.87	16.36	3.276	0.713
307	1.150	1 006.7	2.670	18.92	16.45	3.265	0.713
308	1.146	1 006.7	2.677	18.97	16.55	3.255	0.713
309	1.142	1 006.8	2.684	19.01	16.64	3.244	0.713
310	1.139	1 006.8	2.691	19.06	16.74	3.234	0.713
311	1.135	1 006.9	2.698	19.11	16.84	3.223	0.713
312	1.131	1 006.9	2.705	19.16	16.93	3.213	0.713
313	1.128	1 006.9	2.712	19.20	17.03	3.202	0.713
314	1.124	1 007.0	2.718	19.25	17.13	3.192	0.713
315	1.121	1 007.0	2.725	19.30	17.22	3.182	0.713
316	1.117	1 007.1	2.732	19.35	17.32	3.172	0.713
317	1.113	1 007.1	2.739	19.39	17.42	3.162	0.713
318	1.110	1 007.2	2.746	19.44	17.52	3.152	0.713
319	1.106	1 007.2	2.753	19.49	17.61	3.142	0.713
320	1.103	1 007.3	2.759	19.54	17.71	3.132	0.713
321	1.100	1 007.4	2.766	19.58	17.81	3.122	0.713
322	1.096	1 007.4	2.773	19.63	17.91	3.112	0.713
323	1.093	1 007.5	2.780	19.68	18.01	3.103	0.713

附　录　C
（资料性附录）
漏热量检测报告

漏热量检测报告表格可参照表 C.1。

表 C.1　漏热量检测报告

报告编号：

试验起止日期		试验前仪器情况	
内容器有效容积 m^3		试验介质	
充液结束时间		充满率	
试验计算开始时间		试验计算结束时间	
平均环境温度 ℃		平均大气压 kPa	
标态下漏热量 W		试验后仪器情况	
备注			

编制：____________　　核对：____________　　审核：____________

ICS 23.020
J 74

中华人民共和国国家标准

GB/T 18443.7—2010

真空绝热深冷设备性能试验方法 第7部分：维持时间测量

Testing method of performance for vacuum insulation cryogenic equipment—Part 7: Holding time measurement

2010-09-26 发布

2011-02-01 实施

中华人民共和国国家质量监督检验检疫总局
中国国家标准化管理委员会 发布

前 言

GB/T 18443《真空绝热深冷设备性能试验方法》分为 8 个部分：

——第 1 部分：基本要求；

——第 2 部分：真空度测量；

——第 3 部分：漏率测量；

——第 4 部分：漏放气速率测量；

——第 5 部分：静态蒸发率测量；

——第 6 部分：漏热量测量；

——第 7 部分：维持时间测量；

——第 8 部分：容积测量。

本部分为 GB/T 18443 的第 7 部分。

本部分的附录 A、附录 B 和附录 C 均为资料性附录。

本部分由全国锅炉压力容器标准化技术委员会(SAC/TC 262)提出并归口。

本部分起草单位：上海市特种设备监督检验技术研究院、上海市气体工业协会、查特深冷工程系统(常州)有限公司、上海交通大学、国家低温容器质量监督检验中心、上海华谊集团装备工程有限公司、中国特种设备检测研究院。

本部分起草人：徐惠新、周伟明、罗晓明、舒文华、寿比南、薛季爱、陈光奇、汪荣顺、鲁雪生、薛小龙、施锋萍、魏勇彪、顾福明、王为国。

本部分为首次发布。

真空绝热深冷设备性能试验方法 第7部分:维持时间测量

1 范围

GB/T 18443 的本部分规定了真空绝热深冷设备维持时间测量的试验原理与方法、试验装置、设备和仪器、试验条件与试验准备、试验步骤、数据处理和试验记录与试验报告等要求。

本部分适用于除储运液氢介质以外的真空绝热深冷压力容器、真空绝热深冷焊接气瓶等真空绝热深冷设备维持时间的测量。

2 规范性引用文件

下列文件中的条款通过 GB/T 18443 的本部分的引用而成为本部分的条款。凡是注日期的引用文件,其随后所有的修改单(不包括勘误的内容)或修订版均不适用于本部分。然而,鼓励根据本部分达成协议的各方研究是否可使用这些文件的最新版本。凡是不注日期的引用文件,其最新版本适用于本部分。

GB/T 18443.1 真空绝热深冷设备性能试验方法 第1部分:基本要求

GB/T 18443.2 真空绝热深冷设备性能试验方法 第2部分:真空度测量

GB/T 18443.3 真空绝热深冷设备性能试验方法 第3部分:漏率测量

GB/T 18443.4 真空绝热深冷设备性能试验方法 第4部分:漏放气速率测量

GB/T 18443.5 真空绝热深冷设备性能试验方法 第5部分:静态蒸发率测量

GB/T 18443.6 真空绝热深冷设备性能试验方法 第6部分:漏热量测量

GB/T 18443.8 真空绝热深冷设备性能试验方法 第8部分:容积测量

3 术语和定义

GB/T 18443.1~GB/T 18443.6 确立的以及下列术语和定义适用于本部分。

3.1

闭式系统 closed system

在试验过程中,真空绝热深冷设备内介质的质量维持不变,既无介质输入,又无介质输出的系统。

3.2

测试维持时间 tested holding time

真空绝热深冷设备充装至本部分规定的初始充装量,从本部分规定的起始条件开始,关闭设备各条管线,并开始记时,直至压力升高达到限压装置的动作压力为止,此过程所经历时间,单位为小时(h)。

3.3

标准环境状态下维持时间 holding time of standard ambient condition

测试维持时间换算为标准环境状态下的维持时间,单位为小时(h)。

4 试验原理与方法

4.1 真空绝热深冷设备的维持时间宜采用闭式系统测定。

4.2 当储运介质为非易燃易爆介质时,允许通过真空绝热深冷设备的静态蒸发率计算得出其维持时间,计算方法参照附件 A。

5 试验装置、设备和仪器

试验装置、设备和仪器应符合 GB/T 18443.1 中 4.2 的规定,且应满足以下要求:

a) 真空绝热深冷设备进行维持时间测量时,应以安全阀作为系统的压力限制装置,爆破片、背压调节阀或其他限压装置应暂时拆除或隔离;

b) 安全阀的开启压力为维持时间测量的结束压力;

c) 压力表的精度不低于2.5级,表盘直径不小于100 mm,量程宜为最大测试压力的2倍,也可采用相同的精度等级和量程的压力传感器。

6 试验条件与试验准备

6.1 试验条件与试验准备应符合 GB/T 18443.1 的规定。

6.2 被检件的内胆压力的测试起始条件应符合下列要求:

a) 液态二氧化碳和氮氧化合物介质,取 1.5 MPa 的表压;

b) 对于其他介质,取标准大气压(101.325 kPa),即内容器表压应在 20 Pa 以下。

6.3 除专门设计用来储存特殊深冷液体的真空绝热深冷设备外,被检件的试验介质应符合 GB/T 18443.1 中 4.3 的规定。

6.4 确定维持时间开始试验时的初始充装质量。

6.4.1 当被检件储存介质的临界压力高于该被检件限压装置设定的压力值时,介质在操作温度下的充装量应不低于该设备的设计充装量,且不高于 98%,充装后关闭溢流阀。

6.4.2 当介质的临界压力小于限压装置的开启压力时,充装量应根据需测量维持时间的要求确定。

7 试验步骤

7.1 被检件内胆的全容积测定可按 GB/T 18443.8 进行,或采用该真空绝热深冷设备技术文件中注明的内胆全容积。

7.2 初始充装量应符合 6.4 的规定。

7.3 待测系统放空静置不少于 48 h,被检件内胆的内压力达到 6.2 的规定后,打开溢流阀,排出多余的液体,然后关闭被检件管路上通大气的阀门,开始以时间间隔不大于 6 h 采集或记录设备内压力、环境压力与环境温度随时间的过程,记录格式按附录 B。

7.4 当内胆压力升高到安全阀开启压力,安全阀开始动作时,停止计时。

7.5 从关闭所有阀门开始计时,直到安全阀开始动作,全过程经历的时间,以小时及分钟数进行记录,作为"测试维持时间"。

8 数据处理

8.1 标态(标准环境状态)下高真空多层绝热维持时间 H_{20}

$$H_{20}=H_0\left(0.7\times\frac{T_1-T_2}{293.15-T_s}+0.3\times\frac{T_1{}^4-T_2{}^4}{293.15^4-T_s{}^4}\right) \quad \cdots\cdots(1)$$

式中:

H_{20}——标态下维持时间,单位为小时(h);

H_0——测试维持时间,单位为小时(h);

T_1——试验时平均环境温度,单位为开尔文(K);

T_2——试验时被检件内平均压力对应的深冷液体的饱和温度,单位为开尔文(K);

T_s——标准大气压(101.325 kPa)下深冷液体的饱和温度,单位为开尔文(K)。

8.2 标态下粉末或纤维真空绝热维持时间 H_{20}

$$H_{20}=H_0\frac{T_1-T_2}{293.15-T_s} \qquad \cdots\cdots(2)$$

式中：

H_{20}——标态下维持时间，单位为小时(h)；

H_0——测试维持时间，单位为小时(h)；

T_1——试验时平均环境温度，单位为开尔文(K)；

T_2——试验时被检件内平均压力对应的深冷液体的饱和温度，单位为开尔文(K)；

T_s——标准大气压(101.325 kPa)下深冷液体的饱和温度，单位为开尔文(K)。

8.3 标态下高真空绝热维持时间 H_{20}

$$H_{20}=H_0\frac{T_1^4-T_2^4}{293.15^4-T_s^4} \qquad \cdots\cdots(3)$$

式中：

H_{20}——标态下维持时间，单位为小时(h)；

H_0——测试维持时间，单位为小时(h)；

T_1——试验时平均环境温度，单位为开尔文(K)；

T_2——试验时被检件内平均压力对应的深冷液体的饱和温度，单位为开尔文(K)；

T_s——标准大气压(101.325 kPa)下深冷液体的饱和温度，单位为开尔文(K)。

9 试验记录与试验报告

9.1 试验记录格式可参照附录B。

9.2 试验报告格式可参照附录C。

附 录 A
（资料性附录）
由静态蒸发率测试结果计算标态维持时间

A.1 由静态蒸发率求得被测试液体的平均损失率，静态蒸发率测试按 GB/T 18443.5 规定测得，

$$Q_{\alpha t}=\frac{V\times\alpha}{24\times 3\ 600\times\nu_{lt}\times 100}\qquad\cdots\cdots(A.1)$$

式中：

$Q_{\alpha t}$——被测试液体测得的平均损失率，单位为千克每秒（kg/s）；

V——内容器的有效容积，单位为立方米（m^3）；

α——静态蒸发率，单位为百分率每年（%/d）；

ν_{lt}——试验压力下被测试液体液相的比容，单位为立方米每千克（m^3/kg）。

A.2 计算装运液体的传热率

$$q_s=Q_{\alpha t}\frac{(h_{fgt})(\nu_{gt})}{(\nu_{gt}-\nu_{lt})}\times\frac{(293-T_{cs})}{(293-T_{ct})}\qquad\cdots\cdots(A.2)$$

式中：

q_s——装运液体的计算传热率，单位为瓦（W）；

$Q_{\alpha t}$——被测试液体测得的平均损失率，单位为千克每秒（kg/s）；

h_{fgt}——试验压力下被测试液体的蒸发潜热，单位为焦耳每千克（J/kg）；

T_{cs}——在 1 个大气压下装运液体的饱和温度，单位为开尔文（K）；

T_{ct}——在 1 个大气压下被测试液体的饱和温度，单位为开尔文（K）；

ν_{gt}——试验压力下被测试液体蒸汽的比容，单位为立方米每千克（m^3/kg）；

ν_{lt}——试验压力下被测试液体液相的比容，单位为立方米每千克（m^3/kg）。

A.3 计算标态维持时间（SHT）

$$\mathrm{SHT}=[(u_2-u_1)W]/3\ 600q_s\qquad\cdots\cdots(A.3)$$

式中：

SHT——标态维持时间，单位为小时（h）；

q_s——装运液体的计算传热率，单位为瓦（W）；

u_1 和 u_2——在初始装载压力下和在压力控制阀或泄压阀的整定压力下液体和气体的单位内能，单位为焦耳每千克（J/kg）；

W——罐体中液体和气体的总质量，单位为千克（kg）。

附　录　B
（资料性附录）
维持时间检测记录

维持时间检测记录表格可参照表 B.1。

表 B.1　维持时间检测记录

<table>
<tr><th>日　期</th><th>时　间</th><th>被检件内压力
Pa</th><th>环境压力
Pa</th><th>环境温度
℃</th></tr>
<tr><td></td><td></td><td></td><td></td><td></td></tr>
<tr><td></td><td></td><td></td><td></td><td></td></tr>
<tr><td></td><td></td><td></td><td></td><td></td></tr>
<tr><td></td><td></td><td></td><td></td><td></td></tr>
<tr><td></td><td></td><td></td><td></td><td></td></tr>
<tr><td rowspan="2"></td><td rowspan="2"></td><td>安全阀起跳压力
Pa</td><td rowspan="2"></td><td rowspan="2"></td></tr>
<tr><td></td></tr>
</table>

记录：__________　　　　核对：__________

附　录　C
（资料性附录）
维持时间检测报告

维持时间检测报告表格可参照表 C.1。

表 C.1　维持时间检测报告

报告编号：

试验前仪器情况		试验介质	
充液结束时间		初始充装质量 kg	
试验开始时间		试验结束时间	
平均环境温度 ℃		平均大气压 kPa	
内胆有效容积 m^3		试验后仪器情况	
标态维持时间 h			
备注			

编制：____________　　核对：____________　　审核：____________

ICS 23.020
J 74

中华人民共和国国家标准

GB/T 18443.8—2010
代替 GB/T 18443.1—2001

真空绝热深冷设备性能试验方法 第8部分:容积测量

Testing method of performance for vacuum insulation cryogenic equipment—Part 8: Volume measurement

2010-09-26 发布　　2011-02-01 实施

中华人民共和国国家质量监督检验检疫总局
中国国家标准化管理委员会　发布

前言

GB/T 18443《真空绝热深冷设备性能试验方法》分为8个部分：

——第1部分：基本要求；

——第2部分：真空度测量；

——第3部分：漏率测量；

——第4部分：漏放气速率测量；

——第5部分：静态蒸发率测量；

——第6部分：漏热量测量；

——第7部分：维持时间测量；

——第8部分：容积测量。

本部分为GB/T 18443的第8部分。

本部分代替GB/T 18443.1—2001《低温绝热压力容器试验方法　容积测量》。

本部分与GB/T 18443.1—2001相比主要变化如下：

——适用范围由低温绝热压力容器扩大为真空绝热深冷压力容器、真空绝热深冷焊接气瓶和真空绝热管及其管件等真空绝热深冷设备；

——增加了第3章术语和定义、第6章试验条件与试验准备，并对其他章节进行了修改补充和调整；

——封头引用标准修改为JB/T 4746《钢制压力容器用封头》；

——夹层容积计算中增加了夹层组件体积的计算；

——增加了标准椭圆封头的容积计算式。

本部分的附录A和附录B为资料性附录。

本部分由全国锅炉压力容器标准化技术委员会(SAC/TC 262)提出并归口。

本部分起草单位：上海市特种设备监督检验技术研究院、上海市气体工业协会、宁波明欣化工机械有限责任公司、上海交通大学、山东商业职业技术学院、上海华谊集团装备工程有限公司、中国特种设备检测研究院。

本部分起草人：闻庆、周伟明、汪荣顺、魏蔚、舒文华、罗晓明、寿比南、薛季爱、薛小龙、施锋萍、魏勇彪、顾福明、王为国。

本部分所代替标准的历次版本发布情况为：

——GB/T 18443.1—2001。

真空绝热深冷设备性能试验方法
第8部分:容积测量

1 范围

GB/T 18443 的本部分规定了真空绝热深冷设备容积测量的试验原理与方法、试验装置、设备和仪器、试验条件与试验准备、试验步骤、数据处理和试验记录与试验报告等要求。

本部分适用于除储运液氢介质以外的真空绝热深冷压力容器、真空绝热深冷焊接气瓶、真空绝热管及其管件等真空绝热深冷设备容积的测量。

2 规范性引用文件

下列文件中的条款通过 GB/T 18443 的本部分的引用而成为本部分的条款。凡是注日期的引用文件,其随后所有的修改单(不包括勘误的内容)或修订版均不适用于本部分,然而,鼓励根据本部分达成协议的各方研究是否可使用这些文件的最新版本。凡是不注日期的引用文件,其最新版本适用于本部分。

GB/T 18443.1—2010 真空绝热深冷设备性能试验方法 第1部分:基本要求

GB/T 18443.2 真空绝热深冷设备性能试验方法 第2部分:真空度测量

GB/T 18443.3 真空绝热深冷设备性能试验方法 第3部分:漏率测量

GB/T 18443.4 真空绝热深冷设备性能试验方法 第4部分:漏放气速率测量

GB/T 18443.5 真空绝热深冷设备性能试验方法 第5部分:静态蒸发率测量

GB/T 18443.6 真空绝热深冷设备性能试验方法 第6部分:漏热量测量

GB/T 18443.7 真空绝热深冷设备性能试验方法 第7部分:维持时间测量

JB/T 4746 钢制压力容器用封头

3 术语和定义

GB/T 18443.1～GB/T 18443.7 确立的以及下列术语和定义适用于本部分。

3.1

内容器 inner containment vessel

储存深冷液体,并能承受工作压力的内胆。

3.2

外壳 outer shell

形成和保护真空绝热空间的封闭容器。

3.3

几何容积 geometric volume

按设计的几何尺寸确定的内容器内部的体积(扣除内件的体积),单位为立方米(m^3)。

3.4

有效容积 effective volume

在使用状态下,内容器允许的最大盛液容积,单位为立方米(m^3)。

3.5

夹层容积 interspace volume

外壳和内容器之间的计算容积,单位为立方米(m^3)。

4 试验原理与方法

4.1 几何尺寸测量法

利用长度计量器具通过测量各被检件规则几何构形的长度参数，计算其在整体容积中应含的容积值，将各被检件容积累加，得到整体容积。用于对几何容积及夹层容积等的测量。

4.2 称重测量法

将已知密度的液体注满被检件，通过称量液体质量，计算被检件的容积。用于对容器容积或组件容积等的测量。

4.3 流量计测量法

利用流量计累积测量注入或流出被检件的液体量，计算被检件的容积。

5 试验装置、设备和仪器

试验装置、设备和仪器应符合 GB/T 18443.1—2010 中 4.2 的规定，且应满足以下要求：

a) 长度测量器具应符合下列要求：
——钢直尺：精度 0.05 级，分度值 1 mm；
——钢卷尺：精度Ⅱ级，示值误差不超过 $\pm(0.3+0.2L)$ mm。

b) 厚度测量器具的精度为 0.1 mm。

c) 称重测量器具应符合下列要求：
——最大称量为实际称量的 1.5～3 倍；
——地秤：称量范围 30 t，精度 1/1 000；
——轨道衡：称量范围大于 30 t，精度 1/1 000。

d) 流量计的精度为 1.5 级。

6 试验条件与试验准备

试验条件与试验准备应符合 GB/T 18443.1 的规定。

7 试验步骤要求

7.1 几何尺寸测量法

7.1.1 根据被检件的大小，用钢卷尺测量被检件的外圆周长 D，并用测厚仪测量壁厚 S，计算其平均内半径 R。

7.1.2 用钢直尺和钢卷尺测量被检件的高度，至少测量 3 处，计算平均高度 H。

7.2 称重测量法

7.2.1 将被检件置于选定的衡器上，称出未装液体时容器或组件的质量 m_0。

7.2.2 当被检件为组件时，向组件内注满液体，称出此时的质量 m。

7.2.3 当被检件为容器时，将液体注满被检容器。达到平衡后，再向容器内补充加满液体。

7.2.4 关闭被检件的气、液体进出口阀，称出总质量 m。

7.3 流量计测量法

7.3.1 将被检件与流量计相连接，记录流量计初始值 Q_0，注入液体。

7.3.2 观察注入液体到溢出管出液体时，记录流量计累积值 Q_1。

7.3.3 在试验过程中，记录每一个试验数据。

8 数据处理

8.1 几何尺寸测量法

8.1.1 圆筒几何容积应按式(1)计算：

$$V_1 = \pi R^2 H \quad \cdots\cdots (1)$$

式中：

V_1——圆筒的几何容积，单位为立方米(m^3)；

R——圆筒的平均内半径，单位为米(m)；

H——圆筒的平均高度，单位为米(m)。

8.1.2 封头几何容积计算应符合下列要求：

a) 标准封头几何容积 V_2 的计算可参照 JB/T 4746；

b) 当非标准封头容积采用称重测量法测量时，其计算应符合 8.2 的规定。

8.1.3 球形几何容积应按式(2)计算：

$$V_{球} = \frac{4}{3}\pi R_{球}{}^3 \quad \cdots\cdots (2)$$

式中：

$V_{球}$——球形的几何容积，单位为立方米(m^3)；

$R_{球}$——球形平均内半径，单位为米(m)。

8.1.4 任意高度球缺几何容积按式(3)计算：

$$V'_{球} = \frac{1}{3}\pi H'^2 (3R'_{球} - H') \quad \cdots\cdots (3)$$

式中：

$V'_{球}$——任意高度球缺的几何容积，单位为立方米(m^3)；

H'——任意高度球缺内球缺高度，单位为米(m)；

$R'_{球}$——任意高度球缺平均内半径，单位为米(m)。

8.1.5 内容器组件容积按式(4)计算：

$$V_3 = \sum_{i=1}^{n} V_{3i} \quad \cdots\cdots (4)$$

式中：

V_3——内容器组件的容积，单位为立方米(m^3)；

n——组件的数量；

V_{3i}——第 i 个被测内容器组件的容积，单位为立方米(m^3)。

8.1.6 夹层组件体积按式(5)计算：

$$V'_3 = \sum_{i=1}^{n} V'_{3i} \quad \cdots\cdots (5)$$

式中：

V'_3——真空绝热夹层组件的体积，单位为立方米(m^3)；

n——组件的数量；

V'_{3i}——第 i 个被测真空绝热夹层组件的体积，单位为立方米(m^3)。

8.1.7 内容积几何总容积计算

当内容器几何容积采用尺寸测量法测量时，其几何容积应按式(6)计算：

$$V_{内} = V_1 + 2V_2 - V_3 \quad \cdots\cdots (6)$$

式中：

$V_{内}$——内容器的几何容积，单位为立方米(m^3)；

V_1——内容器圆筒的几何容积，单位为立方米(m^3)；

V_2——内容器封头的几何容积，单位为立方米(m^3)；

V_3——内容器组件的几何容积，单位为立方米(m^3)。

8.1.8 夹层几何总容积计算

夹层几何总容积计算应按式(7)计算：

$$V_{夹}=V_{外}-V'_{内} \tag{7}$$

式中：

$V_{夹}$——夹层容积，单位为立方米(m^3)；

$V_{外}$——外壳的几何容积，单位为立方米(m^3)，按式(8)计算：

$$V_{外}=V'_1+2V'_2-V'_3 \tag{8}$$

式中：

$V_{外}$——外壳的几何容积，单位为立方米(m^3)；

V'_1——外壳圆筒的几何容积，单位为立方米(m^3)；

V'_2——外壳封头的几何容积，单位为立方米(m^3)；

V'_3——真空绝热夹层组件的体积，单位为立方米(m^3)。

$V'_{内}$——内容器的总体积，单位为立方米(m^3)，按式(9)计算：

$$V'_{内}=V''_1+2V''_2 \tag{9}$$

式中：

V''_1——内容器圆筒体积，单位为立方米(m^3)，按式(10)计算：

$$V''_1=\frac{\pi}{4}d^2_{内o}L_i \tag{10}$$

式中：

$d_{内o}$——内容器外径，单位为米(m)；

L_i——内容器直段长度，包括封头直边长度，单位为米(m)。

V''_2——内容器封头的体积，单位为立方米(m^3)，球形封头的体积分别按式(11)计算，标准椭圆形封头的体积按式(12)计算：

$$V''_2=\frac{1}{3}\pi H'^2(3R'_{球}-H') \tag{11}$$

式中：

H'——球形封头的外球缺高度(用于体积计算)，单位为米(m)；

$R'_{球}$——球形封头的外半径，单位为米(m)。

$$V''_2=\frac{\pi}{24}d^2_{内o}(2d_{内o}-d_{内i}) \tag{12}$$

式中：

$d_{内o}$——内容器外径，单位为米(m)；

$d_{内i}$——内容器内径，单位为米(m)。

8.2 称重测量法

采用称重测量法时，被检件的容积按式(13)计算：

$$V=\frac{m-m_0}{\rho} \tag{13}$$

式中：

V——被检件的容积，单位为立方米(m^3)；

m——被检件与注满液体的质量之和，单位为千克(kg)；

m_0——未装液体时被检件的质量，单位为千克(kg)；

ρ——液体密度，单位为千克每立方米(kg/m^3)。

8.3 流量计测量法

采用流量计测量法时，被检件的有效容积按式(14)计算：

$$V_{有} = Q_1 - Q_0 \qquad (14)$$

式中：

$V_{有}$——被检件的有效容积，单位为立方米（m^3）；

Q_1——从溢流口流出液体时流量计累计值，单位为立方米（m^3）；

Q_0——流量计初始值，单位为立方米（m^3）。

8.4 内容器有效容积的测量

内容器有效容积的测量应符合下列要求：

a) 几何尺寸测量法：试验步骤应符合7.1的规定，按8.1计算得出几何容积后再乘以额定充满率；

b) 称重测量法：试验步骤应符合7.2的规定，按8.2计算得出容积后再乘以额定充满率；

c) 流量计测量法：试验步骤应符合7.3的规定，其计算应按8.3的要求。

9 试验记录和试验报告

9.1 试验记录格式可参照附录A。

9.2 试验报告格式可参照附录B。

附　录　A
（资料性附录）
容积检测记录（几何尺寸测量法）

几何尺寸测量法测量容积的记录表格可参照表 A.1。

表 A.1　容积检测记录（几何尺寸测量法）

真空绝热深冷设备编号				
试验日期				
试验地点				
内容器试验数据记录				
试验次数	1	2	3	平均值
内径 $d_{内i}$ m				
外径 $d_{内o}$ m				
圆筒直段长度 L_i m				
溢出口高度 h m				
外壳试验数据记录				
内径 $d_{外i}$ m				
圆筒直段长度 L_o m				

记录：____________　　　　　　核对：____________

附 录 B
（资料性附录）
容积检测报告（几何尺寸测量法）

几何尺寸测量法测量容积的记录表格可参照表 B.1。

表 B.1 容积检测记录（几何尺寸测量法）

报告编号：

试验日期		环境温度 ℃	
试验前仪器情况		大气压 kPa	
绝热方式		内容器几何容积 m^3	
内容器有效容积 m^3		真空夹层几何容积 m^3	
备注			

编制：__________ 核对：__________ 审核：__________

ICS 55.020
A 80

中华人民共和国国家标准

GB/T 18455—2010
代替 GB 18455—2001

包装回收标志

Package recycling marking

2010-08-09 发布　　2011-01-01 实施

中华人民共和国国家质量监督检验检疫总局
中国国家标准化管理委员会　发布

前　言

本标准代替 GB 18455—2001《包装回收标志》。

本标准与 GB 18455—2001 相比，主要变化如下：

——标准性质改为推荐性；

——修改了第 3 章的术语和定义；

——删除了第 4 章的“可重复使用”、“含再生材料”和“绿点”标志，增加了“纸”、“铝”和“铁”的标志；

——塑料缩略语“HDPE”改为“PE-HD”、“LDPE”改为“PE-LD”。

本标准由全国包装标准化技术委员会(SAC/TC 49)提出并归口。

本标准由中国出口商品包装研究所负责起草，中国包装联合会循环经济委员会参加起草。

本标准主要起草人：王远德、郭振梅、孙琦、张虹、朱婧。

本标准所代替标准的历次版本发布情况为：

——GB 18455—2001。

包 装 回 收 标 志

1 范围

本标准规定了可回收利用的包装容器和包装组分的材料识别标志及其标示要求。

本标准适用于可回收利用的纸、塑料、铝和铁等包装容器或包装组分。

2 规范性引用文件

下列文件对于本文件的应用是必不可少的。凡是注日期的引用文件,仅注日期的版本适用于本文件。凡是不注日期的引用文件,其最新版本(包括所有的修改单)适用于本文件。

GB/T 1844.1 塑料符号和缩略语 第1部分:基础聚合物及其特征性能(GB/T 1844.1—2008,ISO 1043-1:2001,IDT)

GB/T 16288—2008 塑料制品的标志

GB/T 16716.1 包装与包装废弃物 第1部分:处理和利用通则

GB/T 16716.2 包装与包装废弃物 第2部分:评估方法和程序

3 术语和定义

GB/T 16716.1确立的以及下列术语适用于本标准。

3.1

供应商 supplier

对投放市场的产品及其包装负有责任的经营者。

3.2

包装组分 packaging component

用手或用简单物理方法可以分离的包装的组成部分。

3.3

复合包装材料 complex packaging material

用两种或两种以上材料通过热合或粘合等工艺形成的具有特定功能的包装材料。

4 标志

4.1 常用包装回收标志

常用包装材料的回收标志及其说明见表1,其中,塑料包装材料的代号和缩略语及其标示方法见4.2。

表1 常用包装材料的回收标志

材料名称	回收标志	说 明
纸		适用于纸盒、纸箱和纸浆模塑等制品。 在标志下方可标注“纸”。
塑料		左图仅为基本图形。

表 1（续）

材料名称	回收标志	说　　明
铝		在标志下方可标注“铝”。
铁		在标志下方可标注“铁”。

4.2 塑料包装回收标志

4.2.1 一般塑料包装回收标志

一般塑料包装回收标志按 GB/T 16288—2008 附录 A 标示代号和缩略语。表 2 给出了常用于包装的塑料代号和缩略语。图 1 给出了标示示例。

表 2 常用塑料代号和缩略语

材料术语	聚对苯二甲酸乙二醇酯	高密度聚乙烯	聚氯乙烯	低密度聚乙烯	聚丙烯	聚苯乙烯
代号	01	02	03	04	05	06
缩略语	PET	PE-HD	PVC	PE-LD	PP	PS

图 1 一般塑料包装回收标志的标示示例

4.2.2 可生物降解塑料包装回收标志

当用于包装的可生物降解塑料不包括在 GB/T 16288—2008 附录 A 之内，其回收标志见图 2。

可生物降解塑料标志中的代号“00”表示“可生物降解”，缩略语××××的表示方法见 GB/T 1844.1。当需要表达材料的生物降解技术条件时，可以在标志的下方或左右两侧标注简要的文字说明。

图 2 可生物降解塑料包装回收标志的标示示例

4.3 复合包装材料的包装回收标志

复合包装材料的包装回收标志按表 1 给出的包装回收标志标示主要材料。主要材料是指能量回收中有效热量值最高的一种材料。当主要材料是塑料时，按 4.2 标示。

5 要求

5.1 供应商应预先按 GB/T 16716.1 和 GB/T 16716.2 及其引用标准评估投放市场的包装容器或包

装组分是否可以实现回收利用，当判定回收利用可行时，应标示包装回收标志。

5.2 当包装由多种包装组分构成，应分别在每一可回收利用的包装组分上标示包装回收标志。

5.3 当包装组分受功能、结构、外观或面积的限制时，可不标示包装回收标志。

5.4 包装回收标志在包装容器或包装组分上的标示，应比例适当、清晰牢固，醒目易识别。

5.5 标示包装回收标志可采用印刷、丝网印、标贴、模塑等可识别的方法。

ICS 27.140
F 59

中华人民共和国国家标准

GB/T 18482—2010
代替 GB/T 18482—2001

可逆式抽水蓄能机组启动试运行规程

Specification for start-up test of reversible pumped-storage units

2010-12-23 发布　　　　2011-05-01 实施

中华人民共和国国家质量监督检验检疫总局
中国国家标准化管理委员会　发布

前　言

本标准按照 GB/T 1.1—2009 给出的规则起草。

本标准代替 GB/T 18482—2001《可逆式抽水蓄能机组起动试验规程》，与 GB/T 18482—2001 相比，主要修改内容如下：

——修改了标准的适用范围，将适用单机容量由 15 MW 改为 150 MW；

——补充了可逆式机组在水轮机工况下的试验内容，即增加了“水轮机工况启动及空载试验”、“水轮机工况并列及负荷试验”两章；

——修订、补充了“术语和定义”中的重点内容；

——推荐了不同上、下水库蓄水条件下可逆式抽水蓄能机组启动方式的选择原则；

——删去水泵工况“异步启动”方式的内容；

——归纳了机组及相关设备“分部调试”的项目内容，细化了启动试运行前的检查；

——增加了“机组流道充水试验”、“电站受电”二章内容；

——本标准的重点仍然是水泵工况下的启动试运行试验，推荐按以水泵工况启动作为电站首台机组首次启动的方式进行试验程序安排；

——部分吸收了进口机组设备启动试验的相关技术要求并加强了对可逆式机组国产化技术要求的规定；

——将最终检验可逆式蓄能机组制造、安装综合质量的考核试运行时间从 30 d 修改为 15 d，并对考核试运行中的“中断”规定作了适当修改；

——增加了资料性附录。

本标准由中国电力企业联合会提出并归口。

本标准主要起草单位：国网新源控股有限公司、中国水利水电建设集团公司。

本标准参加起草单位：山东泰山抽水蓄能电站有限责任公司、华东琅琊山抽水蓄能有限公司、中国水电顾问集团华东勘测设计研究院、中国水利水电第四工程局有限公司、华东宜兴抽水蓄能有限公司、中国水利水电第五工程局有限公司、中国水利水电第十四工程局有限公司、山东电力研究院电气工程研究所、中国水利水电第一工程局有限公司。

本标准主要起草人：许要武、付元初、马军领、宋睿枫、李渝珍、吉振伟、赵常伟、陈大鹏、李红春、黄祖光、李之勇、胡雪琴、谢峰、王生瓒、李林友。

本标准于 2001 年 11 月 2 日第一次发布，本次为第一次修订。

引　言

本标准是抽水蓄能电站机组及其配套设备启动试验和考核验收的依据，本标准是对 GB/T 18482—2001《可逆式抽水蓄能机组起动试验规程》(以下简称原标准)的修订。原标准是针对 2001 年以前，国内已建抽水蓄能电站可逆式机组启动试验技术的总结。经过工程实践，尤其是近几年来一大批进口和国产化的可逆式抽水蓄能机组设备的相继投产，使得启动试验技术进一步成熟、机组启动方式进一步合理、交接验收工作也进一步规范。为进一步提高蓄能技术发展水平，达到节能增效，加快工程进度，保证启动试验和考核验收质量的目的，按照国家标准化主管部门的要求，对原标准进行修订。

可逆式抽水蓄能机组启动试运行规程

1 范围

本标准规定了可逆式抽水蓄能机组启动试运行试验程序和技术要求。

本标准适用于单机容量 150 MW 及以上的混流可逆式抽水蓄能机组的启动试运行试验和交接验收。

单机容量小于 150 MW 的混流可逆式机组或其他型式的抽水蓄能机组可参照执行。

2 规范性引用文件

下列文件对于本文件的应用是必不可少的。凡是注日期的引用文件，仅注日期的版本适用于本文件。凡是不注日期的引用文件，其最新版本（包括所有的修改单）适用于本文件。

GB/T 8564 水轮发电机组安装技术规范

GB/T 22581—2008 混流式水泵水轮机基本技术条件

GB 50150—2006 电气装置安装工程 电气设备交接试验标准

DL/T 507 水轮发电机组启动试验规程

DL/T 5123—2000 水电站基本建设工程验收规程

3 术语和定义

下列术语和定义适用于本文件。

3.1

可逆式抽水蓄能机组 reversible pumped-storage unit

具有水泵和水轮机两种工作方式和正反两种旋转方向，并由水泵水轮机与发电电动机组成的水力机组，称为可逆式抽水蓄能机组（以下简称机组）。

3.2

设备分部调试 equipment pre-commissioning

对各单体设备以及与其相关的设备、装置、自动化元件等连接后形成的一个相对独立的分系统进行的机械、电气、控制等部分的联合调试过程。

3.3

机组启动试运行 unit start-up testing & commissioning

可逆式抽水蓄能机组完成设备分部调试后、投产前所进行的一系列试验过程。包括水泵工况启动试验、水轮机工况启动试验、水泵工况调相试验、水泵抽水与停机试验、机组带负荷甩负荷试验、各种工况转换试验、15 d 考核试运行等。

3.4

异常低扬程 extremely minimum pump head

水泵/水轮机在水泵工况下允许运行的极限最低扬程。

3.5

启动回路 starting circuit

为机组水泵工况启动所设置的电气一次回路。

3.6

启动回路设备　starting equipment

启动回路中所设置的各电气一次设备，如隔离开关、断路器、电流互感器、电压互感器、电抗器、变压器、高压盘柜、母线、电缆等。

3.7

进出水口闸门　inlet/outlet gate

上、下水库进出水口设置的闸门。

3.8

进出水主阀　main shut-off valve

设置在机组蜗壳与引水输水系统之间的球阀或蝴蝶阀。

3.9

静止变频器　static frequency converter (SFC)

由换流装置和直流电抗器等设备组成的具有一定功率的静止式频率变换设备。

3.10

强迫换流　forced phase reversing

变频器换流桥晶闸管两端未建立起足够电压，晶闸管不能换流，通过设置其他控制回路使其换流。

3.11

自然换流　normal phase reversing

变频器换流桥晶闸管两端建立有足够电压能使其换流。

3.12

变频器脉冲运行　pulse operation of frequency converter

变频器换流桥晶闸管处于强迫换流运行的状态。

3.13

初始励磁电流　initial excitation current

机组启动前通入发电电动机转子的设定电流。

3.14

背靠背启动　back to back start up

同步启动

一台机组按发电工况启动，通过启动回路驱动另一台机组按电动机方式起动的同步启动方式。

3.15

零流量工况　zero flow condition

本标准专指导叶关闭、机组在水泵工况额定转速下转轮与导叶间的造压过程。

4　总则

4.1　机组启动试运行前，应按照本标准的要求编制启动试运行试验大纲，经启动验收委员会批准后进行启动试运行，在完成 15 d 考核试运行及设备消缺后方可办理交接验收。

4.2　机组启动试运行前，应完成相关设备的分部调试。设备分部调试前，应完成相关设备的单元工程验收。

4.3　机组水泵工况首次抽水试验前(不含首次水泵工况启动和水泵工况调相)或水轮机工况首次启动前，引水输水系统和尾水输水系统应验收合格具备过流条件，上水库和下水库应验收合格具备充(蓄)水条件。

4.4　本标准按水泵工况作为首台机组首次启动方式的试验程序编写，若机组以水轮机工况作为首次启动方式，则应先按照第12章～第13章中的规定进行试验。

4.5 机组水泵工况启动方式有静止变频器(SFC)启动、背靠背同步启动、异步启动和与主机同轴的辅助电动机启动，本标准只规定前两种启动方式。

4.6 根据电站水工建筑物和设备特点、上、下水库水位情况、蓄水要求、设备合同另有规定或制造厂有特殊要求等，本标准规定的试验程序允许作适当调整。在确保机组及其配套设备安全的前提下，经启动验收委员会批准后实施。

4.7 机组启动试运行大纲应提交电力系统有关部门审核、备案，机组启动试运行过程中应与电力系统调度密切联系配合。

4.8 机组启动试运行过程中应监视和监测电站引水系统、尾水系统以及上、下水库的安全运行情况，确保上、下水库水位变化不对库岸边坡稳定产生影响，保证试验工作的安全顺利进行。

5 机组启动方式选择

5.1 本章所指机组启动方式选择系指首台机组首次启动方式的选择。

5.2 机组启动前，应综合考虑上、下水库的水工结构特征、有无天然径流、水库蓄水量及其蓄水控制速率、机组性能、工程进度以及电网系统的要求等因素，经分析比较后确定上、下水库初次充水方式和机组启动方式，以及启动试运行试验程序。

5.3 上水库无天然径流或未充(蓄)水的电站，宜选择水泵工况方式启动。在完成SFC启动试验和水泵调相试验后，可进行水泵抽水试验向上水库充水。

5.4 上水库已蓄水但下水库未完全充(蓄)水或蓄水量不足的电站，宜选择水轮机工况方式启动。水轮机工况启动试验时电站水头和机组吸出高度应满足制造厂的要求，下水库充水速率及上水库放水速率应满足设计要求。

5.5 上水库及下水库均已蓄水，上水库有天然径流或上水库蓄水水量和电站水头能满足进行水轮机工况下大部分或全部试验项目，则应优先选择水轮机工况方式启动。

5.6 机组启动试验过程中，水泵工况和水轮机工况的各项试验可交替进行，交替的周期和交替的试验项目应根据电站上水库和下水库的水位变化并结合水工建筑物初期运行要求确定。

6 设备分部调试及启动试运行前的检查

6.1 设备分部调试

6.1.1 设备分部调试按照施工程序一般应包括以下内容：

a) 直流电源系统调试；
b) 厂用电系统调试；
c) 厂房渗漏排水系统和机组检修排水系统调试；
d) 技术供水系统调试；
e) 压缩空气系统调试；
f) 全厂接地系统检测；
g) 全厂照明系统调试；
h) 升压及电气一次设备调试；
i) 监控、保护、测量等电气二次设备调试；
j) 水泵水轮机及其附属设备调试；
k) 发电电动机及其附属设备调试；
l) 进出水主阀调试；

m) 调速系统调试;
n) 励磁系统调试;
o) 静止变频器(SFC)系统调试;
p) 水力量测系统调试;
q) 消防及火灾报警系统调试;
r) 通风空调系统调试;
s) 全厂通信系统调试。

6.1.2 以上设备分部调试均应按照4.2的要求在机组启动试运行前完成,并符合有关专业标准、制造厂技术要求的规定。

6.2 启动试运行前的检查

6.2.1 引水输水与尾水输水系统检查

a) 引水输水系统流道及压力钢管充、排水试验已完成并检验合格,流道上各部测压测流管路畅通完好,闷头与灌浆孔封堵完善。
b) 上下游栏污栅入槽检查及栅后流道清洁度检查合格。
c) 上水库进出水口闸门、启闭设备及其控制系统安装调试合格,无水情况下现地启闭闸门正常可靠,启闭时间符合设计要求。检修闸门、工作闸门处于关闭状态。闸门井盖板铺设完毕。
d) 尾水事故闸门、启闭设备及其控制系统安装调试合格,无水情况下现地启闭闸门正常可靠,启闭时间符合设计要求。闸门处于关闭状态。
e) 尾水输水系统充、排水试验已完成并检验合格,闷头与灌浆孔封堵完善。自下库至尾水事故闸门之间的尾水系统流道已经充水。
f) 上下库及引水、尾水水力监测系统安装调试完毕,功能正常,信号传输正确。

6.2.2 水泵水轮机检查

a) 水泵水轮机所有部件已安装完成、验收合格,锥管工作平台拆除前检查转轮上、下止漏环间隙无杂物,平台拆除后检查锥管内无杂物,检查并确认尾水管、蜗壳已清扫干净,封闭尾水管进人门及蜗壳进人门。
b) 顶盖自流排水孔畅通,顶盖排水泵已安装调试完成并投入自动运行。
c) 主轴工作密封与检修密封已安装完成并试验合格。工作密封水源供水正常,水压及水流量已调整至设计规定值。
d) 水导轴承润滑冷却系统已检验合格,水导油槽油位、温度传感器整定值等符合设计要求。
e) 导水机构安装调试完成,导叶立面间隙、端部间隙符合设计要求;接力器压紧行程符合要求;剪断销及其他导叶保护装置信号检查试验合格。关闭导叶,投入接力器锁锭。
f) 水泵水轮机自动化元件及测量仪表已安装调试完毕,控制及信号回路与机组监控系统联动试验正确。
g) 蜗壳排水阀、尾水管排水阀操作灵活可靠,启闭情况良好,并处于关闭状态。
h) 上下止漏环供水装置已安装完成并试验合格,现地远方操作正常,与机组监控系统联动试验符合设计要求。上下止漏环水源供水正常,水压及流量已调整到设计规定值。
i) 机组压水系统初步调试完成,与监控系统联动试验正确。
j) 转轮室压水排气阀应处于关闭状态;压水排气出口处的一定范围内,已设置安全警示标志或隔离门。

6.2.3 调速系统检查

a) 调速器压油装置安装调试合格;手动、自动操作灵活可靠,卸载阀、安全阀动作值符合设计要求。自动补气装置手自动操作动作正确。油压装置投入自动运行状态。

b) 调速器静特性试验已完成,空载调节参数已初步整定。

c) 导叶开度、接力器行程、调速器开度三者关系曲线已经录制,静态特性试验已完成;导叶开、闭时间及其关闭规律符合设计要求。采用单导叶接力器的机组,检查导叶同步性符合设计要求。

d) 调速器以手自动方式分别模拟开停机操作(包括事故紧急停机),试验结果正确。

e) 接力器锁定装置调试完毕,锁定拔出、投入灵活可靠。

f) 调速器与监控系统联动试验完成。

g) 机组测速装置和过速保护装置已初步整定调试完成。

h) 漏油装置投入自动运行状态。

6.2.4 进出水主阀检查

a) 主阀油压装置安装调试合格,手自动操作灵活可靠,卸载阀、安全阀动作值符合设计要求。油压装置投入自动运行状态。

b) 主阀安装调试完成,无水启闭时间符合设计要求,与尾水事故闸门等相关设备联锁试验正确,并处于关闭状态。

c) 主阀检修密封、工作密封安装调试完毕,检修密封在机组启动前手动退出,处于开启状态,工作密封处于投入状态。

d) 接力器锁定装置调试完毕,锁定拔出、投入灵活可靠。

e) 主阀旁通阀(若有)、压力钢管排水阀、主阀底部排水阀处于关闭状态。

f) 漏油装置投入自动运行状态。

6.2.5 发电电动机检查

a) 发电电动机整体已全部安装完成,验收合格。发电电动机已彻底清理,内部各处及定、转子气隙内无任何杂物遗留。

b) 导轴承和推力轴承安装调试已完成,油槽油位正确,轴承与油槽温度指示正确。轴承外循环冷却系统安装调试完毕。推力轴承高压油顶起装置已安装调试完成,动作可靠。

c) 发电电动机上导、下导、推力、空冷器的冷却供水系统设备及管路安装试验合格。相关自动化元件已安装检验合格。

d) 机械制动系统已安装完毕,气源正常,制动器手自动操作灵活可靠,位置信号正确。制动系统处于手动制动状态。

e) 上、下部挡风板、挡风圈螺栓紧固、螺帽可靠锁紧。

f) 发电机各部位测温电阻已安装调试完毕,现地与远方显示正确。机组振动、摆度、气隙、局放系统已安装调试完毕,具备投入条件。

6.2.6 励磁系统检查

a) 检查励磁变压器与高、低压端接线及电缆、励磁系统盘柜、功率柜通风、交直流灭磁开关主触头、励磁操作保护及信号等,要求接线正确,通风良好,各设备动作灵活可靠等。

b) 在机组静止状态下的励磁调节器的检查和试验合格,向转子通入初始励磁电流,录取从零至设定值的电流波形。调节开环特性符合设计规定,通道切换可靠、表计校验合格。检查功率柜的均流情况。

c) 自动电压调节器的现地和远方操作及切换符合设计要求。手自动励磁调节通道静态调试符合要求。

d) 灭磁开关动作可靠,性能良好。

e) 励磁装置外接小电流负载，手动递升加压，检查励磁系统的静特性应良好。

f) 励磁系统已带过转子通流，与机组监控系统、SFC 系统、继电保护系统联动试验已完成，动作正确可靠。

6.2.7 SFC 系统检查

a) SFC 输入、输出变压器、盘柜、输入、输出断路器、电抗器、高压电缆等设备已安装完成，常规试验合格，接线正确。

b) 冷却系统安装调试合格。

c) SFC 系统控制及保护装置已初步调试合格。检查整流桥、逆变桥波形完整，检查变频器脉冲运行逻辑控制程序和换流逻辑功能符合设计要求，电压、频率调节平滑。

d) 检查 SFC 与励磁系统的通讯与控制回路正常，给定励磁电流与响应反馈信号正确。SFC 与监控系统、励磁系统联动试验完成，动作可靠。

6.2.8 水力机械辅助设备检查

a) 机组技术供水系统已安装调试合格，供水泵手自动操作灵活可靠，滤水器切换动作正确，机组、主变冷却水流量、压力已按要求整定。技术供水系统现地远方操作正常，与机组监控系统联动试验符合设计要求。

b) 机组检修排水系统运行可靠。

c) 厂内渗漏排水系统运行可靠，排水泵可根据集水井水位高低自动启停。

d) 空气压缩系统安装调试合格，处于正常投运状态。

e) 低压空气压缩系统安装调试合格，储气罐及管路系统无漏气，管路畅通。各表计、安全阀、减压阀等工作正常，整定值符合设计要求。气系统已经投运，处于正常状态。

f) 水力监视测量系统安装调试合格并投入运行。

g) 各系统阀门按规定处于开启或关闭状态；待启动机组的辅助设备系统与其他机组的相关系统隔离工作已完成。

6.2.9 电气一次设备检查

a) 发电机电动机主引出线、机端引线出口电流互感器、出口断路器等设备已安装、试验完毕。封闭母线、发电电动机电压配电装置、励磁变压器及发电机中性点设备已安装试验完毕，接地完善，符合设计要求。主回路及启动回路的各隔离开关和接地开关之间的闭锁逻辑调试完毕。

b) 主变压器、中性点设备及附件已安装调试完毕，局部放电及交流耐压等各项交接试验合格。主变压器油位正常。主变冷却等控制与保护系统已调试完毕与机组监控系统联动试验完成。

c) 与本机组启动相关的高压电缆、GIL、开关站、出线设备等高压配电装置已安装调试、耐压试验合格。

d) 厂用电、机组自用电设备已安装试验合格并已投入自动运行，并至少有两路独立电源供电。备用电自动投入装置已检验合格，工作正常。地下厂房事故应急电源(若有)调试合格。

e) 与本机组运行相关的设备部位及各层主要部位、通道和楼梯间照明、疏散指示灯已检查合格，事故照明已检查合格。

f) 与本机组启动相关的全厂接地网设备接地已安装完成，电站的接地电阻、接触电位差、跨步电位差符合设计和规范要求。

6.2.10 电气二次设备检查

a) 机组交、直流控制电源系统安装调试合格并投入自动运行。

b) 计算机监控系统厂级及相关现地控制单元(LCU)已安装调试合格,对现地设备的控制符合设计要求,输入输出正确。

c) 机组自动控制与水机保护回路正确,不同工况下的自动开停机、事故停机等试验已模拟完毕,并实际动作至导水叶,流程正确,动作可靠。

d) 同期装置、机组和线路故障录波系统安装调试合格。

e) 发电电动机保护、主变压器及厂用变压器保护、母线保护、短引线保护、线路保护等电气保护装置调试合格,各装置动作值已按系统保护定值进行整定,并模拟动作至相关出口设备。

f) 电气测量系统安装调试合格。

g) 电能计费系统安装调试合格。

h) 机组在线监测系统(若有)已安装调试合格。

6.2.11 消防及火灾报警系统检查

a) 发电机消防设备已安装完成,发电机内灭火管路、火灾探测器、固定式灭火的喷嘴已检验合格,系统模拟试验手自动均能可靠动作。

b) 主变压器及 SFC 输入、输出变压器的消防及报警设备已安装完毕,水喷雾试验符合设计要求。

c) 全厂消防供水水源可靠,压力满足设计要求。

d) 电缆防火设施安装完工,孔洞及电缆管口已可靠封堵,电缆感温感烟探头安装完毕。

e) 电站级及相关部位的火灾报警与联动控制系统安装调试合格,火灾探头及联动动作正确,火灾自动报警系统连续运行 120 h 无故障,并通过消防部门验收。

6.2.12 通风空调设备检查

a) 本机组段各层空调通风设备安装调试合格并投入运行。

b) 与本机组启动的相关的设备及系统的通风设备安装调试合格并投入运行。

6.2.13 通信系统检查

系统通信、厂内通信装置已安装调试合格,可满足电网调度、远动、继电保护及厂内生产调度需要。

6.2.14 试运行准备事项的检查

a) 与本机组启动相关的设备部位地面已清扫干净,道路畅通,吊物孔、临时孔洞已封堵,照明充足。

b) 与本机组启动相关的部位通信完备,指挥联络畅通。

c) 与本机组启动相关设备的阀门已统一编号挂牌。

d) 运行设备与非运行设备及部位已可靠隔离并设立醒目的安全警示与标志。

e) 与本机组启动相关的系统设备经质量监督部门检查合格。

f) 与本机组启动试运行有关的监测、测量仪器、仪表准备就绪,图纸、资料,相关记录表格已经配备完整。

g) 机组启动委员会已成立并批准启动试验大纲,试运行指挥部已成立并开展工作,试运行人员已培训上岗。

7 电站受电

7.1 电站受电前应具备的条件

7.1.1 抽水蓄能电站受电前,应按照 6.2 中相关要求对电站出线及开关站设备、高压电缆或 GIL、主变压器、发电机电压设备及启动回路设备、SFC设备、厂用电设备、计算机监控系统、继电保护系统、直流系统、通信系统、接地系统进行全面检查，具备相应带电条件。

7.1.2 电站受电的输电线路已架设试验完毕，具备带电条件。线路保护通道对调结束，双侧调试完成，保护定值已按照调度要求设定。

7.1.3 受电设备已按照调度编号挂牌。

7.1.4 电站受电试验方案已经调度批准。运行人员已培训上岗。

7.2 电站受电试验的一般程序及要求

7.2.1 电站受电投运的设备范围，应包括发电机断路器至开关站间升压变电系统一次设备及其控制保护系统等二次设备。

7.2.2 电站设备受电的基本次序，应遵照受电试验方案的要求进行，一般可按照输电线路受电、开关站设备受电、高压电缆或GIL受电、主变压器受电、发电机电压配电装置受电、厂用电受电、SFC设备受电等先后次序进行。根据主接线的具体情况，本次序可予调整。

7.2.3 输电线路受电由对侧断路器进行，电站侧进行线路保护等相关检查与测量工作。

7.2.4 开关站受电一般由本电站的出线断路器进行，高压母线须全电压冲击3次，受电后检查带电设备工作情况，检查相关电压回路数值与相位，检查母线及各断路器保护工作情况，检查各断路器同期回路及同期装置工作情况。检查线路保护无误后，根据调度命令进行倒闸操作，开关站设备按照正常方式投入运行。

7.2.5 高压电缆受电可利用开关站断路器进行，全电压冲击进行3次，受电后检查相关带电设备与保护系统工作情况。对于高压电缆未进行交流耐压试验的电站，受电后进行高压电缆的24 h空载运行。对于高压电缆已通过交流耐压试验或开关站与主变压器之间采用GIL连接的电站，本环节试验可与主变压器受电合并进行。

7.2.6 主变压器受电试验范围，除变压器本体外，一般包括其低压侧直接连接的励磁变、发电机断路器与变压器之间的封闭母线、厂用分支母线及启动母线等设备。试验前必须确保发电机断路器与厂高变负荷开关的可靠断开，及励磁变与励磁装置、启动母线与SFC系统的可靠隔离。根据现场安装调试情况，主变低压侧相关设备受电可分阶段进行。

7.2.7 主变受电前，其中性点应直接接地，分接开关档位根据调度要求设置，绝缘油取样色谱分析合格，主变空载冷却系统投入运行。主变压器、励磁变压器保护投入。

7.2.8 主变压器受电通过开关站断路器进行，全电压冲击合闸共进行5次。第1次冲击合闸后保持10 min，第2次至第5次冲击后每次保持5 min，每次间隔5 min，观察主变有无异常，检查主变差动保护有无误动；合闸时起动录波仪，录制激磁电流波形。检查主变低压侧电压相位与数值，并与开关站母线电压核相。

7.2.9 主变5次冲击试验完成后，主变、励磁变投入空载运行。主变空载运行24 h后，再次对绝缘油取样进行色谱分析，应无异常。

7.2.10 投入厂高变保护，利用厂高变负荷开关，对厂高变进行3次冲击合闸试验，完成后厂高变空载运行。

注： 对于主变压器低压侧硬连接有厂用高压变压器、励磁变压器和电抗器时，冲击试验时上述设备可与主变压器一同进行，但应征求设计和设备制造厂的同意，以防出现激磁谐振。

7.2.11 将高压厂用电一段母线负荷临时转移，利用厂高变低压侧断路器对厂用电母线进行3次冲击合闸试验，检查母线电压相位与数值，并与另段母线电压核相，无误后厂高变正式带电站负荷运行，厂用电按照设计方式自动运行，两路独立电源互为备用。主变带厂用电负荷运行后，可利用负荷电流检查主变等相关保护回路与装置。

7.2.12 根据现场设备安装调试情况，适时进行SFC输入变压器等设备的受电，SFC主回路受电后具备大电流试验条件。

7.2.13 电站受电工作必须严格执行工作票与操作票制度，每一环节设备受电的操作必须得到调度批准，受电完成检查合格后，报调度批准后方可进行下一环节受电。

7.2.14 受电过程中，必须采取可靠措施确保非受电设备与受电设备的隔离。

7.2.15 受电过程中，受电设备的各种保护及故障录波装置应按正常方式全部投入。涉及电流回路的继电保护与测量系统在本阶段不能完成的相关测试工作，待以后条件具备时进行。

8 机组流道充水试验

8.1 尾水管充水

8.1.1 尾水管充水前应确认电站尾水事故闸门至下水库间的尾水流道已经充水完毕，尾水事故闸门已关闭。厂房检修排水系统、渗漏排水系统运行正常；机组机械制动投入，调速器处于手动状态，机械开度限制置全关位置。与本机组尾水管充水有关的相应临时封堵等隔离措施已完成，并通过联合检查验收。水轮机主轴密封已投入。

8.1.2 开启尾水事故闸门旁通阀(或根据设计规定的充水方法)，对尾水管进行充水，并在尾水管进人门放水阀和顶盖测压表处监视尾水管内水位上升情况。

8.1.3 充水时水泵水轮机导叶临时打开5%～6%开度排气。

8.1.4 检查尾水管排水阀、蜗壳排水阀有无渗漏情况，检查检修及渗漏排水集水井水位有无明显增加。检查尾水事故闸门及蜗壳处排气阀的排气情况。

8.1.5 充水过程中必须密切监视各部位渗、漏情况，确保厂房及机组设备安全，发现漏水、漏气等异常现象时，应立即停止充水进行处理，必要时将尾水管排空。

8.1.6 充水至尾水事故闸门平压后，记录测压表读数，与尾水水位核对，并记录充水时间。

8.1.7 检查尾水位以下混凝土结构及各部位进人门、顶盖、导叶轴密封、测压管路等，各部位不应漏水。

8.1.8 现地、远方进行尾水事故门静水试验，记录闸门全开、全关时间。进行进出水主阀和尾水事故闸门联动闭锁试验，试验结果应符合设计要求。

8.1.9 提起尾水事故闸门，并可靠锁定。

8.1.10 在静水下作导水叶全开、全关试验，记录导水叶开、关时间。导水叶全关后，投入接力器锁锭。

8.1.11 在尾水水位压力下，进行技术供水系统充水调试。

8.2 引水系统充水

8.2.1 充水前应确认引水系统已完工并通过验收；所有观测仪器验收合格；机组已作全面检查，处于允许随时开机状态。

8.2.2 调速器处于手动关机位置，导水叶全关，接力器锁定装置投入。

8.2.3 关闭进出水主阀，投入主阀工作密封，并锁定。

8.2.4 引水系统充水泵(如果有)已安装调试合格。

8.2.5 手动投入发电/电动机机械制动。

8.2.6 投入机组主轴工作密封及上、下止漏环冷却水，检修密封退出。

8.2.7 对于上库有天然径流并已充蓄一定水量的电站，可打开上水库充水(旁通)阀，对引水输水系统和压力钢管进行充水。

当压力钢管水位达到设计要求值时，开启上水库进出水口闸门充水阀(或平压阀)继续向压力钢管充水。

8.2.8 对于上库无天然径流的电站，用压力钢管充水泵或其他方式对引水输水系统和压力钢管进行充水，充水速率及保压时间严格按照设计要求进行。

8.2.9 充水过程中，监视蜗壳排水管、钢管伸缩节处有无渗漏情况。检查蜗壳进人门、主轴密封处、水泵水轮机顶盖、导叶轴密封、各测压表计及管路等处应无渗漏，顶盖排水应畅通。监视水力机械测量系统中各压力表计的读数。

8.2.10 充水过程中压力钢管通气孔应通畅。

8.2.11 充水过程中，检查上水库进出水口闸门平压继电器动作情况及记录动作值。记录引水管道充水时间、及上、下游水位。

8.2.12 平压后，开启进出水主阀，现地、远方进行进出水主阀的静水试验，记录全开、全关时间，其紧急关闭动作应可靠。

8.2.13 无异常后，关闭进出水主阀，提起上水库进出水口闸门，现地进行闸门静水中的启闭试验，启闭时间应符合设计要求。

8.2.14 在现地、机旁和中控室等部位使用关门按钮(经计算机监控系统和不经计算机监控系统两种方式)关闭上水库进出水口闸门，动作应可靠。记录在中控室操作闸门的开、闭时间。

8.2.15 观察厂房内渗、漏水情况，检查渗漏、检修排水泵启动周期不应有明显变化。

8.2.16 模拟水淹厂房事故，检查进出水主阀、尾水事故闸门、上水库进出水口闸门应可靠关闭、逻辑正确，全厂声光报警动作正确，监控系统画面显示正确。

9 水泵工况启动试验

9.1 静止变频器 SFC 启动

机组水泵工况首次启动应采用变频启动装置(SFC)启动。

9.1.1 启动条件

a) 启动设备控制回路及启动设备保护回路模拟试验完成，动作正确可靠，保护整定值符合设计要求。启动设备的试验合格，耐压试验已按 GB 50150 进行。

b) 进出水主阀及机组导水叶已可靠关闭。

c) 技术供水系统已投入正常运行；油、水、气系统各阀门已置于正确位置。

d) 变频器、机组及其辅属设备已处于启动准备状态。

e) 推力轴承高压油顶起装置已投入运行，各部轴承油位正常。

f) 励磁系统已投入运行。

g) 机组压水系统已处于备用状态(若尾水管已经充水)。

h) 火灾警报系统已投入运行。

9.1.2 SFC 在额定电压下的试验

9.1.2.1 变频器冷却系统试验：

变频器如采用强迫风冷方式，其风道应密闭畅通，风机操作回路和保护回路动作正确可靠，风压、风量符合设计要求。

变频器如采用空气-水冷却方式，水压和流量应符合设计要求。管路压力试验如厂家无规定时，试验压力值可为 1.5 倍的额定工作压力，保持时间为 10 min。

变频器如采用水冷却方式(即水内冷方式)，其水温、水压、流量和水电阻率等指示正确，整定值符合设计要求。去离子装置工作正常。一次冷却水管路耐压试验同"空气-水冷方式"，二次冷却水管路进行严密性试验，试验压力可为最高实际工作压力，保持 30 min 应无渗漏现象。

9.1.2.2 变频器功率部分和控制部分的检查试验：

变频器输入输出变压器、输入输出断路器、功率柜、电抗器、高压电缆等接线正确，耐压试验按制造厂要求进行，如制造厂无规定时，可按 GB 50150 进行，但必须得到制造厂认可。

通电检查变频器各控制回路的电源配置系统，其电压值应符合要求；各控制系统插件功能完好；晶闸管触发系统脉冲波形正确，幅值和同步性符合要求；变频器保护系统动作正确可靠，整定值符合要求；变频器与其他各控制系统之间的接口接线正确，动作可靠。

9.1.2.3 变频器短路试验：

将变频器直流输出经过直流电抗器短路，变频器保护全部投入运行，变频器在额定电压下，检查、调整和优化电流闭环调节参数，直流输出电流值、电流波形及调节范围应符合厂家要求，并用短路电流校验变频器保护，动作正确可靠，整定值符合要求。

如制造厂在出厂前已进行了短路试验，在工地可不再进行短路试验。

9.1.2.4 变频器脉冲运行功能的检查和发电电动机定子通流试验：

发电电动机转子处于机械制动状态，变频器电气回路已与发电/电动机定子连接，相关保护投入运行，在变频器电源侧施加额定电压向发电/电动机定子送入电流，检查变频器脉冲运行逻辑控制程序和功能应符合设计要求。

如变频器尚不具备条件与发电/电动机定子接通时，也可采用在逆变侧换流桥出口直接短路的方法进行检查和试验。

9.1.2.5 发电电动机转子初始位置检测装置试验：

对于用电磁感应原理来确定发电电动机转子初始位置的装置，在发电电动机转子中瞬时通入初始励磁电流设定值，录取励磁电流响应曲线及发电电动机定子三相电压波形，优化参数，使装置能正确判定发电电动机转子初始位置。

对于用机械位置传感器来确定发电电动机转子初始位置的装置，在转子转动时，检查传感器输出信号相位应正确，幅值符合设计要求，并反复调整传感器的机械位置，使装置能正确判定发电电动机转子初始位置。

9.1.3 机组启动

9.1.3.1 进行转轮室压水试验，使水泵水轮机转轮处于空气中，并调整压水时间、气罐压降等参数符合设计要求。

9.1.3.2 机组首次启动应在现地进行。启动后检查机组转向应与指令工况一致，在低速下（约 5%额定转速）检查机组转动部分有无机械磨擦和撞击，轴承温度应正常，机组各部位振动、摆度有无异常。

9.1.3.3 检查主轴密封供水、转轮止漏环冷却水和水环排水运行应正常，各自动化元件（继电器、流量计、压力计、电磁阀、液压阀等）的动作应正确可靠。

9.1.3.4 严密监视各部轴承温度不应有急剧升高现象，观察各轴承油槽油面的变化及有无甩油现象，如有异常情况应立即停机。

9.1.3.5 在转速为 5%额定转速下进行正常及紧急停机试验，检查停机程序的正确性及机械制动装置动作的可靠性。

9.1.3.6 用变频器调整机组转速在（0%～10%）额定转速之间，检查变频器脉冲运行功能，修正初始励磁电流设定值和变频器直流输出电流设定值，求得变频器脉冲运行参数和电机参数的最佳配合。检查变频器由强迫换流过渡至自然换流的工作情况并调整至最佳状态。记录强迫换流过程机组转速。

9.1.3.7 逐渐递升机组转速并稳定在 20%额定转速，监视各电气仪表测量系统和继电保护装置工作应正常，差动保护极性正确。与启动试验有关的保护已按设计要求投入运行或可靠闭锁。在检查各电压和电流回路时，应注意谐波电压和谐波电流的影响。

在 20%额定转速下检查无异常后，可逐渐递升转速直至额定转速。

9.1.3.8 测量机组运行摆度（双幅值），其值应不大于 75%的轴承总间隙或符合机组合同的有关规定。

9.1.3.9 升速过程中检查机组动平衡，额定转速下若振动或摆度值超过表 1 及 9.1.3.8 的规定，应进行动平衡试验，重复校正，直至振动和摆度值符合要求。

表 1 可逆式抽水蓄能机组各部位振动允许值(双幅值)

单位为毫米

项　　目	额定转速/(r/min)	
	$n<375$	$n\geqslant375$
顶盖水平振动	0.05	0.04
顶盖垂直振动	0.06	0.05
带推力轴承支架的垂直振动	0.05	0.04
带导轴承支架的水平振动	0.07	0.05
定子铁心部位机座水平振动	0.02	0.02
定子铁心振动(100 Hz 双振幅值)	0.03	0.03

9.1.3.10 机组动平衡试验应符合下列要求：

a) 可逆式机组因其转速特性及发电电动机转子长径比一般均大于 2/5 及以上，均应进行双平面动平衡试验。

b) 动平衡试验应以装有导轴承的发电电动机上下机架的水平振动双幅值作为计算和评判的依据，并综合考虑上下导轴承摆度和定子机座水平振动值。

9.1.3.11 动平衡试验一般按以下程序进行：

a) 启动机组并逐渐增加转速，分别在 30%、40%、50%、60%额定转速的工况下各稳定运行(3～5)min，测量机组各部位振动、摆度及其相位值，并初步确定第一次试加配重块的重量和方位。

b) 固定试加重块后，再次启动机组直至达到第一次转动时设定的转动速度，稳定运行(3～5)min，测量机组各部位振动、摆度及其相位值，记录相应数据及振动、摆度波形。

c) 如振动幅值满足要求，继续逐步升速至额定转速，测量机组各部位振动、摆度及其相位值，如振动幅值满足表 1 的规定，摆度满足 9.1.3.8 的要求，则动平衡试验完成。如摆度、振动幅值不满足要求，重复上述步骤继续进行动平衡试验，直至合格。

d) 停机将所有的配重块固定并锁定或焊接好。

e) 水泵工况转向动平衡试验完成后，还应在水轮机工况转向下进行校核，必要时可调整配重块的重量或方位，直至机组在水泵和水轮机两种转向工况下，振动和摆度值均符合要求。

9.1.3.12 机组启动过程中，有条件时可对主变压器高压侧及变频器启动回路有关的其他分支回路进行谐波电压的测定，对于主变压器高压侧母线电压，其线电压全谐波畸变因数(THD)应符合规定；对于发电机电压侧及其他各分支回路，变频器运行时产生的谐波电压和电流应不影响其他用电设备的正常运行。

9.1.3.13 机组转速从零升至额定转速过程中，应录取下列波形：机组转速、变频器整流侧电流、变频器逆变侧电流、发电电动机定子电流、发电电动机定子电压、发电电动机转子电流等与时间的关系，根据波形图，优化变频器和励磁调节器参数。

9.1.3.14 调节变频器频率至最高输出频率，机组在升速过程中应平稳，最高输出频率值应符合设计要求。

9.1.3.15 调整变频器启动功率，使机组转速从零升至额定值所需时间符合设计要求，并求得启动功率和启动时间的最优配合。

9.1.3.16 变频器和励磁调节器在最优参数下，现地以自动方式启动机组，检查自动开机程序的正确性。

9.1.3.17 机组启动过程中还应检查：

a) 转轮室充气压水装置的动作应正确可靠，记录试验时主、辅补气阀开启时间及补气装置的工作周期。

b) 在额定转速和额定电压下测定机组轴电压。

9.1.3.18 在额定转速下进行正常自动停机试验，检查停机程序的正确性，检查电制动投入程序并优化电制动参数。

9.1.4 自动准同期试验

9.1.4.1 同期装置功能检查

a) 同期断路器相应的隔离/换相开关在"分闸"位置，断开同期断路器合闸回路。

b) 检查同期装置自动投入运行时的机组转速应与整定值一致(通常约为额定转速的95%)。

c) 机组在额定电压下，操作变频器使机组频率高于和低于系统频率，检查同期装置的调频功能。

d) 机组在额定转速下，操作励磁调节器使机组电压高于和低于系统电压，检查同期装置的调压功能。

9.1.4.2 同期模拟试验

a) 同期断路器相应的隔离/换相开关在"分闸"位置并锁定，同期断路器合闸回路接入。

b) 进行同期模拟试验，优化频率调节参数和电压调节参数。

c) 用示波器监视同期断路器两侧电压幅值与相位，以检查断路器合闸时两侧相位的准确性，特别应注意因变频器引起的电压波形畸变对同期装置的影响。

d) 录取断路器同期动作时序图，检查自发出同期指令至同期完成过程中逻辑回路动作应正确。

9.1.4.3 同期并网

a) 同期断路器相应的隔离/换相开关处于对应工况"合闸"位置。自动准同期装置投入运行。

b) 进行同期并列，录取电压波形图和断路器动作时序图。

c) 同期断路器合闸后，检查励磁调节器应正确地从电流调节切换到电压调节或恒功率因数运行方式。

d) 记录机组从开始启动到同期结束的总时间，SFC连续运行时间不超过设计规定范围。

9.2 背靠背启动试验

9.2.1 启动条件

a) 背靠背启动试验一般在电站两台机组均完成发电和水泵两种工况的启动试验后进行。

b) 按照9.1.1a)进行启动回路及启动设备的检查和试验。

9.2.2 试验要求

9.2.2.1 分别检查背靠背启动的机组各自的启动程序应正确。

9.2.2.2 进行启动回路中启动设备的动作试验，各隔离开关和断路器的"分"、"合"位置应正确，并与背靠背选定机组相对应。

9.2.2.3 进行启动断路器和同期断路器模拟联动试验，检查自启动开始至同期完成后，启动断路器和同期断路器动作程序的正确性。

9.2.2.4 检查各继电保护应已按不同运行方式正确投入和可靠闭锁。

9.2.2.5 初步设定启动机组启动时的导叶开启规律。

9.2.2.6 在无励磁情况下，启动启动机组，录取启动机组的机组转速、接力器行程与时间关系曲线。

9.2.2.7　初步设定启动机组和被启动机组初始励磁电流整定值、调节参数以及机组间转差率整定值。并合理设定拖动低频过流保护动作参数值。

9.2.2.8　在机组静止状态下，通入初始励磁电流，检查其应与设定值一致。

9.2.2.9　进行背靠背启动试验，被启动机组的转轮应在空气中运转。启动过程中录取下列各量：

——各机组转速；

——启动机组接力器行程；

——启动机组压力钢管、蜗壳及尾水管压力；

——启动功率；

——启动机组励磁电压；

——启动机组励磁电流；

——被启动机组励磁电压；

——被启动机组励磁电流；

——转速从零升至额定转速所需要的时间。

9.2.2.10　根据录取的各量，优化初始励磁电流设定值、励磁电流调节参数、转差率设定值和接力器开启规律，重复试验，使其达到最优配合，保证启动的可靠性。

9.2.2.11　启动过程中，监视继电保护运行情况，注意在(0～5)Hz 的低周波范围内，应没有因继电器频率特性和电流互感器变比误差引起的继电保护误动情况。

9.2.2.12　在启动过程中应模拟机械和电气保护动作，检查启动机组和被启动机组紧急停机程序的正确性。

9.2.2.13　检查启动机组和被启动机组的频率调整和电压调整功能，优化调节参数。

9.2.2.14　检查自动准同期装置，在机组转速达到整定值后，同期装置应可靠投入。进行模拟同期试验和同期并网试验。

9.2.2.15　检查被启动机组并入电网后，启动机组自动停机程序的正确性。

10　水泵工况调相试验

10.1　在机组进出水主阀、导叶均关闭，转轮在空气中的状态下并入电网运行。检查各电气设备运行情况应正常，并检查和测量下列各量：

——发电/电动机输入功率；

——发电/电动机输出的无功功率；

——发电/电动机定子电流及转子电流；

——机组各部位温度；

——机组各部位振动及主轴摆度。

10.2　通过输出无功功率的方法复核差动保护极性和方向功率元件相位，检查测量表计接线及指示的正确性，必要时绘制向量图。

10.3　检查主轴密封、尾水管充气压水系统、转轮止漏环冷却水系统工作应正常。

10.4　检查和监视机组各辅助设备运行情况及油、水、气系统的工作情况，记录上述设备测量表计指示读数。

10.5　水泵调相工况试验应至少持续 3 h～4 h，至机组各部位温度稳定为止。测定各部轴承温度及机组各部位温度不应超过设计规定值。

10.6　在励磁调节器不同控制方式下，进行无功功率调节，调整机组无功功率和机端电压，检查机组响应正确；检查过励和欠励限制器等保护整定范围应符合设计要求。

10.7　进行停机试验，检查停机程序的正确性。

11 水泵工况抽水及停机试验

11.1 试验前应具备的条件

11.1.1 上水库已具备蓄水条件，下水库蓄水量满足机组抽水试验的要求。

11.1.2 引水系统充水试验完毕，已具备过流条件。

11.1.3 尾水系统充水试验完毕，已具备过流条件。

11.1.4 电站扬程已能满足机组抽水试验的要求。

11.1.5 上、下水库水位信号在厂内已能正确显示。

11.2 从零流量工况至抽水工况过渡过程的检查和试验。

11.2.1 根据电站实际扬程，按照水泵工况协联曲线，设定导叶开度。

11.2.2 开启进出水口闸门。

11.2.3 机组在导叶关闭和水泵水轮机转轮在空气中并入电网运行。

11.2.4 开启进出水主阀。

11.2.5 操作尾水管充气压水系统进行排气，监视尾水管水位上升和监视导叶和转轮间的压力，记录排气阀开启时间，根据实际情况优化排气过程。记录溅水功率。

11.2.6 逐步开启导叶，从零流量工况过渡到抽水工况时，录取导叶和转轮间的压力变化波形图、输入功率波形图及以下数值：

——导叶开启时间和开启速度；

——发电电动机输入功率；

——导叶与转轮间压力及压力脉动；

——蜗壳压力或钢管压力；

——尾水管压力；

——接力器行程；

——流量（有条件时录取）。

11.2.7 在上述过渡过程中，同时测量机组上、下机架、顶盖或轴承支架振动及主轴摆度。

11.2.8 根据录取的数据和当时电站扬程，修正导叶开启规律，优化从零流量工况至抽水工况过渡过程参数。

11.2.9 在导叶开启过程中，严密监视继电保护工作情况，监视和测录调速器实际运行参数。

11.3 抽水试验

11.3.1 机组在抽水工况稳定运行下，测量下列各量：

——发电电动机输入功率；

——导叶开度；

——抽水流量；

——扬程；

——机组振动、摆度、噪声；

——钢管、蜗壳、尾水管压力和压力脉动；

——导叶与转轮间压力脉动；

——机组各部温度；

——各轴承冷却系统冷却水的流量和压力；

——轴电压。

11.3.2 测量机组输入功率、扬程、流量和导叶开度，应基本符合厂家按照 GB/T 22581 规定提供的水泵水轮机运转特性曲线的性能。

11.3.3 检查抽水工况下的继电保护装置运行情况，进行抽水工况下的励磁调节试验。

11.3.4 有条件时，抽水试验应持续(4～5)h，至机组各部位温度稳定为止。测定机组各部位温度不应超过规定值。

11.3.5 对于上水库需进行初期充水试验和下水库初放排水试验的电站，抽水试验应与上水库初充水试验及下水库初放排水试验相结合，上、下水库水位日上升或下降速率应按设计要求控制。

11.3.6 抽水试验应在设计规定的最低和最高扬程范围内进行。如有条件，可进行水泵最大容量和入力试验。

11.4 停机试验

11.4.1 正常停机试验

a) 机组在抽水工况下运行，在现地给出停机指令，检查自动减负荷、跳断路器及机组自动停机等控制程序动作应正确。
b) 在停机减负荷过程中，选择断路器跳闸最优时机，在低负荷下避开振动区，切断负荷电流。
c) 停机过程中可录取主要程序动作时序图及 $n=f(t)$ 转速特性。
d) 记录自发出停机指令至机组转速降至零的时间及停机程序全部执行完毕的总时间。
e) 根据录制的波形特性，修正导叶关闭规律，优化过度过程参数。

11.4.2 事故停机试验

a) 机械事故停机试验
   1) 机组在抽水工况下运行，模拟机械事故，检查事故停机程序应正确。
   2) 在事故停机过程中，可录取发电/电动机定子和转子电压、电流、导叶关闭开度曲线、蜗壳和尾水管压力等参数及 $n=f(t)$ 转速特性。记录停机过程机组吸收功率及上下库水位。
   3) 投入电气制动时，检查和监视有关继电保护应按规定投入或可靠闭锁。
b) 电气事故停机试验
   1) 机组在抽水工况下运行，模拟保护动作跳断路器，检查事故停机程序应正确。记录上下水库水位，引水或尾水调压井的水位，并录取下列波形图：
      ——机组转速；
      ——蜗壳压力或钢管压力；
      ——尾水管压力；
      ——导叶和转轮间压力；
      ——接力器行程；
   2) 在电气事故停机试验过程中，测量和记录机组各部位振动及主轴摆度。
c) 根据 a)及 b)录取的示波图，修正导叶关闭规律，优化过渡过程参数。
d) 记录从发出指令至机组转速降至零的时间及事故停机程序全部执行完毕的总时间。

12 水轮机工况启动及空载试验

12.1 水轮机工况首次启动前的准备及检查

水轮机工况首次启动前的准备及检查应符合 6.2 的要求，电站已经受电，机组及流道已按第 8 章的要求充水，电站上水库容量及水头能满足部分或大部分水轮机工况试验要求。

12.2 水轮机工况首次启动试验

12.2.1 打开进出水主阀旁通阀或退出主阀下游工作密封，待主阀两侧平压后，退出主阀锁锭，打开进出水主阀；退出水轮机导水机构接力器锁定，投入推力轴承高压油顶起装置。

12.2.2 手动打开调速器的导叶开度限制机构，待机组开始转动后，将导叶关回，检查机组转动部件与静止部件之间应无摩擦或碰撞情况。

12.2.3 确认各部正常后，再次手动打开导叶启动机组，当机组转速接近25％额定值时，暂停升速，观察各部运行情况。检查无异常后继续增大导叶开度，在振动及摆度允许范围内使机组转速升至额定转速空转运行。

12.2.4 具有预开启导水叶(非同步导水叶)的水泵水轮机初次启动时，预开启导水叶在不同水头下投入数量、投入切除规律应满足机组空载稳定及并网运行的要求。

12.2.5 机组启动过程中，应密切监视各部位运转情况。如发现金属碰撞或磨擦、水车室窜水、推力瓦温度突然升高、推力油槽或其他油槽甩油、机组摆度过大等不正常现象，应立即停机检查。

12.2.6 当机组升速至90％额定转速(或规定值)后，可手动切除高压油顶起装置，并校验电气转速继电器相应的触点。

12.2.7 当达到额定转速时，校验电气转速表应显示正确。记录当时水头下机组的空载开度。

12.2.8 在机组升速过程中，应加强对各部位轴承温度的监视，不应有急剧升高或下降现象。机组启动达到额定转速后，在半小时内，应每隔5 min测量一次推力轴瓦及导轴瓦的温度，以后可适当延长记录时间间隔，并绘制推力轴瓦及各部导轴瓦温度、各部油温的温升曲线，观察轴承油面的变化，油位应处于正常位置。待温度稳定后标好各部油槽的运行油位线，记录稳定的温度值，此值不应超过设计规定。

12.2.9 监视水泵水轮机主轴密封及各部位水温、水压，记录水泵水轮机顶盖排水泵运行情况和排水工作周期。

12.2.10 记录各部水力量测系统表计读数和机组监测装置的表计读数(如发电/电动机气隙、蜗壳差压、机组流量等)。

12.2.11 测量、记录机组运行摆度(双幅值)，其值应小于75％轴承总间隙或符合机组合同的有关规定。

12.2.12 测量、记录机组各部位振动，额定转速下当振动值超过表1的规定时应进行动平衡复核试验，符合要求后才能继续升速。

12.2.13 测量发电电动机残压及相序，观察其波形，相序应正确，波形应完好。

12.2.14 进行机组停机试验，检查机械制动装置动作应正常。

12.3 机组空转运行条件下调速系统的试验

12.3.1 电液转换器或电液伺服阀活塞的振动应正常。

12.3.2 检查调速器测频信号，其波形应正确，幅值符合要求。

12.3.3 进行手动和自动切换试验，接力器应无明显摆动。

12.3.4 频率给定的调整范围应符合设计要求。

12.3.5 调速器空转扰动试验应符合下列要求：

a) 扰动量一般为±8％；

b) 转速最大超调量，不应超过转速扰动量的30％；

c) 超调次数不超过两次；

d) 从扰动开始到不超过机组转速摆动规定值为止的调节时间应符合设计规定；

e) 选取最优一组调节参数，提供空转运行使用。在该组参数下，机组转速相对摆动值不应超过额定转速的±0.15％。

12.3.6 记录油压装置油泵向油槽送油的时间及工作周期。在调速器自动运行时记录导叶接力器活塞摆动值及摆动周期。

12.3.7 记录水头、导叶开度与转速的关系曲线和接力器行程与转速的关系曲线。

12.4 手动停机及停机后的检查

12.4.1 机组稳定运行至各部瓦温稳定后，可手动停机。

12.4.2 操作开度限制机构进行手动停机，当机组转速降至设计规定值时，手动投入高压油顶起装置；当机组转速降至制动转速时，手动投入机械制动装置直至机组停止转动，解除制动装置使制动器复位。手动切除高压油顶起装置，监视机组不应有蠕动。

12.4.3 停机过程中应检查下列各项：

a） 监视各部位轴承温度变化情况；

b） 检查转速继电器的动作情况；

c） 录制停机转速和时间关系曲线；

d） 检查各部位油槽油面的变化情况。

12.4.4 停机后的检查和调整：

a） 各部位螺栓、销钉、锁片及键是否松动或脱落；

b） 检查转动部分的焊缝是否有开裂现象；

c） 检查发电电动机上下导风板、风扇是否有松动或断裂；

d） 检查机械制动装置的摩擦情况及动作的灵活性；

e） 在相应水头下，整定开度限制机构及相应空载开度触点；

f） 调整各油槽油位继电器的位置触点。

12.5 机组过速试验及检查

12.5.1 将测速装置各过速保护触点从监控和水机保护回路中断开，用临时方法监视其动作情况。

12.5.2 以手动方式使机组达到额定转速；待机组运转正常后，将导叶开度限制机构的开度继续加大，使机组转速继续上升至设计规定的过速保护整定值，监视电气与机械过速保护装置的动作情况，记录机械过速保护装置的动作值和复归值。如转速达到机械过速保护整定值时，机械过速保护未动作，则手动紧急停机。

12.5.3 过速试验过程中应密切监视并记录各部位摆度和振动值，记录各部轴承的温升情况及发电电动机空气间隙的变化，监视是否有异常响声。

12.5.4 过速试验停机后应进行如下检查：

a） 全面检查发电电动机转动部分，如转子磁轭键、磁极键、阻尼环及磁极引线、磁轭压紧螺杆等有无松动或移位；

b） 检查发电电动机定子基础及上机架千斤顶的状态；

c） 检查导轴瓦间隙；

d） 其他检查项目同12.4.4的a）、b）、c）、d）。

12.5.5 必要时调整过速保护装置。

12.5.6 对于具有明显水泵/水轮机“s”特性的机组，以上述方法无法将机组转速上升至设计规定值时，过速试验对机组转动部分的考验可用甩负荷试验替代；过速保护装置的整定、校验用其他方法进行。

12.6 无励磁自动开机和自动停机试验

12.6.1 自动开机前应确认：

a） 调速器处于“自动”位置，功率给定处于“空载”位置，频率给定置于额定频率，调速器参数在空

载最佳位置,机组各附属设备均处于自动状态;

b) 确认所有水力机械保护回路均已投入,且自动开机条件已具备。

12.6.2 自动开机,并应记录和检查下列各项:

a) 检查机组自动开机顺序是否正确;检查技术供水等辅助设备的投入情况;
b) 检查推力轴承高压油顶起装置的工作情况;
c) 检查电气液压调速器的动作情况;
d) 记录自发出开机脉冲至机组开始转动所需的时间;
e) 记录自发出开机脉冲至机组达到额定转速的时间;
f) 检查测速装置的转速接点动作是否正确。

12.6.3 自动停机,记录并检查下列各项:

a) 检查自动停机程序是否正确,各自动化元件动作是否正确可靠;
b) 记录自发出停机脉冲至机组转速降至制动转速所需时间;
c) 记录自制动器加闸至机组全停的时间;
d) 检查测速装置转速接点动作是否正确,调速器及自动化元件动作是否正确;
e) 当机组转速降至设计规定转速时,推力轴承高压油顶起装置应能自动投入。机组停机后应能自动停止高压油顶起装置,并解除制动器;
f) 检查接力器锁锭投入、制动器复归、进出水主阀自动关闭情况。

12.6.4 自动开机,模拟各种机械与电气事故,检查事故停机回路与流程的正确性与可靠性。

12.6.5 分别在现地、机旁、中控室等部位,检查紧急事故停机按钮动作的可靠性。

12.7 发电电动机升流及短路特性试验

12.7.1 升流试验应具备的条件:

a) 发电电动机出口端已设置可靠的三相短路线,如果三相短路点设在发电/电动机断路器外侧,则应采取措施防止断路器跳闸。若以电制动短路开关作为短路点,应校核电制动短路开关的通流容量;
b) 励磁变压器已带电投入运行;
c) 机组水机保护已投入。

12.7.2 手动开机至额定转速,机组各部位运转应正常。

12.7.3 手动合灭磁开关,通过励磁装置手动升流至10%定子额定电流,检查发电/电动机各电流回路的正确性和对称性。

12.7.4 检查各继电保护电流回路的极性和相位,检查测量表计接线及指示的正确性,必要时绘制向量图。

12.7.5 在发电电动机额定电流下,测量机组振动与摆度,检查电刷及集电环工作情况。

12.7.6 在发电电动机额定电流下,跳开灭磁开关检验灭磁情况是否正常,录制发电/电动机在额定电流时灭磁过程的波形图。

12.7.7 录制发电电动机三相短路特性曲线,每隔10%定子额定电流记录对应的转子电流。试验过程中定子最大电流不超过定子额定电流的1.1倍。

12.7.8 升流试验合格后可模拟水机事故停机,并拆除发电/电动机短路点的短路线。

12.8 发电电动机升压及空载特性试验

12.8.1 发电电动机升压试验应具备的条件:

a) 发电/电动机保护装置投入,辅助设备及信号回路电源投入;
b) 机组振动、摆度及发电电动机空气间隙监测装置投入,若有定子绕组局部放电监测系统,应投入并开始记录局部放电数据；

c) 发电/电动机出口断路器在断开位置；

d) 励磁变已带电投入运行。

12.8.2 自动开机至空载后机组各部运行应正常。测量发电电动机升流试验后的残压值，并检查三相电压的对称性。

12.8.3 对于高阻接地方式的机组，应先在发电电动机出口设置单相接地点，发电电动机中性点通过高阻接地，开机升压，递升接地电流，直至保护(95%保护)装置动作。检查动作正确后投入接地保护装置。

12.8.4 手动升压至10%额定电压值，并检查下列各项：

a) 发电电动机及引出母线、发电电动机断路器、分支回路等设备带电是否正常；

b) 机组运行中各部振动及摆度是否正常；

c) 电压回路二次侧相序、相位和电压值是否正确。

12.8.5 继续升压至发电电动机额定电压，检查带电范围内一次设备运行情况，测量二次电压的相序与相位，测量机组振动与摆度；测量发电/电动机轴电压，检查轴电流保护装置。

12.8.6 在额定电压下跳开灭磁开关，检查灭弧情况并录制灭磁过程波形图。

12.8.7 零起升压，每隔10%额定电压记录定子电压、转子电流与机组频率，录制发电电动机空载特性曲线。

12.8.8 继续升压，当发电机励磁电流升至额定值时，测量发电机定子最高电压。对于有匝间绝缘的电机，在最高电压下应持续5 min。进行此项试验时，定子电压最高不超过1.3倍额定电压。

12.8.9 发电电动机升压试验之后，进行机组电制动试验，投入电制动的转速、投入联合制动的转速、总制动时间应符合设计要求。

12.9 发电电动机空载下励磁调节器的调整和试验

12.9.1 在发电电动机额定转速下，励磁处于手动位置，起励检查手动控制单元调节范围，下限不得高于发电电动机空载励磁电压的20%，上限不得低于发电电动机额定励磁电压的110%。

12.9.2 检查励磁调节系统的电压调整范围，应符合设计要求。自动励磁调节器应能在发电电动机空载额定电压的70%～110%范围内进行稳定平滑的调节。

12.9.3 测量励磁调节器的开环放大倍数。录制和观察励磁调节器各部特性，对于晶闸管励磁系统，还应在额定励磁电流情况下，检查功率整流桥的均流和均压系数，均压系数不应低于0.9，均流系数不应低于0.85。

12.9.4 在发电电动机空载状态下，分别检查励磁调节器投入、手动和自动切换、通道切换、带励磁调节器开停机等情况下的稳定性和超调量。在发电电动机空载且转速在95%～100%额定值范围内，突然投入励磁系统，使发电电动机端电压从零上升至额定值时，电压超调量不大于额定值的10%，振荡次数不超过2次，调节时间不大于5 s。

12.9.5 在发电电动机空载状态下，人工加入10%阶跃量干扰，检查自动励磁调节器的调节情况，超调量、超调次数、调节时间应满足设计要求。

12.9.6 带自动励磁调节器的发电/电动机电压-频率特性试验，应在发电电动机空载状态下，使发电电动机转速在90%～110%额定值范围内改变，测定发电电动机端电压变化值，录制发电电动机电压-频率特性曲线。频率每变化1%额定值，自动励磁调节系统应保证发电电动机电压的变化值不大于额定值的±0.25%。

12.9.7 励磁调节器应进行低励磁、过励磁、电压互感器断线、过电压、均流等保护的调整及模拟动作试验，其动作应正确。

12.9.8 对于采用三相全控整流桥的静止励磁装置，应进行逆变灭磁试验，并符合设计要求。

12.10 发电电动机带主变与高压配电装置试验

12.10.1 发电电动机对主变压器及高压配电装置短路升流试验

12.10.1.1 短路升流试验前的条件：

a) 主变压器高压侧及高压配电装置的适当位置，已设置可靠的三相短路点，并采取切实措施确保升流过程中回路不致开路；

b) 投入发电/电动机继电保护、水力机械保护装置和主变压器冷却器及其控制信号回路。

12.10.1.2 短路点的数量、升流次数应根据电站本期拟投入的回路数确定，升流范围一般应尽可能将新投入的回路全部包括。

12.10.1.3 开机后递升电流，检查各电流回路的通流情况和表计指示，检查主变压器、母线和线路保护的电流极性和相位，必要时绘制电流向量图。

12.10.1.4 上述检查正确后投入主变压器、高压引出线(或高压电缆)、母线的保护装置。

12.10.1.5 继续分别升流至50%、75%、100%额定电流，观察主变与高压配电装置的工作情况。

12.10.1.6 升流结束后模拟主变保护动作，检查跳闸回路是否正确，相关断路器是否可靠动作。

12.10.1.7 拆除主变压器高压侧及高压配电装置各短路点的短路线。

12.10.2 主变压器及高压配电装置单相接地试验

12.10.2.1 根据单相接地保护方式，在主变高压侧设置单相接地点(主变高压侧断路器应断开)。

12.10.2.2 将主变压器中性点直接接地。开机后升压，递升单相接地电流至保护动作，检查保护回路动作是否正确可靠，校核动作值是否与整定值一致。

12.10.2.3 若单相接地保护方式有要求，还应进行主变低压侧单相接地试验。

12.10.2.4 试验完毕后拆除单相接地线，投入主变单相接地保护。

12.10.3 发电电动机对主变压器及高压配电装置升压试验

12.10.3.1 投入发电机、主变、母线差动等继电保护装置。

12.10.3.2 升压范围应包括本期拟投运的所有高压一次设备。首台机组试运行时因高压配电装置投运范围较大，升压可分几次进行。

12.10.3.3 手动递升加压，分别在发电机额定电压值的25%、50%、75%、100%等情况下检查一次设备的工作情况。

12.10.3.4 检查二次电压回路和同期回路的电压相序和相位应正确。

13 水轮机工况并列及负荷试验

13.1 水轮机工况同期并列试验

13.1.1 选择水轮机工况下同期点及同期断路器，检查同期回路的正确性。

13.1.2 断开同期点隔离开关，以自动准同期方式进行机组的模拟并列试验；检查同期装置的工作情况，同时录制发电电动机电压、系统电压、断路器合闸脉冲波形图。

13.1.3 进行机组的自动准同期正式并列试验，录制波形图。

13.1.4 按设计规定，分别进行各同期点的模拟并列与正式并列试验。

13.1.5 具有预开启导水叶(非同步导水叶)的水泵水轮机并网时，其预开启导水叶的操作应符合本标准12.2.4的规定，并在试验过程中根据空载水轮机的稳定情况、同期并列特性加以调整。

13.2 水轮机工况甩负荷试验

13.2.1 机组甩负荷试验应在额定负荷的25%、50%、75%和100%下分别进行，记录有关数值，同时应录制过渡过程的各种参数变化曲线及过程曲线，记录各部瓦温的变化情况。机组甩25%额定负荷时，记录接力器不动时间。

13.2.2 机组带、甩负荷试验可相互穿插进行，每次甩负荷试验的间隔时间应不少于设计规定。机组初带负荷后，应检查机组及相关机电设备各部运行情况，无异常后可根据系统情况进行甩负荷试验。

13.2.3 在额定功率因数条件下，机组突甩负荷关至空载时，检查自动励磁调节器的稳定性和超调量。当发电/电动机突甩额定有功负荷时，发电电动机电压超调量不应大于额定电压的10%，振荡次数不超过3次，调节时间不大于5 s。

机组突甩负荷后按设计规定直接作用于停机的调节方式，断路器跳闸联动灭磁。

13.2.4 机组甩负荷试验，应检查调速系统的动态调节性能，校核导叶接力器关闭规律和关闭时间。其蜗壳水压上升率、机组转速上升率等，均应符合机组合同规定。

13.2.5 机组甩负荷后按设计规定直接作用于机组停机的调节方式，调速器关闭导水叶至零。

对于经调速器自动调节将机组关至空载的调节系统，机组甩负荷后调速系统的动态品质应按照GB/T 8564和DL/T 507的规定满足如下要求：

a) 甩100%额定负荷后，在转速变化过程中，超过稳态转速3%以上的波峰不应超过2次；
b) 甩100%额定负荷后，从接力器第一次向关闭方向移动起到机组转速相对摆动值不超过±0.5%为止所经历的总时间不应大于40 s；
c) 转速或指令信号按规定形式变化，接力器不动时间不大于0.2 s。

13.2.6 机组为非单元引水输水方式布置的电站，同一引水系统中各台机组甩负荷试验和对输水系统的考核应综合考虑，多台机组同时甩负荷试验方式按设计要求进行。

13.3 水轮机工况带负荷试验

13.3.1 水轮机工况带负荷试验，有功负荷应逐级增加，观察并记录机组各部位运转情况和各仪表指示。观察和测量机组在不同上下库水位及各种负荷工况下的振动范围及其量值，测量尾水管压力脉动值。

13.3.2 进行水轮机工况带负荷下调速系统试验。检查在转速和功率控制方式下，机组调节的稳定性及相互切换过程的稳定性。

13.3.3 复核差动保护电流回路的极性和相位。

13.3.4 进行水轮机工况下机组快速增、减负荷试验。根据现场情况使机组突变负荷，其变化量不应大于额定负荷的25%，并应自动记录机组转速、蜗壳水压、尾水管压力脉动、接力器行程和功率变化等的过渡过程。负荷增加过程中，应注意观察、监视机组振动情况，记录相应负荷与机组水头等参数，如在当时水头负荷下机组有明显振动，应快速越过。

13.3.5 进行水轮机工况带负荷下监控、保护系统的有关试验。

13.3.6 调整机组有功负荷与无功负荷时，应先分别在现地调速器与励磁装置上进行，再通过计算机监控系统控制调节。

13.3.7 水轮机工况带负荷下励磁调节器试验

a) 有条件时，在发电电动机有功功率分别为0、50%和100%额定值下，按设计要求调整发电电动机无功功率从零到额定值，调节应平稳、无跳动。
b) 有条件时，测定并计算发电/电动机端电压调差率，调差特性应有较好的线性并符合设计要求。
c) 有条件时，测定并计算发电/电动机调压静差率，其值应符合设计要求。当无设计规定时，不应大于0.2%～1%。

d) 对于励磁调节器,应分别进行各种限制器及保护的试验和整定。

e) 对于装有电力系统稳定装置(PSS)的机组,应进行机组带负荷工况下的 PSS 试验,检验其功能。

13.3.8 机组带额定负荷下,一般应进行下列试验:

a) 机组热稳定试验;

b) 调速器低油压关闭导叶试验;

c) 根据设计要求和电站具体情况,选择适当时机进行动水关闭进出水主阀试验。

13.4 机组发电工况调相运行试验

可逆式抽水蓄能机组应进行发电(水轮机)与电动(水泵)二种工况下的调相运行试验。水泵工况下的调相运行试验要求见第 10 章。

机组进行发电工况调相运行时应检查并记录下列各项:

a) 记录关闭导叶后,水泵水轮机转轮在水中空转时,机组所消耗的有功功率;

b) 检查充气压水情况及补气装置动作情况,记录尾水管内水位被压低至转轮以下,转轮在空气中空转时,机组所消耗的有功功率;

c) 检查发电工况与调相工况互相切换时自动化元件动作的正确性,记录工况转换所需的时间;

d) 机组调相运行工况下,发电/电动机无功功率在设计规定范围内调节应平稳,记录发电/电动机转子电流为额定值时零功率因数下的最大输出无功功率值。

13.5 发电电动机进相运行试验

13.5.1 如机组合同有要求,发电电动机可进行进相运行试验。进相深度按系统要求确定。

13.5.2 进相试验应分阶段进行,试验判据为定子铁心端部温度限值、系统电压和厂用电电压限值、发电/电动机静态稳定极限,其中任一项指标达到限值,该阶段试验即结束。

13.5.3 进行进相试验前,应根据进相深度确定退出励磁欠励限制单元与发电/电动机失磁保护,根据需要埋设附加测温元件,接入专用试验表计。电力系统的无功平衡应满足试验要求。

13.5.4 按照 50%、80%、100%额定功率分阶段进行试验,在不同的功率下逐步降低励磁电流,使功率因数由滞相转入进相,待定子铁芯端部温度稳定后,继续加大进相深度,试验中应密切监视定子铁芯端部温度不超过限值,并注意观察厂用电电压和机组运转应无异常。进相深度以设计对发电电动机的要求为准,在此状态下发电电动机不应失步。

13.5.5 记录各阶段发电电动机有功功率、无功功率、定子电流、定子电压、转子电流、转子电压、功率因数、定子铁芯端部温度、开关站母线电压、厂用 10 kV 母线电压等有关参数,校核相关电气保护。根据试验结果,校对发电电动机设计功率圆图及"V"型曲线。

14 现地控制单元自动开、停机及运行工况转换试验

14.1 各种工况自动开停机试验

由现地控制单元进行各种工况的自动开、停机试验。包括:静止变频器启动、背靠背启动、机组由静止至抽水、抽水至静止、静止至水泵调相、水泵调相至静止以及静止至发电、发电至静止、静止至发电调相、发电调相至静止等。所有操作程序应正确,操作时间符合设计要求。

14.2 运行工况转换试验

14.2.1 水泵工况转发电工况试验

a) 机组在运行状态下,进行水泵工况向发电工况转换试验,程序应正确,转换时间符合设计要求;

b) 检查测频装置中，低频率的整定值应符合设计要求；

c) 人为输入低频率指令，将机组由水泵工况向发电工况转换，转换程序应正确。

14.2.2 发电工况转水泵工况试验

a) 机组在运行状态下，进行发电工况向水泵工况转换试验，程序应正确，转换时间符合设计要求；

b) 检查测频装置中，高频率的整定值应符合设计要求；

c) 人为输入高频率指令，将机组由发电工况向水泵工况转换，转换程序应正确。

14.2.3 水泵调相工况转换试验

a) 进行水泵调相转抽水、抽水转水泵调相的工况转换试验，转换程序应正确，转换时间符合设计要求；

b) 机组在水泵调相工况下稳定运行，进行无功功率的调节试验，检查过励和欠励限制保护整定范围应符合设计要求。

14.2.4 发电调相工况转换试验

a) 进行发电调相转发电、发电转发电调相的工况转换试验，转换程序应正确，转换时间符合设计要求；

b) 机组在发电调相工况下稳定运行，进行无功功率的调节试验，检查过励和欠励限制保护整定范围应符合设计要求。

15 电站监控系统自动开、停机、运行工况转换及成组调节试验

15.1 将第 9 章～第 14 章实测和录取的有关参数经优化后输入电站计算机监控系统。

15.2 检查上、下水库水位信号、上、下水库拦污栅压差信号及调压井水位信号等与电站监控系统的接口，其显示、信号、记录打印和作用停机等指令应正确可靠。

15.3 检查与机组启动和运行相关的各启动设备、辅属设备和公用设备同电站监控系统的接口，经试验其动作应正确可靠。

15.4 由电站计算机监控系统操作，进行自动开、停机试验，包括启动设备、各辅属设备和公用设备在内的全自动控制程序应正确可靠。

15.5 机组在开、停机过程中和在正常运行情况下，模拟厂用交流电源消失，在厂用交流电源自动切换过程中，应不影响机组的安全运行。

15.6 按照 14.2 规定的项目进行机组各种运行工况转换试验，转换程序应正确，转换时间符合设计要求。

15.7 成组调节试验

15.7.1 有功功率成组调节

a) 设定全厂总输入有功功率设定值，设定各单机开机顺序。有功功率成组调节装置投入运行后，检查全厂输入总有功功率是否与设定值相符，各单机开机顺序是否与设定指令相一致；

b) 增加和减少全厂总输入有功功率设定值，检查单机的开、停顺序是否与设定指令一致，全厂输入总有功功率是否与设定值相符；

c) 在全厂总输入有功功率设定值固定时，指令一台或数台运行机组退出运行，检查备用机组应按预先设定的顺序启动，全厂输入总有功功率应与设定值一致；

d) 根据试验实测数据，优化调节参数。

15.7.2 无功功率成组调节

无功功率成组调节有设定全厂总无功功率设定值及设定全厂电压值两种方式：

a） 设定全厂总无功功率设定值(或电压值)，检查各运行机组无功功率分配是否均匀；

b） 增加和减少全厂总无功功率设定值(或电压值)，检查各运行机组是否均匀地增加和减少无功功率；

c） 根据试验实测数据，优化调节参数。

15.8 水位限幅试验

15.8.1 机组在抽水工况下运行，人为输入水位限幅指令，检查停机指令及停机程序应正确。该试验应在每台单机上进行。

15.8.2 多台机组在抽水工况下运行，人为输入不同水位限幅指令，检查各单机停机顺序是否与设定指令相一致。

15.8.3 有条件时，将实际扬程调节到水位限幅值，重复上述试验。

15.9 电站监控系统与电网调度的调试试验

检查电站监控系统与电网调度的通讯接口，进行电网调度对电站监控系统的调试，调试项目可参考15.4、15.6和15.7。

16 机组15 d考核试运行及交接验收

16.1 可逆式抽水蓄能机组在完成本标准规定的全部试验项目并经检验、检查合格后，可进行15 d考核试运行。

16.2 机组15 d考核试运行前，应向电网调度提交考核试运行试验计划。考核试运行期间，机组运行方式由电网调度，但为达到考核目标，平均每天启动次数不宜少于2次。

16.3 对于上、下水库需进行初充水的电站，系统在调度本机组发电和抽水的同时，应充分考虑到上、下水库初充水的要求。

16.4 在15 d试运行期间，机组运行温升和振动应符合设计要求。应注意温升和振动在发电和抽水两种运行工况下应无明显差别。

16.5 在15 d考核试运行期间，由于机组及其附属设备的制造或安装质量原因引起中断，应及时检查处理，合格后继续进行15 d试运行，中断前后的运行时间可以累加计算。但出现以下情况之一者，中断前后的运行时间不得累加计算，机组应重新开始15 d试运行：

a） 一次中断运行时间超过24 h；

b） 累计中断次数超过3次；

c） 启动不成功次数超过3次。

注：“启动不成功”的定义。在本标准中，系指因机组及与其启动操作有关的系统中所有的硬、软件设备故障，造成机组按照规定程序的启动过程无法正常完成的称为“启动不成功”。

16.6 在15 d试运行完成后，应停机进行机电设备的全面检查，必要时可将机组流道中的水排空，进行机组过流流道的检查。

16.7 机组通过15 d考核试运行并经停机处理所有缺陷后，即具备了向生产管理部门移交的条件，应进行以下工作：

a） 按合同规定及时进行机组设备及相关机电设备和文件的移交，并参考本标准附录B的规定提供与机组启动试运行有关的资料；

b） 签署机组设备的初步验收证书，同时开始计算机组设备的保证期。

附　录　A
（资料性附录）
可逆式抽水蓄能机组启动试运行组织机构及工作程序

A.1　组织机构

A.1.1　启动验收委员会

机组启动验收委员会(简称“启委会”)一般由各投资方、项目建设、运行、电网调度、质量监督、设计、监理、施工、调试、主机设备制造等有关单位的代表组成。设主任委员一名、副主任委员及委员若干名。由项目建设单位与有关单位协商，提出组成人员名单，上报项目建设单位上级主管部门批准成立。启委会必须在首台机组启动试运行前成立并开始工作，全厂所有机组的“启动验收鉴定书”签署后完成工作。

启委会下设试运行指挥部。必要时，启委会可聘请专家组成试运行专家组。启委会应在每台机组启动前，通过现场检查和听取试运指挥部及有关单位关于机组启动准备情况的汇报、听取专家组的咨询意见、确定机组是否具备进入启动试运行阶段的条件；协调启动试运行的外部条件；审查及批准机组启动试运行试验大纲；确定启动的时间和其他有关问题。在机组完成启动试运行后，审议试运行指挥部有关机组启动试运行工作和交接验收的汇报、确定移交验收的工程项目清单、确定机组是否满足投入商业运行的条件以及签署机组“启动验收鉴定书”。

A.1.2　试运行指挥部

试运行指挥部设总指挥和副总指挥。试运行指挥部总指挥一名，一般由项目建设单位主要负责人担任；副总指挥若干名，一般由项目建设、机电安装(施工)、调试、设计、监理、主机设备制造等有关单位的相关负责人担任。总指挥和副总指挥由项目建设单位与各有关单位协商后提出任职人员名单，上报机组启动验收委员会批准。试运行指挥部在机组启动试运行之前组成并在启委会的领导下开始工作，机组的“启动验收鉴定书”签署后完成工作。其主要职责为：提出机组启动试运行大纲；全面组织、指挥和协调机组启动试运行工作；对启动试运行中的技术、安全、质量、进度等全面负责；在启委会主任委员的领导下，筹备启委会会议；启委会闭会期间，代表启委会主持启动试运行的常务指挥工作；协调解决启动试运行中的重大问题；组织、领导、检查和协调试运行指挥部各组及各阶段的交接验收工作。

试运行指挥部下设(不局限于)启动调试组，验收检查组，生产准备组，综合组。根据工作需要，各组可下设若干个专业组。各组及专业组的人员一般由试运行指挥部总指挥与有关单位协商任命，并上报机组启动验收委员会备案。

a)　启动调试组一般由调试、机电安装、项目建设、设计、监理、制造厂等有关单位的代表组成。设组长一名，副组长若干名，组长一般由调试单位出任的副总指挥兼任。其主要职责是：负责核实机组启动试运行应具备的条件；提出启动试运行的计划；负责组织编写并实施启动试运行方案和措施；全面负责启动调试的现场指挥和具体协调工作。

b)　验收检查组一般由项目建设、施工、设计、监理等有关单位的代表组成。设组长一名、副组长若干名。组长一般由项目建设单位出任的副总指挥兼任。其主要职责是：负责建筑与安装工程施工和启动试运行的质量验收及评定结果、安装调试记录、图纸资料和技术文件的核查和交接工作；协调设备材料、备品备件、专用仪器和专用工具的清点移交工作等。

c)　生产准备组一般由项目建设、施工、调试、设计、监理等有关单位的代表组成，主要设备制造厂应派员参加。设组长一名、副组长若干名。组长一般由运行单位出任的副总指挥兼任。其主要职责是：负责核查生产准备工作，包括：运行和检修人员的配备、培训情况，所需的规程、制度、系统图表、记录表格、安全用具等配备情况，负责组织协调消缺和实施未完项目等。

d）综合组一般由项目单位、施工等有关单位的代表组成。设组长一名、副组长若干名。其主要职责是：负责试运行指挥部的文秘、资料和后勤服务等综合管理工作；发布试运信息；核查、协调试运现场的安全、消防和治安保卫工作等。

A.2 工作程序

本工作程序的编制原则应符合 DL/T 5123—2000 的规定。

A.2.1 成立启动验收委员会

在机组启动试运行前成立并开始工作。

A.2.2 成立试运行指挥部

启委会成立后，应即组织成立试运行指挥部，试运行指挥部在启委会的领导下工作。

A.2.3 质量监督

机组启动试运行前，应邀请电力建设质量监督机构（质量监督总站或中心站）对机组及相关机电设备的质量进行监督，并提出质量监督报告。

A.2.4 召开启动验收委员会会议

机组设备分部调试完成且进行了质量监督活动后，试运行指挥部可以申请启委会召开第一次会议，听取各有关单位、电力建设质量监督总站（或中心站）和试运行指挥部的工作汇报，现场检查，审议、批准机组启动试运行大纲。并确定机组进入启动试运行阶段的时间。

A.2.5 机组开始启动试运行

按照启委会会议决议，机组可以进入启动试运行阶段。

A.2.6 机组开始 15 d 考核试运行

15 d 考核试运行由启委会会议批准后开始。

如未发现设备或安装时发生重大质量问题可能会影响机组试运行的正常进行等情况，可由试运行指挥部提出申请，经启委会主任批准、电网同意，可开始 15 d 考核试运行。

经授权，试运行指挥部可以代行启委会本阶段的职责。

A.2.7 召开启动验收委员会会议

15 d 考核试运行完成并达到本标准规定的各项考核要求后，由试运行指挥部申请召开启委会会议。

启委会现场检查，听取试运行指挥部、电力建设质量监督机构及相关单位的 15 d 考核试运行工作汇报，决定机组是否满足进入商业运行及签署机组启动验收阶段鉴定书的条件，并签署机组启动验收阶段鉴定书。

A.2.8 同期工程的各台机组启委会的启动验收工作均应按本附录程序的要求进行。但除首末台机组外，中间过程的各台机组的启动验收，如未发现机组设备制造或安装时具有可能影响机组启动试运行正常进行的重大质量问题，均可以将启委会的工作从简安排，在启委会同意的情况下，可由在现场工作的启委会委员，一般由试运行指挥部总指挥，代行启委会职责进行机组启动试运行及验收工作。

附 录 B
（资料性附录）
可逆式抽水蓄能机组启动试运行应交接验收的资料目录

B.1 管理性文件(但不局限于)

B.1.1 启动试运行项目法人管理报告
B.1.2 启动试运行设计报告
B.1.3 启动试运行监理报告
B.1.4 启动试运行工作报告
B.1.5 启动试运行厂家报告
B.1.6 生产准备工作报告
B.1.7 机组并网安全性评价报告
B.1.8 启动试运行组织机构文件
B.1.9 启动试运行安全管理文件
B.1.10 工程运用及调度方案
B.1.11 启委会有关文件

B.2 资料性文件(但不局限于)

B.2.1 启动试运行试验大纲
B.2.2 调试作业指导书
B.2.3 调试工作计划
B.2.4 上下库初次蓄水技术要求
B.2.5 工程建设有关会议记录,记载重大事件的声像资料及文字说明
B.2.6 施工图纸,设计变更,施工技术说明
B.2.7 重大技术专题报告
B.2.8 重大事故质量缺陷处理记录
B.2.9 启动试运行验收签证书及相关资料
B.2.10 质量评定资料
B.2.11 设备移交清册
B.2.12 遗留问题清单
B.2.13 备品备件移交清单
B.2.14 专用工具移交清单
B.2.15 竣工图纸(或草图)移交清单
B.2.16 调试日志
B.2.17 调试、试验协调会纪要
B.2.18 上下库初次蓄水观测资料等

ICS 35.080
L 77

中华人民共和国国家标准

GB/T 18491.2—2010/ISO/IEC 14143-2:2002

信息技术　软件测量　功能规模测量　第2部分:软件规模测量方法与GB/T 18491.1—2001的符合性评价

Information technology—Software measurement—Functional size measurement—Part 2:Conformity evaluation of software size measurement methods to GB/T 18491.1—2001

(ISO/IEC 14143-2:2002,Information technology—Software measurement—Functional size measurement —Part 2:Conformity evaluation of software size measurement methods to ISO/IEC 14143-1:1998,IDT)

2010-12-01 发布　　2011-04-01 实施

中华人民共和国国家质量监督检验检疫总局
中国国家标准化管理委员会　发布

前　言

GB/T 18491 在《信息技术　软件测量　功能规模测量》总标题下目前由以下 6 个部分组成：

——第 1 部分：概念定义；

——第 2 部分：软件规模测量方法与 GB/T 18491.1—2001 的符合性评价；

——第 3 部分：功能规模测量方法的验证；

——第 4 部分：基准模型；

——第 5 部分：功能规模测量的功能域确定；

——第 6 部分：GB/T 18491 系列标准和相关标准的使用指南。

本部分为 GB/T 18491 的第 2 部分。

本部分等同采用国际标准 ISO/IEC 14143-2:2002《信息技术　软件测量　功能规模测量　第 2 部分：软件规模测量方法与 ISO/IEC 14143-1:1998 的符合性评价》(英文版)。由于国际标准 ISO/IEC 14143-6:2006 发布晚于 ISO/IEC 14143-2:2002，因此原国际标准 ISO/IEC 14143-2:2002 的前言中不涉及 ISO/IEC 14143-6:2006。而在将 ISO/IEC 14143-2:2002 转化为本部分时，前言中补充了有关第 6 部分的说明。

本部分的附录 A、附录 B 和附录 C 均为资料性附录。

本部分由全国信息技术标准化技术委员会提出并归口。

本部分起草单位：上海计算机软件技术开发中心、中国电子技术标准化研究所、华东理工大学。

本部分主要起草人：杨根兴、金荣得、宗宇伟、冯惠、刘振宇、谢晓燕、李婷、陈达丽。

引　言

功能规模测量(FSM)是通过量化软件用户功能需求来测量软件规模的一种技术。最初发表包含这种概念的方法是由 Allan Albercht 于 20 世纪 70 年代后期开发的功能点分析。此后,对原有方法开发出了许多扩展和变种。最终用户可按特定情况,从多种不同的方法中选择有利的方法。GB/T 18491.1—2001定义了 FSM 的概念,并为用户提供了比较各种不同方法的基础。GB/T 18491 的本部分已提供了一个检验候选 FSM 方法是否符合 GB/T 18491.1—2001 条款的过程。该过程的输出能够帮助候选 FSM 方法的预期用户,去判断一个方法是否符合他们的需要。

信息技术 软件测量 功能规模测量 第2部分:软件规模测量方法与 GB/T 18491.1—2001的符合性评价

1 范围

1.1 GB/T 18491的本部分:

a) 依据GB/T 18491.1—2001的规定,建立了一个对候选的FSM方法进行符合性评价的框架;

b) 描述了一个符合性评价过程,评价候选FSM方法是否满足GB/T 18491.1—2001的(类型)要求,以确定其是一个有效的FSM方法,即类型相同;

c) 描述了执行一个符合性评价的要求,以确保符合性评价过程的可重复性,以及对符合性判定与最终结果的一致性;

d) 旨在确保符合性评价过程的输出结果是客观的、公正的、一致的、可重复的、完整的和可审核的;

e) 提供了资料性指南(参见附录A),以确定符合性评价组的能力;

f) 提供了检查表的示例(参见附录B),以帮助对候选FSM方法进行符合性评价;

g) 提供了符合性评价报告模板的示例(参见附录C)。

符合性评价由具备本部分所述能力的符合性评价组来进行。GB/T 18491.2假定这个组熟悉GB/T 18491.1中描述的概念和定义。

通过把候选FSM方法的每个组成部分和GB/T 18491.1—2001中相对应的条款前后对照来进行符合性评价,这样候选FSM方法的组成部分均得到了符合性评价。

符合性评价的输出包括对每一个被评价条款的结果。在确定候选FSM方法是否符合GB/T 18491.1—2001时,只需考虑其"应"陈述的要求。为给候选FSM方法的最终用户提供附加信息,也可以考虑GB/T 18491.1—2001的"宜"建议内容。

符合性评价过程的输出是符合性评价报告。该报告可用于:

a) 通知最终用户,根据本部分,候选FSM方法符合GB/T 18491.1—2001,因此是一种FSM方法;

b) 帮助最终用户,告知他们哪个方法最适合其需要的判断意见。

1.2 本部分可用于第一方(供方)、第二方(用户或采购方)或第三方(独立主体)的符合性评价。

注:方法拥有方、评价发起方和评价方之间的关系取决于进行的评价类型,即第一方、第二方或第三方。

1.3 虽然允许不参照本部分来声明一个候选FSM方法符合GB/T 18491.1—2001,但是本部分提供了可以增加该声明可信度的符合性评价过程。本部分就符合性评价规程提出了要求,可用于第一方、第二方或第三方的符合性声明。本部分的条款特别适合那些需要第三方符合性评价的顾客。顾客期望使用或获得按本部分符合性评价过的FSM方法,在需要评价时,宜明确地引用本部分。

1.4 符合性评价不宜被解释为FSM方法具有完全符合性的保证,仅表明在评价过程中未发现不符合项的证据。

1.5 若一个候选FSM方法成功地完成了满足4.4要求的符合性评价规程,则应确定为符合。

注1:候选FSM方法的符合性基于依照GB/T 18491.1—2001要求的评价。本部分定义了用于评价候选FSM方法是否依照GB/T 18491.1—2001要求的一个评价过程。

注2:一个基于符合性评价或测试方法的标准(如本部分),并不意味着任何执行测试的义务。它定义了一个评价过程,如果(在规范或合同文件中)被要求和参考,则宜通过该过程来执行评价。

2 规范性引用文件

下列文件中的条款通过GB/T 18491的本部分的引用而成为本部分的条款。凡是注日期的引用文件,其随后所有的修改单(不包括勘误的内容)或修订版均不适用于本部分,然而,鼓励根据本部分达成协议的各方研究是否可使用这些文件的最新版本。凡不注日期的引用文件,其最新版本适用于本部分。

GB/T 18491.1—2001 信息技术 软件测量 功能规模测量 第1部分:概念定义(idt ISO/IEC 14143-1:1998)

GB/T 20000.1—2002 标准化工作指南 第1部分:标准化和相关活动的通用词汇(ISO/IEC Guide 2:1998,MOD)

3 术语和定义

GB/T 18491.1—2001界定的以及下列术语和定义适用于本部分。

3.1

候选FSM方法 candidate FSM method

为依照GB/T 18491.1—2001的符合性评价而提出的文档化软件规模测量方法。

3.2

评价检查表 evaluation checklist

问题列表,表中每个问题是被设计用于检查产品、过程或服务是否符合特定标准中一项或多项条款。

注:基于本部分的情况下,被实施符合性评价的产品是候选FSM方法,依据是GB/T 18491.1—2001中的内容。

3.3

评价规程 evaluation procedure

一系列任务和步骤,当其完成时,能使评价组确定被评价的产品、过程或服务是否符合特定标准。

3.4

评价发起方 evaluation sponsor

要求执行评价并为执行评价提供资金和其他资源的个人或组织。

3.5

必达要求 exclusive requirement

为了符合规范性文件而必须遵守的要求。

[GB/T 20000.1—2002,定义2.7.5.1]

3.6

任选要求 optional requirement

为了符合规范性文件所允许的特定选择而必须遵守的要求。

注:任选要求可以是:

a) 两个或更多的可选择的要求中的一个;

b) 仅在适用时必须符合的,而在不适用时则可不予考虑的附加要求。

[GB/T 20000.1—2002,定义2.7.5.2]

3.7

拥有方 owner

拥有候选FSM方法版权的个人或组织。

3.8

条款 provision

规范性文件内容的表述方式,一般采取陈述、指示、推荐或要求的形式。

注:条款的这些形式以其所用的措辞加以区分,例如,指示用祈使语句表述,推荐用助动词“宜”,要求用助动词“应”。

[GB/T 20000.1—2002,定义2.7.1]

3.9

推荐 recommendation

表达建议或指导的条款。

[GB/T 20000.1—2002,定义 2.7.4]

3.10

要求 requirement

表达应遵守的准则的条款。

[GB/T 20000.1—2002,定义 2.7.5]

注:要求用“应”表示;在使用时,同时包括必达要求和适用的任选要求。

4 符合性评价

4.1 概述

4.1.1 符合性评价的目标应确定一个候选 FSM 方法是否符合 GB/T 18491.1—2001 中所有的需求。虽然符合性评价规程也可以评价 GB/T 18491.1—2001 中推荐的实践,但其评价结果对符合性的确定不具效用。

4.1.2 符合性评价应只对特定版本的一个候选 FSM 方法有效,而该 FSM 方法是符合性评价过程的主题。每个新版本方法(包括客户化的)可被认为是另一个候选 FSM 方法,且需要单独进行符合性评价。如果一个符合性评价组能识别一个候选 FSM 方法和该方法的先前评价版本之间的相似点和不同点,那么他们可以使用先前版本符合性评价的输出报告作为新的符合性评价的基础。如果同一候选 FSM 方法的先前评价版本的报告有任何的不符合项,那么符合性评价组应在当前符合性评价过程中考虑这些不符合项。

注:如果符合性评价组把符合性评价基于先前符合性评价报告上,那么他们需要了解所涉及的风险,因为两个版本可能存在未被注意到的区别。符合性评价组需要确保:在评价期间要考虑所有变化的实际影响。

4.1.3 符合性评价组应验证:按 4.3.2.1 中定义,候选 FSM 方法文档是完整的,对被评价的候选 FSM 方法的版本是正确的。

4.1.4 在符合性评价过程中,符合性评价组宜与评价发起方保持联系。

4.1.5 如果能联系上拥有方,那么符合性评价组应:

a) 在符合性评价过程中与该拥有方保持联系;

b) 在符合性评价报告中记录与拥有方保持联系的主题内容,并在适当处列出其相关标准和评价活动的对应关系。

4.1.6 评价组应确定:在联系过程中来自拥有方的信息是否会导致形成与提交本次符合性评价的方法的不同版本。在这种情况下,应按照 4.1.2 运行。

4.1.7 如果能联系上 FSM 方法的拥有方,那么应为拥有方提供机会去响应验证中的一些发现,并且在验证报告发布前添加一些评论。

4.1.8 如果该候选 FSM 方法拥有方在合理的时间段内没有对符合性评价报告的调查结果作出响应,那么符合性评价组可以继续发布该报告。这个时间段宜由拥有方和符合性评价组在符合性评价过程开始时达成共识。

4.2 评价方特性

4.2.1 评价方组织

在第三方符合性评价情况下,第三方评价方组织应具有履行他们职责的能力。

4.2.2 符合性评价组

符合性评价组应负责确保完成符合性评价过程中所有活动。这些活动应包括,但不限于:

a) 制订符合性评价计划;

b) 制订或获取符合性评价规程;

c) 制订或获取符合性评价检查表;

d) 执行符合性评价规程;

e) 产生符合性评价报告。

注:评价结果的置信度与符合性评价组的能力直接相关。附录A描述了一个有能力的符合性评价组的特性和机制,它们可用于证明评价组具备根据本部分的要求执行符合性评价的能力。

4.3 符合性评价的输入

4.3.1 输入列表

符合性评价过程的输入至少应包括以下内容:

a) GB/T 18491.1—2001 和本部分;

b) 候选 FSM 方法的文档;

c) 符合性评价计划;

d) 符合性评价规程;

e) 符合性评价检查表。

4.3.2 候选 FSM 方法的文档

4.3.2.1 候选 FSM 方法的文档应包括正确使用该方法所需要的所有材料,并以相同格式和内容向该方法用户提供。用户并不清楚在软件工具内嵌入一个候选 FSM 方法的位置和用于量测软件规模的过程,此时为了评价,候选 FSM 方法应包括描述这些过程的文档。如果能与拥有方取得联系,那么该评价组应确认作为评价输入提供的候选 FSM 方法的文档是正确的和完整的。如果不能与拥有方取得联系,那么该评价发起方和该符合性评价组应对由候选 FSM 方法文档组成的材料取得一致意见。

注:这种材料可以包括手册、指南、例子、案例研究和对正确使用该方法所需要的任何工具。

4.3.2.2 该候选 FSM 方法的文档应被唯一标识,而且宜明确地说明:

a) 所描述候选 FSM 方法的名称和版本号;

b) 作者的姓名(若可用);

c) 发布日期;

d) 发布者的名称和联系的详细资料。

注:评价一个候选 FSM 方法符合性的过程,需要该 FSM 方法和评价版本的唯一标识。该标识所需的信息,对软件规模测量而言是非本质的。因此,本部分介绍的必达要求并未出现在 GB/T 18491.1—2001 中,但是对符合性评价过程而言,这些要求被认为是本质的。即一个候选 FSM 方法要成为 FSM 方法,不必唯一标识它的文档。然而,为了使符合性评价过程可被审查的,报告必须能唯一标识被评价的候选 FSM 方法的文档。如果候选 FSM 方法符合本条款的要求,那么这仅是个可能。

4.3.3 符合性评价计划

该符合性评价组应与评价发起方一起协商制订符合性评价计划。该符合性评价计划至少应包含以下内容:

a) 活动范围、进度表和符合性评价过程所需要的资源;

b) 输入列表:唯一标识该符合性评价过程的每个输入;

c) 符合性评价组成员的姓名和联系的详细资料;

d) 在第三方评价中,评价方组织的名称和联系的详细资料;

e) 评价发起方的姓名和联系的详细资料；

f) 符合性评价过程涉及的所有人员的角色和责任；

g) 符合性评价组成员和评价方组织所涉及的任何其他各方之间的关系。

4.3.4 符合性评价规程

符合性评价组宜与评价发起方一起协商制订符合性评价规程。该规程应提供以下内容的详细说明：

a) 由符合性评价组和评价发起方共同执行的作为符合性评价组成部分的每个步骤和任务(见4.4)；

b) 符合性评价规程中的输入如何被用来产生符合性评价的输出。

4.3.5 符合性评价检查表

4.3.5.1 符合性评价组应与评价发起方一起协商制订符合性评价检查表。他们可以使用一个现存的检查表作为基础，例如：附录B中提供的示例。符合性评价检查表应由一组评价问题组成，这些问题能对照GB/T 18491.1—2001的所有要求，用于评价候选FSM方法。符合性评价检查表也可包括一组附加评价问题，这些问题能对照GB/T 18491.1—2001的所有建议，用于评价候选FSM方法。在确定一个候选FSM方法的符合性时，符合性评价组应使用仅与GB/T 18491.1—2001要求相关的评价问题的回答。符合性评价组应确定符合性检查表的合适结构和表述。

注：附录B包含符合性评价检查表的一个示例，检查表通过为GB/T 18491.1—2001的要求提供检查项，满足本部分的要求；而且进一步通过为GB/T 18491.1—2001的建议提供检查项。

4.3.5.2 符合性评价检查表应构造成：

a) 包含了GB/T 18491.1—2001中每个要求对应的评价问题，对应被评价的候选FSM方法的特征；

b) 每个要求至少对应一个评价问题；

c) 包含一个评价矩阵，该矩阵对应了GB/T 18491.1—2001中的每个要求与评价问题；

d) 对应于一个特定要求的一组评价问题，可以充分评价该要求的所有方面。

注1：GB/T 18491.1—2001包含了一组要求，符合性评价组对照这组要求来评价候选FSM方法，但是GB/T 18491.1—2001的结构不易形成一个高效的符合性评价。符合性评价检查表意在按GB/T 18491.1—2001评价一个候选FSM方法，提供一个更有效的机制。检查表是通过提供一组评价问题来提供这种有效性的，这些问题的回答简洁明了，即“是”或者“否”。为了对GB/T 18491.1—2001中每个要求有一个完整的评价，检查表中必须至少有一个评价问题是按照该要求来评价候选FSM方法的。对应一个特定要求的符合性评价，该检查表可以包含若干评价问题。

注2：在一些情况下，一个评价问题可以对应于多个要求，但是多重覆盖的评价问题理论上宜使之最少。

4.3.5.3 如果符合性评价检查表包括GB/T 18491.1—2001建议的评价问题，那么评价检查表宜构造成：

a) 包含了GB/T 18491.1—2001的每个建议所对应的评价问题，对应被评价的候选FSM方法的特征；

b) 每个建议至少对应一个评价问题；

c) 包含一个评价矩阵，该矩阵对应了GB/T 18491.1—2001中的每个建议与评价问题；

d) 对应于一个特定建议的一组评价问题，可以充分评价该建议的所有方面。

4.3.5.4 如果符合性评价检查表包含了GB/T 18491.1—2001建议的相关评价问题，那么应对这些评价问题分组，以与GB/T 18491.1—2001要求的相关评价问题分开。

4.3.5.5 符合性评价检查表宜按照问题的格式、次序和分组进行构造，以适合符合性评价规程。

4.3.5.6 在符合性评价检查表中的每个评价问题，应包括对应GB/T 18491.1—2001中相应条款的对照表。

4.3.5.7 符合 GB/T 18491.1—2001 任选要求的评价问题应包括“若适用”的短语。不符合 GB/T 18491.1—2001 任选要求的评价问题不应包括“若适用”的短语。

4.4 符合性评价规程的任务和步骤

4.4.1 指南

使用候选 FSM 方法的各方宜能够从候选 FSM 方法的内容中，就其意义和意图达成共识。该候选 FSM 方法宜清楚与明确，并能被准确与一致地解释。

如果能联系上该候选 FSM 方法的拥有方，那么在评价过程中来自于 4.4.1 而引起的困难，应委托拥有方来解释。如果这些困难仍不能解决，那么该评价问题应被认为是不能解决的。

4.4.2 任务和步骤

该符合性评价规程应包括以下任务和步骤：

a) 每个评价问题应按下列符合性评价步骤来执行：

1) 如果该评价问题有“若适用”选项，那么要决定该评价问题是否适用于被评价的候选 FSM 方法。如果没有该选项，那么该评价问题对该方法的评价结果没有影响，并记录该评价问题没有影响评价的情况，进而对于该评价问题的其他步骤就没必要了；

2) 识别候选 FSM 方法文档中所有相关信息。如果没能找到相关信息，且与拥有方联系后仍没有找到相关信息，那么该问题应被认为是不能解决的，则执行 4.4.2a)5)；

3) 对照评价问题，记录相关信息(在 4.4.2a)2)中识别的)的位置。每个记录下来的位置应包括：

i) 对于文字，是页码、最低层的标题和段落号或行号；

ii) 对于表格，是页码、表格名称和行号；

iii) 对于示意图，是页码、示意图名称和号；

iv) 定位相关信息所需的其他任何细节；

注 1：对照 GB/T 18491.1—2001 条款记录用于评价符合性的信息，为评价发起方提供明确要评价内容的清晰说明。为了审核，建议在候选 FSM 方法文档的适当位置，记下评价问题的标识符。

4) 把所有找到的信息视作一个整体，并确定这些信息是否满足评价问题的要求。如果满足，那么候选 FSM 方法应通过该评价问题，则执行 4.4.2a)7)。如果该评价问题不能得到解决，则执行 4.4.2a)5)；否则，转到 4.4.2a)6)；

5) 如果评价问题不能被解决，那么符合性评价组应记录：

i) 信息所在的位置、信息的缺失，留下不能解决的那一评价问题；

ii) 导致作出该评价问题不能被解决的决定的理由；

6) 如果所有评价问题都没有通过，那么符合性评价组应记录：

i) 信息所在的位置，或者造成评价问题未能通过的信息缺失；

ii) 导致未通过该评价问题决定的理由；

7) 如果该评价问题通过了本规程中的每一步骤，那么符合性评价组应记录该候选 FSM 方法通过了此评价问题。

注 2：图 1 提供了对每个评价问题评价规程的示意图说明。

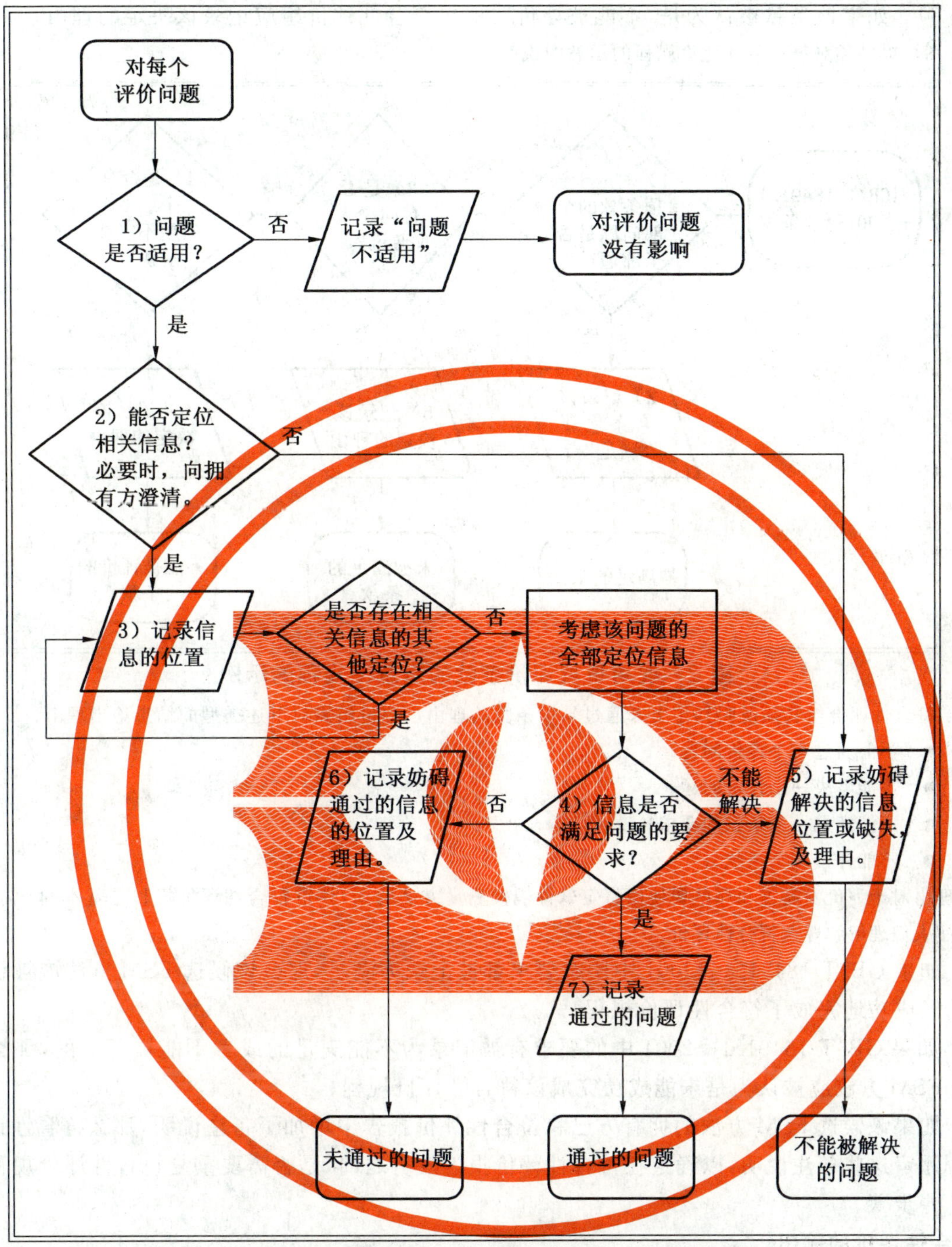

图 1　使用每个评价问题的示意图规程示例

b)　下列符合性评价步骤应依照 GB/T 18491.1—2001 每一项条款来执行：

1)　确定候选 FSM 方法是否通过所有相应的评价问题；

2)　如果该候选 FSM 方法通过了所有相应的评价问题，那么 FSM 方法应被认为满足该条款，并且结果应记录为“满足条款”；

3)　如果该候选 FSM 方法有一个或多个相应的评价问题未通过，那么该条款应被认为未被满足；

4)　如果该候选 FSM 方法有一个或多个相应的评价问题不能被解决，那么该条款应被认为“不能被评价”；

5)　如果该条款被认为未被满足，那么符合性评价组应记录该决定的理由；

6） 如果该条款被认为是"不能被评价"，那么符合性评价组应记录该决定的理由；

注 3：图 2 提供了对每项条款评价规程的示意图说明。

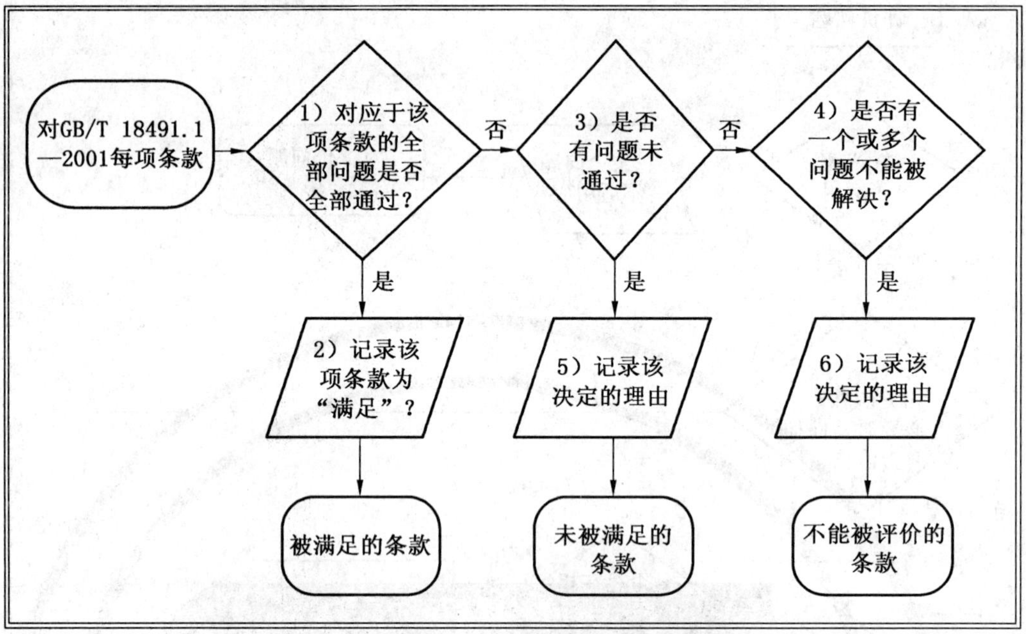

图 2 使用每项评价条款的示意图规程的示例

注 4：符合性评价组必须说明其作出未通过某项条款的理由。评价组需对下述类型的结果给出理由：

- 不能通过一个评价问题；
- 不能解决一个评价问题；
- 不能满足一个条款的要求；
- 不能评价一个条款。

这些理由对于评价发起方和那些要使用特定软件规模测量方法的人，评审符合性评价规程是基本的，需要这些理由是为了使人们理解和尊重符合性评价。

c） 如果 GB/T 18491.1—2001 中所有要求都被记录为满足，那么该候选 FSM 方法应被认为是已经成功地完成了符合性评价规程；

d） 如果 GB/T 18491.1—2001 中的要求有被记录为不能满足的或者不能被评价的，那么该候选 FSM 方法应被认为是未能成功完成该符合性评价规程；

e） 如果该候选 FSM 方法的拥有方已在符合性评价报告中增加了备注说明，那么符合性评价组应评审这些备注说明，以确定在符合性评价报告发行之前，是否需要重复符合性评价规程中的某些步骤。

4.5 符合性评价的输出

4.5.1 符合性评价过程应包括符合性评价报告产品，该报告是记录支持对应于 GB/T 18491.1—2001 每一项条款符合性评价结果的详细证据的方式。

4.5.2 该符合性评价报告至少应包括以下部分：

a） 执行概要，它至少应包括以下信息：

1） 该候选 FSM 方法的全部指示细节；

2） 评价方组织名称；

3） 评价类型，即第一方、第二方或第三方；

4） 符合性评价日期；

5） 评价结果；

b） 完整的符合性评价检查表；

c) 结果(包括有助于产生结果的所有信息);

d) 符合性评价计划;

e) 给出某项要求被认为是不满足条款或不能被评价结论的理由;

f) 符合性评价的规程;

g) 符合性评价组的资质;

h) 在符合性评价过程中与拥有方联络的记录。

4.5.3 符合性评价计划部分应包括最初的符合性评价计划,应描述和说明与原计划之间的偏差。

4.5.4 对每一项被认为是未满足或不能被评价的条款,其结果部分的理由应包括下列:

a) 作出该决定的评价问题列表;

b) 作出该决定的所有信息的位置;

c) 作出该决定的理由。

4.5.5 描述符合性评价组资质的部分,应包含帮助评价发起方和评价报告的读者审核符合性评价组能力的信息。

注:附录C包含了一个符合性评价报告的示例模板,该符合性评价报告展示了本部分的最低要求。

4.6 符合性评价结果

在应用本部分的要求后,如果符合性评价组确定该候选FSM方法满足本部分的要求,那么评价发起方能够以任何合适的方式作出如下声明:"功能规模测量方法[‘候选FSM方法的名称’(版本)],符合GB/T 18491.2—2010的评价要求,与GB/T 18491.1—2001的要求相一致"。

附　录　A
（资料性附录）
评价方能力

A.1　符合性评价组

按本部分执行一个符合性评价，符合性评价组宜由一个主评价者和两个或多个助理评价者组成。该评价组宜具备必要的能力，这些能力包括：

a）　依照国家标准或国际标准（不一定是本部分）实施软件符合性评价的经验和技巧；

b）　GB/T 18491.1—2001 和本部分的概念知识；

c）　使用业内认可的方法执行软件规模测量的经验和技巧。

注 1：如果符合性评价过程是由个人来完成，那么该符合性评价过程可能带有主观性；由若干成员组成的评价组能对每一个问题进行讨论和表决，从而有可能增加符合性评价的客观性、一致性和可靠性。

注 2：为了更好地理解候选 FSM 方法，该符合性评价组宜考虑采用该候选 FSM 方法，且宜按候选 FSM 方法的文档说明使用该候选 FSM 方法。如果符合性评价组具有使用该候选 FSM 方法的足够经验，那么他们可以自己去使用；或者，他们可以观察其他有经验的人使用该候选 FSM 方法。

A.2　能力展示

A.2.1　个人声明

评价方的组织宜从符合性评价组的每一个成员中获得一个声明。该声明宜说明符合性评价组的成员在以下各方面的能力：

a）　评价的实践；

b）　软件规模测量的概念；

c）　使用业内认可的方法进行软件规模测量的实践。

A.2.2　评价实践

该声明宜说明每一个成员在评价方面的相关实践：

a）　从事的年限；

b）　担任的角色（主评价者、助理评价者等）；

c）　正规的培训；

d）　执行第三方评价（主评价者、助理评价者等）的证书。

A.2.3　软件规模测量概念

对软件规模测量概念，宜陈述每一个成员在以下方面的经验：

a）　软件规模测量方法的开发和评审；

b）　所获得的软件规模测量方法方面培训；

c）　发表的有关软件规模测量的论文；

d）　有关软件规模测量的论文和著作的研究；

e）　软件测量标准的开发。

A.2.4　软件规模测量的实践

宜说明每个成员使用业内认可的方法进行软件规模测量相关的实践：

a）　从事的年限、测量软件规模的实例数、软件规模测量的类型；

b）　正规的培训和资质；

c）　任一种软件规模测量方法的证书；

d）　与候选 FSM 方法相关功能域的经验。

附 录 B
（资料性附录）
符合性评价检查表示例

B.1 引言

B.1.1 背景

构造符合性评价检查表的示例以满足评价过程。

B.1.2 结构

符合性评价检查表的示例分为3个部分：

a） 第1部分包含与GB/T 18491.1—2001中的要求相关的评价问题；

b） 第2部分包含与GB/T 18491.1—2001中的建议相关的评价问题；

注：第2部分是符合性检查表的可选项。

c） 第3部分包含对照GB/T 18491.1—2001条款和评价问题的矩阵。

B.1.3 用法说明

符合性评价检查表可用于4.4的描述。

B.2 符合性评价检查表

B.2.1 第1部分：要求

B.2.1.1 标识约定

评价问题	位置	是否满足4.4.1？	是否满足评价问题的要求？	对应要求（GB/T 18491.1—2001）
a） 该候选FSM方法使用的名称是否区别于所有其他现有FSM方法的名称？				7a）
b） 若该候选FSM方法暗示存在该方法的其他版本，则该名称是否也包含了作为名称附加的当前版本号？				7b）

B.2.1.2 功能性用户要求

B.2.1.2.1 源信息

评价问题	位置	是否满足4.4.1？	是否满足评价问题的要求？	对应要求（GB/T 18491.1—2001）
a） 在导出功能规模时，该候选FSM方法是否使用功能性用户需求？				6b）
b） 该候选FSM方法是否采用软件规模的概念，通过量化的功能性用户要求来导出软件规模？				6b）

评价问题	位置	是否满足4.4.1?	是否满足评价问题的要求?	对应要求(GB/T 18491.1—2001)
c) 导出功能规模时,该候选 FSM 方法是否排除了功能性用户要求中的技术要求?				5.1.1.1a)
d) 导出功能规模时,该候选 FSM 方法是否排除了功能性用户要求中的质量要求?				5.1.1.1a)
e) 该候选 FSM 方法表示功能性用户要求是否基于用户观点?				5.1.1.1a)
f) 一旦定义了功能性用户要求,并当它们是可获取时,该候选 FSM 方法是否就能被使用?				5.1.1.1b)
g) 用于该 FSM 方法的功能性用户要求是否是用户要求的子集?它们是否表达了软件必须执行的以满足用户要求的用户实践和过程?				5.1.1.1a)

B.2.1.2.2 测量的范围

评价问题	位置	是否满足4.4.1?	是否满足评价问题的要求?	对应要求(GB/T 18491.1—2001)
a) 推导功能规模时,是否需确定 FSM 的范围?				6a)
b) 推导功能规模时,是否需识别包含在 FSM 范围内用户功能需求的标识?				6b)
c) 候选 FSM 方法是否描述了如何去识别哪些用户功能需求包含在 FSM 范围内?				5.2.2b)
d) 候选 FSM 方法是否有对应于特定 FSM 实例中的一组用户功能需求的 FSM 范围的概念?				6b)

B.2.1.2.3 边界

评价问题	位置	是否满足4.4.1?	是否满足评价问题的要求?	对应要求(GB/T 18491.1—2001)
a) 边界是否符合正在研究的软件和用户之间的概念接口? 该问题仅在适用于待评价的 FSM 方法时才回答。				5.2.2f)

评价问题	位置	是否满足4.4.1?	是否满足评价问题的要求?	对应要求(GB/T 18491.1—2001)
b) 在候选FSM方法隐含基本功能部件(BFC)类型和边界关系的地方,是否对每一个BFC类型作了定义?				5.2.2f)

B.2.1.2.4 功能域

评价问题	位置	是否满足4.4.1?	是否满足评价问题的要求?	对应要求(GB/T 18491.1—2001)
a) 候选FSM方法是否使用功能域概念?功能域对应于基于与FSM相关的用户功能需求特性的软件类。				5.2.1.1d)
b) 是否有可应用候选FSM方法的功能域的描述?				5.2.1.1d)

B.2.1.3 FSM的应用

B.2.1.3.1 基本功能部件(BFC)

评价问题	位置	是否满足4.4.1?	是否满足评价问题的要求?	对应要求(GB/T 18491.1—2001)
a) 候选FSM方法是否有或提到BFC概念的定义?				5.2.1.1a)
b) BFC定义是否与作为用户功能需求的基本单元相一致?				5.1.2a)
c) FSM方法是否把这些用户功能需求的基本单元用于测量目的?				5.2.2a)
d) 候选FSM方法是否定义了BFC的属性?				5.2.1.1a)
e) 候选FSM方法是否定义了评价BFC的规则?				5.2.1.1b)
f) 是否有如何识别用户功能需求范围内BFC的描述?				5.2.2c)
g) BFC特性是否仅反映用户功能需求?				5.1.2a)
h) BFC特性是否不反映技术需求?				5.1.2b)
i) BFC特性是否不反映质量需求?				5.1.2c)

评价问题	位置	是否满足 4.4.1?	是否满足评价问题的要求?	对应要求 (GB/T 18491.1—2001)
j) 推导功能规模时,是否需要在用户功能需求范围内标识 BFC?				6c)

B.2.1.3.2 基本功能部件类型(BFC 类型)

评价问题	位置	是否满足 4.4.1?	是否满足评价问题的要求?	对应要求 (GB/T 18491.1—2001)
a) 是否有符合 BFC 分类的 BFC 类型概念?				5.2.2a)
b) 是否对每一个 BFC 类型作了定义?				5.2.2a)
c) 是否一个 BFC 能归类为一个且仅一个 BFC 类型吗?				5.1.2d)
d) 若有多个 BFC 类型,是否有一个能够将这些 BFC 分类到合适的 BFC 类型中去的定义?				5.2.2d)
e) 若候选 FSM 方法包含了 BFC 类型之间的关系,则它是否提供那些关系的定义? 该问题仅在适用于待评价的 FSM 方法时才需回答。				5.2.2g)
f) 若候选 FSM 方法有多个 BFC 类型,则推导功能规模时,是否需要对 BFC 分类?				6d)

B.2.1.3.3 推导功能规模

评价问题	位置	是否满足 4.4.1?	是否满足评价问题的要求?	对应要求 (GB/T 18491.1—2001)
a) 是通过评价 BFC 推导该功能规模吗?				5.1.1.1c)
b) 推导功能规模是否独立于开发被测量软件所做的工作?				5.1.3a)
c) 推导功能规模是否独立于支持被测量软件所做的工作?				5.1.3b)
d) 推导功能规模是否独立于用于开发被测量软件的方法?				5.1.3c)
e) 推导功能规模是否独立于用于支持被测量软件的方法?				5.1.3d)

评价问题	位置	是否满足4.4.1?	是否满足评价问题的要求?	对应要求(GB/T 18491.1—2001)
f) 推导功能规模是否独立于被测量软件的的物理部件?				5.1.3e)
g) 推导功能规模是否独立于被测量软件的技术部件?				5.1.3f)
h) 是否有如何根据BFC类型赋予该BFC一个数值值的定义?				5.2.2e)
i) 推导功能规模时,是否需对BFC赋予一个数值?				6e)
j) 候选FSM方法是否详细说明如何计算功能规模?				6f)

B.2.1.3.4 功能规模单元

评价问题	位置	是否满足4.4.1?	是否满足评价问题的要求?	对应要求(GB/T 18491.1—2001)
a) 是否有表示功能规模单元的定义?				5.2.1.1c)
b) 报告功能规模时,用户是否需要使用由候选FSM方法指定的单位来限定功能规模?				5.2.3a)
c) 报告功能规模时,用户是否需要使用由候选FSM方法指定的名称来限定功能规模?				5.2.3b)
d) 若候选FSM方法是定制的,用户是否需要在报告功能规模时说明?				5.2.3c)

B.2.2 第2部分:推荐

B.2.2.1 FSM方法

评价问题	位置	是否满足4.4.1?	是否满足评价问题的要求?	对应要求(GB/T 18491.1—2001)
a) 候选FSM方法是否独立于任何特定软件开发方法或技术?				5.1.1.2

B.2.2.2 应用FSM结果的文档

评价问题	位置	是否满足4.4.1?	是否满足评价问题的要求?	对应要求(GB/T 18491.1—2001)
a) 是否有使候选FSM方法得到应用的必要的信息的描述?				5.2.1.2a)

评价问题	位置	是否满足 4.4.1?	是否满足评价问题的要求?	对应要求 (GB/T 18491.1—2001)
b) 是否提供关于如何记录一个特定 FSM 实例的指南?				5.2.1.2b)

B.2.2.3 使用功能规模的结果

评价问题	位置	是否满足 4.4.1?	是否满足评价问题的要求?	对应要求 (GB/T 18491.1—2001)
a) 为使 FSM 用户能判断方法对目标的适宜性,是否有以最佳地使用 FSM 方法为目标的描述?				5.2.1.2c)

B.2.2.4 功能规模的可转换性

评价问题	位置	是否满足 4.4.1?	是否满足评价问题的要求?	对应要求 (GB/T 18491.1—2001)
a) 是否有关于向其他规模测量方法的可转换性的说明?				5.2.1.2d)

B.2.3 第 3 部分:GB/T 18491.1—2001 的条款和评价问题的对照表

GB/T 18491.1—2001		评价问题的相互对照:		符合性评价结果
部分	条款	要求	建议	
5.1.1 FSM 方法的特性	5.1.1.1a)	B.2.1.2.1c),d),e),g)		
	5.1.1.1b)	B.2.1.2.1f)		
	5.1.1.1c)	B.2.1.3.3a)		
	5.1.1.2		B.2.2.1a)	
5.1.2 基本功能部件特性	5.1.2a)	B.2.1.3.1b),g)		
	5.1.2b)	B.2.1.3.1h)		
	5.1.2c)	B.2.1.3.1i)		
	5.1.2d)	B.2.1.3.2c)		
5.1.3 功能规模特性	5.1.3a)	B.2.1.3.3b)		
	5.1.3b)	B.2.1.3.3c)		
	5.1.3c)	B.2.1.3.3d)		
	5.1.3d)	B.2.1.3.3e)		
	5.1.3e)	B.2.1.3.3f)		
	5.1.3f)	B.2.1.3.3g)		

GB/T 18491.1—2001		评价问题的相互对照：		符合性评价结果
部分	条款	要求	建议	
5.2.1 FSM 方法的要求	5.2.1.1a)	B.2.1.3.1a),d)		
	5.2.1.1b)	B.2.1.3.1e)		
	5.2.1.1c)	B.2.1.3.4a)		
	5.2.1.1d)	B.2.1.2.4a),b)		
	5.2.1.2a)		B.2.2.2a)	
	5.2.1.2b)		B.2.2.2b)	
	5.2.1.2c)		B.2.2.2c)	
	5.2.1.2d)		B.2.2.2d)	
5.2.2 基本功能部件评价要求	5.2.2a)	B.2.1.3.1c), B.2.1.3.2a),b)		
	5.2.2b)	B.2.1.2.2c)		
	5.2.2c)	B.2.1.3.1f)		
	5.2.2d)	B.2.1.3.2d)		
	5.2.2e)	B.2.1.3.3h)		
	5.2.2f)	B.2.1.2.3a),b)		
	5.2.2g)	B.2.1.3.2e)		
5.2.3 功能规模的指示	5.2.3a)	B.2.1.3.4b)		
	5.2.3b)	B.2.1.3.4c)		
	5.2.3c)	B.2.1.3.4d)		
6. 应用 FSM 方法的过程	6a)	B.2.1.2.2a)		
	6b)	B.2.1.2.1a),b), B.2.1.2.2b),d)		
	6c)	B.2.1.3.1j)		
	6d)	B.2.1.3.2f)		
	6e)	B.2.1.3.3i)		
	6f)	B.2.1.3.3j)		
7. FSM 方法标识约定	7a)	B.2.1.1a)		
	7b)	B.2.1.1b)		

附　录　C
（资料性附录）
符合性评价报告示例

C.1　引言

C.1.1　本附录提供了根据 GB/T 18491 的本部分要求产生的符合性评价报告模板示例。该报告基于使用符合性评价检查表和附录 B 提供的对照表。

C.1.2　符合性评价报告的主要组成部分：

a）执行概要；

b）完整的符合性评价检查表；

c）符合性评价原始计划；

d）评价结果的理由；

e）符合性评价规程；

f）符合性评价组的资质；

g）在评价过程中与所有人联络的记录。

C.2　执行概要

报告主题　依照与 GB/T 18491.2—2010 一致的 GB/T 18491.1—2001 的符合性评价方法 B

方法证实：

名称　方法 B

版本号　不适用

作者　Fred Smith 和 Ethel Jones

发布日期　1994

出版者　B.C. Publisher，Mawson，Antarctica

评价组织　Acme Assessors

评价类型　第三方

评价结果：

日期　1999.7.21

结果　依据 GB/T 18491.2 中定义的评价标准，该符合性评价不能判定方法 B 符合 GB/T 18491.1—2001 的要求。

C.3　符合性评价检查表

报告的这部分宜包含以符合性评价检查表形式出现的符合性评价概述。根据 GB/T 18491.2 中定义的评价标准，本对照矩阵宜标识对 GB/T 18491.1—2001 中每个要求（有可能每个建议）的程度。本矩阵也宜标识相关的用于确定每项条款是否被满足的评价问题。每个评价问题宜标识候选 FSM 方法文档中每一相关信息的位置，并宜给予通过、失败或未解决的回答。

例如：

评价问题	位置	是否满足4.4.1?	是否满足评价问题的要求?	对应要求(GB/T 18491.1—2001)
B.2.1.3.3g)：推导功能规模是否独立于被测量软件的技术部件?	第34页，第2~4段	是	是	5.1.3f)
	第43页，第4段，第6行	是	是	
	第52页，第2段	是	是	
	第52页，第3段	是	否	
	第52页，第4段	是	是	

GB/T 18491.1—2001		评价问题的相互对照：		符合性评价结果
部分	条款	要求	建议	
5.1.3 功能规模特性	5.1.3f)	B.2.1.3.3g)		失败

C.4 符合性评价原始计划

注：报告的这部分包含了符合性评价原始计划，列出了该计划的一些偏差，并为其提供了理由。

C.5 评价结果的理由

注：报告的这部分是符合性评价报告的主体，宜包括GB/T 18491.1—2001中每项条款的一个子部件，针对该子部件，候选FSM方法不被判为满足GB/T 18491.2定义的评价部件。每个子部件宜：

——提供有助于形成结论的候选FSM方法中相应信息位置的详细标识；

——标识有助于依照GB/T 18491.1—2001相应条款作出决定的评价问题；

——为每个被判为未满足或不能被评价的条款，提供不符合决定的详细理由。

示例：

参考：

- GB/T 18491.1—2001-5.1.3f)；
- 评价问题——B.2.1.3.3g)；
- 候选FSM方法——第52页，第3段。

理由：

作为功能规模的推导部分，方法B包括一个基于开发语言±2%的测量调节，这证明了功能规模对被测量软件技术部件的依赖。

C.6 符合性评价规程

注：报告的这部分包括了符合性评价规程的细节。

C.7 符合性评价组的资质

注：报告的这部分包括了展示符合性评价组能力的信息。

C.8 符合性评价过程中与所有人联络的记录

注：报告的这部分包括：

- 与候选FSM方法拥有方对符合性评价所做工作的相关信息；

- 与拥有方和符合性评价组之间联络内容、类型和频率相关的全部细节;
- 有关与评价组经历的理解或解释中遇到的困难的任何澄清;
- 拥有方在发布前完成对符合性评价报告的注释。

ICS 35.080
L 77

中华人民共和国国家标准

GB/T 18491.3—2010/ISO/IEC TR 14143-3:2003

信息技术 软件测量 功能规模测量 第3部分：功能规模测量方法的验证

Information technology—Software measurement—Functional size measurement—Part 3:Verification of functional size measurement methods

(ISO/IEC TR 14143-3:2003,IDT)

2010-12-01 发布 2011-04-01 实施

中华人民共和国国家质量监督检验检疫总局
中国国家标准化管理委员会 发布

中华人民共和国国家标准

GB/T 18491.3—2010/ISO/IEC TR 14143-3:2003

信息技术 软件测量 功能规模测量 第3部分：功能规模测量方法的验证

Information technology—Software measurement—
Functional size measurement—
Part 3: Verification of functional size measurement methods

(ISO/IEC TR 14143-3:2003, IDT)

2010-12-01 发布 2011-0[illegible]-01 实施

中华人民共和国国家质量监督检验检疫总局
中国国家标准化管理委员会 发布

前　言

GB/T 18491 在《信息技术　软件测量　功能规模测量》总标题下目前由以下 6 个部分组成：

——第 1 部分：概念定义；

——第 2 部分：软件规模测量方法与 GB/T 18491.1—2001 的符合性评价；

——第 3 部分：功能规模测量方法的验证；

——第 4 部分：基准模型；

——第 5 部分：功能规模测量的功能域确定；

——第 6 部分：GB/T 18491 系列标准和相关标准的使用指南。

本部分为 GB/T 18491 的第 3 部分。

本部分等同采用 ISO/IEC TR 14143-3:2003《信息技术　软件测量　功能规模测量　第 3 部分：功能规模测量方法的验证》(英文版)。由于国际标准 ISO/IEC 14143-6:2006 发布晚于 ISO/IEC TR 14143-3:2003，因此原国际标准 ISO/IEC TR 14143-3:2003 的前言中不涉及 ISO/IEC 14143-6:2006。而在将 ISO/IEC TR 14143-3:2003 转化为本部分时，前言中补充了有关第 6 部分的说明。

为便于使用，对于 ISO/IEC TR 14143-3:2003，本部分还做了下列编辑性修改：

——原文中的术语 3.5"measurand"存在拼写错误，改为"measured"(待测物理量)；

——由于原文的 4.3.1.1 和 A.2.5 中引出了 ISO/IEC 14143-5，因此在第 2 章规范性引用文件中增加了 GB/T 18491.5。

本部分的附录 A 和附录 B 为规范性附录，附录 C 为资料性附录。

本部分由全国信息技术标准化技术委员会(SAC/TC 28)提出并归口。

本部分起草单位：上海计算机软件技术开发中心、中国电子技术标准化研究所、东软集团股份有限公司、辽宁北方实验室有限公司。

本部分主要起草人：杨根兴、谢晓燕、宗宇伟、冯惠、郘贺华、蔡立志、李婷、刘振宇、陈达丽、金荣得。

引　　言

功能规模测量(FSM)是通过量化软件用户功能需求来测量软件规模的一种技术。最初发表包含这种概念的方法是由 Allan Albercht 于 20 世纪 70 年代后期开发的功能点分析。此后,对原有方法开发出了许多扩展和变种。有多个变种可以供最终用户选择,每个变种在特定的条件下都有其自身的优势。制定 GB/T 18491 的本部分是为了通过提供一个对 FSM 方法的某些性能属性陈述的真实程度进行验证的过程,以帮助用户选择适合他们需要的方法。

测试依据本部分中的条款(包括对特定 FSM 方法的性能属性所做的陈述)执行。这些测试的结果将有助于 FSM 方法的潜在用户判断该方法是否适合他们的需要。

制定 GB/T 18491.1—2001 是为了定义 FSM 的概念并为所有变体提供一个用于比较的基线。

而 GB/T 18491 的本部分:

a) 建立了一个框架结构,用以验证 FSM 方法的某个性能属性;

b) 定义了几个性能属性,可据此验证 FSM 方法;

c) 描述了可执行的测试的类型;

d) 定义了 FSM 方法的验证过程;

e) 提供了验证报告的一个示例模板。

验证由验证组执行,该组具有本部分中描述的能力。本部分假定读者熟悉 GB/T 18491.1—2001 中描述的概念和定义。

设计验证过程以满足验证发起方的需求,并且验证过程应包括:

a) 标识需要验证的性能属性;

b) 标识需要执行的测试;

c) 执行测试;

d) 报告验证测试的结果。

验证的输出是验证报告,验证报告为 FSM 方法某性能属性的展现程度提供了客观证据。验证报告由每个被执行的测试结果组成,并且可用作:

a) 确定一个特定 FSM 方法所作陈述的正确性;

b) 确定一个特定 FSM 方法展现被测的特定性能属性的程度;

c) 帮助 FSM 方法的潜在用户做出有关哪个方法最能满足他们需要的明智决定。

信息技术　软件测量　功能规模测量
第3部分:功能规模测量方法的验证

1　范围

GB/T 18491 的本部分规定了一个框架,用以验证 FSM 方法的陈述和(或)执行验证发起方请求的测试。涉及以下性能属性:

a)　重复性和再现性;

b)　准确性;

c)　可转换性;

d)　辨别阈值;

e)　对功能域的适用性。

注:涉及其他性能属性的陈述和测试请求超出了本部分的范围。

本部分致力于保证验证输出是客观的、公正的、一致的和可重复的。

作为应用本部分结果所产生的验证报告,将使潜在用户选择出最能满足他们需要的 FSM 方法。

2　规范性引用文件

下列文件中的条款通过 GB/T 18491 的本部分的引用而成为本部分的条款。凡注日期的引用文件,其随后所有的修改单(不包括勘误的内容)或修订版均不适用于本部分,然而,鼓励根据本部分达成协议的各方研究是否可使用这些文件的最新版本。凡不注日期的引用文件,其最新版本适用于本部分。

GB/T 18491.1—2001　信息技术　软件测量　功能规模测量　第1部分:概念定义(idt ISO/IEC 14143-1:1998)

GB/T 18491.2—2010　信息技术　软件测量　功能规模测量　第2部分:软件规模测量方法与 GB/T 18491.1—2001 的符合性评价(ISO/IEC 14143-2:2002,IDT)

GB/T 18491.4—2010　信息技术　软件测量　功能规模测量　第4部分:基准模型(ISO/IEC TR 14143-4:2002,IDT)

GB/T 18491.5—2010　信息技术　软件测量　功能规模测量　第5部分:功能规模测量的功能域确定(ISO/IEC TR 14143-5:2004,IDT)

3　术语和定义

GB/T 18491.1—2001 中界定的以及下列术语和定义适用于本部分。

3.1

测量的准确性　accuracy of measurement

测量结果与被测正确值接近一致的程度。

注1:准确性是一个质的概念。

注2:术语"精确性"不宜被用作"准确性"。

[引用参考文献[13] 3.5 的定义]

注3:参考文献[13]中定义,一个正确值是一个与某给定具体量的定义一致的值,且该值可通过一个理想的测量获得。在理想测量不切实可行的情况下,由于存在合乎已知目标的不确定因素,按照惯例,约定的正确值是源自具体量并被接受的值。"约定正确值"在相同的参考资料中有时称作分配值、最佳估计值、约定值或参考值。宜采用用相对误差的平均量表述准确性。

3.2

功能域的适用性　applicability to a functional domain

FSM方法考虑与其所在功能域中相关的用户功能需求(FUR)的特性的能力。

3.3

可转换性　convertibility

应用两个或多个FSM方法对同一用户功能需求集进行功能规模测量所得结果的转换能力。

注：FSM方法的可转换性是GB/T 18491.1—2001的一个建议。

3.4

辨别(阈值)　discrimination (threshold)

一个激发引起的变化呈缓慢且单调时，使得测量手段产生可检出的最大变化。

注：辨别度阈值可能取决于噪音(内部的或外部的)或摩擦，也可能取决于激发值。

[引用参考文献[13] 5.1.1的定义]

3.5

待测物理量　measured

被测的特定量。

例：20 ℃时给定样品水的液体压力。

注1：对待测物理量的说明可能需要时间、温度、压力等量的陈述。

[引用参考文献[13] 2.6的定义]

注2：本部分中待测物理量指FUR。

3.6

测量手段　measuring instrument

用于进行测量的设施，单独使用或与其他辅助设施配合使用。

注：本部分中测量手段的核心要素是FSM方法。

3.7

FSM方法的拥有方　owner of the FSM method

拥有FSM方法知识产权的个人或组织。

3.8

(测量结果的)重复性　repeatability (of results of measurements)

相同测量条件下，对相同待测物理量执行连续测量所产生的结果接近一致的程度。

注1：这些条件称作可重复条件。

注2：可重复条件包括：

a) 相同的测量过程；

b) 相同的观察者；

c) 在相同条件下使用相同的测量手段；

d) 相同的位置；

e) 在短期内重复。

注3：重复性可以根据结果的分布特性定量地表示。

[引用参考文献[13] 3.6的定义]

3.9

(测量结果的)再现性　reproducibility (of results of measurements)

在不同测量条件下，对相同待测物理量执行测量所产生的结果接近一致的程度。

注1：再现性的有效陈述应有条件变化的说明。

注2：变化的条件可包括：

a) 测量原则；

b) 测量方法；

c） 观察者；

d） 测量手段；

e） 引用标准；

f） 位置；

g） 使用条件；

h） 时间。

注 3：再现性可以根据结果的分布特性定量地表示。

注 4：这里的结果通常都被认为是正确的。

［引用参考文献［13］3.7 的定义］

3.10

验证方法 verification method

用于测试 FSM 方法并为特定性能属性的展现程度提供客观证据的方法。

注：应用本部分的目的是使用户选择最能满足他们需要的 FSM 方法。因此验证 FSM 方法产生的结果宜表明：

a） 性能属性展现的程度；

b） 性能属性是否展现到了规定的程度。

因此，没有“成功”或“失败”的概念。对于特定的性能属性，可基于是否已经对 FSM 方法执行了适当的验证来认为该方法是“已验证的”或“未验证的”。

3.11

验证发起方 verification sponsor

要求执行验证并为执行验证提供资金或其他资源的个人或组织。

4 验证

4.1 概述

4.1.1 验证的目的是为 FSM 方法展现某些性能属性的程度提供客观证据。可接受的级别可能依赖于验证发起方的周境和目的等，例如一个级别可能对于一个目的是可被接受的，但对于另一个目的是不可被接受的。

4.1.2 FSM 方法验证应由验证组执行，其目的是：

a） 确定 FSM 方法陈述的正确性；

b） 实施验证发起方所请求的测试。

4.1.3 验证应包括以下活动：

a） 组建验证的组（验证组的组建基于被鉴别的能力，见 4.2）；

b） 汇集验证的输入（验证输入是明示的或生成的，见 4.3）；

c） 执行验证（验证的执行，见 4.4）；

d） 编辑验证的输出（产生验证报告，见 4.5）。

注：图 1 提供了一个图示（图中的数字是本部分的条款）。

4.1.4 验证报告应只对作为验证主体的 FSM 方法的特定版本有效。方法的每一个版本（包括本地客户化），都被看作另一个 FSM 方法并且应分别进行验证。如果验证组可以区分一个 FSM 方法与其先前已验证的一个版本之间的相同点和不同点，那么可以把先前的验证结果作为新验证的基础。如果对同一 FSM 方法先前已验证版本的验证测试已报告过，那么验证组应在当前验证中考虑这些验证测试。

注：如果验证组根据先前已验证的 FSM 方法来验证一个 FSM 方法，那么他们需要意识到两个版本间可能存在的未被关注的不同之处所带来的风险。验证组必须注意在验证过程中考虑所有变更的实际结果。

4.1.5 验证组应验证被评估 FSM 方法的版本的文档是完整的（如 4.3.2 中定义）和正确的。

4.1.6 验证组宜在验证过程中与验证发起方保持联系。

4.1.7 如果能联系上 FSM 方法的拥有方，那么验证组应：

a) 在验证过程中与拥有方保持联系；

b) 在验证报告中表述与拥有方联系的主题，并且在适当的地方交叉引用与之相关的条款或验证活动。

4.1.8 在与 FSM 方法的拥有方进行联系的过程中获得的信息，验证组应确定是否将形成一个与所提交验证的 FSM 方法不同的新版本。在这种情况下，应运用 4.1.4。

4.1.9 如果能联系上 FSM 方法的拥有方，那么应为拥有方提供机会去响应验证中的一些发现，并且在验证报告发布前添加一些备注说明。

4.1.10 如果 FSM 方法的拥有方在合理的时间段内未对验证报告的发现作出响应，那么验证组就可以继续进行报告的发布。这个时间段，宜在验证开始时宜由 FSM 方法的拥有方和验证组达成共识。

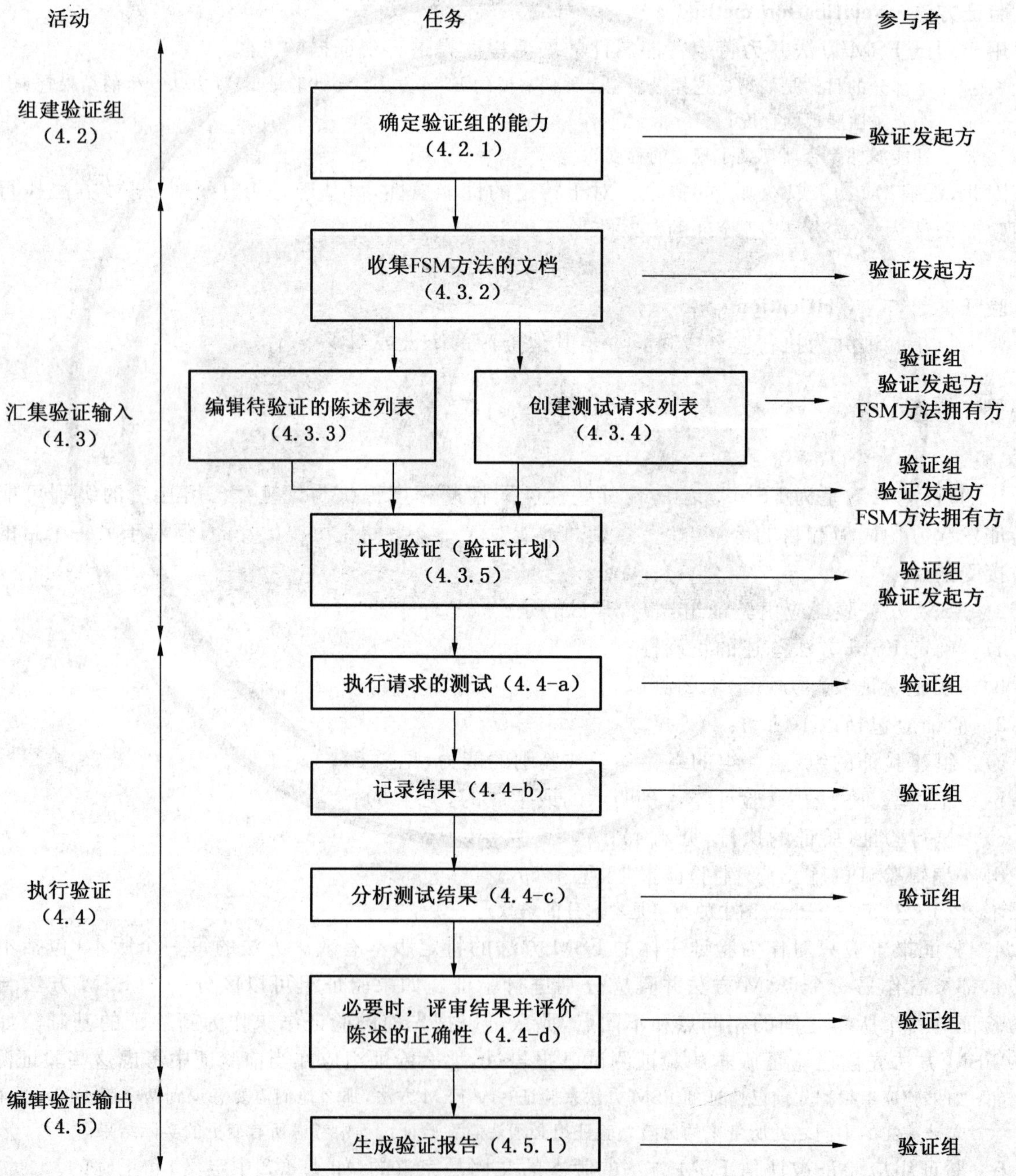

图 1 验证

4.2 组建验证组

4.2.1 确定验证组的能力

依据本部分,要验证一个FSM方法,验证组宜具有:

a) GB/T 18491所有部分的概念知识;

b) 对GB/T 18491.3和GB/T 18491.4细节的完全理解;

c) 对测量概念的完全理解;

d) 待验证FSM方法的经验;

e) 在软件环境中执行以国家或国际标准为依据的验证测试方面的经验(本部分中不是必要的)。

注:测量概念包括:

a) 统计方法;

b) 测量理论;

c) 软件规模测量的概念。

4.2.2 验证组的职责

验证组应保证验证中所有的活动都被完成。这些活动应包括:

a) 制定验证计划;

b) 定义验证规程;

c) 执行验证(应用验证方法,记录和分析测试结果,以及评价每个陈述的正确性);

d) 生成验证报告。

4.3 汇集验证输入

4.3.1 准备验证输入

4.3.1.1 验证输入至少应包括以下信息:

a) GB/T 18491的第3部分、第4部分和第5部分;

b) FSM方法文档;

c) 依据GB/T 18491.2—2010,FSM方法符合GB/T 18491.1—2001的证据;

d) 验证发起方指定的验证目的、范围和周境;

e) 待验证的陈述列表和/或测试请求列表;

f) 验证计划;

g) 验证规程。

4.3.1.2 验证输入还宜包括:

a) 基准用户需求;

b) 基准FSM方法。

基准用户需求和基准FSM方法宜适合于待测FSM方法的适应性所对应的功能域。

对于独立研究人员依据本部分条款完成的测试结果,验证组可以有选择地接受。

4.3.2 收集FSM方法文档

FSM方法文档应包括使用GB/T 18491.2—2010对FSM方法进行GB/T 18491.1—2001的符合性评价时提交的所有材料,但并不局限于此。

4.3.3 编辑待验证的陈述列表

陈述列表应包括与性能属性列表有关的FSM方法陈述。只有FSM方法文档中的陈述才被看作FSM方法陈述。陈述列表应由验证发起方与验证组协商后编制。可能时,FSM方法的拥有方宜参与该过程。

4.3.4 创建测试请求列表

测试请求应仅与性能属性列表有关。

验证组在与验证发起方协商后,应通过检查下列内容来制定测试列表:

a） 陈述列表(如果有)并标识可用于验证每个陈述的测试；

b） 验证发起方的附加要求(如果有)并标识可用于满足这些要求的测试。

可能时，FSM方法的拥有方宜参与该过程。

注：测试结果的有用性将取决于请求是如何构成的。验证组可在测试详细说明中帮助保证验证结果对验证发起方是有用的。正确地构成测试请求也将简化验证。

例：如果验证发起方提问“方法A的准确性如何”，那么验证报告可能包含以下所有的陈述：

a） 对于60%的测量，方法A产生的功能规模在80%以内是准确的；

b） 对于70%的测量，方法A产生的功能规模在75%以内是准确的；

c） 对于80%的测量，方法A产生的功能规模在65%以内是准确的。

如果验证发起方要求的测量准确度是90%，那么上述结果就不是很有用。

应依据附录A中规定的框架表示测试请求。

4.3.5 计划验证(验证计划)

验证组应在与验证发起方协商后制定验证计划。验证计划至少应：

a） 描述验证规程所需要的活动、任务、时间表和资源；

b） 提供待用验证方法的详细描述；

注：附录B中描述了一些验证方法。

c） 唯一标识验证过程的每个输入；

d） 包括验证组成员的姓名和详细联系方式；

e） 包括验证发起方的姓名和详细联系方式；

f） 描述参与验证的所有人员和组织的角色和职责；

g） 描述在验证过程中如何使用输入产生验证输出。

4.4 执行验证

验证应包括以下活动：

a） 执行请求的测试；

注：对测试列表中的每项测试都必须应用验证方法。

b） 记录测试结果；

c） 分析测试结果；

d） 评审测试结果并评价陈述的正确性(必要时)。

4.5 编辑验证输出

4.5.1 验证组应生成一个验证报告，它记录了支持验证结果的详细证据。

验证组宜从验证发起方那里获得一个认可签名。

4.5.2 验证报告至少应包括以下各项：

a） 执行概要；

b） 验证发起方的目的、范围以及背景；

c） 待验证的陈述列表(如果有)；

d） 测试请求列表(如果有)；

e） 验证计划；

f） 测试结果(包括所有对得出结论有用的信息)；

g） 测试结果的分析；

h） 陈述正确性的评价(如适用)。

4.5.3 执行概要部分至少应包括以下内容：

a） FSM方法的完整的定义细节；

b） 验证日期；

c） 每个陈述的验证结果；

d） 每个测试请求的验证结果；

e） 验证组成员的姓名和详细联系方式。

注：附录C包含了一个验证报告的例子，该例子展现了本部分的最低要求。

附 录 A
（规范性附录）
测试请求的表述

A.1 测试请求的一般要求

测试请求列表中的每个测试请求应：

a) 编号，以能被唯一性地识别；

b) 标识 FSM 方法中的相应陈述（如果适用）；

c) 标识测试所涉及的性能属性；

d) 说明验证测试所用的验证方法；

注：附录 B 中描述了验证方法。

e) 依据 A.2 中的条款准确地描述。

A.2 测试请求的描述

A.2.1 有关 FSM 方法重复性和再现性的测试

测试 FSM 方法重复性和再现性的请求应说明：

a) 待测 FSM 方法的功能域；

b) 待测 FSM 方法的 FUR 的规模范围；

c) 待测 FSM 方法的测试条件；

示例 1：这样的条件可以是："必须由组织 C 认可的测量者来应用方法 A，以测试该方法是可重复和再现的。"

d) 应用验证方法所必需的其他所有信息。

示例 2：当由组织 C 认可的方法 A 测量者将 FSM 方法 A 重复地应用到同一的 FUR（属于"管理信息系统"功能域）的；且规模范围是 100～600 个方法 A 单元；方法 A 单元所得结果间的标准偏差是多少。

示例 3：当 3.05 版本的 FSM 方法 A 由不同的测量者应用到任一来自任意给定功能域和任意规模的 FUR 集时，方法 A 单元所得结果间的标准偏差是多少。

A.2.2 有关 FSM 方法准确性的测试

A.2.2.1 概要

测试 FSM 方法准确性的请求应说明应用验证测试必需的所有信息。

示例：我们能否建立 FSM 方法 B 的准确性，

1) 通过建立 FSM 方法 A 的结果与 FSM 方法 B 的结果间的关联；

2) 用于"实时系统"功能域；

3) 用于所有规模小于 600 个方法 A 单元的 FUR；

4) 验证方法 B 的准确性？

A.2.2.2 通过引用外部准则的准确性陈述

通过引用一个外部准则陈述 FSM 方法是准确的应说明：

a) 用于说明准确性的外部准则；

b) FSM 方法的结果与外部准则的值之间的相关性可以或已经建立的条件；

c) FSM 方法的结果与外部准则的值之间的相关性的类型（相等、错误率等）。

示例：

1) 待验证 FSM 方法的名称：方法 B；

2) 用来说明准确性的外部准则：方法 A；

3) 版本号：10；

4) 作者姓名:Fred Smith 和 Ethel Jones;

5) 发布日期:1990;

6) 发布者姓名和详细联系方法:B. C Publishing,Mawson,Antarctica。

陈述:在测量任何功能域的 FUR 时,可以统计地表示为:

A(FURi)≈2 * B(FURi)(±10 个方法 B 单元)

式中:

A(FURi)——把 FSM 方法 A 应用到任何 FURi 所得到的结果;

B(FURi)——把 FSM 方法 B 应用到任何 FURi 所得到的结果。

因为 FSM 方法 A 是 100%准确的(在使用本部分测试后),FSM 方法 B 的准确性大约是±10 个方法 B 单元。

A.2.2.3 使用引用的理论作准确性陈述

通过引用理论陈述 FSM 方法是准确的应说明:

a) 用以说明 FSM 方法准确性的理论的完整描述(文档、作者等);

b) 理论如何解释 FSM 方法行为的完整描述。

A.2.3 有关 FSM 方法可转换性的测试

测试 FSM 方法可转换性的请求应说明:

a) 与待验证 FSM 方法对照的测试方法的唯一标识(依据 GB/T 18491.2—2010 中的 4.3.2);

b) 被测的待验证 FSM 方法所对应的 FUR 的规模范围;

注:规模范围可以用待测 FSM 方法的单元或其他测量方法的单元表示。

c) 已建立的关联功能域;

d) 使得 FSM 方法与第二测量方法之间能够进行转换的算法或推导,如果已经定义;

e) 应用验证方法所必需的其他所有信息。

示例 1:使用验证方法"y"测试可转换性,确定当 FSM 方法 A 和 B 都应用到 FUR 时,FSM 方法 A 的结果是否可以转换成 FSM 方法 B 的结果。其中的 FUR:

1) 属于"电子银行系统"功能域;

2) 规模小于 600 个方法 A 的单元。

示例 2:

待验证 FSM 方法的名称:方法 B。

已建立相关性的测量方法:

1) 方法名称:方法 A;

2) 版本号:10;

3) 作者姓名:Fred Smith 和 Ethel Jones;

4) 发布日期:1990;

5) 发布者的姓名和详细联系方法:B. C Publishing,Mawson,Antarctica。

陈述:在应用到"过程控制系统"功能域内任何规模的 FUR 时,可以统计地表示为:

A(FURi)≈2 * B(FURi)+7

式中:

A(FURi)——将 FSM 方法 A 应用到任何 FURi 所得到的结果;

B(FURi)——将 FSM 方法 B 应用到任何 FURi 所得到的结果。

A.2.4 有关 FSM 方法辨别度的测试

测试 FSM 方法辨别度的请求应说明:

a) 执行测试的功能域;

b) 应用验证方法所必需的其他所有信息。

示例 1:应用验证方法"Z"测试辨别度,确定"实时系统"功能域 FUR 的已测量特性的最小变化,该变化使得 FSM 方法生成的测量结果产生了改变。

示例 2:在 FSM 方法 K(版本 1.3.1)中,一个数据元类型在输入或输出上的变化会分别产生 0.01 和 0.02 个 FSM 方法 K 单元规模的变化。

A.2.5 有关 FSM 方法的功能域适用性的测试

测试 FSM 方法的功能域适用性的请求应说明:

a) 待测 FSM 方法的功能域,符合 GB/T 18491 的第 5 部分;

b) FSM 方法适用的 FUR 的规模范围;

c) 适用性方面的其他约束;

注:方法可以应用到功能域的一个子集。

d) 应用验证方法所必需的其他所有信息。

附 录 B
（规范性附录）
验 证 方 法

B.1 评估 FSM 方法重复性和再现性的验证方法

B.1.1 重复性

要执行重复性验证，验证组应：

a) 选择测试所需的 n 个 FUR 的列表（$n \geqslant 30$）；

注 1：数字 30 是普遍接受的样本规模，其对获得正态分布的统计平均数是必要的。

b) 任命一个测量者组，该组在使用被验证 FSM 方法方面接受过正规培训，并具有相关经验；

c) 保证实验的客观性；

d) 要求每个测量者将 FSM 方法应用到每个 FUR；

e) 检查每个测量者获得的结果，以保证 FSM 方法的规则被正确应用；

f) 计算每个 FUR 的结果的平均值和标准偏差；

g) 确定测量方法的统计重复性。

注 2：用到的统计数字依赖于获得的结果。例如，假如获得的结果正常地分布在平均值附近，那么测量者获得的结果中有 99.7%宜在±3×标准偏差内。然而，必须关注系统的错误，如许多测量者系统地未能识别某些与 FSM 方法相关的 BFC 类型。

	测量者 1	测量者 2	……	测量者 m	平均值	标准偏差	3×标准偏差
FUR 1	123	130	……	128	127	3.109	9.327
FUR 2	250	245	……	254	249	3.741	11.223
……			……		……	……	……
FUR n	417	430	……	425	424	5.35	16.06

B.1.2 再现性

除了在验证过程中必须改变一些条件外，再现性与重复性的验证活动是一样的。

B.2 评估 FSM 方法准确性的验证方法

B.2.1 应用 FSM 方法的准确性的验证

要执行应用 FSM 方法的准确性的验证，验证组应：

a) 确定 FSM 方法 A 方面的一个专家组，他们将根据 FSM 方法 A 对特定 FUR 集的最佳应用情况来建立一个规模共识。该共识值将作为 FSM 方法 A 对此 FUR 集所产生的功能规模正确值的最佳估计值或参考值；

b) 确定该方法的一个用户组以独立地测量同一 FUR 集。这个用户组在 FSM 方法 A 方面的经验宜被记录；

c) 将各测量结果与专家建立共识的参考值进行比较，以确定这组实验条件下 FSM 方法的准确性。

B.2.2 关于参考理论的验证

要执行关于参考理论的验证方法的准确性的验证，验证组应：

a) 使用理论进行预测；

b) 将实际观测与理论进行比较。

B.3 FSM 方法可转换性的验证方法

要执行可转换性验证，使用相关的第二个 FSM 方法，验证组应核实待验证 FSM 方法与第二个 FSM 方法测量同一的量。

示例 1：两点之间的距离可用以下尺来测量：

a) 以米为刻度的尺；

b) 以英尺为刻度的尺。

第一种方法(第一种尺)获得的结果可以转换成第二种方法获得的结果。该转换以 1m=3.28in 的事实为基础。所以进行该转换操作使用了下面的等式：以英尺为单位的距离等于 3.28 乘以米为单位的距离。

示例 2：可转换性可以是准确的，即通过数学公式或统计相关性。在有直接的数学公式转换时，仅转换公式需要测试。下面描述的方法仅仅在假定两种方法之间最多只有一个统计相关性的时候应用。

要执行可转换性验证，验证组应：

a) 选择适合测试的 n 个 FUR 的列表($n\geqslant30$)；

b) 任命一个在使用 FSM 方法方面接受过正规培训并具有相关经验的测量者；

c) 任命一个在使用第二个 FSM 方法方面接受过正规培训并具有相关经验的测量者；

d) 保证实验的客观性；

e) 要求每个测量者将 FSM 方法应用到每个 FUR；

f) 检查测量者获得的结果，以保证方法的规则被正确应用；

g) 确定两种方法的结果间的相关性等式；

h) 确定相关性系数并分析所得结果的协方差。

注：可转换性可用下列的一种表示：

a) 完全可转换性：在任何条件下，使用一个算法或一个数学模型可以将功能规模转换成另一种软件规模测量；

b) 受限的可转换性：在某些条件(如对于有限的规模范围或在特定的准确性程度内)下，使用一个算法或一个数学模型可以将功能规模转换成另一种软件规模测量；

c) 不可转换性：功能规模不能转换成另一种软件规模测量。

B.4 FSM 方法辨别度的验证方法

要执行辨别度验证，验证组应：

a) 选择适合测试的 n 个 FUR 的列表($n\geqslant30$)；

b) 任命一个测量者，该测量者在使用 FSM 方法方面接受过正规培训并具有相关经验；

c) 保证实验的客观性；

d) 要求每个测量者将 FSM 方法运用到每个 FUR 中；

e) 检查测量者获得的结果，以保证方法的规则被正确应用；

f) 通过以下方式确定最小辨别度：

 1) 鉴别 FUR 的最小变化，FSM 方法能据此识别出功能规模值的变化；

 2) 从零往上移动，在 FSM 方法可识别出功能规模值的变化前鉴别 FUR 中的最大变化；

示例 1：如果一个天平以克为单位，那么比 1 g 小的东西就无法测量。

g) 通过以下方式确定最大辨别度：

 1) 鉴别 FUR 的最大变化，FSM 方法能据此识别出功能规模值的变化；

 2) 从无穷大往下移动，在 FSM 方法可识别出功能规模值的变化前鉴别 FUR 中的最小变化。

示例 2：如果一个天平的量程只有 1 kg，那么比 1 kg 大的东西就无法测量。

B.5 对于功能域的适用性(FSM方法的)的验证方法

要执行对于功能域的适用性的验证,验证组应:

a) 确定FSM方法是否考虑或识别了用以定义或区分功能域的特性;

b) 确定FSM方法考虑功能域的主要功能规模影响参数的程度。

注1:GB/T 18491.1—2001对功能域做了一般定义,而GB/T 18491.5—200×中扩展了特定功能域的定义。

注2:如果一个FSM方法不符合特定的BFC类型(给定要求的准确性),并且该BFC类型对于功能域上软件的功能规模是至关重要的,那么该FSM方法对该功能域不适用。

注3:一个近似的FSM方法可以不考虑所有可能的BFC类型(这些BFC类型能完全区分一个特定的功能域),但是可能对该功能域上近似规模的软件是适用的。

附　录　C
（资料性附录）
验证报告示例

C.1　介绍

本附录提供了一个依据本部分生成验证报告的示例。

以下是该报告的主要元素：

a）　执行概要；

b）　验证发起方的目的、范围和背景；

c）　待验证的陈述列表（如果有）；

d）　测试请求的列表（如果有）；

e）　验证计划；

f）　测试结果（包括所有对得出的结论有用的信息）；

g）　测试结果的分析；

h）　陈述的正确性评价（如适用）。

C.2　执行概要

报告标题	方法 A（版本 11）的验证
方法识别	
名称	方法 A
版本号	版本 11
作者	Fred Smith and Ethel Jones
发布日期	2001
发布者	B. C. Publishing, Mawson Antarctica
评价组织	Acme Evaluators
验证结果	
日期	1999.7.21
结果	**重复性和再现性：**

当 FSM 方法 A（版本 11）由组织 C 认可的方法 A 测量者重复应用到同一 FUR（属于“公共银行系统”功能域），且获得的结果少于 600 个方法 A 单元（近似地），那么结果的标准偏差少于 9 个方法 A 单元。

可转换性：

当应用到“薪资系统”功能域的 FUR 时，可以统计地表示为：

A(FURi)≈3.14159 * B(FURi)+2.71828

式中：

a）　A(FURi)是将 FSM 方法 A（版本 11）应用到被测 FURi 集所得到的结果；

b）　B(FURi)是将 FSM 方法 B（版本 4）应用到被测 FURi 集所得到的结果。

测试请求

准确性：

当应用到“管理信息系统”功能域的 FUR（该 FUR 的规模少于 600 个方法 A（版本 11）单元）时，可以统计地表示为：

A(FURi)≈42 * B(FURi)（±10 方法 B 单元）；

式中：

a) A(FURi)是将 FSM 方法 A(版本 11)应用到被测 FURi 集所得到的结果；

b) B(FURi)是将 FSM 方法 B(版本 4)应用到被测 FURi 集所得到的结果。

验证组

评估组长	John Acme	电话：123456789 传真：987654321 E-mail：john@acme. com. xyz
助理评估员	John Acme	电话：123456789 传真：987654321 E-mail：john@acme. com. xyz
	Janet Acme	电话：123456789 传真：987654321 E-mail：janet@acme. com. xyz

C.3 验证发起方的目的、范围和周境

验证发起方正在研究 FSM 方法 A 的实施。他已经请求验证 FSM 方法中所作的两个陈述，并想在最终决定实施方法 A 前知道两个性能属性的验证测试结果。

C.4 陈述列表

陈述	**陈述 1**
陈述的位置	第 2 页第 4 段
关注的性能属性	重复性和再现性
陈述主体	当 FSM 方法 A(版本 11)由组织 C 证明合格的方法 A 使用者重复应用到同一 FUR(属于“客户注册系统”功能域)，且获得的结果少于 600 个方法 A 的单元(近似地)，那么结果的标准偏差少于 12 个方法 A 单元。

陈述	**陈述 2**
陈述的位置	第 2 页第 5 段
关注的性能属性	可转换性
已建立的相关测量方法	名称和版本号：方法 B，版本号：4 作者姓名：Fred and Ethel 发布日期：1990 发布者的姓名和具体联系方式：B. C. Publishing，Vostok Antarctica
陈述主体	当应用到“薪资系统”功能域的 FUR 时，可以统计地表示为： A(FURi)≈2 * B(FURi)+7 式中： a) A(FURi)是将 FSM 方法 A 应用到任意 FURi 所得到的结果； b) B(FURi)是将 FSM 方法 B 应用到任意 FURi 所得到的结果。

C.5 测试请求列表

测试	**测试请求 1**
关注的性能属性	准确性

测试请求的主体	确定我们是否能通过建立 FSM 方法 B(版本 4)和 FSM 方法 A 之间的相关性来证明 FSM 方法 B(版本 4)的准确性： a) 针对“管理信息系统”功能域； b) 针对所有规模小于 600 个方法 A 单元的 FUR； c) 使用从附录 B 中选出的准确性验证方法。

C.6 验证计划

本报告的该部分宜包括验证计划。

C.7 结果

本报告的该部分宜包括验证组执行的每个测试的详细结果。

C.8 测试结果的分析

本报告的该部分宜包括验证组执行的每个测试的结果的分析。

C.9 陈述正确性的评价

本报告的该部分宜包括方法所作陈述的评价。

参 考 文 献

[1] A. ABRAN, V. T. Ho, S. OLIGNY, T. FETCKE, "Convertibility Study of Functional Size Measurement Methods COSMIC-FFP and IFPUG methods". UQAM, 2000

[2] N. E. FENTON, S. L. PFLEEGER: "Software Metrics: A Rigorous & Practical Approach", Second ed. London: International Thomson Computer Press, 1997

[3] T. FETCKE, "A General Structure for Function Point Analysis", Proceeding of International Workshop on Software Measurement (IWSM), Lac Supérieur, Québec, 1999, pp. 124-153

[4] T. FETCKE, "The Warehouse Software Portfolio: A Case Study in Functional Size Measurement", Technical Report Number 99-20, ISSN 1436-9915, TU Berlin

[5] D. R. JEFFERY, "A Comparison of Function Point Counting Techniques", IEEE Trans. On Software Engineering, Vol. 19, No. 15, Mai, pp. 529-532

[6] C. F. KEMERER, "Reliability of function point measurement". CACM, Vol. 36, No. 2, 1993, pp. 85-97

[7] B. KITCHENHAM, S. L. PFLEEGER, N. FENTON: "Towards a Framework for Software Measurement Validation", IEEE Transactions On Software Engineering, vol. 21, no. 12, pp. 929-943, Dec. 1995

[8] B. KITCHENHAM, K. KANSALA, "Inter-item Correlations among Function Points", Proceeding of Intl' Conf. on Software Engineering, Baltimore, Avril, 1993, pp. 11-14

[9] F. S. ROBERTS: "On the Theory of Uniqueness in Measurement", Journal of Mathematical Psychology, 14, 1976, pp. 211-218

[10] Handbook of Measurement Science, Vol. 1, Edited by P. H. Sydenham, John Wiley & Sons Ltd., 1982

[11] J. P. JACQUET, A. ABRAN: "From Software Metrics to Software Measurement Methods", Third International Standard Symposium and Forum on Software Engineering Standards, ISESS 97, IEEE, Walnut Creek, USA, 1997

[12] S. OLIGNY, A. ABRAN, "On the Compatibility between Full Function Points and IFPUG Function Points", Proceedings of 10th European Software Control and Metric Conference (ESCOM SCOPE 99), London, UK, 1999

[13] ISO: "International vocabulary of basic and general terms in metrology", (An international agreement on terminology, prepared as a collaborative work of experts appointed by BIPM, IEC, IFCC, ISO, IUPAC, IUPAP and OIML), 1993, 60 p., bilingual, ISBN 92-67-01075-1

ICS 35.080
L 77

中华人民共和国国家标准

GB/T 18491.4—2010/ISO/IEC TR 14143-4:2002

信息技术　软件测量　功能规模测量 第4部分:基准模型

Information technology—Software measurement—Functional size measurement—Part 4: Reference model

(ISO/IEC TR 14143-4:2002,IDT)

2010-12-01 发布

2011-04-01 实施

中华人民共和国国家质量监督检验检疫总局
中国国家标准化管理委员会　发布

前　言

GB/T 18491 在《信息技术　软件测量　功能规模测量》总标题下目前由以下 6 个部分组成：

——第 1 部分：概念定义；

——第 2 部分：软件规模测量方法与 GB/T 18491.1—2001 的符合性评价；

——第 3 部分：功能规模测量方法的验证；

——第 4 部分：基准模型；

——第 5 部分：功能规模测量的功能域确定；

——第 6 部分：GB/T 18491 系列标准和相关标准的使用指南。

本部分为 GB/T 18491 的第 4 部分。

本部分等同采用国际标准 ISO/IEC TR 14143-4:2002《信息技术　软件测量　功能规模测量　第 4 部分：基准模型》(英文版)。由于国际标准 ISO/IEC 14143-6:2006 发布晚于 ISO/IEC TR 14143-4:2002，因此原国际标准 ISO/IEC TR 14143-4:2002 的前言中不涉及 ISO/IEC 14143-6:2006。而在将 ISO/IEC TR 14143-4:2002 转化为本部分时，前言中补充了有关第 6 部分的说明。

为便于使用，对于 ISO/IEC TR 14143-4:2002，本部分还做了下列编辑性修改：

——原文的第 2 章引出了 ISO/IEC 9126:1991，但由于 ISO/IEC 9126:1991 已经更新为 ISO/IEC 9126-1:2001，所以在本部分国标中改为 GB/T 16260.1—2006；

——关于附录 A 和附录 B 的性质问题，原文的附录 A 和附录 B 为规范性附录，但其内容是给出了国外的"评估 RUR 的商业应用"和"实时控制 RUR"的实例。在转换为国家标准时，不宜作为规范性附录使用，因此改为资料性附录；

——在附录 A 的例子中，给出的语种代码和语言说明均为国外的，在转换成国家标准时增加了汉语和中文的表述。

本部分的附录 A、附录 B 和附录 C 为资料性附录。

本部分由全国信息技术标准化技术委员会(SAC/TC 28)提出并归口。

本部分起草单位：上海计算机软件技术开发中心、中国电子技术标准化研究所。

本部分主要起草人：杨根兴、陈达丽、宗宇伟、冯惠、刘振宇、李婷、蔡立志、金荣得、谢晓燕。

引　言

FSM方法的使用者必须确定所使用的FSM方法适用于量化该软件的功能规模。GB/T 18491.1—2001的符合性将是必须的但不是充分的。对一个FSM方法的评价过程将考虑该FSM方法实施中的实际证据。评价一个FSM方法可能需要一个基准测试,即对已知的RUR的一个汇集采用选定的FSM方法所产生的评价结果与一个基准FSM方法所获得的基准结果进行比较。

GB/T 18491的本部分提出标准化RUR方法与基准FSM方法的指南。图0.1给出了如何使用这些方法得到基准结果。待评FSM方法决定了一个适当的RUR汇集的功能规模结果。使用一个或多个基准FSM方法来测量同样的RUR汇集,并将这些基准结果与从待测FSM方法获得的结果进行比较。

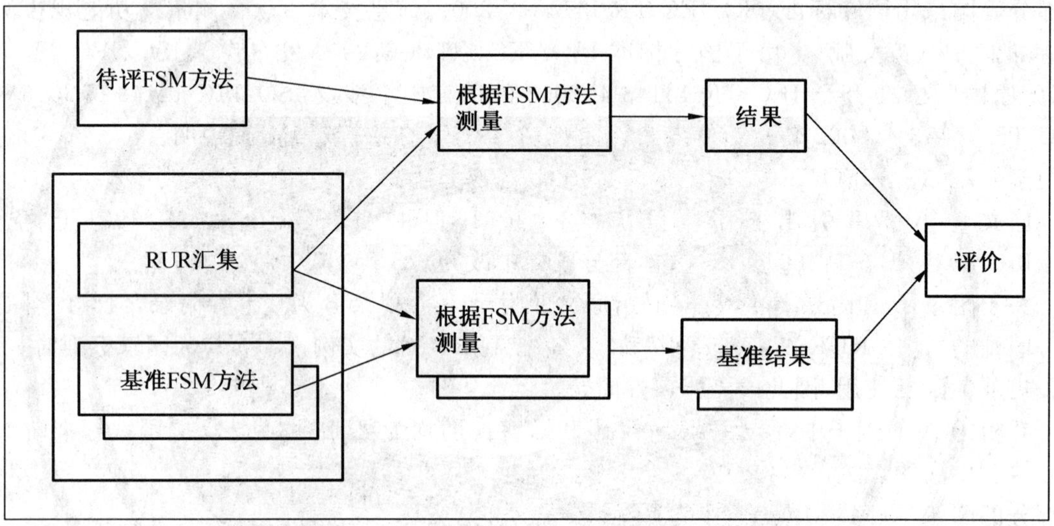

图0.1　RUR的使用和基准FSM方法

本部分的第5章定义了识别、分类和选择RUR的框架。附录A和附录B提供了两个不同领域的RUR的例子。然而有一个详尽的RUR集合是理想化的,此集合的代价是昂贵的。更多的RUR可以在附录C中给出的RUR参考列表中找到。其他适当的RUR可根据第5章的RUR说明的基本指南构建。

本部分的第6章介绍了基准FSM方法的一般要求。基准FSM方法提供了基准点,对照这些可以对其他的FSM方法进行比较。

信息技术 软件测量 功能规模测量 第4部分:基准模型

1 范围

GB/T 18491的本部分规定了在验证一个功能规模测量(FSM)方法时使用的基准模型(如图0.1)。

该基准模型由以下两个部分组成:

a) 一个可以用FSM方法来估计规模的基准用户需求(RUR)的分类框架。包括这种RUR的例子,它引用了可以供RUR使用的更多用户需求(UR)。

b) 选择基准FSM方法的指导说明。根据这些指导,可以对FSM方法进行比较。

该基准模型是FSM方法评价过程的输入。评价测试的公式和执行以及对结果的解释都超出了本部分的范围。

本部分中包含的RUR和附加的参考表仅仅代表了在某些领域和情况下的UR的例子。附加的RUR与在附录A、附录B和附录C中不包括的领域和情况下的RUR,将会在本部分中所描述框架的协助下产生。

基准FSM方法的要求有助于选择基准FSM方法。

2 规范性引用文件

下列文件中的有关条款通过GB/T 18491本部分的引用而成为本部分的条款。凡注日期或版次的引用文件,其后的任何修改单(不包括勘误的内容)或修订版本都不适用于本部分,然而,鼓励根据本部分达成协议的各方研究是否可使用这些文件的最新版本。凡不注日期的引用文件,其最新版本适用于本部分。

GB/T 18491.1—2001 信息技术 软件测量 功能规模测量 第1部分:概念定义(idt ISO/IEC 14143-1:1998)

GB/T 16260.1—2006 软件工程 产品质量 第1部分:质量模型(ISO/IEC 9126-1:2001,IDT)

3 术语和定义

下列术语和定义适用于本部分。

图1描述了UR(用户需求)、RUR、RUR汇集的组成关系。

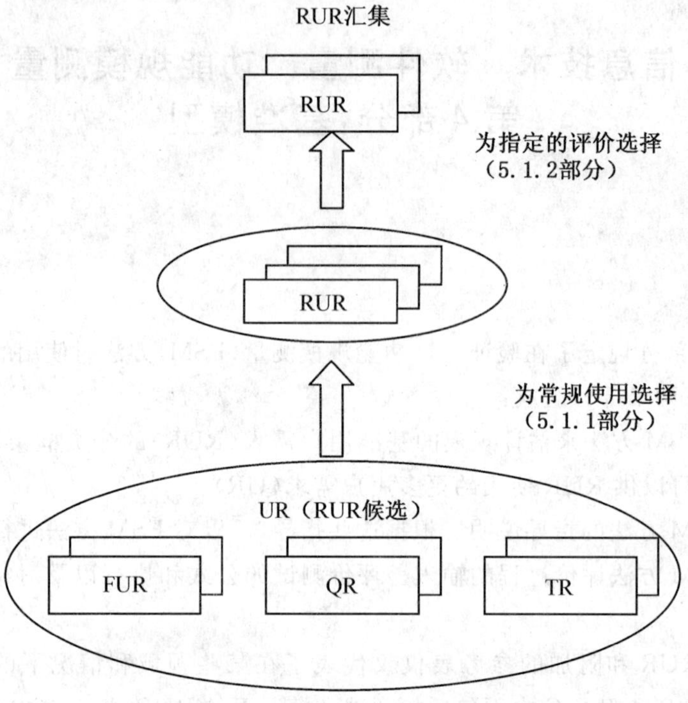

图 1　UR 和 RUR 组成关系示意图

3.1

用户功能需求　functional user requirements

用户需求的一个子集。用户功能需求表示软件必须实现的用户业务实践和规程。它不包括质量需求和任何技术需求。

注：根据 GB/T 18491.1—2001。

3.2

质量需求　quality requirements

与 GB/T 16260.1—2006 定义的软件质量有关的需求。

注：根据 GB/T 18491.1—2001 定义，质量需求是用户需求的一个子集。

3.3

基准 FSM 方法　reference FSM method

在验证功能规模测量结果时，用于进行比较的与 6.1 规定的要求相符的 FSM 方法。

3.4

基准用户需求　Reference User Requirements

与 5.1.1 规定的要求相符的用户需求的一个标准集合。

注：图 1 表示了 RUR 与 UR 的关系。

3.5

基准用户需求汇集　RUR colletion

被选来用作匹配一个特定评价目的 RUR 子集，选择要求规定在 5.1.2 中。

注：图 1 表示 RUR 与 RUR 汇集的关系。

3.6

技术需求　technical requirements

有关软件开发、维护、支持和运行的技术以及环境的需求。

注：根据 GB/T 18491.1—2001，技术需求是用户需求的一个子集。

3.7

用户需求 user requirements

对所提供软件而言,用户要求集合的完整描述,包括用户功能需求、技术需求和质量需求。

4 缩略语

FSM 功能规模测量(Functional Size Measurement)

FUR 用户功能需求(Functional User Requirement)

QR 质量需求(Quality Requirement)

RUR 基准用户需求(Reference User Requirement)

TR 技术需求(Technology Requirement)

UR 用户需求(User Requirement)

5 基准用户需求

5.1 一般要求

为了使一个 FSM 方法评价能被接受,RUR 汇集应由遵循 5.1.1 的和那些按照 5.1.2 中声明的规则所选出的 RUR 组成。

5.1.1 RUR 要求

单个 RUR 应:

a) 以专门从事 RUR 领域的用户普遍能理解的形式用文档记录下来;

注:RUR 宜代表用户需求。可接受的表达形式包含以文本和图表形式对功能性的描述,而特定功能域的用户应该能接受这些形式。不可接受的文档形式的例子有:技术设计文档、计算机程序列表或信息技术的术语学代表。

b) 代表一个完整的和自我包含的用户的实践或规程;

注:RUR 宜提供所有必要需求来执行用户的实践或规程,但是不必提供实际系统所需要的完整的需求集合。不同的 FSM 方法会有不同识别 BFC(基本功能部件)的方法。仅包含用户实践或规程一个子集的 RUR 可能因此而歪曲结果。一个部分 FUR 的例子就是仅仅满足 RUR A1 中的旅馆住宿系统的(A.1.3)的数据实体需求,或者是 RUR A1 中的 A.1.2.2.1 中的 RES 功能的屏幕布局。

c) 经测试并且不包含模糊和不一致。

注:遵照这个要求可接受的就是像软件产品一样成功地实现的 RUR,在参考的书籍或者杂志中发布的 RUR,或在一个 FSM 中成功地使用的 RUR。

5.1.2 RUR 汇集选择要求

选作 RUR 汇集的 RUR 应:

a) 代表能够评价 FSM 方法的功能域;

注:该 RUR 宜代表为评价 FSM 方法而选出的功能域。功能性宜与该功能域的特性保持一致。

b) 不偏向于一个特定的 FSM 方法或者评价过程;

注:构造或选择该 RUR 宜不带任何偏好。这些 RUR 不偏爱或歧视一个特定的 FSM 方法或者评价过程。

c) 包含相等的,不相等的和完全不相等的功能规模的 FUR 例子;

注:RUR 宜有不同功能规模的功能实例,以使 FSM 方法能够把大的功能性和小的功能性区分开来。当缺少一个绝对的功能规模指标时,这种区分只能是粗略的并且是以数量级为顺序的。选择准则可以是凭用户的感觉或任何量化的功能特性,例如:数据域的数量、选择决策的方法、业务规则或数据引用。

d) 包括用户需求,但不仅限于 GB/T 18491.1—2001 中定义的用户功能需求;

注:一些 RUR 宜包括诸如质量需求或技术需求这样的需求。一个非功能性需求的例子包括可靠性、成本、开发时间或者计算机体系结构的约束。

e) 当根据技术或实现技巧评估一个 FSM 方法的独立性时,包括相同用户需求的不同视角:

1) 实现技巧;

2) 开发方法学；

3) 文档级别；

注：RUR宜使FSM方法能从实现技术和开发方法学及其覆盖软件开发的不同阶段来表现出它的独立性。

f) 为增强软件测量而评估一种FSM方法时，还需包括需求变化的例子。

5.2 例子

附录A和附录B包含了业务应用和实时/控制领域的RUR的例子。附录C提供了已发布的用户需求的参考列表，这些可用作RUR的附加资料。但是，附录C中的参考资料没有对5.1.1中规定的规则正式检查过。

5.2.1 业务应用

附录A列出了8个RUR：RUR A1到RUR A8。前6个RUR描述了部分旅馆预定系统，但是采用了不同的形式和功能性。它们分别为需求5.1.1a)(文档)、5.1.1b)(完整性)、5.1.1c)(经测试的和明确的)、5.1.2d)(功能规模范围)、5.1.2e)(实现独立性)和5.1.2f)(变化的需求)提供了例子：

a) RUR A1包含了用户界面布局的详细规约；

b) RUR A2提供了相同需求的更概括的描述，但是缺少了RUR A1中的某些细节；

c) RUR A3与RUR A1有相同的用户界面，但仅仅模拟了商业功能，而不执行操作的业务逻辑；

d) RUR A4-A6描述了对RUR A1的一些修改；

e) RUR A7和RUR A8是复杂的RUR例子，描述了一金融组织使用的部分实际需求。

5.2.2 实时/控制

附录B包括一些不同规模的RUR及其实现。这些RUR为需求5.1.1b)(完整性)、5.1.2c)(功能规模范围)和5.1.2d)(非功能需求)提供了例子。

a) RUR B1设置了RUR B2到B7的基线；

b) RUR B2与RUR B1相比具有相当大的功能规模，因为它的功能数量是RUR B1的3倍，当与RUR B2相比较时，由于执行了附加的功能，因此RUR B3同样应该具有相当大的功能规模；

c) RUR B4、RUR B5和RUR B6描述了RUR B3的3种不同非功能性技术或实现需求；

d) RUR B7描述了RUR B3需求的一个不同用法；

e) RUR B8描述了一个过程控制应用，用来持续监视和控制通信线路；

f) RUR B9描述了一个阀门控制应用；

g) RUR B10是关于一个通信控制系统的复杂RUR的例子。

6 基准FSM方法

结合RUR基准FSM方法可以用来建立一个已知的结果基线(见图0.1)。这将使得FSM方法的一个基准得以执行(见图0.1)。与一个基准FSM方法的结果相比，一个FSM方法能够建立它本身相对于基准FSM方法的位置。

一个基准FSM方法可能仅对某些功能域有效。它将为在特定情况下被选FSM方法的相关评价提供一个基准点。

6.1 一般要求

一个基准FSM方法自身应：

a) 根据GB/T 18491.2—2010与GB/T 18491.1—2001相一致；

b) 覆盖将要被评估的FSM方法中描述的相同功能域；

c) 公开可获得的；

d) 验证它对评价目的的最小功效。

6.2 使用基准FSM方法的例子

使用多个不同的基准FSM方法将提供一个与定位FSM方法相关的基准范围。创建这种基准结果范围的适当基准 FSM 方法在该范围的一端是窄度的基准 FSM 方法，在该范围的另一端是广度的基准 FSM 方法。

6.2.1 **窄度的基准 FSM 方法**

一个窄度的基准 FSM 方法形式上应符合 GB/T 18491.1—2001 的规定。然而，根据 GB/T 18491.3，证实其将展示出十分有限的测量功能规模能力。这种窄度的基准 FSM 方法可以是一个评定标度的起点。

6.2.2 **广度的基准 FSM 方法**

一个广度的基准 FSM 方法将会在广阔的实例范围内增强识别功能规模的能力。同窄度的基准 FSM 方法相比较，它的性能参数（如 GB/T 18491.3 中建立的参数）宜充分地改进。

附 录 A
（资料性附录）
商业应用 RRUR

A.1 RUR A1:旅馆住宿系统(预定)

A.1.1 概述

旅馆预定系统是一般旅馆系统中住宿系统的一部分,本部分概述了旅馆预定系统的需求。关于该系统的具体功能以及如何在该旅馆系统中实现这些功能将在下面阐述。

该旅馆预定系统支持以下两种与租借旅馆房间有关的业务功能:

——维护预定;

——确认预定。

所使用的房间数据包括房型、房价和说明(有汉语版、英语版、法语版或德语版的房间说明),并且任何人都可以预定某一个类型的房间。客户可以用中文、英语、德语或法语来确认预定,而且也可以取消预定。

系统使用大量一般的数据实体,这些数据实体由旅馆住宿系统的其他部分来维护:

——旅馆,数据包括:姓名、地址、电话、电报、传真和旅馆经理的姓名;

——国家,数据包括:国家的代码和名称;

——房间和房型,描述旅馆房间和各种各样房间的类型。

该系统在一个叫“参数”文件里存储最后发布的预定号码,以此确保预定号的连续性。

下面的通用性需求适用于旅馆住宿系统的所有部分:

——帮助信息在屏幕级别和区域级别上能够获得;

——标准的出错信息必须在屏幕第24行显示。

A.1.2 详细的规格说明

为了识别输入到旅馆住宿系统的数据类型,对于规格说明的菜单布局使用字符串“9”来表示数字,用字符串“x”来表示字母数字。

A.1.2.1 导航

A.1.2.1.1 旅馆系统的主菜单

旅馆系统的主菜单提供了两种选项:住宿、记清单(开票和支付)。预定系统是住宿系统的一部分。

以下是主菜单的屏幕布局:

```
〈旅馆名称〉              旅馆系统
1  住宿
2  开票和付款
选择:〈S〉                                    F10
                                              结束
```

功能:

F10:退出应用程序

屏幕元素:

菜单选项,旅馆名称

A.1.2.1.2 住宿菜单的选择

下图是住宿菜单的屏幕布局:

```
〈旅馆名称〉              旅馆系统
1  预定
2  登记
3  结账
4  取消预定
5  维护房间数据
选择：〈S〉                              F10
                                         菜单
```

功能：

F10：返回到主菜单

屏幕元素：

菜单选项，旅馆名称

注：通过第一个选项“预定”，进入预定系统。

A.1.2.2　功能

A.1.2.2.1　功能：RES 预定

使用 RES 屏幕可以发出预定请求。除了预定号以外的所有数据都需要输入。当使用 RES 屏幕修改预定数据时，可以通过客户的姓名或部分姓名来搜索预定号。除了预定号，所有的数据都可以被更改。如果同一个姓名不止预定一次，将会出现选择屏幕(SEL-RES)。

系统将会进一步检查在顾客所需要的时间段内是否有一定数量的、他们想要的房型(也就是未被占用或预定过的)。系统将会根据房型、预定开始的时间、预定的天数、定房的数量来检查房间是否已“被预定”。

如果需要的话，可以在同一时期内存储更多的房间类型。只有房间的类型和房间的数量可以被输入。

如果能满足请求的话，该系统接受屏幕 ACP-RES 显示预定信息，同时生成确认预定(CON-RES)的屏幕。如果不能满足请求的话，该系统将调用房间类型报告(RT-REP)来查询其他可行的订房方案。

用户屏幕：RES(请求预定)，SEL-RES(选择预定)，ACP-RES(接受预定)，RT-REP(房间类型报告)，CON-RES(确认预定)

以下是预定功能的屏幕显示：

```
〈旅馆名称〉                       预定

预定号：          999999
到达日期：        DD/MM/YYYY
预定天数：        99
房型&数量：       XX    99
姓名：            XXXXXXXXXXXXXXXXXXXXXXXXXX
街道&号码：       XXXXXXXXXXXXXXXXXXXXXXXXXXXXXXX    999
邮编，城市，省    99999 XXXXXXXXXXXXXXXXXXXXX      XX
电话号码：        999999999999
语言代码：        XX

 F1     F2     F3                                  F10
继续   确认   修改                                 菜单
```

功能：

F1：同一段时间的连续预定

F2：确认预定

F3：修改某预定号对应的预定数据（预定号不能更改）

F10：返回上一级菜单

屏幕元素：

到达日期	街道	预定天数
街道编号	电话号码	数量
姓名	国家代码	预定号
城市	旅馆名称	房间类型
邮政编码	语种代码	

A.1.2.2.2 功能：ACP-RES 接受预定

当一个预定请求能够被满足的时候，旅馆预定系统将执行接受预定功能。该功能将显示详细的预定信息和分配的预定号。这样就确认了一个接受的预定。

以下是接受预定（ACP-RES）功能的屏幕显示：

〈旅馆名称〉　　接受预定

预定号：　999999

姓名：　XXXXX XXXXX XXXXX XXXXX XXXXX

到达日期：　DD/MM/YYYY

预定天数：　99

房型&数量		房型&数量	
XX	99	XX	99
XX	99	XX	99
XX	99	XX	99
XX	99	XX	99
XX	99	XX	99

F1 继续　F2 接受　F10 菜单

功能：

F1：继续预定

F2：接受预定，打印确认信息，返回上一级菜单

F10：返回上一级菜单

屏幕元素：

到达日期	预定天数	预定号
姓名	数量	房型
旅馆名称		

A.1.2.2.3 功能：SEL-RES 选择预定

预定报告是基于预定人的部分姓名。当通过客户姓名查询预定信息，并查询到该姓名的多于 1 个

预定记录时，该系统通过选择预定(SEL-RES)屏幕显示结果。功能的姓名屏幕的布局如下：

〈旅馆名称〉		选择预定		
姓名	城市	到达日期	预定号	
XXXXXXXXXX	XXXXXXXXXX	DD/MM/YYYY	999999	
XXXXXXXXXX	XXXXXXXXXX	DD/MM/YYYY	999999	
XXXXXXXXXX	XXXXXXXXXX	DD/MM/YYYY	999999	
XXXXXXXXXX	XXXXXXXXXX	DD/MM/YYYY	999999	
XXXXXXXXXX	XXXXXXXXXX	DD/MM/YYYY	999999	
XXXXXXXXXX	XXXXXXXXXX	DD/MM/YYYY	999999	
XXXXXXXXXX	XXXXXXXXXX	DD/MM/YYYY	999999	
XXXXXXXXXX	XXXXXXXXXX	DD/MM/YYYY	999999	
F1			F9	F10
选择			上一步	菜单

功能：

F1：选择预定，返回前一个屏幕

F9：返回前一个屏幕

F10：返回上一级菜单

屏幕显示：

到达日期　　城市　　预定号

姓名　　旅馆名字

A.1.2.2.4 功能：RT-REP 房间类型报告

当系统中没有顾客所需要的房间时，系统会给出一个房间类型报告。这个房间类型报告显示了未被占用和未被预定的房间数目：

以下是 RT-REP 功能的屏幕布局：

〈旅馆名称〉	选择预定		
到达日期：	DD/MM/YYYY　999999		
预定天数：	99		
房型	数量		
XX	99		
XX	99		
XX	99		
XX	99		
XX	99		
XX	99		
		F9	F10
		上一步	菜单

功能：

F9：回到前一个屏幕

F10：回到上一级菜单

屏幕显示：

到达日期	数量	房型
旅馆名称	预定天数	

A.1.2.2.5 功能：CON-RES 确认预定

当确认一个被接受的预定信息时，系统会执行确认预定功能。确认信息可以用 4 种语言（英语，法语，德语和汉语）来表示。

以下是 CON-RES 功能的屏幕布局：

〈1〉
〈2〉
〈3〉 〈4〉
电话：〈5〉
传真：〈6〉

〈7〉
〈8〉
〈9〉〈10〉
〈11〉

预定的确认

预定号：〈12〉 日期：〈13〉
亲爱的女士/先生，
我们已经进行了如下预定：
天数：〈14〉 到达日期：〈15〉

		房间描述
房型：〈16〉	数量：〈17〉	〈18〉
房型：〈16〉	数量：〈17〉	〈18〉
房型：〈16〉	数量：〈17〉	〈18〉
房型：〈16〉	数量：〈17〉	〈18〉
房型：〈16〉	数量：〈17〉	〈18〉
房型：〈16〉	数量：〈17〉	〈18〉

友好祝愿
旅馆经理
〈19〉

报告的组成部分：

〈1〉旅馆名称	〈7〉姓名	〈14〉预定天数
〈2〉旅馆的街道地址	〈8〉街道地址	〈15〉到达日期
〈3〉旅馆的邮政编码	〈9〉邮政编码	〈16〉房型
〈4〉旅馆所在的城市	〈10〉城市	〈17〉数量
〈5〉旅馆的电话号码	〈11〉国家	〈18〉房型的描述
〈6〉旅馆的传真	〈12〉预定号	〈19〉旅馆经理
	〈13〉系统日期	

A.1.3 实体的描述

以下是旅馆预定系统中所要用到的业务实体。

A.1.3.1 账单地址

该实体指预定房间或者支付费用的个人或机构，系统生成一个账单身份号来标识这个客户或机构。

数据元素：	账单身份号(关键字)	6
	姓名	25
	街道地址	30
	邮政编码	4
	城市	20
	电话号码	12
	国家代码	2

A.1.3.2 房间

该实体指可以出租的房间，包括房间相关的数据。每种房型至少有1个房间，最多有30个房间。

数据元素：	房间号(关键字)	3
	房型	2

A.1.3.3 旅馆

该实体包含了有关使用该系统的旅馆的数据。该实体只能包含一份数据，不能包含更多。

数据元素：	旅馆名称(关键字)	30
	街道地址	20
	城市	20
	邮政编码	7
	电话号码	12
	电报	12
	传真	12
	旅馆经理	25

A.1.3.4 房间种类

该实体用来标明多种类似房间的质量和价格，系统中至多允许有10种房型。

数据元素：	房型(关键字)	2
	住宿价格	6
	英语描述	30
	法语描述	30
	德语描述	30
	汉语描述	30

A.1.3.5 国家

该实体说明预定房间/支付预定的人所住的国家。不能把语言和国家的代码混淆。该系统可以支持四种不同的语言，但是顾客可能会居住在更多的国家里。

数据元素：	国家代码(关键字)	2
	英语国家	25
	法语国家	25
	德语国家	25
	汉语国家	25

A.1.3.6 参数

预定房间和产生发票的参数数据如下：

数据元素：	最近一个预定房间的预定号	6
	最近一个发票号	6
	最近一个支付号	6

A.1.3.7 预定

已经预定过的某种类型的房间数目，语言代号可以是4种被支持的语言（英语，法语，德语和汉语）中的一种。

数据元素：	预定号（关键字）	6
	起始日期	10
	预定的天数	2
	账单身份号	6
	语言编号	2

A.1.3.8 预定细节

用来表示已经被预定过的某种类型房间的数目。

数据元素：	预定号（关键字）	6
	房型	2
	数量	2

A.2 RUR A2：旅馆住宿系统（预定）——初始需求

A.2.1 所支持的业务功能

系统支持下列旅馆业务中与出租房间相关的管理功能：

a) 维护预定
   1) 建立预定：获得一个预定号，同时输入所有预定的详细信息；
   2) 更新预定：可以修改除预定号以外的所有预定信息；
   3) 连续预定：有多次输入屏幕的连续复杂预定；
   4) 接受预定：完成一次预定。

b) 确认预定
   1) 给客户端发信息，以确认客房预定的详细信息。

c) 报告
   1) 客型报告：列出从到达日期开始的一段时间内的客房空闲状况；
   2) 预定报告：根据账户姓名和地址列出该客户预定房间的预定号的到达日期。

房间数据包括预定客型、价格和描述（用汉语、德语，英语和法语）。

任何人均可以对房型进行预定。系统可以用汉语、德语、英语和法语来确认预定。

A.2.2 一般需求

住宿预定系统必须保证预定号的连续性和唯一性。

住宿系统使用以下通用协定：

- 标识性：每个功能页面应该列出旅馆名称和功能名称；
- 导航功能：可用功能键来选择、确认、修改、滚动和继续业务过程；
- 每个屏幕和字段都应该提供帮助信息；
- 出错信息应该可以在每个页面运行时出现。

A.2.3 数据模型

该住宿预定系统所使用的通用数据文件包括旅馆、国家、房间和房型。

这些数据文件由旅馆系统的其他部分来维护。

实体描述如下：

账单地址:支付费用或者已经登记预定的个人或机构;

旅馆:与使用该系统的旅馆相关的数据。这个实体不能包括多个实例;

房间:可以出租的客房,每种类型的客房至少有1个房间,最多30个房间;

房间种类:质量和价格相似的房间的描述。最多支持10种房型;

国家:预定/支付客房的客户的国籍;

预定:允许客户在一定期限内,可以入住所述房型的客房数,还有;

预定细节:已经被预定的客房种类的客房数。

该旅馆预定系统的数据模型见图A.1。

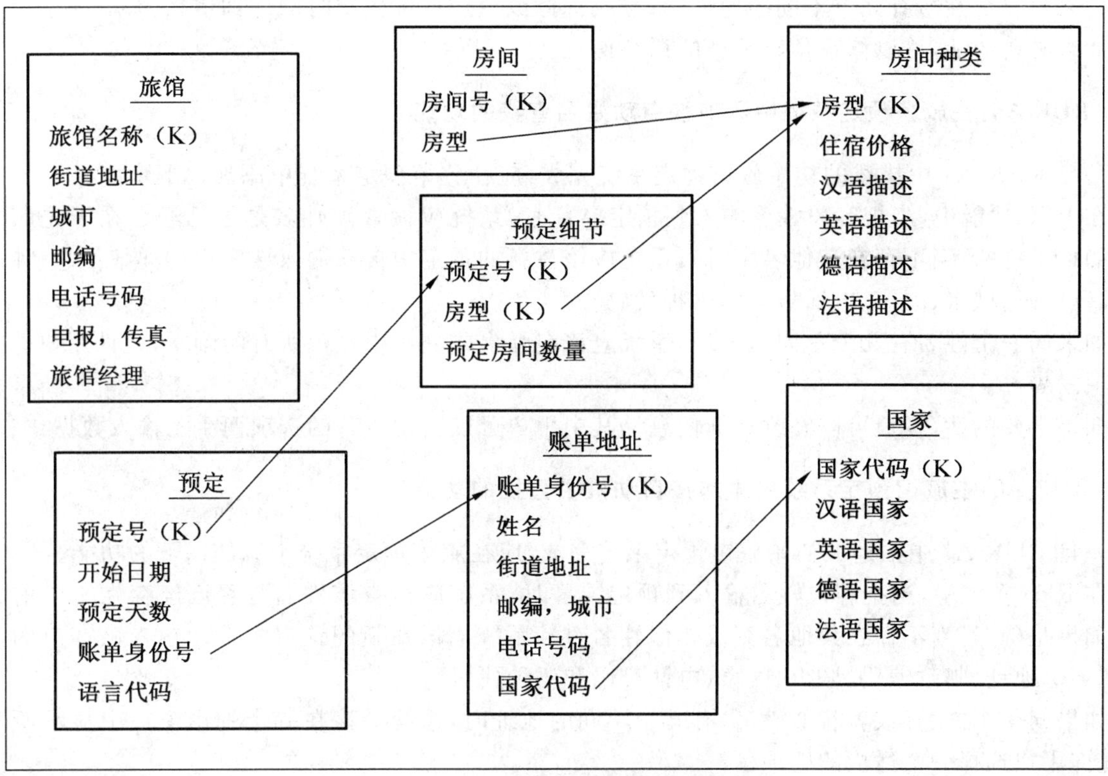

图 A.1 旅馆预定系统的数据模型

A.3 RUR A3:旅馆住宿系统(预定)——实体模型

A.3.1 需求

A.3.1.1 概述

为了方便演示,我们设计一个实体模型来阐述旅馆住宿系统中预定部分的功能。这个演示系统宜提供"观和感"的应用,来仿效A.1中RUR A1定义的旅馆住宿系统(预定)中所有功能的用户界面。实体模型应该能仿效所有文件访问,但是它不宜执行任何算术或逻辑操作。取而代之,任何演示信息只是为了保持与界面的格式相符性。

A.3.1.2 详述

旅馆住宿系统(预定)的实体模型(mock-up)必须包含A.1.3中描述的所有实体。然而,每个实体最多只能存储3个条目或3个记录。实体中的第一个条目总是被任何功能用于更新目的。输入到实体模型系统的数据不会执行非指示的完整性、验证和格式检查。

所有数据以文件的形式显示,或如果这些数据是导出的话则不考虑实际值是如何制成的。实体模型系统仅仅显示正确的格式,而不是正确的值。出错信息只在诸如"出错信息在这里显示"这种位置显示。帮助信息以"帮助信息在这里显示"这种形式实施。

所有数据被接受并存储在输入的每个实体的第一个条目中。任何形式的数据确认都是不可行的。以这种方式存储的数据将以适当的显示功能来显示，包括所有可能被输入的错误信息。

A.4 RUR A4：在旅馆预定系统中添加自动姓名查找的功能

一旦 RUR A1 中描述的初始旅馆预定系统完成，应在旅馆预定系统中添加以下的功能。

在 RES 功能中，当把客户姓名输入到预定屏幕时，系统应检查该姓名是否已经存在于先前的预定系统中。如果是，系统应该在新的预定中自动输入该客户的详细信息（如街道地址、邮政编码、城市、国家、电话号码和语种代号）。

如果同一个姓名有几个不同的地址，系统应选择该用户最近预定时的详细信息。

如果必要的话，可以修改预定地址的详细信息。

A.5 RUR A5：在旅馆预定系统中添加按自动姓名查找的功能

一旦 RUR A1 中描述的初始旅馆预定系统完成，应在旅馆预定系统中添加以下功能。

在 RES 功能中，当把客户姓名输入到预定屏幕时，系统应检查该姓名是否已经存在于先前的预定中。如果是（并且当不存在其他名字时），系统应该在新的预定中自动输入该客户的详细信息（如街道地址、邮政编码、城市、国家、电话号码和语种代码）。

如果同一个姓名有几个不同的地址，系统应该在弹出式窗口中显示所有的副本，允许用户选择适当的选项。

如果必要的话，客户可以修改详细信息。其中用户可以不用所有的选项而手工输入数据。

A.6 RUR A6：在旅馆预定系统中添加按自动姓名查找的功能

一旦 RUR A1 中描述的初始旅馆预定系统完成，应在旅馆预定系统中添加以下的功能。

在 RES 功能中，当把客户姓名输入到预定屏幕时，系统应检查该姓名是否已经存在于以前的预定中。如果是（并且当不存在其他名字或相似姓名时），系统应该在新的预定中自动输入该客户的详细信息（如街道地址、邮政编码、城市、国家、电话号码和语种代码）。

如果同一个姓名（或者相似姓名）有几个不同的地址时，系统应该在一个弹出窗口中显示所有的选项，允许用户选择一个适当的选项。

如果满足下面条件时，则认为客户姓名是相似的：

——大小写表达形式；

——填充字符（例如空格、句号和破折号）的不同；

——能与全部长度名字中的部分相匹配的缩写和名字；

——发音相似的名字也应该加到候选名单中。

如果必要的话，客户可以修改详细的预定地址。用户可以拒绝所有的选项而手工输入数据。

A.7 RUR A7：TRAX 事务处理报告

该文档的目的是通过 TRAX 对事务处理报告的规则进行文档记录并且赞成此规则，也就是，国际安全市场协会（ISMA）的报告机制。这些规则的覆盖范围包含 ISMA 的规则以及证券和期货权威（SFA）、阿姆斯特丹证券交易所（ASE）和英格兰银行（BoE）的规则。

该文档是由能应用于相关报告主体的规则的通用产品领域构成的。

A.7.1 ISMA 需求概述

——经销商报告委员会的成员必须向 ISMA 报告，在国际证券活动中，有其他委员会成员或其他 TRAX 订户参与每笔交易；

——在英国的成员，无论 ISMA 是否参与交易，都必须向 ISMA 报告（XX 银行的总部设在英国）；

——交易报告必须通过 ISMA 的 TRAX 电子传递系统来完成(除非由于交易的数量很少,而被 ISMA 免除,也就是,每历月中的交易少于 50 次),在手工传递的情况下,必须在 20 min 内执行报告。这种免除不适合于 XX 银行和 XSSA,因为他们在任何一历月中的交易都超过 50 次。

A.7.2 SFA 需求概述

SFA 要求成员报告在投资中的所有交易,除非投资或交易被免除,这些交易是通过公认的报告机制来生效的。

A.7.3 ASE 需求概述

ASE 要求成员报告在 ASE 合同上列出(例如,公司和政府)所有的交易。XX 银行是 ASE 的一个特殊的团体成员,它使用 ISMA 的 TRAX 系统来报告它的交易。

A.7.4 BoE 需求概述

BoE 要求所有参与黄金会员回购价格的成员,通过人工的方式或 TRAX 方式报告他们的交易。XX 银行是黄金会员回购价格的市场会员,它自愿决定采用 ISMA 的 TRAX 系统报告它的交易。

A.7.5 报告需求

A.7.5.1 自由兑换,许可证和全球存放票据

A.7.5.1.1 产品定义

可兑换债券赋予它的所有者,在以后被规定的情况下,与其他发行证券的公司进行交换的特权。

许可证授予它的所有者,在未来某个固定的时间,以固定价格买或卖固定数量的基础资产的权利,但这不是义务。除了他们有更长的成熟期,基本上都与 OTC 的期权相似。期权通常是授予目前可供资产的权力。例如使用一家公司发行的许可证,将会使那家公司产生优先股的资本。

全球存放票据(GDR)是在全世界的资本市场经商的涉外公司的股份票据。GDRs 允许欧洲、亚洲、美国、拉丁美洲遍及世界的公司在多数市场上提供股份。

A.7.5.1.2 系统和产品

系　统	条　目	产　　品
QUOTESHEET	TD 交易和 ccs	自由兑换,许可证和全球存放票据
TRUK(Taps)	TD 交易和 TD ccs	自由兑换,许可证和全球存放票据,被覆盖的许可证
TWUL	TD 交易和 ccs	自由兑换

自由兑换,许可证和全球存放票据的产品可以在任何地方的任何办事处登记。例如从伦敦到东京和法兰克福,从纽约到伦敦。

A.7.5.1.3 ISMA 交易报告需求

A.7.5.1.3.1 XSSA

XSSA,列入经销商报告委员会的成员注册表中,它需要向 ISMA 报告在国际证券交易活动中的每一笔交易。例如,另一个理事会成员或者另一个 TRAX 用户参加了多数公司债券和一些政府债券。

A.7.5.1.3.2 XX 银行

XX 银行作为 ISMA 在英国的一个成员,需要向 ISMA 报告在国际证券交易活动中的每一笔交易,不管这些交易是否有 ISMA 成员参与。XX 银行也向 ISMA 报告其他非国际证券交易的证券交易,例如那些在任何其他认可的或指定的交易所中的证券交易,这些交易中,XX 银行没有报告交易的责任。例如,伦敦股票交易所。在下面的段落中将更为详细地描述这些责任。

与此规则相关的国际证券意味着 ISMA 的可报告列表中的证券,时常是由董事会公布出来。ISMA 产生所有国内外证券列表(附列表序)。从 TRAX 系统中获取证券列表和状态变化。通常,在多种情况中用与通过 TRAX 汇报底层股票相同的方法报告出隐藏的许可证。在没有分配 cusip 的情况中,需要使用 DRS 系统向 SFA 直接汇报。

A.7.5.1.3.3 ISMA 报告的时间

一般来说,按照 ISMA 规则产生的交易报告,必须在从该交易条款在对方中达成一致后,不超过 30 min 向 ISMA 备案(也就是,在完成后的 30 min 内)。

国际证券中的交易受交易报告所支配,这些报告是在本地时间晚 5:00 到早 10:00 之间交易被预定的地方或者在一个不同时区预定的进入该区的地方,和发生在本地时间晚 5:00 到早 10:00 之间交易被预定的地方(工作完成期间)根据 ISMA 规则发生(也就是,执行)的,这些报告应是因该部分而引起的工作完成交易。

关于工作完成后的交易报告必须在根据完成工作期间接下来时间内交易被预定的地方不迟于本地时间 10:30 向 ISMA 备案(如,假设在伦敦时间早上 10:30XX 银行预定的交易和巴黎时间早上 10:30 假设在 XSSA 预定的交易)而且应显示出日期与时间(调整成显示预定交易地方的相应时间)当交易最初开始(如,一个执行海外角交易的完成时间应根据交易与 XX 银行或 XXSA 预定来调整成显示相应的伦敦/巴黎时间)。

“营业日”指每天早上 10:00 到晚上 5:00 这段时间。

A.7.5.1.3.4 其他问题

一个 TRAX 订户在指定的时间内由于软件、硬件或通信故障等原因不能够做出交易报告时,应立即通知 ISMA。一旦解除了故障 TRAX 订户应通知 ISMA 并且应该从那以后尽可能快地把所有已发布的交易归档。

TRAX 订户必须在营业日内按指定方式有规律地访问 ISMA 的 TRAX 系统,以来确定匹配的、未匹配的、咨询的和其他关于他们的交易。

在一个 TRAX 订户的对方通知了他有一个咨询交易时,TRAX 订户应立即实行交易报关手续或者拒绝此咨询交易。

TRAX 订户必须通过 ISMA 提供的安全方式访问 ISMA 的 TRAX 系统。

A.7.5.1.4 通过 TRAX 来报告 SFA 交易

SFA 要 XX 银行报告所有投资中的交易,投资改进的报告机制来发挥效应,除非是免税投资或者交易。在次要的自由兑换,许可证和全球存放票据的情况中无免税产品。

另外,构成一个公司向适当资格交易(附加的)的 SFA 不要求有报告。在现金自由兑换,许可证和全球存放票据的情况中这是不适用的,由于 XX 银行目前不是任何一个资格交易所得成员(为了用这些产品进行交易)。

正如 A.7.5.1.3.2 中提到的 XX 银行通过 TRAX 报告了他在国际证券的交易情况。XX 银行决定使用 TRAX 系统来报告在自由兑换、许可证和全球存放票据的情况中对 SFA 的交易,该系统作为一个改正的报告机制被指出(附加的)。

A.7.5.1.4.1 安排 SFA 报告的交易报告

SFA 交易的报告必须在不迟于交易营业日后一天内做出来。

A.7.5.1.5 通过 TRAX 所做的交易报告内容

根据 SFA 规则如下的内容是强制的:

——公司的标识码,例如,SFA 公司标识码;

——一个经批准的(附加的)证券类型的投资标识码或者一个完整描述;

——交易的日期与时间;

——交易的规模、价位和币种;

——交易是买进还是卖出;

——公司是以负责人身份或以代理身份来处理交易;

——结算日期；

——交易的参照数据；

——汇报系统中必要的任何其他强制领域；

——一个交易是否取消；而且

——在一个派生交易情况下，合适的有效期限、底线价格与是否投入或出示。

在1997年5月6日的影响下，对方的检验人也将必须向投资公司、信用协会和集团公司报告。在1997年影响下，还为其他方的对方检验人汇报情况。

另外，ISMA的交易报告必须包含关于ISMA的TRAX系统规则要求的交易所有的细节，这种规则有时大规模地在那些规则（参见必须域的附加列表）所需的格式化形式下为交易进行匹配。在TRAX上，应为XX银行/XSSA作为代理的所有交易加上专用状态码“A”（如果该状态码没有出现，那么ISMA会假定成员公司是以负责人的身份进行交易的）。应进入买进/借出交易被报告成一个相匹配的状态码“W”的股票。

A.7.5.2 FID——债券

A.7.5.2.1 产品定义

债券是能够产生利益的政府现贴或公司证券的基金，它迫使发行者向债券持有人支付专门一笔钱，通常有特定的间隔，并且到期偿还贷款的主数目。债券持有来自发行者的IOU但是没有股东拥有的公司特权。

担保债券用担保品支持，假如证券的发行者在到期时不能够偿付利息和本金时可能债券持有者会为了满足一个要求而把它卖出。

抵押支持证券是一种在抵押优先下，投资者接收利息以外报酬和本金的证券。

A.7.5.2.2 系统和产品

系　统	条　目	产　品
BSS	TD交易 & TD ccs	全部
TWUL	TD +1 ccs	全部
TRUJ	TD +1 ccs	
GTUA	全部	美国政府债券
SZUA	TD +1 ccs	
TRUJ(Taps)	全部	除了IBS外的全部
GHY	全部	高收益产品
MBUC	全部	抵押复制证券

A.7.5.2.3 ISMA交易报告需求

A.7.5.2.3.1 XSSA

XSSA，在汇报经销商理事会成员的注册表中列出，它需要将国际证券中的每笔交易报告给ISMA，也就是，大多数公司债券和一些政府债券，与其他理事会成员或其他TRAX签定者一起进入。

A.7.5.2.3.2 XX银行

作为英国UK的一个ISMA成员，XX银行需要向ISMA汇报国际证券市场的每笔交易是否与ISMA的一个成员一起参加。XX银行也可能向ISMA报告其他非国际证券市场的证券交易，这里，XX银行在其他任何被承认的或指定的兑换（例如，伦敦证券兑换）那种证券中报告交易不受债务支配。在下面的章条中将详尽地描述这些债务。

在此准则下的国际证券是指在ISMA可汇报证券列表中的证券,有时这些证券由董事会发布。ISMA产生了所有国内外证券列表(附列表序言)。证券列表和他们的状态也是从TRAX系统中获得的。

A.7.5.2.3.3 向ISMA报告的时间

一般意义上讲,在ISMA准则下做的交易报告必须从交易条款在双方中达成一致开始不迟于30 min内向ISMA备案(例如在执行开始的30 min内)。

国际证券中的交易隶属于在IAMS准则下的交易报告出现(也就是执行)在当地时间晚5点至早10点之间交易被预定的地方或者在一个不同时区预定的进入该区的地方,和发生在本地时间晚5:00到早10:00之间交易被预定的地方(工作完成期间),这些报告应是因该部分而引起的工作完成交易。

关于工作完成后的交易报告必须在根据完成工作的接下来时间内交易被预定的地方不迟于本地时间早上10:30向ISMA备案(也就是,假设在伦敦时间早上10:30XX银行银行预定的交易和假设在巴黎时间早上10:30XSSA预定的交易)而且当交易最初开始(也就是,一个执行海外角交易的完成时间应根据交易与XX银行或XXSA预定来调整成显示相应的伦敦/巴黎时间)应显示出日期与时间(调整成显示预定交易地方的相应时间)。

"营业日"应指每天早10:00到晚5:00的这段时间。

A.7.5.2.3.4 其他事宜

一个TRAX订户在指定的时间内由于软件、硬件或通信故障等原因不能够做出交易报告时,应立即通知ISMA。一旦克服了故障,TRAX订户应通知ISMA,并且应该从那以后尽可能快地把所有已发布的交易归档。

为了确定匹配的、未匹配的、咨询的和其他关于他们的交易,TRAX订户必须在营业日内按指定方式有规律地访问ISMA的TRAX系统。

在一个TRAX订户的反方已经通知他有一个咨询交易时,TRAX订户应立即实行交易报关手续或者拒绝此咨询交易。

TRAX订户必须通过ISMA提供的安全方式访问ISMA的TRAX系统。

A.7.5.2.4 ASE交易报告(TRAX)

XX银行是ASE的一个专属公司成员。ASE要求ISMA成员通过TRAX做成的和由专门的条件码确定的与执行的交易一起能够反映实体类型(见2.2.6)的在ASE中列出证券(也就是,公司与政府)的交易。

A.7.5.2.4.1 向ASE报告的时间

ASE能报告的交易ISMA也是可以报告的,因而上述为ISMA报告描述的需求包含了这些交易。

A.7.5.2.5 通过TRAX来报告SFA交易

SFA需要XX银行报告所有投资中的交易,投资改进的报告机制发挥效应,除非是免税投资或者交易。在次要的市场现金债券交易中,免税的投资仅仅是批发货币市场参考金融服务行为(参见附加部分)而不是那些在常规市场中处理的交易的进度表5中的2(2)的手段。

许可证和全球存放票据的情况中无免税产品。由于识别产品上的困难,已经决定报告所有产品。

另外,构成一个公司向适当资格交易(附加的)的SFA不要求有报告。在现金自由兑换情况中是不适用的,由于XX银行目前不是任何一个其他有资格的交易所的成员(为了用这些产品进行交易)。除了通过ISMA的TRAX系统安排报告的阿姆斯特丹股票交易。

正如A.7.5.2.3.2中提到的XX银行通过TRAX报告了它在国际证券的交易情况。XX银行决定使用TRAX系统。该系统作为一个批准的(附加)报告机制被指出,以报告在其他固定收入产品(例如,USTs,JGBs)中对SFA的交易。

A.7.5.2.5.1 为 SFA 报告安排交易报告

必须在不迟于交易停业日的一天后出 SFA 交易的报告。

A.7.5.2.6 通过 TRAX 的交易报告内容

A.7.5.2.6.1 通常

根据 SFA 准则，如下的内容是强制的：

——公司的标识码，例如，SFA 公司标识码；

——一个经批准的(附加)证券类型的投资标识码或者一个完整描述；

——交易的日期与时间；

——交易的规模、价位和币种；

——交易是买进还是卖出；

——公司是以负责人身份或是代理来处理交易；

——结算日期；

——交易的参照数据；

——汇报系统中必要的任何其他强制领域；

——一个交易是否取消；而且

——在一个派生出的交易情况下，合适的有效期限、底线价格与是否投入或出示。

在 1997 年 5 月 6 日的影响下，对方的检验人也将必须向投资公司、信用协会和集团公司报告。在 1997 年影响下，为其他方的对方检验人能够汇报情况。

另外，ISMA 的交易报告必须包含关于 ISMA 的 TRAX 系统规则要求的交易的所有细节，这种规则有时大规模地在那些规则(参见必须域的附加列表)所需的格式化形式下为交易进行匹配。在 TRAX 上，应为 XX 银行/XSSA 作为代理的所有交易加上专用状态码“A”(如果该状态码没有出现，那么 ISMA 会假定成员公司是以负责人的身份进行交易的)。应进入买进/借出交易被报告成一个相匹配的状态码“W”的股票。

A.7.5.2.6.2 细节

a) LIFFE 主贸易

在一个主贸易承担的现金段的情况下，使用 LIFFE 的主贸易工具，必须输入一个专门的条件码“T”。

b) ASE 贸易

除了 ISMA 需求外，ASE/ISMA 还要求 TRAX 上的特殊条件域应与以下的 ASE 可报告交易类型的标识码一起：

“D”——如果是在一个在 ASE 成员之间直接处理的交易；

“U”——如果是在 ASE 成员和非荷兰经纪人之间的交易；

“I”——如果是 ASE 成员和一个机构投资者之间的交易。

A.7.5.2.7 预定在交易实体方面被识别的客户

交易账目 范围 74	客户账目 范围 42
借方 ------------------→ －100@6	贷方 ＋100@6
30 min 为 ISMA 匹配成员的交易报告＋处理事务报告	

A.7.5.2.8　预定在过去交易实体方面被识别的单独客户

交易账目 范围 74	XXX	客户账目 范围 42
借方 －100@6	→ 贷方 ＋100@6	
		→ 借方＋100@6
借方 －100@6	CXL/CORR	
30 min 的 ISMA 交易报告		CXL/对客户来说正确的当前未报告给 ISMA，在 1997 年 5 月 6 日以后在 SFA BN272 后报告

A.7.5.2.9　子账户重新分配预定

交易账目 范围 74	XXX	细目分类 Wash a/c	客户账目 范围 42
贷方 －100@6	→ 借方 ＋100@6		
贷方 －100@6		→ 借方 ＋100@6	
	CXL/CORR		→
		借方 －40@6	→ 借方 ＋40@6
		借方 －40@6	借方 ＋40@6
30 min 的 ISMA 交易报告		CXL/对客户来说正确的当前未报告给 ISMA，在 1997 年 5 月 6 日以后在 SFA BN272 后报告	当前未报告给 ISMA 客户交易，在 1997 年 5 月 6 日以后在 SFA BN272 后报告

A.7.5.3　回购协议

A.7.5.3.1　系统和产品

系　统	实　体	产　品
WFUA	全部	

A.7.5.3.2 ISMA 交易报告

ISMA 要求根据交易报告要求，报告国际证券中回购协议/再卖回回购协议。

与这项规则相关的国际证券是指 ISMA 列表中可报告的证券，它们是由董事会不时地公布出来的。ISMA 出示所有国内外证券列表(附加列表的序言)。证券列表和变化状态是从 TRAX 系统中获取。

A.7.5.3.2.1 回购协议交易报告准则

实体回购协议是不报告的；

三方回购协议是不报告的；

已报告过的债券所附的自由认股权和认股权证的回购协议是不报告的。

不需要报告利润的变化或者重新定价。一个回购协议期间的替代措施也不需报告。如部分偿还回购协议，则需要报告。

A.7.5.3.2.2 向 ISMA 报告的时间

在营业日当天伦敦时间 17:00 报告伦敦时间 16:00 前执行的交易。在营业日后天伦敦时间 10:00 报告伦敦时间 16:00 后执行的交易。“营业日”应指每天从 10:00 到 17:00 这段时间。

A.7.5.3.2.3 交易报告内容

给 ISMA 的交易报告必须包含关于交易的所有细节，ISMA 的 TRAX 系统准则时不时大规模地进行交易匹配格局(参见需求域的附加表)。

回购协议交易报告给 TRAX 时候需要如下特殊条件：

——回购协议 “Q”；

——回购协议是“可随时支付的”“E”；

——退休金 优裕(Liveree)“Z”。

关于 TRAX 的特殊条件码“A”应为 XX 银行/XSSA 作为代理(如果该代码未出现那么 ISMA 会确保成员公司担当本金负责人)的所有交易加上去。如果报告股票买进/借出，那么应加入“W”的匹配条件码。

A.7.5.3.2.4 其他事宜

一个 TRAX 订户在指定的时间内由于软件、硬件或通信故障等原因不能够做出交易报告时，应立即通知 ISMA。一旦克服了故障，TRAX 订户应通知 ISMA，并且应该从那以后尽可能快地把所有已发布的交易归档。

TRAX 订户必须在营业日内按指定方式有规律地访问 ISMA 的 TRAX 系统，以确定匹配的、未匹配的、咨询的和其他关于它们的交易。

在一个 TRAX 订户的反方已经通知他有一个咨询交易时，TRAX 订户应立即实行交易报关手续或者拒绝此咨询交易。

TRAX 订户必须通过 ISMA 提供的安全方式访问 ISMA 的 TRAX 系统。

A.7.5.3.3 ASE 交易报告

ASE 不需要回购协议交易的报告。将来也不表明这种情况会改变。

A.7.5.3.4 SFA 交易报告

尽管在 1997 年尾回购协议已归于变成可报告的，对 SFA 来说回购协议不是当前可报告的交易。向 SFA 报告的回购协议的需求仍然没有公布，因此在随后的 Phoenix 的阶段中来考虑。

A.7.5.3.5 英格兰银行报告

英格兰银行在 1996 年 1 月 1 日发起了一个金边债券回购协议市场。XX 银行或国际有限 Co. 公司，做为市场的一个参与者，使用 TRAX 系统向英格兰银行以金边债券回购协议方式报告它的交易。被报告的信息遵循国际证券中的那些回购协议(参照上述)。另外，ISMA 已经为通过估价假货证券的交付提供了如下的代码：

A083525 通过价值交付——仅仅金边债券；

A083426——金边债券和其他 CGO 可接受的手段。

任何重定价和金边债券中的利润报告应包含一个可匹配的特殊条件码“Y”以确保 BoE 不包含在它考虑中的那样交易。

A.7.5.4 产品返销

A.7.5.4.1 系统和产品

系统	实体	产品
WFUA	全部	

A.7.5.4.2 **ISMA 交易报告**

ISMA 视国际证券中买卖背后的交易为两个单独交易，并且作为 FID 现行(非—回购协议)交易，这些交易是对 ISMA 可报告的交易。因报告交易的原因，SFA 与 ASE 也视买卖背后的交易为两个独立的交易。为引用之便在下面重新产生交易报告规则。

A.7.5.4.2.1 **XSSA**

XSSA 在汇报经销商理事会成员的注册表中列出。它需要向国际证券中 ISMA 的每笔交易报告，也就是，大多数公司债券和一些政府债券，与其他理事会成员或其他 TRAX 签定者一起进入。

A.7.5.4.2.2 **XX 银行**

作为英国 UK 的一个 ISMA 成员，XXNBANK 需要向 ISMA 汇报国际证券市场的每笔交易是否与 ISMA 的一个成员一起参加。XX 银行也可能向 ISMA 报告其他不是国际证券市场的证券交易，其中 XX 银行在其他任何被承认的或指定的兑换(例如，伦敦证券兑换)那种证券中报告交易不受债务支配。在下面的子条款中将详尽地描述这些债务。

在此准则下的国际证券是指在 ISMA 可汇报证券列表中的证券，有时这些证券由董事会发布。ISMA 产生了所有国内外证券列表(附列表序言)。证券列表和它们的状态也是从 TRAX 系统中获得的。

A.7.5.4.2.3 向 **ISMA** 报告的时间

在营业日当天伦敦时间 17:00 报告伦敦时间 16:00 前执行的交易。在营业日后天伦敦时间 10:00 报告伦敦时间 16:00 后执行的交易。“营业日”应指每天从 10:00 到 17:00 这段时间。

A.7.5.4.2.4 其他事宜

一个 TRAX 订户在指定的时间内由于软件、硬件或通信故障等原因不能够做出交易报告时，应立即通知 ISMA。一旦克服了故障，TRAX 订户应通知 ISMA，并且应该从那以后尽可能快地把所有已发布的交易归档。

TRAX 订户必须在营业日内按指定方式有规律地访问 ISMA 的 TRAX 系统，以确定匹配的、未匹配的、咨询的和其他关于他们的交易。

在一个 TRAX 订户的反方已经通知他有一个咨询交易时，TRAX 订户应立即实行交易报关手续或者拒绝此咨询交易。

TRAX 订户必须通过 ISMA 提供的安全方式访问 ISMA 的 TRAX 系统。

A.7.5.4.3 **ASE 交易报告(TRAX)**

XX 银行是 ASE 的一个专属公司成员。ASE 需要 ISMA 成员通过 TRAX 做成的和由专门的条件码确定的与执行的交易一起能够反映实体类型(见 A.7.5.2.6)的在 ASE 中列出证券(也就是，公司与政府)的交易。

A.7.5.4.3.1 向 **ASE** 报告的时间

ASE 能报告的交易 ISMA 也是可以报告的，因而上述为 ISMA 报告描述的需求包含了这些交易。

A.7.5.4.4 通过 TRAX 来报告 SFA 交易

SFA 需要 XX 银行报告所有投资中的交易，投资改进的报告机制发挥效应，除非是免税投资或者交易。在次要的市场现金债券交易中，免税的投资仅仅是批发货币市场参考金融服务行为(参见附加部分)而不是那些在常规市场中处理的交易的进度表 5 中的 2(2)的手段。

许可证和全球存放票据的情况中无免税产品。由于识别产品上的困难，已经决报告所有产品。

另外，一个公司已向有合适资格的交易所(附加的)报告交易的 SFA 不要求另有报告。在现金自由兑换情况中是不适用的，由于 XX 银行目前不是任何一个资格交易所的成员(为了用这些产品进行交易)。除了通过 ISMA 的 TRAX 系统安排报告的阿姆斯特丹股票交易。

正如 A.7.5.2.3.2 中提到的 XX 银行通过 TRAX 报告了他在国际证券的交易情况。XX 银行决定使用 TRAX 系统，该系统作为一个核准的(附加)报告机制被指出，来报告在其他固定收入产品(例如，USTs，JGBs)中对 SFA 的交易。

A.7.5.4.4.1 安排 SFA 交易报告

必须在不迟于交易营业日的后一天做出对 SFA 的交易报告。

A.7.5.4.5 通过 TRAX 的交易报告内容

A.7.5.4.5.1 通常

根据 SFA 准则，如下的内容是强制的：

——公司的标识码，例如，SFA 公司标识码；

——一个经批准的(附加)证券类型的投资标识码或者一个完整描述；

——交易的日期与时间；

——交易的规模、价位和币种；

——交易是买进还是卖出；

——公司是以负责人身份或是代理来处理交易；

——结算日期；

——交易的参照数据；

——汇报系统中必要的任何其他强制领域；

——一个交易是否取消；而且

——在一个派生出的交易情况下，合适的有效期限、底线价格与是否投入或出示。

在 1997 年 5 月 6 日的影响下，对方的检验人也将必须向投资公司、信用协会和集团公司报告。在 1997 年影响下，为其他方的对方检验人能够汇报情况。

另外，ISMA 的交易报告必须包含关于 ISMA 的 TRAX 系统规则必须的交易所有的细节，这种规则有时大规模地在那些规则(见必须域的附加列表)所需的格式化形式下为交易进行匹配。在买卖背后交易情况下，必须在交易的双方都输入特殊的条件码"R"。如果一桩买卖的背后是可"偿还的"，那么应加上特殊的条件码"E"。未用文档进行记录的买卖背后交易会有一个可匹配的条件码"V"进行标识。在 TRAX 上，应为 XX 银行/XSSA 做为代理的所有交易加上专用状态码"A"(如果该状态码没有出现，那么 ISMA 会假定成员公司是以负责人的身份进行交易的)。应进人买进/借出交易被报告成一个相匹配的状态码"W"的股票。

A.7.5.4.5.2 通常

1) ASE 贸易

除了 ISMA 需求外，ASE/ISMA 还要求 TRAX 上的特殊条件域应与以下的 ASE 可报告交易类型的标识码一起：

"D"——如果是在一个在 ASE 成员之间直接处理的交易；

"U"——如果在 ASE 成员和非荷兰经纪人之间的交易；以及

"I"——如果是 ASE 成员和一个机构投资者之间的交易。

A.7.5.5 新的问题

A.7.5.5.1 产品定义

在第一时间提供股票或债券。这些可能是先前私人公司初始的公开销售证券由或公司发行的已经公开并且经常列在兑换中的附加的股票或债券。

新的问题能够带来发行债券时的直接销售的形式，这包括股票、债券其他直接向一个投资机构的投资，如一个保险公司，的直接卖出。

A.7.5.5.2 系统和产品

系 统	实 体	产 品
SUUL	全部	XX 银行
TRUB	全部	MS & Co
TRUK	TD 交易 & ccs	XX 银行
TRUJ	TD+1 ccs	XX 银行 K
SUUA	全部	MS & Co
TWUL		
GTUA		DTC & 其他美国货

A.7.5.5.3 调节需求总结

ISMA 的交易报告需求不在主和次的市场交易中做区分。然而，根据 SFA 规则，发行市场进行分配和企业联合组织对 SFA 来说是不可报告的，除非在一个受管制的市场中/上进行处理（从与 SFA 的讨论来看这意味着如果一个新问题可以与现存的问题进行互换，那么报告是需要的，如果不是这样，报告不是必要的）。考虑到在识别这些交易中有困难，已经决定报告所有新的问题交易。为参考 ISMA 之便，SFA 和 ASE 规则在接下来会详细描述。

A.7.5.5.3.1 **XSSA**

XSSA 在汇报经销商理事会成员的注册表中列出，它需要向国际证券中 ISMA 的每笔交易报告，也就是，大多数公司债券和一些政府债券，与其他理事会成员或其他 TRAX 签定者一起进入。

A.7.5.5.3.2 **XBANK**

作为英国 UK 的一个 ISMA 成员，XXBANK 需要向 ISMA 汇报国际证券市场的每笔交易是否与 ISMA 的一个成员一起参加。XX 银行也可能向 ISMA 报告其他不是国际证券市场的证券交易，其中 XX 银行在其他任何被承认的或指定的兑换（例如，伦敦证券兑换）那种证券中报告交易不受债务支配。在下面的子条款中将详尽地描述这些债务。

在此准则下的国际证券是指在 ISMA 可汇报证券列表中的证券，有时这些证券由董事会发布。ISMA 产生了所有国内外证券列表（附列表序言）。证券列表和他们的状态也是从 TRAX 系统中获得的。

A.7.5.5.3.3 向 ISMA 报告的时间

一般意义上讲，在 ISMA 准则下做的交易报告必须从交易条款在双方中达成一致开始不迟于 30 min 内向 ISMA 备案（例如在执行开始的 30 min 内）。

国际证券中的交易隶属于在 IAMS 准则下的交易报告，出现（也就是执行）在当地时间晚 5:00 至早 10:00 之间交易被预定的地方或者在一个不同时区预定的进入该区的地方，和发生在本地时间晚 5:00 到早 10:00 之间交易被预定的地方（工作完成期间这些报告应是因该部分而引起的工作完成交易）。

关于工作完成后的交易报告必须在根据完成工作的接下来时间内交易被预定的地方不迟于本地时间早上 10:30 向 ISMA 备案（也就是，假设在伦敦时间早上 10:30 XX 银行预定的交易和假设在巴黎时间早上 10:30XSSA 预定的交易）而且当交易最初开始（也就是，一个执行海外交易的完成时间应根据交易与 XX 银行或 XXSA 预定来调整成显示相应的伦敦/巴黎时间）应显示出日期与时间（调整成显示预定交易地方的相应时间）。

“营业日”应指每天早10:00到晚5:00的这段时间。

A.7.5.5.3.4 其他事宜

一个TRAX订户在指定的时间内由于软件、硬件或通信故障等原因不能够做出交易报告时,应立即通知ISMA。一旦克服了故障TRAX订户应通知ISMA并且应该从那以后尽可能快地把所有已发布的交易归档。

TRAX订户必须在营业日内按指定方式有规律地访问ISMA的TRAX系统,为了来确定匹配的、未匹配的、咨询的和其他关于他们的交易。

在一个TRAX订户的反方已经通知他有一个咨询交易时,TRAX订户应立即实行交易报关手续或者拒绝此咨询交易。

TRAX订户必须通过ISMA提供的安全方式访问ISMA的TRAX系统。

A.7.5.5.4 ASE交易报告(TRAX)

XX银行是ASE的一个专属公司成员。ASE需要ISMA成员通过TRAX做成的和由专门的条件码确定的与执行的交易一起能够反映实体类型(见A.5.5.2.6)的在中ASE列出债券(也就是,公司与政府)的交易。

A.7.5.5.4.1 向ASE报告的时间

ASE能报告的交易ISMA也是可以报告的,因而上述为ISMA报告描述的需求包含了这些交易。

A.7.5.5.5 通过TRAX的SFA交易报告

SFA要求XX银行报告所有投资中的交易,它通过投资核准的报告机制来发挥效应,除非是免税投资或者交易。在次要的市场现金债券交易中,免税的投资仅仅是批发货币市场参考金融服务行为(见附加部分)而不是那些在常规市场中处理的交易的进度表5中的2(2)的手段。许可证和全球存放票据的情况中无免税产品。由于识别产品上的困难,已经决定报告所有产品。另外,一个公司已向合适的资格交易所报告交易(附加的)的SFA不要求另有报告。在现金自由兑换情况中是不适用的,由于XX银行目前不是任何一个资格交易所的成员(为了用这些产品进行交易)。

除了通过ISMA的TRAX系统安排报告的阿姆斯特丹股票交易。

正如A.7.5.2.3.2中提到的XX银行通过TRAX报告了它国际证券的交易情况。XX银行决定使用TRAX系统。该系统作为一个改正的报告机制被指定(附加的),以报告在其他固定收入产品(例如,USTs,JGBs)中对SFA的交易。

A.7.5.5.5.1 为SFA报告安排交易报告

SFA交易的报告必须在不迟于交易停业日的一天后。

A.7.5.5.6 通过TRAX的交易报告内容

A.7.5.5.6.1 通常

根据SFA准则,如下的内容是强制的:

——公司的标识码,例如,SFA公司标识码;

——一个经批准的(附加)证券类型的投资标识码或者一个完整描述;

——交易的日期与时间;

——交易的规模、价位和币种;

——交易是买进还是卖出;

——公司是以负责人身份或是代理来处理交易;

——结算日期;

——交易的参照数据;

——汇报系统中必要的任何其他强制领域;

——一个交易是否取消;而且

——在一个派生出的交易情况下,合适的有效期限,底线价格与是否投入或出示。

在1997年5月6日的影响下,对方的检验人也将必须向投资公司、信用协会和集团公司报告。在

1997 年影响下，为其他方的对方检验人能够汇报情况。

另外，ISMA 的交易报告必须包含关于 ISMA 的 TRAX 系统规则要求的交易的所有细节，这种规则有时大规模地在那些规则(见必须域的附加列表)所需的格式化形式下为交易进行匹配。在买卖背后交易情况下，必须在交易的双方都输入特殊的条件码“R”。如果一桩买卖的背后是可“偿还的”那么应加上特殊的条件码“E”。未用文档进行记录的买卖背后交易会有一个可匹配的条件码“V”进行标识。在 TRAX 上，应为 XX 银行/XSSA 作为代理的所有交易加上专用状态码“A”(如果该状态码没有出现，那么 ISMA 会假定成员公司是以负责人的身份进行交易的)。应进入买进/借出交易被报告成一个相匹配的状态码“W”的股票。

A.7.5.5.6.2 细节

1) LIFFE 主贸易

在一个主贸易承担的现金端的情况下，使用 LIFFE 的主贸易工具，必须输入一个专门的条件码“T”。

2) ASE 贸易

除了 ISMA 需求外，ASE/ISMA 还要求 TRAX 上的特殊条件域应与以下的 ASE 可报告交易类型的标识码一起：

“D”——如果是在一个在 ASE 成员之间直接处理的交易；

“U”——如果是在 ASE 成员和非荷兰经纪人之间的交易；

“I”——如果是 ASE 成员和一个机构投资者之间的交易。

A.7.5.6 预定交易—公开事件—FID

发行者财产账目 (045—05031)	交易账目 (074—00106)	副经理账目 MSLL (042—00025)或者外部(045 范围)	MSLL 主要的交易账目 (074—00145)	IED 客户或可生产性成本研究 IED(045 范围) 可生产性成本研究 (074—0013A)
借方 －1,000@6	贷方 ＋1,000@6			
	借方 —600@6	借方 ＋600@6		
		借方 —600@6	贷方 ＋600@6 借方 —200@6 —200@6 —200@6	贷方 ＋200@6 ＋200@6 ＋200@6
	借方 —400@6	贷方 ＋400@6		
未报告的交易	未报告的交易	未报告的交易	未报告的交易	未报告的交易

A.7.5.7 预定交易—发行债券时的直接销售—FID MTN 降低

发行者财产账目 (042—NEWOS)	交易账目 (074—00137)	客户账目 (045 范围)
借方 −1,000@6	贷方 +1,000@6	
	借方 −1,000@6	贷方 +600@6 +400@6
已报告	已报告	已报告

A.7.5.8 预定交易—发行债券时的直接销售—FID 结构产品(DPG)

发行者财产账目 (042—08125)	交易账目 (074—00AB2)	客户账目 (045 范围)
借方 −1,000@6	贷方 +1,000@6	
	借方 −1,000@6	贷方 +600@6 +400@6
已报告	已报告	已报告

A.8 RUR A8:巴黎交易所净赚需求

A.8.1 总结

A.8.1.1 问题定义

结算关于法国国内市场资产净值交易的清算费是昂贵的,已经计算下来大概是每年 996 880 美元。这由于我们没有在我们的巴黎账本中(XXSA)占据任何位置这个事实,因此我们贸易的一大部分是在 XX 银行国际伦敦(XX 银行)和 XXSA 匿名社会(XXSA)之间。

独立结算的 XX 银行和 XXSA 与公司之间的指示是我们结算费用的一个重要部分。

一个特定结算时间的贸易日净赚 Omni 贸易和 Cusip 进入一个独立指示会导致大约总计每年节省 4 139 600FRF(827 920 美元)。

巴黎清算费有如下特点:

——XXSA 贸易在 Sicovam(507)通过 XXSA 账户来进行清算,这个通过 YY 来执行管理;

——YY 已经开发了专门的结算系统,此系统可以接收日订单和来自 Bourse 系统(COCA)执行细节,他们管理许多交易所成员的清算;

——XX 银行贸易通过 XX 保证书 Sicovam 账户(048)来进行清算,这里 XX 保证书担当一个普通的清算代理。

A.8.1.1.1 公司内部交易场景细节

通过巴黎交易所 XX 银行想卖 FRF 资产净值，预定如下的交易：

a) XX 银行全部卖给 XXSA：XX 银行指导 XX 担保（XGPE）在 Sicovam（Sicovam 号码 507）向 XXSA 账户交付有价证券；

b) XXSA 从 XX 银行买进所有的：YY 管理 XXSA 在 Sicovam 的账户并且指导来自 XX 担保（XGPE）（Sicovam 号码 507）的交付；

c) XXSA 卖给巴黎交易所：交易所交易和来自 XXSA 账户到交易所的交付一起自动在 Sicovam 支付。

由于我们当前为每个交易所的订单做这些事情的事实，为了改变从 XX 银行到 XXSA 的位置（指向上面例子中的 1&2）我们支付的清算费是过多的。这导致相同产品和结算日期的多种转变，这些都是单独收费的。

A.8.1.2 需求总结

实施的多种网络运算法则必须与 YY 使用的网络算法一致；这是用来保证网络指令的匹配。能够轻松地调解 YY 带来的任何矛盾。相反地，巴黎月末结算一定不能受全部网络的影响。

A.8.1.3 推荐解决方案

以天为基础实施巴黎 Omni 指示，通过产品、结算日期和交易日期来网罗指令。

A.8.2 需求说明

A.8.2.1 功能需求

A.8.2.1.1 说明网

a) YY，我们结算问题的管理者，和 Sicovam（507）一起会处理订单和他们从 Servisen 在一天末接收的执行文件并且网罗 MSB1 0347 代理和就产品来说账号 03919506 的全部运转、交易日期和单个指示的结算日期。除非数量网罗到零，那么会产生两个偏置法指示：买和卖；

b) XX 银行会为确切地以与 YY 方式相同的代理银行系统中的 MSB1 0347 代理、039 19506 账号和 MGPE 代理、045 14116 账号网罗全部的指示；

c) 当交易实体系统在一天的最后不运作时，网罗就会开始。在网罗行动完成前，全部的指令不会发送到 XX 担保。

A.8.2.1.2 结算/核对

a) 当前交易日核对报告将要求包含网罗的全部指示的细节和 YY 与 XX 银行大批基本的指示。这些报告用来调查在 YY 和 XX 银行之间任何不匹配的网罗指令的细节；

b) XX 银行必须保持 XSB1 0347（XXSA）在持有状态下的网罗指令。并且在结算之期用 YY 的结算结果核对他们。匹配的指令状态必须被转变成结论并且要对任何突变进行报告和调查；

c) 我们在伦敦预定的关于法国资产净值的公司代理，XGPE 0302（XX 银行）通过 SWIFT 到 XX 担保来发送，该代理指导代表我们的 Relit 结算系统；

d) 在结算之日，我们从 YY 得到一个结算结果（D4-SDENOU. TXT）的下载，我们把 YY 结算结果和我们在持有状态下的代理银行的结算指令匹配起来。匹配的（结算的）代理银行指令状态转换成结论，打印出报告，报告中详述了结算性说明和任何未匹配（未结算的）说明；

e) 当结算批量指示时，XX 担保将返回报告。一收到这些结算信息，大量的过程就更新所有基本的大量已完成状态的说明，使得这些状态可由代理银行挑出打开的条款获利过程和所有与优先交易相关的打开的条款，此基本的交易以一个交易获利代码 LAD 来抛售停止以确保由于根本的说明问题没有减少任何分类账；

f) 以往交易日期取消/更正和取消（来自交易实体）将被拒绝并且将不重做调整。XXSA 与 XX

银行之间的交易从交易所执行中自动产生;因此,应该有非常少的以往交易日期的取消或取消/更正。这些更正可能是不正确的,但是他们业务报告并且如果需要的话更正应该通过代理银行进行手工指示。

A.8.2.2 操作需求

A.8.2.2.1 数据安全

标准代理银行数据安全。

A.8.2.2.2 应用安全

标准代理银行应用安全。

A.8.2.2.3 备份/恢复

如果出现任何系统问题,那么,系统就将 Omni 网罗过程设计成从开始点重新运算,忽略已经被网罗的说明。

A.8.2.2.4 可靠性/可用性/适用性

网罗条款获利的月末问题。

A.8.2.2.5 性能

成批的;需要在一天结束之前进行。

A.8.2.2.6 存档

标准代理银行存档。

A.8.2.2.7 处理假期

应该每天都运行网罗(如果没有任何交易那么就没有东西网罗)。

网罗项的结算应每天运行,我们从 YY 或来自 XX 担保的 SWIFT 中得到供给。

A.8.3 推荐解决方案

A.8.3.1 推荐

由于巴黎交易所是每月结算的,这里有两种选择:

a) 由 cusip 和价格数据网罗所有全部的交易;

b) 由 cusip,价格数据和每日的交易数据网罗所有全部的交易。

我们推荐选项 2,由于选项 1 存在以下问题:

a) 在 XX 银行和 XXSA 之间仅存在一些极大型的交易,如果有短期的情况这就可能产生问题;

b) 网罗交易中的分批付款。在多数交易日中网罗的交易能够引起一个说明连同被分解的部分问题和由分解带来的部分问题。每天网罗是指在 Relit 系统中根据交易日期自动进行所有分期付款。

A.8.3.2 成本与收益

A.8.3.2.1 成本

——分析 21 d(招致);

——设计 24 d;

——编码/测试 21 d;

——实施/培训 0 d;

——踪迹 56 d 112 000 美元。

A.8.3.2.2 收益

a) XX 银行的每年成本存款基于当前由 YY 进行收费的进度,通过 Omni 网络可能会是如下情形(基于 1995 年 5 月、6 月和 7 月的量):

——XX 银行与 XXSA 之间当前交易费;

——每季度的交易在每个交易的 FF 100＝FRF 4 984 400/年(996 880 美元 比率：1 美元＝5 FRF)；

——假定的费用和所有的网罗信息；

——每季度的交易在每个交易的 FF 100＝FRF 844 800/年(168 960 美元)；

——每年总收入＝FRF4 139 600 或 827 920 美元；

b) 由于公司内部交易量的减少 Omni 调节将更容易；

c) XX 银行也向每个订单收费,不管网罗结果 XX 银行都将参加。举例来说,在相同的交易日内 XX 银行可能购买了 1 000 个 Accor,同时也向市场销售出 1 000 个 Accor。关于对 XXSA 运转的网络影响是没有的,但是当 YY 代表我们向 Sicovam 的每个订单发送移交说明时,我们向双方收费。

A.8.3.3 范围与大小

这是一个标准的小工程。

A.8.3.4 日程进度

这是一个标准的小工程,由小工程团队根据已定义的进度来实施。分配作出响应的人们的工程协调者控制工程中各个不同的阶段：

a) 需求和功能说明报告；

b) 技术说明定义；

c) 编码；

d) 单元测试；

e) 系统测试；

f) 并行运行；

g) 上线运行。

A.8.3.5 关键成功因素/假定/问题

A.8.3.5.1 关键成功因素

a) 为 XX 银行和 XXSA 创造的网罗 Omni 移交说明应该与 YY 用来代表我们指导 Sicovam 的网罗说明完全匹配；

b) Omni 网罗的过程必须不能反过来影响月末结算和调整过程；月末结算和调整过程应要求最小限度的巴黎和伦敦操作指南介入；

c) 由于事实,XXSA 大多数将会通过已完成的订单来产生 XX 银行交易并且由交易执行进入 Servisen 系统,此系统在过去交易日期中应有极少(少于 5)取消的交易和每天极少的取消/更正交易。此改正将通过业务手动进行；

d) 当前交易日后一天和月末调整过程将包括网罗说明的详细报告和根本的说明,突出了 YY 和 XX 银行之前的任何差异。

A.8.3.5.2 假定

a) 由于已经协议过,我们要求在相同的交易日 YY 来实施 Omni 网罗,他们必须也能够提供给我们网罗的将要用一个及时的方式传回我们调整匹配合并过程的细节；

b) 由于订单和产生代理银行说明的执行被 YY 用来指导 Sicovam,应由极少取消/更正和取消,并且直接来自交易者的 Servisen 终端。

A.8.3.5.3 问题

a) 网罗—我们需要关于 YY 的网罗过程的详细信息,来确保我们能够以相同的方式确切地网罗；

b) 调整—我们需要关于从 YY 下载文件的详细信息,这些文件用来调整网罗的说明和它们在交易日的后一天和结算日期的根本说明，而这些详细信息对于确保及时和准确的结算是关键的；

c) 通信—由于包含了多个组，存在潜在的误通信。伦敦 IT，伦敦业务所，巴黎业务所，巴黎 IT，YY，XX 担保。

A.8.4 功能说明

A.8.4.1 建议的过程细节

A.8.4.1.1 详细数据流图(见图 A.2)

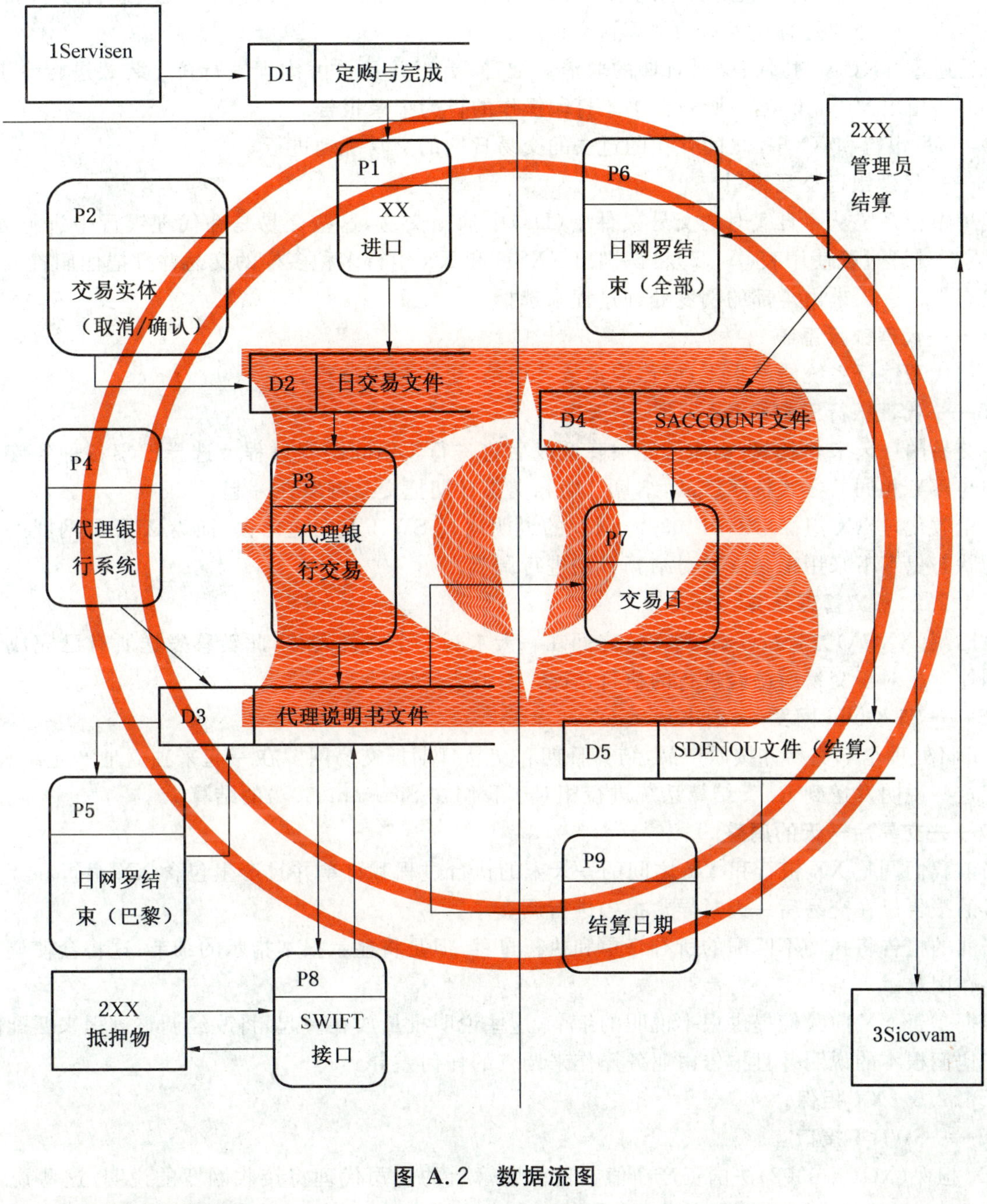

图 A.2 数据流图

A.8.4.1.2 详细过程描述

A.8.4.1.2.1 **Servisen**

关于当前 Servisen 过程没有任何变化。

a) XX 银行商家在 Servisen 系统相对于巴黎交易所中加入了订单。

b) 执行巴黎股票交易(Societe de 交易所)。

P1——XX 银行进口

a) 已完成的订单和它的实行信息(D1)从 Servisen 系统中下载下来并且装在 TSPS 系统上。管理我们在 Sicovam(507)结算的 YY 在巴黎的一天末下载相同的信息

P2——交易实体系统

a) 进行 XX 银行和 XXSA 之间的人工交易,这些包括法国客户、IBS、自由兑换债券、许可证和正当的交易,用传真来指导 YY 。

b) 通过 TRUK 进行交易日期的取消和取消/更正,并且由代理银行拉—装载进行牵引和在代理银行中处理同时产生新的结算移交说明。

c) 通过 TRUK 对过去交易日期的取消和取消/更正并且也由代理银行拉—装载进行牵引,但是将由巴黎 Omni 处理所来否决。打印操作的行为记录报告。

d) XX 银行和 XXSA 之间存在的过去的交易日期的交易手动进行。

P3——代理银行交易牵引

代理银行系统从每日实时的交易文件中(D2)中抽出交易,这些交易是在代理银行中进行处理的。Omni 网罗处理过程使用表(A173)将识别出 XXSA 和 XX 银行多种多样的交易并且把他们置成唯一的有效状态供在一天末由全部的网罗处理过程来选择。

P4——代理银行系统

使用代理银行系统能够手工进行,取消或者取消/更正移交过程。

P5——代理银行巴黎 Omni 网罗(一天末)

在交易的一天末,当交易实体已经被降低以后将进行 Omni 网罗过程。选择巴黎各种各族样的交易并用与 YY 相同的方式按照产品,结算日期和交易日期把交易网罗在一起。

为伦敦代理 XX 担保(XGPE 0302)网罗的说明通过 SWIFT 发送出去,而为 XXSA 网罗的说明以有效的状态保存下来用来与 YY 对结算日期进行调节。

A.8.4.1.2.2 YY 管理结算

在巴黎(XXSA)方,Servisen 和 YY 之间在一天末有一个文件转移,此转移发送所有已完成订单的细节和他们相对于交易所已经进行的执行情况。

P6——YY Omni 网罗(一天末)

YY 将处理全部交易并按照产品,结算日期和交易日期把交易网罗在一起来独立地产生结算说明,同时把这些说明发送到 Relit 结算系统进行相对于我们在 Sicovam(507)的结算。

P7——交易后一天的调整

当前我们调整 XX 银行和 YY 之间的一天末的执行过程和订单并且产生包含 XX 银行和 YY 中任何异常的报告。在交易后一天对异常报告进行调查。

当前的报告将强调不匹配的所有订单和执行过程,但是将显示根本指示的细节;这将会使调查这些差异存在困难。

根据是否 YY 向我们提供根本说明的细节,这些说明批量放在一起,将改经调整过程来匹配网罗的说明和他们根本的说明并且报告由业务操作来调查的任何差异。

A.8.4.1.2.3 XX 担保

P8——SWIFT 接口

XX 担保(XGPE 0302)法国资产净值在伦敦账簿上的公司代理将接收网罗的说明,这些说明通过一条 SWIFT 消息详细地记录了它们在 Sicovam(048)的账目和在 Sicovam(507)XXSA 的账目运转过程。

P9——结算日期

在结算日期,此过程上传从 YY 传输过来的结算结果(D4 SDENOU.TXT 文件)文件并且对 YY 相对于在代理银行的结算说明进行匹配。唯一的区别是我们将有对每个产品、交易日期和结算日期进

行单独的全部说明。产生详细结算订单和任何未结算订单的报告。

整理 XXSA(XSB10347)结算说明,改变网罗说明为结束状态并且削减分类账,以 LAD 为清理代码完成根本的说明指示来阻止分类账的削减。

当网罗的说明结算后 XX 担保将发回报告。根据结算消息,批量处理的过程使用 LAD 为清理代码更新网罗的说明为完成("F1")状态,将所有根本说明更新为一个完成("F1")状态以来阻止分类账的削减。

代理银行清算过程将清算所有开放式条款,并且为网罗说明削减分类账。

我们也调整了 YY 和我们银行调整系统(RBUA)的状况。我们从 YY(SBALTITR. TXT)得到每日的状况信息,这要与 RBUA 系统中的状况进行比较。打印出任何形势变化的详细信息的报告。

附 录 B
（资料性附录）
实时/控制 RUR

B.1 RUR B1:基本的减法功能

用户需要实现两个域(域A和域B)的减法,结果保存在第三个域(C)中,即C=A−B。其结果应该能在0.01 s内完成。

参与减法运算的域(A和B)是有符号整数(范围在−99 999 999和+99 999 999之间),否则其结果将显示出错信息。域C将显示A和B之间的差。

B.2 RUR B2:重要的大功能

用户需要实现两个域(域A和域B)的减法,结果保存在第三个域(C)中,即C=A−B。其结果应该能在0.01 s内完成。

域A和B的数据格式可以是:

a) 有符号整数(范围在−99 999 999和+99 999 999之间);

b) 日期(格式是DDMMYYYY,范围在01 011 800和31 129 999之间);或

c) 时间(格式是HHH.MM)。

域A和B一定是同一数据格式,混合数据格式或任何其他数据格式,其结果将显示出错信息。域C总是有符号整数,分别表示:

a) 两个有符号整数之间的差,例如:A:+9 567,B:+568,C:+8 999;

b) 两个日期之间相差的天数,例如:A:30081996,B:20071996,C:+41;

c) 两个时间之间相差的分钟数,例如:A:102.25,B:094.55,C:+450。

B.3 RUR B3:次要的大功能

用户需要实现两个域(域A和域B)的减法,结果保存在第三个域(C)中,即C=A−B。其结果应该能在0.01 s内完成。

正如在RUR B2中,域A和域B的数据格式可以是:

a) 有符号整数;

b) 日期;或

c) 时间。

域A和B数据格式可以混合,但混合时域B的数据格式必须是有符号整数。否则,不正确的数据格式组合或其他的数据格式,其结果将显示出错信息,并指出其错误类型。

当域A和B是同一数据格式时,域C的值是有符号整数,如同RUR B2一样,分别表示:

a) 两个整数的差;

b) 两个日期相差的天数;

c) 两个时间相差的分钟数。

当域A和B数据格式混合时,域C的数据格式将用域A的数据格式,分别表示:

a) 一个日期的值,此日期在域A表示的日期之前,域B表示相差的天数。例如:A:30081996,B:+41,C:2007199,和

b) 一个时间的值,此时间在域A表示的时间之前,域B表示相差的分钟数。例如:A:102.25,B:+450,C:94.55。

B.4 RUR B4:信号显示字段的用户要求

以下述用户定义的要求,考虑 RUR B1:

仅用一个输入/显示域的简单输入设备,这共用的输入/显示域一起采用一个"回车"键对所有用户提供通信。用户输入域 A 的值,并键入"回车"键,然后输入域 B 的值,再键入"回车"键,系统将显示域 C 的值或一个出错信息。

B.5 RUR B5:出错信息的用户要求

以下述用户定义的要求,考虑 RUR B1:

出错信息与程序逻辑存储在一起。

B.6 RUR B6:用户维护的出错信息的用户要求

以下述用户定义的要求,考虑 RUR B1:

出错信息保存在外部用户可以编辑的数据文件中。

B.7 RUR B7:一个内部函数的用户要求

以下述用户定义的要求,考虑 RUR B1:

减法函数是一个用户所要求辅助业务操作自动化的通用函数的一个组成部分,用这个减法函数的通信仅由多个不同计算机程序调用,他们将包括该减法函数。

B.8 RUR B8:自动线路切换

B.8.1 概述

对一个通讯信道而言,提供了两条线路:一条工作线路和一条备用线路。如果工作线路失守或失效,备用线路将被启用。由接收端决定工作线和备用线之间的切换,即便之后工作线路变得完全正常了,备用线路仍将保持有效。

使用一个标准的冗余方法来持续地检测传输的准确性。因此,纠错不是该应用的部分,而是由外部来执行的。一条线路信号的出错率决定该线路的质量是正常的、失守的还是失效的。由于线路持续被监控,信号的完全丢失将在一出现就作为失守的质量被检测到。如果备用线路处于好的状态,对工作线路上失守或失效所期望的反映是自动地切换到备用线路。

B.8.2 外部命令

提供给技术人员一组变更信道配置的命令:

——移去线路:该线路处于不服务状态;

——恢复线路:该线路投入服务;

——强制切换:只要该线路处于服务,该线路被选择用于通信;和

——有条件切换:只要该线路处于服务,且其质量至少与当前所选择的线路相同,该线路就被选择来通信。

B.8.3 属性

属性如下:

a) 一个线路的质量具有 4 个水平:

1) "正常"(出错率小于 10^{-9});

2) "失守"(出错率在 10^{-5} 和 10^{-9} 之间);

3) "失效"(出错率大于 10^{-5} 或者没有信号);和

4) "停止服务"。

b) 在任何给定的时间,不变在两条线路中有且仅有一条线路被选择用于通信。

c) 当“移去工作线路”事件出现时,如果该工作线路不是处于停止服务状态,则将该工作线路转向停止服务,否则该工作线路保持停止服务状态。

(移去备用线路事件的操作是类似的)。

d) 当“恢复工作线路”事件出现时,如果工作线路处于“停止服务”状态时,则该线路将转向“正常”状态,否则该工作线路的不用改变。

(恢复备用线路事件的操作是类似的)。

e) 当“强制切换”事件出现时,如果工作线路不是处于“停止服务”状态时,则该线路将是被选用的线路,否则当前被选用的线路保持不变。

(强制切换备用线路操作是类似的)。

f) 当“有条件切换”事件出现时,如果该工作线路不是“停止服务”状态,且该线路质量不比备用线路差,则该工作线路就成为选用线路。

(有条件切换备用线路操作是类似的)。

g) 当工作线路失守事件出现时,如果当前工作线路是“正常”状态,则该线路被更改为“失守”状态,否则该线路状态不变。

(备用线路发生失守事件时操作是类似的)。

h) 当工作线路失效事件出现时,如果该工作线路是“失守”状态,则其状态将更改为“失效”,否则该线路质量状态保持不变。

(备用线路失效事件的操作是类似的)。

i) 当“工作线路清除”事件出现时,如果当前工作线路是“失守”或者“失效”状态,则该线路将变更为“正常”状态,否则保持不变。

(“备用线路清除”的操作是类似的)。

j) 如果出现

——“移去线路”,

——“恢复线路”,

——“线路失守”,

——“线路失效”,或者

——“线路清除”事件时,并且当前未被选中的线路质量比选中的线路质量高时,将发生线路切换选择。

k) 移去、恢复、降质或者清除线路不影响其他线路的质量。

l) 切换选择的线路不影响任一线路的质量。

m) 切换到一条处于“停止服务”状态的线路是被禁止的,除非2条线路均处于“停止服务”状态。

n) 在下列情况下,选择的线路将变更:

1) 使用切换命令变更选择;

2) 当前选择的线路质量退化到比其他线路差;

3) 当前选择的线路停止服务;或

4) 非选择的线路质量恢复到比当前选择的线路好。

B.9 RUR B9:阀门控制系统

B.9.1 概述

下面的功能需求描述了螺线管控制阀门在水力电路阀门控制一个机械设备的行为,此机械设备是为安装在陆上运输工具上的自动传输设备变速的。这个阀门可开可合,默认情况是闭合状态,而当机械装置变速时则是闭合的。此过程控制着阀门在几百万微秒的操作周期中的闭合时间。提供操作周期参考的时钟触发这个过程。

B.9.1.1 输入

系统控制过程中使用以下作为输入：

——一个表明变速的传感器信号(Gc)：在进行中(值1)或不在进行中(值0)；

——在变速的过程中，表明速度变化的传感器信号(Su)：如果转移到上面齿轮或者转(值1)移到下面齿轮(值0)；

——用来表明传输是否受压的传感器信号(Idl)：受压(值1)或者空转(值0)；

——二进制标识"A"，其值存储在处理器ROM中；或者

——二进制标识"B"，其值存储在处理器ROM中。

二进制标识"A"和"B"描述了自动传输的一些基本配置特点。

B.9.1.2 输出

过程产生以下输出：

在控制阀门闭合一个操作周期中的时间(T)

B.9.2 需求

B.9.2.1 A部分——确定一般操作条件

从一个液压阀门闭合的状态确定操作速度的快或慢：

如果(　Gc=1
　　AND Idl=1
　　AND A=0
　　AND B=0　)

那么，在正常情况下操作，执行B部分

如果(　Gc=1
　　AND Idl=0
　　AND Su=1
　　AND A=0
　　AND B=0　)

那么，在变速的情况下操作，执行C部分

B.9.2.2 B部分——控制液压阀门从闭门的状态下逐渐打开

重置T至更小的值：INIT或者是在这最近过程周期中的T值，这里INIT是存储在计算机ROM存储器中一个常量，

计算新的T值：T=T -(Cst_X * ET)

这里Cst_X是存储在处理器ROM中的一个常量，而ET是从阀门闭合状态被缓慢地激活过程的一个瞬时值。

完成的条件：

若下面的条件被满足，那么阀门控制转换到另一个过程：

T小于或等于LT

或

Slp大于或等于Uslp。

式中LT是一个更低的时间阀值，Uslp是存储在ROM存储器中滑动量的更高阀值。Slp是当前的滑动量，表明了引擎从动轴与主动轴转数的差值。根据下面的公式计算和更新阀门值并将结果保存在RAM处理器中。

$$Slp=|E_{rev}-PS_{rev}|$$

式中E_{rev}是引擎输出的从动轴旋转量，PS_{rev}是主动轴旋转量，两个变量的值都是由从分离传感器的

输入和放在RAM存储器中的计算结果两者的并发过程提供的。

B.9.2.3 C部分——控制液压阀门从关闭状态下快速打开的值

——重置T至更小的值:INIT(Vs),或是在最近一个过程周期中的T值,这里INIT是存储在ROM存储器中初始值的一张表,而Vs是由另一个处理过程来计算和更新的机械速度并存储在计算机RAM存储器中;

——计算新的T值:T=T-(INCR(Vs) * ET),这里INCR是根据存储在ROM处理器中的机械速度增加值的一个表格,ET是从液压阀门闭合状态被激活到快速关闭的一个瞬时值;

——完成的条件:如果符合下面的条件,那么阀门控制转换到另一个过程:

T小于或等于LT

其中LT是一个存储在处理器ROM中的较低的时间阀值。

注:从一个功能规模量测(FSM)角度来看,存储在ROM在RAM处理器中的数据属性和数据结构属于软件边界的范围。

B.10 RUR B10:网关系统

B.10.1 引言

B.10.1.1 目的

本案例研究的目的是确定SAVAT网关(SAGA)的功能需求,SAGA是指邮件预定供应商SAVAT公司(MailOrder supplier SAVAT Corporation)的网关应用。

功能需求规格说明:

——确定经过用户批准的所有软件需求;

——描述系统的输入,输出,功能过程和环境需求;

——为系统设计文档提供技术基础;

——该文档将用于验证发布的系统;

——描述SAVAT网关的功能需求,该网关将SAVAT公司的邮件预定系统从Presentation/9系统转化到AUS-ONLINE多媒体平台。

B.10.1.2 读者

文档的读者包括:

——开发团队;

——AUS-ONLINE多媒体项目发起人;

——项目管理部门;

——质量评审人员。

B.10.1.3 定义,缩略语

SAGA	SAVAT网关应用
MOIS	邮件订单接口规格说明
EC	位于SAVAT公司的外部计算机
X.25	CCITT用于报文交换网络的标准
TCP	传输控制协议
P/9	Presentation/9
MAIL—ORDER	SAVAT公司的电子邮件订单服务

B.10.2 当前状况

B.10.2.1 概述

SAVAT通过可视文本接口系统提供一个公共访问电子邮件订购系统。SAVAT允许用户使用他们的可视文本终端登录SAVAT邮件订购系统,并可:

——直接订购 SAVAT 产品；
——接收当前账户余额；
——获取每月账单；
——预定新产品目录。

AUS-ONLINE 机构提供用户可视文本终端和 SAVAT 公司邮件订购应用之间的接口。这个 AUS-ONLINE 接口系统称为 Presentation/9 可视文本系统。

AUS-ONLINE 计划放弃 Presentation/9 可视文本系统，而采用一个多媒体系统，从而允许用户使用多种不同的终端。当 AUS-ONLINE 实现了这个新的接口系统，该机构需要为使用 Presentation/9 的软件提供新的访问方式。

B.10.2.2 现存的硬件和软件

当前访问 SAVAT 邮件订购系统的接口，是通过可视文本终端连接 AUS-ONLINE 的 P/9 系统，如图 B.1 所示。

AUS-ONLINE 的 P/9 服务：
——驱动可视文本终端和实现在 EC 上的 SAVAT 邮件订购系统之间的用户交互；
——使用一个通讯协议，该协议：
- 在可视文本系统和 SAVAT 外部计算机之间传输数据；
- 是 AUS-ONLINE 媒体网关协议的 2.3 版；
- 提供用于描述对 SAVAT 外部计算机的 P/9 用户活动和从外部计算机接收的页面回复、数据汇集或其他可视文档反馈的机制。

邮件订购系统的服务机制对授权用户提供了下列在线订购和账户管理服务：
——账户余额明细；
——产品订购；
——产品目录订阅；
——其他相关的维护功能。

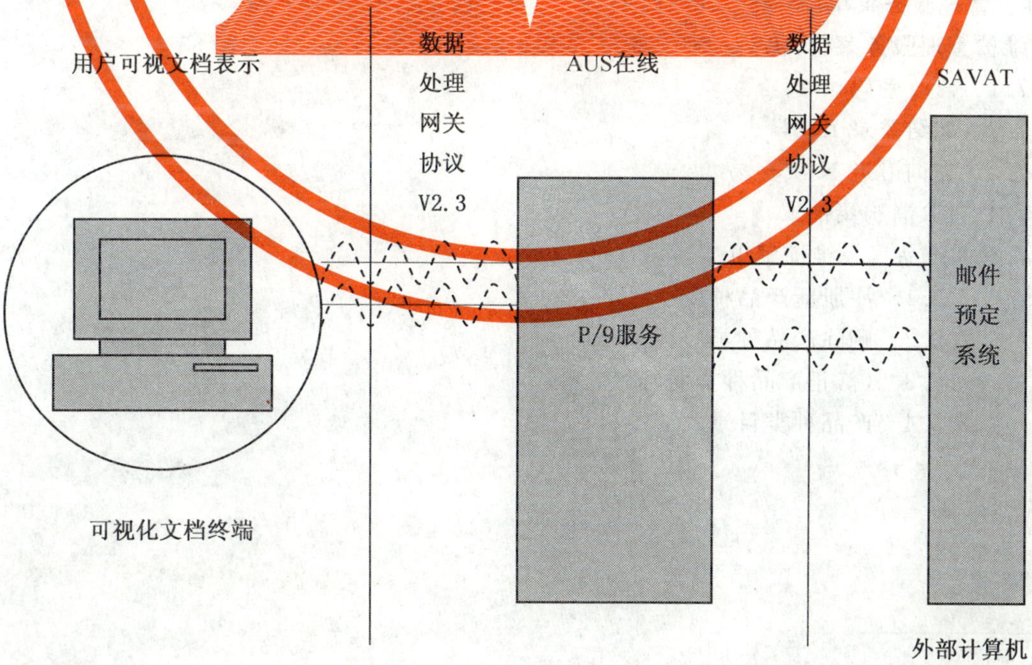

图 B.1

B.10.3 目标和范围

B.10.3.1 商业目标

SAVA应用(SAVAT网关系统)将提供公共访问服务提供者SAVA的相关工具。

其主要的商业目标是借助无冲突的现存SAVAT邮件预订系统,将访问从当前的P/9系统迁移到AUS-ONLINE多媒体平台上。

SAVAT网关是介于AUS-ONLINE多媒体平台应用和SAVAT邮件订购应用之间的中间媒介系统,对SAVAT邮件订购应用而言,SAVAT网关是为了实现从P/9系统到AUS-ONLINE多媒体平台的透明移植。

B.10.3.2 范围

这个案例研究包括SAVAT网关的所有功能需求。该SAVAT网关将:

——使用邮件订购接口规格说明提供请求;

——对SAVAT外部计算机端,仿真V2.3协议;

——对SAVAT外部计算机收集所有的要求细节。

SAVAT网关将执行下列功能:

——为每个登录AUS-ONLINE系统要求访问SAVAT的用户建立一个会话;

——基于邮件订购接口规格说明,收集从外部计算机上SAVAT邮件订购系统发出的数据;

——返回出错信息。例如,通信链路中断不能连接会话。

SAVAT网关应能符合下列SAVAT邮件订购功能:

1. 显示账户账单
2. 提供账户余额
3. 接受物品的购买定单
4. (修改购买定单)[1)]
5. 预定账单
6. 接受目录订阅请求
7. 维护管理服务菜单

   维护管理服务菜单,包括:

   7.1 修改密码

   7.2 冻结登录ID号

   7.3 查询最近N次交易

   7.4 (取消购买请求)[2)]

   7.5 产品目录维护菜单

      7.5.1 注册新产品种类

      7.5.2 删除产品种类

      7.5.3 (修正产品种类明细)[3)]

      7.5.4 产品种类目录

1) 在SAVAT上未实现。

2) 在SAVAT上未实现。

3) 在SAVAT上未实现。

B.10.3.3 系统架构(见图 B.2)

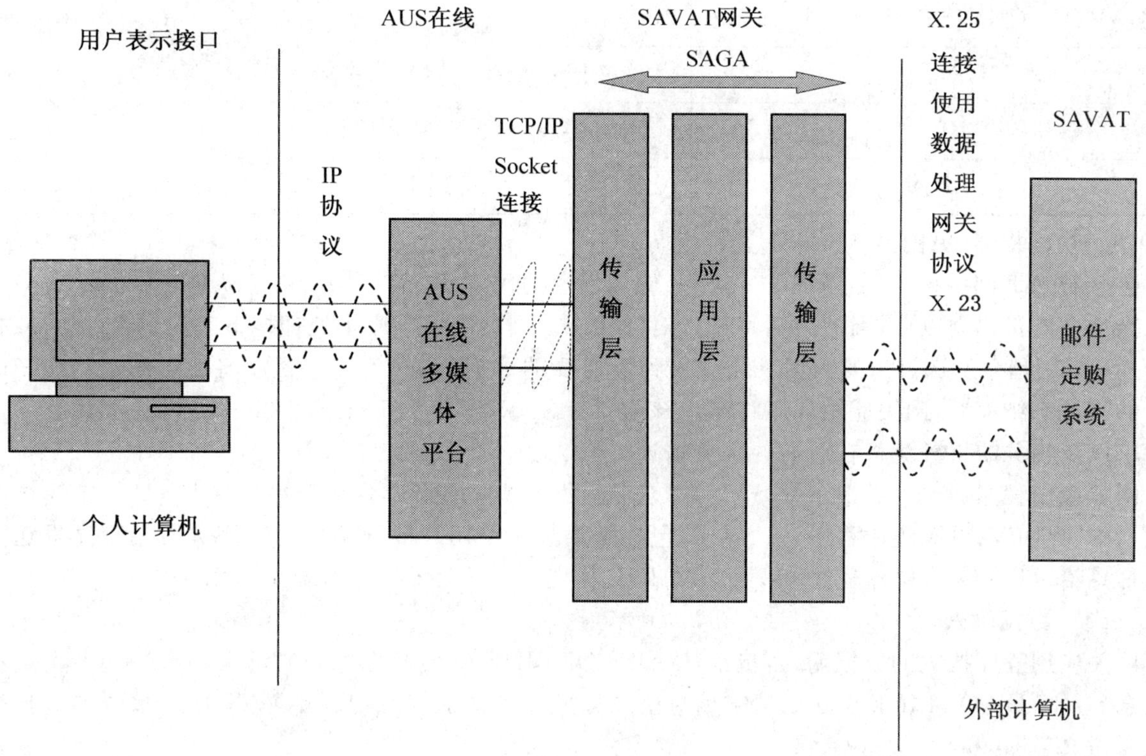

图 B.2

B.10.3.4 系统目标

SAVAT 网关应用被安装在 Alpha VMS 平台上,该应用程序使用 TCP/IP 套接字和 X.25 通信接口与系统中其他部分连接。AUS-ONLINE 多媒体平台运行在 Tandem 计算机上,Tandem 计算机将为每个要访问 SAVAT 系统的用户建立一个到 SAVAT 网关的 TCP/IP 连接。

SAVAT 网关将实现下面的功能:

a) 为每个激活的用户建立一个单独的从 AUS-ONLINE 多媒体平台到 SAVAT 的会话;

注:本网关是在 X.25 网络上,使用媒体数据处理网关协议 V2.3 和 SAVAT 应用程序通信。

b) 使用一个状态转化表来控制处理步骤,也就是说将一个 AUS-ONLINE 交易映射到 SAVAT 应用程序的多个步骤上;

c) 为调试目的输出应用程序的追踪日志,追踪要求的等级依赖于数据的容量;

d) 通过配置文件控制应用程序的不同部分的配置,该配置文件定义了通信和应用的可变元素,他们随实现模式而不同。配置的参数包括通信地址、网络定义、主页地址和追踪等级。网关应用程序不提供修改配置文件的功能。

B.10.4 系统环境

B.10.4.1 硬件环境

SAVAT 网关实现在 DEC Alpha 3000/600 硬件平台上,该平台可以通过 TCP/IP 套接字访问 AUS-ONLINE 的 Tandem,可以通过 X.25 网络访问 SAVAT 外部计算机。

B.10.4.2 软件环境

DEC Alpha 上运行开放的 VMS v6.1 AXP 操作系统。TCP/IP 服务由开放的 TCP/IP 服务软件 v3.2 (UCX) 提供,X.25 服务由 X.25 客户端软件 V1.1 提供。

B.10.4.3 通信和网络环境

下表表示了数据通信的各种层次,包括在 AUS-ONLINE 端和 SAVAT 端的网关应用。

网关机器人应用		
网关—AUS ONLINE 之间的应用接口	应用层	网关机器人—SAVAT 应用接口(数据处理网关协议 V2.3)
TCP 协议	传输层	
IP	网络层	X.25 网络协议
以太网	物理层	X.25 网络

B.10.5　功能描述(见图 B.3)

由 SAVAT 网关接收到 AUS-ONLINE 应用发送的用户登录请求后,将建立和 SAVAT 之间的连接。当这个连接建立以后,网关会话将进入对话状态。网关应用程序将处理接下来的请求,并且收集从 SAVAT 应用程序发送过来的数据。当收集到所需要的数据后,网关应用程序将发送回复给用户。当所有的交易都结束后,网关应用程序将结束该会话。从 AUS-ONLINE 程序发送给网关应用程序的各种请求以及相关的事务流将在后面的部分描述。

网关应用程序通过发送请求给 SAVAT 应用,尽量减少用户命令和菜单选择。SAVAT 应用将返回适当的"界面"给网关应用程序,该"界面"包括需要显示给用户的屏幕信息。网关应用程序发送这个界面信息给 AUS-ONLINE 程序,AUS-ONLINE 将把这个作为屏幕信息显示给用户。

B.10.5.1　数据输入

网关应用程序接收的数据输入,包括从 AUS-ONLINE 应用发送过来的请求和 SAVAT 发送的回复信息。从 AUS-ONLINE 发送的请求信息格式详见参考文献[3]。从 SAVAT 应用接收的数据格式详见参考文献[1]和[4]。

B.10.5.2　数据输出

网关的输出数据包括发送给 AUS-ONLINE 应用的回复信息和发送给 SAVAT 应用的请求信息。发送给 AUS-ONLINE 的回复信息格式详见参考文献[3]。发送给 SAVAT 应用的请求信息格式详见参考文献[1]和[4]。

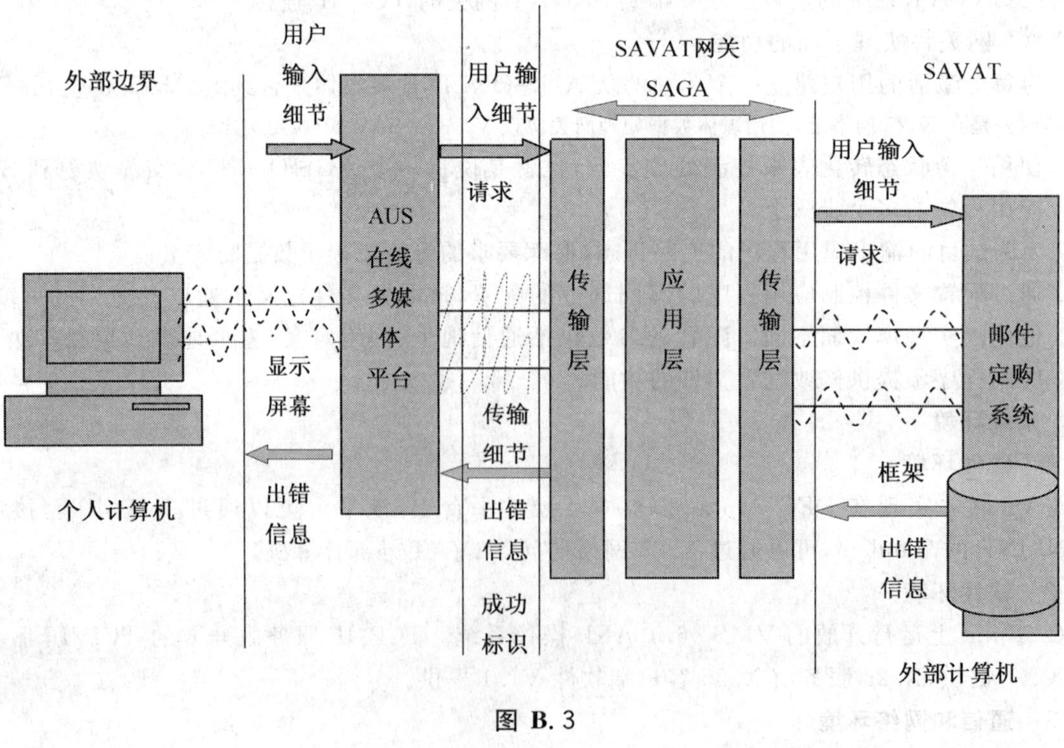

图 B.3

B.10.5.3 登录到SAVAT系统——登录事务

B.10.5.3.1 功能概述

SAVAT 网关接收到 AUS-ONLINE 应用发送的登录请求后，就开始建立和 SAVAT 系统的会话。如果会话成功的建立，系统将返回成功标志：

“Y”(连接成功)，同时用户的账户余额信息显示在他的屏幕上。否则(出现一个错误)然后将返回：

“N” 拒绝连接

“C” 需要更改密码

“L” 不准确的用户 ID 或密码

同时，在响应的消息头中送出一个适当的信息。

B.10.5.3.2 功能描述

登录事务活动如下：

a) 读套接字，接受请求；

b) 接受登录请求后，建立和 SAVAT 外部计算机之间的 X.25 连接；

c) 如果网络失败，发送给 AUS-ONLINE 程序成功标识位为“N”的回复消息，消息头包含网络出错信息；

d) 如果 X.25 连接建立成功：

  1) 从 SAVAT 接收一个“主菜单界面”(0028)；

  2) 向 SAVAT 发送一个会话请求；

  3) 调用“获取账户余额”功能(见支持功能 6.1)，评估存储在内部数据结构中的账户余额明细；

  4) 选择任选项 9 回到主菜单界面(0028)；

  5) 发送一个“Y”回复给 AUS-ONLINE 软件(用户 ID 账户明细和账户余额显示在用户的屏幕上)；

e) 如果 X.25 连接建立失败，将接收一个“连接错误界面”(5008)：

  1) 如果登录的用户 ID 或者密码是无效的，将发送成功标识位为“L”的回复信息给 AUS-ONLINE 应用，同时显示出错信息屏幕；

  2) 如果拒绝建立连接，根据不同的原因，将从 SAVAT 接收到六种不同的界面(8258,1258,4058,9158,4358,5008)。Msg_Txt 字段包含界面号、错误代码和一行出错信息。同时标识位为“N”的回复消息将发送给 AUS-ONLINE 应用；

f) 如果连接建立成功，用户 ID 和密码有效，但密码需要更改，则将从 SAVAT 接收到“更改密码界面”(9008)。将发送标识位为“C”的回复消息给 AUS-ONLINE 应用，当事务结束时，网关会话将处在更改密码界面。此时 AUS-ONLINE 应用只能发送更改密码请求。

B.10.5.4 更改密码

B.10.5.4.1 功能概述

更改密码事务的处理分为正常更改密码和强制更改密码。

当网关应用接收到更改密码请求时，首先检查网关是否是强制更改密码状态。(如果是强制更改密码状态，系统只能接受“更改密码”和“退出”两种事务)。

如果网关应用期待一个强制更改密码请求，该请求将由“强制更改密码”过程处理，否则由“正常更改密码”过程处理。

B.10.5.4.2 功能描述

a) 接受“更改密码”请求；

b) 测试是否是“强制更改密码状态”，并转向“强制更改密码”事务；

c) 如果不是强制密码更改，则转向“正常密码更改”事务。

B.10.5.5 正常修改密码

B.10.5.5.1 功能概述

当用户请求修改密码时,AUS-ONLINE 应用引发请求。

如果密码更改成功,发送成功标识位为"Y"的回复消息,否则发送成功标识位为"N"的回复信息和适当的出错信息。

B.10.5.5.2 功能描述

功能描述如下:

a) 当接收到更改密码请求时,网关应用处在主菜单界面(0028),网关应用通过选项 7 进入维护服务菜单界面(1028)。再通过选项 1 进入更改密码选项,更改密码界面(9008)发送 SAVAT 应用;

b) AUS-ONLINE 应用发送的请求信息包括用户 ID 和密码,并传给 SAVAT 应用;

c) SAVAT 应用验证用户 ID 和密码:

   1) 如果是无效用户 ID 或者密码,将返回 9008 界面和出错信息。网关将返回成功标识位为"L"的回复信息给 AUS-ONLINE 应用,并返回主菜单界面;

   2) 如果用户 ID 和密码是有效的。新密码将发送给 SAVAT 应用,同时 SAVAT 将验证这个新密码;

d) 如果该新密码是:

   1) 无效的,网关将收到 SAVAT 将返回 9090 界面并给出相应的出错信息,网关发送取消操作给 SAVAT 应用,同时发送成功标识位为"N"的回复消息给 AUS-ONLINE 应用;

   2) 有效的,SAVAT 将接收新密码,并返回密码成功更改界面(9908),网关通过选择选项 9 回到主菜单,同时网关将返回成功标识位为"Y"的回复信息和当前用户余额给 AUS-ONLINE 应用。

B.10.5.6 强制密码更改

B.10.5.6.1 功能概述

当用户请求更改密码时,AUS-ONLINE 应用引发这个请求。

如果该密码更改成功,网关应用返回一个成功标志为"Y",否则发送成功标志为"N"的回复并在回复的头中给出相应的信息。

B.10.5.6.2 功能描述

功能描述如下:

a) 网关会话是在登录(9000)的强制更改密码界面上;

b) 来自 AUS-ONLINE 应用的更改密码的请求信息,包括传给 SAVAT 应用的用户 ID 和密码;

c) SAVAT 应用验证用户 ID 和密码:

   1) 如果是无效的,它将返回一个无效界面(9008)和一个出错信息,引发取消操作并返回到维护菜单界面和一个应答信息标志"L"给 AUS-ONLINE 应用;

   2) 如果是有效的,该新密码将传递给 SAVAT 应用,并且将 SAVAT 应用验证;

d) 如果新的密码是:

   1) 无效的,SAVAT 用一个出错信息返回一个"无效"界面(9090),引发取消操作给 SAVAT 应用,返回到主菜单和一个成功标志为"N"的回复消息给 AUS-ONLINE 应用;

   2) 有效的,SAVAT 应用将接收该新密码,并返回界面(9908),并通过选择选项 9 回到主菜单,同时一个成功标志为"Y"的回复消息和当前用户余额给 AUS-ONLINE 应用。(客户的当前账务余额明细被存储在网关的内部结构中。)

B.10.5.7 从 SAVAT 系统退出——退出事务

B.10.5.7.1 功能概述

退出请求发生在下列情况：

——用户要从 SAVAT 应用退出，AUS-ONLINE 发出该请求；

——AUS-ONLINE 的套接字失去连接时，网关机器人调用该请求。

该请求消息只包含事务类型是"LOGOFF"的消息头。

该网关应用不向 AUS-ONLINE 应用发送应答消息，仅在 X.25 连接上调用"clear"功能，并关闭和 AUS-ONLINE 应用之间的套接字连接。

B.10.5.7.2 功能描述

退出事务活动包含下面操作：

a) 该网关会话收到退出请求；

b) 向 SAVAT 应用发送一个断开连接；

c) 向该会话发送一个"call clear"，以 X.25 断开连接；

d) 在与该会话关联的内部数据结构中删除这个纪录；

e) 关闭这个会话的 TCP 套接字。

B.10.5.8 订购商品

B.10.5.8.1 功能概述

当用户从 SAVAT 请求订购商品时，AUS-ONLINE 应用将发出订购商品请求消息。该消息包含账号、产品 ID 和数量。

如果订购成功，则返回一个成功标志：

"Y"(订购成功)，同时也返回该客户账号的余额和通知给客户的订单号与发货日期。

否则(出现一个错误)

"N" 不正确的账号、产品 ID 或者产品数量

"S" 满屏错误

同样在回复消息头中发送相应的出错信息。

B.10.5.8.2 功能描述

接收订购事务活动如下：

a) 网关会话发起一个读套接字，接受订购请求；

b) 从主菜单选择选项 3 进入购买订购选项；

c) 测试非期望页面(6058,8258,9158,4358)或者满屏错误(6058,8258)；

d) 如果发生满屏错误：

   1) 返回一个出错消息。发送取消操作给 SAVAT 应用，返回到维护菜单(0028)，并用成功标志"S"的应答消息发送给 AUS-ONLINE 应用，否则 OK；

   2) 从 SAVAT 接收页面(0108)。该请求包含账号、产品 ID 和订购产品数量，发送给 SAVAT 应用；

e) SAVAT 程序检查账号、产品 ID 和订购产品数量是否正确：

   1) 如果不正确，SAVAT 将发送无效页面(1008)和相关的出错信息给网关。SAVAT 将执行一些取消操作并回到主菜单，同时网关向 AUS-ONLINE 应用发送一个标识位是"N"的回复消息；

   2) 如果正确，SAVAT 发送确认界面(8108)给网关，然后通过选择选项 1 来确认此次订购；

f) 如果 SAVAT 处理订单的结果是：

   1) 不成功，SAVAT 程序将发送无效页面(1108)和出错信息。SAVAT 将执行一些取消操作并回到主菜单，同时网关向 AUS-ONLINE 程序发送一个标志是"N"的回复消息；

2) 成功,SAVAT 程序将发送订购成功页面(0108),该页面包含订单号。网关应用选择选项9回到主菜单。同时网关向 AUS-ONLINE 程序发送一个标识位是"Y"的回复消息。网关还调用获取账户余额功能收集账户余额信息。

B.10.5.9 列出订购账户

B.10.5.9.1 功能概述

当用户要求该账号最近20次订够的清单时,由 AUS-ONLINE 发出这个请求。一个客户在邮件订购系统中可以有多个账号,他们可以选择账号索引(例如,1 表示主账号,2 表示次级账号),账号索引可以根据账户信息表翻译成实际的账户序列号。账号索引作为输入信息包含在查询客户订单的请求信息中。回复信息中有个标志位表示是否查询到多条记录。

网关应用返回一个成功标志:

a) "Y" 当该事务完全成功,并返回最近20次交易清单;

b) "N" 在应答头中仅是一个出错消息,当存在:

1) 账户不存在;

2) 该客户没有交易;

3) 出现严重错误。

B.10.5.9.2 功能描述

查询账户的交易清单活动如下:

a) 该网关会话接收到查询最近20次交易的请求,并检查这个请求是不是先前一个请求的延续;

b) 从主菜单中选择选项1,进入账单显示功能;

c) 如果存在多个账号,SAVAT 应用返回4308界面,这个界面包含账号的列表。如果:

1) 只有一个账号存在,SAVAT 返回1308界面,该界面包含这个账号信息;

2) 如果没有账号存在,SAVAT 将应答标志为"N"并发送一个出错消息给 AUS-ONLINE 应用;

d) 调用获取账户序列号功能,可获得用户期望的到账户序列号;

e) 如果该功能返回该账户序列号:

1) 成功,账号的序列号传递给 SAVAT 应用。SAVAT 应用返回显示该账户信息的1308界面。通过选择选项8来显示该账户的交易记录;

2) 不成功,返回给 AUS-ONLINE 标志为"N"的消息;

f) 如果该账户有交易,网关应用程序将接收到2308界面,然后调用"获取最近20次交易"功能来获取该账户的最近20次交易;

g) 如果网关应用从 SAVAT 应用接收到一个出错消息,则:

1) 通过选择选项9回到主菜单,并且返回标志为"N"的信息给 AUS-ONLINE 应用;

h) 如果最近的20次交易是:

1) 成功返回,则成功标志设置成"Y",并系统检查"多标志=:

- "Y" 并网关保持在交易界面(2308);
- "N" 选择选项9回到主菜单;

2) 不是成功返回,则成功标志设置为"N",指明错误,返回到主菜单。

B.10.5.10 订购账户结单

B.10.5.10.1 功能概述

当用户通过系统请求该用户账户结单时,AUS-ONLINE 应用向网关应用发送订购账户结单请求。该请求包含账户索引作为输入。

网关应用返回一个成功标志:

a) "Y" 当该交易完全成功;

b) “N” 应答消息头中包含出错信息，当：

1) 账户索引非法；

2) 存在另外的严重错误。

B.10.5.10.2 功能描述

订购账户结单事务活动如下：

a) 网关应用接收到要求账户结单的请求；

b) 在主菜单通过选择选项 5 进入账户结单功能；

c) 接收到(5408)界面，网关应用从 AUS-ONLINE 请求中提取账户号，并传递给 SAVAT 应用；

d) SAVAT 检查账户的合法性：

1) 无效账户，网关应用将接收到 5408 界面和相应的出错信息，并发送取消操作给 SAVAT 应用，同时网关应用程序将发送成功标识位为“N”的回复信息给 AUS-ONLINE 应用；

2) 有效账户，网关应用将接收到 9408 界面，并通过选项 9 进入主菜单，同时网关应用将发送成功标志为“Y”的回复信息给 AUS-ONLINE 应用。

B.10.5.11 显示结单概要

B.10.5.11.1 功能概况

交易为指定的账号返回结单概要。返回的明细显示在界面(1038)上，包括邮件订购屋分支机构名称、当前余额、开户和关闭收支情况以及每次过期未付的账户费用。

网关应用程序返回一个成功标志：

a) “Y” 当交易全部成功；

b) “N” 连同一个出错消息一起在应答头中，当：

1) 账户索引无效；

2) 存在其他严重错误。

B.10.5.11.2 功能描述

订购账户结单事务活动如下：

a) 网关应用接收对账户概要的请求；

b) 通过选项 1 从主菜单选择结单概要选项；

c) 界面：

1) 如果超过一个账户存在，将收到界面(5408)，并包含一个账户清单；

2) 如果只有一个账户存在，收到界面(1308)，并进行检查以确保显示的明细是所请求的账户的；

d) 如果账户不正确，则流程将转到步骤 j)；

e) 如果账户正确，流程将转到步骤 h)；

f) 调用获得账户序列号功能；

g) 测试返回的状态；

h) 请求明细；

i) 网关的机器人记录结单明细。SAVAT 系统停留在界面 1308 上，以防交易的到达；

j) 带有成功标志为“Y”的应答信息送给 AUS-ONLINE 应用；

k) 不能获得系列号，选择选项 9 返回到主菜单；

l) 带有成功标志为“N”的应答信息返回到 AUS-ONLINE 应用。

B.10.5.12 特别种类订单

B.10.5.12.1 功能概述

此功能能够使用户预定一套替换的目录。用户可能会使用注册者邮件订购产品种类事务预选目录。无论在何时为一个先前选择的种类发布了新的目录都会自动地把信息发送给用户，因此用户可能会使用这个事务来预定它先前选择目录的替换目录集。

当用户订购一个邮件订购目录替代集时，请求由 AUS-ONLINE 应用提出。请求信息包含作为输入的账号。

网关应用程序返回一个成功的标志：

a) “Y”当交易全部成功时；

b) “N”当出现如下情况，在应答标题中出现出错信息：

  1) 产品目录号非法；

  2) 存在其他的严重性错误。

B.10.5.12.2 功能描述

定购新的目录事务活动如下：

a) 网关会话接收一个定购新产品目录的请求；

b) 通过选择选项 6 来选择定购新目录菜单界面(2028)；

c) SAVAT 应用检查账号是否有效：

  1) 如果无效，则会接收一个无效的界面(8040)和一个出错消息，同时一个取消序列被发送到 SAVAT 应用中。带着成功标志为“N”的应答消息发给 AUS-ONLINE 应用；

  2) 如果有效，则接收界面(4408)，同时带着成功标志为“Y”的应答消息发给 AUS-ONLINE 应用。

B.10.5.13 冻结登录 I D 请求

B.10.5.13.1 功能概述

当用户使用邮件订购设施请求冻结他的登录 ID 时，由 AUS-ONLIE 应用发出请求。请求的消息包含交易号。

网关应用返回一个成功的标志：

a) “Y”，当交易完全成功时；

b) “N”当交易失败时，在应答标题中包含出错消息。

B.10.5.13.2 功能概述

冻结登录事务活动如下：

a) 网关的会话接收冻结登录 ID 的请求；

b) 从主菜单中通过选择 7 选择维护服务菜单界面(1028)；

c) 通过选先 2 选择冻结登录界面(0508)；

d) 断开会话连接，一个成功的标志“Y”发送到 AUS-ONlINE 应用中；

e) 关闭用于与 AUS-ONLINE 应用关联会话的套接字连接。

B.10.5.14 注册产品目录选择

B.10.5.14.1 功能概述

顾客可能购买 SAVAT 邮件定购公司超过 20 种产品。每种产品都有它自己的目录，目录每月发布一次，并分发给邮件清单上的顾客。一个用户若是想从一个特别目录中接收目录，他们需要用 SAVAT 注册他们的选择。根据他们接收的不同种类的目录数量，公司向他们收取每笔相应的费用。顾客可在任何时候使用这个功能选择，注册一个新的目录种类或者选择使用特殊目录定购交易来重新定购他们的目录。

当用户想在收到已存在的目录清单中再加入一个新的产品种类，该请求由 AUS-ONLINE 应用发出，输入请求的消息包括产品目录号。产品目录清单交易将周期性的运转以维护有效的产品目录号的使用。

网关应用返回一个成功标志：

a) “Y”当交易完全成功时；

b) “N”在应答的标题里连同返回一个出错消息，当：

  1) 产品目录号不正确；

  2) 存在一个严重错误。

它也将在应答标题中返回一个出错消息和产品种类列表。

B.10.5.14.2 功能描述

注册产品种类选择功能如下：

a) 网关会话接收注册产品种类的请求；

b) 由选项7从主菜单选择维护服务菜单界面(1028)；

c) 用选项5来选择产品种类维护菜单界面(1028)。用选项1来选择注册产品种类选择界面(0608)；

d) 在ADDCAT请求中的产品种类号，送交给SAVAT应用，但在这里是验证的：

  1) 如果它是无效的，一个带着一个出错消息的无效界面(0608)和一个取消的序列交易将发给SAVAT应用，并返回到产品种类维护服务菜单。然后选择选项9返回主菜单。成功标志“N”连同应答消息发给ON-LINE应用；

  2) 如果它是有效，那么接收界面(1608)，用户账号传给SAVAT应用；

e) SAVAT应用检查其他的输入细则是否有效：

  1) 若任一域无效，则接收一个带着出错消息的无效界面(2608)和一个取消的序列发送到SAVAT应用，返回到产品种类维护服务菜单。选择选项9返回到主菜单。一个成功标志”N”的应答消息发送到AUS-ONLINE应用；

  2) 若有效，则：

  ——返回“选择产品种类”成功界面(8608)；

  ——通过选择选项1确认选择产品种类；

f) 检查在确认上是否存在错误：

  1) 若存在错误，那么接收一个带着出错消息的无效界面(2608)，一个取消的序列发送到SAVAT应用，返回到产品种类维护服务菜单：

  ——选择选项9返回到主菜单；

  ——一个成功标志”N”的应答消息发送到AUS-ONLINE应用；

  2) 若成功注册产品种类选择项，则接收(9608)界面：

  ——在主菜单上选择选项9；

  ——成功标志”Y”发送到AUS-ONLINE应用。

B.10.5.15 从选择中删除产品种类

B.10.5.15.1 功能概述

当用户想从已经接收到的目录清单中删除产品种类时，通过AUS-ONLINE应用发送请求。请求信息包含在产品种类列表中作为输入的产品种类索引。为了了解用户最新的之前已选的产品种类，该应用需要执行获得用户产品种类清单的交易业务。为了维护所使用的有效产品目录号列表，产品种类列表交易业务将在后台周期性运行。

网关的应用返回一个成功的标志：

——“Y”当交易全部成功；

——”N”当产品目录号不正确或存在一个严重的错误时，在应答的标题中包含出错的消息和产品种类列表。

B.10.5.15.2 功能描述

删除产品种类选择项功能如下：

a) 网关会话接收删除产品种类的请求；

b) 从主菜单中选择选项7,选择维护服务菜单界面;

c) 通过选择选项5选择产品种类维护菜单界面,接着选择选项2,删除产品种类;

d) 检查以确定是否存在产品种类选择:

1) 如果没有选择任何产品种类,则接收一个无效的界面(2028)和出错消息,选择选项9返回到主菜单。应答消息和一个成功标志N"被发送到AUS-ONLIE应用;

2) 如果已经选择了产品种类,则接收一个包含该用户所有产品种类列表的产品种类界面信息(3808)。调用获取产品种类系列号1功能,以得到已选择的产品种类号号码。该系列号被传送到SAVT应用,以得到产品种类详细信息;

e) 产品种类号传送到验证的SAVAT应用:

1) 如果无效,则接收一个无效的界面(3808)和出错消息。选择选项9返回到维护服务菜单。选择选项6返回到返回到主菜单。发送成功标志为"Y"的应答消息给AUS-ONLINE应用;

2) 如果有效,则接收一个有效界面(8808),选择选项1确认所选择产品种类的删除;

f) 如果删除:

1) 不成功,则:

——返回'错误界面'(3808);

——在主菜单中选择选项9;

——用一个成功标志"N"的应答选项发送到AUS-ONLIE;

2) 成功,则:

——返回"删除产品种类"成功界面(9808);

——在主菜单中选择选项9;

——成功标志"Y"被发送到AUS-ONLIE应用。

B.10.5.16 产品种类列表

B.10.5.16.1 功能概述

该事务返回所有产品种类的列表,邮件订购买可以产生产品种类列表。

该事务仅是周期性使用的,即在高峰期能使AUS-ONLINE计算机检索到产品种类列表并记录它,因此用户能够浏览列表而不用与SAVAT交换数据信息。

交易请求包含允许从起点返回列表的文字和数字域。

B.10.5.16.2 功能描述

产品种类列表功能如下:

a) 网关会话接收该产品种类列表的请求;

b) 通过从主菜单中选择选项7,选择维护服务菜单界面;

c) 通过选择选项5,选择产品种类维护菜单界面,接着选择选项5列出产品种类并返回产品种类界面(0018);

d) 请求中的关键词发送到SAVAT中;

e) 返回列出所有产品种类的界面(1018);

f) 如果并不是报告了所有的列表种类,那么网关应用会记录详细信息并选择下一页;

g) 当接收到产品种类全部的列表,则:

1) 选择选项7,返回到维护服务菜单;

2) 在主菜单上选择选项9;

3) 一个成功标志"Y"被发送到AUS-ONLIE应用。

B.10.5.17 用户产品种类列表

B.10.5.17.1 功能概述

该交易返回当前用户选择的所有产品种类的一个列表。

该交易需要由应用来执行，正如先前为了有个最新的产品列表，而调用注册或删除一个产品种类。

B.10.5.17.2 功能描述

用户产品种类列表功能如下：

a) 网关会话接收用户产品种类列表的请求；

b) 从主菜单中选择选项 7，选择维护服务菜单界面；

c) 选择选项 5 选择产品种类维护菜单界面，接着选择选项 3 列出产品种类并返回到用户产品种类界面；

d) 界面(3708)为用户列出了所有产品种类：

  1) 如果不成功，那么返回带着一个放置在 Msg_Txt 域中的错误域的界面。回复信息和一个成功标识“N”被发送到 AUS-ONLIE 程序中；

  2) 如果成功，则显示用户产品种类列表的界面；

e) 如果所有的用户列表种类还未报告，则网关应用会记录详细信息并选择下一页；

f) 当接收到全部的产品种类列表时，则：

  1) 选择选项 7，返回到维护服务菜单；

  2) 在主菜单上选择选项 9；

  3) 一个成功标志“Y”发送到 AUS-ONLIE 应用。

B.10.6 支持功能

B.10.6.1 获取账户结余

B.10.6.1.1 功能概述

该交易返回该用户一个特殊账户的当前账户余额。(单个用户可以在邮件预定屋中有超过一个账户。)

B.10.6.1.2 功能描述

用户账户余额功能如下：

a) 如果不在主菜单中，则选择选项 9 返回到主菜单；

b) 检查：

  1) 如果存在 9 或者更少的账户，那么接收一个 5508 界面。账号结余和贷方/借方明细会在界面上显示并存储在内部的数据结构中。选择选项 9 返回到主菜单。返回成功并转到步骤 e)；

  2) 如果存在多于 9 个账户，那么接收 5507 界面。账号、结余、和贷方/借方明细会在界面上显示并存储在内部的数据结构中。选择选项 8 可以获得账号的下一个界面。通过检查关键词“Grand Total”做一次检查，以确认是否最后一页已到达。如果最后一页未到达，那么从第 e)步重新执行；

c) 选择选项 9 返回到主菜单，返回成功状态；

d) 选择选项 1 来显示账单；

e) 检查：

  1) 如果只存在一个账户，则显示 1308 界面。记录账户明细，转到第 c)步；

  2) 如果存在多于一个的账户，则返回账号与类型列表和 4308 页面。对上述获得的账户明细将被记录。检查是否存在多个账户明细，如果存在，则为下一页选择选项 8 并重复此步骤，否则发出取消序列并返回到主菜单；

f) 收集“Grand Total”账户类型并设置成“d”，Grand Total 值在账户一结余中，账户数设置成

"0",Acct-CR-DR 和 Credit-CR-DR 置空;

g) 发送取消序列并返回到主菜单。

B.10.6.2 获取账户系列号

B.10.6.2.1 功能概述

用户可选择多于一个账户。这是一个内部功能,它将菜单上被选择的特定账号转换成系列号。该交易返回被选账户的序列号。

B.10.6.2.2 功能描述

账户系列号功能如下:

a) 请求选项包含用户账号,用于获取与当前界面(4308)中的账户关联的 SAVAT 账户系列号;

b) 检查匹配是否存在:

  1) 如果匹配,则返回成功状态和与该账户相关的账户序列号;

  2) 如果不匹配,则检查是否存在更多的账户。如果不存在其他的账户,则返回失败状态。如果存在更多的账户,选择选项 8 进入下个一页面。重复这些步骤直到获得账号序列或不存在账户为止。

B.10.6.3 获取最近 N 次交易的用户账户

B.10.6.3.1 功能概述

此功能被 LISTTS 交易调用。

B.10.6.3.2 功能描述

获取最近 N 次交易的用户账户功能如下:

a) 收集在当前界面(2308)上的交易。SAVAT 应用向网关应用发送整批 11 个交易。最新的交易(在页面底部),与以先前的命令发送到 SAVAT 应用中,在页面顶部的检索页相同。网关应用应集中屏幕上第一个 10 页的交易;

b) 通过查看出错信息,检查是否是最后一页的交易:

  1) 如果是最后一页的交易,则:

  ——选择选项 6,返回到 SAVAT 的最后一页的屏幕上(4308);

  ——设置成功标志"Y"和更多的标志"N",并返回交易和标志来调用程序;

  2) 如果不是最后一页的交易:

  ——查看是否交易数大于或等于已选的"第 n"次交易;

  ——如还没有搜集到"n",那么设置成功标志"Y"和更多的标志"N",并返回交易和标志来调用程序;

  ——否则继续进行,直到搜集到"n"。

B.10.6.4 获取产品种类系列号

B.10.6.4.1 功能概述

该功能由注册产品种类和删除产品种类交易调用,以获得所需产品种类的系列号。

B.10.6.4.2 功能描述

获取产品种类系列号的功能如下:

a) 请求信息包含请求产品种类的索引。带索引的产品种类编号是从内部数据结构中的产品种类信息表取出的;

b) 检查当前界面(3808)上产品种类列表,是否与给定产品种类相匹配:

  1) 如果匹配,那么获取产品种类的序列号。返回一个成功的状态;

  2) 如果没有发现匹配,那么再检查看是否存在更多的产品种类。如果没有发现产品种类那么返回一个失败的状态,否则选择选项 8 得到下一页面。继续检查直到不存在产品种类为止。

B.10.6.5 错误标题

网关应用程序在下面情况下将初始化强制登出系统的用户：

——从 SAVAT 程序中接收断开的请求；

——在 3 次连续不成功的修改密码后；

——通信失败。

B.10.6.5.1 满屏出错信息

无论何时，一旦有严重的错误或者断开了 Session，SAVAT 程序都会返回错误界面。在这种情况下，网关向 AUS-ONLIE 程序发送成功标识位"N"同时关闭该 Session 的 Socket 连接。

无论何时检测到一个当前交易的技术问题界面，带着成功标识"S"的回复信息发送到 AUS-ONLINE 程序中。以空格隔开的界面编号和错误代码将被发送到 MSG_TXT 域中。将断开 SAVAT 的 X.25 Session，释放内部数据结构，关闭 Socket 连接。

B.10.6.5.2 屏幕上的出错信息

当检测到屏幕上的出错信息时，将页面(错误页面)上的最后一个域插入到回复的 MSG_TXT 域中并返回成功的标识"N"。

B.10.7 系统概述

网关应用程序使用 TCP/IP Socket 接口连接 AUS-ONLINE 程序，使用 X.25 协议连接到 SAVAT。它为每个用户尝试访问 SAVAT 程序建立一个 Session。网关应用程序通常处于"休眠状态"，使用异步系统跟踪器来跟踪并处理事件，在发生 SYS$QIO 事件唤醒并处理该事件，接着又进入休眠状态。当 SYS$QIO 事件发生时，它调用 AST 程序处理请求。一旦处理了请求而且发送应答消息，它返回到休眠状态直到有其他 SYS$QIO 事件打扰。

B.10.7.1 状态转换图(见图 B.4)

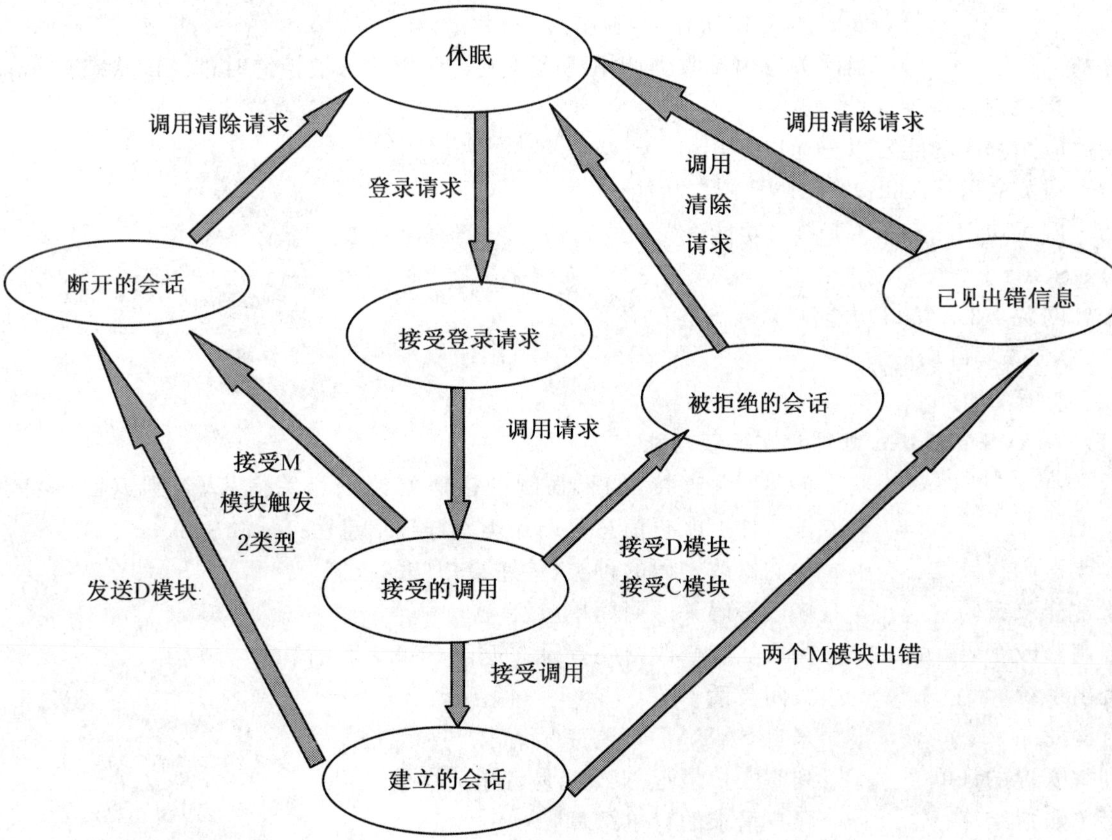

图 B.4

B.10.7.2 状态转换

状态转换图描述了可能的状态以及允许的转换，转换的发生依赖于事件的发生。状态转换图标识了网关应用程序解释并执行来自SAVAT程序的协议块。

状态转换图论述针对网关的各个状态和一般的转换，而不论述事务。个别的事务将在文档的其他部分描述。网关的状态可以分为两个种类：

——监听模式：网关等待来自SAVAT程序的响应；

——动作模式：网关处理接收到的协议块或者准备一个响应。

休眠	网关应用程序处于休眠状态。网关程序处于该状态直到事件的发生。当事件发生时网关应用程序唤醒并执行必要的操作，返回该状态。
接收登录请求	当网关应用程序从AUS-ONLINE接收到一个登录请求时处于该状态，它向SAVAT应用发调用请求以建立X.25连接并等待响应。
接受的调用	当调用来自SAVAT应用的调用被接受网关应用程序进入该状态，它通过发送A模块建立到SAVAT应用的请求。
对话建立	当网关应用接收到来自SAVAT应用的带有类型不是2的触发器的M模块时进入该状态。
对话断开	当网关应用接收到来自SAVAT应用的带有类型为2的触发器的M模块时进入该状态。它发送E模块作为SAVAT应用断开连接的应答，接着它向SAVAT应用发送一个调用清除。
对话拒绝	当网关应用接收到来自SAVAT应用下列之一模块时进入该状态： ——C模块—来自SAVAT应用的连接拒绝； ——D模块—来自SAVAT应用的断开连接请求。
偶发错误	当网关应用接收到带有错误的的M模块时进入该状态。它以带有恰当错误码的Q模块作为响应。
休眠	当网关应用接收到调用清除或或者调用请求被拒绝时进入该状态。

B.10.8 网关应用程序功能

网关应用程序功能可以分为以下几组：

a) 网关应用—AUS-ONLINE接口功能；

b) 网关应用—SAVAT接口功能；

c) SOCKET接口功能；

d) 网关V2.3接口功能；

e) X.25接口功能；

f) 杂项功能。

B.10.8.1 AUS-ONLINE 邮件订购接口功能

登录	创建网关连接，如果强制的密码修改则相关信号，否则返回SAVAT细节加上帐户信息和产品类别详细信息
修改密码	检测修改密码的种类，传递给相应的控制
正常修改密码	修改密码并返回简单应答
强制修改密码	完成强制修改密码登录并返回SAVAT细节
登出系统	关闭会话
订购商品	来自SAVAT订购商品请求
列举账户的订单	列举账户最近N次交易订单
订单账户结算	账户请求的订单结算
显示结单摘要	显示结单摘要

特定目录订单	为该账户请求的目录订单
冻结登录 ID	对该用户 ID 停用来自 SAVAT 的邮件订单
注册选择的产品类别	往用户的产品类别列表里插入产品类别
删除选择的产品类别	从用户的产品类别列表里删除产品类别
返回出错信息	发生错误时候,返回转换过的出错信息
接口配置	配置数据

B.10.8.2 SAVAT 邮件订购接口功能

登录	用户登录影像文本,收集帐户详细信息和产品类别详细信息,监控强制的登录密码修改
修改密码	在影像文本应用中修改密码,如果强制密码修改,那么收集账户详细信息和产品类别详细信息
注销	从影像文本应用中注销
订购商品	使用账户在保存的账户列表中的账户号码订购商品
列举账户订单	使用保存的账户列表中收集交易细节
特定目录订单	已选择账户的目录订单
结算订单	已选择账户的结算订单
结算摘要	已选择账户的结算摘要
冻结登录 ID	冻结用户邮件订购
注册产品类别	往用户的产品类别列表中插入新产品类别
删除产品列别	从用户的产品目录列表里删除用户产品类别
检索产品类别列表	收集当前产品类别详细信息
获取产品类别列表	获取匹配来自类别列表模式的产品类别列表
出错消息返回	检测错误框架并转化成基于文本消息的响应
接口配置	配置数据
获取账户平衡	获取账户平衡并保存在账户平衡表中
获取账户序列号	在账户列表中的账户序列号
获取产品类别序列号	在产品类别类别中获取产品类别序列号
获取产品账户交易	获取一个账号的交易列表
获取用户产品类别	获取产品类别列表并保存在产品类别表中

B.10.8.3 X.25 功能

呼叫建立	连接到 SAVAT
呼叫确认	处理呼叫连接
呼叫拒绝	处理呼叫拒绝
清除呼叫	与 SAVAT 断开连接
清除确认	确认断开请求
发送	在 X.25 网络上发送信息
接收	在 X.25 网络上接收信息
主动网络事件	监听主动事件的链接
X.25 网络配置	配置数据

B.10.8.4 网关 V2.3 功能

连接请求	到 SAVAT 应用的连接,每个会话需要一个连接
连接拒绝	处理应用程序的拒绝
触发器框架	应用程序数据框架

数据收集框架	返回应用程序数据
框架选择	请求指定的框架
断开连接请求	请求应用程序断开连接
接受断开连接请求	处理断开连接的请求
出错	应用程序出错
配置网关	配置参数数据

B.10.8.5 Sockets 套接字功能

监听器	等待进来的连接请求
连接接受	接受 socket 连接
连接拒绝	拒绝 socket 连接,超出程序资源
断开连接	断开 socket 连接
套接字接口配置	配置数据参数

B.10.8.6 其他功能

日志	提供不同层次的跟踪能力

B.10.9 与其他系统的接口

B.10.9.1 与 SAVAT 外部计算机的接口

网关应用程序和 SAVAT 程序将在客户机/服务器(client/server)模式下运行。两者之间是主从(master/slave)关系。网关应用程序是主,管理向 SAVAT 程序的请求并等待响应信息。它为每个登录用户建立一会话。交易使用 V.23 数据处理网关协议来发送和接收数据。当一个会话的交易完成,网关应用程序断开会话。SAVAT 程序不能建立与网关应用的连接但是它能够向网关会话发送一个断开的请求。

B.10.9.2 AUS-ONLIE 接口

在网关应用程序和 AUS-ONLINE 程序中角色是相反的。网关应用程序相对于 AUS-ONLINE 程序来说象是一个服务器。它监听状态下等待 AUS-ONLINE 程序的连接请求。AUS-ONLINE 程序为每个用户建立一个与网关应用程序的连接。网关应用程序仅仅在接收一个来自 AUS-ONLINE 程序的注销请求或者来自 SAVAT 程序的注销系统请求时才会关闭 Socket 连接。当一个 Session 超时时网关应用程序也会关闭 Socket 连接。

B.10.10 数据定义

B.10.10.1 账户信息表

```
Typedef struct acct_info{
    char acct_nmbr(ACCT_NUM_LEN)
    char acct_name (ACCT_NAME_LEN)
    double acct_bal;
    char acct_cr_dr_status(ACCT_DR_LEN)
 }acct_info_tbl;
```

B.10.10.2 产品种类信息表

```
Typedef struct prod_cat_info{
    char prod_cat_nmbr (PROD_NUM_LEN)
    char prod_cat_name (PROD _NAME_LEN)
    char prod_cat_order (LAST _ORDER_NAME_LEN)
 }prod_cat_info_tbl;
```

B.10.10.3 Session 信息表

```
Typedef struct sess_info{
```

```
    Int session_id;
    char login_id(LOGIN_NAME_LEN)/ * 用于改变密码 * /
    int nmbr of accts;
    acct_info_tbl * acct_info;
    int nmbr_of_prod_categories;
    prod_cat_info_tbl * prod_cat_info;
  }session_info_tbl;
```

在网关应用程序中不存储密码。

B.10.11 性能需求

网关应用程序的性能应该是由网关应用程序与 CADER 程序的延时分布每笔交易时间不超过 2 秒钟。

B.11 RUR B11:L-Euchre 纸牌游戏(最小化实现)

B.11.1 功能概述

B.11.1.1 系统名称

Euchre 游戏系统被称为 L-Euchre。"L"代表游戏的 LeTurneau 版本。

B.11.1.2 描述

L-Euchre 是一个 4 人 Euchre 纸牌游戏。该游戏通过 TCP/IP 协议远程连接跨越互联网的 4 个玩家。每个游戏玩家必须在计算机上运行相同的游戏内核。一个玩家选择做庄,剩下的 3 个通过庄家的 IP 地址连接到游戏中。

3 个玩家连接到游戏后,由庄家来选择小组。庄家洗牌并来发送到每个玩家。在第一轮游戏开始玩家和庄家一起在主机(庄家的机器)上叫出主牌和分牌。同虚拟的玩家玩游戏从左边或以顺时针方向开始。

庄家通过每个组来跟踪每轮的赢家,并在一手牌打结束后确定获胜的点数。庄家继续发新的一轮牌直到小组胜出。

游戏决出胜负后,小组可以重新选择,并开始新一轮的游戏或停止游戏。在程序中提供了聊天窗口,允许所有的玩家间进行实时的"席间闲谈"。

B.11.1.3 系统需满足的条件

L-Euchre 允许每个人在一个受控的游戏环境下和 3 个跨越互联网的 3 个玩家联打。L-Euchre 允许因果关系的或者相互竞争的 Euchre 游戏,满足放松或挑战思维的需求。它在一个安全的环境中跨越互联网把各种各类有共同兴趣的人们连接起来。

B.11.1.4 用户帮助

L-Euchre 提供游戏说明来供用户学习或更好地理解游戏。同时也为提高个人游戏玩法和理解提供了基本的提示信息和策略。游戏将强制执行所有规则而且会解释为什么不允许一些特别的动作。由于游戏处理所有规则并进行计分,所以不要求每个玩家都完全理解游戏规则和计分过程。这样可以鼓励经验少的玩家在学习游戏的同时打游戏。

B.11.1.5 重要特性

L-Euchre 特性包括使用因特网的 TCP/IP 协议来交换游戏信息并且通过因特网连接跨越全世界玩家的能力。由于游戏内核处理所有规则和计分,所以玩家能够更好地享受游戏乐趣并被保证所有的游戏都是公正的。如果一个玩家意外断开了与游戏的连接,庄家将会等待并在放弃整个游戏前尝试重新连接。包含在游玩区域内有一个用于"席间闲谈"的聊天窗口,玩家可以相互交流。通过下载该游戏,每个用户都可以做庄或者连接到任何其他人的游戏中,这里并不需要第三方的服务器来为此游戏服务。

B.11.1.6 物理环境

L-Euchre 程序需要在 486 或以上处理器并且在 Windows 95/98 或 Windows NT4.0 或版本更高的操作系统上运行。屏幕要求必须是 16 色 640 * 480 以上的分辨率。需要鼠标或者点击设备。需要支持 TCP/IP 协议的因特网才能玩游戏。

B.11.1.7 性能目标

L-Euchre 性能的关键是使玩家能享受游戏的乐趣和游戏带来的成功感。游戏本身需要高效率地评价规则和计分方法。TCP/IP 传输需快捷简短。程序应尽可能小到通过互联网可以快速下载。若游戏是压缩的或者需要安装,安装程序应该直接而快速的。游戏不应由于一些恶意的用户而产生任何安全漏洞。游戏连接应是可靠的,不会导致退出游戏或其他同步错误。

B.11.2 系统用户视角的系统功能

每一层增加的功能将构建或替换原始版本的模块,增加的特性按照加入的顺序列出。

B.11.2.1 启动

系统要求用户(使用单选按钮)在一个游戏中选择做庄或者与其他庄家一起玩游戏(见图 B.5)。

如果做庄,游戏界面上将会显示连接到游戏中的其他玩家的 IP 地址。若想加入游戏中,玩家要求输入庄家机器的 IP 地址。系统只接收有效的 IP 地址。如果用户输入了一个无效的 IP 地址,系统会显示带出错信息的确认框。如果输入有效的 IP 地址,并找到了此地址对应的主机,那么系统会显示“找到主机”信息。如果没有找到一个有效的主机,会出现一个选项:“重新输入 IP 地址或取消连接”的信息框。

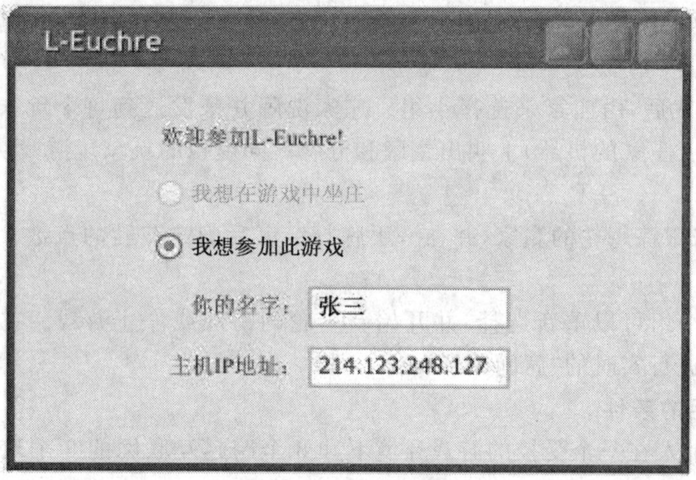

图 B.5 开始屏幕

B.11.2.2 新游戏

仅仅在一轮游戏的结束此选项才是有效的。选项仅供庄家使用。一轮游戏结束后,系统会弹出提示对话框:“再玩新一轮游戏?”如果选择,其他连接用户会被询问是否玩新一轮游戏。如果没有选择,会向其他连接玩家显示一个消息框告诉它们庄家已经退出了该游戏。

B.11.2.3 在一个游戏中做庄

此菜单选项在庄家退出游戏后其他的玩家是可以选择使用的。选择该选项时允许该用户设置成主机并且允许其他玩家连接。它使用与图 B.5 开始屏幕相同的界面。

B.11.2.4 选择搭档—挑选位置

当玩家加入游戏时,都要选择自己的搭档。会出现一个消息框,现存玩家处于它们位置上,在其他可用的位置上显示“位置”。玩家点击和想要选择的位置相对应的按钮。他们的搭档就是正面的玩家。每个玩家的屏幕上会在屏幕的下方显示自己,在屏幕的上方显示他们的搭档。在屏幕的两侧显示其他两个玩家(见图 B.6)。

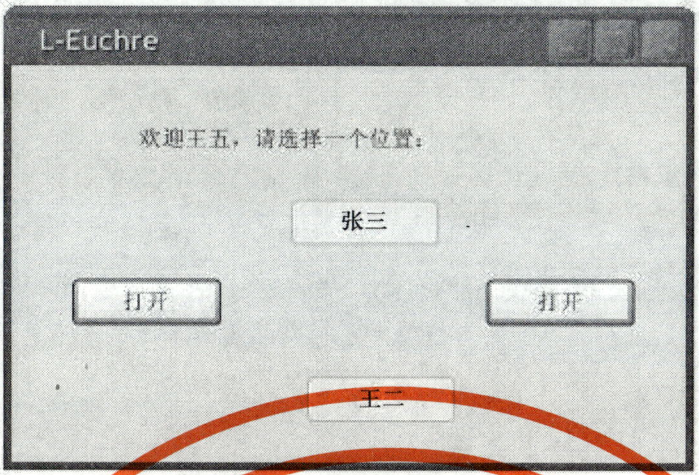

图 B.6　选择位置

B.11.2.5　发牌

计算机会随机选择发牌者。每个玩家会轮流成为“发牌者”。在每一手牌的开始，计算机将会随机地发牌，并在每个玩家的屏幕上显示他们的牌，正面朝上，在其他玩家面前显示的是牌的背面。在屏幕的中间显示一张未出过牌的正面。这张牌用于选择主牌。

B.11.2.6　通过让发牌者“抓牌”选择主牌花色

从“发牌者”左边开始每个玩家轮流，将会有一次机会，使用两个按钮告诉发牌者抓牌或者过牌(见图 B.7)。

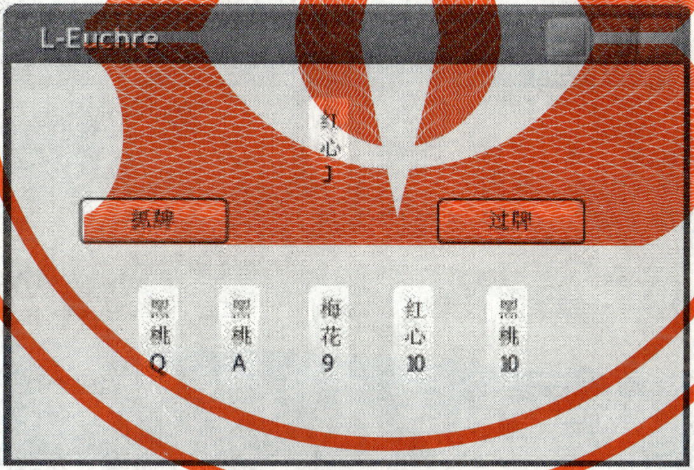

图 B.7　叫主牌

当每个玩家挑选时，在屏幕上根据他们的位置显示抓牌还是过牌。当要求抓牌时，发牌者会被提醒“挑选一张放弃的牌”。强制发牌者从自己手中挑选一张牌打出去。如果一个玩家告诉发牌者“抓牌”时，叫牌也就立即结束。当发牌者打出一张放弃的牌以后，一套徽章(红心，方片等)会显示在告诉发牌者“抓牌”的玩家所在位置上。

B.11.2.7　如果发牌者“拒绝”选择主牌花色

如果 4 个玩家都没有选择“抓牌”，那么屏幕中间的那张牌不再显示。会有 4 个动作按钮轮流显示给每个玩家，让他们挑选一种不是前面拒绝的花色或者过牌。

例如，拒绝了梅花，按钮将会显示成方块、红心、黑桃和“过牌”(见图 B.8)。如果所有的玩家直到发牌者都选择“过牌”，那么“过牌”按钮会被禁用，强制发牌者在剩余的 3 个花色中选择主牌。当玩家叫牌时，那么在叫牌者的位置上就会显示一套徽章(红心，方片等)。

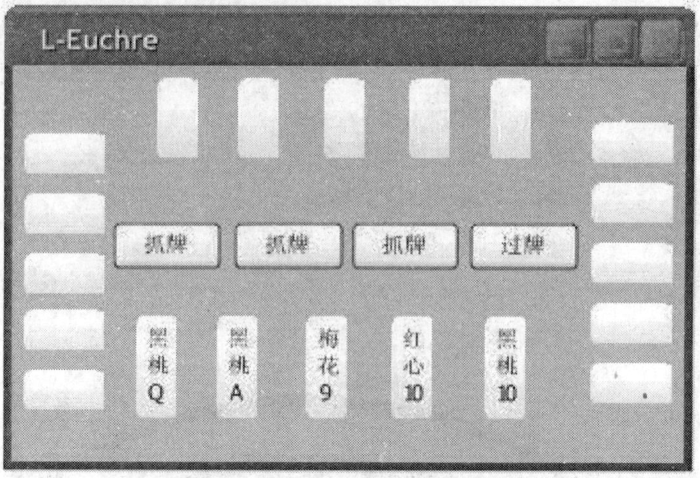

图 B.8　放弃一张牌后叫主牌

B.11.2.8　单独作战

当一个玩家叫牌时，他/她可以有机会"单独作战"。如果选择此选项，玩家对应的搭档被禁用，游戏仅仅在 3 个玩家中继续进行。选择此选项的过程中计分的规则也改变了：如果此叫牌的玩家获胜了 5 局，他/她为他们组得到 4 分。如果他没有 5 局都取得胜利，那么其他的组将会得到 4 分。

B.11.2.9　打一手牌

当叫牌时，显然在发牌者"左侧"（这不是发牌者的搭档）的玩家将会得到首打牌权（打第一张牌）。他们通过在想要打出去的牌上点击鼠标来完成。每个玩家以顺时针的次序遵循 Euchre 规则用相同的方法打牌。

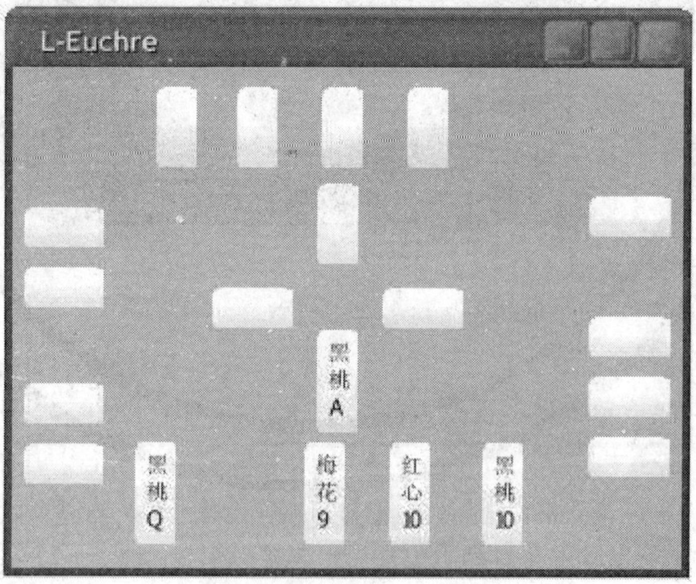

图 B.9　打手中的牌

（打出一张非法牌的过程在本文档接下来的部分可以找到）每个玩家在他们的牌上点击，然后牌就会移动到屏幕的中间面朝上显示给每个玩家（见图 B.9）。

B.11.2.10　由于没有跟牌而出现出错信息

如果一个玩家点击要打出的牌是非法牌（参见 Euchre 规则），计算机不会将此牌打出而是向玩家显示出错的信息，给出不合理牌的原因，接着要求玩家选择另一张牌（见图 B.10）。

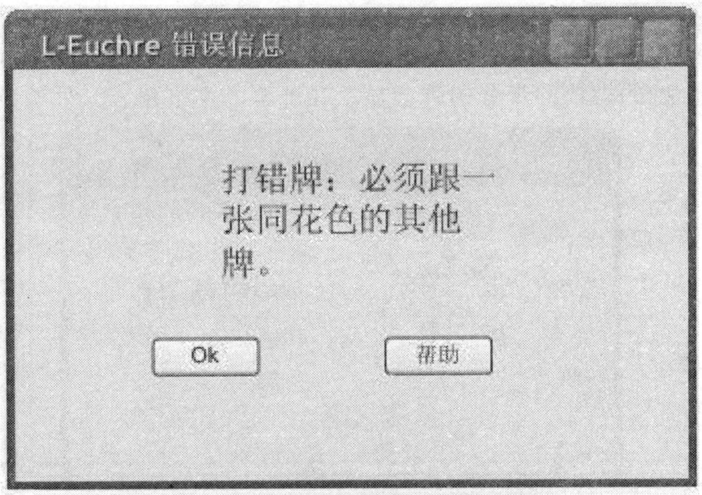

图 B.10　打错牌的出错信息窗

B.11.2.11　赢一轮

当 4 个玩家都打出了合法的牌，打出最高分数的牌的玩家赢了这一轮（参见 Euchre 规则）。牌会从屏幕中央消失，牌背面会显示出谁赢了这一轮。

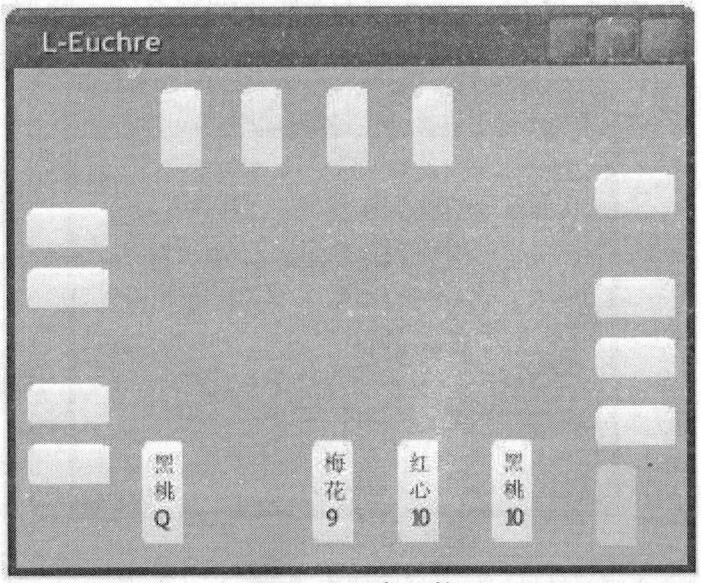

图 B.11　赢一轮

显示和玩家的屏幕相关。如果一个玩家或者他的搭档赢了这一轮，在他屏幕的右底部会出现牌背面。如果其他的小组赢了这一轮，牌背面会出现在玩家屏幕的右顶部。当赢得更多的轮时，在稍稍偏移一点的位置会显示相似牌背面，这样能够明显地看到每组赢得几轮（见图 B.11）。

B.11.2.12　没有打完所有的轮时结束一手牌

如果一个主叫牌组已经赢了 3 轮并且非主叫牌组赢了一轮，或者如果非叫牌组已经赢了 3 轮，这种情况可能发生。如果出现了上述 3 种情况的任何一种，一方会宣布"本质上已经结束"，游戏将结束。所有玩家的牌都会消失不见，游戏中会立即出现这手牌的分数。

B.11.2.13　对一手牌计分（见图 B.12）

当所有轮都结束后，或者一方"本质上已经结束"，会对这手牌进行计分。出现包含玩家姓名和他们在这手牌中赢的轮数的两个文本的标签。给出他们适当的分数（参见 Euchre 规则），当给一手牌计完分，游戏会暂停 3 s 使用户可以看到最新的得分，如果两组都没有获胜，那么继续发另一手牌。

B.11.2.14 保持分数

通过使用一张 6 和一张 4 两张牌来保持分数。在不同位置显示的牌表明了一个组所获得的分数(从 0 到 9)。玩家和他/她的搭档的带分的牌会显示在屏幕的左下角。其他组的牌会显示在左上角。

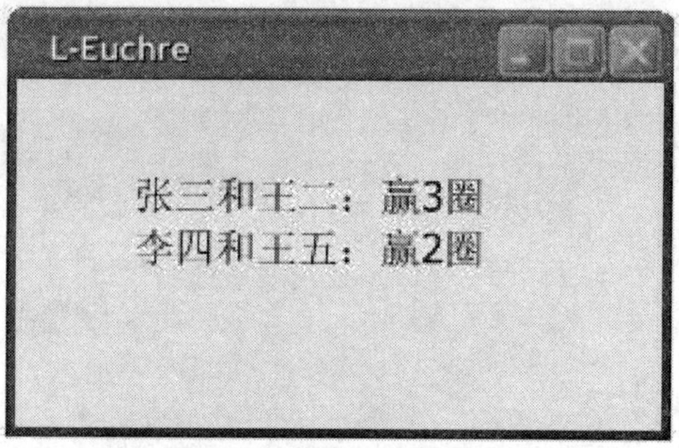

图 B.12 对一盘牌计分

B.11.2.15 赢/输一场游戏

当一个组得到 10 分时并且领先对方队至少两分时一场游戏就赢(输)了,例如,你以 10 比 8 赢了游戏,但是若是 10 比 9 的话,游戏还要继续进行直到有一个组赢了 2 分(参见 Euchre 规则中确切的计分规则)。当一个组获胜时,所有的牌会从屏幕中消失不见,会出现类似一方计分的文本提示信息(见图 B.13)。

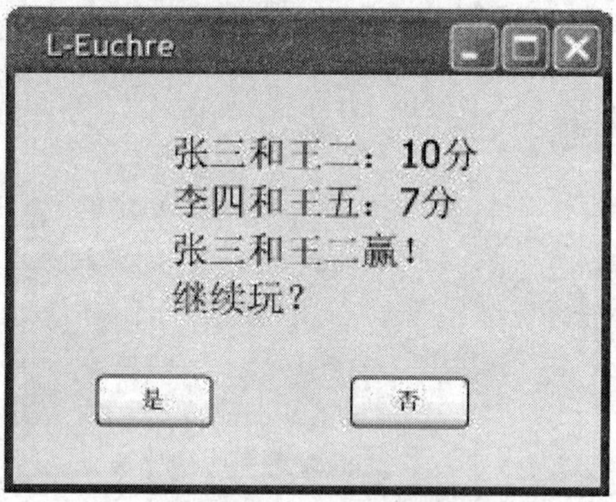

图 B.13 游戏中获胜

系统会提示每个玩家是否想再玩一局游戏。如果所有的玩家都选择“是”,此时分数会重新置 0,新一轮的游戏就开始了。如果有些玩家选择“否”,系统会给其余的玩家提示等待的信息,(本文的开头部分描述的)并在这里开始新的一轮游戏。如果一个玩家选择“否”,他们不想再玩新一局的游戏,游戏就会终止。

B.11.2.16 失去 IP 连接

如果庄家的计算机失去与其他任一玩家计算机的连接,双方的计算机上都会显示:“失去 IP 连接,请尝试重新连接”的信息。如果在 10 s 之内计算机不能重新连接上,庄家计算机会显示:“继续尝试重新连接?”的信息。如果主机选择“是”,计算机会尝试再一个 10 s 的连接。如果选择否,游戏就会结束。所有的计算机上都会显示:“丢失 IP 连接”的信息。系统会再次向玩家发问是否他们再玩一把。

B.11.3 可行性

判断可行性的方法,包括基本模块的划分和他们的功能。这包括模块本身的基本概况和他们的交互图。在 B.11.7 中可以看到包含的数据结构的基本概况(包含基本的类和方法)。

B.11.3.1 L-Euchre 中的模块(见图 B.14)

L-Euchre 中有 6 个主要的功能类。包含主机内核、通讯、聊天、规则、分数显示和纸牌模块。纸牌模块分成2个子模块:纸牌表和玩家手模块。所有的模块都与游戏内核捆绑在一起。除了主机模块,其他所有的模块都通过游戏内核客户端相互通信。

主机内核仅仅游戏中做庄的计算机上激活。其他的模块在所有加入到游戏中的计算机上激活,包括做庄的主机。主机内核会通过检查打牌中使用的规则模块实施游戏规则。系统会提示玩家(通过通信模块)如何玩牌,叫牌,等等。主机内核没有可视化部件。

B.11.7中包含了模块初步基本的设计。这里仅仅是作为判断可行性的方法给出图示,而不是确切地说要做什么——仅仅是表明当前设计计划是什么。

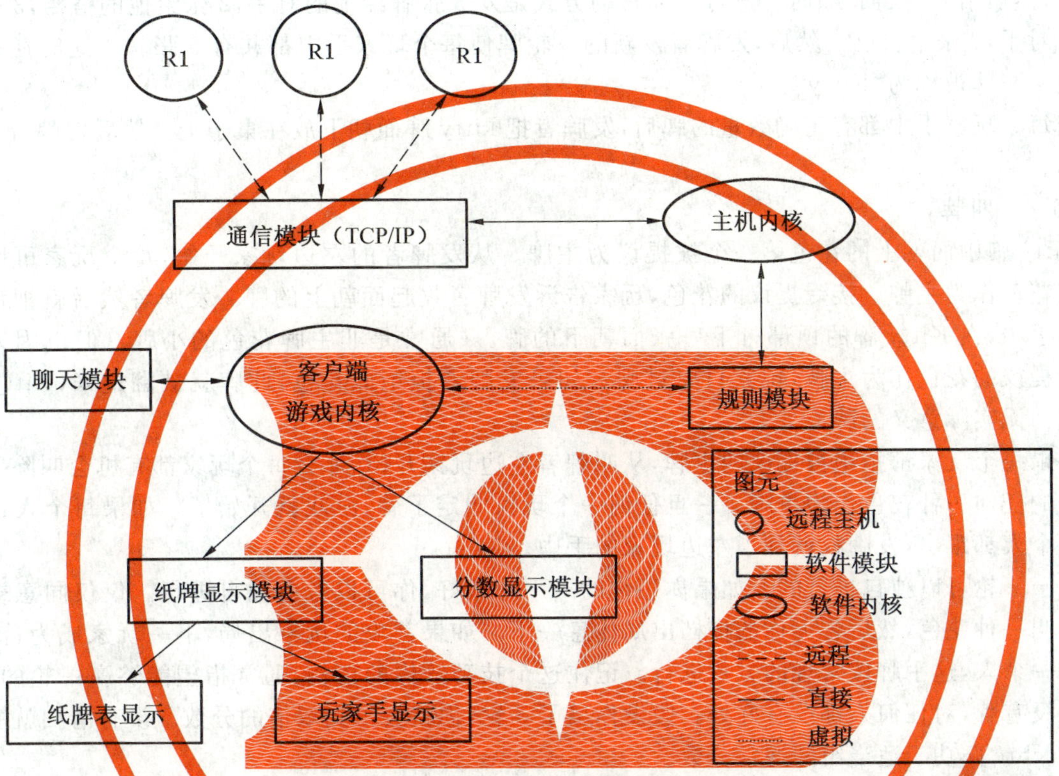

图 B.14 L-Euchre 中的模块

B.11.4 实现

非常基本的互联网Euhre游戏。提供丰富的功能玩在互联网上的游戏。接口是一个标准窗口界面,界面没有任何诸如图像纸牌的奇异图形。使用基本的纸牌文本表达方式。主机的IP地址在游戏开始前必须交换。一旦绘画开始,玩家就不可以更换搭档。一场游戏开始,4个玩家依次连接到网络上。如果一个用户退出游戏,那么就终止会话,其他的用户不能代替他加入到游戏中。系统提供断开连接的玩家的基本错误处理。如果断开了与主机的连接,他可以选择终止游戏。

B.11.5 总结

总之,L-Euchre是一个4人组合非常易玩的Euchre纸牌游戏。通过因特网或企业内部互连网使用TCP/IP通讯协议都可以玩此游戏。游戏规则内置于游戏中,以防玩家被欺骗。最终,极好的情形会包括保存游戏结果、一个能够对打一个或多个玩家的智能计算机和丰富的文本聊天格式。(我们希望)这个游戏极易上手,并且应这是个许多年来一个普遍喜爱的游戏。

B.11.6 L-Euchre 规则

B.11.6.1 使用的纸牌

一副Euchre牌有24张牌包括:4种花色的9,10,J,Q,K和A。另外用2张牌(任一花色的4和6)来计分。

B.11.6.2 建立

Euchre 是为 4 个人设计的游戏。玩家围着桌子坐一周，因此有 2 对互相对面的玩家—对面的玩家互称搭档(对家)。

B.11.6.3 发牌

随机选择一个玩家在第一局牌中进行发牌。在每一手牌都打过以后，发牌权以顺时针方向轮流进行。

发牌的玩家必须根据规定为他右边的对手提供消减。至于实际发牌，发牌者应总是先发给他左边的对手，然后沿着“桌面”顺时针进行。通常的方式是发 3 张牌给他的对手，2 张给他的搭档，3 张给他的另一个对手，2 张给自己。然后，发牌者发新的一轮牌使每个玩家手中都共有 5 张牌。这时还剩下 4 张牌。这 4 张牌被称为“Kitty”。

当每个玩家手中都有正确数量的牌后，发牌者把 kitty 牌面朝下放在桌子上。然后发牌者翻开在顶面的牌。

B.11.6.4 叫牌

Kitty 牌中面朝上的花色第一个被提议为主牌。从发牌者的左边玩家开始，每个玩家可以接受或拒绝该花色作为主牌。接受提议的花色，玩家告诉发牌者收起面朝上的牌。发牌者然后就把那张牌放在自己手中，在 Kitty 牌的顶部打下一张面朝下的牌。(通常是非主牌花色的小牌。但也因人而异)。若拒绝提议的花色作为主牌，玩家只要过牌。如果发牌者拒绝此花色，此牌就被翻过来，Kitty 牌就基本上成为无实际意义的牌。

如果每个玩家都拒绝被提议的主牌，从叫牌者左边玩家开始，那么每个玩家都有机会叫除了被拒花色以外的任何一种花色作为主牌。一旦任何一个玩家叫定了牌，游戏就开始了。如果每个人过了 1 s，那么每个人都跟出，发牌权就到了左边玩家的手中。

多于一轮可以独自进行的。如果你想你的一手牌很好，你可以考虑独自进行。仅仅同意被提议的主牌或叫一种花色，然后告诉你的搭档出局休息一下。如果首攻的玩家出局，下一玩家成为首攻，否则除了少一个人，这手牌按常规的方式进行。记住这个技巧—你的搭档，通常指望能够赢一轮的，此时手中已经没有牌，对任何人都没有好处。假设你赢了 5 轮，你就会得到双倍的分数。没有清扫就能够赢并得到 Euchre 归功于适当组的通常分数。

B.11.6.5 打游戏

发牌者左侧的玩家首攻，他们可以从打出手中的任何一张。然后游戏以顺时针进行。如果可能，下一个玩家必须打出相同花色的牌。如果不行，他们要么打出“主牌”要么“跟出”。剩下的两个玩家，如果可能，依次打出与首攻者的花色的牌。

通过打出主牌花色的任何牌就完成了出主牌的过程。因为 9 张主牌任何一张中可以打败任何其他花色的牌，有时这也是一个好办法。跟牌意思就是打出一张非主牌也不跟前面的花色相同。记住—如果你能够打此花色，那就必须打相同的花色。假如你跟出，你个人不能赢此一轮，因此当你的搭档看起来能够赢此一轮时，一般来说这也是个好方法。

一旦每个玩家都打出了一张牌后，打出最大主牌的人赢得此轮。如果没有打出主牌，那么打出首攻花色牌中最大牌的玩家赢得此轮。记住如果是其他花色，那么“A”是最大的。

打赢此轮的玩家在下一轮中第一个出牌。每轮的赢家在下一轮首先出牌，以相同的方法打接下来的轮次。

B.11.6.6 打完一手牌

一旦打完了 5 轮，每组累计他们赢的轮数。赢得轮数高的组在此手牌中获胜，根据下面的表格赢得相应的分数。如果叫牌的组赢的轮数较多，那么他们就挣得一分，如果他们赢了 5 局，他们的总得分会在加上奖励分。如果他们没有赢得 3 轮牌，但是它是一个 Euchre，假使这种情况发生，叫牌者组得 0 分。

B.11.6.7　计分

在任何特定的一手牌中,你可以得到1,2或4分。这里有一个快速计算(叫牌的那一组称为叫牌组,另外的称为其他组)

	叫牌组得分	其他组得分
叫牌组获得		
0～2轮(Euchre!)		
4个人都打	0	2
叫牌者独自打	0	2
叫牌者或对手独自打	0	4
3～4轮		
4个人都打	1	0
叫牌者独自打	1	0
叫牌这或对手独自打	1	0
5轮		
4个人都打	2	0
叫牌者独自打	4	0
叫牌者或对手独自打	4	0

有另外一个的部分。像先前提到的那样,分数与牌的输赢情况保持一致。保持分数的方法是使用一张6和4,用一张牌盖住另一张牌。那么,如果你的组要得分,需要揭开牌上的点。你独自打游戏并且胜了5局,要揭开牌上的另外4个点。揭开所有10个点的第一个组获胜。

B.11.7　基本的L-Euchre模块、方法、类

规则模块用来负责决定某一个游戏是否是有效的,跟踪牌的情况(谁有什么等等)和发牌。一幅牌的情况存储在TCardSet类型的对象中。每一手牌和Kitty也存储在TCardSet类型的对象中。当前正在打的一轮牌的情况存储在TTrick类型的对象中。

通信模块使用TCP/IP协议和3个远程主机进行通信(出的牌,聊天信息等等),在主机模块和主机程序内核之间通信。使用C++ Builder 3内建的TMsg和TMsgSvr部件来初始化计算机之间的通信。

纸牌模块负责在桌面和玩家手上显示纸牌。该模块同时负责将玩家要出的牌信息和内核通信。图形化的桌面和玩家手上纸牌显示。当前手的纸牌保持在TcardSet中。

分数显示模块会接收当前的分数作为输入。然后把分数显示在屏幕上。使用简单的文本框来初始化。牌面的图形外观显示将在以后实现。

聊天模块是一个逐行的聊天方式,类似于AOL即时信息风格的聊天窗口。用户在输入框中键入文本然后按回车键来发送信息。在窗口显示所有的信息(从其他用户的信息以及玩家自己的信息)。使用简单的文本编辑框作为输入,并且使用一个记事框来显示接收到的信息。以后将会实现可能的丰富形式的文本聊天功能。

B.11.7.1　数据结构和方法

B.11.7.1.1　TTrick

使用TTrick对象来存储当前进行的一轮情况。

方法:

——Play(TCard,TPlayer)

——TCard CardLead

——TPlayer WonTrick

——Integer NumberPlayed

——TCard CardPlayed(n)

变量：

——TPlayer[1..4]

——TCard[1..4]

——Int NumPlayed

B.11.7.1.2 TCardSet

使用 TCardSet 对象来存储诸如牌或者玩家手中的任何牌集合信息。

方法：

——Delete(TCard)

——Insert(TCard)

——Insert(Tcard[],n)

——Sort

——Shuffle

——Bool InSet(Tcard)

——Bool InSet(TCard.suit)

——TCard Card(n)

变量：

——Pointer Next

——Pointer Previous

——TCard

B.11.7.1.3 TCards

变量：

——Pointer Next

——Pointer Previous

——TCard

B.11.7.1.4 TPlayer

变量：

——PlayID

B.11.7.1.5 TCard

变量：

——Suit

——Value

B.11.8 术语表

Bowers 王牌(发成音与 shower 押韵)　主牌中“Jack”(右)和与主牌花色相同颜色的“Jack”(左王牌)。在特定的一轮中，这 2 张牌分别是最大和次大的牌。

Hand 一手牌　包括 5 轮，也就是，当所有的牌从叫牌者手中全部打出来。

Game Kernal 游戏内核　L-Euchrer 软件中的模块，它用来管理游戏和依次调用游戏中的其他模块。

Host Computer 主机　就是有程序内核在其上运行的机器。

Kitty　发牌完成后留下 4 张牌在一起的堆。

Off suit 其他花色牌　指王牌以外的任何花色的牌。

Round 一轮 只要每个玩家都打出一张牌也就完成 Round 一轮。

Third-Party Server 第三方服务器一个来自游戏中任何一个玩家的远程的计算机。在打 L-Euchrer

游戏中并不需要第三方服务器。

Trick 一轮　只要一个人赢了一轮,他/她的组就挣得一轮。这通常是通过赢家他们获胜的 4 张牌来表明。

Trump 主牌　可能是游戏中最重要的概念了。主牌花色是在每一手牌的开始提出的,该花色的牌在游戏中是最大的牌(尽管“A”比 9 大,但是主牌的 9 可以大过任何其他花色的“A”)。这个概念对打过黑桃王或桥牌游戏的人来说已经很熟悉了。

Void 断门　没有某一或多个花色的牌时,该花色即为“断门”。

B.12　RUR B12:L-Euchre 系统(可用的系统实现)

在 RUR B11 中描述的最小系统进行改进的方面包括牌的图形表示和每场游戏结束后(不需重新连接)改换搭档的能力。能够为用户提供一个基本文本聊天窗口(所有用户的所有信息必须是全局的)。

B.13　RUR B13:标准 Euchre 系统

除 RUR B12 之外,系统将会有保存特定游戏选项的功能。保存选项将包括使用此游戏的最新的玩家姓名和该玩家连接上最新的几个主机的 IP 地址。增加选择纸牌不同背景图案的功能以及包括包含游戏规则信息和游戏策略的帮助系统。

B.14　RUR B14:超级 Euchre 系统

除 RUR B13 之外一些真正好的功能应该也加入系统中:一个玩家输/赢比率的统计界面。具有丰富文本选项(颜色、粗体、斜体等等)的聊天窗口。告知其他的玩家你在游戏中做庄,因此他们事先不需要知道你的 IP 地址。保存当前的游戏以便在今后结束游戏的选项。2 或 3 人 euchre 游戏的选项。支持 4 人 euchre 游戏的不同变种。一个用于策略提示的今日提示框。一个智能的接口可以模拟 1,2 或 3 个玩家。

附 录 C
（资料性附录）
RUR 参考列表

C.1 RUR 命名：销售/定购系统

RUR 类型：管理信息系统
国际标准图书编号：0 7248 0662 8
作者：Igor T. Hawryszkiewycz
标题：系统分析与设计介绍
年份：1988
出版者：Prentice Hall，澳大利亚
页码：351 至 360
备注：

C.2 RUR 命名：旅行安排

RUR 类型：服务业
国际标准图书编号：0 7248 0662 8
作者：Igor T. Hawryszkiewycz
标题：系统分析与设计介绍
年份：1988
出版者：Prentice Hall，澳大利亚
页码：357 至 360
备注：

C.3 RUR 命名：固定定单支持

RUR 类型：管理信息系统
国际标准图书编号：0 7248 0662 8
作者：Igor T. Hawryszkiewycz
标题：系统分析与设计介绍
年份：1988
出版者：Prentice Hall，澳大利亚
页码：361 至 362
备注：

C.4 RUR 命名：产品计划与控制

RUR 类型：制造业
国际标准图书编号：0 7248 0192 8
作者：D. Ross Jeffery and Basil Dale
标题：基于计算机的商业系统
年份：1980
出版者：Prentice Hall，澳大利亚

页码:67 至 385

备注:

C.5 RUR 命名:行销信息系统

RUR 类型:管理信息系统

国际标准图书编号:0 7248 0192 8

作者:D. Ross Jeffery and Basil Dale

标题:基于计算机的商业系统

年份:1980

出版者:Prentice Hall,澳大利亚

页码:87 至 90

备注:

C.6 RUR 命名:商业分析

RUR 类型:管理信息系统

国际标准图书编号:0 7248 0192 8

作者:D. Ross Jeffery and Basil Dale

标题:基于计算机的商业系统

年份:1980

出版者:Prentice Hall,澳大利亚

页码:91 至 92

备注:

C.7 RUR 命名:计费系统

RUR 类型:管理信息系统

国际标准图书编号:0 7248 0192 8

作者:D. Ross Jeffery and Basil Dale

标题:基于计算机的商业系统

年份:1980

出版者:Prentice Hall,澳大利亚

页码:102 至 109

备注:

C.8 RUR 命名:薪水册

RUR 类型:管理信息系统

国际标准图书编号:0 7248 0192 8

作者:D. Ross Jeffery and Basil Dale

标题:基于计算机的商业系统

年份:1980

出版者:Prentice Hall,澳大利亚

页码:111 至 125

备注:

C.9　RUR 命名:采购

RUR 类型:管理信息系统
国际标准图书编号:0 7248 0192 8
作者:D. Ross Jeffery and Basil Dale
标题:基于计算机的商业系统
年份:1980
出版者:Prentice Hall,澳大利亚
页码:126 至 128
备注:

C.10　RUR 命名:应付款

RUR 类型:制造业
国际标准图书编号:0 7248 0192 8
作者:D. Ross Jeffery and Basil Dale
标题:基于计算机的商业系统
年份:1980
出版者:Prentice Hall,澳大利亚
页码:128 至 130
备注:

C.11　RUR 命名:人力资源系统

RUR 类型:管理信息系统
国际标准图书编号:0 9631741-4-X
作者:Robin Ragland et al.
标题:功能点计算实践:案例研究 1
年份:1994
出版者:IFPUG,Westerville,俄亥俄州,美国
页码:3-2 至 3-7
备注:

C.12　RUR 命名:修订的人力资源系统

RUR 类型:管理信息系统
国际标准图书编号:0 9631741-8-2
作者:David Garmus et al.
标题:功能点计算实践:案例研究 1
年份:1998
出版者:IFPUG,Westerville,俄亥俄州,美国
页码:8-2 至 8-14
备注:

C.13　RUR 命名:交通控制系统

RUR 类型:实时系统

国际标准图书编号:0 9631741-8-2
作者:David Garmus et al.
标题:功能点计算实践:案例研究 4
年份:1998
出版者:IFPUG,Westerville,俄亥俄州,美国
页码:1-2 至 1-4 ,3-2 至 3-12
备注:

C.14 RUR 命名:学生选课系统

RUR 类型:信息管理系统
国际标准图书编号:0 7131-3600-6
作者:S. Rogerson et al.
标题:开发系统的案例记录书
年份:1986
出版者:Edward Arnold,伦敦
页码:15 至 27
备注:

C.15 RUR 命名:存货清查系统

RUR 类型:信息管理系统
国际标准图书编号:0 7131-3600-6
作者:S. Rogerson et al.
标题:开发系统的案例记录书
年份:1986
出版者:Edward Arnold,伦敦
页码:9 至 11
备注:

C.16 RUR 命名:应付款系统

RUR 类型:信息管理系统
国际标准图书编号:0-13-349002-5
作者:David Garmus and David Herron
标题:量测软件过程
年份:1996
出版者:Prentice-Hall 公司
页码:101 至 105
备注:

C.17 RUR 命名:增强型应付款系统

RUR 类型:信息管理系统
国际标准图书编号:0-13-349002-5
作者:David Garmus and David Herron
标题:量测软件过程

年份:1996
出版者:Prentice-Hall 公司
页码:112 至 113
备注:

C.18 RUR 命名:包路由系统

RUR 类型:处理控制
国际标准图书编号:0-81 186-0707-6
作者:William W. Agresti(编者)
标题:软件开发的新范例
年份:1986
出版者:IEEE 电气和电子工程师协会
页码:127 至 132
备注:

C.19 RUR 命名:简单图书馆系统

RUR 类型:信息管理系统
国际标准图书编号:0-81 186-0707-6
作者:William W. Agresti(编者)
标题:软件开发的新范型
年份:1986
出版者:IEEE 电气和电子工程师协会
页码:140 至 143
备注:

C.20 RUR 命名:图书馆系统Ⅱ

RUR 类型:信息管理系统
国际标准图书编号:0-81 186-0707-6
作者:William W. Agresti(编者)
标题:软件开发的新范型
年份:1986
出版者:IEEE 电气和电子工程师协会
页码:143 至 144
备注:

ICS 35.080
L 77

中华人民共和国国家标准

GB/T 18491.5—2010/ISO/IEC TR 14143-5:2004

信息技术　软件测量　功能规模测量　第5部分:功能规模测量的功能域确定

Information technology—Software measurement—Functional size measurement—Part 5:Determination of functional domains for use with functional size measurement

(ISO/IEC TR 14143-5:2004,IDT)

2010-12-01 发布　　2011-04-01 实施

中华人民共和国国家质量监督检验检疫总局
中国国家标准化管理委员会　发布

前　言

GB/T 18491 在《信息技术　软件测量　功能规模测量》总标题下目前由以下 6 个部分组成：

——第 1 部分：概念定义；

——第 2 部分：软件规模测量方法与 GB/T 18491.1—2001 的符合性评价；

——第 3 部分：功能规模测量方法的验证；

——第 4 部分：基准模型；

——第 5 部分：功能规模测量的功能域确定；

——第 6 部分：GB/T 18491 系列标准和相关标准的使用指南。

本部分为 GB/T 18491 的第 5 部分。

本部分等同采用 ISO/IEC TR 14143-5:2004《信息技术　软件测量　功能规模测量　第 5 部分：功能规模测量的功能域确定》(英文版)。由于国际标准 ISO/IEC 14143-6:2006 发布晚于 ISO/IEC TR 14143-5:2004，因此，原国际标准 ISO/IEC TR 14143-5:2004 的前言中不涉及 ISO/IEC 14143-6:2006。而在将 ISO/IEC TR 14143-5:2004 转化为本部分时，前言中补充了有关第 6 部分的说明。

本部分做了下列编辑性修改：

——根据国情，删去了原文的引言中的最后两段文字；

——由于原文第 7 章的注 2 与上段文字重复，在转换为国家标准时，作了删除处理。

本部分的附录 A 和附录 B 为资料性附录。

本部分由全国信息技术标准化技术委员会(SAC/TC 28)提出并归口。

本部分起草单位：上海计算机软件技术开发中心、中国电子技术标准化研究所负责起草。

本部分主要起草人：杨根兴、蔡立志、刘振宇、冯惠、谢晓燕、李婷、金荣得、陈达丽。

引　言

功能规模测量(FSM)是通过量化软件用户功能需求来测量软件规模的一种技术。最初发表包含这种概念的方法是由 Allan Albercht 于 20 世纪 70 年代后期开发的功能点分析。此后，对原有方法开发出了许多扩展和变种。在将 Albrecht 的方法或此后的功能规模测量方法等特定方法应用到不同类型的软件中时，已作出了很多关于有效性和局限性的申明。所引用的这些软件类型的例子包括管理信息系统(MIS)、嵌入式软件、过程控制软件、决策支持软件、军用软件、工程和实时软件等。

“软件类型”这个术语的定义很宽泛。它们已被广泛用于区分软件执行的用户功能种类(它能做什么)、软件性能问题、内部处理复杂度、物理实现需求和开发环境。这些术语或与功能规模评估相关的 FUR 特性都还没有普遍一致的定义。其结果如下：

a) 对于一个特定 FSM 方法的潜在用户去评估该方法对度量一组 FUR 特定集规模的适用性是很困难的；

b) 一个 FSM 方法的所有者和开发者无法描述可应用该 FSM 方法的功能域。

GB/T 18491 的本部分通过描述如何使用 FUR 特性确定软件类型来说明这些难点。在本部分中，短语“软件类型”由已定义的术语“功能域”替代。在 GB/T 18491.1—2001 中，功能域被定义为“基于与功能规模测量有关的 FUR 特性的一类软件”。

GB/T 18491.1—2001 要求一个 FSM 方法应描述其能应用的功能域。本部分的目的是详细说明功能域是如何定义的，并提供用于产生功能域的方法实例。

信息技术 软件测量 功能规模测量 第5部分:功能规模测量的功能域确定

1 范围

GB/T 18491 的本部分描述了功能域的属性和可用于确定功能域的功能用户需求(FUR)特性的原理。附录 A 和附录 B 中提供了两种实现这些原理的方法实例。

这两种方法都可以被直接使用,或者通过以下方法使用本地定义的功能域:

a) 由 FSM 方法的用户来确定一个特定的 FSM 方法是否适用于特定 FUR 描述的功能域;

b) 为给定的 FUR 集描述 FUR 所属的功能域;

c) 由 FSM 方法的拥有方和设计方描述在 GB/T 18491.1—2001 中概括的可应用 FSM 方法的功能域。

使用附录 A 和附录 B 中的方法确定功能域在于它允许对不同出处的 FUR 进行比较,并允许对各种 FSM 方法的可用性进行比较。

2 规范性引用文件

下列文件中的条款通过 GB/T 18491 的本部分的引用而成为本部分的条款。凡是注日期的引用文件,其随后所有的修改单(不包括勘误的内容)或修订版均不适用于本部分,然而,鼓励根据本部分达成协议的各方研究是否可使用这些文件的最新版本。凡是不注日期的引用文件,其最新版本适用于本部分。

GB/T 18491.1—2001 信息技术 软件测量 功能规模测量 第1部分:概念定义(idt ISO/IEC 14143-1:1998)

3 术语和定义

下列术语和定义适用于本部分。

3.1

FUR 特性 characteristic of FUR

FUR 可区分的属性,对标识 FUR 所属指定集的功能域是重要的。

3.2

功能域归类 functional domain categorization

识别符合 5.1 中要求的功能域的过程。

4 缩略语

FDC 功能域归类 (functional domain categorization)

5 要求

5.1 功能域的一般要求

一个功能域应:

a) 区别于其他所有的功能域;

b) 由一组与功能规模相关的特性描述。

功能域应使用信息技术业界公认的术语命名，扩展时适当注明其出处，比如“Organization X Real-Time”。这允许功能域在FSM的周境中(以及存在软件分类需求的其他潜在软件领域，如软件开发和维护)获得认可。

注：应避免没有进一步的限定而直接在样本功能域的标题中使用业界术语(如实时、MIS、过程控制)，因为它们在信息技术业界中使用(或误用)时除了包含FUR，通常还包含对质量和技术因素的考虑。需要有一个直接的声明以强调软件的技术和质量特性不是所定义功能域的部分。例如：在业界使用的术语“实时”可能意味着时间约束(技术的或定性的)、特定的硬件(技术的)、即时的反馈(质量)、与非人工用户(软件/硬件)的通讯、关键安全性和可靠性(质量)、容错性(质量)，加上实际的FUR(如在航空器中的航行水平位置控制)。

一组FUR可被归属于多个功能域。

5.2 功能域特性的一般要求

一个功能域的特性应：

a) 继承了在GB/T 18491.1—2001中定义的功能规模的所有特性；

b) 由功能用户需求展示；

c) 独立于软件开发方法；

d) 独立于质量和技术需求。

5.2.1 FDC方法的要求

一个FDC方法应：

a) 是可重复的；

b) 是一致的；

c) 使得出的功能域描述，在将来仍保持与产生时一致；

d) 是结构化的，而且易于理解；

e) 定义功能域的特性。

注：附录A和附录B列举了FDC方法的例子。其他方法也是可行的。

6 规程

6.1 确定用于给定FUR集合的功能域

为了确定一个FUR集的功能域：

a) 使用一个FDC方法识别该FUR集展现的特性；

b) 将该特性集和参考功能域的特性集进行匹配，如使用选中的FDC方法定义的；

c) 确定适用于这个FUR(或FUR集)的功能域。

6.2 确定一个FSM方法对特定功能域的适用性

为了确定一个FSM方法对特定功能域的适用性：

a) 识别为特定功能域定义FDC方法的特性；

b) 对于所选的FSM方法和每个BFC类型，识别上述哪些特性是被认可的；

c) 将该功能域的特性和被FSM方法认可的特性进行比较；

d) 如果由功能域展现的特性：

1) 是FSM方法认可的子集，那么FSM方法适用于该功能域；或

2) 是FSM方法认可的超集，那么FSM方法部分适用于该功能域；或

3) 与FSM方法认可的任一特性不符，那么FSM方法不适用于该功能域。

7 FDC方法举例

基于第6章描述的规程，附录A和附录B就是独立的且自包含的FDC方法的一些实例，用以说明定义功能域的不同方法。这些方法或任何其他的符合5.2.1的结构化方法都可以用来帮助确定一个

FSM 方法所适用的功能域。

GB/T 18491.1—2001 要求一个 FSM 方法描述它能够应用的功能域。FSM 方法的拥有者应使用附录 A 和附录 B 中的方法或其他可比的结构化方法的概念来描述其 FSM 方法可适用的功能域。作为替换，FSM 方法的拥有者可以使用这些方法来生成本地定义和命名的功能域。

注：已有的 FSM 方法的概念可能，也可能不完全符合资料性附录中方法的概念，因为在这些方法被开发出之前，许多 FSM 方法已经被定义和设计好了。

附录 A 给出了一个“自顶向下”的方法实例，来构造一个定义功能域的方法，这些功能域是建立在对软件工程领域内外使用的分类方法的众多文献研究基础上的，并结合了用于辨别“什么能够被功能域正常理解”的软件工程概念。

附录 B 给出了一个“自底向上”方法的例子，该例子使用已有的软件工程概念来定义一个用于确定功能域模型的 BFC 类型集(见 GB/T 18491.1—2001 中的定义)。

附 录 A
（资料性附录）
确定功能域的 CHAR 方法

A.1 本附录的目的

本附录的目的是为了：

a） 定义一个 FDC 方法；

b） 使用这个方法生成各种特定的功能域的实例定义；

c） 根据 FUR 和一些现有的候选 FSM 方法的例子来测试该方法。

GB/T 18491.1—2001 要求：

a） FSM 方法是通过识别在 FUR 认可范围内的“基本功能部件类型（或‘BFC 类型’）”以及分配用于计算功能规模的值的方法来度量功能规模的；

b） BFC 类型是一个已定义分类的“由 FSM 方法定义和使用的，以测量为目的的 FUR 基本单元”；

c） FSM 方法应描述它们可应用的功能域。

本附录：

a） 能用来描述或定义各种来源于 FUR 的实用功能域；

b） 能被 FSM 方法的设计者用来说明哪些特性是被他们设计的 FSM 方法的 BFC 类型认可的。

在测试要求列表中的每个测试要求应：

a） 被编号，这样它能被唯一地标识；

b） 识别 FSM 方法中相应的语句，如果是可适用的；

c） 识别测试引用的性能属性；

d） 陈述用于确认测试的确认方法；

注：确认方法将在附录 B 中描述。

e） 与 A.2 中各条款的描述正好一致。

A.2 定义

A.2.1 CHARs

为附录 A 方法选择的特定的 FUR 特性。

A.2.2 CHAR Group

用于确定一个特定功能域的一组相关 CHARs 的集合。

A.3 与 FSM 相关的 FUR 特性（CHARs）

A.3.1 背景

基于 CHAR Group 方法，有 3 个区分功能域的 CHAR Group。通过 A.3.2 中描述的评价和等级，一个 FUR 集能够经过评价而找出它特定的功能域。

A.3.1.1 CHAR Group 模型

有 3 组 CHARs，每组都包含了可变数量的 CHARs。每个 CHAR 只能属于一个 CHAR Group，而且只能单独进行评价：

a） 控制和通讯占优

FUR 规定：软件必须并发操作和控制其外部世界的用户。本 CHARs 包括：

1） 响应：软件需求，包含转换为 FUR 的时间约束；

2） 接口：用于对外部对象或其他外部软件进行控制或与之通讯的软件接口是至关重要的；

3） 系统管理：软件通过对外部环境的管理来检测越界或紧急数值，它的处理顺序也能够根据以上情况进行调整（例如，高优先级的触发条件能够中断或改变服务的处理）。

注：软件是否能监控外部环境，或者外部环境是否为数据监控提供触发条件，是实现相同功能用户需求的两种途径。

b） 数据占优

数据体系结构、关系需求、完成 FUR 规定事务时的数据持久性是软件的优先考虑。本 CHARs 包括：

1） 复杂的数据：复杂的数据或控制关系（或相互依赖）的需求是 FUR 的重要组成部分；

2） 持久性：数据的持久性或逻辑存储是 FUR 的重要组成部分。

注：本附录中的数据持久性指的是输入或查询的数据应该保留一段时间的需求，严格考虑数据是否必须被保留到单个已完成的事务之后。

c） 操作和算法占优

FUR 规定软件必须执行特定类型的算法密集的服务与/或复杂的操作。本 CHARs 包括：

1） 操作：数据的高效处理（例如，对简单数据进行不同逻辑功能操作的优势）；

2） 科学/工程：数学或逻辑算法要求的科学/工程（例如，包括精度和正确性、统计分析等）；

注：例如，Monte Carlo 仿真是一些软件估算模型中要求的复杂的统计算法。

3） 适应性：软件是被要求具有适应性的（也就是软件能够根据外部情况或事件动态地改变它的行为或逻辑）或软件具有业务处理规则，这些规则是根据日期、时间、季节或其他外部需要考虑的事项进行调整的。

注：例如，人身保险精算软件包含了管理用于特定情况的算法组合的规则，这些算法不是静态的。

A.3.2 通过评价 FUR 或 FUR 组确定功能域的规程

如果给定一组 FUR，确定它们所属的功能域的规程分三步执行。首先，对每个 CHAR 进行评价和等级划定，并记录在表 A.1 中；其次，作为结果的 CHAR 等级被用来建立 CHAR Group 的等级（见表 A.2）；最后，合并 CHAR Group 的等级用于确定 FUR 的功能域（见表 A.3）。

a） 为给定的 FUR 集评价每个 CHAR 的重要性，可通过将重要性等级划分为可忽略的、一般的和重要的。提供表 A.1 是为了增加划分 CHARs 等级时的一致性和客观性。该表为每个分类提供了 FUR 范例，并为每个 CHAR 回答了下面的问题：

FUR 是否展现了这个 CHAR？

表 A.1 CHAR 评价表

CHAR	等级＝可忽略的（代表了＜3％的需求）	等级＝一般的（代表了 3％～50％的需求）	等级＝重要的（代表了＞50％的需求）	等级（忽略的、一般的、重要的）
控制和通讯占优				
1. 响应	报告批处理	查询银行结余	监控管道压力	
2. 接口	模拟算术计算器	处理信用卡支付	控制喷油系统	
3. 系统管理	处理月工资单	自动驾驶	控制核反应堆	
数据占优				
4. 复杂的数据	频繁的飞机登记	管理组织财政	监控有组织的犯罪	
5. 持久性	搜索因特网	网站导航	监控实验火箭	

表 A.1（续）

CHAR	等级＝可忽略的（代表了＜3%的需求）	等级＝一般的（代表了3%～50%的需求）	等级＝重要的（代表了＞50%的需求）	等级（忽略的、一般的、重要的）
操作和算法占优				
6. 操作	旅馆入住登记	目录管理	在线医疗诊断	
7. 科学/工程	监控在线购物车	解释来自哈勃空间望远镜的数据	预测气象	
8. 适应性	检查拼写错误	扫描邮件病毒	控制导弹轨道	

b) 基于第一步获得的CHAR的结果，使用表A.2建立CHAR Group的等级。

表 A.2 CHAR Group 的评价

CHAR Group	等级＝可忽略的（没有等级为一般的CHAR或CHARs的总和＜需求的3%）	等级＝一般的（至少有一个CHAR的等级是一般的而且CHARs的总和＜需求的50%）	等级＝重要的（有一个CHAR的等级是重要的或CHARs的总和＞需求的50%）	等级（可忽略的、一般的、重要的）
控制和通讯占优	使用表A.1中的响应、接口和系统管理CHARs的结果			
数据占优	使用表A.1中的复杂数据和持久性CAHRs的结果			
操作和算法占优	使用表A.1中的操作、科学/工程和适应性CHARs的结果			

c) 运用第二步建立的CHAR Group等级，从表A.3中选择适当的功能域。

表 A.3 功能域

功 能 域	控制和通讯占优	数据占优类型	操作和算法占优
纯数据处理系统	可忽略的	重要的	可忽略的
信息系统	可忽略的	重要的	一般的
数据处理系统	可忽略的	一般的	一般的
控制信息系统	一般的	重要的	可忽略的
控制数据系统	一般的	一般的	可忽略的
复杂控制信息系统	一般的	重要的	一般的
非特定(复杂)系统	一般的	一般的	一般的
简单控制系统	重要的	可忽略的	可忽略的
控制系统	一般的	可忽略的	一般的
复杂控制系统	重要的	可忽略的	一般的
数据驱动控制系统	重要的	一般的	可忽略的
复杂数据驱动控制系统	重要的	一般的	一般的
纯计算系统	可忽略的	可忽略的	重要的
控制计算系统	一般的	可忽略的	重要的
科学信息系统	可忽略的	一般的	重要的
科学控制数据处理系统	一般的	一般的	重要的
注：本表提供了功能域的例子，并不是给出所有的列表。			

A.3.3 CHAR 总结

图 A.1 总结了 A.3.2 概述的 CHAR 的评价规程。

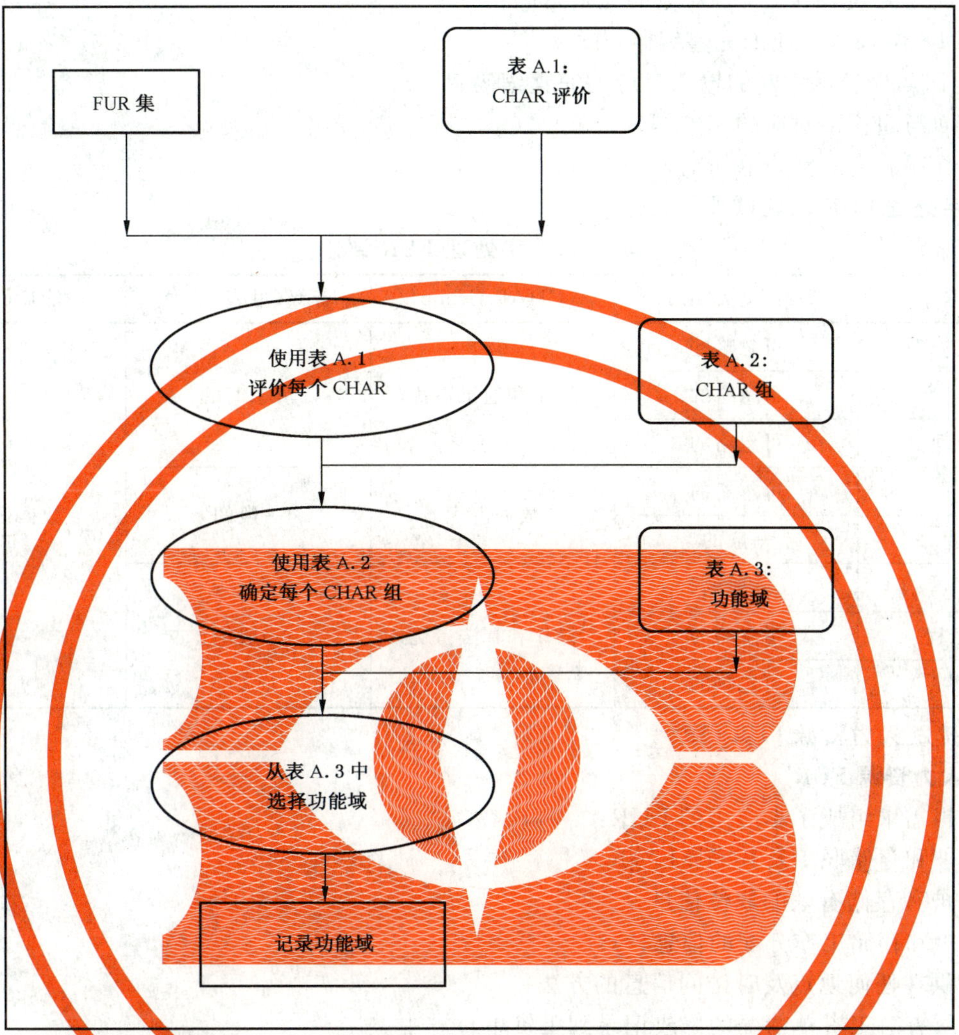

图 A.1 功能域评价过程

A.4 评估 FUR 确定功能域的范例

A.4.1 范例 1:字处理 FUR

A.4.1.1 字处理 FUR

下列逻辑需求组成了本应用的 FUR:

输入:

a) 接受介于 1～132 之间的一个数值(称为 MAXPOS);

b) 接受一个字符输入流(称为 INSTREAM);

c) 在输出中保持输入单词的顺序和长度;

d) 使每个内部输入中断减少为单个的字符输出中断;

e) 每个输出行以一个字作为开始;

f) 在每个输出行中填入尽可能多的完整的字;

g) 在新行之前,建立包含不超过 MAXPOS 限定长度的字符的输出行;

h) 只在输入中断的地方对输出行进行中断;

i) 保存输入供以后参考和使用;

输出：

j） 返回与正常输入对应的完整编码；

k） 返回与无效 MAXPOS 对应的完整编码；

l） 返回与空输入对应的完整编码；

m） 返回与仅表示中断的输入对应的完整编码；

n） 返回与超长字对应的完整编码；

o） 以逐行的输出格式返回输入字符流。

A.4.1.2 字处理 FUR 功能域评价结果

表 A.4 字处理 FUR 评价

CHAR	等级(见表 A.1)	CHAR Group	等级(见表 A.2)	功能域(见表 A.3)
响应	可忽略的	控制和通讯占优	可忽略的	数据处理系统
接口	可忽略的			
系统管理	可忽略的			
复杂数据	可忽略的	数据占优	一般的	
持久性	一般的			
操作	一般的	操作和算法占优	一般的	
科学/工程	可忽略的			
适应性	可忽略的			

A.4.2 范例 2:人力资源 FUR

A.4.2.1 人力资源 FUR

下列逻辑需求组成了本应用的 FUR:

a） 维护和存储职工及其家属信息；

b） 维护和存储有效的职位信息；

c） 维护和存储工作分配的信息；

d） 提供在任何地点及时访问信息的方法；

e） 将所有对工资单情况的修改记录到工资单日志中。

A.4.2.2 人力资源 FUR 功能域评价结果

表 A.5 人力资源 FUR 评价

CHAR	等级(见表 A.1)	CHAR Group	等级(见表 A.2)	功能域(见表 A.3)
响应	可忽略的	丰富的控制和交流	可忽略的	信息系统
接口	可忽略的			
系统管理	可忽略的			
复杂的数据	一般的	数据占优	重要的	
持久性	一般的			
操作	一般的	操作和算法占优	一般的	
科学/工程	可忽略的			
适应性	可忽略的			

A.4.3 范例 3:交通灯 FUR

A.4.3.1 交通灯 FUR

下列逻辑需求组成了本应用的 FUR:

a) 交通灯会根据等待的车辆数、信号灯位置以及预先设定的时间而变化；

b) 维护和存储时段、工作日和节假日时间段的时间设置文件；

c) 来自于紧急车辆的信号可中断常规程序逻辑；

d) 火车信号应防止交通灯通过开关变为绿灯；

e) 发送每周的交通统计情况到交通部门(DOT)。

A.4.3.2 交通灯系统 FUR 功能域评价结果

表 A.6 交通灯系统 FUR 评价

CHAR	等级(见表 A.1)	CHAR Group	等级(见表 A.2)	功能域(见表 A.3)
响应	一般的	控制和通讯占优	重要的	复杂数据驱动控制系统
接口	一般的			
系统管理	一般的			
复杂数据	一般的	数据占优	一般的	
持久性	一般的			
操作	可忽略的	操作和算法占优	一般的	
科学/工程	一般的			
适应性	一般的			

A.4.4 范例 4:银行自动柜员机 FUR

A.4.4.1 银行自动柜员机 FUR

下列逻辑需求组成了本应用的 FUR:

被维护的实体:

a) 顾客;

b) 存款帐户;

c) 支票;

d) 交易(图像);

接口:

e) 软件通过访问终端控制器中的表来获得日期、分行号和状态(在线或离线),但用户不能访问这些数据;

f) 没有其他可被访问的文件;

交易/功能:

g) 增加客户;

h) 修改客户;

i) 删除客户;

j) 客户查询;

k) 新开帐户;

l) 结清帐户;

m) 支票存款;

n) 支票提现;

o) 存款;

p) 取款;

q) 两个帐号间的转账;

r) 支票查询;

s) 存款查询；

t) 打印凭证；

u) 存折登折；

v) 从 j)到 s)项功能必须在 10 s 内完成，否则会发生超时。

A.4.4.2 银行自动柜员机 FUR 的功能域评价结果

表 A.7 银行自动柜员机 FUR 评价

<table>
<tr><th>CHAR</th><th>等级(见表 A.1)</th><th>CHAR Group</th><th>等级(见表 A.2)</th><th>功能域(见表 A.3)</th></tr>
<tr><td>响应</td><td>一般的</td><td rowspan="3">控制和通讯占优</td><td rowspan="3">一般的</td><td rowspan="8">复杂的控制信息系统</td></tr>
<tr><td>接口</td><td>可忽略的</td></tr>
<tr><td>系统管理</td><td>可忽略的</td></tr>
<tr><td>复杂数据</td><td>一般的</td><td rowspan="2">数据占优</td><td rowspan="2">重要的</td></tr>
<tr><td>持久性</td><td>一般的</td></tr>
<tr><td>操作</td><td>一般的</td><td rowspan="3">操作和算法占优</td><td rowspan="3">一般的</td></tr>
<tr><td>科学/工程</td><td>可忽略的</td></tr>
<tr><td>适应性</td><td>可忽略的</td></tr>
</table>

A.5 把部分通用软件“类型”映射到 CHAR Group 模型中

作为对模型的测试，被普遍理解的软件“类型”的特性可以被映射到 CHAR Group 模型中。表 A.8 中给出的软件类型列表包括 ISO/IEC 12182《信息技术 软件分类》中出现的或同义的术语。下列术语不会都被使用，因为 ISO/IEC 12182 中的绝大多数分类与本部分的目的无关。

注：为这些软件“类型”选择的特性可以不必出现在所有特定软件“类型”的实例中。

表 A.8 对部分普遍理解的软件“类型”的分析

ISO/IEC 12182 软件类型	功能域	控制和 通讯占优	丰富数据	丰富的操作
管理信息系统(业务处理)，决策支持	信息系统	可忽略的	重要的	一般的
字处理系统，地理信息系统，银行自动柜员系统	数据处理系统 控制数据系统	可忽略的 一般的	一般的 一般的	一般的 可忽略的
业务(业务企业)	复杂控制信息系统	一般的	重要的	一般的
军用指挥和控制	非特定(复杂)系统	一般的	一般的	一般的
实时：嵌入式，设备(打印机，磁盘)驱动	简单控制系统	重要的	可忽略的	可忽略的
实时：嵌入式、航空电子、消息路由	复杂控制系统	重要的	可忽略的	一般的
E-mail、紧急派遣呼叫/接收，操作系统	数据驱动控制系统	重要的	一般的	可忽略的
过程控制(控制系统)	复杂数据驱动控制系统	重要的	一般的	一般的
科学的、标准数学/三角算法系统	纯计算系统	可忽略的	可忽略的	重要的
工程	控制计算系统	一般的	可忽略的	重要的

表 A.8（续）

ISO/IEC 12182 软件类型	功能域	控制和通讯占优	丰富数据	丰富的操作
自学系统(专家或人工智能),统计学的,电子制表软件,安全系统,保险精算	科学信息系统	可忽略的	一般的	重要的
关键安全	科学控制数据处理系统	一般的	一般的	重要的
(无相应类型)	纯数据处理系统	可忽略的	重要的	可忽略的
(无相应类型)	控制信息系统	一般的	重要的	可忽略的
(无相应类型)	控制系统	一般的	可忽略的	一般的
注：本分析显示，许多通用软件类型不能被 FUR 区分，而是要通过其他需求类型，特别是质量约束来区分。				

A.6 现有的候选 FSM 方法到 CHAR Group 模型的映射

作为对 CHAR Group 模型的测试，4 个现有的 FSM 候选方法，包括 IFPUG 功能点分析方法 4.1 版(未调整的功能点)、针对功能点分析的应用的 NESMA 定义和计算指南、MkII FP 方法和 COSMIC FFP 方法被映射到 BFC 类型中，见表 A.9。

注：之所以包含这四种方法是由于它们当前正通过 PAS 过程进行标准化，或是作为 SC7 中一个新工作项。

表 A.9 现有的候选 FSM 方法到 CHAR Group 模型的映射

CHAR	IFPUG4.1 未调整	NESMA 未调整	MKII	COSMIC FFP
响应	通过基本越界处理，提供的持久数据是一般等级的	通过基本越界处理，提供的持久数据是一般等级的	通过逻辑事务	通过登录、退出 BFC 的响应
接口	通过基本越界处理，提供的持久数据是一般等级的	通过基本越界处理，提供的持久数据是一般等级的	通过逻辑事务	通过登录、退出 BFC 的接口
系统管理	通过基本越界处理，提供的持久数据是一般等级的	通过基本越界处理，提供的持久数据是一般等级的	通过逻辑事务	通过登录、退出 BFC 的系统管理
复杂的数据	未说明	未说明	未说明	未说明
持久性	通过 ILF、EIF BFC 的持久性	通过 ILF、EIF BFC 的持久性	通过逻辑事务的实体参考	通过读、写 BFC 的持久性
操作	未说明	未说明	未说明	未说明
科学的/工程	未说明	未说明	未说明	未说明
适应性	未说明	未说明	未说明	未说明

上述分析说明这 4 种方法比其他方法更明确地详细阐述了 CHAR Group 模型的确定功能域。一些 CHAR 是在一个方法现存 BFC 类型中被说明的；一些 CHAR 是不能被区分的；另一些 CHAR 不能被任何方法说明。

附 录 B
（资料性附录）
确定功能域的 BFC 方法

B.1 本附录的目的

本附录的目的是为了：

a) 定义一个 FDC 方法；

b) 用这个方法生成多种特定功能域的实例定义；并

c) 根据 FUR 和一些现有的候选 FSM 方法的例子，测试该方法。

GB/T 18491.1—2001 要求：

a) FSM 方法是通过在 FUR 中识别"功能部件类型"（或"BFC 类型"）并分配用于计算功能规模的值来测量功能规模的；

b) BFC 类型是一个已定义的"由 FSM 方法定义和使用的，以测量为目的的 FUR 基本单元"类型；

c) FSM 方法应描述它们能应用的功能域。

本附录：

a) 能被用于描述或定义源自 FUR 的各种实用功能域；

b) 能被 FUR 方法的设计者用来说明哪些特性能够被他们设计的 FSM 方法的 BFC 类型识别。

本附录中定义的 BFC 类型集（"BFC 类型模型"或"模型"）提供了一个软件 FUR 的元模型。此模型基于已建立的"结构化"信息系统和数据分析方法的部件，这些方法包括 Chen、Codd、Constantine 和 Myers、DeMarco、Jackson、Warnier 与 Yourdon 等，但是根据对实际软件部件的额外观察进行了独立扩展。定义 BFC 类型集的一个重要选择标准是 BFC 类型的粒度或抽象水平能够使其被明确地识别和定义。

B.2 BFC 类型模型

B.2.1 模型

本附录中的 BFC 类型模型取决于对软件是如何被构造为"层"和层中的"段"的理解（参见图 B.1），此外，还依赖于对软件段"边界"的定义。对这些术语完整的解释将在 B.8 中给出。

处于任何一段的软件的 FUR 通常是由仅属于一个已定义功能域的 BFC 类型构成的。然而，处于同一层次相邻段或相邻层次的软件的 FUR 或可能或不可能与我们感兴趣的段属于同一个已定义的功能域。因此，在为了确定一组特定 FUR 属于哪个（或哪些）功能域而分析这组 FUR 时，首先应该关注区分层及其层中的段。类似地，当确定一个特定的 FSM 方法是否能被用于测量一组特定 FUR 的规模时，首先应确定 FUR 是否需要软件处于不同功能域的不同层次与/或段。只有这样，人们才能测试该 FSM 方法是否能应用于所有的 FUR。

这个方法是这样看待 FUR 的：

a) FUR 由一组事务构成；

b) 事务将接收的数据作为输入，然后处理这些数据，最后输出处理结果。

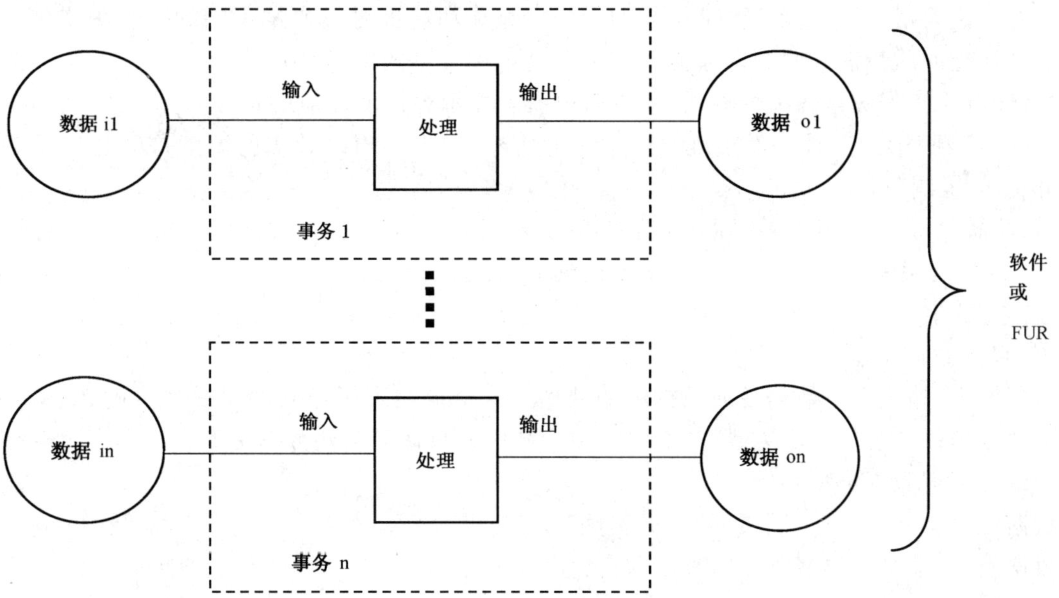

图 B.1 软件模型

B.2.2 将 FUR 分解成 BFC 类型

B.2.2.1 事务种类

FUR 规定软件一旦"被运行"后应该做什么。FUR 的主子集能够被功能性地分解成"事务",这些事务是输入、处理、输出的序列(不必按照这个顺序),并由软件外部事件触发。(在实时系统世界中,事务可以被定义为软件对"外部事件"而要求做出的响应。)范例包括:

a) 对于一个业务应用,在真实的自然世界中签约了一个新顾客,该事件触发了用户在软件中登记顾客相关信息的过程;

b) 用户决定查询新客户信息(的事件);

c) 对于一个过程控制应用,一个硬件时钟达到某个特定时刻(的事件)就会触发这个应用开始一轮对一列传感器的轮询,以收集数据,并把接收到的数据和标准值进行比较,然后发送信号将修正值应用到机器设定中;

d) 对于前面的过程控制范例,除了以上情况,软件要求是可中断的,例如,如果一个传感器监测到一个需要立即引起注意的异常情况(的事件),软件的正常操作会被中断,软件的功能将变化为处理这个异常情况;

e) 消息路由器接收一条发送来的消息(的事件),通过处理来确定往哪里、如何转发这条消息,并将消息正确发送。

在任何情况下,当软件与相关外部事件处于完全一致的情形时,该事务就完成了,也就是说该事务已经完成了被要求完成的作为外部事件产生的结果的每一件事。

基于软件被要求如何与外部世界进行交互,本模型可识别 3 类事务(3 种 BFC 类型):

类型 1(被动的):一旦启动,软件正常的情况就是不做任何事。当接收到一个来自软件边界另一边的用户的输入时,数据将被处理,处理过程或可能或不可能将数据返回到边界另一边。当事务完成后,软件回复到"不做任何事"的状态。

类型 2(半主动的):一旦启动,软件的正常情况是:软件必须定期观察在边界另一边所发生的事情。根据探测到的情况和它的处理规则,软件或可能或不可能将数据返回到边界另一边。

类型 3(可中断的):一旦启动,软件在类型 1 或类型 2 的模式下运行,但另外,当得知某种类型的事件发生时,它必须停止正在做的任何操作,然后接受事件并立即对事件作出反应。根据与该事件相关的处理规则,软件或可能或不可能将数据返回到边界另一边。

上述解释只说明了软件可能被要求执行的功能。每项功能都可以通过不同的方法来实施,而且实现过程可能被性能或质量需求限制。如何详细说明这3种类型的例子分别是:

a) “软件需要接收键盘的一个输入,并在监视器上显示该键值对应的符号”;

b) “软件需要每隔1 s读一次温度并产生一个信号,用来指出冷却剂的温度是否超出了20 ℃~30 ℃的范围”;

c) “软件需要每隔1 s读一次温度,当温度高于30 ℃时,产生一个“启泵”的信号;当温度低于20 ℃时,产生一个“停泵”的信号。无论何时,当接收到过热的通知时,软件将无条件地发出“启泵”的信号。

B.2.2.2 认可的数据类型

事务包括输入、输出和对数据项或数据组的处理。这个模型可区分软件需要认可的各种不同类型的数据项或数据组(也就是BFC类型)。不同的功能域可以只认可某些数据类型。

本模型认可下列数据类型:

a) 数据元素类型(DET),同义词“数据属性”;

b) 数据组(单个实体类型的数据属性的集合);

c) 声音;

d) 图像;

e) 动态图像;

f) 数据关联(描述两种数据类型之间的意义和关联程度的规则)。

注:在现有FSM方法中,“数据元素类型”的典型定义是“唯一的用户可认可的数据单元”,这个概念能包括以上任何一种数据类型。因此,如果合适,今后基于本模型定义BFC类型和功能域的FSM方法可以需要更准确地详细说明它们认可哪些数据类型。

B.2.2.3 信息创建功能类型

当事务“处理”数据,也就是它们操作和计算新数据时,它们会使用许多不同的处理类型,我们就称这些处理类型为“信息创建功能类型”。这些BFC类型的复杂性从非常简单的布尔运算到复杂的数学算法,它们随功能域的变化而变化。

本模型认可以下信息创建功能类型:

a) 简单布尔运算;

b) 简单算术运算;

c) 标准的数学/统计学算法(例如业界标准的电子制表软件);

d) 二维和三维几何学(例如地理信息系统);

e) 复杂的科学/工程处理(例如机翼设计或者天气预报);

f) 基于推论的决策规则集,例如在专家系统中;

g) 启发式或自调整的算法;

h) 特定业务领域算法(也就是在本地业务中定义的)。

B.2.2.4 数据保留需求

B.2.2.2中的数据类型可以被要求为不同的时间段而保留,这是一个区分功能域的特征。

本模型识别3种时间量程(或“持久度”),FUR为这3种时间量程详细说明了数据类型的保留程度:

a) 不保留的,在逻辑事务完成后不需要被保留的数据类型,例如简易计算器使用的数据;

b) 仅在软件处理期间才需要被保留的数据类型,例如,当所有事务被处理后,贯穿于这批实现普通报表输出事务的累积数据;

c) 为软件外部事件而需要长期被保留的数据类型,就软件而言,是无限期地。

B.2.3 BFC类型模型总结

本附录的BFC类型模型认可3组BFC类型，即：

a) 3种事务类型；

b) 不同的数据类型；

c) “信息创建功能”的不同类型。

各种数据类型都能被要求具有3种数据保留持久性程度中的任何一种。

要求任何事务仅识别确定的数据类型，根据确定的信息创建功能的类型处理该数据类型，并在确定的周期内保留该数据类型。

本附录中的模型建议所有的FUR能以这些BFC类型和数据保留需求来表示，为实用FSM方法而需被区分的功能域能够由这些相同的BFC类型来定义。然而，这个BFC类型的列表并未声明是毫无遗漏的，也不排斥将来其他BFC类型的规定。

BFC类型模型可以总结为表B.1。

表B.1 BFC类型模型——定义功能域的一个框架

软件BFC类型			4. 数据类型保留要求
1. 事务种类	2. 数据类型	3. 信息创建功能类型	
• 被动的 • 半主动的 • 可中断的	• 数据元素类型DET • 数据组 • 声音 • 图像 • 动态图像 • 数据关联	• 简单布尔运算 • 简单算术运算 • 2维或3维几何学 • 标准的数学/统计学算法 • 复杂的科学/工程算法 • 专家系统规则 • 启发式算法 • 特定业务领域算法	• 不保留的 （只在事务的持续期间） • 处理期间保留的 • 无限期地

B.3 功能域生成的过程

一个唯一的功能域是能通过特征被辨别的，然后通过将表B.1第1、2、3列中的0个、1个或多个相关BFC类型以及第4列中的数据保留需求进行组合，来定义这个功能域。

这个过程可能会导致大量功能域定义的产生，这是我们不希望看到的。实际上，FSM方法的设计者和用户只需要少量常遇的功能域定义。表B.2定义了这些功能域的例子，这个列表可能在将来的研究过程中进行扩展和完善。

使用表B.2中的定义，此次分析结果如下：

a) 多用户操作系统是“复杂过程控制软件”；

b) PC字处理系统是“业务数据处理应用”的一个特殊例子，但是“业务数据处理应用”也包含图形元素作为BFC类型；

c) 洗衣机嵌入式控制软件和交通灯控制系统软件是“简单过程控制软件”的例子；

d) 航行器飞行姿态控制系统是“复杂过程控制软件”（它必须无限期地把数据存储在航行器的“黑匣子”里），还要外加特定领域算法，也就是飞行包络线控制系统；

e) “科学/工程计算软件”和“业务数据处理应用软件”之间的真正区别仅在于前者存在复杂科学/工程算法。

表 B.2 功能域定义的范例

功能域的范例	软件 BFC 类型			4. 数据类型保留要求
	1. 事务种类	2. 数据类型	3. 信息创建功能类型	
1. 简单计算器/数据操作器	被动的	数据元素类型	简单布尔运算 简单算术运算	不保留的
2. 业务数据处理应用	被动的	数据元素类型，数据关联	简单布尔运算 简单算术运算 标准数学/统计学算法	无限期地
3. 简易自动数据获取软件	半主动的	数据元素类型，数据组	简单布尔运算 简单算术运算 标准数学/统计学算法	无限期地
4. 简单过程控制软件	半主动的和可中断的	数据元素类型，数据组	简单布尔运算 简单算术运算	处理期间保留
5. 复杂过程控制软件	半主动的和可中断的	数据元素类型，数据组，数据关联	简单布尔运算 简单算术运算 特定业务领域算法	无限期地
6. 科学/工程计算软件	被动的	数据元素类型，数据组，数据关联	简单布尔运算 简单算术运算 复杂科学算法	无限期地
7. 对异常事件响应的系统状态跟踪软件	被动的和可中断的	数据元素类型，数据组，数据关联	简单布尔运算 简单算术运算 复杂科学算法	不保留的

许多实际系统，包括许多所谓的“实时”和“过程控制”系统，都有用于维护主控制数据和存储供将来分析使用的已实时处理的数据副本等功能部分，这后一类部件具有典型的“业务数据处理应用系统”的所有的特性。因此，实际上这些应用系统表现出了两种截然不同的功能域特征，正如前文所定义，它们是混合型的。宜避免为每个可能出现的混合型软件类型定义功能域，因为组合的数量将会是无穷的。

同样，这里定义的“业务数据处理应用软件”的功能域包含了许多子类，例如“操作/事务系统”、“决策支持系统”和“数据仓库应用软件”等，但是由于没有必要通过功能规模测量的观点来识别这些子类的功能域，所以不必为这些子类识别功能域。

此外，一些在常规语言中通常被认为是截然不同的“软件类型”，它们实际上不是根据 FUR 来识别的，而是根据质量或技术特性来识别的。这些区别超出了本部分的范围。

后者的例子可以是：

a) “关键安全系统”：在表 B.2 中 3、4 或 5 功能域的任一功能域都有成为“关键安全系统”的需求；

b) “安全保密系统”：表 B.2 中列出的 2～6 功能域都有达到某个军用安全级别的需求。因此在本资料性附录的术语中，“安全操作系统”可以是“安全复杂过程控制软件”。

B.4 根据 BFC 类型模型对一些通用软件类型术语的测试

作为模型的测试，将一些被普遍理解的软件类型术语的特性按照 BFC 类型模型进行映射。表 B.3 中给出的软件类型列表包括 ISO/IEC 12182《信息技术　软件分类》中涉及的术语或它们的同义词。并不是后者的所有的术语都被使用了，因为ISO/IEC 12182中大部分种类与本部分的目的不相关。

表B.3中的“(任意)”表示表B.1中对应列出现任意BFC类型。

表B.3 软件“类型”与BFC类型模型的映射

软件类型的术语	在软件类型的FUR中发现的典型BFC类型(或其特性)				说明
	1. 事务种类	2. 数据类型	3. 信息创建功能类型	4. 数据类型保留要求	
管理信息系统(业务事务处理) 决策支持 业务(业务企业) 人力资源 字处理 电子制表软件	被动的	(任意)	简单布尔计算，简单算术计算，标准的数学/统计学	无限期地	功能域2，业务数据处理应用，见表B.2
嵌入式， 交通控制	半主动的	数据元素类型，数据组	简单布尔计算，简单算术计算	处理期间保留	功能域4，简单过程控制软件，见表B.2
过程控制(或“控制系统”) 航空电子工学 操作系统 电子邮件 消息路由 设备(打印机、磁盘等)驱动	被动的， 半主动的和可中断的	数据元素类型，数据组，数据关联	简单布尔计算，简单算术计算，特定业务领域算法	无限期地	功能域5，复杂过程控制系统，见表B.2
军事指挥和控制 紧急情况派遣命令下达/接收	(任意)	(任意)	(任意)	无限期地	混合型软件(多个功能域)，或“复杂通用系统”，见附录A的表A.3
科学 工程	被动的	数据元素类型，数据组，数据关联	简单布尔计算，简单算术计算，复杂科学/工程算法	无限期地	功能域，“科学/工程软件”，见表B.2
实时	半主动， 可中断的	(任意)	(任意)	(任意)	该项只在特定事务种类中存在
自主学习(专家系统或人工智能软件)，统计学 标准数学/三角算法， 保险精算 地理信息系统	(任意)	(任意)	启发式算法 标准数学/统计学 特定业务领域算法	(任意)	这些只表示信息创建功能类型中特定类型中存在

表 B.3(续)

软件类型的术语	在软件类型的 FUR 中发现的典型 BFC 类型(或其特性)				说 明
	1. 事务种类	2. 数据类型	3. 信息创建功能类型	4. 数据类型保留要求	
银行自动柜员系统	被动的	数据元素类型,数据组,数据关联	简单布尔计算,简单算术计算,标准数学或统计学	无限期地	功能域 2、4 的混合型软件类型,见表 B.2
关键安全	(任意)	(任意)	(任意)	(任意)	该术语表示了一个质量需求
安全保密系统	(任意)	(任意)	(任意)	(任意)	该术语可以表示一个质量需求或任意 BFC 类型的 FUR

B.5 将 FUR 集映射到功能域的过程

该过程如下:

a) 使用 FUR 和表 B.1 的内容,识别包含在 FUR 内的 BFC 类型;

b) 使用表 B.2 的内容或任何其他基于附录 B 本模型的功能域定义,将识别的 BFC 类型映射到一个已定义的功能域,选择包含所有已被识别的 BFC 类型却在其定义中包含最少其他 BFC 类型的功能域。

假如以上的步骤不能严格的匹配,那么应该考虑一下该 FUR 是否是混合型的,即它们包含了多个功能域中的 BFC 类型。这种 FUR 可以这样来定义,例如,"它们的 FUR 中,90%与功能域'A'匹配,10%与功能域'B'匹配"。

B.6 描述 FSM 方法可适用功能域的过程

使用表 B.1 中的内容来识别 FSM 方法认可的 BFC 类型。

例如:FSM 方法 X 认可下列来源于表 B.1 的 BFC 类型:

a) 被动事务;

b) 数据元素类型;

c) 数据组,这些数据组是为处理期间而保留的或无限期地保留,没有区别。

本 BFC 类型集构成了对 FSM 方法 X 应用的功能域的描述,就像 GB/T 18491.1—2001 中要求的。

最实用和有效的 FSM 方法的 BFC 类型,并未被期望会与表 B.1 中的 BFC 类型完全匹配,因为在当前需要手工应用的技术状态中,大多数 FSM 方法并不能像表 B.1 那样精确地区分 BFC 类型。例如,一个设计用于人工测量快速给出近似规模的 FSM 方法,可能只区分数据组。

B.7 现有候选 FSM 方法与 BFC 类型模型的映射

作为 BFC 类型模型的测试,4 个现有的候选 FSM 方法包括未调整的 IFPUG 功能点分析方法 4.1 版、针对功能点分析的应用的 NESMA 定义和计算指南、MkII FP 方法和 COSMIC FFP 方法,它们已经在表 B.4 中与 BFC 类型进行映射。

表 B.4 候选 FSM 方法与 BFC 类型模型的映射

软件 BFC 类型	IFPUG4.1 未调整	NESMA 未调整	MkII	COSMIC FFP
1. 事务种类	焦点是“被动的”，但方法不能区分。 事务种类必须被分成外部输入、输出或查询	焦点是“被动的”，但方法不能区分。 事务种类必须被分成外部输入、输出或查询	焦点是“被动的”，但方法不能区分	方法能适应所有种类，但不能区分
2. 数据类型	只能区分： ● 数据元素类型 ● 数据组（如同在“内部逻辑文件”和“外部接口文件”中）	只能区分： ● 数据元素类型 ● 数据组（如同在“内部逻辑文件”和“外部接口文件”中）	只能区分： ● 数据元素类型 ● 数据组，如同在“实体类型”中通过其的主体	只能区分数据组，如同“数据移动”的主体
3. 信息创建功能类型	方法不能识别任何特定的信息创建功能类型，但会考虑类型[a]	方法不能识别任何特定的信息创建功能类型，但会考虑类型[a]	本方法不能识别任何特定的信息创建功能类型[b]	本方法不能识别任何特定的信息创建功能类型[c]
4. 数据类型保留需求	无限期地	无限期地	无限期地	本方法识别： ● 入口和出口数据活动，它们的数据组不予保留，即临时的。 ● 读和写的数据活动，它们的数据组将被无限期地保留

[a] IFPUG4.1 和 NESMA 方法虽然未加区分，但仍对在一种基本处理类型和外部输出类型中的信息创建功能类型（即简单布尔类型、简单算术运算、二维和三维几何学、标准数学和统计学）进行考虑。

[b] MkII FP 方法假定信息创建的数量与数据元素类型或实体参考的数量成比例，这些数据元素类型或实体参考被认为是其规模测量的部件。

[c] COSMIC FFP 方法假定信息创建的数量与每个事务中“数据运动”的数量成比例，这些数据活动被认为是其规模测量的部件。该方法允许本地定制以测量更复杂信息创建类型的规模。

这些方法都不能恰当说明更复杂的信息创建功能类型（也就是复杂科学/工程，专家系统规则、启发式算法或特定业务领域算法）的规模。

B.8 软件层、对等和段

B.8.1 引言

在识别用于代表功能规模的 BFC 类型时，本资料性附录中描述的模型的发展是依赖于对软件结构的理解，该模型陈述了 BFC 类型以及如何使用它们确定功能域。下文说明了帮助识别 BFCs 的基本原理。

B.8.2 软件层

现代计算机系统中软件的完整集具有典型的“层”结构。处于任何一层中的软件，都需要处理紧邻上一层(“上级层”)软件指派的事情，然后可以要求紧邻下一层(“下级层”)软件做某项工作。图 B.2 是一个典型的层集。

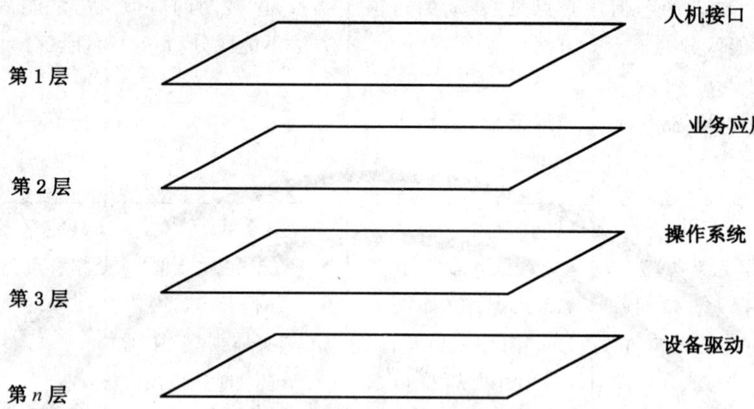

图 B.2 软件的典型层次

分层的结果是每个层次需要的 BFC 类型都能不同。例如，一个地理信息系统应用可能必须处理三维几何学的数学算法，但是“处于”其下级层的操作系统不必处理这种算法。消息从一个层次的软件传送到另一层次的软件中，而且对于接收到的消息，每一层次都能具有与产生这些消息的上层或下层不同的逻辑视图，描述的基本术语也不相同。因此，不同的软件层次通常属于不同的功能域。

一些行业已采用了标准的软件层次模型，例如，电讯业采用 ISO“七层”模型，其他行业也发展了专门的分层体系结构。用于识别不同层次的规则已超出了本部分的范围。

B.8.3 对等和段

处于任一层次的软件通常被划分为单独开发的和自包含的软件“段”。每个段都能为上级层提供一组特定的服务，并通过“对等通讯”与处于同一层次的其他“对等”段交互。位于一个分布式系统相同层的“段”通常属于相同的功能域。但普遍认为一个业务“应用”和一个过程控制“应用”属于不同的功能域。

由此，每个段有一个边界，这个边界构成其与“用户”外部世界之间的接口。段和其“用户”外部世界之间完整的边界就构成了段和其外部世界的部件间的一组接口。

ICS 35.080
L 77

中华人民共和国国家标准

GB/T 18491.6—2010/ISO/IEC 14143-6:2006

信息技术　软件测量　功能规模测量　第6部分:GB/T 18491系列标准和相关标准的使用指南

Information technology—Software measurement—Functional size measurement—Part 6:Guide for use of GB/T 18491 series and related standards

(ISO/IEC 14143-6:2006,Information technology—Software measurement—Functional size measurement—Part 6:Guide for use of ISO/IEC 14143 series and related standards,IDT)

2010-12-01 发布　　　　2011-04-01 实施

中华人民共和国国家质量监督检验检疫总局
中国国家标准化管理委员会　发布

前　言

GB/T 18491在《信息技术　软件测量　功能规模测量》总标题下，目前由下列6个部分组成：

——第1部分：概念定义；

——第2部分：软件规模测量方法对GB/T 18491.1—2001的符合性评价；

——第3部分：功能规模测量方法的验证；

——第4部分：基准模型；

——第5部分：功能规模测量的功能域确定；

——第6部分：GB/T 18491系列标准和相关标准的使用指南。

本部分为GB/T 18491的第6部分。

本部分等同采用国际标准ISO/IEC 14143-6:2006《信息技术　软件测量　功能规模测量　第6部分：ISO/IEC 14143系列标准和相关国际标准的使用指南》（英文版）。由于该国家标准全部为推荐性标准，ISO/IEC 14143-6:2006中列出的技术报告文字在转化为国家标准时作了删除处理。

本部分的附录A是资料性附录。

本部分由全国信息技术标准化技术委员会提出并归口。

本部分负责起草单位：中国电子技术标准化研究所、上海计算机软件技术开发中心、上海宝信软件股份有限公司、上海鲁齐信息科技有限公司。

本部分主要起草人：冯惠、王宝艾、杨根兴、胡国奋、张露莹、艾丽君。

引　言

功能规模测量(FSM)是通过量化软件用户功能需求来测量软件规模的一种技术。最初发表的包含这种概念的方法是由 Allan Albercht 于 20 世纪 70 年代后期开发的功能点分析。此后,对原有方法开发出了许多扩展和变种。在 ISO/IEC 国际标准领域,与功能规模测量相关的如下国际标准和技术报告已经公布:

ISO/IEC 14143 系列标准,第 1 部分至第 5 部分(对应 GB/T 18491.1～18491.5);

——ISO/IEC 19761:2002;

——ISO/IEC 20926:2002;

——ISO/IEC 20968:2002;

——ISO/IEC 24570:2004。

本部分的编制目的是为 FSM 方法的用户和开发方提供这些标准的相互关系和使用的指南。

通过测量一个软件所体现的功能规模(FS),有助于更好地理解该软件的特性及其开发、维护和支持活动。与功能规模和(或)功能规模测量的定义及使用相关的标准分三种类型:

a)　概念标准:描述概念和提供定义;

b)　支持标准:提供辅助功能规模测量方法(FSMM)评价的信息,并提供软件领域测量的示例;

c)　方法标准:定义 FSMM 的实例。

除方法标准之外,只要符合 GB/T 18491.1,任何 FSMM 都能用于测量 FS。FSMM 测量软件的能力能随领域的不同而有所变化。因此,在决定使用哪种 FSMM 之前,评估用以恰当定出被测软件规模的方法的能力是明智的。

本部分提供了采用与功能规模测量相关的所有标准去选择适合的 FSMM 的指南。

应用选出的 FSMM 得到的功能规模结果,能用于软件生存周期自始至终的各种目的。本部分还提供了如何使用 FSM 和功能规模去管理软件开发和维护的说明性例子。

信息技术 软件测量 功能规模测量 第6部分:GB/T 18491系列标准和相关标准的使用指南

1 范围

GB/T 18491的本部分提供了功能规模测量(FSM)相关标准的概括说明以及下列标准之间的关系:

——GB/T 18491系列FSM框架标准,这些标准提供了FSM的定义和概念以及功能规模测量方法(FSMM)的符合性与验证;

——ISO/IEC FSMM标准,即ISO/IEC 19761、ISO/IEC 20926、ISO/IEC 20968和ISO/IEC 24570。

本部分也提供了帮助用户选择和开发满足其需求的FSMM的过程以及如何使用功能规模(FS)的指南。FSMM包括但不限于ISO/IEC 19761、ISO/IEC 20926、ISO/IEC 20968和ISO/IEC 24570四项标准。

注:FSMM是符合GB/T 18491.1的必选要求的软件规模测量方法,推荐特定的FSMM超出本部分的范围。

本部分的预期读者群是:

——FSM的用户与潜在用户;

——FSMM的开发方。

2 缩略语

BFC	基本功能组件	(Base Functional Component)
FS	功能规模	(Functional Size)
FSM	功能规模测量	(Functional Size Measurement)
FSMM	功能规模测量方法	(Functional Size Measurement Method)
FUR	用户功能需求	(Functional User Requirement)

3 功能规模测量(FSM)相关标准(GB/T 18491系列)和功能规模测量方法(FSMM)标准及两者的关系

3.1 FSM相关标准概要

3.1.1 综述

功能点分析创立于20世纪70年代后期,之后便在世界范围内使用。随着时间的推移,衍生和设计了一些替代方法。这些方法虽然在用于测量软件的规则上有所变化,但都关注软件的FUR。

GB/T 18491.1定义了FSM和FSMM的概念。GB/T 18491的后续部分(GB/T 18491系列)已经制定出来用以评价FSMM。

以下概括了这些FSM相关标准的要点。

注:有关FSM相关标准中"范围"一章的副本,见本部分的附录A。

3.1.2 GB/T 18491.1

GB/T 18491.1是一项概念标准,并且是其他标准的基础,而这些标准划分为支持标准与方法标准两类。

该部分是所在系列标准的基础标准,内容如下:

a) 定义；

b) FSMM 的特性；

c) FSMM 的要求；

d) 应用 FSMM 的过程；

e) FSMM 标号设置的约定。

3.1.3 GB/T 18491.2

GB/T 18491.2 是一项支持标准。

该部分定义了检查一个候选的 FSMM 是否符合 GB/T 18491.1 的过程。推荐采用 GB/T 18491.2，尽管不使用该标准也能进行符合性评估。

GB/T 18491.2 内容如下：

a) 评价方的特性；

b) 符合性评价的输入；

c) 符合性评价规程的任务和步骤；

d) 符合性评价的输出；

e) 符合性评价的结果。

另外，还有以下附录：

a) 评价方的能力(资料性)；

b) 符合性评价检查表示例(资料性)；

c) 符合性评价报告示例(资料性)。

3.1.4 GB/T 18491.3

GB/T 18491.3 是一项支持标准。

对于那些评价最适合其需要的方法的 FSMM 用户或那些希望检查其声称的 FSMM 性能的开发方而言，该部分提供了一种评估 FSMM 性能属性的过程。虽然有多种方式可进行这种验证，但仍推荐采用 GB/T 18491.3。

GB/T 18491.3 包含下列内容：

a) 验证组的能力和职责；

b) 验证输入；

c) 验证规程；

d) 验证输出。

另外，它还包括以下附录：

a) 测试请求的表述(规范性)；

b) 验证方法(规范性)；

c) 验证报告示例(资料性)。

3.1.5 GB/T 18491.4

GB/T 18491.4 是一项支持标准。

该部分提供了一种用于在 FSMM 间比对 FSM 结果的基准用户需求的标准汇集。其中还包含选择基准 FSMM 的指南。该部分与 GB/T 18491.3 结合使用，能将规范的、定量的 FSMM 性能证据汇集起来。

GB/T 18491.4 包含如下要求：

a) 基准用户需求(RUR)；

b) 基准 FSM 法。

另外，在附录中包括以下基准用户需求例子：

a) 业务应用 RUR(资料性)；

b) 实时与控制 RUR(规范性)；

c) RUR 参考清单(资料性)。

3.1.6 **GB/T 18491.5**

GB/T 18491.5 是一项支持标准。

制定该部分是为了描述功能域(“软件类型”),一个软件以此判定所属,一个规模测量方法(FSMM)能以此声称其适用性(按 GB/T 18491.1 的要求)。该部分通过描述功能域特性以及能将 FUR 特性用于确定功能域的规程,提供一种确定功能域的手段。在资料性的附录中提供了实现这些原则的两个示例方法。

GB/T 18491.5 提供定义功能域的过程。

GB/T 18491.5 包含下列内容:

a) 功能域的一般要求;

b) 功能域特性的一般要求;

c) 确定用于给定 FUR 集合的功能域;

d) 确定一个 FSM 方法对特定功能域的适用性;

e) 功能域分类方法示例。

另外还包括以下附录:

a) 确定功能域的 CHAR 方法(资料性);

b) 确定功能域的 BFC 型方法(资料性)。

3.2 **标准化的功能规模测量方法(FSMM)的概要**

3.2.1 **方法标准**

ISO/IEC 提供了 4 种标准化的 FSMM:

——ISO/IEC 19761(COSMIC-FFP 方法);

——ISO/IEC 20926(IFPUG 方法);

——ISO/IEC 20968(MkⅡ方法);

——ISO/IEC 24570(NESMA 方法)。

注:FSMM 是指包括“功能点分析”的功能规模测量方法的类属首字母缩略语。

3.2.2 **ISO/IEC 19761**

ISO/IEC 19761 是 COSMIC 全功能点(COSMIC-FFP)方法的变换。这种 FSMM 假定软件由功能过程组成,这些功能过程进而由数据活动组成,其中的数据活动归类为入口或数据输入类型(E)、出口或数据输出类型(X)、读或数据读类型(R)以及写或数据写类型(W)。在 COSMIC-FFP 方法中,测量单位是由该方法所认定的 4 种类型中的任何一种数据活动的一个实例。

这种 FSMM 方法声称既适用于管理信息系统(MIS)类型软件又适用于实时类型软件。

注:公共软件测量国际联合会(COSMIC)维护 COSMIC-FFP 方法。

3.2.3 **ISO/IEC 20926**

ISO/IEC 20926 是未调整的 IFPUG4.1 功能规模测量方法的变换。这种 FSMM 假定软件由外部输入类型(EI)、外部输出类型(EO)、外部查询类型(EQ)、内部逻辑文件类型(ILF)和外部接口文件类型(EIF)的基本功能组件(BFC)类型所组成。

这 5 类元素是用于功能规模测量的 BFC。

这种 FSMM 方法声称适用于所有类型的软件。

注:国际功能点用户组(IFPUG)维护 IFPUG 方法。

3.2.4 **ISO/IEC 20968**

ISO/IEC 20968 是 MkⅡ功能点分析方法(MkⅡ方法)的变换。这种 FSMM 假定软件由逻辑事务组成,并测量输入数据元素类型(Ni)、引用的实体类型(Ne)及输出数据元素类型(No)三者的数目。

这种 FSMM 方法声称适用于能标识逻辑事务的任何软件类型。

注：英国软件度量协会(UKSMA)维护 MkⅡ方法。

3.2.5 ISO/IEC 24570

ISO/IEC 24570 是 NESMA 软件规模量化方法的变换。它非常类似于 IFPUG 方法，只是另外具有如下两种测量软件规模的方法：

a) 估计的功能点计数；

b) 指示性功能点计数。

上述两种方法供软件开发的早期阶段使用。

这种 FSMM 声称适用于所有软件类型。

注：荷兰软件度量用户协会(NESMA)维护 NESMA 方法。

3.3 功能规模测量(FSM)相关标准间的关系

本条描述 FSM 相关各标准间的关系。

GB/T 18491.1 定义了 FSM，描述了一种功能规模测量方法(FSMM)的特性，给出一个软件规模量化方法必须展现的要求，以便使有关标准化管理机构识别为 FSMM。GB/T 18491.1 是与 FSM 相关的标准的基础标准。

FSMM 用户须评价最适合其需要的方法，首先是确保该方法符合 GB/T 18491.1，然后要验证该方法的能力与其性能需要相适应。

仅当一个候选的 FSMM 经过评估确定其符合 GB/T 18491.1 的必选要求时，它才能声称为 FSMM。进行评估虽然有多种方式，但还是推荐采用 GB/T 18491.3。ISO/IEC 19761、ISO/IEC 20926、ISO/IEC 20968 和 ISO/IEC 24570 是 4 种经验证的 FSMM。

一旦候选的 FSMM 经采用 GB/T 18491.2 证明其为合格的 FSMM，就可以使用 GB/T 18491.2 来评估其性能。

当评估 FSMM 的性能时，有用的办法是将其应用到标准化的 FUR 集合上。GB/T 18491.4 提供了这样的标准化的 FUR。GB/T 18491.4 还以同样的方式提供一种手段，用以获得在各 FSMM 间进行比较的参考测量用例。GB/T 18491.4 提供了基准用户需求。

FSMM 用户或开发方的一项重要要求是具有辨识 FSM 对测量中的软件的功能域的适用性的能力。GB/T 18491.5 描述了如何定义功能域。

GB/T 18491.6 提供了采用 FSM 相关标准的指南以及协助用户选择最适合其需要的 FSMM 的过程。

图 1 展示了上文所述的 FSM 相关标准之间的关系。

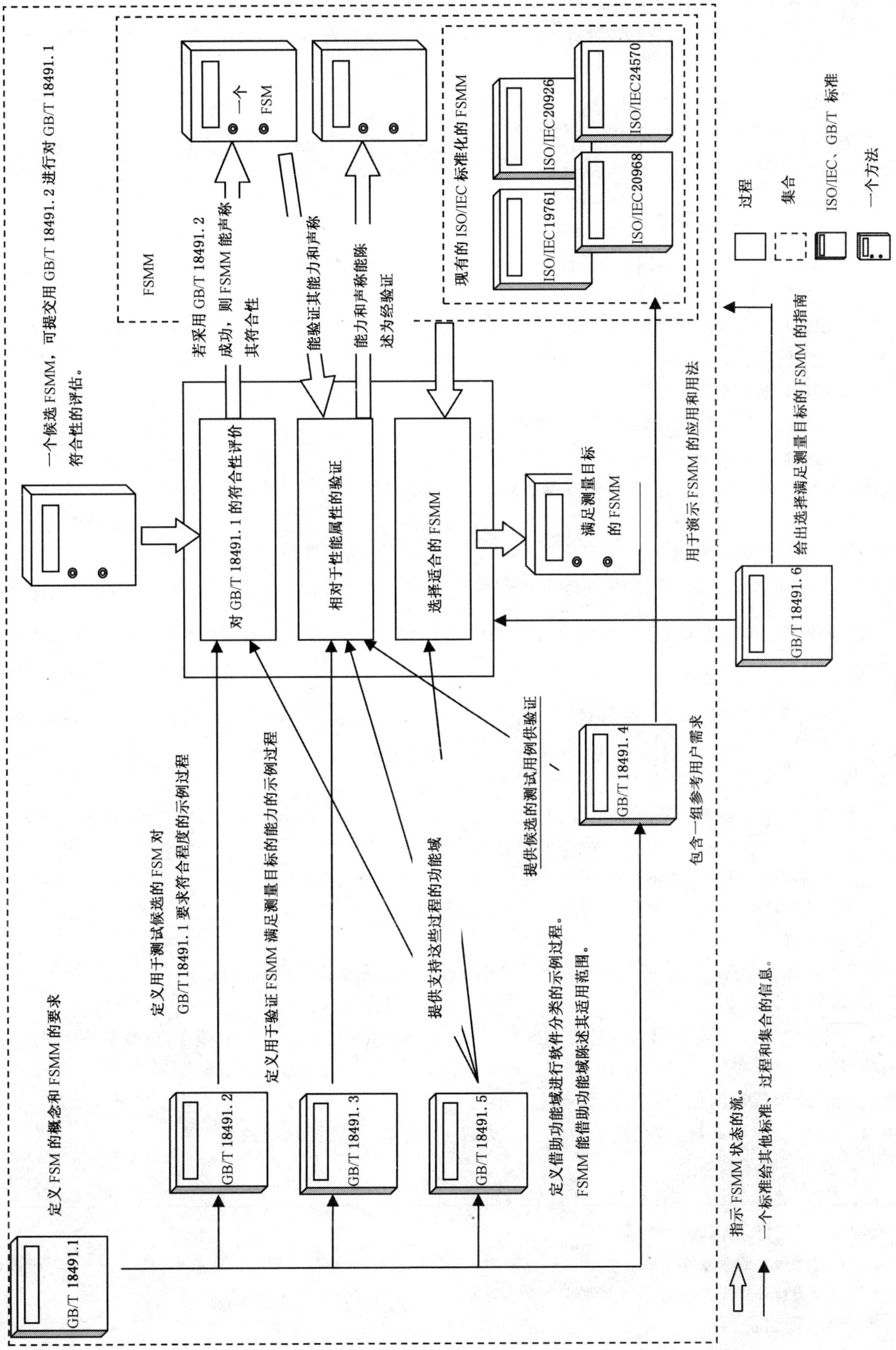

图1 FSM相关标准间的关系

3.4 功能规模测量(FSM)相关标准的用法指南

以下从FSM用户和功能规模测量方法(FSMM)开发方的视角，对每项FSM相关标准都给出简要阐述。

3.4.1 FSM用户指南

当用户选择和采用一个或一个以上FSMM时：

a) GB/T 18491.1用于理解FSMM的定义和特性；

b) GB/T 18491.2用于检查FSMM对GB/T 18491.1的符合性；

c) GB/T 18491.3用于验证FSMM的声明(即性能属性)和(或)进行由验证发起方请求的测试；

d) GB/T 18491.4提供RUR的标准集合，用以在各FSMM的测量结果之间进行比较；

e) GB/T 18491.5能用于通过评价FUR特性确定功能域；

f) ISO/IEC 19761、ISO/IEC 20926、ISO/IEC 20968和ISO/IEC 24570对于进行评估、验证、比较然后选择，都是可用的FSMM。

3.4.2 FSMM开发方指南

当FSMM开发方在设计候选的FSMM时：

a) GB/T 18491.1用于理解FSMM的定义和特性；

b) GB/T 18491.2用于检查候选的FSMM对GB/T 18491.1的符合性；

c) GB/T 18491.3用于验证FSMM对自身的声称(即性能属性)；

d) GB/T 18491.4用于获得参考测量结果以评价候选的FSMM；

e) GB/T 18491.5用于描述候选的FSMM适用的功能域。

4 功能规模测量(FSM)和FS功能规模(FS)的使用

4.1 综述

本章描述FSM和FS的一些用法。其中内容既不拟作为FSM和FS的使用手册，也不拟包揽无遗。

FSM和FS的使用归结为两部分：用于项目管理和用于性能管理。

注1：FSM通过功能规模测量方法(FSMM)进行，下面是对FSM和FS的使用而不是对FSMM使用的描述。

注2：用户对于软件的需要，除FUR外，还可包括非功能要求(见GB/T 18491.1)。一些测量软件规模方法在FSM所需要的步骤外附加一个或一个以上步骤，来考虑质量和技术要求。这些附加的步骤并不是应用FSMM(见GB/T 18491.1)过程的组成部分，但可对FS的实际应用有所贡献。

4.2 项目管理

对FSM和FS使用的描述说明了FS能如何应用于软件项目的管理和控制。

4.2.1 项目资源预测

对于新开发的和增强的项目，能从多种类型的数据中构造一种预测模型算法，这些数据可由已经完成的项目样本中收集得到，例如，FS、质量要求、技术要求、消耗的资源(由成本、工作量或完成的进度表来表达)，以及预期对消耗的资源总量产生了影响的人口统计特性。一旦模型构造完毕，就能在未来软件项目生存周期的早期，通过在模型中输入诸如以下信息生成对资源的预测：

a) 软件的FS；

b) 质量要求、技术要求和人口统计特性的预期影响；

c) 此类软件开发的预期交付率。

注：软件增强是修改软件以便添加、改变和删除用户功能的过程，软件维护则是修改软件以便改正缺陷、改进性能以及支持计算环境改变(例如添加了新型的数据存储设备)的过程。

4.2.2 跟踪项目进展

在软件项目生存周期之初，FSM能为软件的开发或增强创建一种基本功能组件(BFC)的详细清单。项目经理能用此清单跟踪和交流项目进展，首先通过跟踪 BFC 目标集的变化（即通过标识在清单中增加和删除的 BFC），然后通过记载已经开发的和尚未开发的 BFC。于是，项目进展即能以越过了里程碑或已经完成的目标 BFC 的百分比进行交流。

4.2.3 管理范围改变

在软件项目生存周期之初，FSM 能通过创建一个由用户和软件供方一致同意的 BFC 详细清单来确定软件的范围。对于该 BFC 集的每一次变化，都能算出功能规模（FS），并输入到一个估算模型，以便预测对工作量和进度的影响。这种影响能够用于协商对软件范围和项目计划的修改。

4.2.4 软件包功能适合度

FSM 能辅助表达一个软件包所提供的功能与功能性需求的适合度。对于功能性需求能够进行 FS 测量。对软件包所满足的功能性需求也能够进行 FS 计算。适合度程度能够用另一 FS 表达成所满足的功能性需求的比例。

4.2.5 善后分析

所有实际结果和资源消耗都应与 FS 建立关系，以使其与其他项目具有可比性。

4.3 性能管理

本条描述 FS 如何应用到资源使用预测和性能管理。典型的应用包括将 FS 作为一个规范化因素来使用，以及收集大量数据以创建模型。

4.3.1 生产率管理

FSM 能辅助管理软件开发、增强和维护过程的生产率。可以对生产率指标和人口统计特性进行分析以确定哪种人口统计特性对生产率影响最大。人口统计特性是会影响软件的开发、增强和维护过程的环境、项目和(或)员工特性。例如员工经验、工具用法、用户关系、工作条件、员工业务知识以及开发语言。生产率能够通过利用这些特性和监控未来软件项目的生产率趋势进行管理，以便了解是否达到预期效果。

4.3.2 质量管理

FSM 能辅助管理缺陷数。分析缺陷密度（在一定时段内辨识出的缺陷数与功能规模时段之比）能够确定哪些人口统计特性对缺陷密度影响最大。缺陷密度能够利用这些特性以及监控未来软件项目的生产率趋势进行管理，以了解是否达到预期效果。

4.3.3 组织的成熟度和过程能力

FSM 能提供支持更高级别的组织的成熟度和过程能力所必要的定量测量的基础。

4.3.4 计算组织的软件资产

对一个组织的部分或全部应用投资能够进行 FS 测量，并将其输入到一个估算模型，以确定软件资产的价值以及更换、再工程或外包的总成本。

4.3.5 作维护预算

FSM 能帮助对组织的软件业务量的维护作预算。除了维护成本或效果与 FS 相比外，业务量的 FS 也能够被监控。这些信息能够用于预测维护预算。

4.3.6 合同管理

FSM 能由软件供方用作管理软件开发的成本和进度的组成部分。

5 功能规模测量方法（FSMM）选择与开发过程

5.1 概要

本章描述了用 GB/T 18491 系列标准辅助以下过程：

a) 辅助用户选择 FSMM 以确保该 FSMM 满足用户要求的过程；

b) 辅助 FSMM 开发方创建符合 GB/T 18491.1 标准并对适用域有效的 FSMM。

5.2 选择合适的 FSMM 过程

5.2.1 FSMM 选择过程概述

本条描述辅助用户如何使用 GB/T 20917—2007[8] 选择满足其需要的 FSMM 的过程。GB/T 20917—2007 描述了测量选择的过程。由于 FSMM 选择是挑选一个提供测量方法的过程，因此要求以 GB/T 20917—2007 的 A.1 中以下各项进行 FSMM 选择：

a) 组织单位的特性化；

b) 对信息需要的规定；

c) 测量选择。

出于本部分的目的，上述为 FSMM 选择定制的过程称为“FSMM 选择过程”。该过程的概要如图 2 所示。这里描述的例子能在 GB/T 20917—2007 的附录 F 中查到。

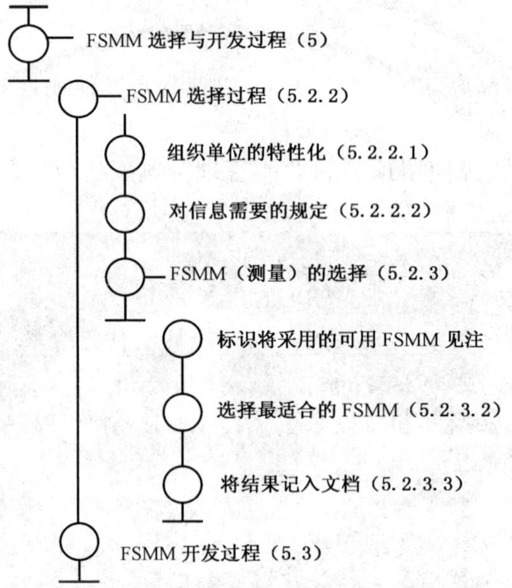

注：能作候选的有 ISO/IEC 19761、ISO/IEC 20926、ISO/IEC 20968 和 ISO/IEC 24570 或其他符合 ISO/IEC 14143-1 的 FSMM。

图 2 FSMM 选择概要

5.2.2 FSMM 选择过程

5.2.2.1 组织单位的特性化

对有效的 FSMM，不同组织有不同需求，这取决于待测量软件的类型和对测量结果的准确性要求。最合适的 FSMM 还取决于最后所得的 FS 如何使用。例如，金融机构一般选择对管理信息类型的软件(MIS)精确且可重复测量的 FSMM。而化工厂会要求 FSMM 能应用于可描述为“实时”的功能域。因此，FSMM 的选择起始于将组织的软件归类到的功能域。当一个组织要求 FSM 的结果是针对工业数字的生产率进行基准测试时，通用的 FSMM 会比无工业数字可用的 FSMM 更加适合。当一个组织仅仅要求“粗略”数字时，就会在使用 GB/T 18491.3 评估其能力时降低对 FSMM 的准确性要求。

以下分析过程为选择合适的 FSMM 提供了便利：

a) 识别组织待测量的领域，并利用 GB/T 18491.5 将其软件归入各功能域。功能域可以划分为 MIS、实时、科学、基础设施等类别。

b) 确定组织采用的软件获取过程的类型，例如，自行开发、购买现货软件包或外包给第三方开发。获取过程有助于确定要求 FSMM 测量软件活动的范围和测量的目的。

c) 识别 GB/T 8566[1] 中定义的哪些过程为该组织所用，哪些过程属于 FSM 所涵盖活动的范围。

过程可以包括规划、订货、设计、实现及资产管理。组织特定的过程可以使用,然而,强烈希望采用 GB/T 8566 中定义的过程。

d) 以 GB/T 20917 为指南,制定组织的测量实施过程。一个组织的测量能力影响需要收集的信息的准确性与总量,也影响测量人员的选配及所要求的信息技术技能水准。测量结果可以各不相同,这取决于测量人员专门知识的水平、测量可用的时间以及测量的目的。

5.2.2.2 信息需要的标识

此处描述基于 5.2.2.1 中陈述的对于组织特性化的分析,定义和制定最合适的 FSMM 的要求的过程。在分析期间,将组织的信息需要优先级化并分出等级。

注:分级的例子有"本质的"、"希望的"、"偏爱的"和"不必要的",另一个例子是分为"高"、"中"和"低"。

a) 分析使用 FS 结果的目的,对于这种分析,制定 FS 目的的清单并加以优先级化是有用的。

b) 规定每一目的的性能要求,例如:重复性,准确性,可转换性,敏感性或辨别能力,及自适应性。关于性能要求的例子及其验证过程在 GB/T 18491.3 中描述。

c) 确定待测量软件的基本功能组件(BFC),并规定开发过程中将提供描述待测量 BFC 的可交付件的阶段。日期和时间能以绝对的方式表述,例如"这一过程开始后多少个月",并以相对方式引用,例如"在各开发过程中的×××过程"。一个组织应通过查看 BFC 的属性来确定使用其中哪一个。

5.2.3 FSMM 的选择

5.2.3.1 识别待采用的可用 FSMM

基于 5.2.2.2 中所作的分析,选出一个或一个以上 FSMM。应考虑如下几点:

a) 关于可用 FSMM 的信息,例如:可用程度和文档质量,实例研究,培训,认证,合格的测量人员和支持软件工具。开发方对其 FSMM 的维护和支持水平,FSMM 在行业中的使用级别,以及行业测量数据的可用性,也都影响选择,像对该组织的软件功能域的适用性那样。

b) 在要求测量的时刻,识别和测量在组织的软件中已标识的 BFC 的能力。

c) 选出的方法是否满足组织的信息需要。

d) 信息需要的优先级。

注:关于优先级化的某些可用工具,见参考文献[14]和[15]。

5.2.3.2 选择最适合的 FSMM

采用以下过程确定最适合的 FSMM:

a) 检查 FSMM 是否符合 GB/T 18491.1。当开发方或拥有方未按 GB/T 18491.2 定义的方式提供对 GB/T 18491.1 的符合性书面声明时,采用 GB/T 18491.2 或另一合适方法测试符合性。

b) 当对 FSMM 有附加的性能要求(例如可读性、重复性和准确性)时,采用 GB/T 18491.3 和(或)GB/T 18491.4,或者引用任何已公布的验证文档,来验证 FSMM 是否满足这些要求。

c) 基于上述过程的结论,选择最合适的 FSMM 以满足用户的 FSMM 要求。

5.2.3.3 记录结果

将选择 FSMM 所采用的过程和选择准则记入文档,以备在组织的信息需要发生变化时重新评价。

5.2.4 进行 FSM 的相关活动

为了采用通过 5.2.2 和 5.2.3 中的过程选出的 FSMM 进行有效而精确的测量,应做到以下几点:

a) 阐明测量过程,并确保所涉及的人员都遵循此过程。有必要定义在 FSM 中实际采用的步骤。在这些步骤中应定义待测数据收集方法、FSM 相关活动、测量结果报告以及对测量结果的储存和管理;

b) 阐明评审方法,并确保所涉及的人员都遵循此步骤。重要的是定义对结果的评审方法以及对测量过程的管理办法。这有助于测量规程的统一,这反过来能给出精确的测量结果;

c) 审批选出的 FSMM 以及上述步骤和储备资源。关键是通过管理评审,批准选出的 FSMM 和上述规程，并为测量过程储备必要的资源；

d) 希望获得用于测量的支持工具或技术，为数据存储分配充足的空间，并对所涉及的人员进行必要的培训。

5.3 FSMM 开发过程

当开发人员打算开发符合 GB/T 18491.1 的 FSMM 时，应遵循以下步骤：

a) 阅读并完全理解 GB/T 18491.1 中的 FSM 概念；

b) 利用 GB/T 18491.5 的附录 A 或附录 B 定义候选 FSMM 能适用的功能域；

c) 创建候选的 FSMM；

d) 对候选的 FSMM，采用适当方法就是否满足 GB/T 18491.1 的要求评价其符合性；

e) 采用 GB/T 18491.3 验证 FSMM 的重复性、再现性、准确性、可转换性、辨别阈值以及对功能域的适用性，并参考 GB/T 18491.3 中附录 C 将验证结果记入文档；

f) 若步骤 d)或 e)失败时，则回到 c)；

g) 检查以确保与 FSMM 有关的资料符合于 GB/T 18491.1 和 FSMM；

h) 为了对经验证的 FSMM 进行基准测试，使用同一组基准用户需求，并将 FSMM 的测量结果与其他 FSMM 的测量结果加以比较。推荐采用 GB/T 18491.4 附录 A 和附录 B 中的基准用户需求进行这种比较。

附 录 A
（资料性附录）
功能规模测量（FSM）相关标准的范围

注：本附录由 FSM 各相关标准的范围部分的副本组成。

A.1 GB/T 18491 系列

A.1.1 GB/T 18491.1

GB/T 18491.1 定义了 FSM 的基本概念，并描述了应用 FSM 方法的通则。GB/T 18491.1 对如何进行下述各项并未提供详细规则：

——采用特定方法去测量软件的功能规模；

——利用从特定方法得到的结果；

——选择特定的方法。

GB/T 18491.1 可适用于确定测量软件规模的方法是否是 FSM 方法的情形。该部分并不阻止开发各种各样的方法，而是提供一种评估特定方法是否符合 FSM 的基础。

GB/T 18491.1 旨在供关系到软件的采办、开发、使用、支持、维护和审核的人员使用。

A.1.2 GB/T 18491.2

A.1.2.1 GB/T 18491.2：

a) 依据 GB/T 18491.1—2001 的规定，建立了一个对候选的 FSM 方法进行符合性评价的框架；

b) 描述了一个符合性评价过程，评价候选 FSM 方法是否满足 GB/T 18491.1—2001 的（类型）要求，以确定其是一个有效的 FSM 方法，即类型相同；

c) 描述了执行一个符合性评价的要求，以确保符合性评价过程的可重复性，以及对符合性判定与最终结果的一致性；

d) 旨在确保符合性评价过程的输出结果是客观的、公正的、一致的、可重复的、完整的和可审核的；

e) 提供了资料性指南（见 GB/T 18491.2 附录 A），以确定符合性评价组的能力；

f) 提供了检查表的示例（见 GB/T 18491.2 附录 B），以帮助对候选 FSM 方法进行符合性评价；

g) 提供了符合性评价报告模板的示例（见 GB/T 18491.2 附录 C）。

符合性评价由具备该部分所述能力的符合性评价组来进行。GB/T 18491.2 假定这个组熟悉 GB/T 18491.1中描述的概念和定义。

通过把候选 FSM 方法的每个组成部分和 GB/T 18491.1—2001 中相对应的条款前后对照来进行符合性评价，这样候选 FSM 方法的组成部分均得到了符合性评价。

符合性评价的输出包括对每一个被评价条款的结果。在确定候选 FSM 方法是否符合 GB/T 18491.1—2001时，只需考虑其“应”陈述的要求。为给候选 FSM 方法的最终用户提供附加信息，也可以考虑 GB/T 18491.1—2001 的“宜”建议内容。

符合性评价过程的输出是符合性评价报告。该报告可用于：

a) 通知最终用户：候选的 FSM 方法按照 GB/T 18491.2 符合 GB/T 18491.1，因而是 FSM 方法；

b) 帮助最终用户，告知他们哪个方法最适合其需要的判断意见。

A.1.2.2 GB/T 18491.2 可用于第一方（供方）的、第二方（用户或购买者）或第三方（独立主体）的符合性评价。

注：拥有方、发起方和评价方之间的关系取决于进行评价的类型，即第一方、第二方或第三方。

A.1.2.3 虽然允许不参照该部分来声明一个候选 FSM 方法符合 GB/T 18491.1－2001，但是该部分提供了可以增加该声明可信度的符合性评价过程。该部分就符合性评价规程提出了要求，可用于第一方、第二方或第三方的符合性声明。该部分的条款特别适合那些需要第三方符合性评价的顾客。顾客期望使用或获得按本部分符合性评价过的FSM方法，在需要评价时，宜明确地引用该部分。

A.1.2.4 符合性评价不宜被解释为FSM方法具有完全符合性的保证，仅表明在评价过程中未发现不符合项的证据。

A.1.2.5 当候选的FSM方法成功地完成了符合性评价规程，满足GB/T 18491.2中4.4的要求时，即应确定为符合。

注1：候选的FSM方法的符合性基于对GB/T 18491.1的要求的评价。GB/T 18491.2定义了一个过程，可用于评价候选的FSM方法是否符合GB/T 18491.1的要求。

注2：对于符合性评价或测试方法的标准，例如GB/T 18491.2，并不隐含承担任何种类测试的义务。该标准定义了用于评价的过程，当有要求和被引用（例如在规章或在合同文档中）时，宜实施此种评价。

A.1.3 GB/T 18491.3

GB/T 18491.3制定了一种框架，用于验证FSM方法的陈述和（或）执行验证的发起方请求的测试，涉及到下列性能属性：

——重复性和再现性；

——准确性；

——可转换性；

——辨别阈值；

——对功能域的适用性。

注1：涉及其他性能属性的陈述和测试请求超出该部分的范围。

该部分致力于保证验证的输出是客观的、公正的、一致的和可重复的。作为应用GB/T 18491.3的结果所产生的验证报告，将使潜在的用户能选择最能满足其需要的FSM方法。

注2：对FSM方法的验证产生的结果表明：

——性能属性展现程度；

——性能属性是否展现于所陈述的程度。

该部分没有"通过"或"失败"的概念。一个FSM方法能基于是否进行了适当的验证而认为是"已验证"或"未验证"。

A.1.4 GB/T 18491.4

GB/T 18491.4定义了在验证一个功能规模测量(FSM)方法时使用的基准模型。

该基准模型由以下两个部分组成：

——一个可以用FSM方法来估计规模的基准用户需求(RUR)的分类框架。包括这种RUR的例子，它引用了可以供RUR使用的更多用户需求(UR)；

——选择基准FSM方法的指导说明。根据这些指导，可以对FSM方法进行比较。

这种参考模型是FSM方法的评价过程的输入。评价测试的公式和执行以及对结果的解释都超出了该部分的范围。

该部分中包含的RUR和附加的参考表仅仅代表了在某些领域和情况下的UR的例子。附加的RUR与在GB/T 18491.4附录A、附录B和附录C中不包括的领域和情况下的RUR，将会在该部分中所描述框架的协助下产生。

基准FSM方法的要求有助于选择基准FSM方法。

A.1.5 GB/T 18491.5

GB/T 18491.5描述了功能域的属性和可用于确定功能域的功能用户需求(FUR)特性的原理。GB/T 18491.5的附录A和附录B中提供了两种实现这些原理的方法实例。

这两个模型中无论哪个均可直接采用，或者通过以下方法使用本地定义的功能域：

a) 由FSM方法的用户来确定一个特定的FSM方法是否适用于特定FUR描述的功能域；

b) 对给定的FUR集，描述该FUR所属的功能域；

c) 由FSM方法的拥有方和设计方描述在GB/T 18491.1—2001中概括的可应用FSM方法的功能域。

使用GB/T 18491.5的附录A和附录B中的方法确定功能域在于它允许对不同出处的FUR进行比较，并允许对各种FSM方法的可用性进行比较。

A.2 功能规模测量方法(FSMM)的国际标准

本章从这些国际标准的目的、应用领域或预期读者群以及局限性的角度三方面，提供ISO/IEC 19761、ISO/IEC 20926、ISO/IEC 20968和ISO/IEC 24570的概要。

A.2.1 ISO/IEC 19761

A.2.1.1 目的

该国际标准规定了COSMIC-FFP功能规模测量方法的定义、约定和活动的集合。

A.2.1.2 应用领域

ISO/IEC 19761适用于如下功能域的软件：

a) 支持业务管理所需的应用软件；

示例1：金融、保险、会计、人事、采购、分销或制造。

注：这类软件常常以“数据丰富”为特点，其复杂性由真实世界中对管理关于事件的大数据量的需要所支配。

b) 实时软件，其任务是跟上或控制真实世界发生的事件；

示例2：用于电话交换机和消息切换的、嵌入控制机器(例如家用电器、升降机和汽车引擎)的设备的、过程控制和数据自动采集的以及计算机操作系统内的软件。

c) 上述两类软件的混合软件。

示例3：航线和旅馆的实时预订系统。

A.2.1.3 局限性

该国际标准不拟用于如下软件或其各部分的功能规模测量：

a) 以复杂的数学算法或其他特化的和复杂的规则为特点，例如可见于专家系统、模拟软件、自学习软件和天气预报系统中的软件；

b) 处理连续变量(像声频音响和视频图像)的软件，例如可见于计算机游戏、乐器中的软件。

不过，对这样的软件有可能对COSMIC-FFP测量方法定义本地定制的方法。

A.2.2 ISO/IEC 20926

ISO/IEC 20926基于IFPUG 4.1未调整的功能点实务手册，采用ISO/IEC JTC1 PAS规程。ISO/IEC 20926相当于未调整的IFPUG 4.1中的功能点。

A.2.2.1 目的

ISO/IEC 20926的首要目标是：

——对功能点计数提供清晰详细的描述，功能点计数是该方法使用的功能规模测量的又称；

——确保功能点计数(即应用该方法的功能规模结果)在本方法的用户之间是一致的；

——提供指南，供从流行的方法和技术的可交付件得出功能点计数；

——提供共同理解，便利于自动化功能点计数。

A.2.2.2 预期的读者

ISO/IEC 20926旨在供对软件测量采用功能点分析的任何人使用。也供刚开始采用功能点计数的人员以及具有中高级经验的人员使用。

A.2.2.3 局限性

在 ISO/IEC 20926 文档中对此未作任何陈述。

A.2.3 ISO/IEC 20968

ISO/IEC 20968 基于 MKII FPA 1.3.1 版本,采用 ISO/IEC JTC1 PAS 规程。

A.2.3.1 目的

ISO/IEC 20968 提供一种定量分析和测量信息处理应用系统的方法。其中将用户规定的信息处理要求量化,以提供表达最后得到的软件产品的规模的数字。

A.2.3.2 应用领域

ISO/IEC 20968 定义了一种方法,有助于测量过程效率和管理应用软件的开发、变更或维护活动的成本。在涉及用户的谈判中,测量软件产品不依赖其技术特性的规模。这种方法能:

——适用于软件开发过程的早期;

——始终如一地适用于软件的整个生存期。

ISO/IEC 20968 能用于测量任何软件应用系统的功能规模,这种软件能借助于逻辑事务描述,每一事务都由输入、处理和输出三种组件构成。所设计的规模测量规则适用于业务信息系统域的应用软件,其中每个事务的处理组件往往由对数据存储与检索的考虑所支配。

A.2.3.3 局限性

ISO/IEC 20968 可适用于其他域的软件,但是,用户宜注意到:规模测量规则不考虑复杂算法等对规模的贡献,而复杂算法在科学和工程软件中很典型;对实时要求也同样不予考虑。ISO/IEC 20968 适用于这类其他域时,有可能或可以要求对 ISO/IEC 20968 中给出的规则进行扩展或者作出新的解释。

A.2.4 ISO/IEC 24570

ISO/IEC 24570 基于《功能点分析应用的定义和计数》手册 2.0 版,采用 ISO/IEC JTC1 PAS 规程。

A.2.4.1 目的

ISO/IEC 24570 以提出定义和标准指南的方式尝试提供一种理论框架。还试图采用若干实务场景尽可能具体地来说明计数指南。

ISO/IEC 24570 也给出了用于在软件开发早期估算功能规模的两个方法。

A.2.4.2 预期的读者

ISO/IEC 24570 意在供进行功能点计数的每个人所用,其中既包括依照 ISO/IEC 24570 计数的人又包括采用 ISO/IEC 20926 的人。对于采用在 ISO/IEC 20926 和 ISO/IEC 24570 中定义的规则的人来说,尽管有些不同,但 ISO/IEC 24570 能作为对 ISO/IEC 20926 的有价值的补充。ISO/IEC 24570 毕竟包含许多提示、指南和例子,这对每一 ISO/IEC 20926 读者都有价值。该标准假定读者对 ISO/IEC 20926 有些了解。然而,仍打算编制一个尽可能完备的指南,包括充分的引入材料和对新 ISO/IEC 20926的读者或实践者的阐述。

A.2.4.3 局限性

在 ISO/IEC 24570 文档中未作任何声称。

参考文献

[1] GB/T 8566—2007 信息技术 软件生存周期过程

[2] GB/T 18491.1—2001 信息技术 软件测量 功能规模测量 第1部分:概念定义(ISO/IEC 14143-1:1998,IDT)

[3] GB/T 18491.2—2010 信息技术 软件测量 功能规模测量 第2部分:软件规模测量方法对GB/T 18491.1—2001的符合性评价(ISO/IEC 14143-2:2002,IDT)

[4] GB/T 18491.3—2010 信息技术 软件测量 功能规模测量 第3部分:功能规模测量方法的验证(ISO/IEC TR 14143-3:2003,IDT)

[5] GB/T 18491.4—2010 信息技术 软件测量 功能规模测量 第4部分:基准模型(ISO/IEC TR 14143-4:2002,IDT)

[6] GB/T 18491.5—2010 信息技术 软件测量 功能规模测量 第5部分:功能规模测量的功能域确定(ISO/IEC TR 14143-5:2004,IDT)

[7] GB/T 20000.1—2002 标准化工作指南 第1部分:标准化和相关活动的通用词汇(ISO/IEC Guide 2:1996, MOD)

[8] GB/T 20917—2007 软件工程 软件测量过程

[9] ISO/IEC 19761: 2003 软件工程 COSMIC-FFP 功能规模测量方法

[10] ISO/IEC 20926: 2003 软件工程 未调整的IFPUG4.1功能规模测量方法 计数实践手册

[11] ISO/IEC 20968: 2002 软件工程 MkⅡ功能点分析 计数实践手册

[12] ISO/IEC 24570: 2004 软件工程 NESMA功能规模测量方法2.1版 功能点分析应用的定义和计数指南

[13] ISO:计量学基本和通用术语的国际词汇,1993[ISBN 92-67-01075-1]

[14] Thomas L. Saaty, Luis G. Vargas: Models, Methods, Concepts & Applications of the Analytic Hierarchy Process(分析性层次过程的模型、方法、概念与应用), International Series in Operations Research and Management Science, Volume 34, Kluwer Academic Publishers, 2000[ISBN 0792372670]

[15] Gass, Saul I., Harris, C. M/(eds.), Encyclopedia of Operations Research and Management Science(运筹学与管理科学百科全书). 2nd., Kluwer Academic Publishers group, 2001 [ISBN 0-7923-7827-X]

ICS 03.220.20;93.080.30
R 87

中华人民共和国国家标准

GB/T 18567—2010
代替 GB/T 18567—2001

高速公路隧道监控系统模式

Surveillance and control system configuration for freeway tunnel

2010-08-09 发布

2010-12-01 实施

中华人民共和国国家质量监督检验检疫总局
中国国家标准化管理委员会 发布

前　言

本标准代替 GB/T 18567—2001《高速公路隧道监控系统模式》，与 GB/T 18567—2001 相比主要差异如下：

——将隧道监控等级划分改为 A+、A、B、C、D 五个等级（见 3.1）；

——取消隧道监控等级的计算方法（见 2001 年版的 3.2.1）；

——调整隧道监控系统设备的配置（见第 4 章）。

本标准由全国交通工程设施（公路）标准化技术委员会（SAC/TC 223）提出并归口。

本标准起草单位：交通部公路科学研究院、国家交通安全设施质量监督检验中心。

本标准主要起草人：包左军、颜静仪、张新黔、朱立伟、龚彦、沈强。

本标准所代替标准的历次版本发布情况为：

——GB/T 18567—2001。

高速公路隧道监控系统模式

1 范围

本标准规定了高速公路隧道监控系统等级划分以及确定方法、原则、隧道监控系统设备配置要求。

本标准适用于高速公路隧道监控系统。其他道路的隧道监控系统也可参照使用。

2 术语和定义

下列术语和定义适用于本标准。

2.1

隧道监控系统 tunnel surveillance and control system

隧道交通和隧道内环境的监视、检测和控制系统。

2.2

监测设备 surveillance equipment

用来监视隧道内交通运行情况和检测隧道内交通和环境参数的设备。包括摄像机、交通事件检测器、车辆检测器、能见度检测器、一氧化碳检测器、风向风速检测器、亮度检测器、超高车辆检测器和火灾探测器等。

2.3

报警设备 alarm equipment

用来为隧道内道路使用者在发生紧急事件时报警的设备。包括手动报警按钮、紧急电话、火灾自动报警设备等。

2.4

控制和诱导设备 control and inductance equipment

用来对隧道内的交通及环境进行控制和诱导的设备。包括交通信号灯、车道控制标志、可变情报板、可变限速标志、隧道广播，以及通风设备与照明设备的控制装置等。

3 隧道监控等级的划分及确定方法

3.1 等级划分原则

高速公路隧道监控系统的配置规模和功能作用应满足隧道交通安全保障的需要。与隧道结构、道路线形、预期服务水平(交通量、车道数)等因素有直接关系，宜根据事故发生的风险概率和风险危害程度进行判断。

在一般情况下，可根据隧道长度和交通量两个因素，从高到低依次划分为 A+、A、B、C、D 五个等级。如高速公路隧道群被视为一个特殊的整体隧道，可按本标准要求确定相应等级或作必要调整。

3.2 等级确定

根据隧道长度 L 和设计年度隧道单洞年平均日交通量 q，在图 1 中确定隧道监控系统的相应等级。

监控系统各项设施的设计年度交通量应符合如下规定：

a) 监控系统机电设备设计取隧道预测开通后第 5 年的交通量；

b) 隧道区段监控系统的外场设备基础及预留预埋等设计取隧道预测开通后第 20 年的交通量。

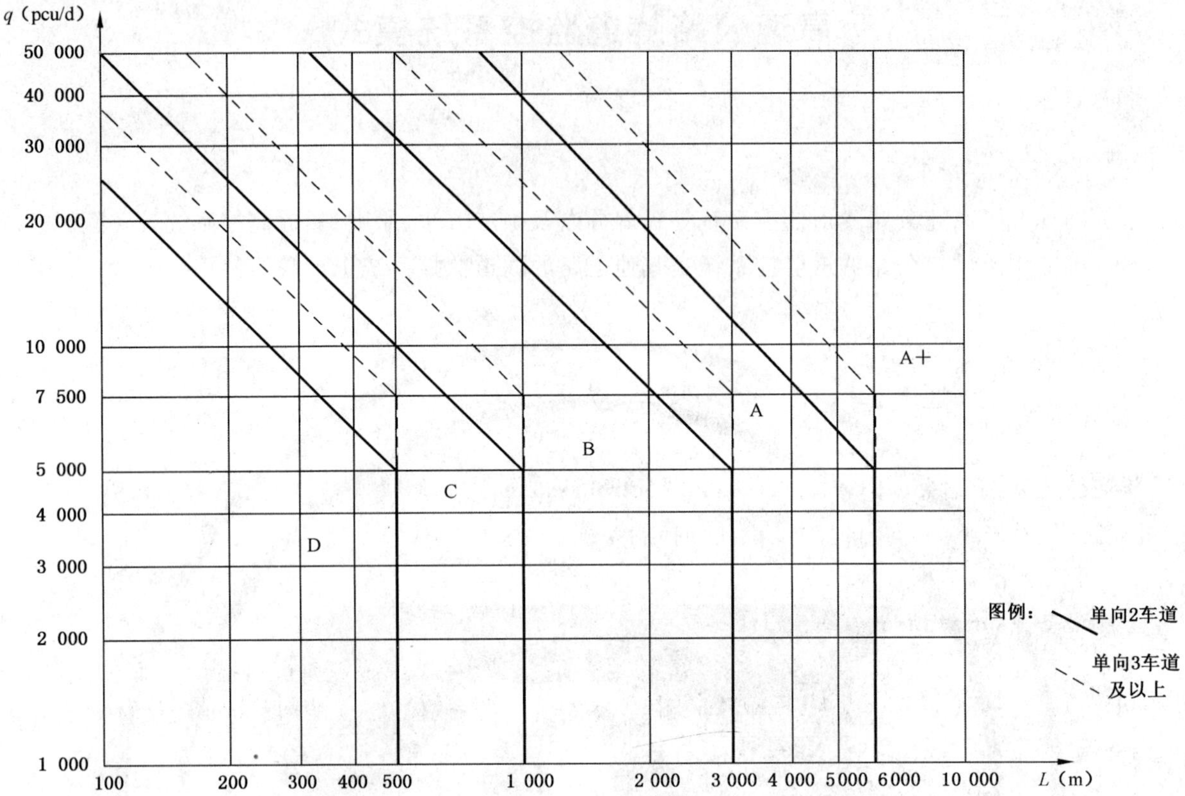

q——隧道单洞(单向)小客车当量(AADT)，单位为年平均日交通量(pcu/d)。

L——隧道单洞长度，单位为米(m)。

图 1　隧道监控等级划分图

4　隧道监控系统设备的配置

4.1　隧道监控等级的划分是隧道监控系统设备配置的基础。设备配置应综合考虑诸如隧道长度、坡度、平曲线半径、隧道结构形式、车道数和交通量等因素。

4.2　隧道监控系统的设备配置及其设置宜同时满足隧道交通监控、突发事件处理、应急救援等系统集成和自动控制策略等功能的要求。

4.3　与隧道监控等级相适应的最低设备配置要求见表 1。

4.4　隧道监控等级为 A＋级时应设置隧道监控站，也可与监控中心/分中心合并设置，A 级时可设置隧道监控站，其余等级不作要求。

表 1　隧道监控系统设备配置表

设备			监控等级					设置要求
			A＋	A	B	C	D	
监测设施	车辆检测设备	车辆检测器	●	●	●	○	—	检测交通参数；若用于信息检测和阻塞自动判断，设置间距 300 m～500 m。当仅用于交通参数检测时，一般设在出、入口洞外，长隧道可在车行横道前设置
		超高车辆检测器	○	○	○	—	—	隧道入口外设置

表 1（续）

设备			监控等级					设置要求
			A+	A	B	C	D	
监测设施	环境检测设备	CO 浓度检测器	●	●	○	—	—	自动测定隧道内的 CO 浓度，宜在射流风机纵向通风的隧道弯道处及距出口 100 m～150 m 处设置；长于 1 500 m 的隧道可适当增设。有竖/斜井通风的隧道在排风口前和送风口 30 m 外设置
		能见度检测器	●	●	○	—	—	测定隧道内灯光照明下的合成能见度，宜在射流风机纵向通风的隧道弯道处及距出口 100 m～150 m 处设置；长于 1 500 m 的隧道可适当增设。有竖/斜井通风的隧道在排风口前和送风口 30 m 外设置
		风速风向检测器	●	●	○	—	—	宜在射流风机纵向通风方式的隧道弯道及距出口 200 m 外设置，长于 1 500 m 的隧道可适当增设。有竖/斜井通风的隧道在排风口前和送风口 30 m 外及送、排风口间的短道设置
		亮度检测器	●	●	○	—	—	只在隧道口附近内外成对设置
	视频监视设备	摄像机	●	●	●	○	—	洞内宜采用自动光圈定焦镜头摄像机，从入口开始布设，设置间距 150 m～200 m，应无盲点；扩宽地段或弯道处宜调整设置间距；车行横洞单独设置。洞外在入、出口可设置带云台、可变焦（或三可变）摄像机，其布设以监视入口为主（逆车行方向）
	报警设备	紧急电话	●	●	●	○	—	洞外出、入口处各设一台紧急电话，洞内从入口 30 m～50 m 处开始以约 200 m 间隔设置，宜与摄像机等间距设置，且宜设置于紧急停车带或人行、车行横洞前侧
		交通事件检测器	●	○	○	—	—	自动检测识别、跟踪多目标车辆运行状况，用以检测交通异常情况，如：违章或故障停车、拥堵、逆行、倒行、失速、烟/雾报警等。可设置于隧道出入口、弯道、连续上下坡、车行横洞等重要区域（段）
		火灾探测器	●	●	○	—	—	按探测器类型分段连续布设，覆盖隧道全程
		手动报警按钮	●	●	●	○	—	布设间距不应大于 50 m，宜与消防设备同址设置，其底边距地面高度宜为 1.3 m～1.5 m
交通控制和诱导设施	紧急呼叫设备	隧道广播	●	●	●	○	—	在隧道入口及隧道内按隧道声学条件分音区设置。在扬声器播放范围内最远点的播放声压级应高于背景噪声 15 dB（背景噪声大于 60 dB）

表 1（续）

设备			监控等级					设置要求
			A+	A	B	C	D	
交通控制和诱导设施	信息发布与控制设备	车道控制标志	●	●	●	●	○	双面、单面红“×”及绿“↓”从入口处开始以300 m～500 m间距在每车道上方设置。在弯道和车行横洞前宜适当调整间距，保证视认与判断时间。车行横洞处可选择双面、单面红“×”、绿“↓”及绿“←”标志
		交通信号灯	●	●	●	●	○	在隧道入口前（洞外设有车辆联络道的则在联络道前）及单向双孔隧道由整体式路基变为分离式路基分岐点150 m～500 m前设置
		可变情报板	●	●	○	○	—	在隧道入口前（洞外设有车辆联络道的在联络道前）或/和由整体式路基变为分离式路基分岐点前设置
		可变限速标志	●	●	○	○	—	隧道入口前及洞内弯道、下坡等特殊路段前设置。宜可与可变情报板合并功能设置
系统控制设施	本地控制设备	区域控制器	●	●	○	○	—	实现隧道监测数据采集输入，控制策略程序执行，输出刷新指令三阶段工作，具备隧道监控系统网络中央（或生节点）处理器功能。宜在距隧道洞口不大于50 m侧壁设置，长隧道也可根据系统配置要求在隧道洞内适当位置布设多台区域控制器
注1：●为应配设施，○为可选设施，—为不作要求。 注2：隧道内通风、照明、消防设施等一般包括在土建工程中，故本标准不含此内容。								

5 系统框架

5.1 高速公路隧道监控系统是高速公路监控系统的一个组成部分，隧道监控站应与高速公路监控分中心或监控中心进行实时信息交换，并具有畅通联系的其他通信手段。

5.2 高速公路隧道监控系统救援功能应与如养护工区、路政、公安、消防、医院等专业或社会应急系统联网，以提供必要的应急救援保障。

ICS 25.220.60
A 29

中华人民共和国国家标准

GB/T 18593—2010
代替 GB/T 18593—2001

熔融结合环氧粉末涂料的防腐蚀涂装

Anti-corrosive painting of fusion bonded epoxy coating powders

2010-08-09 发布　　2010-12-31 实施

中华人民共和国国家质量监督检验检疫总局
中国国家标准化管理委员会　发布

前　言

本标准代替 GB/T 18593—2001《熔融结合环氧粉末涂料的防腐蚀涂装》。

本标准与 GB/T 18593—2001 相比主要变化如下：

a) 增加了 3.5“结构件”的定义；

b) 环氧粉末涂料技术指标表 1 增加了“固化时间”和“磁性物含量”两项；
密度测试标准由附录 A 改为 GB/T 4472，挥发份和胶化时间测试标准分别由 GB/T 16592 和 GB/T 16995 改为 GB/T 6554；

c) 表 2 第 2 类涂层的最小厚度由 130 μm 改为 150 μm；

d) 涂层的物理性能指标：
——增加了修补层一栏；
——取消了第 1、3 类涂层常温抗冲击性指标，增加了表 3 第 3 类涂层 −30 ℃抗冲击性指标；
——表 3 涂层的耐磨性测试标准由 SY/T 0315 改为 GB/T 1768；
——增加了第 1 类涂层的粘结强度值，将第 3 类涂层的粘结强度值进行了修正；
——第 2 类涂层增加了 “电气强度”、“体积电阻率”、“氯离子渗透”选择性指标；
——第 1、3 类涂层的断面孔隙率和界面孔隙率指标由 1～4 级修正为 1～3 级；
——增加了第 1、2、3 类涂层的“蒸馏水吸水率(60 ℃，15 天)”的测试内容。删除了附录 A 中“蒸馏水”介质的测试内容。

e) 增加了第 1 类涂层的“工艺性试验”和“型式检验”条款(见 7.1 和 10.4 及表 4)；

f) 增补了“成品的标识、装运和储存”，“涂敷生产的安全、卫生和环境保护”，“交工文件”三章。

本标准的附录 A 是规范性的附录。

本标准由中国机械工业联合会提出。

本标准由全国金属与非金属覆盖层标准化技术委员会归口。

本标准起草单位：中国科学院金属研究所、国家金属腐蚀控制工程技术研究中心、武汉材料保护研究所、中国石油管道科技研究中心、中国建筑科学研究院建筑结构研究所。

本标准主要起草人：李京、陆卫中、张立新、贺智端、贾建新、杜秀玲、史志华、李晓东、高英、史杰智。

本标准所代替标准的历次版本发布情况为：

——GB/T 18593—2001。

熔融结合环氧粉末涂料的防腐蚀涂装

1 范围

本标准规定了钢铁等金属材料进行熔融结合环氧粉末涂料防腐蚀涂装的材料、工艺规范、涂层性能要求及试验方法。

本标准不适用于装饰性涂装。

2 规范性引用文件

下列文件中的条款通过本标准的引用而成为本标准的条款。凡是注日期的引用文件，其随后所有的修改单(不包括勘误的内容)或修订版均不适用于本标准，然而，鼓励根据本标准达成协议的各方研究是否可使用这些文件的最新版本。凡是不注日期的引用文件，其最新版本适用于本标准。

GB/T 1034 塑料 吸水性的测定(GB/T 1034—2008,ISO 62:2008,IDT)

GB/T 1408.1 绝缘材料电气强度试验方法 第1部分:工频下试验(GB/T 1408.1—2006,IEC 60243-1:1988,IDT)

GB/T 1410 固体绝缘材料体积电阻率和表面电阻率试验方法(GB/T 1410—2006,IEC 60093:1980,IDT)

GB/T 1768 色漆和清漆 耐磨性的测定 旋转橡胶砂轮法(GB/T 1768—2006,ISO 7784:1997,IDT)

GB/T 1771 色漆和清漆 耐中性盐雾性能的测定(GB/T 1771—2007,ISO 7253:1996,IDT)

GB/T 4472 化工产品密度、相对密度测定通则

GB 5749 生活饮用水卫生标准

GB/T 6329 胶粘剂对接接头拉伸强度的测定(GB/T 6329—1996,eqv ISO 6922:1987)

GB/T 6554 电气绝缘用树脂基反应复合物 第2部分:试验方法 电气用涂敷粉末方法(GB/T 6554—2003, IEC 60455-2-2:1984,MOD)

GB 7692 涂装作业安全规程 涂漆前处理工艺安全及其通风净化

GB/T 8923 涂装前钢材表面锈蚀等级和除锈等级(GB/T 8923—1988,eqv ISO 8501-1:1988)

GB 9686 食品容器内壁聚酰胺环氧树脂涂料卫生标准

GB 50152 混凝土结构试验方法标准

GBJ 87 工业企业噪声控制设计规范

GBZ 1 工业企业设计卫生标准

ISO 14654:1999 加固混凝土中环氧涂层钢材

JB/T 6570 普通磨料 磁性物含量测定方法

JG/T 3042—1997 环氧树脂涂层钢筋

SY/T 0315—2005 钢质管道熔结环氧粉末外涂层技术标准

3 术语和定义

下列术语和定义适用于本标准。

3.1

熔融结合环氧粉末涂料 fusion bonded epoxy coating powders

以环氧树脂为主要成膜材料的热固性熔融结合粉末涂料，亦称“熔结环氧粉末涂料”，本标准中简称

“环氧粉末涂料”。

3.2

熔融结合环氧粉末涂层 fusion bonded epoxy coatings (layers)

环氧粉末涂料经熔融结合涂装工艺固化后形成的成膜物,亦称“熔结环氧涂层”,本标准中简称“涂层”。

3.3

涂层钢筋 fusion bonded epoxy painted steel bars

经环氧粉末涂料涂装的钢筋。

3.4

工艺管道及管件 processing pipes and fittings

根据生产工艺要求而设计的管道,如直管、弯管、三通管、变径管、波纹管等各种形状的管道。

3.5

结构件 structures

各种形状的罐、槽、架、板、棒、线等设备、工件或组合构件。

4 需方应提供的技术资料及要求

4.1 本国家标准号。

4.2 待涂装基体材料牌号、规格和表面状态。

4.3 选定涂层的类别(第1、2或3类)。

4.4 选定涂层的厚度和涂层结构。

4.5 涂层产品应用环境或介质条件。

4.6 抽样和检验。

5 涂层分类

5.1 第1类涂层

5.1.1 埋地管道、水下管道及钢桩外壁防腐蚀涂层。

5.1.2 输运石油、天然气、淡水、海水或污水的管道内壁防腐蚀涂层。

5.2 第2类涂层

钢筋防腐蚀涂层。

5.3 第3类涂层

5.3.1 重腐蚀环境中工作的工艺管道内外壁防护涂层。

5.3.2 重腐蚀环境中工作的结构件内外壁防护涂层。

6 材料

6.1 基材

6.1.1 每批待涂装的钢铁基材应有符合国家标准或用户要求的有关材质、制造和规格的证明文件。

6.1.2 对每批待涂装的钢铁基材应逐件(批)进行结构外观和尺寸的检查,剔除不符合制造标准或未达到合同要求的部件。

6.2 环氧粉末涂料

6.2.1 每批环氧粉末涂料产品的标签应标明:生产厂名、产品名称和型号、批号、重量、生产日期、储存条件、储存期限。

6.2.2 环氧粉末涂料应具备生产厂家的产品说明书、出厂检验合格证、质量证明书和检测报告有关技术文件。

6.2.3 环氧粉末涂料应该是含环氧树脂的热固性粉料。

6.2.4 涂装厂或车间应按照涂料生产厂家规定的条件储存环氧粉末涂料。

6.2.5 环氧粉末涂料性能应符合表1的技术指标,方可使用。

6.3 修补剂

修补剂应为以环氧树脂或改性环氧树脂为基料的双组份涂料或其他与原涂层相容且性能相当的材料。

表1 环氧粉末涂料技术指标

序号	试验项目	单位	技术指标	测试标准
1	外观	—	色泽均匀,不结块	目测
2	密度[a]	g/cm^3	1.3~1.6	GB/T 4472
3	挥发份	%	≤0.6	GB/T 6554
4	粒度分布	%	粒径(>150 μm)≤3 粒径(>250 μm)≤0.2	GB/T 6554
5	胶化时间	s	厂家提供值±20%	GB/T 6554
6	固化时间	min	厂家提供值±20%	SY/T 0315
7	磁性物含量	%	≤0.002 0	JB/T 6570

a 对特殊用途的环氧粉末涂料的密度值控制在厂商提供值±20%以内。

7 工艺规范

7.1 工艺适用性试验

涂敷生产前,应按拟定的生产工艺涂覆试验管段,并进行防腐涂层的检测,检测项目及性能指标应满足表4中的规定。

7.2 钢铁基材的表面处理

7.2.1 涂敷前应先将待涂装件表面棱角打磨成 $R \geq 2$ mm 的圆角,其焊缝部位应无尖角、缺肉、气孔、裂纹、缝隙和焊渣;清除待涂装件表面容易引起针孔和涂层厚度不匀的疵点和缺陷。

7.2.2 铸铁待涂装件,应预先经升温烘烤,充分去除铸件上微小缝隙和缺陷中残留的水分及其他挥发物。

7.2.3 涂敷前,应用适当的方法将待涂装件表面的灰尘、油、脂及其他污染物清理干净。

7.2.4 按GB/T 8923,对待涂装件表面进行喷砂或抛丸除锈,使之达到Sa2.5级以上标准,锚纹深度应在40 μm~100 μm范围内。

7.2.5 再次对待涂装件进行目视检查,将所发现的疵点和缺陷消除。

7.2.6 用净化压缩空气或金属刷除去因上述过程残存在基材表面的残留物。

7.2.7 净化后的钢筋表面应按照JG/T 3042—1997中附录A的要求进行检验,洁净度不应低于95%,方可进行第2类涂层的涂装。

7.2.8 待涂装件不需要涂装部位应覆盖保护。

7.2.9 待涂装件表面处理后,应在8 h内进行涂敷,涂敷前待涂装件表面不得出现肉眼可见的锈迹,否则应重新进行表面处理。

7.3 预热

7.3.1 待涂装件可以不同方式预热,如采用加热炉或感应圈加热等。

7.3.2 预热温度根据各粉末涂料生产厂家推荐的温度确定,但不得超过275 ℃。预热时若因温度过高或时间过长,而致涂装件表面出现深蓝或深褐色过氧化现象,应重新进行表面处理。

7.4 涂敷

7.4.1 可采用静电喷涂法、摩擦静电喷涂法、流化床法、静电流化床法等方式进行涂敷，保证涂层达到应有的厚度和均匀度。

7.4.2 应使用无油空气压缩机，并配以空气干燥器，使供粉用的压缩空气预先除去油和水。

7.5 涂层的固化

7.5.1 无特殊需要时，第1、2类涂层的固化是利用预热基体的余热完成的，不另行加热固化。

7.5.2 第3类涂层在涂敷后还需再加热固化，具体的固化温度和时间按环氧粉末涂料生产厂推荐的条件进行。

8 熔结环氧涂层的修补

8.1 第1类涂层局部出现少数针孔（1～2个/m^2）或面积小于25 cm^2的不合格部位，允许进行局部修补；第2类涂层缺陷面积不超过0.3 m长钢筋表面积的1%时，允许修补；第3类涂层局部出现针孔时，应将有针孔的涂层除去，按第7章涂装工艺进行复涂。

8.2 修补或复涂前，应清除所有油污、铁锈、杂质，剥去疏松涂层，并将该区域打磨成粗糙面，修补层与周围完好涂层结合部位应打磨成羽翼状，再把表面清理干净。

8.3 涂层修补采用合适的修补剂，修补层的物理性能应符合表3中的指标。修补区涂层厚度不得低于设计的厚度，与原涂层搭接的宽度不应小于10 mm。

9 熔结环氧涂层的性能要求和试验方法

9.1 涂层的厚度应符合工程设计的规定，设计无规定时，可根据涂层使用条件，按表2的规定选用。

表2 涂层的厚度

单位为微米

涂层类型	涂层级别	参考厚度
第1类	普通级	≥300
	加强级	≥400
	特强级	≥800
第2类		150～300
第3类	普通级	≥300
	加强级	≥600
	特强级	≥1 000
注：对涂层厚度的要求，不包括由于涂层缺陷或破损而做修补的区域。在严酷条件下，第二类涂层厚度可增加至400 μm。		

9.2 涂层的物理性能

9.2.1 涂装施工前，应在实验室内进行涂层性能测试，其物理性能应符合表3的要求，试件制备的规定见9.2.2。

9.2.2 实验室涂装件的制备应符合下列规定：

9.2.2.1 试件基板应为低碳钢或与待涂装件相同的基材。

9.2.2.2 试件表面应进行喷射处理，其除锈质量按GB/T 8923的规定，应达到Sa2.5级，锚纹深度应在40 μm～100 μm。

9.2.2.3 试件预热和涂层固化的温度应按照环氧粉末生产厂的推荐值选定。

表 3　涂层的物理性能指标

序号	试验项目	单位	性能指标				标准测试方法
			第 1 类	第 2 类	第 3 类	修补层	
1	外观		色泽均匀、无气泡、无裂纹				目测
2	抗冲击性(24 ℃±2 ℃)	J	—	>9	—	—	JG/T 3042
	抗冲击性(−30 ℃)	J	≥1.5	—	≥3	≥1.5	SY/T 0315
3	抗弯曲性(3°)	级	无裂纹(0 ℃或−30 ℃)	—	无裂纹(常温)[a]	—	SY/T 0315
	抗弯曲性(24 ℃±2 ℃)		—	无裂纹	—	—	JG/T 3042
4	耐磨性(Cs10 轮,1 kg,1 000 r)	mg	≤100	≤100	≤100	≤100	GB/T 1768
5	附着力(75 ℃,48 h)	级	1～3	—	1～2	1～3	SY/T 0315
6	粘结强度	MPa	≥50	—	≥60	≥30	GB/T 6329
7	粘结强度(涂层钢筋与混凝土之间)	—	—	≥裸钢筋与混凝土之间粘结强度的 80%	—	—	GB 50152
8	阴极剥离(65 ℃,24 h 或 48 h)	mm	≤7	—	≤6.5	≤7	SY/T 0315
	阴极剥离	mm	—	≤8	—	—	JG/T 3042
9	电气强度	MV/m	≥30	≥30[b]	≥30	≥30	GB/T 1408.1
10	体积电阻率	Ω·m	$\geq 1\times10^{13}$	$\geq 1\times10^{13}$[b]	$\geq 1\times10^{13}$	$\geq 1\times10^{13}$	GB/T 1410
11	断面孔隙率	级	1～3	—	1～2	1～3	SY/T 0315
12	界面孔隙率	级	1～3	—	1～2	1～3	SY/T 0315
13	蒸馏水吸水率(60 ℃,15 天)	%	≤3.0	—	≤2.0	≤3.0	GB/T 1034
14	氯化物渗透性	M	—	1×10^{-4}	—	—	JG/T 3042

a 第 3 类涂层常温抗弯曲性为选择性指标,采用 SY/T 0315 规定的测试方法,但测定前试样应在常温放置 24 h,而不应放入低温冷冻箱。

b 选择性指标(24 ℃±2 ℃)。

9.2.2.4　试件涂层的厚度,对于第 1 类和第 3 类涂层应为 350 μm±50 μm;对于第 2 类涂层应为 250 μm±50 μm。

9.2.2.5　对实验室涂装件进行的测试应符合表 3 的规定。

9.2.2.6　涂装试件固化后应在 23 ℃±5 ℃或室温下放置 24 h 后,才可按照各试验方法中的操作步骤进行性能测试。

9.3　涂层的耐化学腐蚀性能

9.3.1　各类涂层的耐化学腐蚀性能测试方法按 GB/T 6554 进行。要求在指定介质中一定温度和时间内不发生剥落、开裂、软化、粉化、变质等现象。其指定介质和条件列于附录 A 或按供需双方合同的规定。

10 检验规则

10.1 涂层外观用目测，逐件(批)检查，要求表面平整，色泽均匀，无气泡、裂纹、缩孔，允许有轻度的橘皮状花纹。

10.2 涂层的厚度采用涂层测厚仪测量。

10.2.1 第1类涂层：沿管长随机取3个位置，在每个位置绕圆周方向测量均匀分布的4点涂层厚度；测量结果应符合9.1的规定。

10.2.2 第2类涂层：应在钢筋相对两侧测量厚度，每个厚度记录值为3个相邻肋间厚度值的平均值，沿整根钢筋至少应取间隔大致均匀的5个点测定，除去钢筋首尾两端各100 mm长度表面的涂层外，应有不少于90%的厚度记录值在150 μm～300 μm范围内，且不得有低于130 μm的厚度记录值。

10.2.3 第3类涂层：厚度检测每平方米内不少于25个点，测量结果应符合9.1的规定。

10.3 漏点(微孔)检查，采用电火花检漏仪进行，检测时涂层表面温度应低于100 ℃。

10.3.1 第1类涂层检测电压为5 V/μm，平均每平方米表面漏点数不应超过1个，超过时，按第8章规定进行修补或剔除。

10.3.2 第2类涂层用67.5 V，80 000 Ω湿海绵直流绝缘检漏仪检测，每米长度上的微孔数平均不应超过3个。

10.3.3 第3类涂层检测电压为5 V/μm，出现漏点时按第8章规定进行修补或重涂。

10.4 第1类涂层在生产过程中或出厂前应进行型式检验，截取一个长度约为500 mm左右的管段或同等生产工艺条件下的实验管段，检验项目及性能指标应满足表4中的各项规定，方可出厂。

表4 第1类涂层的型式检验项目及验收指标

序号	试验项目	验收指标	试验方法
1	24 h耐阴极剥离	≤11.5 mm	SY/T 0315—2005 附录C
2	断面孔隙率/级	1～4	SY/T 0315—2005 附录D
3	界面孔隙率/级	1～4	SY/T 0315—2005 附录D
4	24 h附着力/级	1～4	SY/T 0315 —2005 附录G
5	抗2.5°弯曲(订货规定的最低试验温度±3 ℃)	无裂纹	SY/T 0315—2005 附录E
6	抗1.5 J冲击(－30 ℃)	无漏点	SY/T 0315—2005 附录F

10.5 第2类涂层，按照ISO 14654:1999标准规定环氧涂层钢筋可采用前加工和后加工两种工艺，环氧涂层相应为非弯曲和可弯曲涂层。非弯曲性涂层应执行抗弯曲性之外的其他性能要求。对于可弯曲性涂层出厂前应抽样进行抗弯曲试验，符合表4规定方可出厂。

10.6 第3类涂层出厂前应抽样进行表4所列的各项检验，符合表4规定方可出厂。

10.7 当本标准应用于接触食品的管道或结构件的涂装时，涂层还应符合GB 9686的规定。

10.8 当本标准应用于接触饮用水的管道或结构件的涂装时，涂层还应符合GB 5749的规定。

11 成品的标识、装运和储存

11.1 标记

经质量检验合格的环氧粉末涂层产品应在明显位置作出标识，标识应包括涂装厂名称、涂层名称和规格、执行标准、生产日期、检验员编号等内容。

11.2 装运

11.2.1 成品运输时应轻吊轻运，避免损伤基材及涂层，尤其要防止吊具碰撞，损伤涂层。

11.2.2 在操作过程中，若遇涂层被损坏，应作漏点检测，然后应按照第8章的要求进行处理。

11.3 贮存

11.3.1 成品堆放时,应采用必要防护措施,防止涂层受到破损。

11.3.2 成品室外堆放时间不宜超过 6 个月,超过 6 个月应采用不透明遮盖物覆盖。

12 涂敷生产的安全、卫生和环境保护

12.1 防腐蚀工厂应建立健康、安全和环境管理体系。

12.2 涂敷生产的安全、环境保护应符合 GB 7692 的要求。

12.3 除锈、喷涂过程中各种设备产生的噪音,应符合 GBJ 87 的有关规定。

12.4 除锈、喷涂车间空气中粉尘浓度不得超过 GBZ 1 中的有关规定。

12.5 除锈、喷涂过程中,所有机械设施的运动部位应设有防护罩等安全保护措施。

12.6 喷涂区域的电气设备应符合国家有关爆炸危险场所电器设备的安全规定,电器设备应整体防爆,操作部分应设触电保护器。

13 交工文件

13.1 环氧粉末涂料和涂层质量检验报告。

13.2 防腐产品出厂合格证。

13.3 修补记录。

13.4 合同要求的其他有关技术资料。

附 录 A
（规范性附录）
涂层耐化学腐蚀试验指定的介质和条件

涂层的耐化学腐蚀试验根据所涂装产品相应按表 A.1、表 A.2 或表 A.3 规定的介质和条件进行。修补涂层的耐化学腐蚀试验也按表 A.1、表 A.2 或表 A.3 进行。

表 A.1 第 1 类涂层试验指定的介质和条件

介 质	浓度/wt%	pH 值	温度/℃	时间/d
蒸馏水	—	—	20±3	90
稀盐酸	—	2.5～3.0	20±3	90
氯化钠溶液	10	—	20±3	90
氢氧化钠溶液	5	—	20±3	90
10%氯化钠加稀硫酸	—	2.5～3.0	20±3	90
等质量碳酸镁和碳酸钙溶液	饱和	—	20±3	90

表 A.2 第 2 类涂层试验指定的介质和条件

介 质	浓度/wt%	温度/℃	时间/d
蒸馏水	—	24±2	45
氯化钙溶液	33	24±2	45
氢氧化钠溶液	12	24±2	45
氢氧化钙溶液	饱和	24±2	45
注：第 2 类涂层还须进行抗氯离子渗透性试验(JG 3042)和耐 800 h 中性盐雾性能试验(GB/T 1771)。			

表 A.3 第 3 类涂层试验指定的介质和条件

介 质	浓度/wt%	温度/℃	时间/d
蒸馏水	—	60±3	45
氯化钠溶液	3.5	60±3	45
氢氧化钠溶液	30	60±3	45
盐酸	20	30±3	45
硫酸	10	60±3	45

ICS 65.120
B 46

中华人民共和国国家标准

GB/T 18632—2010
代替 GB/T 18632—2002

饲料添加剂 80%核黄素（维生素 B_2）微粒

Feed additive—80% Riboflavin (vitamin B_2) particle

2011-01-10 发布 2011-06-01 实施

中华人民共和国国家质量监督检验检疫总局
中国国家标准化管理委员会 发布

前　言

本标准按照GB/T 1.1—2009给出的规则起草。

本标准代替GB/T 18632—2002《饲料添加剂　维生素B_2(核黄素)流动性微粒》。

本标准与GB/T 18632—2002相比,主要技术变化如下:

——3.1性状描述删去对核黄素溶液化学性质的描述;

——4.2.2.4样品前处理由电炉加热改为水浴加热;

——增加4.8、4.9有毒有害指标砷、铅允许量及检测方法;

——删除4.6有机挥发杂质限量及检测方法;

——增加4.10微生物沙门氏菌的允许量及检测方法。

本标准由全国饲料工业标准化技术委员会(SAC/TC 76)提出并归口。

本标准起草单位:中国农业科学院农业质量标准与检测技术研究所[国家饲料质量监督检验中心(北京)]、湖北广济药业有限公司。

本标准主要起草人:李兰、何谧、田静、王彤、李丽蓓、郭韶智、陈志远、宋荣、马冬霞、赵小阳。

饲料添加剂
80%核黄素(维生素 B_2)微粒

1 范围

本标准规定了饲料添加剂80%核黄素(维生素 B_2)微粒产品的要求、试验方法、检验规则及标签、包装、运输和贮存。

本标准适用于生物发酵法制得的80%核黄素(维生素 B_2)微粒,在饲料工业中作为维生素类饲料添加剂。

2 规范性引用文件

下列文件对于本文件的应用是必不可少的。凡是注日期的引用文件,仅注日期的版本适用于本文件。凡是不注日期的引用文件,其最新版本(包括所有的修改单)适用于本文件。

GB/T 5917.1—2008 饲料粉碎粒度测定 两层筛筛分法

GB/T 6435 饲料中水分和其他挥发性物质含量的测定

GB/T 6682 分析实验室用水规格和试验方法

GB 10648 饲料标签

GB/T 13079—2006 饲料中总砷的测定

GB/T 13080 饲料中铅的测定 原子吸收光谱法

GB/T 13091 饲料中沙门氏菌的检测方法

GB/T 14699.1 饲料 采样

《中华人民共和国药典》(2005年版)

3 要求

3.1 性状

黄色至棕黄色微粒,微臭。味微苦,易吸潮。

3.2 技术指标

技术指标应符合表1的规定。

表1 技术指标

项目	指标
含量(以 $C_{17}H_{20}N_4O_6$ 计)(干基)/%	≥80.0
干燥失重/%	≤3.0
炽灼残渣/%	≤5.0
粒度	最少90%通过0.28 mm标准筛

表 1（续）

项　　目	指　　标
铅/(mg/kg)	≤5.0
砷/(mg/kg)	≤3.0
沙门氏菌(25 g 样品中)	不得检出

4 试验方法

除非另有规定，在分析中仅使用确认为分析纯的试剂和符合 GB/T 6682 中三级用水的规定。

4.1 试剂和溶液

4.1.1 冰乙酸。

4.1.2 硫酸。

4.1.3 氢氧化钠溶液：$c(NaOH)=2.0$ moL/L。

4.1.4 连二亚硫酸钠。

4.1.5 甲醇：色谱纯。

4.1.6 冰乙酸溶液：0.25%(体积分数)。

4.1.7 维生素 B_2 标准溶液的制备：**以下操作需避光进行！**

称取经 105 ℃ 干燥 2 h 的维生素 B_2 标准品（纯度大于 98.0%）0.065 g（精确至 0.000 1 g）于 250 mL 锥形瓶中，加入 5 mL 冰乙酸(4.1.1)，于超声波水浴中超声约 5 min，另加入约 150 mL 水，于沸水浴中煮至标准品颗粒全部溶解，冷却后转移至 500 mL 棕色容量瓶中，用流动相(4.4.2.2)定容至刻度，摇匀，该溶液中约含维生素 B_2 120 μg/mL。保存在 2 ℃～8 ℃冰箱中，使用 3 个月。

4.2 仪器和设备

4.2.1 实验室常用设备。

4.2.2 超声波水浴。

4.2.3 液相色谱仪，配紫外检测器。

4.2.4 微孔滤膜，孔径 0.45 μm。

4.2.5 原子吸收分光光度计。

4.3 鉴别试验

称取样品约 0.001 g，加水 100 mL 溶解后，溶液在透射光下应显黄绿色并有强烈的黄绿色荧光；分成 2 份，1 份中加 2 滴～3 滴硫酸(4.1.2)或氢氧化钠溶液(4.1.3)，荧光即消失；另一份中加连二亚硫酸钠(4.1.4)结晶少许，摇匀后，黄色即消褪，荧光即消失。

4.4 含量测定

4.4.1 原理

试样中维生素 B_2 在酸的水溶液中加热溶解后，注入高效液相色谱仪中进行分离，紫外检测器检测，外标法计算试样中维生素 B_2 含量。

4.4.2 分析步骤(4.4.2.1及4.4.2.3操作需避光进行!)

4.4.2.1 试样溶液的制备

称取经105 ℃干燥2 h的维生素 B_2 样品约0.050 g(精确至0.000 1 g)于250 mL锥形瓶中,加入5 mL冰乙酸(4.1.1),于超声波水浴中超声约5 min,另加入约100 mL水,于沸水浴中煮至样品固体颗粒全部溶解,冷却后转移至500 mL棕色容量瓶中,用流动相(4.4.2.2)定容至刻度,摇匀,备用。

4.4.2.2 高效液相色谱条件

色谱柱:内径4.6 mm,柱长250 mm,填料为 C_{18},粒度5 μm。

检测器:紫外检测器,波长269 nm。

流动相:甲醇(4.1.5)+冰乙酸溶液(4.1.6)=28+72。

流速:1.0 mL/min。

进样量:10 μL。

4.4.2.3 分析

取标准溶液(4.1.7)、试样溶液(4.4.2.1),经微孔滤膜过滤后,注入液相色谱仪中,用峰面积计算含量。

4.4.2.4 结果计算

维生素 B_2 含量 w_1(以质量分数表示),按式(1)计算:

$$w_1 = \frac{P_i \times V \times c_i \times V_{st}}{P_{st} \times m} \times 10^{-4} \quad \cdots\cdots(1)$$

式中:

w_1——试样中维生素 B_2 的含量,%;

P_i——试样溶液峰面积值;

V——样品的总稀释体积,单位为毫升(mL);

c_i——标准溶液浓度,单位为微克每毫升(μg/mL);

V_{st}——标准溶液进样体积,单位为微升(μL);

P_{st}——标准溶液峰面积平均值;

m——干燥样品质量,单位为克(g)。

4.4.3 结果表示

平行测定结果用算术平均值表示,保留三位有效数字。

4.4.4 精密度

在重复性条件下,两次平行测定结果的相对偏差应不大于5.0%。

4.5 干燥失重的测定

按GB/T 6435测定。

4.6 炽灼残渣的测定

4.6.1 测定方法

称取样品1 g~2 g(准确至0.01 g),置于已在700 ℃~800 ℃灼烧至恒重的瓷坩埚中,用小火缓缓加热至完全炭化，放冷后，加硫酸(4.1.2)0.5 mL～1 mL使湿润，低温加热至硫酸蒸气除尽后，移入马福炉中，在700 ℃～800 ℃下灼烧至恒重。

4.6.2 计算和结果表示

炽灼残渣含量 w_2(以质量分数表示)，按式(2)计算：

$$w_2 = \frac{m_1 - m_2}{m} \times 100 \qquad \cdots\cdots(2)$$

式中：

w_2——炽灼残渣含量，%；

m_1——坩埚加残渣质量，单位为克(g)；

m_2——坩埚质量，单位为克(g)；

m ——样品质量，单位为克(g)。

4.6.3 结果表示

结果保留两位有效数字。

4.6.4 精密度

在重复性条件下，两次平行测定结果的相对偏差应不大于5%。

4.7 粒度的测定

按GB/T 5917.1—2008测定。

4.8 铅的测定

按GB/T 13080测定。

4.9 砷的测定

准确称取试样1.5 g(准确至0.000 1 g)，按GB/T 13079—2006中5.4.1.3干灰化法进行样品前处理；按照《中华人民共和国药典》(2005年版)砷的测定法第一法(古蔡氏法)进行测定。

4.10 沙门氏菌的测定

按GB/T 13091测定。

5 检验规则

5.1 采样方法

按GB/T 14699.1的规定进行。

5.2 出厂检验

5.2.1 批

以同班、同原料产品为一批，每批产品进行出厂检验。

5.2.2 出厂检验项目

外观、维生素 B_2 含量、干燥失重、炽灼残渣、粒度。

5.2.3 判定方法

以本标准的有关试验方法和要求为依据，对抽取样品按出厂检验项目进行检验。检验结果如有一项指标不符合本标准要求时，应重新自两倍量的包装单元中取样进行复检，复检结果如仍有任何一项不符合本标准要求，则判定该批产品为不合格产品，不能出厂。

5.3 型式检验

5.3.1 有下列情况之一，应进行型式检验：

a) 改变配方或生产工艺；

b) 正常生产每半年或停产半年后恢复生产；

c) 国家技术监督部门提出要求时。

5.3.2 型式检验项目：第 3 章规定的全部项目。

5.3.3 判定方法：以本标准的有关试验方法和要求为依据。检验结果(沙门氏菌除外)如有一项不符合本标准时，应加倍抽样复检，复检结果如仍有一项不符合本标准要求时，则判定型式检验不合格。

6 标签、包装、运输和贮存

6.1 标签

按 GB 10648 执行。

6.2 包装

采用避光、密封、防潮(或根据用户要求)包装。

6.3 运输

在运输过程中应避光、防潮、防高温、防止包装破损，严禁与有毒有害物质混运。

6.4 贮存

应贮存在避光、阴凉、通风、干燥处；开封后尽快使用，以免变质。

在规定的包装、贮存条件下，保质期应不少于 24 个月。

ICS 33.100
L 06

中华人民共和国国家标准

GB/T 18655—2010/CISPR 25:2008
代替 GB 18655—2002

车辆、船和内燃机　无线电骚扰特性 用于保护车载接收机的限值和测量方法

Vehicles, boats and internal combustion engines—Radio disturbance characteristics—Limits and methods of measurement for the protection of on-board receivers

(CISPR 25:2008, IDT)

2010-12-23 发布　　2011-06-01 实施

中华人民共和国国家质量监督检验检疫总局
中国国家标准化管理委员会　发布

前　言

本标准按照 GB/T 1.1—2009 给出的规则起草。

本标准等同采用国际无线电干扰特别委员会出版物 CISPR 25:2008《车辆、船和内燃机　无线电骚扰特性　用于保护车载接收机的限值和测量方法》。

本标准在技术内容和结构上与原文 CISPR 25:2008 一致。考虑到我国国家标准的实用性，删除了 CISPR 25:2008 前言和资料性附录 I“未来工作项目”以及附录 H 中的 H.3 参考性文件。

本标准代替 GB 18655—2002《用于保护车载接收机的无线电骚扰特性的限值和测量方法》。

本标准对 GB 18655—2002 作出的重大技术变动情况如下：

——标准名称的变化：由 2002 版的《用于保护车载接收机的无线电骚扰特性的限值和测量方法》变化为《车辆、船和内燃机　无线电骚扰特性　用于保护车载接收机的限值和测量方法》；

——适用频率范围由原 150 kHz～1 000 MHz 扩展为 150 kHz～2 500 MHz；

——整车和零部件的骚扰限值有重大变化，并新增平均值检波限值，见本标准表 4～表 12、表 G.1 和表 G.2；新增图 4 和图 16，整车和零部件在“GPS 波段 1 567.42 MHz～1 583.42 MHz 辐射骚扰平均值限值”；

——第 4 章，符合性判定方法图 1 有重大变化；详细给出了频谱分析仪参数表 1 和扫描接收机参数表 2；新增 4.5 供电电源；

——新增的内容有：资料性附录 A“本标准的适用性检查流程图”；资料性附录 C“表面电流抑制器”；资料性附录 D“确定有源车辆天线在 AM 和 FM 频段本底噪声的导则”；资料性附录 G“零部件/模块的辐射发射—带状线法”；资料性附录 H“脉冲噪声的存在对移动无线电通讯的干扰—判断降级的方法”；

——删除 2002 版的内容有：附录 B“零部件试验屏蔽暗室的校准过程”；附录 C“电流探头要求”。

本标准由全国无线电干扰标准化技术委员会(SAC/TC 79)提出并归口。

本标准主要起草单位：中国汽车技术研究中心、上海电器科学研究所(集团)有限公司。

本标准主要起草人：徐立、刘欣、寿建霞、邢琳、林艳萍、遇文涛、刘新亮、杨晓松。

本标准所代替标准的历次版本发布情况：

——GB 18655—2002。

引　言

本标准用于保护接收机免受车内产生的传导和辐射发射的骚扰而制定。

这里给出的试验程序和限值，是对车辆辐射发射的预防性控制，且对控制零部件/模块的长、短持续时间的传导/辐射发射同样有效。为了达到上述目的，本标准：

——建立一套试验方法，用以测量来自车辆电气系统的电磁发射；

——给车上的电气系统的电磁发射设定限值；

——建立一套不依赖整车的车载零部件和模块的试验方法；

——为来自零部件的电磁发射设定限值，用以保护车载接收装置免受干扰；

——将汽车零部件按干扰时间长短分类，设定限值的范围。

注：零部件的实验并不能代替整车的试验，二者的确切联系依赖于零部件的安装位置、线束长度、线束布置、接地位置和天线位置。不过，允许对零部件进行优先评价。

车辆、船和内燃机　无线电骚扰特性　用于保护车载接收机的限值和测量方法

1　范围

本标准规定了从 150 kHz 到 2 500 MHz 频率范围内的无线电骚扰限值和测量方法。

本标准适用于任何用于车辆、挂车和装置的电子/电气零部件。本标准中频率分布的细节参考了国际电讯联盟(ITU)出版物。本标准中的限值用于保护车载接收机，使其免受同一车内的零部件/模块产生的骚扰。第 5 章提供了整车测量的方法和限值，第 6 章提供了零部件/模块的测量方法和限值。只有根据车辆限值进行的整车试验才能被用于最终评价零部件的兼容性。

需要保护的接收机类型有：广播接收机(声音和电视)，地面移动通讯，无线电话，业余的，民用的无线电设备，卫星导航系统(GPS 等)和蓝牙设备。本标准中的车辆是一台可自行驱动的机器。车辆包括(但不限于)乘用车、货车、农用拖拉机及雪地车。附录 A 中的流程图可辅助判定装置或设备是否适用于本标准。

本标准的限值为推荐值，在汽车制造商和零部件供应商达成一致下可以更改。本标准也适用于车辆制造商和零部件、设备供应商在车辆交付使用之后，附加和连接在车辆线束上或车载电源连接器上的零部件和设备。

本标准不包括保护电子控制系统免受射频(RF)发射、瞬时电压或脉冲电压波动的影响内容。这些内容包括在 ISO 出版物中。

由于安装位置、车身结构和线束设计会影响无线电骚扰对车载接收机的耦合，第 6 章定义了多种限值电平。使用的限值等级(作为频带的函数)需经汽车制造商和零部件供应商的一致同意。

本标准定义的试验方法用于帮助汽车制造商和供应商改善整车和零部件设计，以确保车载无线电射频发射处于可控级别。

整车试验限值的制定基于典型无线电接收机使用车载天线这一情况，如果未配备该特定天线，使用试验天线。定义的频段不适用于世界上的所有地区和国家。出于经济原因，车辆制造商应自主确定哪些频段用于车辆销售所在国家和用于车内可能的无线电业务。

例如，许多原型车辆很可能不会安装视频接收机；虽然视频波段占用了无线电频谱的一段重要部分，但是在这样的车上试验和改善噪声源证明是不经济的。

车辆制造商应明确车辆所销往的国家，然后选择合适的频段和限值。根据本标准选定零部件试验参数以支持选定的销售计划。

1979 年，世界管理无线电通讯大会(WARC)将第一区域的低频限值降至 148.5 kHz。就车辆而言，150 kHz 试验就足够了。在本标准中，试验频率范围已经覆盖了世界各地无线电业务频率。预计在大多数情况下，可以保护在邻近频率处的无线电接收。

附录 H 明确了在存在脉冲噪声的情况下判断无线电通讯降级的定性的方法。

2　规范性引用文件

下列文件对于本文件的应用是必不可少的。凡是注日期的引用文件，仅注日期的版本适用于本文件。凡是不注日期的引用文件，其最新版本(包括所有的修改单)适用于本文件。

GB/T 4365—2003　电工术语　电磁兼容 (IEC 60050-161:1990＋A1:1997＋A2:1998,IDT)

GB/T 6113.101—2008　无线电骚扰和抗扰度测量设备和测量方法规范　第 1-1 部分：无线电骚

扰和抗扰度测量设备　测量设备(CISPR 16-1-1:2006,IDT)

GB/T 6113.102—2008　无线电骚扰和抗扰度测量设备和测量方法规范　第1-2部分:无线电骚扰和抗扰度测量设备　辅助设备　传导骚扰(CISPR 16-1-2:2006,IDT)

GB/T 6113.104—2008　无线电骚扰和抗扰度测量设备和测量方法规范　第1-4部分:无线电骚扰和抗扰度测量设备　辅助设备　辐射骚扰(CISPR 16-1-4:2005,IDT)

GB/T 6113.203—2008　无线电骚扰和抗扰度测量设备和测量方法规范　第2-3部分:无线电骚扰和抗扰度测量方法　辐射骚扰测量(CISPR 16-2-3:2003,IDT)

GB 14023—2006　车辆、船和由内燃机驱动的装置　无线电骚扰特性　限值和测量方法(CISPR 12:2005,IDT)

ISO 11452-4:2005　道路车辆　窄带辐射电磁能量产生的电骚扰　零部件试验方法　第4部分大电流注入(BCI)

SAE ARP 958.1 Rev D:2003-02　电磁干扰测量天线　标准校准法

3　术语和定义

下列术语和定义适用于本文件。

3.1

装有吸波材料的屏蔽室　absorber lined shielded enclosure (ALSE)

内部天花板和墙面装有无线电频率吸波材料的屏蔽壳体。

3.2

天线系数　antenna factor

用于将测量仪表输入端获得的电压,转换为天线处测得的场强值。

3.3

天线匹配单元　antenna matching unit

在天线测量频率范围内,用于与50 Ω测量仪表达成阻抗匹配的天线阻抗匹配单元。

3.4

等级　class

由买卖双方同意,并在试验计划中备案的执行级别。

3.5

零部件的连续传导发射　component continuous conducted emissions

即存在于零部件/模块的电源线或其他引线中的静态噪声电压/电流,它们可能会骚扰车载接收机的接收能力。

3.6

压缩点　compression point

在某一输入信号电平下,测量系统增益不再呈线性变化时,该非线性导致的输出指示与理想线性接收机的输出指示偏差,其值用分贝(dB)表示。

3.7

装置　device

由内燃机驱动的机器,其主要用途不用于载人和货物。

注:设备包括(但不限于)电锯、灌溉泵机、吹雪机、空压机和景观美化用设备。

3.8

接收机终端电压(天线电压)　receiver terminal voltage (antenna voltage)

无线电骚扰源产生的电压,由符合GB/T 6113.104规定的无线电骚扰测量仪器测量,以dB(μV)表示。

3.9

RF 边界　RF boundary

一个 EMC 试验布置的要素，决定线束和/或外设的哪一部分应该包括在 RF 环境中，哪些不应该包括。例如它可以由 ANs、滤波器管脚、RF 吸波涂层线或 RF 屏蔽构成。

3.10

人工网络　artificial network(AN)；线路阻抗稳定网络　line impedance stabilization network (LISN)[1)]

网络插入到电源线或信号/负载设备的线路中将在一给定频率范围内，给骚扰电压测量提供一个特定的负载阻抗，并且在指定频率范围内也可以使待测设备与电源和负载电气隔离。

注：改写 GB/T 4365—2003，定义 161-04-05。

3.11

平均值检波器　average detector

输出电压为所施加信号包络平均值的检波器。

注：平均值必须在规定的时间间隔内求取。

[GB/T 4365—2003，定义 161-04-26]

3.12

带宽　bandwidth

3.12.1

(设备的)带宽　bandwidth (of an equipment)

设备或传输通道的给定特性偏离其参考值不超过某一规定值或比率时的频带宽度。

注 1：这个给定的特性可以是幅频特性、相频特性或时延频率特性。

注 2：改写 GB/T 4365—2003，定义 161-06-09。

3.12.2

(发射或信号的)带宽　bandwidth (of an emission or signal)

任一带外频谱分量的电平都不超过参考电平的某一规定百分比的频带宽度。

[GB/T 4365—2003，定义 161-06-10]

3.13

宽带发射　broadband emission

带宽大于某一特定的测量设备或接收机带宽的发射。

注 1：若信号脉冲重复频率(Hz)小于仪器的测量带宽，则也被当作宽带发射来考虑。

注 2：改写 GB/T 4365—2003，定义 161-06-11。

3.14

骚扰抑制　disturbance suppression

削弱或消除电磁骚扰的措施。

[GB/T 4365—2003，定义 161-03-22]

3.15

骚扰电压；干扰电压(不赞成此命名)　disturbance voltage; interference voltage (deprecated in this sense)

在规定条件下测得的两分离导体上两点间由电磁骚扰引起的电压。

[GB/T 4365—2003，定义 161-04-01]

3.16

电磁环境　electromagnetic environment

存在于给定场所的所有电磁现象的总和。

[GB/T 4365—2003，定义 161-01-01]

---

1)　源于美国。

3.17

接地(参考)平面　ground (reference) plane

一个导电平面,其电位作为公共参考电位。

[GB/T 4365—2003,定义 161-04-36]

3.18

窄带发射　narrowband emission

带宽小于特定测量设备或接收机带宽的发射。

注 1:若信号的脉冲重复率(Hz)大于仪器的测量带宽,则也被当作窄带发射来考虑。

注 2:改写 GB/T 4365—2003,定义 161-06-13。

3.19

峰值检波器　peak detector

输出电压为所施加信号峰值的检波器。

[GB/T 4365—2003,定义 161-04-24]

3.20

准峰值检波器　quasi-peak detector

具有规定的电气时间常数的检波器。当施加规定的重复等幅脉冲时,其输出电压是脉冲峰值的分数,并且此分数随脉冲重复率增加趋向于 1。

[GB/T 4365—2003,定义 161-04-21]

3.21

屏蔽壳体　shielded enclosure;屏蔽室　screened room

专门设计用来隔离内外电磁环境的网状或薄板金属壳体。

注:改写 GB/T 4365—2003,定义 161-04-37。

4　对于车辆和零部件/模块发射测量的一般要求

4.1　一般试验要求和试验计划

4.1.1　骚扰源种类(在试验计划中所采用的)

电磁骚扰源可划分为两类:

- 窄带骚扰源(例如车辆具有时钟、晶振、微处理器和显示器中的数字逻辑的电子零部件)
- 宽带骚扰源(例如电机和点火系统)

注 1:大多数车辆或电气/电子零部件既是宽带骚扰源,也是窄带骚扰源,而有些只是某单一的骚扰源。

注 2:宽带骚扰源可分为短时宽带(如洗涤器电机、电动后视镜、电动窗)和长时宽带(如前刮水器电机、暖风电机、发动机冷却系统)。

对于本标准,骚扰类型分类仅用于简化试验要求,减少应使用的检波器数量(例如如果知道是宽带类型骚扰源,诸如直流电刷整流电机,就可以去除平均值检波器),否则,本标准要求骚扰源符合基于两种类型测量检波器的限值要求,而不考虑是何种骚扰类型。

4.1.2　试验计划

应为每个试验项目建立试验计划。试验计划应规定试验频率范围、发射限值、天线类型和安放位置、试验报告要求、电源电压和其他相关参数。

试验计划应写明各个频段是适用平均值和峰值限值还是适用平均值和准峰值限值。

4.1.3　依据限值判定 EUT 的符合性

任何情况下,EUT 都应符合平均值限值的要求。

EUT 还应符合峰值或准峰值限值的下列要求：

- 对于峰值和准峰值限值都规定的频段，EUT 应符合峰值限值要求或准峰值限值要求（视试验计划中写明而定）；
- 对于仅规定峰值限值的频段，EUT 应符合峰值限值要求。

适合所有频段的一般流程描述如图 1 所示。

本标准中给出的限值，考虑了不确定度。

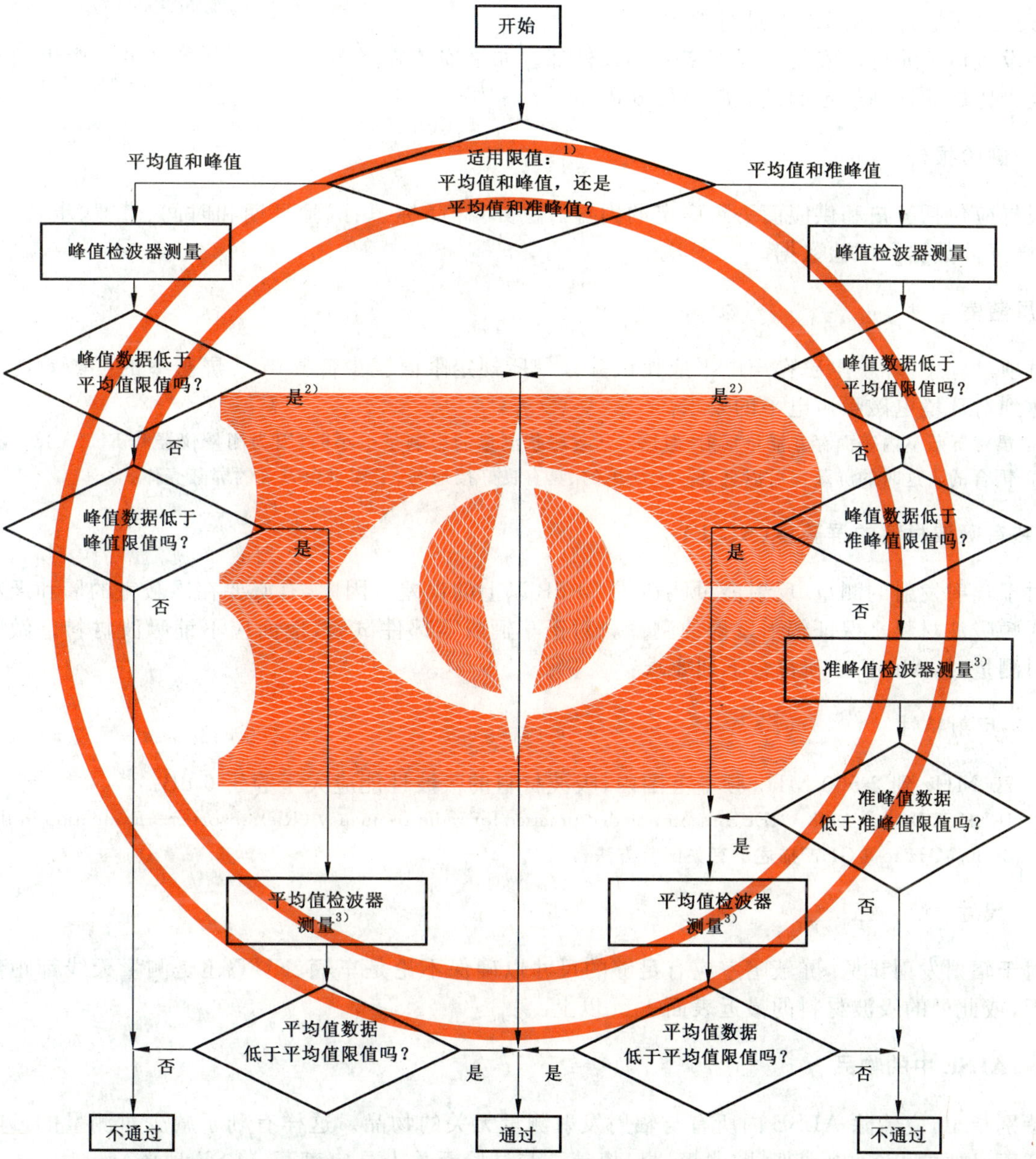

1) 一般满足平均值和峰值限值要求或满足平均值和准峰值限值要求的视为符合，除非试验计划写明满足单一适当限值（峰值、平均值或准峰值）的也视为符合。

2) 因为峰值检波器测量值总是高于或等于平均值检波器测量值，并且适用的峰值限值也总是高于或等于适用的平均值限值，因此单一峰值检波器测量可以简化和加快符合性判定进程。

3) 本流程图适用于各个单频点，举例来说，只有那些测量值在适用限值之上的频点才需要使用平均值或准峰值检波器进行再测量。

图 1　所有频段的符合性判定方法

4.1.4 运行条件

EUT 不同的运行条件能够影响发射测量的结果。在进行零部件/模块试验时，被测设备(EUT)应在典型负载和产生最大电磁发射工作条件下进行试验。在试验计划中，应规定运行条件。

为了确保零部件/模块在试验期间的运行是正确的，应使用外设接口单元来模拟车辆装置。依据指定的运行模式，EUT 上所有重要的传感器和执行部件的连线都应与外设接口单元相连。外设接口单元应能够按照试验计划对 EUT 进行控制。

外设接口单元可以安装在屏蔽室内部或外部。如果安装在屏蔽室内，外设接口单元产生的骚扰水平应至少比试验计划规定的试验限值低 6 dB。

4.1.5 试验报告

报告应包括客户和供应商一致商定的内容。例如，样品标识、试验日期和时间、带宽、步长、试验限值、环境条件数据和试验数据。

4.2 屏蔽室

每项试验中，环境电磁噪声电平应比试验计划所规定限值至少低 6 dB。屏蔽室的屏蔽效能应足以保证达到对环境电磁噪声电平的要求。

注：虽然屏蔽室内表面存在能量反射，但这对传导骚扰测量的影响是很小的，因为测量仪器和 EUT 的导线是直接耦合的。这时的屏蔽室可以就是一个简单的、具有良好接地的、工作平台方式的屏蔽壳体。

4.3 装有吸波材料的屏蔽室(ALSE)

对于辐射发射的测量，反射能量能造成 20 dB 以上的误差。因此，有必要在屏蔽室的墙和天花板上使用射频吸波材料来保证辐射发射的测量。对于车辆或零部件试验，地面应不铺吸波材料。做射频辐射发射测量时，ALSE 必须符合下列要求：

4.3.1 反射特性

在 70 MHz 到 2 500 MHz 频率范围内，吸波材料的吸波性能应大于等于 6 dB。

注：IEEE STD 1128-1998："IEEE recommended practice for radio frequency (RF) absorber—Evaluation in the range of 30 MHz to 5 GHz"描述了有关试验方法。

4.3.2 尺寸

对于辐射发射试验，屏蔽暗室应有足够的尺寸以确保不论是车辆、EUT 还是测量天线都距离墙或天花板，或此处的吸波材料的最近表面 1 m 以上。

4.3.3 ALSE 中的物品

特别指出，应清除 ALSE 内所有与辐射发射测量无关的物品。这样有利于减少对测量的影响。其中包括不必要的设备、电缆架、贮藏柜、桌、椅等。与试验无关人员应离开 ALSE 现场。

4.4 测量仪器

测量仪器应符合 GB/T 6113.101—2008 的要求，手动或自动频率扫描方式均可使用。GB/T 6113.203—2008 附录 D 解释了 CISPR 均值检波和普通均值检波(符合 CISPR 16-1:1999)的区别。由于内燃机脉冲重复频率高于 10 Hz，两种检波方式对本标准均适用。

注 1：频谱分析仪和扫描接收机特别适用于骚扰测量。对于相同的带宽，频谱分析仪和扫描接收机的峰值检波方式所显示的峰值均大于准峰值。由于峰值检波比准峰值检波扫描速度快，所以发射测量采用峰值检波更方便。

注 2：在天线和测量设备之间可以使用一个前置放大器用来满足 6 dB 的本底噪声值要求。如果使用了前置放大器来满足 6 dB 本底噪声要求，实验室应建立流程以避免前置放大器的过载，诸如使用分级衰减器。

注 3：在特殊情况下，因为极低的平均值检波器限值和/或所用仪器的局限性，无法满足 6 dB 本底噪声的要求。此时，如果已经使用了前置放大器，可以试着改变步长和减少分辨率带宽/带宽(RBW/BW)。这些测量应记录在试验报告中。

4.4.1 频谱分析仪参数

频谱分析仪扫描速率应按照 CISPR 频段和检波模式进行调整。

频谱分析仪可用于本标准的符合性测量，需严格遵守 GB/T 6113.203—2008 频谱分析仪使用注意事项，同时要求被测件的宽带发射重复频率大于 20 Hz。

推荐扫描时间和带宽列在表 1 中。

频谱分析仪应选择使得本底噪声至少比所选限值低 6 dB 的带宽。

注：见 4.4 的注 2 和注 3。

表 1 频谱分析仪参数

<table>
<tr><th rowspan="2">业务/频率范围
MHz</th><th colspan="2">峰值检波</th><th colspan="2">准峰值检波</th><th colspan="2">平均值检波</th></tr>
<tr><th>−3 dBRBW</th><th>扫描时间</th><th>−6 dBRBW</th><th>扫描时间</th><th>−3 dBRBW</th><th>扫描时间</th></tr>
<tr><td>调幅广播和移动业务 0.15～30</td><td>9/10 kHz</td><td>10 s/MHz</td><td>9 kHz</td><td>200 s/MHz</td><td>9/10 kHz</td><td>10 s/MHz</td></tr>
<tr><td>调频广播 76～108</td><td rowspan="4">100/120 kHz</td><td rowspan="4">100 ms/MHz</td><td rowspan="4">120 kHz</td><td rowspan="4">20 s/MHz</td><td rowspan="4">100/120 kHz</td><td rowspan="4">100 ms/MHz</td></tr>
<tr><td>移动业务 30～1 000</td></tr>
<tr><td>TV 频段Ⅰ 41～88
TV 频段Ⅲ 174～230
TV 频段Ⅳ/Ⅴ 470～890</td></tr>
<tr><td>DAB 171～245</td></tr>
<tr><td>DTTV 470～770</td><td>100/120 kHz</td><td>100 ms/MHz</td><td>N/A</td><td>N/A</td><td>100/120 kHz</td><td>100 ms/MHz</td></tr>
<tr><td>移动业务 1 000～2 500</td><td>100/120 kHz</td><td>100 ms/MHz</td><td>N/A</td><td>N/A</td><td>100/120 kHz</td><td>100 ms/MHz</td></tr>
<tr><td>GPS L1 民用 1 567～1 583</td><td>N/A</td><td>N/A</td><td>N/A</td><td>N/A</td><td>9/10 kHz</td><td>1 s/MHz</td></tr>
</table>

如果使用频谱分析仪测量，则视频带宽至少应 3 倍于分辨率带宽(RBW)。

4.4.2 扫描接收机参数

扫描接收机驻留时间应根据 CISPR 频段和检波模式设定。最小驻留时间、最大步长和推荐带宽(BW)列在表 2 中。

扫描接收机应选择使得本底噪声至少比所选限值低 6 dB 的带宽。

注：见 4.4 的注 2 和注 3。

表 2 扫描接收机参数

<table>
<tr><th rowspan="2">业务/频率范围
MHz</th><th colspan="3">峰值检波</th><th colspan="3">准峰值检波</th><th colspan="3">平均值检波</th></tr>
<tr><th>−6 dBBW</th><th>步长</th><th>驻留时间</th><th>−6 dBBW</th><th>步长</th><th>驻留时间</th><th>−6 dBBW</th><th>步长</th><th>驻留时间</th></tr>
<tr><td>调幅广播和移动业务 0.15～30</td><td>9 kHz</td><td>5 kHz</td><td>50 ms</td><td>9 kHz</td><td>5 kHz</td><td>1 s</td><td>9 kHz</td><td>5 kHz</td><td>50 ms</td></tr>
<tr><td>调频广播 76～108</td><td rowspan="2">120 kHz</td><td rowspan="2">50 kHz</td><td rowspan="2">5 ms</td><td rowspan="2">120 kHz</td><td rowspan="2">50 kHz</td><td rowspan="2">1s</td><td rowspan="2">120 kHz</td><td rowspan="2">50 kHz</td><td rowspan="2">5 ms</td></tr>
<tr><td>移动业务 30～1 000</td></tr>
</table>

表 2（续）

业务/频率范围 MHz		峰值检波			准峰值检波			平均值检波		
		−6 dBBW	步长	驻留时间	−6 dBBW	步长	驻留时间	−6 dBBW	步长	驻留时间
TV 频段Ⅰ TV 频段Ⅲ TV 频段Ⅳ/Ⅴ	41～88 174～230 470～890	120 kHz	50 kHz	5 ms	120 kHz	50 kHz	1s	120 kHz	50 kHz	5 ms
DAB	171～245									
DTTV	470～770	120 kHz	50 kHz	5ms	N/A	N/A	N/A	120 kHz	50 kHz	5 ms
移动业务	1 000～2 500	120 kHz	50 kHz	5 ms	N/A	N/A	N/A	120 kHz	50 kHz	5 ms
GPS L1 民用	1 567～1 583	N/A	N/A	N/A	N/A	N/A	N/A	9 kHz	5 kHz	5 ms

注：对于无电子控制单元的电刷整流子电机产生的发射，其最大步长可以增至规定带宽的5倍。

4.5 供电电源

供电电源应该能够调节使电压 U_S 保持在规定范围内：

车辆试验：点火开关处于开(ON)，发动机不运转

$$U_S=(12^{+2}_{-1})\text{V},12\ \text{V 电气系统}$$

$$U_S=(24^{+4}_{-2})\text{V},\ 24\ \text{V 电气系统}$$

车辆试验：发动机运转

$$U_S=(13^{+3}_{-0})\text{V},12\ \text{V 电气系统}$$

$$U_S=(26^{+6}_{-0})\text{V},\ 24\ \text{V 电气系统}$$

注：绝大多数车辆的试验都是在发动机不运转的状态下进行的，但是当点火开关打开时应该注意确保蓄电池的电是充足的。

零部件/模块试验：

除非在试验计划中特殊规定，否则应使用以下值进行试验。

$$U_S=(13^{+1}_{-1})\text{V},12\ \text{V 电气系统}$$

$$U_S=(26^{+2}_{-2})\text{V},24\ \text{V 电气系统}$$

电源应充分滤波，只有这样通过电源产生的射频噪声才有可能比试验计划规定的限值至少低6 dB。

试验计划应规定，车用蓄电池应该与供电电源并联。

5 车载天线接收到的发射测量

5.1 天线测量系统

5.1.1 天线类型

车载天线作为测量天线使用时，它的设计波段用作无线电接收。

如果车上未装有天线(对移动无线电系统是常有的情况)，可用表3提供的天线做试验。天线类型和安装位置应在试验计划中规定。

如果使用有源天线，则在无线电天线端口的测量信号的本底噪声可能增加(见5.3的注)

表3 天线类型

频率/MHz	天线类型
0.15～6.2	1 m 单极天线
26～54	带载 1/4 波长单极天线
68～1 000	1/4 波长单极天线
1 000～2 500	车辆制造商推荐

5.1.2 测量系统要求

5.1.2.1 广播频带

对于每个频带，测量时使用的仪器设备必须具有以下特性。

5.1.2.1.1 调幅广播

长波(0.15 MHz～0.3 MHz)
中波(0.53 MHz～1.8 MHz)
短波(5.9 MHz～6.2 MHz)
测量系统应该具有下列特性：

——阻抗匹配单元的输出阻抗：50 Ω；
——增益：测量天线系统的增益(或衰减)精度应达到±0.5 dB。如图2所示，在每个频带中，设备的增益局限于高度为6 dB包络线中。测量设备可根据附录B进行标定；

图2 增益曲线示例

——压缩点：1 dB 压缩点出现在正弦电压电平大于 60 dB(μV)处；
——测量系统本底噪声：设备包括测量仪器、阻抗匹配设备、前置放大器(如使用)的本底噪声至少比限值低 6 dB；
——动态范围：从本底噪声至 1 dB 压缩点；
——输入阻抗：测量系统的阻抗在匹配网络的输入端至少为 100 kΩ 的电阻，与之并联的电容最大为 10 pF。

5.1.2.1.2 调频广播(76 MHz～108 MHz)和 TV 广播

使用输入阻抗为 50 Ω 的测量仪器进行测量。如果驻波比(SWR)大于 2∶1，则应使用输入匹配网络。对于匹配单元的任何增益或衰减都要进行适当的校正。

5.1.2.2 移动通讯业务(26 MHz～2 500 MHz)

在 26 MHz～2 500 MHz 频率范围内,测量过程采用输入阻抗为 50 Ω 的测量仪器和阻抗为 50 Ω 的天线。如果测量仪器和天线阻抗不同,则需采用相应的网络和合适的校正因子。

5.2 测量方法

以天线连接器接地端为基准,在接收机天线同轴电缆末端,进行骚扰电压测量。天线连接器应在车载无线电接收机外壳处接地。无线电接收机外壳使用产品线束在车身处接地。用同轴壁板连接器与屏蔽室外的测量接收机连接,见图 3。若车载天线为有源天线,且由收音机通过天线电缆(虚拟网络)为其供电,那么类似于收音机上的去耦网络应安装在天线连接器上,用车上电源为有源天线供电。

当在调幅广播波段(长波、中波、短波)测量时,车辆/匹配单元的地与暗室 ALSE 的地应电气隔离,通过诸如隔离变压器、电缆表面电流抑制器、电池供电的测量设备或光缆等来实现。隔离网络中的插入损耗应进行适当修正(见附录 C 中电缆表面电流抑制器的例子)。

注:建议使用优质同轴电缆,例如双层屏蔽电缆与测量设备相连,同时在电缆上使用铁氧体环抑制表面电流。

有些车辆允许将接收机安装在车辆的几个位置(例如仪表板的下面、座椅下面等)。在这种情况下,试验将按照计划中规定的每一个接收机的位置来测量。

在发动机不运转情况下的车辆测试中,如果需要,应使用 4.5 规定的供电电源,在它的要求范围内来维持系统电压。

单位为毫米

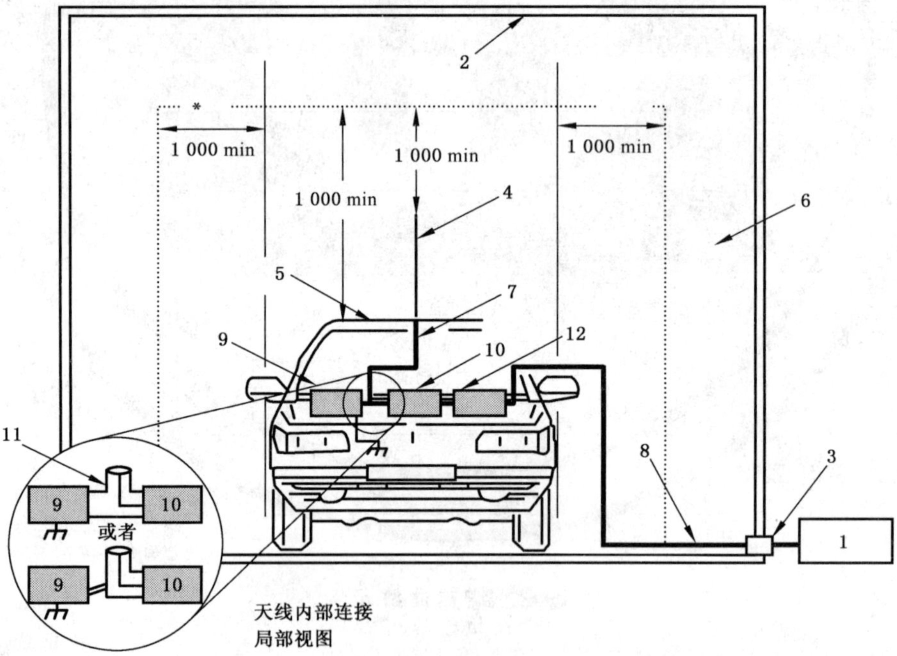

注:

1——测量设备;
2——ALSE;
3——壁板连接器;
4——天线(见 5.1);
5——车辆;
6——典型的吸波材料;
7——天线的同轴电缆;
8——优质同轴电缆(50 Ω),例如双层屏蔽;
9——车载接收机外壳;
10——阻抗匹配单元(当需要时);
11——改进的同轴“T”型连接器;
12——调幅广播波段地隔离网络(当需要时)。

图 3 车辆辐射发射—试验布置图示例(使用单极天线的视图)

5.3 车辆辐射骚扰的限值

为了使车辆中使用的典型的无线电接收机能够接收到无线电信号，在天线电缆末端的骚扰电压不应超过如表4所示的数值。由于使用不同的接收机或电磁骚扰传播的耦合方式不同，限值可以更改，且由车辆制造商进行说明。

表4 骚扰限值—整车

业务/波段[a]	频率/MHz	接收机天线末端的骚扰电压/dB(μV)		
		峰值	准峰值	平均值
广播				
LW[b]	0.15～0.30	26	13	6
MW[b]	0.53～1.8	20	7	0
SW[b]	5.9～6.2	20	7	0
FM[b]	76～108	26	13	6
TV 频段 Ⅰ[c]	41～88	16	—	6
TV 频段 Ⅲ[c]	174～230	16	—	6
DAB Ⅲ	171～245	10	—	0
TV 频段Ⅳ/Ⅴ[c]	468～944	16	—	6
DTTV	470～770	20[d]	—	10[d]
DAB L 频段	1 447～1 494	10	—	0
SDARS	2 320～2 345	16	—	6
移动业务				
CB[b]	26～28	20	7	0
VHF[b]	30～54	20	7	0
VHF[b]	68～87	20	7	0
VHF[b]	142～175	20	7	0
模拟 UHF[b]	380～512	20	7	0
RKE[f]	300～330	20	—	6
RKE[f]	420～450	20	—	6
模拟 UHF[b]	820～960	20	7	0
GSM 800	860～895	26	—	6
EGSM/GSM 900	925～960	26	—	6
GPS L1 民用[e]	1 567～1 583	—	—	0
GSM 1800 (PCN)	1 803～1 882	26	—	6
GSM 1900	1 850～1 990	26	—	6
3G / IMT 2000	1 900～1 992	26	—	6

表 4（续）

业务/波段[a]	频率/MHz	接收机天线末端的骚扰电压/dB(μV)		
		峰值	准峰值	平均值
3G /IMT 2000	2 010～2 025	26	—	6
3G /IMT 2000	2 108～2 172	26	—	6
蓝牙/802.11	2 400～2 500	26	—	6

注 1：在 FM 广播波段里，立体声信号比单声道信号对骚扰更敏感，这种现象已被换算到 FM（76 MHz～108 MHz）的限值中。

注 2：本表中的所有数值相对于表 1 和表 2 中的带宽均有效。如果由于本底噪声的需要，一定要在不同于表 1 和表 2 中的带宽下测量，则需在试验计划中确定其适用的限值。

[a] LW：长波，MW：中波，SW：短波（调幅，AM）；
VHF：甚高频，UHF：超高频（调频 FM）；
DAB：数字音频广播，TV：电视，DTTV：数字地面电视广播；
RKE：遥控钥匙，GPS：全球定位系统；GSM：全球移动通讯系统；
3G：第三代移动通讯。

[b] 此模拟量信号服务中，对于短时骚扰（如，短时骚扰 PK（或 QPK）限值＝PK（或 QPK）限值＋6 dB），峰值和平均值限值可以放宽 6 dB。

[c] 仅模拟量信号 TV。

[d] 本限值不如模拟量的限值严厉，仅用在模拟量 TV 不再使用的情况下。

[e] 用在 GPS L1 民用频段的带宽和频率步长分别是 9 kHz 和 5 kHz，不同于表 1 和表 2 中 30 MHz 以上服务所规定的带宽和步长。

[f] RKE 的限值被定义在一个较广的频段内。如需对 RKE 系统中一些敏感的工作频率附近的平均值限值进行修正，则应在试验计划中注明。

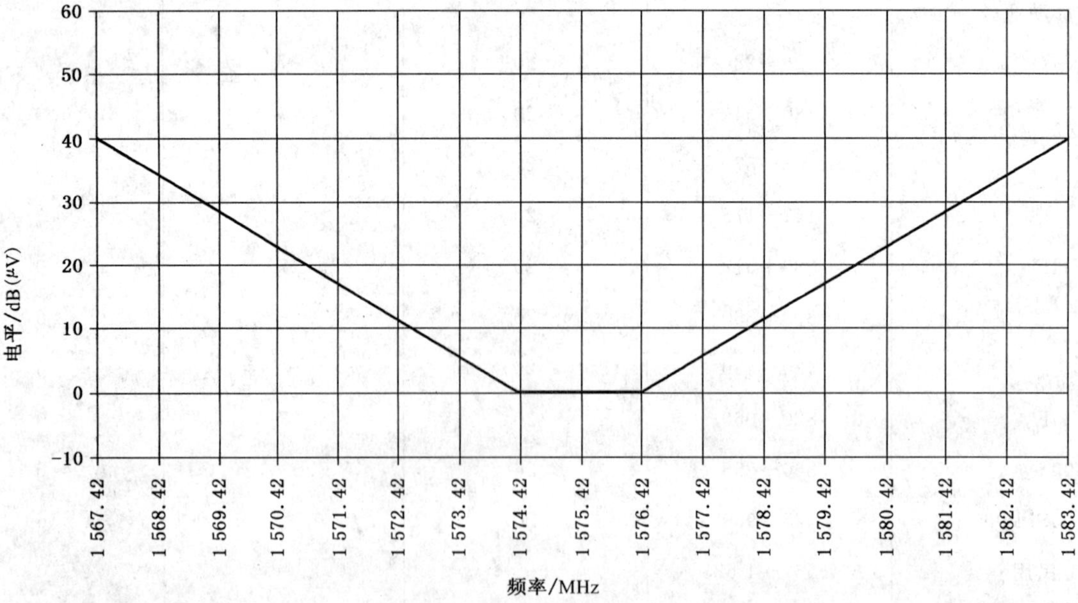

图 4　整车 GPS 波段 1 567.42 MHz～1 583.42 MHz 辐射骚扰平均值限值

注：如果使用一个有源天线，那么本底噪声将增加。这个增加的本底噪声取决于天线类型，必须将其从测量值中减去，确定骚扰的实际值采用以下公式（单位为 μV）：

$$U_{实际骚扰} = \sqrt{U^2_{测量} - U^2_{天线噪声}} \quad \cdots\cdots(1)$$

由于有源天线存在本底噪声问题，因此放宽限值也不能保证符合要求。但今后随着对有源天线设计的改进，天线的本底噪声也许会符合要求，这个课题正在研究中。附录 D 描述了确定有源天线本底噪声的方法。

6 零部件和模块的测量

6.1 试验设备

6.1.1 接地平面

接地平面指试验台架/试验桌上的金属面。

接地平面应采用至少 0.5 mm 厚的铜板，黄铜、青铜或者镀锌钢板。

用于传导发射测量的接地平面的最小尺寸应该为 1 000 mm×400 mm。

用于辐射发射测量的接地平面的最小宽度应该为 1 000 mm，最小长度应该为 2 000 mm，或者比整个设备的各边大 200 mm，两种情况取其大者。

试验台架上的接地平面(试验台面)距离地面 900 mm±100 mm。

接地平面应与屏蔽室地面或墙面电气搭接，目的是使它的直流电阻不超过 2.5 mΩ。此外接地铜带间的距离不得大于 300 mm，接地铜带最大长宽比应为 7：1。

注：由于在接地平面处有谐振现象，接地铜带的长和宽会影响测量结果。应采用足够多的低感应接地铜带来保证低阻抗连接。

6.1.2 电源和人工网络

对于在 6.2、6.3、6.4、6.5 和 6.6 中的试验，每一个 EUT 的电源线都必须经过人工网络与供电电源相连。对于 6.5 中的 TEM 小室的发射试验，配有同轴连接器的 AN 与 TEM 小室的 EUT 电源连接器相连。人工网络的标称电感为 5μH。阻抗特性及示意图见附录 E 中。

通常电源负极接地，如果 EUT 用的是正极接地，那么图中所示的试验安装需要进行相应调整。根据预定的 EUT 在车辆上的安装情况进行布置：

——EUT 远端接地(指车辆电源回线大于 200 mm)：要用两个人工网络，其中一个接电源正极，另一个接电源回线。

——EUT 近端接地(指车辆电源回线小于或等于 200 mm)：使用一个人工网络，用到电源正极上。

人工网络应直接安装在接地平面上，人工网络的外壳应与接地平面搭接。

电源回线应与接地平面相连(在电源和人工网络之间)。

未与测量设备相连的人工网络测量端口应接 50 Ω 的负载。

6.1.3 负载模拟器

负载模拟器包括传感器和激励源，位置在与 EUT 连接的试验线束末端。

为保证有足够的重复性，每次测量必须使用相同的末端形式，要么使用专门的端接设备(如人工网络，滤波器)，位置在 RF 边界，要么使用相同的负载模拟器。

6.1.4 信号/控制线滤波器

对于采用同轴连接器的 TEM 小室法，EUT 导线应通过滤波器进出，滤波器阻抗特性应与上面提到的 AN 的类似。

滤波器的衰减应在零部件/模块试验(见6.2~6.6)的整个频率范围内符合如图5所示的要求。最小衰减值从30 MHz到上限截止频率(f_c)范围内应大于40 dB,这个上限截止频率值取决于试验方法。图5所示的例子是选择截止频率(f_c)为400 MHz的试验方法。

注:如果滤波器特性不适合用于EUT输入输出(如高速网络数据接口)预期信号的滤波,也可采用其他低通RF滤波器结构。滤波器应在试验计划中加以描述。

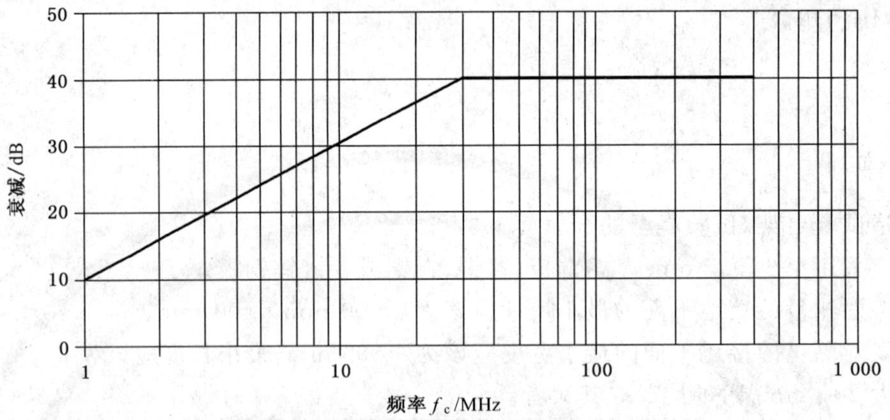

图5 信号/控制线滤波器的最小衰减值示例

6.2 来自零部件/模块的传导发射—电压法

6.2.1 一般要求

电压测量只能用于单一导线的传导发射特性。这种试验方法不适用于确定辐射发射特性和屏蔽效能。例如,这种辐射发射是由电子部件的印刷线路板上不同的天线结构产生的。因此,电压测量不能完全表明EUT的发射特性。在较低频率时(例如在调幅波段),电压测量通常比辐射测量有更好的动态范围。

6.2.2 接地布置

6.2.2.1 试验布置

6.2.2.1.1 EUT的位置

EUT应放置在无导电性、低相对介电常数材料($\varepsilon_r \leqslant 1.4$)上,距接地平面上方50 mm±5 mm的位置。

EUT的外壳不应该与接地平面相连,除非是模拟实际车辆的结构。

EUT各表面距离接地平面边界至少100 mm。EUT外壳接地情况时,接地点距离接地平面边界至少100 mm。

6.2.2.1.2 试验线束的位置

人工网络连接器与EUT连接器之间的电源线长度l_p应为(200^{+200}_{0})mm。

线束沿一条直线放置在无导电性、低相对介电常数材料($\varepsilon_r \leqslant 1.4$)上,距接地平面上方50 mm±5 mm的位置。

如果对于特殊的EUT(多连接器、特殊连接器等),电源线的标准长度得不到满足,那么要求的最小长度应该在试验计划中定义。这个最小长度应满足$f_c \geqslant 108$ MHz,或者测量的上限频率限制在f_c。

定义的方程如下：

$$f_c = 30/l_p \quad \cdots\cdots(2)$$

式中：

f_c ——频率，单位 MHz；

l_p ——长度，单位 m。

（公式(2)依据 $l_p \leqslant \lambda_{min}/10$）

为使电源和输入/输出导线之间的耦合最小，所有导线之间的空间应足够大（距离人工网络与 EUT 之间连接的电源线的垂直距离≥200 mm）。

试验线束（不包括电源线）总长不应超过 2 m。线束的规格应根据实际系统的应用及要求来确定。

所有导线和电缆应放置在距离接地平面边缘至少为 100 mm 的位置。

6.2.2.1.3 模拟负载的位置

最好将负载模拟器直接固定在接地平面上。如果负载模拟器外壳为金属，则外壳应与接地平面直接搭接。

注：两者选其一，负载模拟器可以放置在靠近接地平面的位置（当负载模拟器与接地平面搭接时）；或者负载模拟器安装在 ALSE 的外面，EUT 的试验线束通过 RF 边界连接到接地平面上。

当模拟负载放置在接地平面上时，模拟负载的直流电源线应该直接与电源相连而不应再通过人工网络。

6.2.2.2 试验程序

骚扰源（EUT）和连接线束等的整体布局表征规范化的试验条件。若线束长度与标准试验线束长度存在偏差，要在试验前得到认可并在试验报告中记录下来。

EUT 应该能够在典型负载下操作，以及能够在车辆产生最大电磁发射的状态下操作。这些操作条件必须清楚地在试验计划中规定，以确保供应商和客户能完成相同试验。

——EUT 远端接地（指车辆电源回线大于 200 mm）：电压测量使每一条线（供电线和其回线）都相对于地进行测量。

——EUT 近端接地（指车辆电源回线应小于或等于 200 mm）：电压测量为电源供电线相对于地进行测量。

——发电机应该用蓄电池做负载，并与电阻相并联，并且按照图 8 所示与人工网络相连。这个负载电流、转速、线束长度以及其他情况都应该在试验计划中规定下来。

电源线的传导发射测量，在正极电源线和电源回线进行测量。将测量仪器与 AN 的测量端口相连，AN 的测量端口的另一端连接 50 Ω 负载。

注：对于配有多路正极供电线路和/或多路电源回路的 EUT 来说，这个测量可以通过将所有电源正极连在一起使用一个人工网络，并且将所有电源的负极连在一起使用另一个人工网络来实现。

配置情况应该在试验计划中规定。

对于电压测量，EUT 和测量设备的布置按照图 6、图 7、图 8 和图 9 所示，具体使用哪一种方案依据 EUT 在车中的安装方式来确定。

单位:毫米

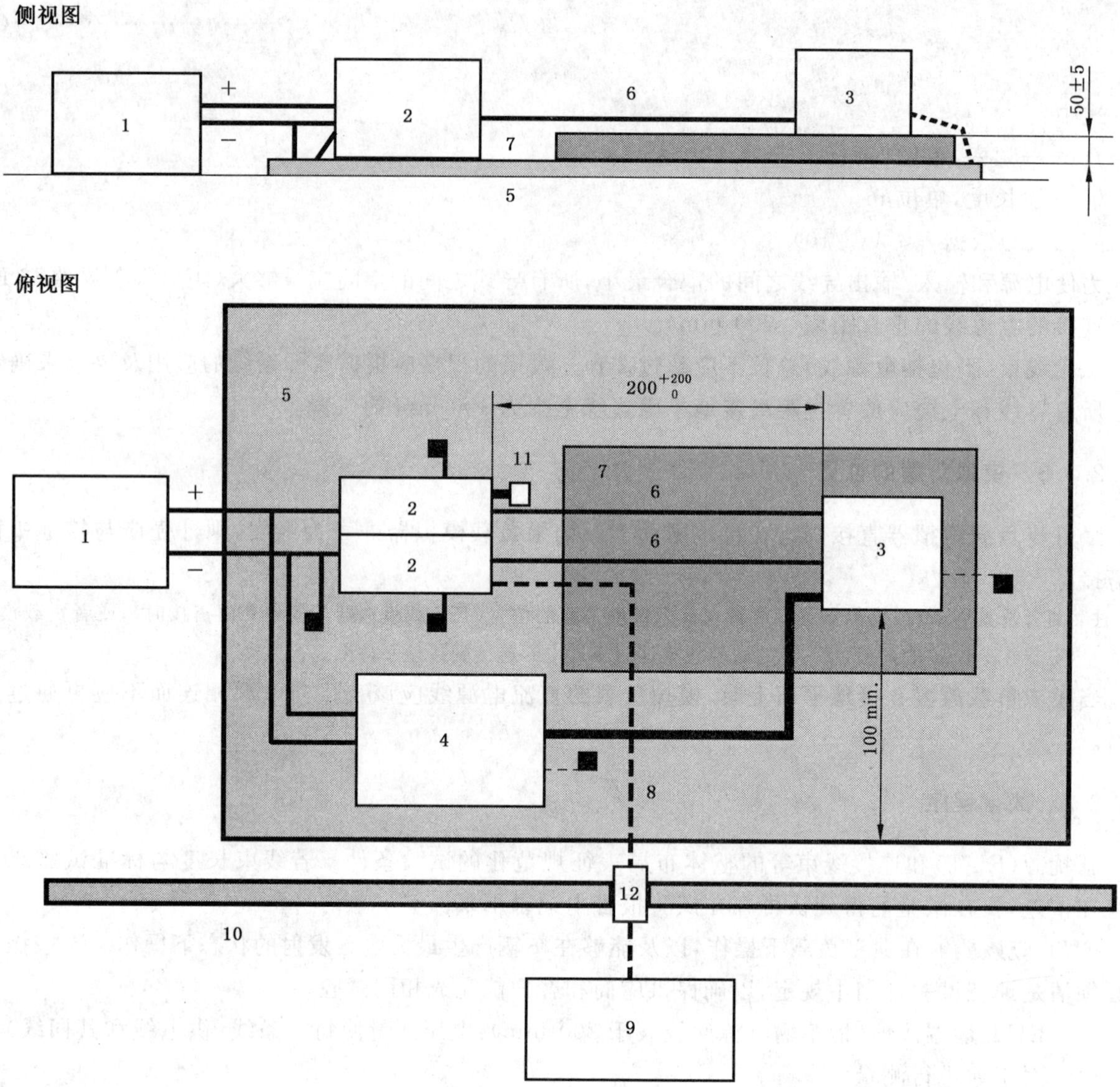

说明:

1——电源(可以布置在接地平面上);

2——人工网络;

3——EUT(如果试验计划要求则应将壳体接地);

4——模拟负载(如果试验计划要求则应将金属外壳接地);

5——接地平面;

6——电源线;

7——低相对介电常数支撑物($\varepsilon_r \leqslant 1.4$);

8——优质同轴电缆(50 Ω),例如双层屏蔽;

9——测量设备;

10——屏蔽室;

11——50 Ω 负载;

12——壁板连接器。

注:若试验计划要求 EUT 外壳接地,则 EUT 外壳接地线长度不超过 150 mm。

图 6 传导发射—电源回线远端接地的 EUT

单位为毫米

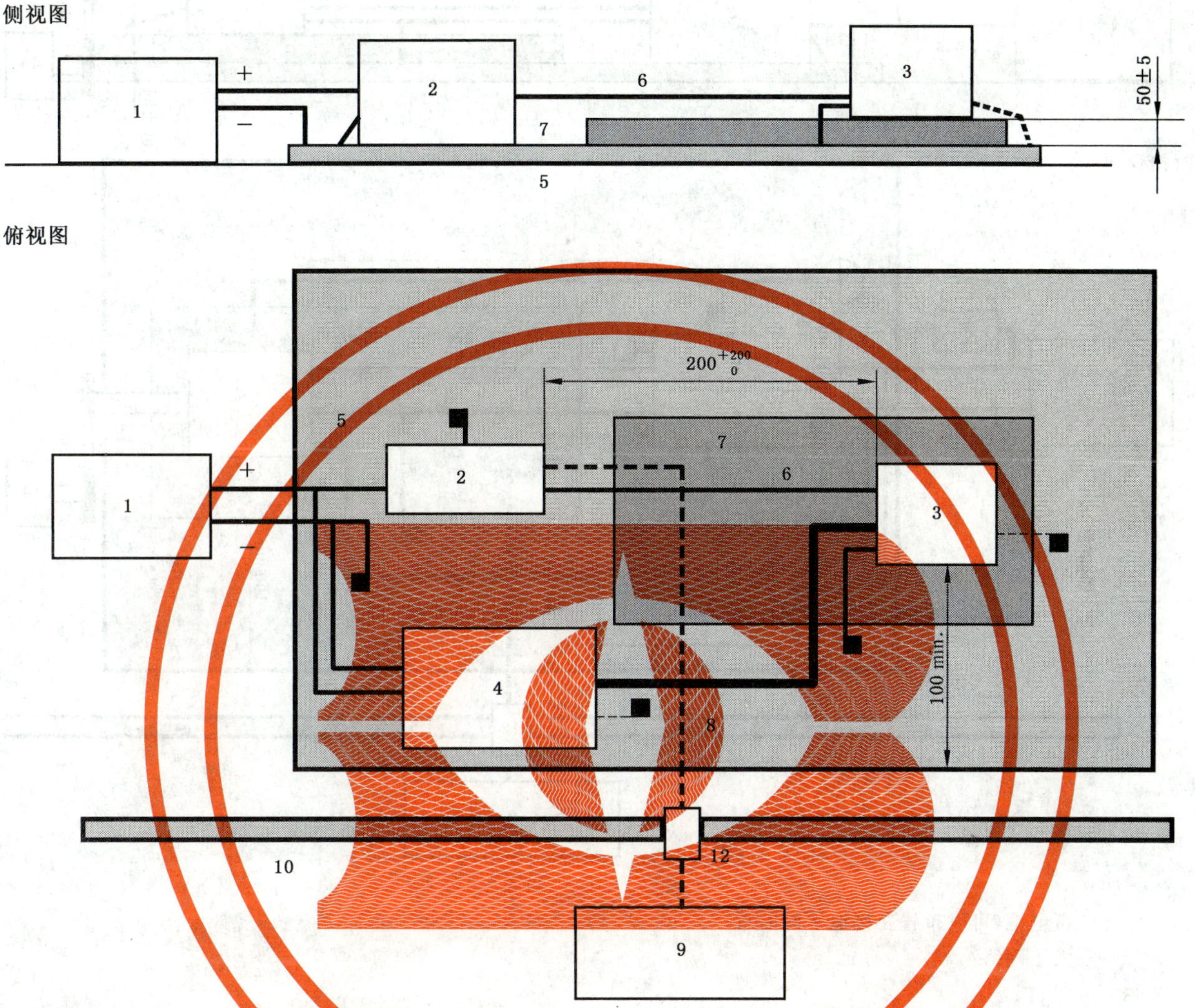

说明：

1——电源(可能布置在接地平面上)；

2——人工网络；

3——EUT(如果试验计划要求则应将壳体接地)；

4——模拟负载(如果试验计划要求则应将金属外壳接地)；

5——接地平面；

6——电源线；

7——低相对介电常数支撑物($\varepsilon_r \leqslant 1.4$)；

8——优质同轴电缆(50 Ω),例如双层屏蔽；

9——测量设备；

10——屏蔽室；

11——50 Ω负载；

12——壁板连接器。

注：如果试验计划需要,EUT的接地线长度不应超过150 mm。

图7　传导发射—电源回线近端接地的EUT

单位为毫米

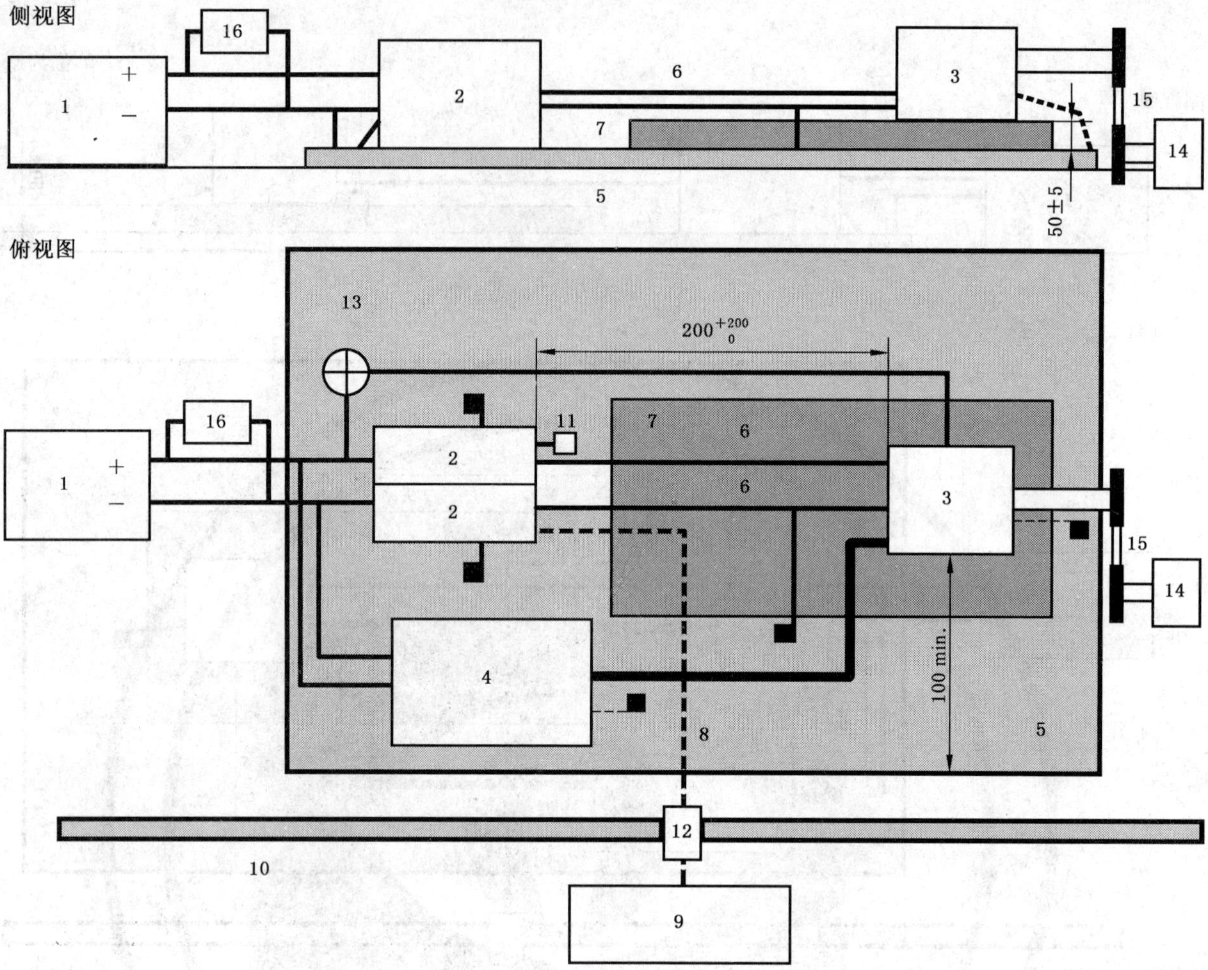

说明：

1——蓄电池(可以布置在接地平面上)；

2——人工网络；

3——EUT；

4——模拟负载(如果试验计划要求则应将金属外壳接地)；

5——接地平面；

6——电源线；

7——低相对介电常数支撑物($\varepsilon_r \leqslant 1.4$)典型情况不用安装；

8——优质同轴电缆(50 Ω),例如双层屏蔽；

9——测量设备；

10——屏蔽室；

11——50 Ω 负载；

12——壁板连接器；

13——试验灯/控制电阻(如适用)；

14——电机(空气/低发射)；

15——绝缘带/耦合器；

16——负载电阻。

注：若试验计划要求 EUT 外壳接地，则 EUT 外壳接地线长度不应超过 150 mm。

图 8　传导发射—发电机试验布置图

单位为毫米

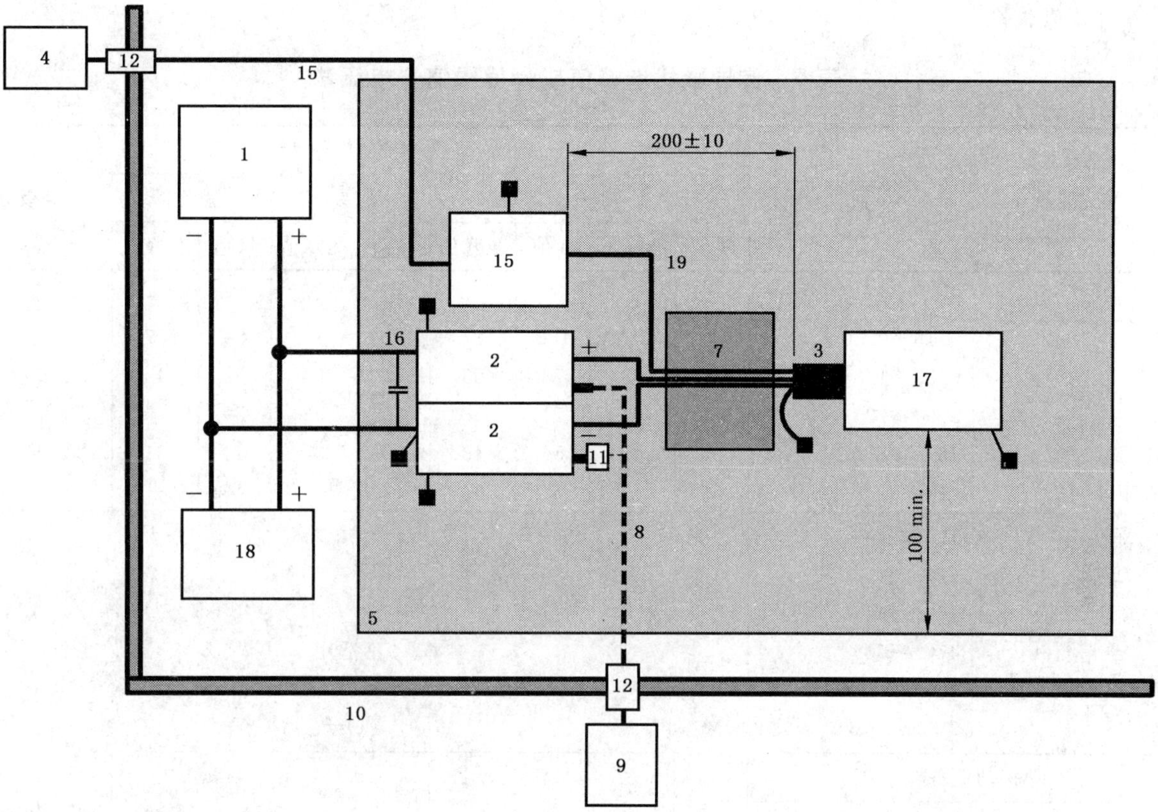

说明：

1——电源(可以放在接地平面上)；

2——人工网络；

3——笔形点火线圈；

4——ECU 模拟器(如果试验计划要求则应将金属外壳接地)；

5——接地平面；

7——低相对介电常数支撑物($\varepsilon_r \leqslant 1.4$)；

8——优质同轴电缆(50 Ω),例如双层屏蔽；

9——测量仪器；

10——屏蔽室；

11——50 Ω 负载；

12——壁板连接器；

15——光缆转换器；

16——1 000 μF 电容；

17——发动机模拟器；

18——蓄电池；

19——信号线。

注：如果试验计划要求使用笔形线圈,其接地导线长度不应超过 150 mm。

图 9　传导发射—点火系统零部件试验布置图

6.2.3　零部件/模块的传导骚扰限值—电压法

所用限值(频率的函数)等级应经整车生产商和零部件供应商协商一致。当采用本标准提供的限值时，不应使用人工网络的修正系数。

注：为获得在整车上可接受的无线电接收效果，推荐传导噪声应不超过表5和表6中峰值和平均值或准峰值和平均值的数值。由于安装位置，车身结构和线束设计可能影响到无线电骚扰对车载无线电的耦合，本标准定义了多个限值水平。

表5　传导骚扰准峰值或峰值限值—电压法

业务/波段	频率/MHz	电平/dB(μV)									
		等级1		等级2		等级3		等级4		等级5	
		峰值	准峰值	峰值	准峰值	峰值	准峰值	峰值	准峰值	峰值	准峰值
广播											
LW	0.15～0.30	110	97	100	87	90	77	80	67	70	57
MW	0.53～1.8	86	73	78	65	70	57	62	49	54	41
SW	5.9～6.2	77	64	71	58	65	52	59	46	53	40
FM	76～108	62	49	56	43	50	37	44	31	38	25
TV 频段 Ⅰ	41～88	58	—	52	—	46	—	40	—	34	—
TV 频段 Ⅲ	174～230	传导发射—电压法 不适用									
DAB Ⅲ	171～245										
TV 频段Ⅳ/Ⅴ	468～944										
DTTV	470～770										
DAB L 频段	1 447～1 494										
SDARS	2 320～2 345										
移动业务											
CB	26～28	68	55	62	49	56	43	50	37	44	31
VHF	30～54	68	55	62	49	56	43	50	37	44	31
VHF	68～87	62	49	56	43	50	37	44	31	38	25
VHF	142～175	传导发射—电压法 不适用									
模拟 UHF	380～512										
RKE	300～330										
RKE	420～450										
模拟 UHF	820～960										
GSM 800	860～895										
EGSM/GSM 900	925～960										
GPS L1 民用	1 567～1 583										
GSM 1800 (PCN)	1 803～1 882										
GSM 1900	1 850～1 990										
3G IMT 2000	1 900～1 992										
3G IMT 2000	2 010～2 025										
3G IMT 2000	2 108～2 172										
蓝牙/802.11	2 400～2 500										

注1：本表中的所有数值相对于表1和表2中的带宽均有效。如果由于本底噪声的需要，一定要在不同于表1和表2中的带宽下测量，则需在试验计划中定义其适用的限值。

注2：在有多个频段使用相同限值时，用户应该选择适当的频段来覆盖这些频段进行测试。当试验计划出现频段交叠时，试验计划应明确所适用的限值。

表 6　传导骚扰平均值限值—电压法

业务/波段	频率/MHz	电平/dB(μV)				
		等级 1	等级 2	等级 3	等级 4	等级 5
		平均值	平均值	平均值	平均值	平均值
广播						
LW	0.15～0.30	90	80	70	60	50
MW	0.53～1.8	66	58	50	42	34
SW	5.9～6.2	57	51	45	39	33
FM	76～108	42	36	30	24	18
TV 频段 Ⅰ	41～88	48	42	36	30	24
TV 频段 Ⅲ	174～230	传导发射—电压法不适用				
DAB Ⅲ	171～245					
TV 频段Ⅳ/Ⅴ	468～944					
DTTV	470～770					
DAB L 频段	1 447～1 494					
SDARS	2 320～2 345					
移动业务						
CB	26～28	48	42	36	30	24
VHF	30～54	48	42	36	30	24
VHF	68～87	42	36	30	24	18
VHF	142～175	传导发射—电压法不适用				
模拟 UHF	380～512					
RKE	300～330					
RKE	420～450					
模拟 UHF	820～960					
GSM 800	860～895					
EGSM/GSM 900	925～960					
GPS L1 民用	1 567～1 583					
GSM 1800 (PCN)	1 803～1 882					
GSM 1900	1 850～1 990					
3G IMT 2000	1 900～1 992					
3G IMT 2000	2 010～2 025					
3G IMT 2000	2 108～2 172					
蓝牙/802.11	2 400～2 500					

注 1：本表中的所有数值相对于表 1 和表 2 中的带宽均有效。如果由于本底噪声的需要，一定要在不同于表 1 和表 2 中的带宽下测量，则需在试验计划中定义其适用的限值。

注 2：在有多个频段使用相同限值时，用户应该选择适当的频段来覆盖这些频段进行测试。当试验计划出现频段交叠时，试验计划应明确所适用的限值。

6.3 零部件/模块的传导发射—电流探头法

6.3.1 试验布置

6.3.1.1 EUT 的位置

EUT 应该放置在无导电性、低相对介电常数材料($\varepsilon_r \leqslant 1.4$)上，距接地平面上方 50 mm±5 mm 的位置。

EUT 的外壳不应该与接地平面相连，除非是用于模拟实际车辆的装配情况。

EUT 应距接地平面边缘不小于 100 mm。试验计划应该模拟实际车辆的结构，并且对于远端还是近端接地、使用绝缘衬套情况以及 EUT 外壳接地的情况给予说明。

测量设备如图 10 所示。

6.3.1.2 试验线束的位置

试验线束应为($1\ 700^{+300}_{0}$)mm 长(或试验另有规定)，并且应放置在无导电性、低相对介电常数材料($\varepsilon_r \leqslant 1.4$)上，位于接地平面上方 50 mm±5 mm 的位置。除非在试验计划中另有规定，否则这些试验线束应该彼此平行并且彼此靠近。

6.3.2 试验程序

探头(见 GB/T 6113.102—2008)应圈住整个线束(包括全部电缆)。

在距离 EUT 50 mm 和 750 mm 两处用探头测量发射。

一般最大发射的位置尽可能接近 EUT 连接器。在 EUT 装备金属外壳连接器时，探头应夹住与连接器外壳最接近的电缆，但不能夹到连接器外壳。EUT 以及试验布置各部分离接地平面边缘最小100 mm 距离。

注：一些额外的试验，包括只有正极性电源线和/或负极性电源线被圈在探头内，应在试验计划写明。这种试验布置的限值应在试验计划中明确。

单位为毫米

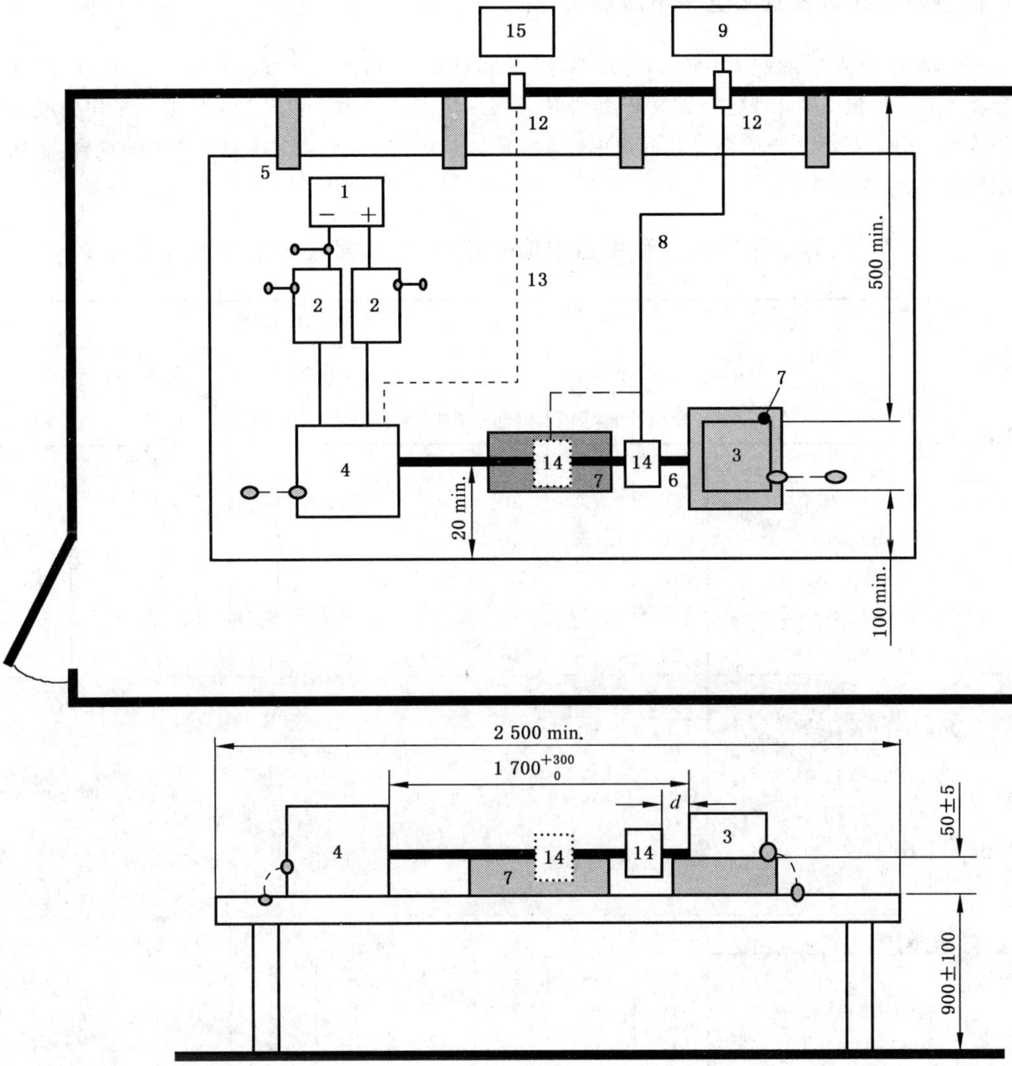

说明：

1——电源；

2——人工网络；

3——EUT(接地，如果在试验计划中明确)；

4——负载模拟器(根据 ISO 11452-4 来布置和接地)；

5——接地平面；

6——导线线束；

7——低相对介电常数支撑物($\varepsilon_r \leqslant 1.4$)；

8——优质同轴电缆(50 Ω)，例如双层屏蔽；

9——测量仪器；

10——屏蔽室；

12——壁板连接器；

13——光缆；

14——电流探头(两个典型位置)；

15——模拟和监视系统；

d ——EUT 到最近的探头位置的距离。

图 10　传导发射—电流探头试验布置示例

6.3.3 零部件/模块的传导骚扰限值—电流探头法

所用限值(频率的函数)等级应经整车生产商和零部件供应商协商一致。

注:为获得在整车上可接受的无线电接收效果,推荐传导噪声应不超过表 7 和表 8 中峰值和平均值或准峰值和平均值的限值。由于安装位置,车身结构和线束设计可能影响到无线电骚扰对车载无线电的耦合,本标准定义了多个限值水平。

表 7 传导骚扰准峰值和峰值限值—控制线/信号线—电流探头法

业务/波段	频率/MHz	电平/dB(μA)									
		等级 1		等级 2		等级 3		等级 4		等级 5	
		峰值	准峰值	峰值	准峰值	峰值	准峰值	峰值	准峰值	峰值	准峰值
广播											
LW	0.15～0.30	90	77	80	67	70	57	60	47	50	37
MW	0.53～1.8	58	45	50	37	42	29	34	21	26	13
SW	5.9～6.2	43	30	37	24	31	18	25	12	19	6
FM	76～108	28	15	22	9	16	3	10	−3	4	−9
TV 频段 Ⅰ	41～88	24	—	18	—	12	—	6	—	0	—
TV 频段 Ⅲ	174～230	传导发射—控制/信号线 不适用									
DAB Ⅲ	171～245										
TV 频段Ⅳ/Ⅴ	468～944										
DTTV	470～770										
DAB L 频段	1 447～1 494										
SDARS	2 320～2 345										
移动业务											
CB	26～28	34	21	28	15	22	9	16	3	10	−3
VHF	30～54	34	21	28	15	22	9	16	3	10	−3
VHF	68～87	28	15	22	9	16	3	10	−3	4	−9
VHF	142～175	传导发射—控制/信号线 不适用									
模拟 UHF	380～512										
RKE	300～330										
RKE	420～450										
模拟 UHF	820～960										
GSM 800	860～895										
EGSM/GSM 900	925～960										
GPS L1 民用	1 567～1 583										
GSM 1800 (PCN)	1 803～1 882										
GSM 1900	1 850～1 990										
3G IMT 2000	1 900～1 992										
3G IMT 2000	2 010～2 025										
3G IMT 2000	2 108～2 172										
蓝牙/802.11	2 400～2 500										

注 1:本表中的所有数值相对于表 1 和表 2 中的带宽均有效。如果由于本底噪声的需要,一定要在不同于表 1 和表 2 中的带宽下测量,则需在试验计划中定义其适用的限值。

注 2:在有多个频段使用相同限值时,用户应该选择适当的频段来覆盖这些频段进行测试。当试验计划出现频段交叠时,试验计划应明确所适用的限值。

表 8　传导骚扰平均值限值—控制/信号线—电流探头法

业务/波段	频率/MHz	电平/dB(μA)				
		等级 1	等级 2	等级 3	等级 4	等级 5
		平均值	平均值	平均值	平均值	平均值
广播						
LW	0.15～0.30	70	60	50	40	30
MW	0.53～1.8	38	30	22	14	6
SW	5.9～6.2	23	17	11	5	−1
FM	76～108	8	2	−4	−10	−16
TV 频段 Ⅰ	41～88	14	8	2	−4	−10
TV 频段 Ⅲ	174～230	传导发射—控制/信号线 不适用				
DAB Ⅲ	171～245					
TV 频段Ⅳ/Ⅴ	468～944					
DTTV	470～770					
DAB L 频段	1 447～1 494					
SDARS	2 320～2 345					
移动业务						
CB	26～28	14	8	2	−4	−10
VHF	30～54	14	8	2	−4	−10
VHF	68～87	8	2	−4	−10	−16
VHF	142～175	传导发射—控制/信号线 不适用				
模拟 UHF	380～512					
RKE	300～330					
RKE	420～450					
模拟 UHF	820～960					
GSM 800	860～895					
EGSM/GSM 900	925～960					
GPS L1 民用	1 567～1 583					
GSM 1800 (PCN)	1 803～1 882					
GSM 1900	1 850～1 990					
3G	1 900～1 992					
3G	2 010～2 025					
3G	2 108～2 172					
蓝牙/802.11	2 400～2 500					

注 1：本表中的所有数值相对于表 1 和表 2 中的带宽均有效。如果由于本底噪声的需要，一定要在不同于表 1 和表 2 中的带宽下测量，则需在试验计划中定义其适用的限值。

注 2：在有多个频段使用相同限值时，用户应该选择适当的频段来覆盖这些频段进行测试。当试验计划出现频段交叠时，试验计划应明确所适用的限值。

6.4　零部件/模块的辐射发射—ALSE 法

6.4.1　一般要求

辐射场强测量应在 ALSE 内进行，以消除来自电气设备以及广播台站产生的额外电磁骚扰的影响。

注 1：由于试验布置中的导线本身会产生辐射，所以传导发射会对辐射发射的测量有影响，因此建议在进行辐射发射试验前,先进行传导发射试验,判定其符合性。

注 2:一条或多条线束的直接辐射,可以引起对车载接收机的电磁骚扰。骚扰源对车载接收机的耦合方式将影响测量方式和抑制骚扰的方法。

注 3:若车上零部件不是通过短的接地导线进行良好接地,或零部件上包括几条携带骚扰电压的线束,则辐射发射与传导发射的相关性较差。对于用以下方式安装的车辆零部件来说,零部件试验与整车试验具有较好的相关性。

零部件的安装示例包括,但不限于以下这些:

——包括微处理器的电子控制系统;

——带有负极电源开关的双速雨刮电机;

——配有执行电机的悬挂控制系统,执行电机用支架固定;

——固定在塑料或其他绝缘外壳上的发动机冷却电机和暖风电机。

6.4.2 试验布置

对于辐射发射测量,EUT、试验线束、负载模拟器和测量设备的布置应等同图 12～图 15 的示例。

6.4.2.1 天线系统

测量应使用具有标称 50 Ω 输出阻抗的线性极化电场天线。

注 1:为保证实验室间结果的一致性,推荐采用以下天线:

a) 0.15 MHz～30 MHz　1 m 长的垂直单极天线(如果天线阻抗不是 50 Ω,应采用合适的天线匹配单元);

b) 30 MHz～300 MHz　一个双锥天线;

c) 200 MHz～1 000 MHz　一个对数周期天线;

d) 1 000 MHz～2 500 MHz 一个喇叭或对数周期天线。

垂直单极(杆)天线的特性的测量方法见 GB/T 6113.104。

注 2:使用 SAE ARP 958.1 Rev D:2003-2 中的 1 m 法确定双锥、对数周期和喇叭的天线系数。

注 3:双锥天线通常在 30 MHz～80 MHz 频段内的驻波比高达 10∶1,因此当接收机的输入阻抗不是 50 Ω 时会产生额外的测量误差。在接收机输入端使用衰减器(最小 3 dB)或在输入端使用前置放大器(如可能)将会降低这种额外误差。

6.4.2.2 单极天线匹配单元

应在全频率范围内保证天线和 50 Ω 阻抗测量接收机之间的正确的阻抗匹配。天线匹配单元输出端的驻波比(SWR)最大为 2∶1。天线系统(从天线到接收机)的衰减或增益都要做适当的校正。

注:应注意确保输入电压不超过匹配单元脉冲输入额定范围,以免过载。当使用有源匹配单元时,这一点尤其重要。

6.4.2.3 EUT 的位置

EUT 应该放置在无导电性、低相对介电常数材料($\varepsilon_r \leqslant 1.4$)上,距接地平面上方 50 mm±5 mm 的位置。

EUT 的外壳不接地,除非用于模拟实际车辆的结构。

EUT 最靠近接地平面前端边缘的侧面应该放置在至少距接地平面前端边缘 200 mm±10 mm 处。

6.4.2.4 试验线束和位置

在 EUT 与负载模拟器(或者 RF 边界)之间的试验线束的总长不应该超过 2 000 mm(或试验计划中规定的长度)。线束类型应该由实际系统的使用和要求确定。

试验线束应该放置在无导电性、低相对介电常数材料($\varepsilon_r \leqslant 1.4$)上，位于接地平面上 50 mm ±5 mm 处。

试验线束平行于接地平面边缘部分的长度应该有 1 500 mm±75 mm 长。

试验线束的长边应该与接地平面的边缘平行放置，面向天线边缘的距离为 100 mm±10 mm。EUT 和负载模拟器的位置要保证线束的弯曲角度为($90^{\circ}{}^{+45^{\circ}}_{0}$)，如图 11 所示。

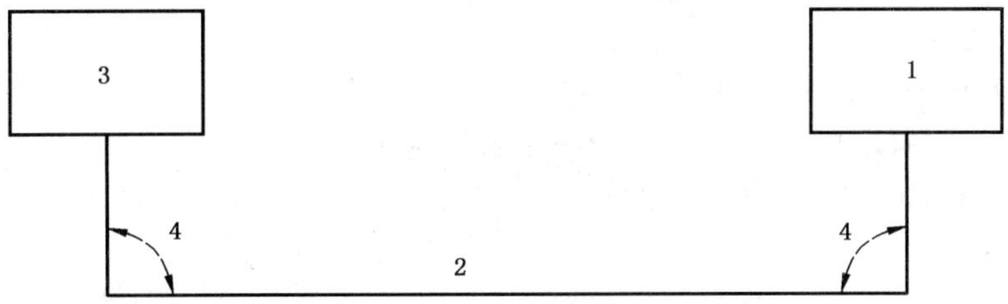

说明：

1——EUT；

2——试验线束；

3——负载模拟器；

4——($90^{\circ}{}^{+45^{\circ}}_{0}$)。

图 11 试验线束弯曲要求

6.4.2.5 负载模拟器的位置

最好将负载模拟器直接固定在接地平面上。如果负载模拟器外壳为金属，则外壳应与接地平面相连。

若 EUT 测试线束穿过与接地板搭接的 RF 边界时，负载模拟器可以放置在接地平面附近(在负载模拟器与接地平面连接的情况下)或测量暗室外。

当负载模拟器放置在接地平面上时，负载模拟器的直流电源线应该通过人工网络相连。

6.4.2.6 测量天线的位置

双锥天线、对数周期天线和喇叭天线等测量天线的相位中心应在接地平面以上 100 mm ±10 mm 处。

杆天线的平衡板相对于接地平面的高度应为(+10/−20)mm。杆天线的平衡板应该与接地平面连接。

对于辐射发射试验，暗室 ALSE 应有足够大的尺寸保证 EUT 及试验天线距离墙壁和天花板，或距离吸波材料表面，不小于 1 m。天线辐射振子的任何部分距离地面不小于 250 mm。

线束(长度 1 500 mm)测量长度部分与天线参考点之间距离应是 1 000 mm±10 mm。

天线的参考点定义如下：

——杆天线的垂直单极元件；

——双锥天线的相位中心(中点)；

——对数周期天线的末端(包括双锥对数复合天线)；

——喇叭天线的开口处前端。

每副天线(杆天线除外)都应以到参考点距离为 1 000 mm 的测量距离进行校准。

注 1：杆天线除外，是因为其校准采用 CISPR 16-1-4 规定的方法。

频率上限至 1 000 MHz 的天线，其相位中心应与线束纵向部分的中心成一条直线。

频率在 1 000 MHz 以上的天线，其相位中心应与 EUT 成一条直线。

注 2：本标准的使用者应该注意天线制造商可能提供如下内容：

——垂直或水平极化的独立天线系数：在每一种极化测量都应使用恰当的天线系数。

——单天线系数：在两种极化测量中都使用同一个天线系数。

6.4.3 试验程序

骚扰源和连接线束等的整体布局表征规范化的试验条件，若线束长度与标准试验线束长度存在偏差，要在试验前得到认可，并在试验报告中记录下来。

EUT 应按典型负载和其他在整车内的条件下工作，以使能得到最大的发射。这些工作条件必须在试验计划里规定，以便供应商与客户进行完全相同的试验。EUT 的辐射发射测量方向应该在试验计划中规定。

从 150 kHz～30 MHz 的测量仅在垂直极化状态下进行。

从 30 MHz～2 500 MHz 的测量应该分别在垂直和水平极化中进行。

对于辐射发射测量，EUT 和测量设备的布置应该与图 12～图 15 所示的大体相同。

单位为毫米

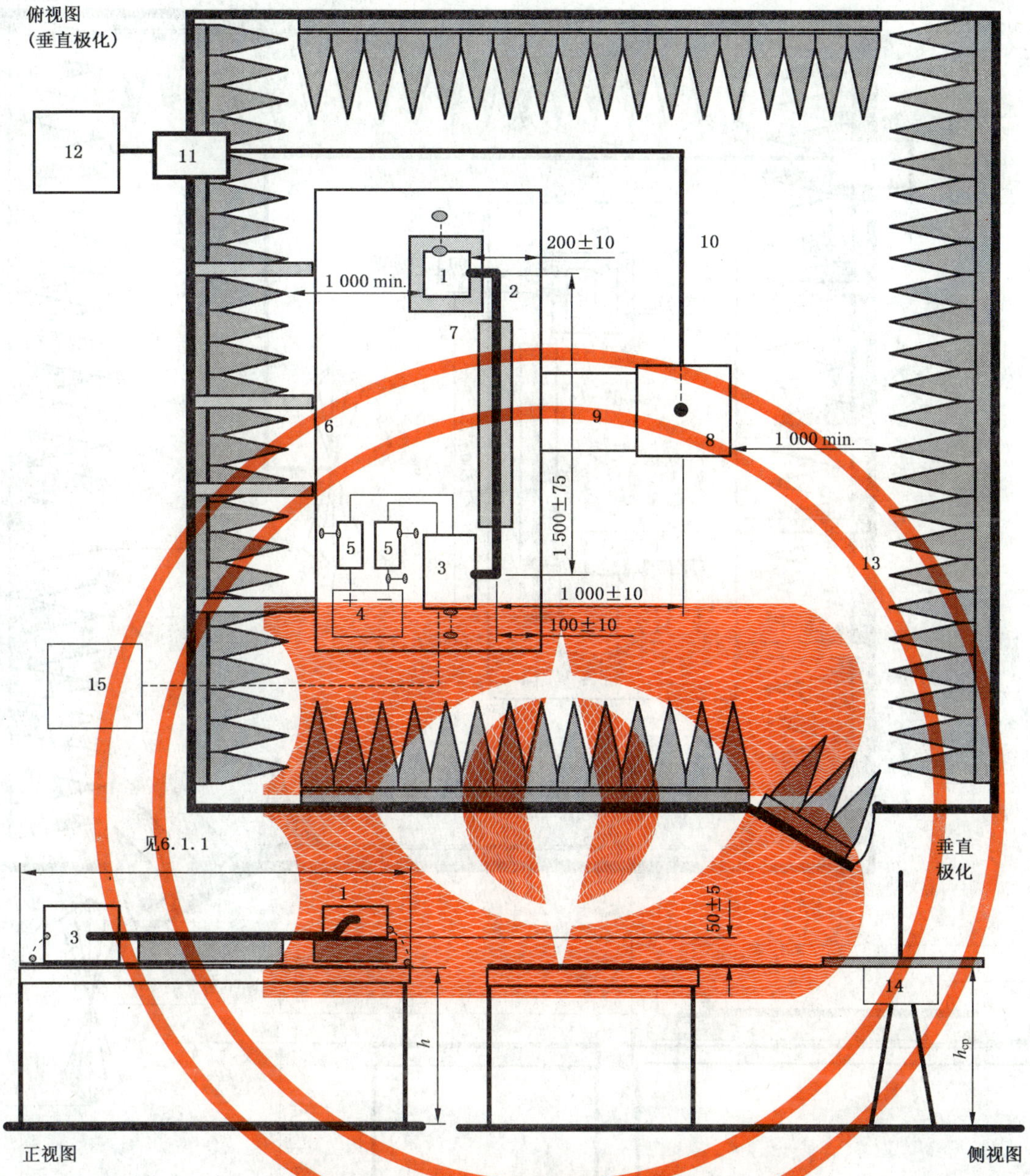

说明：

1——EUT(如果在试验计划中需要则就近接地)；

2——试验线束；

3——负载模拟器(按照6.4.2.5要求放置及接地)；

4——电源(位置可选)；

5——人工网络(AN)；

6——接地平面(与屏蔽室相连)；

7——低相对介电常数材料支撑($\varepsilon_r \leqslant 1.4$)；

8——带有平衡板的杆天线(典型尺寸：600 mm×600 mm)；

$h=(900\pm100)$mm

$h_{cp}=h+(+10/-20)$mm

9——地线连接(在接地平面与平衡板之间的全宽度连接)；

10——优质同轴电缆(50 Ω)，例如双层屏蔽；

11——壁板连接器(接头)；

12——测量设备；

13——射频吸波材料；

14——天线匹配单元(推荐的位置是在平衡板下方；如果在平衡板之上，那么杆天线基座的高度与接地平面的高度相同；

15——模拟及监测系统。

图12 试验布置示例—杆天线

单位为毫米

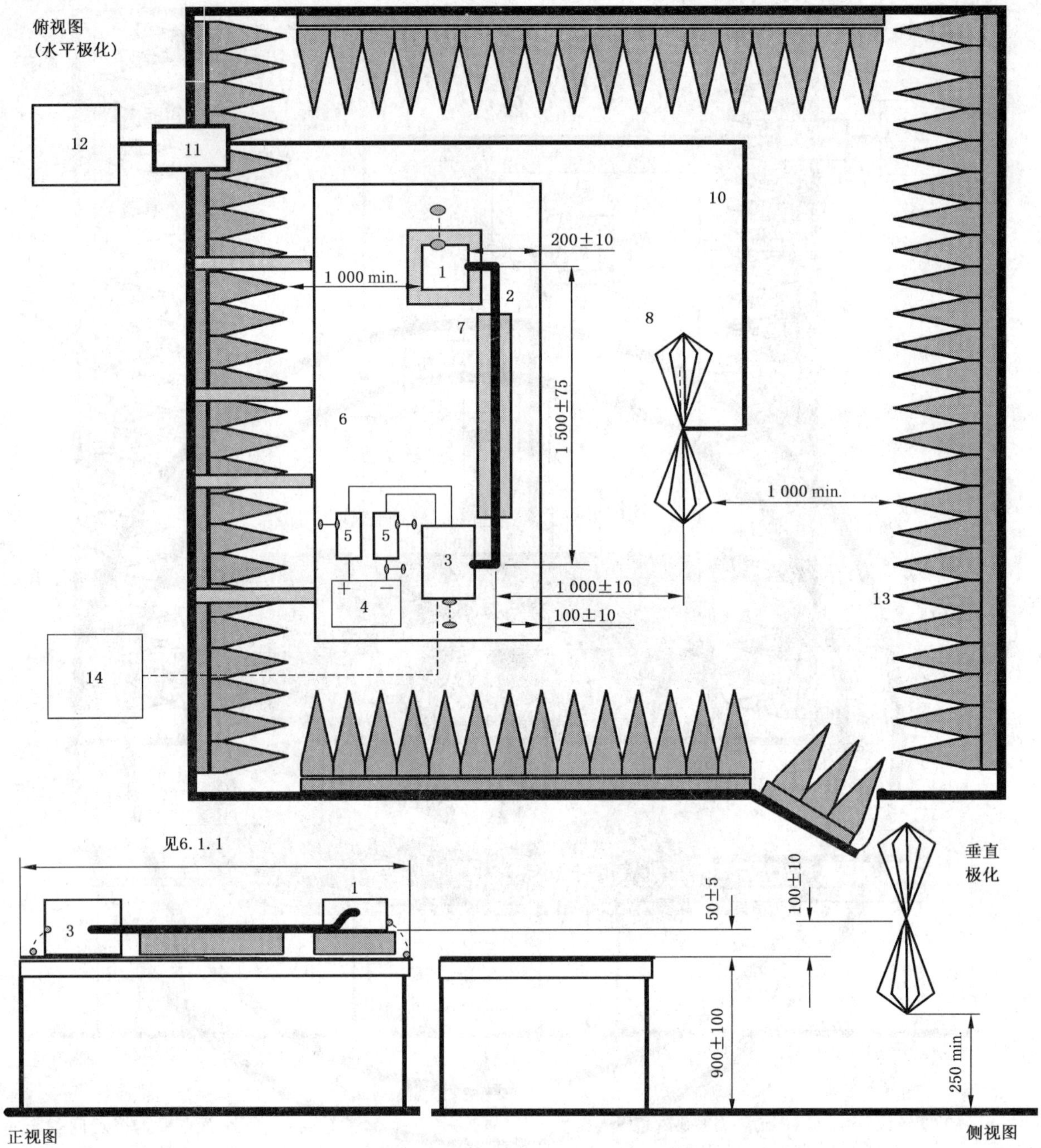

说明：

1——EUT(如果在试验计划中需要则就近接地)；

2——试验线束；

3——负载模拟器(按照6.4.2.5要求放置及接地)；

4——电源(位置可选)；

5——人工网络(AN)；

6——接地平面(与屏蔽室相连)；

7——低相对介电常数材料支撑($\varepsilon_r \leqslant 1.4$)；

8——双锥天线；

10——优质同轴电缆(50 Ω)，例如双层屏蔽；

11——壁板连接器(接头)；

12——测量设备；

13——射频吸波材料；

14——模拟及监测系统。

图13 试验布置示例—双锥天线

单位为毫米

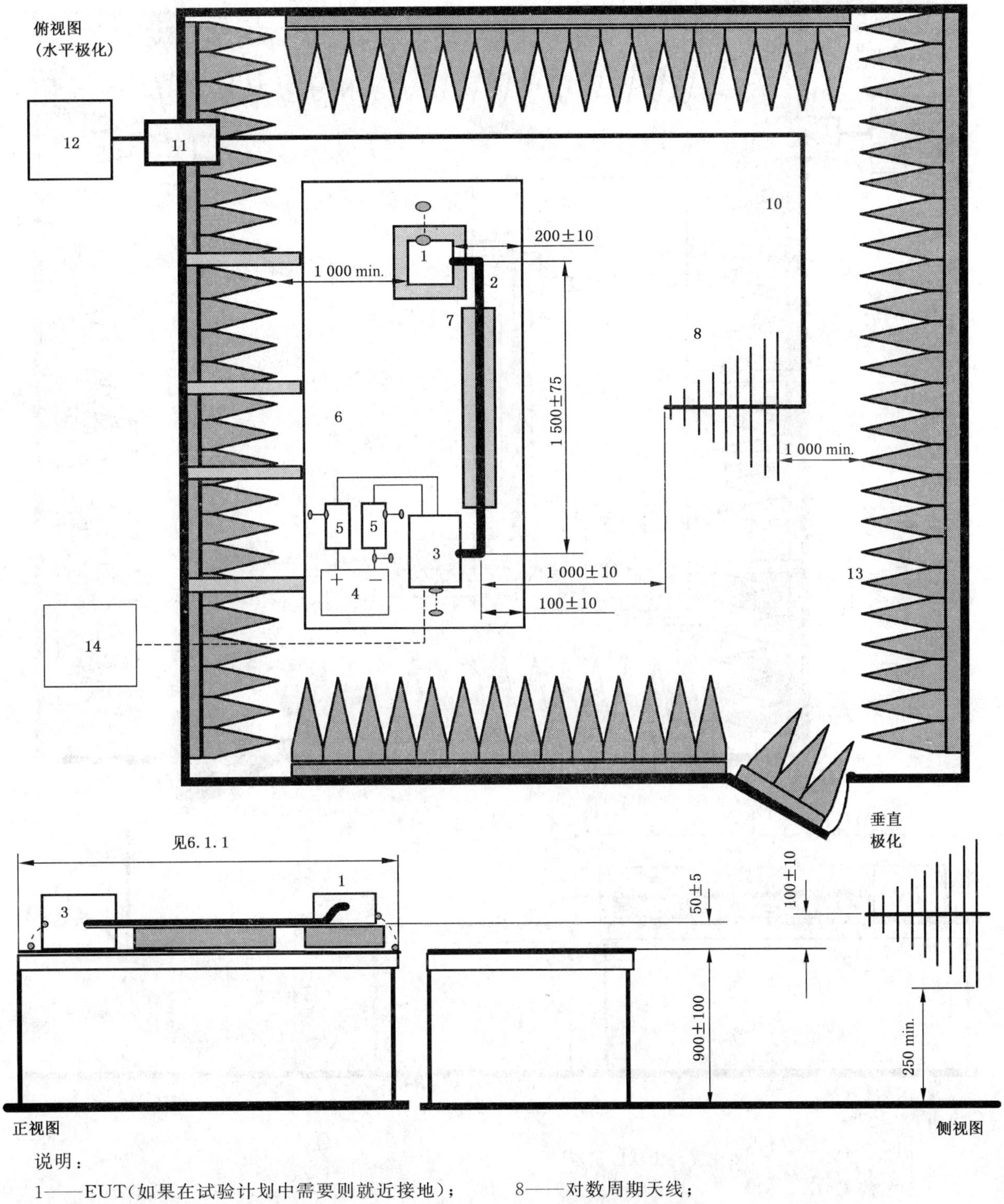

说明：

1——EUT(如果在试验计划中需要则就近接地)；

2——试验线束；

3——负载模拟器(按照6.4.2.5要求放置及接地)；

4——电源(位置可选)；

5——人工网络(AN)；

6——接地平面(与屏蔽室相连)；

7——低相对介电常数材料支撑($\varepsilon_r \leqslant 1.4$)；

8——对数周期天线；

10——优质同轴电缆(50 Ω)，例如双层屏蔽；

11——壁板连接器(接头)；

12——测量设备；

13——射频吸波材料；

14——模拟及监测系统。

图 14 试验布置示例—对数周期天线

单位为毫米

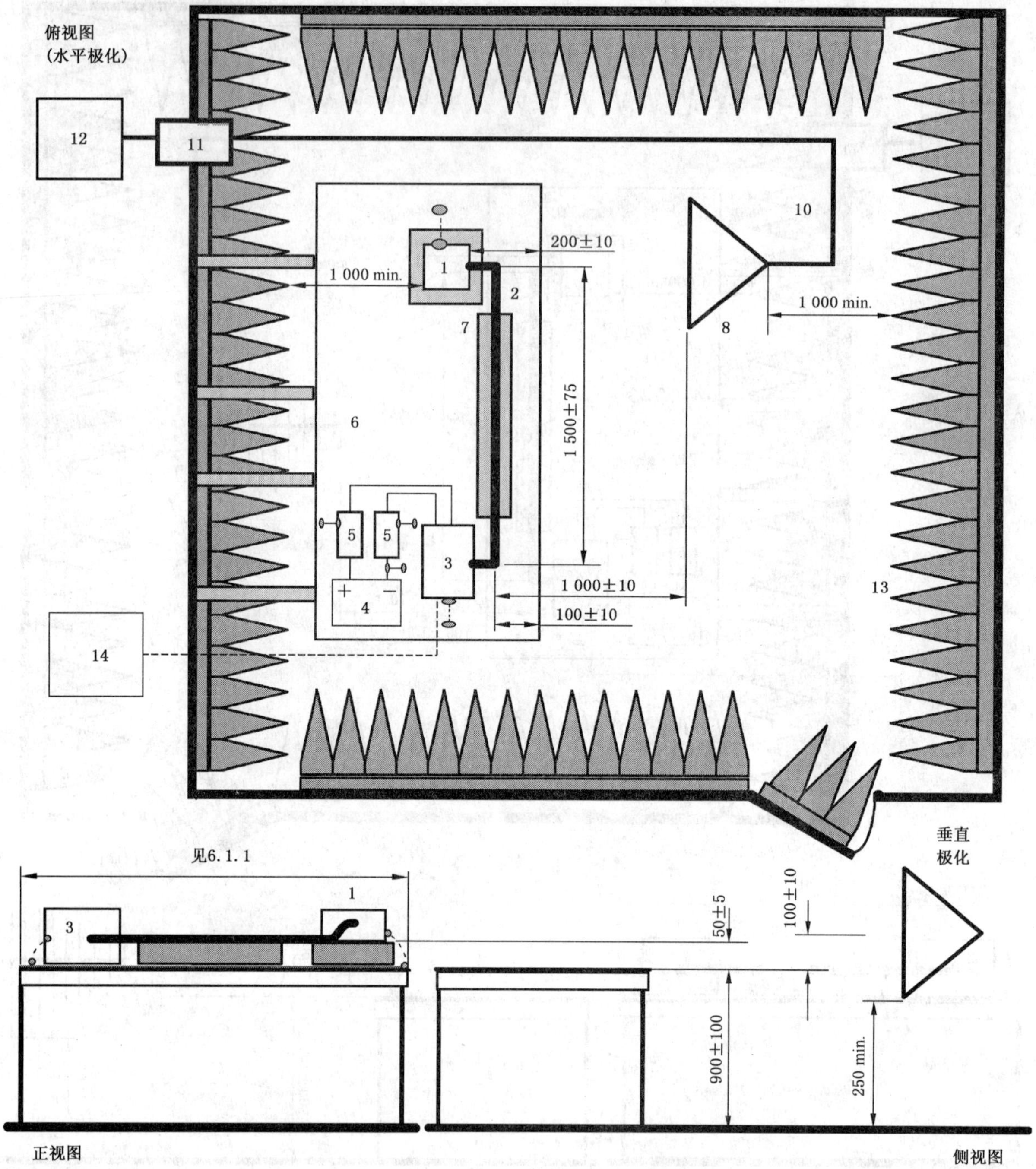

说明：

1——EUT(如果在试验计划中需要则就近接地)；
2——试验线束；
3——负载模拟器(按照 6.4.2.5 要求放置及接地)；
4——电源(位置可选)；
5——人工网络(AN)；
6——接地平面(与屏蔽室相连)；
7——低相对介电常数材料支撑($\varepsilon_r \leqslant 1.4$)；
8——喇叭天线；
10——优质同轴电缆(50 Ω),例如双层屏蔽；
11——壁板连接器(接头)；
12——测量设备；
13——射频吸波材料；
14——模拟及监测系统。

图 15 试验布置示例—1 GHz 以上

6.4.4 零部件/模块的辐射骚扰限值—ALSE 法

所用限值(频率的函数)等级应经整车生产商和零部件供应商协商一致。

为获得在整车上可接受的无线电接收效果,推荐辐射噪声应不超过表 9 和表 10 中峰值和平均值或准峰值和平均值的数值。由于安装位置,车身结构和线束设计可能影响到无线电骚扰对车载无线电的耦合,本标准定义了多个限值水平。对于 GPS 频段,推荐采用特别的限值特性,并示于图 16。

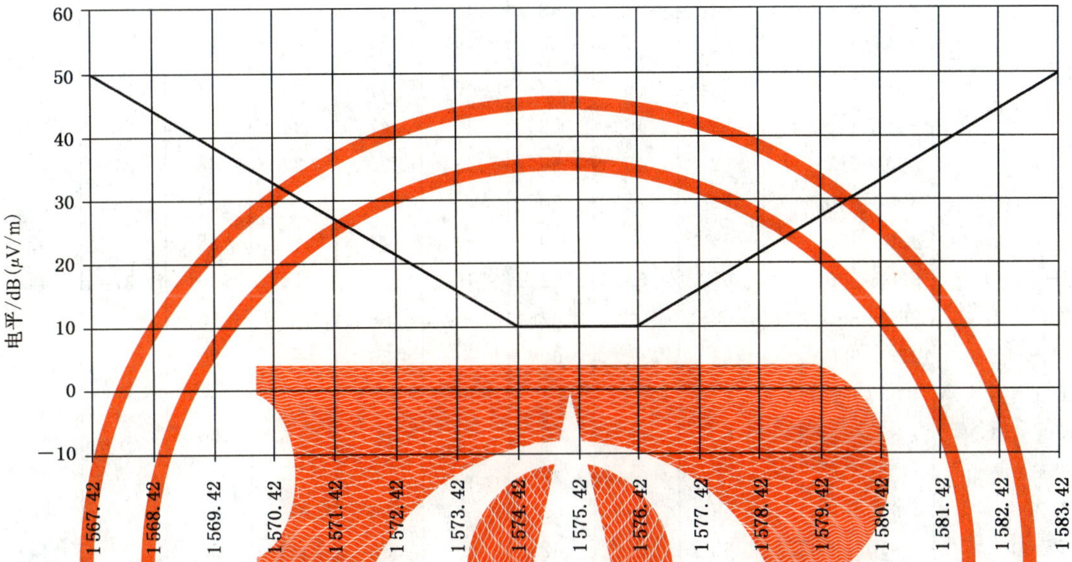

图 16 零部件在 GPS 波段 1567.42 MHz～1583.42 MHz 辐射骚扰平均值限值——等级 5

表 9 辐射骚扰准峰值或峰值限值—ALSE

业务/波段	频率/MHz	电平/dB(μV/m)									
		等级 1		等级 2		等级 3		等级 4		等级 5	
		峰值	准峰值	峰值	准峰值	峰值	准峰值	峰值	准峰值	峰值	准峰值
广播											
LW	0.15～0.30	86	73	76	63	66	53	56	43	46	33
MW	0.53～1.8	72	59	64	51	56	43	48	35	40	27
SW	5.9～6.2	64	51	58	45	52	39	46	33	40	27
FM	76～108	62	49	56	43	50	37	44	31	38	25
TV 频段 Ⅰ	41～88	52	—	46	—	40	—	34	—	28	—
TV 频段 Ⅲ	174～230	56	—	50	—	44	—	38	—	32	—
DAB Ⅲ	171～245	50	—	44	—	38	—	32	—	26	—
TV 频段Ⅳ/Ⅴ	468～944	65	—	59	—	53	—	47	—	41	—
DTTV	470～770	69	—	63	—	57	—	51	—	45	—
DAB L 频段	1 447～1 494	52	—	46		40	—	34	—	28	—
SDARS	2 320～2 345	58	—	52	—	46	—	40	—	34	—

表 9（续）

业务/波段	频率/MHz	电平/dB(μV/m)									
		等级 1		等级 2		等级 3		等级 4		等级 5	
		峰值	准峰值	峰值	准峰值	峰值	准峰值	峰值	准峰值	峰值	准峰值
移动业务											
CB	26～28	64	51	58	45	52	39	46	33	40	27
VHF	30～54	64	51	58	45	52	39	46	33	40	27
VHF	68～87	59	46	53	40	47	34	41	28	35	22
VHF	142～175	59	46	53	40	47	34	41	28	35	22
模拟 UHF	380～512	62	49	56	43	50	37	44	31	38	25
RKE	300～330	56	—	50	—	44	—	38	—	32	—
RKE	420～450	56	—	50	—	44	—	38	—	32	—
模拟 UHF	820～960	68	55	62	49	56	43	50	37	44	31
GSM 800	860～895	68	—	62	—	56	—	50	—	44	—
EGSM/GSM 900	925～960	68	—	62	—	56	—	50	—	44	—
GPS L1 民用	1 567～1 583	—	—	—	—	—	—	—	—	—	—
GSM 1800 (PCN)	1 803～1 882	68	—	62	—	56	—	50	—	44	—
GSM 1900	1 850～1 990	68	—	62	—	56	—	50	—	44	—
3G IMT 2000	1 900～1 992	68	—	62	—	56	—	50	—	44	—
3G IMT 2000	2 010～2 025	68	—	62	—	56	—	50	—	44	—
3G IMT 2000	2 108～2 172	68	—	62	—	56	—	50	—	44	—
蓝牙/802.11	2 400～2 500	68	—	62	—	56	—	50	—	44	—

注 1：本表中的所有数值相对于表 1 和表 2 中的带宽均有效。如果由于本底噪声的需要，一定要在不同于表 1 和表 2 中的带宽下测量，则需在试验计划中定义其适用的限值。

注 2：在有多个频段使用相同限值时，用户应该选择适当的频段来覆盖这些频段进行测试。当试验计划出现频段交叠时，试验计划应明确所适用的限值。

表 10　辐射骚扰平均值限值—ALSE

业务/波段	频率/MHz	电平/dB(μV/m)				
		等级 1	等级 2	等级 3	等级 4	等级 5
		平均值	平均值	平均值	平均值	平均值
广播						
LW	0.15～0.30	66	56	46	36	26
MW	0.53～1.8	52	44	36	28	20
SW	5.9～6.2	44	38	32	26	20
FM	76～108	42	36	30	24	18
TV 频段 Ⅰ	41～88	42	36	30	24	18
TV 频段 Ⅲ	174～230	46	40	34	28	22
DAB Ⅲ	171～245	40	34	28	22	16
TV 频段Ⅳ/Ⅴ	468～944	55	49	43	37	31
DTTV	470～770	59	53	47	41	35
DAB L 频段	1 447～1 494	42	36	30	24	18
SDARS	2 320～2 345	48	42	36	30	24

表 10（续）

业务/波段	频率/MHz	电平/dB(μV/m)				
		等级 1	等级 2	等级 3	等级 4	等级 5
		平均值	平均值	平均值	平均值	平均值
移动业务						
CB	26～28	44	38	32	26	20
VHF	30～54	44	38	32	26	20
VHF	68～87	39	33	27	21	15
VHF	142～175	39	33	27	21	15
模拟 UHF	380～512	42	36	30	24	18
RKE	300～330	42	36	30	24	18
RKE	420～450	42	36	30	24	18
模拟 UHF	820～960	48	42	36	30	24
GSM 800	860～895	48	42	36	30	24
EGSM/GSM 900	925～960	48	42	36	30	24
GPS L1 民用	1 567～1 583	34	28	22	16	10
GSM 1800 (PCN)	1 803～1 882	48	42	36	30	24
GSM 1900	1 850～1 990	48	42	36	30	24
3G IMT 2000	1 900～1 992	48	42	36	30	24
3G IMT 2000	2 010～2 025	48	42	36	30	24
3G IMT 2000	2 108～2 172	48	42	36	30	24
蓝牙/802.11	2 400～2 500	48	42	36	30	24

注 1：本表中的所有数值相对于表 1 和表 2 中的带宽均有效。如果由于本底噪声的需要，一定要在不同于表 1 和表 2 中的带宽下测量，则需在试验计划中定义其适用的限值。

注 2：在有多个频段使用相同限值时，用户应该选择适当的频段来覆盖这些频段进行测试。当试验计划出现频段交叠时，试验计划应明确所适用的限值。

6.5 零部件/模块的辐射发射—TEM 小室法

6.5.1 一般要求

辐射场强度的测量应该在屏蔽室中进行，以消除来自电气设备的附加高电平骚扰、以及来自附近广播站和其他无线电发射机的辐射场。TEM 小室的工作如同屏蔽室一样。在图 17 表示了 TEM 小室的一个例子。与零部件测量有关的 TEM 小室的尺寸和结构信息已在附录 F 中给出。

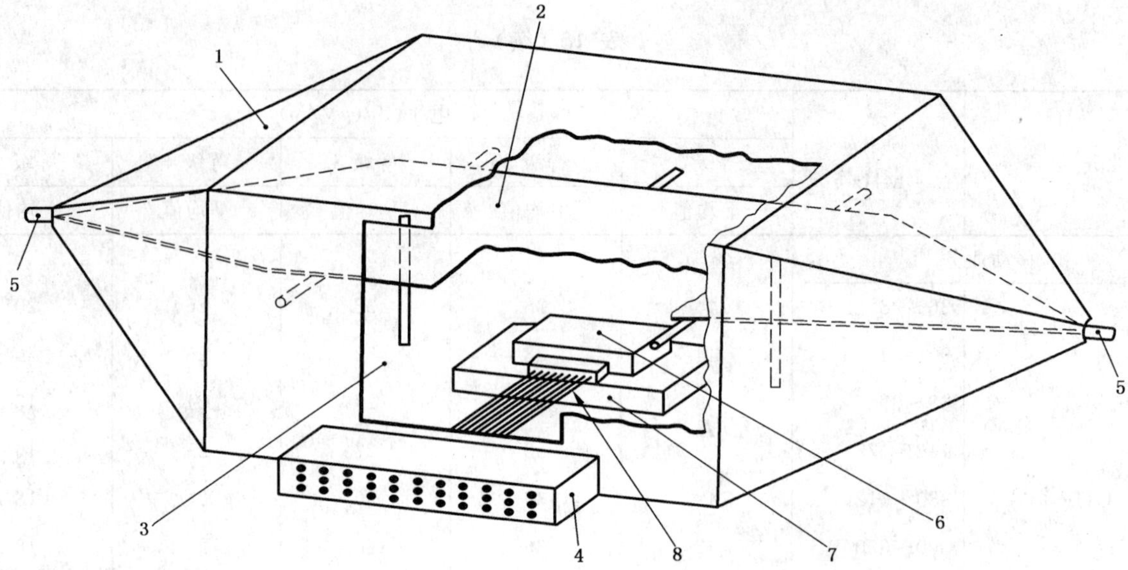

说明：

1——外屏蔽体；

2——隔板(内部导体)；

3——出入门；

4——连接器板(选装)；

5——同轴连接器；

6——EUT；

7——低相对介电常数材料支撑($\varepsilon_r \leqslant 1.4$)；

8——人工线束。

注：如果射频界限扩展到 TEM 小室之外，那么连接器板上的连接器应该是同轴连接器。

图 17 TEM 小室(示例)

这种试验方法的上限频率是 TEM 小室尺寸、零部件/模块的尺寸(包括布置)以及射频滤波器特性的函数。测量不应在 TEM 小室的共振频率进行。

建议在 150 KHz～200 MHz 频率范围使用 TEM 小室法测量汽车电子系统。在附录 F 及表 F.1 中 TEM 小室是应用在汽车试验中的典型例子。

为了成功再现试验结果，在每一次重复测量中 EUT 和试验线束应该放置在同一位置。

为了实现本项试验，TEM 小室隔板的功能应该与接收天线相同。

6.5.2 试验布置

6.5.2.1 主场耦合到线束的布置

TEM 小室应该有连接器板，并尽可能近的与插接器连接(见图 18 和图 19)。

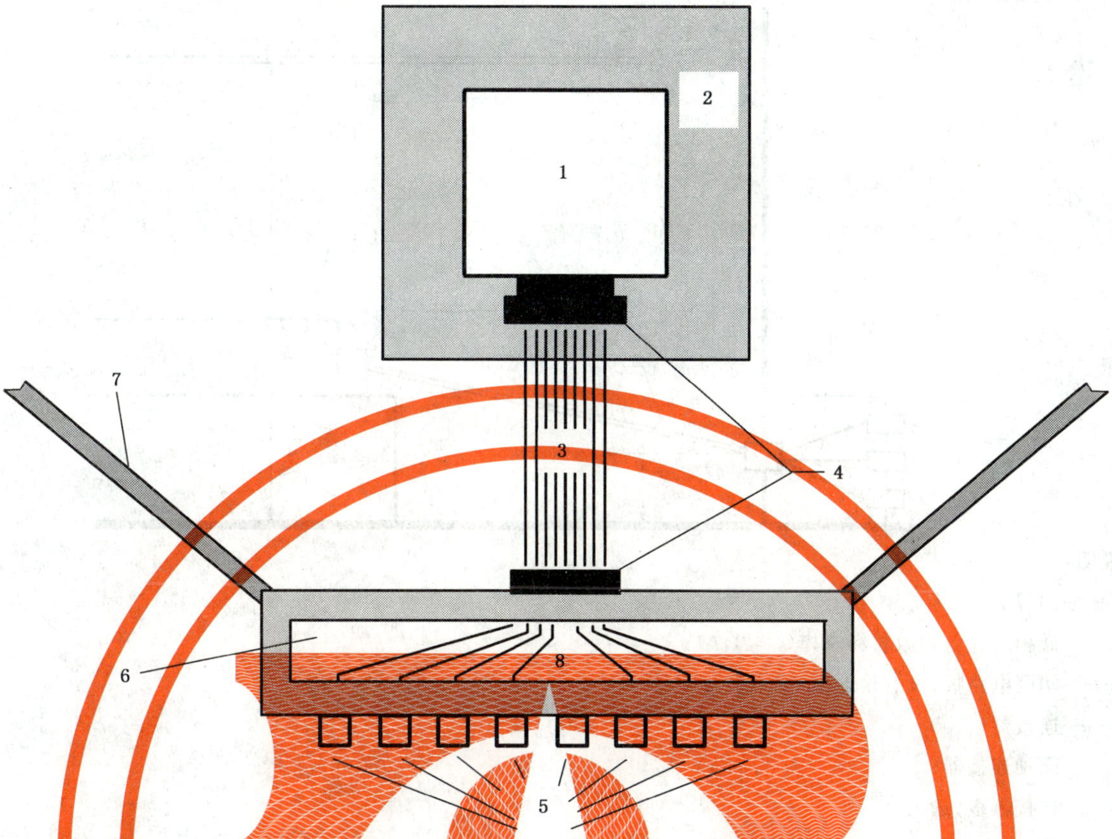

说明：

1——EUT；

2——低相对介电常数材料支撑($\varepsilon_r \leqslant 1.4$)；

3——印刷电路板或线束；

4——连接器；

5——同轴连接器；

6——连接器板(选装)；

7——TEM 小室墙壁；

8——射频同轴电缆。

注：所有到 EUT 的线路都应该通过一个 RF 边界。RF 边界或者在 TEM 小室的墙壁上，或者被拉伸着通过射频电缆(8)和同轴连接器(5)。RF 边界是以射频滤波器作终端，终端能连接到连接器板内部(6)或者同轴连接器外部(5)。如果射频滤波器是与同轴连接器连接的话，那么连接器板内部的电缆应该是同轴的。

图 18　TEM 小室内部引线以及到连接器板引线布置示例

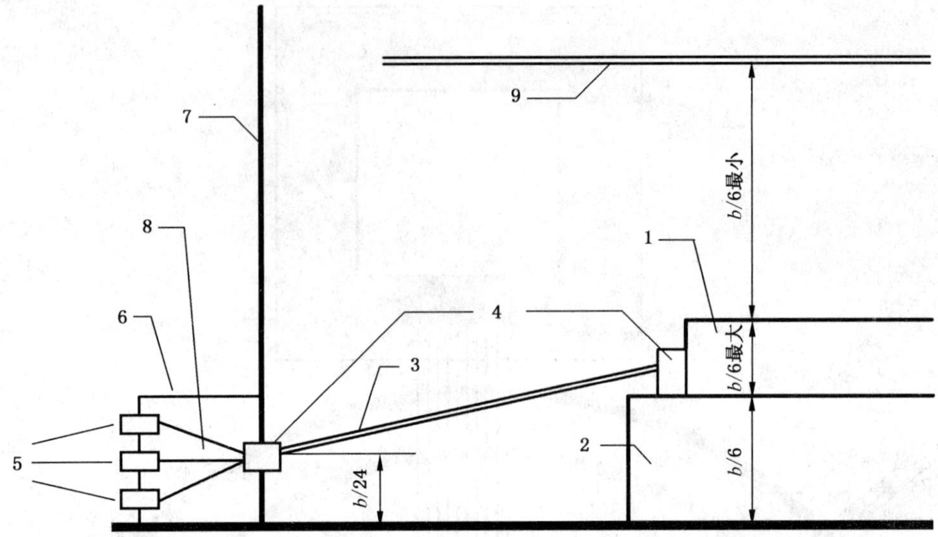

说明：

1——EUT；

2——低相对介电常数材料支撑($\varepsilon_r \leqslant 1.4$)；

3——印刷电路板(没有接地面)或线束，没有屏蔽；

4——连接器；

5——同轴连接器；

6——连接器板(选装)；

7——TEM 小室墙壁；

8——电缆；

9——隔板；

b——TEM 室的高度(见附录 F)。

注：如果 RF 边界扩展到 TEM 小室外部的话，连接器板上的连接器应该是同轴 RF 连接器。

图 19　连接器、接线板和绝缘支架的布置示例

所有来自 EUT 的电源和信号线都应该直接与人工线束连接(例如接线板)。在连接器板上不使用的端子应该密封起来避免受到射频骚扰。

正极电源线的连接器应该通过人工网络(见 6.1.2)直接与连接器板连接。

不允许将 EUT 的地直接与 TEM 小室的地板相接。这个接地应该在连接器板上。

6.5.2.2　主场耦合到 EUT 的布置

除了接到 EUT 的线束应被定位，并且要进行屏蔽以减少来自线路中的电磁辐射之外，本试验布置类似于 6.5.2.1。将线束放平横跨 TEM 小室的底部并使之垂直于 EUT。在 TEM 小室中使用密封蓄电池和屏蔽线将进一步减少来自电源和信号线的电磁辐射。为了进一步减少来自线路的辐射，应该使用屏蔽金属箔带缠绕全部线束。

6.5.3　试验程序

TEM 小室法试验布置如图 20 所示。EUT、线束以及在 TEM 小室墙壁上的滤波器系统等的整体布局表征了规范化的试验条件，任何与标准试验配置存在偏差的情况，要在试验前得到认可，并在试验报告中记录下来。

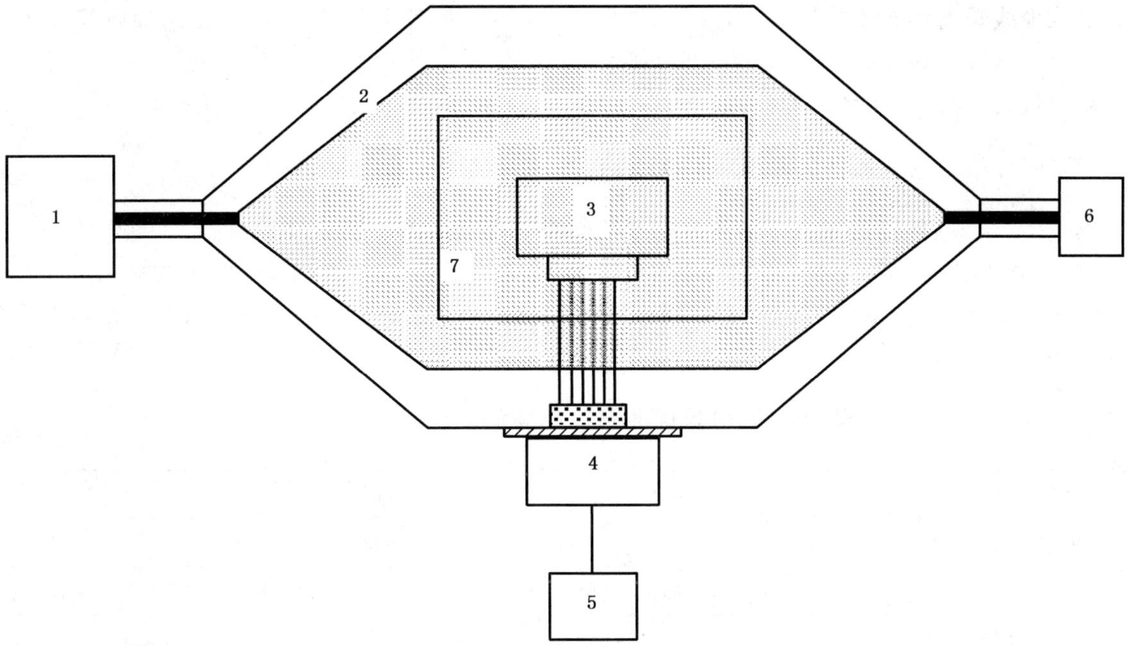

说明：

1——测量设备；

2——TEM 小室；

3——EUT；

4——人工网络(见 6.1.2)；

5——电源；

6——50 Ω 终端电阻；

7——低相对介电常数材料支撑($\varepsilon_r \leqslant 1.4$)。

图 20 TEM 小室法试验布置示例

EUT 用一种允许在工作区使用的无导电性、低相对介电常数材料($\varepsilon_r \leqslant 1.4$)来支撑，支撑物在 TEM 小室底部以上 $b/6$(见图 19)。人工线束(如连线板)的长度应该为 450 mm±45 mm，它们的固定方式见图 18 和图 19。

人工线束的布置、设计以及 EUT 接头的整体高度构成了电气耦合环和偶极子，这些将对试验结果产生影响。所有端子和 EUT 连接器(多芯)中的触点连接以及人工线束都应该尽可能的短。重复测量时，应该使用同样的人工线束布置和相同 EUT 连接器高度以及在两个连接器上的端子具有相同的布置。如果 EUT 的尺寸和允许的工作区域相差不多，则一定要小心。在这种情况下，试验计划中应给出试验布置的书面说明。

EUT 应按典型负载和其他在整车内的条件下工作，以使能得到最大的发射。这些工作条件必须在试验计划里规定，以便供应商与客户执行完全一致的试验。

注：EUT 的辐射发射方向的不同，可能导致测量出不同的电磁能量电平。

在 TEM 小室的输入端电源的正极应该有一个射频滤波器。6.1.2 中的人工网络应用作这种滤波器。人工网络应直接与 TEM 小室相连，并且进行屏蔽，以便电源负极线在连接器板上接地。人工网络的射频采样端口需接一个 50 Ω 负载。

所有 EUT 的传感器和执行器的连线都应该连接到一个外围接口处，外围接口模仿车上工况。

为了减少 TEM 小室外线路的骚扰，应使用低通滤波器，滤波器直接与 BNC 面板相连。滤波器的性能取决于 EUT 所需要信号的频率范围。如果在试验计划中没有特别规定，那么这个滤波器的性能应类似附录 E 所示的带有 50 Ω 阻抗的人工网络。

为了减少线长度和布置的影响，若使用BNC连接器板，那么其内部经由50 Ω同轴电缆线的长度，应尽可能短。电缆两端屏蔽线(外导体)都应接地。

重复测量时，应该使用TEM小室上同一个RF口，与此相对的端口接50 Ω阻抗。

6.5.4 零部件/模块辐射骚扰的限值—TEM小室法

所用限值(频率的函数)等级应经整车生产商和零部件供应商协商一致。

注：推荐的零部件辐射骚扰限值(主场耦合到导电线束的布置(6.5.2.1)和主场耦合到EUT的布置(6.5.2.2)列于表11和表12。由于安装位置，车身结构和线束设计可能影响到无线电骚扰对车载无线电的耦合，本标准定义了多个限值水平。

表 11 辐射骚扰准峰值或峰值限值—TEM小室

业务/波段	频率/MHz	电平/dB(μV)									
		等级 1		等级 2		等级 3		等级 4		等级 5	
		峰值	准峰值	峰值	准峰值	峰值	准峰值	峰值	准峰值	峰值	准峰值
广播											
LW	0.15～0.30	66	53	56	43	46	33	36	23	26	13
MW	0.53～1.8	52	39	44	31	36	23	28	15	20	7
SW	5.9～6.2	44	31	38	25	32	19	26	13	20	7
FM	76～108	50	37	44	31	38	25	32	19	26	13
TV 频段Ⅰ	41～88	40	—	34	—	28	—	22	—	16	—
TV 频段Ⅲ	174～230	40	—	34	—	28	—	22	—	16	—
DAB Ⅲ	171～245	34	—	28	—	22	—	16	—	10	—
TV 频段Ⅳ/Ⅴ	468～944	辐射发射—TEM小室法 不适用									
DTTV	470～770										
DAB L 频段	1 447～1 494										
SDARS	2 320～2 345										
移动业务											
CB	26～28	44	31	38	25	32	19	26	13	20	7
VHF	30～54	44	31	38	25	32	19	26	13	20	7
VHF	68～87	44	31	38	25	32	19	26	13	20	7
VHF	142～175	44	31	38	25	32	19	26	13	20	7
模拟 UHF	380～512	辐射发射—TEM小室法 不适用									
RKE	300～330										
RKE	420～450										
模拟 UHF	820～960										
GSM 800	860～895										
EGSM/GSM 900	925～960										
GPS L1 民用	1 567～1 583										
GSM 1800 (PCN)	1 803～1 882										
GSM 1900	1 850～1 990										
3G IMT 2000	1 900～1 992										

表 11（续）

业务/波段	频率/MHz	电平/dB(μV)									
		等级 1		等级 2		等级 3		等级 4		等级 5	
		峰值	准峰值	峰值	准峰值	峰值	准峰值	峰值	准峰值	峰值	准峰值
3G IMT 2000	2 010～2 025	辐射发射—TEM 小室法 不适用									
3G IMT 2000	2 108～2 172										
蓝牙/802.11	2 400～2 500										

注 1：本表中的所有数值相对于表 1 和表 2 中的带宽均有效。如果由于本底噪声的需要，一定要在不同于表 1 和表 2 中的带宽下测量，则需在试验计划中定义其适用的限值。

注 2：在有多个频段使用相同限值时，用户应该选择适当的频段来覆盖这些频段进行测试。当试验计划出现频段交叠时，试验计划应明确所适用的限值。

表 12　辐射骚扰平均值限值—TEM 小室

业务/波段	频率/MHz	电平/dB(μV)				
		等级 1	等级 2	等级 3	等级 4	等级 5
		平均值	平均值	平均值	平均值	平均值
广播						
LW	0.15～0.30	46	36	26	16	6
MW	0.53～1.8	32	24	16	8	0
SW	5.9～6.2	24	18	12	6	0
FM	76～108	30	24	18	12	6
TV 频段 Ⅰ	41～88	30	24	18	12	6
TV 频段 Ⅲ	174～230	30	24	18	12	6
DAB Ⅲ	171～245	24	18	12	6	0
TV 频段Ⅳ/Ⅴ	468～944	辐射发射—TEM 小室法 不适用				
DTTV	470～770					
DAB L 频段	1 447～1 494					
SDARS	2 320～2 345					
移动业务						
CB	26～28	24	18	12	6	0
VHF	30～54	24	18	12	6	0
VHF	68～87	24	18	12	6	0
VHF	142～175	24	18	12	6	0
模拟 UHF	380～512	辐射发射—TEM 小室法 不适用				
RKE	300～330					
RKE	420～450					
模拟 UHF	820～960					
GSM 800	860～895					
EGSM/GSM 900	925～960					
GPS L1 民用	1 567～1 583					

表 12（续）

业务/波段	频率/MHz	电平/dB(μV)				
		等级 1	等级 2	等级 3	等级 4	等级 5
		平均值	平均值	平均值	平均值	平均值
GSM 1800 (PCN)	1 803～1 882	辐射发射—TEM 小室法 不适用				
GSM 1900	1 850～1 990					
3G IMT 2000	1 900～1 992					
3G IMT 2000	2 010～2 025					
3G IMT 2000	2 108～2 172					
蓝牙/802.11	2 400～2 500					
注 1：本表中的所有数值相对于表 1 和表 2 中的带宽均有效。如果由于本底噪声的需要，一定要在不同于表 1 和表 2 中的带宽下测量，则需在试验计划中定义其适用的限值。 注 2：在有多个频段使用相同限值时，用户应该选择适当的频段来覆盖这些频段进行测试。当试验计划出现频段交叠时，试验计划应明确所适用的限值。						

6.6 零部件/模块的辐射发射—带状线法

参考附录 G。

附 录 A
（资料性附录）
本标准的适用性检查流程图

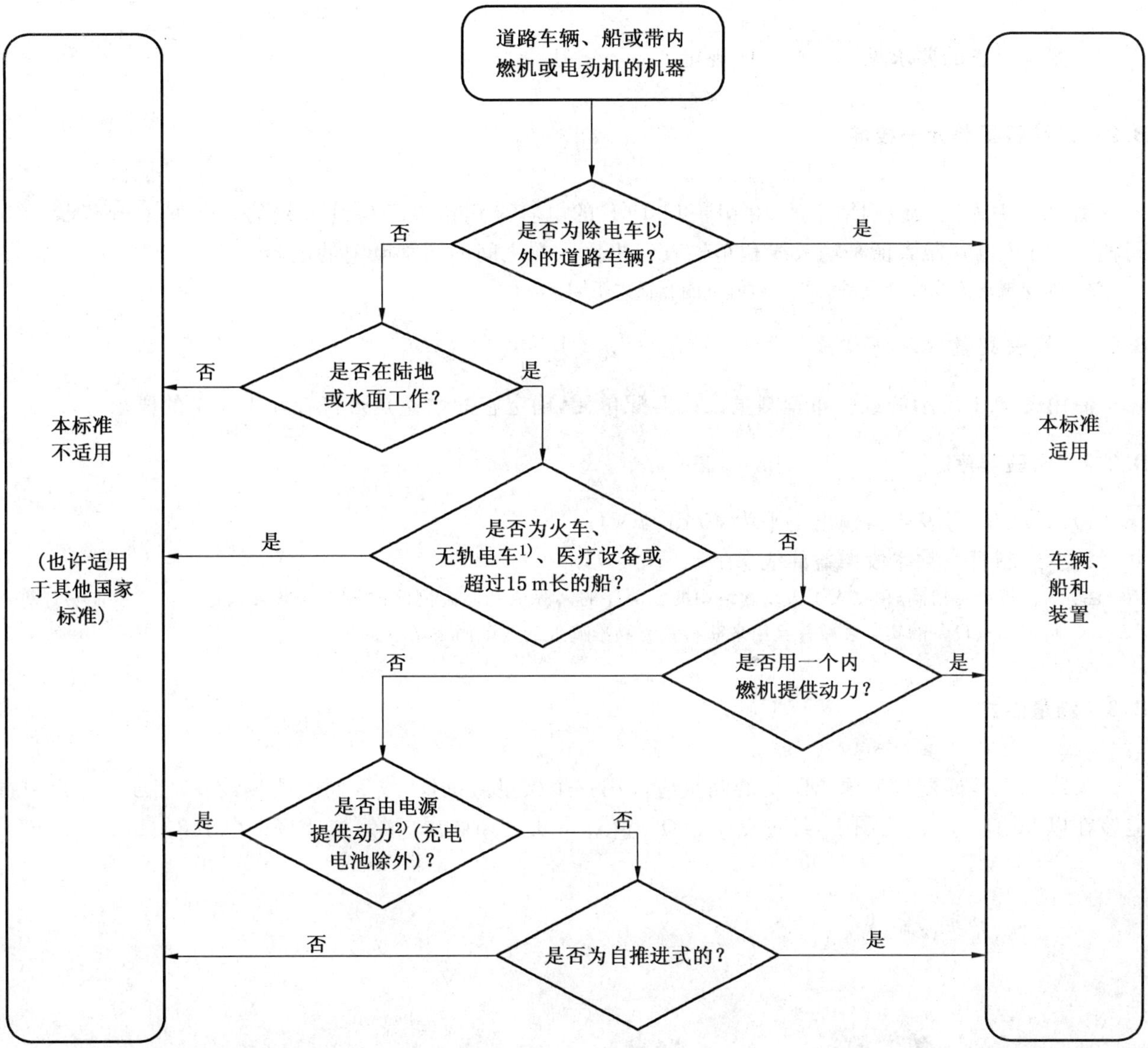

注 1：对于双模式电动公交（比如由交流/直流主控单元驱动和由内燃机驱动），车辆驱动系统的交流/直流主控单元驱动部分不适用于本标准。

注 2：由电源提供动力的设备是由其他技术委员会负责的。

本流程图的目的在于帮助判定一个特别产品是否属于本标准的适用范围。若本流程图和第 1 章规定的范围发生冲突时，应以第 1 章为准。

附 录 B
（规范性附录）
天线匹配单元—车辆试验

B.1 天线匹配单元参数(150 kHz～6.2 MHz)

对测量设备的要求见 5.1.2.1 的规定。

B.2 天线匹配单元—校准

图 B.1 中人工天线网络中的 10 pF 和 60 pF 的电容是用来表征传统天线的。例如 1 m 杆状、2 m 同轴。60 pF 电容器表征车辆天线和车辆收音机输入端之间的同轴电缆的电容。

注：车窗玻璃天线和分集系统的实际值可能有很大不同。

B.2.1 增益测量

使用图 B.1 所示的试验布置测量天线匹配单元，确定它的增益是否符合 5.1.2.1 的要求。

B.2.2 试验程序

1） 设定信号发生器输出电平为 40 dB(μV)；
2） 绘制每一频率段增益曲线。

注：为使校准更精确，用在人工天线网络中的零部件的实际值和匹配网络的输入参数可以进行测量。能够计算出特定测量设备的实际衰减并且用来获得具有高准确性的匹配网络增益。

B.3 测量阻抗

天线和天线匹配单元输出阻抗的测量应该用一个矢量阻抗仪（或等同的测量设备）制成。输出阻抗应该在以 50 Ω+j0 Ω 为圆心，经过点 100 Ω+j0 Ω 的史密斯圆周内（例如：SWR 小于 2：1）。

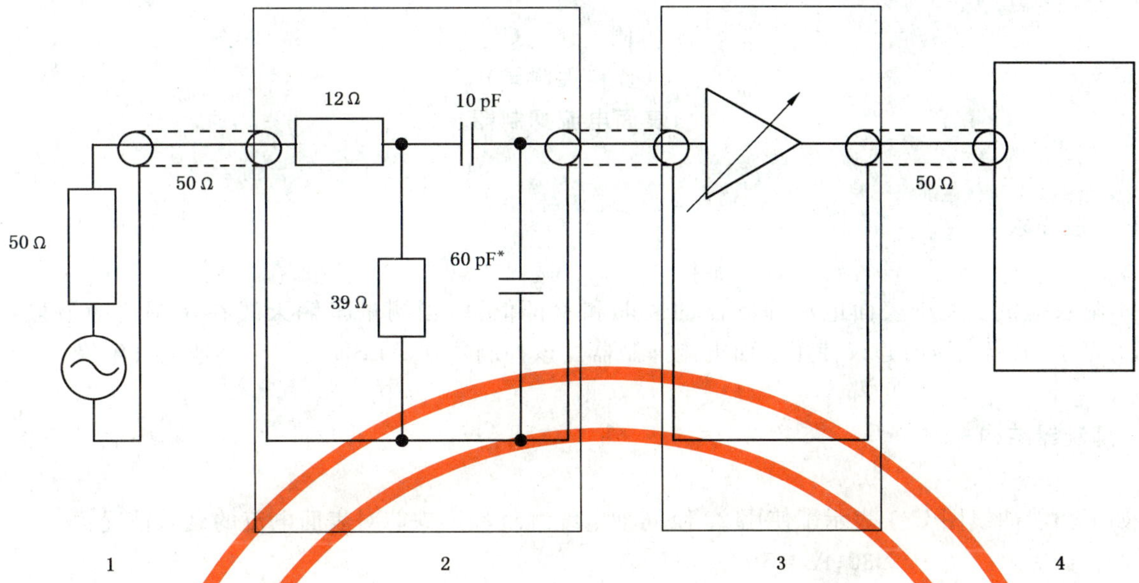

说明：

1——信号发生器；

2——人工天线网络；

3——天线匹配单元；

4——测量设备。

* 包括连接器电容，若使用了电缆，则也包括电缆电容。

图 B.1 校准布置

附　录　C
（资料性附录）
表面电流抑制器

C.1　一般要求

本附录提供了关于表面电流抑制器的性能和验证信息，当测量车辆天线在调幅广播波段（LW、MW、SW）的末端电压时建议使用表面电流抑制器。该抑制器在ALSE内与车辆地电气绝缘。

C.2　抑制器结构

如下性能曲线图C.1表示了使用20匝同轴电缆缠绕环形铁芯对表面电流的衰减情况：

材料：　　N30；Al=5 400 nH

尺寸：　　铁芯 58 mm×40 mm×17 mm

制造商：　Siemens 订货号：B64290-A40-X830

匝数：　　20（同轴电缆）

注：为了增加衰减值，可以通过将两个表面电流抑制器串联或者在一个铁芯上缠绕更多匝数的同轴电缆来实现。

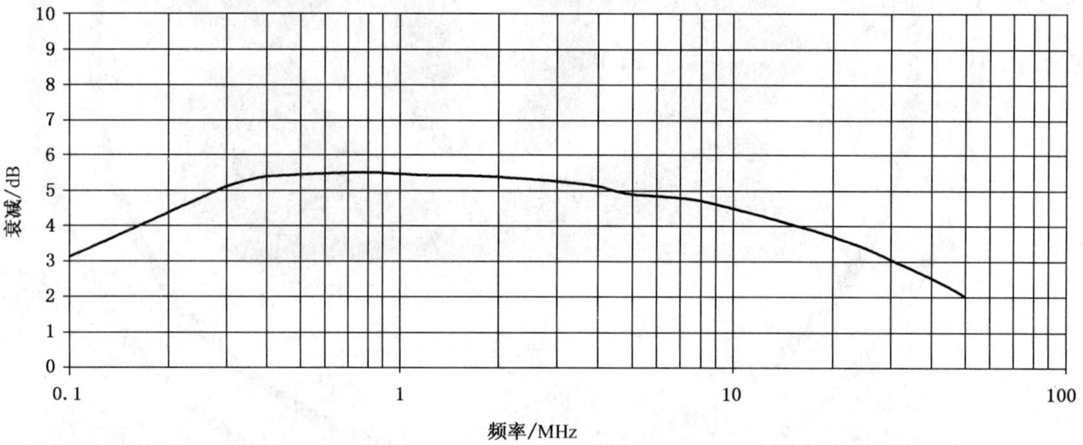

图 C.1　衰减值—频率曲线

附　录　D
（资料性附录）
确定有源车辆天线在 AM 和 FM 频段本底噪声的导则

采取三步骤确定整车上有源天线的本底噪声：

1) 测量试验设备（测量接收机及阻抗转换器）的本底噪声，在阻抗转换器 RF 输入端测量 AM 和 FM 频段下的同轴电缆末端阻抗（$U_{设备噪声}$）。（试验布置如图 D.1）
2) 测量有源车辆天线的本底噪声，含试验设备的本底噪声（$U_{设备噪声+天线噪声}$）。（试验布置如图 D.2）
3) 依式（D.1）计算有源天线本底噪声（单位：μV）。

$$U_{天线噪声}=\sqrt{U^2_{设备噪声+天线噪声}-U^2_{设备噪声}} \quad \cdots\cdots (D.1)$$

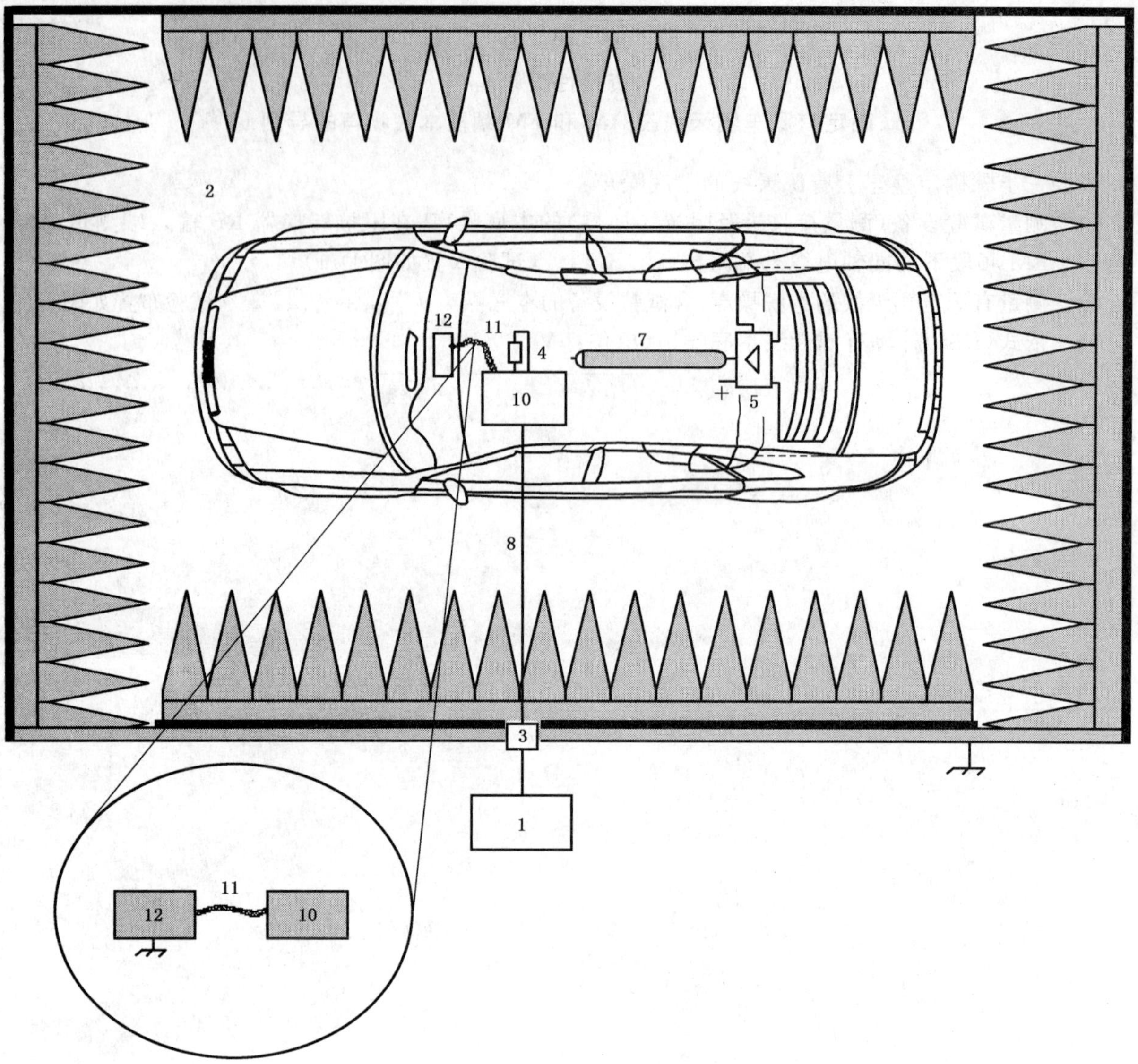

说明：

1——测量仪器；

2——ALSE；

3——壁板连接器；

4——同轴电缆阻抗电阻器；

5——车载天线放大器；

7——天线同轴电缆；

8——优质同轴电缆(50 Ω)，例如双层屏蔽；

10——阻抗匹配单元；

11——车载接收机外壳上的短连接器；

12——车载接收机外壳。

图 D.1 测量 AM/FM 频段设备噪声的车辆布置

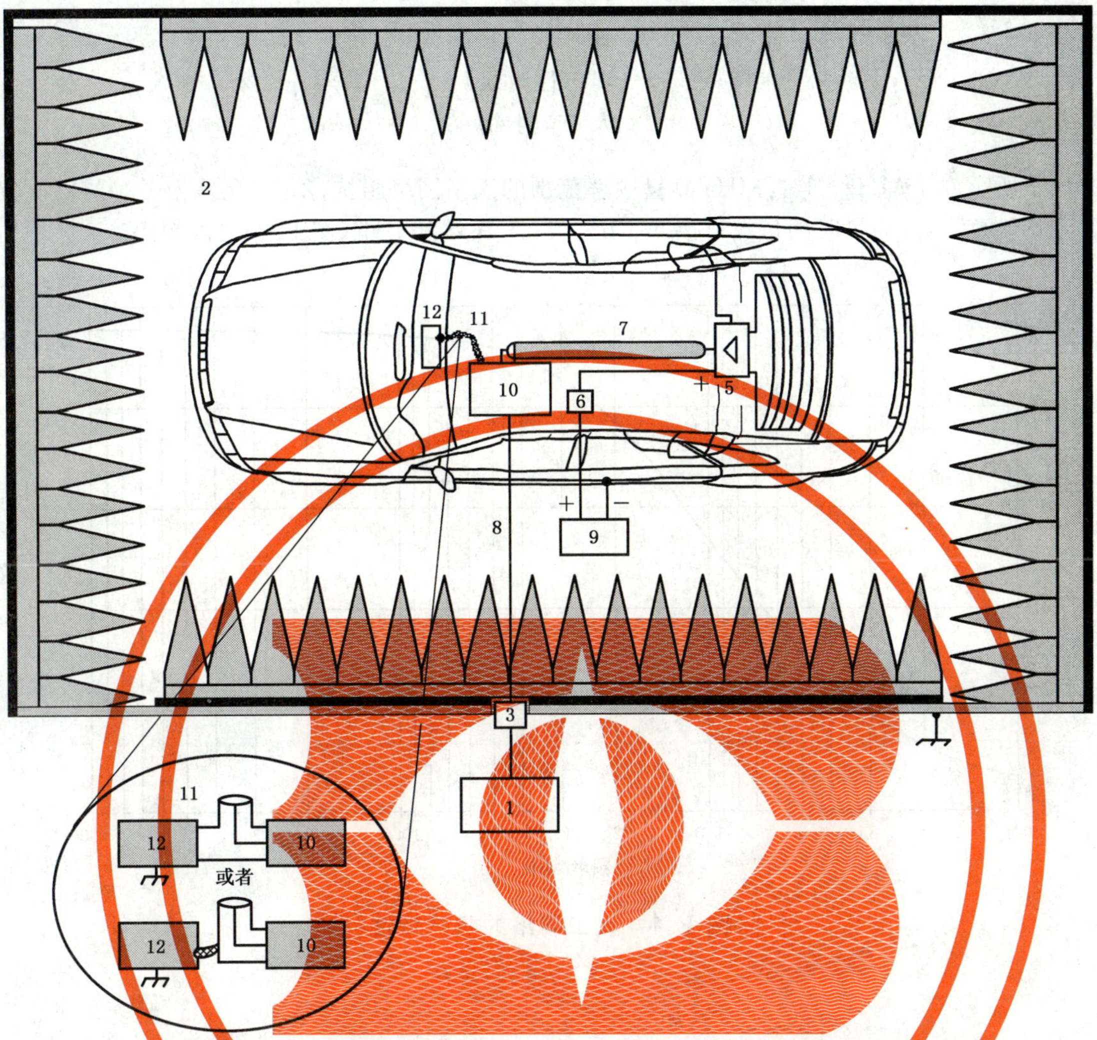

说明：

1——测量仪器；

2——ALSE；

3——壁板连接器；

5——车载天线放大器；

6——天线放大器电源插头；

7——天线同轴电缆；

8——优质同轴电缆(50 Ω)，例如双层屏蔽；

9——外部 12 V 蓄电池；

10——阻抗匹配单元；

11——改进的同轴"T"型连接器或车载接收机外壳上的短连接器；

12——车载接收机外壳。

图 D.2 测量 AM/FM 频段天线噪声的车辆布置

附 录 E
（规范性附录）
人 工 网 络

图 E.1 所示 0.1 MHz～100 MHz 测量频率范围的人工网络阻抗|Z_{PB}|（允差为±20%）。它在P端和 B 端（图 E.2）测量，测量时测量端口接 50 Ω 负载，且 A 端和 B 端（图 E.2）之间短路。

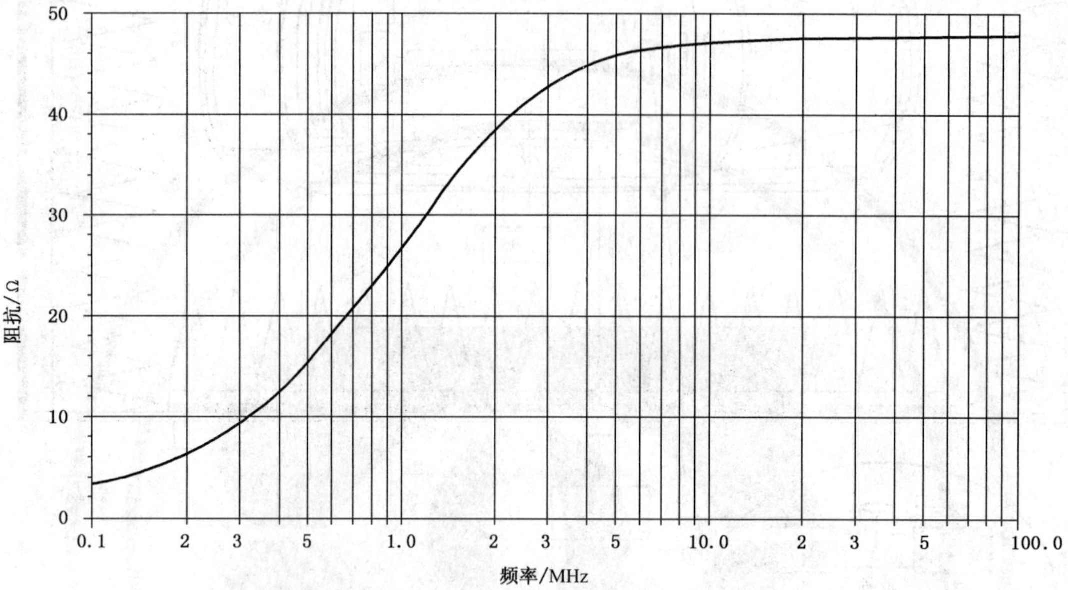

图 E.1 人工网络的阻抗特性

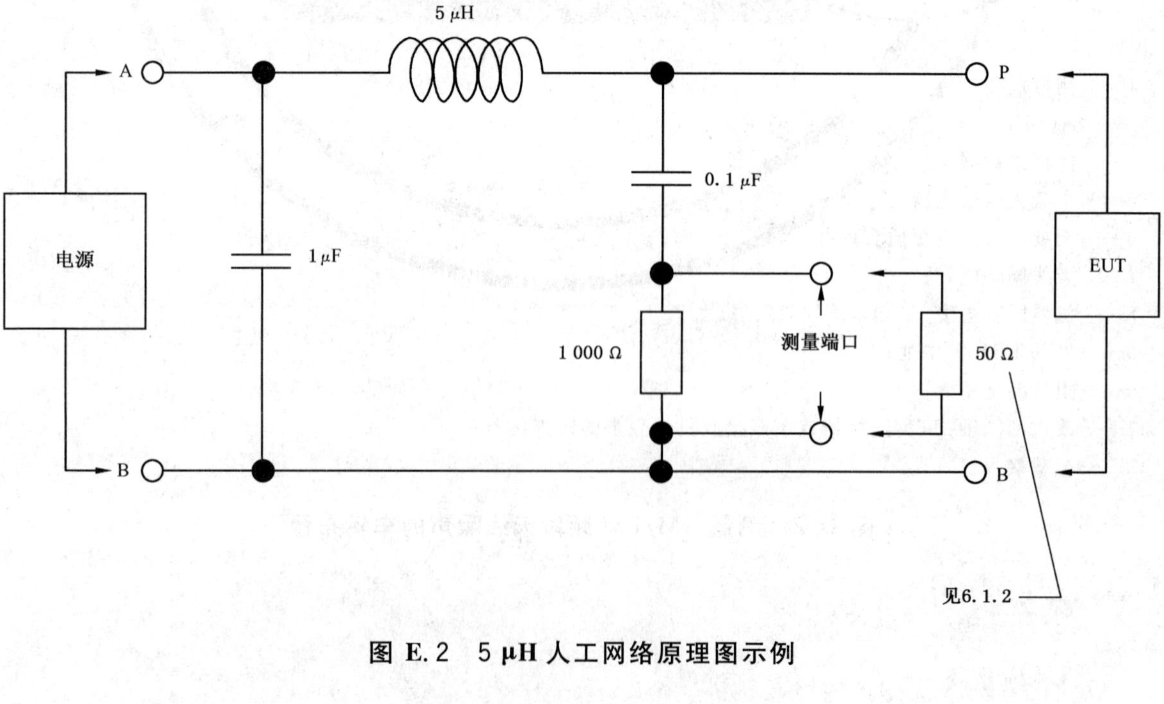

图 E.2 5 μH 人工网络原理图示例

附 录 F
（资料性附录）
TEM 小室尺寸

TEM 小室的尺寸如图 F.1 和表 F.1 所示。

单位为毫米

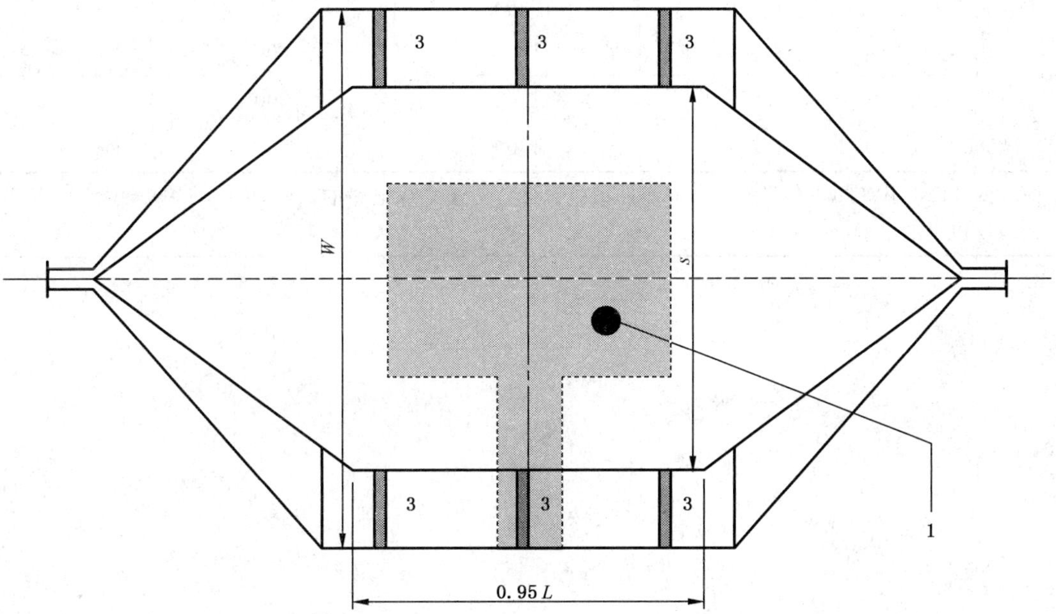

a）隔板处的水平剖面图

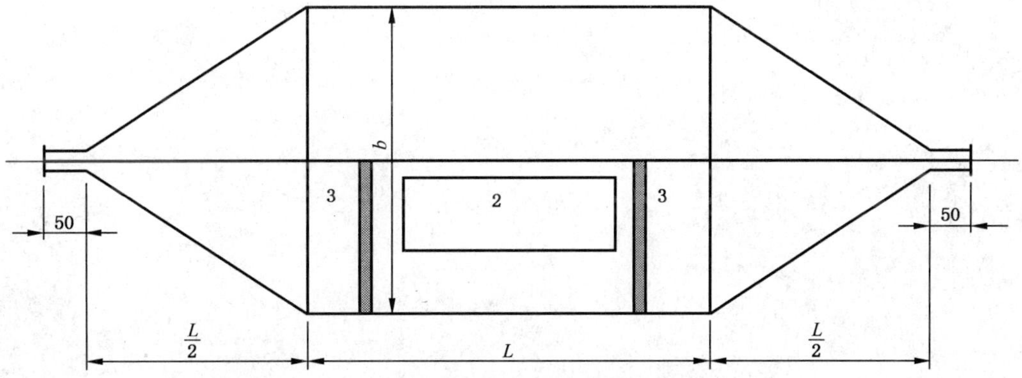

b）隔板处的垂直剖面图

说明：

1——允许的工作区域：0.33 W，0.60 L；

2——出入口；

3——绝缘支架。

图 F.1 TEM 小室

表 F.1 针对 TEM 小室的不同上限频率列出 TEM 小室结构尺寸。

表 F.1 TEM 小室的尺寸

上限频率 MHz	TEM 小室比例 *W*/*b*	TEM 小室比例 *L*/*W*	TEM 小室高度 *b* mm	隔板宽度 *s* mm
100	1.00	1.00	1 200	1 000
200	1.69	0.66	560	700
200	1.00	1.00	600	500
300	1.67	1.00	300	360
500	1.50	1.00	200	230

注：框中的 TEM 小室尺寸专门为汽车零部件试验设计。对于集成电路的试验，可以使用更小的 TEM 小室进行 1 GHz 以上的试验。

附　录　G
（资料性附录）
零部件/模块的辐射发射—带状线法

G.1　一般要求

带状线是开放式的波导，由一个接地平面和一个主导电体（隔板）构成，有特征阻抗。一般采用的特征阻抗值是 50 Ω 和 90 Ω。带状线的尺寸和结构见图 G.2 和图 G.3。

我们鼓励大家研究和实践这种试验方法，随着知识的增长，将来有机会大家达成一致的意见后把这种方法加入到本标准主体中。

带状线用于 150 kHz～400 MHz，线束作为主要辐射/耦合单元的试验。

频率限值可以拓展到 1 000 MHz，如果满足以下条件：

——TEM 模式的优势能被展现[1]；

——EUT 位于隔板的下面；

——EUT 的高度被限定在隔板高度的 1/3 以内。

测量在屏蔽室内进行，以便减少外部高电平的骚扰。更多细节见图 G.1。

注：屏蔽室对带状线的被测阻抗（如网络分析仪测量的反射系数）的影响，相对于开阔场的，应小于 6 dB。考虑到可能的因素，屏蔽室有必要部分张贴吸波材料。举例如图 G.1。

G.2　试验布置

辐射发射测量中，EUT 的布置，试验线束，负载模拟器和测量设备应等效 G.1 所示的例子。

试验线束（例如原车辆线束）的位置和长度的偏差，以及 EUT 的位置，都应经过生产商和供应商的同意。

为了取得试验结果的复现性，EUT 和试验布置应在每次重复测量中处于带状线的相同位置。

G.2.1　带状线阻抗匹配

应在全频范围内修正带状线和测量设备的 50 Ω 阻抗匹配。可以使用无损传输线转换器（隔板锥度的非线性形状或额外的波导）或集总无源网络。

如果匹配单元是集总无源网络，测量结果的适当修正将采用插入损耗。

G.2.2　EUT 的位置

EUT 应该放置在无导电性、低相对介电常数材料（$\varepsilon_r \leqslant 1.4$）上，位于接地平面 50 mm±5 mm 处，同侧放置带状线的 50 Ω 负载，见图 G.1。EUT 不应与接地平面直接搭接，除非是为了模拟真实的车辆布置。如果 EUT 不在隔板下面，EUT 应放在距离隔板边缘（200^{+50}_{0}）mm 处。

G.2.3　试验线束的位置和长度

平行于隔板的试验线束的长度为 1 000 mm±50 mm。

EUT 与负载模拟器（或 RF 边界）间的试验线束总长度为 1 700 mm，不要超过 2 000 mm。相同的

1）　图 G.2 中的设计假定 TEM 上限频率达 400 MHz，图 G.3 中的设计假定 TEM 上限频率达 1 000 MHz。

试验线束也用于 ALSE 法(见 6.4)。

试验线束长的部分应在隔板宽度的中间 1/3 以内。理想时,位于隔板中心线处。

导线类型根据系统应用和要求确定。试验线束应该放置在无导电性、低相对介电常数材料($\varepsilon_r \leqslant$ 1.4)上,位于接地平面 50 mm±5 mm 处。EUT 和负载模拟器的位置要与线束成 90°±15°的弯角。

G.2.4 负载模拟器的位置

负载模拟器应放在距离隔板边缘(200^{+50}_{0})mm 处,如果做不到,则应在试验报告中记录下负载模拟器的真实位置。

负载模拟器应直接放在接地平面上。如果负载模拟器有金属壳,该外壳应与接地平面搭接。或者负载模拟器布置在接地平面附近(负载模拟器外壳与接地平面搭接)或在试验小室外面,提供的试验线束从 EUT 穿过 RF 边界与接地平面搭接。当负载模拟器位于接地平面上时,负载模拟器的直流电源应通过 AN 提供(见 6.1.2)。

G.3 试验程序

EUT、线束和外围设备的总体布置表征了规范化的试验条件。任何与标准试验配置存在偏差的情况,都应在试验前得到生产商和供应商的认可并应记录在试验报告中。

为使 EUT 在车辆上产生最大辐射,EUT 应工作在典型负载和运行条件下。这些运行条件应在试验计划中规定,以保证生产商和供应商能执行相同的试验。

EUT 和测量设备的布置应等效如图 G.1 所示,并在试验计划中明确。

单位为毫米

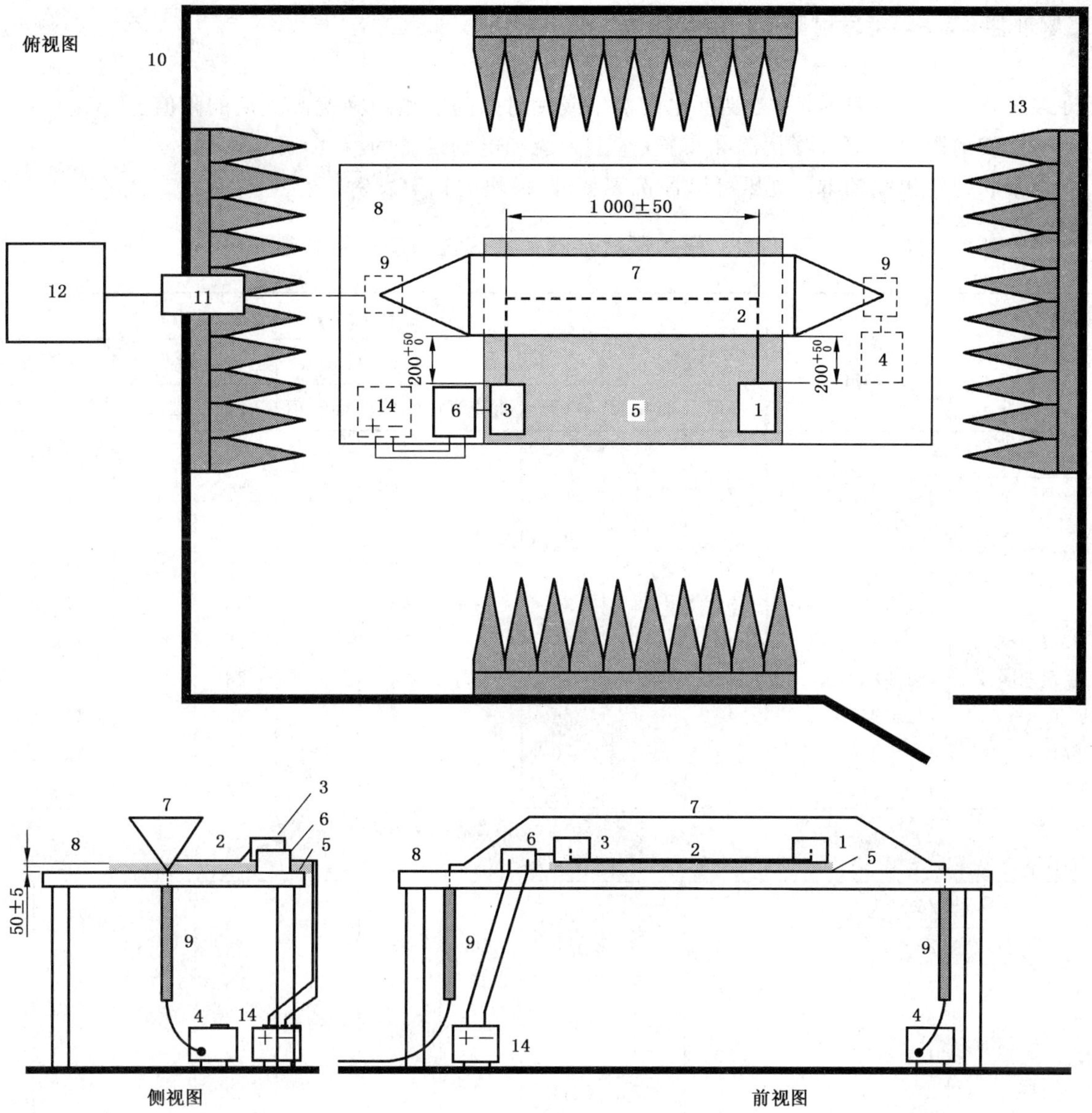

说明：

1——EUT；

2——试验线束；

3——负载模拟器；

4——50 Ω 负载(位置可选)；

5——低相对介电常数材料支撑($\varepsilon_r \leqslant 1.4$)；

6——人工网络(AN)；

7——隔板；

8——接地平面；

9——阻抗匹配单元(如需要)；

10——屏蔽室墙面；

11——壁板连接器；

12——测量仪器；

13——吸波材料(如需要)；

14——电源(位置可选)。

图 G.1　屏蔽室内带状线试验布置图例

G.4 零部件/模块辐射发射限值—带状线法

许多骚扰源是连续发射体，需要有比周期型或短时间间隔型的骚扰源更低的限值。

电磁能发射限值依据各骚扰源和布置(车上天线和电子设备的耦合)可以不同。

测量带状线输出端的 RF 电压可以评价零部件/模块的辐射发射。

表 G.1 辐射骚扰准峰值或峰值限值—带状线

业务/波段	频率/MHz	电平/dB(μV)									
		等级 1		等级 2		等级 3		等级 4		等级 5	
		峰值	准峰值	峰值	准峰值	峰值	准峰值	峰值	准峰值	峰值	准峰值
广播											
LW	0.15～0.30	87	74	77	64	67	54	57	44	47	34
MW	0.53～1.8	73	60	65	52	57	44	49	36	41	28
SW	5.9～6.2	65	52	59	46	53	40	47	34	41	28
FM	76～108	56	43	50	37	44	31	38	25	32	19
TV 频段Ⅰ	41～88	46	—	40	—	34	—	28	—	22	—
TV 频段Ⅲ	174～230	46	—	40	—	34	—	28	—	22	—
DAB Ⅲ	171～245	40	—	34	—	28	—	22	—	16	—
TV 频段Ⅳ/Ⅴ	468～944	46	—	40	—	34	—	28	—	22	—
DTTV	470～770	50	—	44	—	38	—	32	—	26	—
DAB L 频段 SDARS	1 447～1 494 2 320～2 345	辐射发射—带状线 不适用									
移动业务											
CB	26～28	64	52	58	46	52	40	47	34	41	28
VHF	30～54	56	43	50	37	44	31	38	25	32	19
VHF	68～87	50	37	44	31	38	25	32	19	26	13
VHF	142～175	50	37	44	31	38	25	32	19	26	13
模拟 UHF	380～512	50	37	44	31	38	25	32	19	26	13
RKE	300～330	44	—	38	—	32	—	26	—	20	—
RKE	420～450	44	—	38	—	32	—	26	—	20	—
模拟 UHF	820～960	50	37	44	31	38	25	32	19	26	13
GSM 800	860～895	56	—	50	—	44	—	38	—	32	—
EGSM/GSM 900	925～960	56	—	50	—	44	—	38	—	32	—
GPS L1 民用 GSM 1800(PCN) GSM 1900 3G IMT 2000 3G IMT 2000 3G TMT 2000 蓝牙/802.11	1 567～1 583 1 803～1 882 1 850～1 990 1 900～1 992 2 010～2 025 2 018～2 172 2 400～2 500	辐射发射—带状线 不适用									

注 1：本表中的所有数值相对于表 1 和表 2 中的带宽均有效。如果由于本底噪声的需要，一定要在不同于表 1 和表 2 中的带宽下测量，则需在试验计划中定义其适用的限值。

注 2：在有多个频段使用相同限值时，用户应该选择适当的频段来覆盖这些频段进行测试。当试验计划出现频段交叠时，试验计划应明确所适用的限值。

表 G.2 辐射骚扰平均值限值—带状线

业务/波段	频率/MHz	电平/dB(μV)				
		等级 1	等级 2	等级 3	等级 4	等级 5
		平均值	平均值	平均值	平均值	平均值
广播						
LW	0.15～0.30	67	57	47	37	27
MW	0.53～1.8	53	45	37	29	21
SW	5.9～6.2	45	39	33	27	21
FM	76～108	36	30	24	18	12
TV 频段 Ⅰ	41～88	36	30	24	18	12
TV 频段 Ⅲ	174～230	36	30	24	18	12
DAB Ⅲ	171～245	30	24	18	12	6
TV 频段Ⅳ/Ⅴ	468～944	36	30	24	18	12
DTTV	470～770	40	34	28	22	16
DAB L 频段	1 447～1 494	辐射发射—带状线 不适用				
SDARS	2 320～2 345					
移动业务						
CB	26～28	45	39	33	27	21
VHF	30～54	36	30	24	18	12
VHF	68～87	30	24	18	12	6
VHF	142～175	30	24	18	12	6
模拟 UHF	380～512	30	24	18	12	6
RKE	300～330	30	24	18	12	6
RKE	420～450	30	24	18	12	6
模拟 UHF	820～960	30	24	18	12	6
GSM 800	860～895	36	30	24	18	12
EGSM/GSM 900	925～960	36	30	24	18	12
GPS L1 民用	1 567～1 583	辐射发射—带状线 不适用				
GSM 1800(PCN)	1 803～1 882					
GSM 1900	1 850～1 990					
3G IMT 2000	1 900～1 992					
3G IMT 2000	2 010～2 025					
3G IMT 2000	2 108～2 172					
蓝牙/802.11	2 400～2 500					

注 1：本表中的所有数值相对于表 1 和表 2 中的带宽均有效。如果由于本底噪声的需要，一定要在不同于表 1 和表 2 中的带宽下测量，则需在试验计划中定义其适用的限值。

注 2：在有多个频段使用相同限值时，用户应该选择适当的频段来覆盖这些频段进行测试。当试验计划出现频段交叠时，试验计划应明确所适用的限值。

如图 G.3 所示设计的 90 Ω 带状线的限值如上给定。其他阻抗特性不同于 90 Ω 的带状线，其限值由式(G.1)给定：

$$K_{\frac{90\Omega}{Z_2}} = 20\lg\sqrt{\frac{90\Omega}{Z_2}}\ \text{dB} \qquad \cdots\cdots (G.1)$$

比如 50 Ω 特性阻抗的带状线：

$$K_{\frac{90\Omega}{50\Omega}}=20\lg\sqrt{\frac{90\Omega}{50\Omega}}=2.54\ \mathrm{dB} \qquad \cdots\cdots(\mathrm{G.2})$$

$$\text{限值}\ Z_{50\Omega}=\text{限值}\ Z_{90\Omega}-K_{90\Omega/50\Omega}=\text{限值}\ Z_{90\Omega}-2.54\ \mathrm{dB}$$

式中：

K ——限值修整系数，dB；

Z ——带状线特征阻抗，Ω。

G.5 带状线设计

50 Ω 带状线结构如图 G.2，90 Ω 带状线结构如图 G.3。b/h 比值决定了特征阻抗。如果尺寸 b 大于尺寸 h，采用式(G.3)：

$$Z=\frac{120\times\pi}{\frac{b}{h}+2.42-0.44\times\frac{h}{b}+\left[1-\frac{h}{b}\right]^{6}} \qquad \cdots\cdots(\mathrm{G.3})$$

式中：

Z ——带状线特征阻抗，Ω；

b ——带状线隔板宽度，mm；

h ——带状线隔板到接地平面的高度，mm；

$\pi=3.14159$。

注：典型带状线，阻抗一般是 50 Ω 和 90 Ω，b/h 等于 5 和 1.83。其端部不是电阻负载就是匹配了 50 Ω 同轴电阻负载的锥形匹配部分。电阻负载可以是碳结构电阻器、导电条、陶瓷底座厚膜等。以此方式匹配带状线的特性阻抗和减小驻波比。

单位为毫米

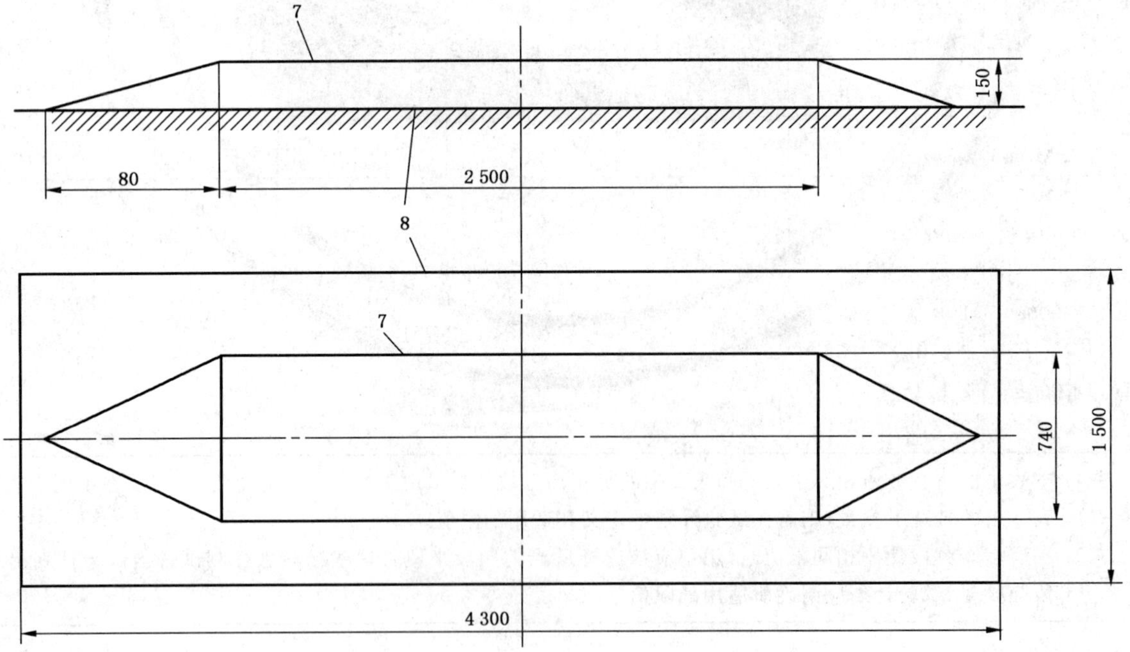

说明：

7——隔板；

8——接地平面。

图 G.2 50 Ω 带状线示例

单位为毫米

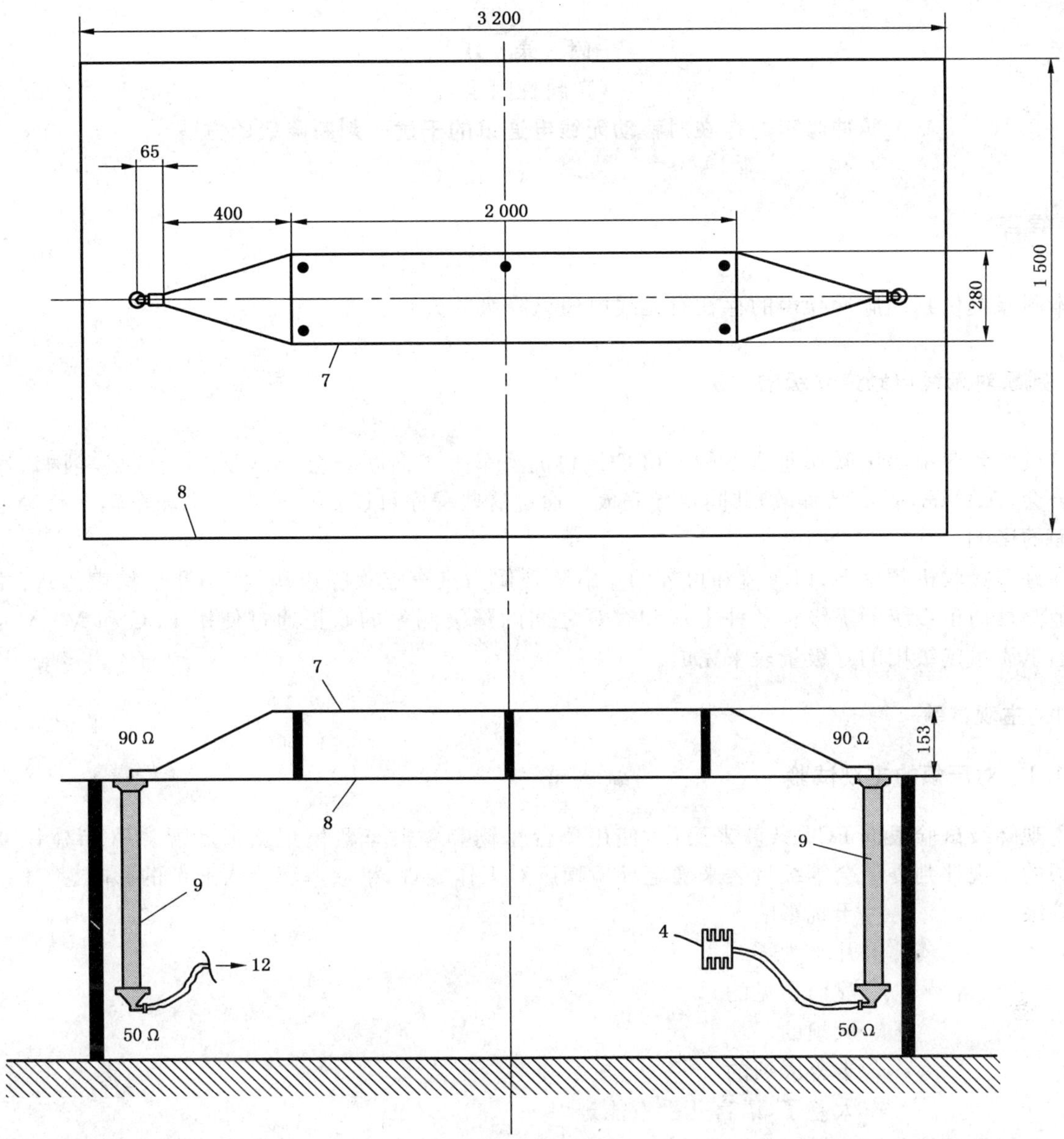

说明：

4 ——50 Ω 负载；

7 ——隔板；

8 ——接地平面；

9 ——匹配单元；

12——测量仪器。

图 G.3　90 Ω 带状线示例

附 录 H
（资料性附录）
脉冲噪声的存在对移动无线电通讯的干扰—判断降级的方法

H.1 导言

本附录提供判断脉冲噪声的存在对无线电通讯降级的方法。

H.2 判断对无线电频道降级的方法

该试验程序由美国联邦通信委员会(FCC)和机动车生产商联合会(MVMA,后来的美国汽车生产商联合会,AAMA,目前已解散)共同执导完成。通过这些程序可以更好地理解机动车辆在移动通讯接收方面的影响。

在许多接收机频率上,以车流和可控的车辆阵列作为汽车点火噪声源,使用几个噪声等级,主观和客观地测量通讯系统的降级。各种主观和客观之间的降级测量的修正通过使用 FCC 和 MVMA 的用于给通讯质量定级用的等级量表来完成。

H.2.1 主观试验

H.2.1.1 对厌烦的主观试验

主观降级试验根据 FCC 条款来操作,使用单台车辆和集群车辆模拟交通状况。FCC 建议使用基于厌烦的主观评判委员会等级量表来确定环境噪声对工作表现、事故率和个人疲劳的影响。

等级	干扰影响
5	几乎为零
4	显而易见的
3	厌烦的
2	十分厌烦的
1	太差了,语言几乎不能辨识

评分等级系统与 ITU-R 推荐(Recommendation) ITU-R BS.1284 中将来工作中进行厌烦评定测试十分接近。

质量	损伤
5 极好的	5 无感知
4 好	4 可感知,但不厌烦
3 一般	3 轻微厌烦
2 差	2 厌烦
1 坏	1 十分厌烦

厌烦是极高主观心理反应。听觉噪声引起的厌烦程度经发现受大量的各种身体和心理因素(包括疾病、疲劳、人际关系状况和家庭问题)的影响。

H.2.1.2 可辨识性的主观试验

H.2.1.2.1 总论

自从陆地移动通讯系统用于传输声音讯息开始,该系统的性能首先基于接收信号在点火噪声存在的条件下的可辨识性。

确认一个声道的可辨识性的最通常的程序是主观方法，包括经过训练的说者和听者组成的评判委员会，他们直接给语言的可辨识程度打分。这些方案有着可产生重复结果的优点。不幸的是，主观打分的方法昂贵而浪费时间。因此，它们未广泛使用。

MVMA 建议的给可辨识性的主观定级如下：

等级	描述
5	能非常好的理解讯息
4	能清楚的理解讯息
3	想到我理解的，但是必须猜测一些词汇
2	几乎不能辨识讯息
1	根本无法探测到语言存在

H.2.1.2.2 可辨识性试验方法

从 20 dB 静噪声电平开始，点火噪声源关闭，无线电频率输入电平以 1 dB 衰减量减少，评判委员会给每次减少打分直至达到 1 级(最差)。无线电频率输入电平再以 1 dB 增加量增加至 20 dB，再次达到静噪声电平。

无线电频率输入电平之后以 3 dB 增加量增加，直至评判委员会鉴定质量等级为 5 级(最好)。无线电频率输入电平再以 3 dB 减少量减少，直至达到 20 dB 静噪声电平。

整个过程在车辆噪声源工作情况下重复一次。

两次试验(噪声源关闭/噪声源打开)的结果进行比较，特殊质量等级的无线电频率电平差异(以 dB 表示)，作为主观降级记录在报告中。

H.2.2 客观试验

H.2.2.1 总论

主观测量中不确定性的上升来自于鉴定尺度定义的模糊不清和陪审员判断的可变性。后者的错误大多由心理因素引起。客观测量的不确定性应该比主观测量的不确定性低。

一份电讯科学学院的研究揭示了在客观可辨识性测量中，在参杂噪声的模拟和数字通讯信道中获得好的结果的方法。失真测量采用线性预测编码(LPC)技术，一种广泛用于语言分析和合成的数学技术。

H.2.2.2 客观试验方法

为了开展对参杂语音的客观可辨识性测量，必须对失真语音和原始无噪声语音进行比较。失真语音的主观可辨识性测量也必须有效，目的是判断客观测量的质量。首先制作一预选语音的无噪声母带，然后通过声音信道来记录信道输出的语音。对后者进行可辨识性的主观打分，并用数学技术与原始语音比较获得客观分数。

送入声道进行可辨识性打分的预选语音由语音学上独立词汇和谐群组组成，不同于完整句子或无意义音节。使用这些语音学上的和谐词汇是因为主观分数要可重复，对于本次研究是必要的规范。(试验所使用车辆作为噪声源，听者的主观分数和客观分数进行比较，结果有好的关联性。)

H.2.3 关于降级判断的结论

多年的无数研究一直试图开发一种简单、经济、客观的方法来测量存在点火噪声时陆地移动接收机的降级情况。线性预测编码(LPC)技术既不简单，也不便宜(当 GB 14023 和本标准测量设备比较时)，但是在技术上是一个测量接收机降级的好的客观方法。

主观试验经证明对鉴定移动接收机的降级是可行的。就两种主观鉴定方法而言,可辨识性评定优于厌烦评定,不受在通讯链中无线电噪声特性的影响。而多数与主观试验同步进行的客观测量,表现出差的相关性。线性预测编码(LPC)技术表现出与主观可辨识性试验方法有好的相关性。无论如何,主观试验是首选的,因为其简化的复杂性及由此产生的更少的开销。

如果只考虑主观试验方法,并且作为无数进行过的试验的结果,建议采用可辨识性评定,而不是对厌烦的评定,作为通讯系统性能的指标。

ICS 17.160
J 04

中华人民共和国国家标准

GB/T 18707.2—2010/ISO 10326-2:2001

机械振动 评价车辆座椅振动的实验室方法 第2部分:应用于机车车辆

**Mechanical vibration—
Laboratory method for evaluating vehicle seat vibration—
Part 2:Application to railway vehicle**

(ISO 10326-2:2001,IDT)

2010-12-23 发布　　2011-06-01 实施

中华人民共和国国家质量监督检验检疫总局
中国国家标准化管理委员会　发布

前 言

GB/T 18707《机械振动 评价车辆座椅振动的实验室方法》分为两部分：

——第1部分：基本要求；

——第2部分：应用于机车车辆。

本部分是GB/T 18707的第2部分。

本部分等同采用ISO 10326-2:2001《机械振动 评价车辆座椅振动的实验室方法 第2部分：应用于机车车辆》(英文版)。

本部分等同翻译ISO 10326-2:2001。

为了使用方便，采用ISO 10326-2:2001时做了如下编辑性修改：

——删除了国际标准的前言；

——对部分标点符号进行了修改和删减；

——对于ISO 10326-2:2001中引用的其他国际标准，有被采用为我国标准的用我国标准代替对应的国际标准。未被采用为我国标准的直接引用国际标准。

本部分的附录A是资料性附录。

本部分由全国机械振动、冲击与状态监测标准化技术委员会(SAC/TC 53)提出并归口。

本部分主要起草单位：中国铁道科学研究院、郑州机械研究所、北京理工大学。

本部分主要起草人：范荣华、石春珉、马筠、孙成龙、韩国明、高利。

引　言

尽管铁路车辆上的乘客感受到的振动总是低幅值的，然而事实上在座椅坐垫和座椅靠背接触面形成的加速度有时要比车体构架激励传递来的加速度要大得多。因此，对铁路座椅进行试验的最根本目的是获取座椅及其各组件整体动态方面的特性；这些组件包括：座椅框架、悬挂系统、衬套、座椅面等等。最终这些特性将对选择最适宜的座椅组件和进一步改善乘客的舒适度提供有用的指导。

实验室试验能够在明确定义并具有可再现性的激励条件下进行试验。因此，这些试验提供了与现场实施的调研互为补充的一个基本研究方法。

铁路车辆座椅底部的振动是随机的，属于宽频带类型。其谱的复杂形式和非平稳性取决于车辆自身结构、自身荷载、车轮断面条件、轨道几何尺寸及质量状态等因素。因此，本部分中规定对有一个试验人员乘坐的座椅在 X、Y 和 Z 坐标轴三个方向上连续宽频带伪随机振动的激励。它的振动谱相当简单并且具有足够的量值，可以涵盖轨道上所观察到的大多数真实的谱，但又与后者有很大的不同之处。

在实验室不同环境条件下的试验结果中，对人体-座椅系统不同响应点所测量的数据可用来与极限值或可接受的数值比较。因此，本部分规定了采用这些测试数据来确定人体-座椅系统在座椅座垫和椅背面在 X、Y 和 Z 轴三个方向上的频率响应函数。这些频率响应函数足以描述带有乘坐人员座椅的振动特性。从而能够清楚证明激励方向，有利或不利的频率以及相应的增益。这些输入参数与不同结构座椅的对比有关。

通过自动计算的频率响应函数可以用来评价一个与实际车辆上使用的座椅所受激励相似的激励的特定座椅的固有特性。最终，它们必须用模数和相位确定。直接和交叉比率是相关的，如同垂直、横向与纵向运动之间存在耦合一样。在本部分中该试验规程允许这些相互作用。

然而，这类计算的有效性只是基于假设所考虑的人体-座椅系统是充分线性的情况。要在实验室条件下检验这种假设，本部分规定要增加一个测试周期。在测试中，使用在伪随机激励下得到的峰值频率，作为正弦曲线激励频率和高振幅模式来进行试验。

与铁路条件相关的频率范围限制在 0.5 Hz～50 Hz 之间。铁路座椅传递低于 0.5 Hz 的振动时不加调制修正。然而，高于 50 Hz 的振动，由于在实际使用中被座椅隔离，通常振动量太小以致不为座椅上的乘客所觉察。

机械振动 评价车辆座椅振动的实验室方法 第2部分:应用于机车车辆

1 范围

GB/T 18707 的本部分规定了铁路动车及拖车车辆上旅客和乘务人员乘坐座椅的实验室试验方法。

本部分涉及的频率为 0.5 Hz～50 Hz 的三轴向的直线振动。本部分规定了用于座椅测试的输入试验振动方法。

本部分使以频率响应函数的形式来表征振动如何传递到乘员的方式成为可能。然而,这种表征只有在人-座椅系统被看作是充分线性的条件下才完全有效。

2 规范性引用文件

下列文件中的条款通过 GB/T 18707 的本部分的引用而成为本部分的条款。凡是注日期的引用文件,其随后所有的修改单(不包括勘误的内容)或修订版均不适用于本部分,然而,鼓励根据本部分达成协议的各方研究是否可使用这些文件的最新版本。凡是不注日期的引用文件,其最新版本适用于本部分。

GB/T 2298 机械振动、冲击与状态监测 词汇(GB/T 2298—2010,ISO 2041:2009,IDT)

GB/T 13441.1 机械振动与冲击 人体暴露于全身振动的评价 第1部分:一般要求(GB/T 13441.1—2007,ISO 2631-1:1997,IDT)

GB/T 13823(所有部分) 振动与冲击 传感器的校准方法(ISO 5347,IDT)

GB/T 14412 机械振动与冲击 加速度计的机械安装(GB/T 14412—2005, ISO 5348:1998, IDT)

GB/T 18707.1 机械振动 评价车辆座椅振动的实验室方法 第1部分:基本要求(GB/T 18707.1—2002,ISO 10326-1:1992,IDT)

GB/T 23716 人体对振动的响应 测量仪器(GB/T 23716—2009, ISO 8041:2005,IDT)

GB/T 20485(所有部分) 振动与冲击传感器的校准方法(ISO 16063,IDT)

ISO 13090-1 机械振动与冲击 真人测试和试验安全指南 第1部分:全身机械振动与反复冲击

3 术语和定义、符号和缩写术语

3.1 术语和定义

GB/T 2298 所确定的术语和定义适用于本部分。

3.2 符号和缩写术语

本部分采用下列符号和缩写术语:

a_{rms}——加速度均方根值,m/s^2;

$a(t)$——加速度时间历程的瞬时值,m/s^2;

$a(t,B_e,f)$——频率在$(f-B_e/2)\sim(f+B_e/2)$范围内被滤波的加速度时间历程 $a(t)$ 的瞬时值, m/s^2;

$b(t)$——加速度时间历程的瞬时值,m/s^2;

$b(t,B_e,f)$——频率在$(f-B_e/2)\sim(f+B_e/2)$范围内被滤波的加速度时间历程$b(t)$的瞬时值，m/s^2；

$b'(t,B_e,f)$——频率在$(f-B_e/2)\sim(f+B_e/2)$范围内被滤波的加速度时间历程$b(t)$的瞬时值，相移$\pi/2$，m/s^2；

B——座椅靠背加速度的测点；

B_e——频率分析的分辨率，Hz；

$C_{ab}(f)$——$G_{ab}(f)$的实部，$(m/s^2)^2/Hz$；

d——在单一频率的振幅，m；

f——频率，Hz；

f_r——频率响应函数峰值对应的频率，Hz；

$G_a(f)$——时间历程$a(t)$的加速度功率谱密度函数，以加速度单位的平方每单位频率带宽来表示，$(m/s^2)^2/Hz$；

$G_{ab}(f)$——两个加速度时间历程$a(t)$和$b(t)$的互功率谱密度函数，是一个复函数，也称为加速度互谱密度，$(m/s^2)^2/Hz$；

$|G_{ab}(f)|$——$G_{ab}(f)$的模数，$(m/s^2)^2/Hz$；

$G_b(f)$——时间历程$b(t)$的加速度功率谱密度函数，以加速度单位的平方每单位频率带宽来表示，$(m/s^2)^2/Hz$；

$H(f)$——频率响应函数，是无量纲量、频率的复函数；

P——测试平台上加速度的测点；

PSD——功率谱密度；

$Q_{ab}(f)$——$G_{ab}(f)$的虚部，$(m/s^2)^2/Hz$；

S——座椅坐垫上加速度的测点；

t——时间，s；

T——信号测量与分析的持续时间，s；

T_R——传递率(无量纲)；

x、y和z——小写字母用于表征座椅坐垫(S点)和靠背(B点)的振动方向；

X、Y和Z——大写字母用于表征座椅平台(P点)的振动方向；

$\gamma_{ab}^2(f)$——两个加速度$a(t)$与$b(t)$之间的相干函数，是一个在0～1之间变化的无量纲函数；

$\theta_{ab}(f)$——$G_{ab}(f)$的相位(实函数)，rad。

本部分使用下列下标：

i——平台振动的方向，以X、Y或Z表示；

k——S点或B点振动的方向，以x、y或z表示；

rms——均方根值；

s——表示三次连续的试验平均的结果；

w——表征基于频率计权信号的计算得到的参数；

α——表征加速度测点的位置，以S(座椅坐垫)和B(靠背)表示。

4 振动方向

本部分中评价人体暴露于全身振动的x、y和z坐标轴是按照GB/T 13441.1标准中规定的正交生物动力学坐标系统，见图1所示。在本部分中使用了这样两个基本中心坐标系，其原点在臀部与坐垫的分界面、原点在座椅上人的后背与座椅靠背的分界面。它们的坐标轴大致与图1中显示的坐标轴相平行。

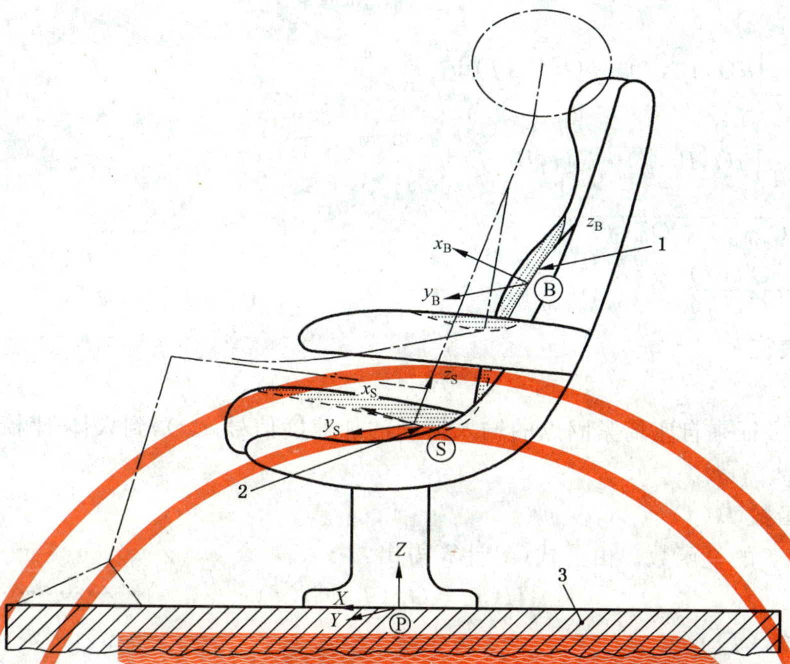

1——安装盘；

2——座椅坐垫；

3——平台。

注：箭头所指为正方向。

图 1　振动测量方向

描述车辆的直线振动的坐标轴由一个正交坐标系定义，该坐标系与车辆的主轴相平行。X 轴平行于纵向轴，Y 轴与横向轴平行，Z 轴向上、垂直于 X 轴与 Y 轴构成的平面。由于实际原因，例如座垫的角度或座椅相对于车辆的纵向轴的实际位置，用于描述车辆振动的坐标系统通常不与乘坐者的坐标系统平行。

5　振动传递的描述

5.1　振动的描述

5.1.1　概述

应采用三个量(即均方根加速度、加速度功率谱密度和加速度互谱密度)来描述振动。

5.1.2　加速度均方根值 a_{rms}

加速度信号的均方根值 a_{rms}，由公式(1)计算得出：

$$a_{rms}=\left(\frac{1}{T}\int_0^T a^2(t)\,dt\right)^{1/2} \qquad \cdots\cdots(1)$$

5.1.3　加速度功率谱密度 $G_a(f)$

加速度功率谱密度 $G_a(f)$，由公式(2)计算得出：

$$G_a(f)=\frac{1}{B_e\cdot T}\int_0^T a^2(t,B_e,f)\,dt \qquad \cdots\cdots(2)$$

5.1.4　加速度互谱密度 $G_{ab}(f)$

加速度互谱密度用于连接两个加速度信号，一个是 $a(t)$ 或激励座椅的输入加速度，另一个是 $b(t)$ 或人体-座椅系统在给定接触点的输出加速度响应。互功率谱密度 $G_{ab}(f)$，由公式(3)计算得出：

$$G_{ab}(f)=C_{ab}(f)-jQ_{ab}(f)=|G_{ab}(f)|\times e^{-j\theta_{ab}(f)} \qquad \cdots\cdots(3)$$

式中：

$$C_{ab}(f)=\frac{1}{B_e\cdot T}\int_0^T a(t,B_e,f)\cdot b(t,B_e,f)\mathrm{d}t$$

$$Q_{ab}(f)=\frac{1}{B_e\cdot T}\int_0^T a(t,B_e,f)\cdot b'(t,B_e,f)\mathrm{d}t$$

$$|G_{ab}(f)|=\sqrt{C_{ab}^2(f)+Q_{ab}^2(f)}$$

$$\theta_{ab}(f)=\arctan\frac{Q_{ab}(f)}{C_{ab}(f)}$$

5.2 振动传递的表征

5.2.1 概述

以下参数用于表征来自座椅紧固点的输入振动的加速度信号 $a(t)$，到人体-座椅接触点的输出加速度信号 $b(t)$ 的传递。

5.2.2 频率响应函数 $\boldsymbol{H(f)}$

无量纲的频率 f 的复函数。由公式(4)计算得出：

$$H(f)=G_{ab}(f)/G_a(f) \qquad (4)$$

5.2.3 相干函数 $\boldsymbol{\gamma_{ab}^2(f)}$

频率 f 的无量纲的实函数。由公式(5)计算出来：

$$\gamma_{ab}^2(f)=|G_{ab}(f)|^2/G_a(f)\cdot G_b(f) \qquad (5)$$

5.2.4 传递率 $\boldsymbol{T_R}$

传递率是一个实数，无量纲量，被定义为人体-座椅接触面测量的加速度均方根与座椅安装平台测量的加速度均方根的比。

注1：传递率主要取决于输入振动，尤其是它的功率谱密度函数。

注2：对于座椅的单个(共振)频率的传递率，在GB/T 18707.1中用符号 T 表示。

5.2.5 计权传递率 $\boldsymbol{T_{Rw}}$

这是依照基于GB/T 18707.1的加速度计权计算出的传递率。频率计权曲线和容差应符合GB/T 23716的规定。

注：对于在S点垂直方向上的计权传递率 T_{Rw} 与在GB/T 18707.1中定义的SEAT系数等同。

6 一般观测

本部分描述的实验室测试方法需要使用一个测试台，通过该测试台可以将单一方向的直线振动按 X、Y 和 Z 方向连续施加到所要测试载人座椅的紧固点上。

本部分规定了所要采用的表征振动传递的方法。这种振动是从受激励的座椅底部(图1，P点)沿 X、Y 或 Z 单一方向传递到位于人体-座椅接触面的两个点，即位于座椅坐垫的一个点(S点)，和另一个位于靠背的点(B点)。在这两个点的每一个点，在 x、y 和 z 三个方向上将同时测量到响应；其相应的频率响应函数，传递率以及计权传递率应能计算出来。

在座椅测试中所要采用的输入试验振动在本部分第11章中有详细说明。

7 测点

根据图1布置图应测量九个加速度值：

——振动平台的三个输入加速度，在P点；

——座椅坐垫的三个输出加速度，在S点；

——座椅靠背的三个输出加速度，在B点。

P点应位于距离S点垂直投影小于100 mm的平台上。

8 测试仪器

测量仪器设备应符合 GB 18707.1—2002 中第 4 章、第 5 章的要求；Ⅰ型使用仪器应符合 GB/T 23716 要求。

对于 S 点的测量，一个薄的、半刚性材料的座椅坐垫，做成符合图 2 和图 3 所示的形状，并且应放置在乘坐者与座椅的接触面上。座椅坐垫的形状和材料应能符合乘坐者的形态，从而不会对人产生任何不适感。座椅坐垫应在 S 点采用一个可调式装置用来沿着如图 1 中给出的三个正交轴 x_S、y_S 和 z_S 同时测量加速度。

加速度计应尽可能地安装在 S 点。但也可以把它放在靠前些，因为在前部对于测试对象更加舒适，并且能够接近传感器倾斜摆动装置。

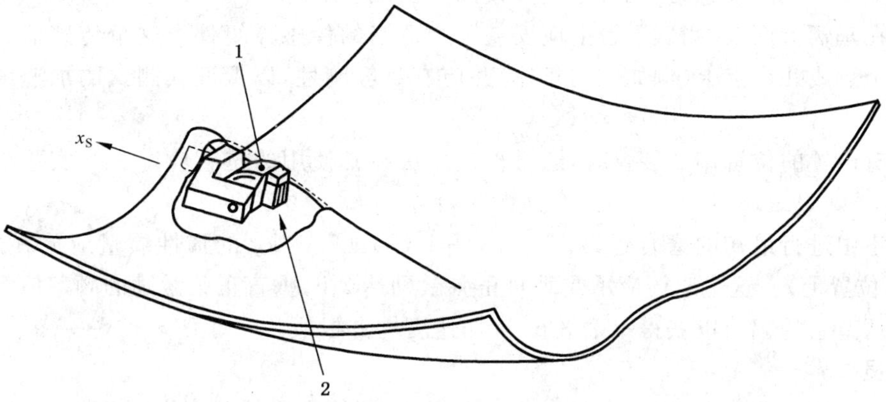

1——传感器固定装置；
2——S 点传感器。

图 2 座椅坐垫

单位为毫米

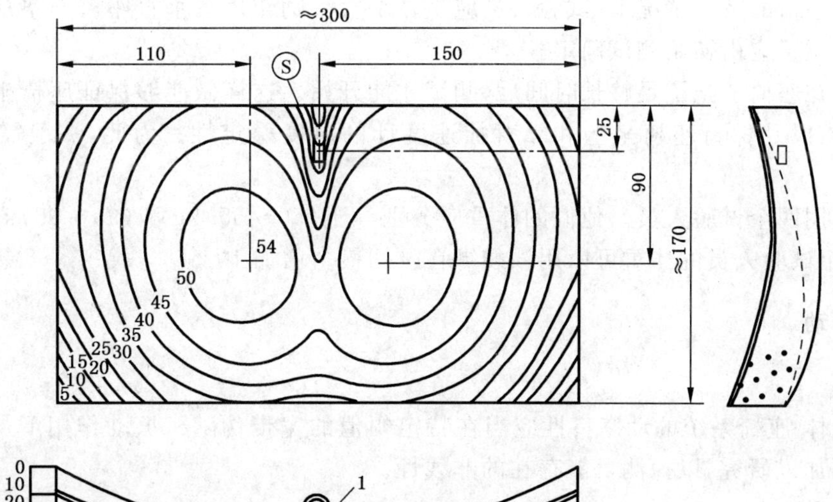

1——传感器。

注：大约每平方厘米一个 1 mm 直径的穿孔。

图 3 座椅坐垫详图

9 安全要求

应当执行 ISO 13090-1 中的安全防范要求。

10 试验座椅和试验人员

10.1 试验座椅

用于试验的座椅应是一系列产品型号的代表。如果需要，根据生产商提供的说明书，座椅在试验之前可先行试车磨合；并且如果有条件，应当事先调整座椅，以适应试验对象的身高和体重。

当座椅有紧固到车辆上的装置时，座椅应采用与安装在车辆上同样的紧固装置安装在试验平台上，以保证在测试中包含紧固件的刚度和阻尼特性的影响。

没有采用上述的紧固装置时，也可把它直接固定在试验平台上。

一旦座椅在车辆上面，在测试平台上应安装一个适当的传感器组件。这个传感器组件安置在地板范围以外的一个点或几个点上(例如侧向车体)并应有足够刚性，以保证其测试的加速度与平台自身的加速度一致。

当座椅带有内置的位置调节装置时，通常被使用者经常使用的位置应定为在实验室里进行测试的标准位置。

应在实验室中进行最初的磨合运转。为此，一个(75±7.5)kg 的惯性质量应放在座椅坐垫上(即 10.2 中规定的位置上)。这个座椅应承受垂直正弦激励达 2 h，垂直正弦激励的频率应等同于系统最低的共振频率。调节它的幅值以获得一个 3 m/s^2 加速度均方根值。

10.2 试验人员

应该用两个人进行测试，一次一人只占用一个座位，即使座椅是多座位类型的。

在试验开始前，试验人员应找到他(她)能够在整个试验中始终保持的一个位置。尤其是对于司机座椅的情况，试验人员应采用工作状态时通常的姿式。

试验人员的脚应平放在试验平台上，如果有必要，也可放在一个与实验平台相连的刚性装置上。后背应自然地靠在座椅靠背上，座椅有扶手时，将肘部放置在扶手上，双手自然平放在大腿上。

在多座位型座椅的特殊情况下，试验人员应坐在垂直激励作用下垂直座椅坐垫加速度均方根值最大的位置。这个位置应由初始测试确定。

试验人员应在座椅上坐了足够长时间后，测试才能开始。这样做能够保证座椅坐垫原材料变形和可能的短期蠕变，以及保持座椅坐垫和靠背加速度计的温度稳定性。为此，一般需要约十几分钟的时间。

应当相继应用两个试验人员。他们的体重应分别等于(50～55)kg 和(90～95)kg。为了达到这个质量要求，每一个试验人员的体重可以用沙袋绑在腰间最多增加 10%。

11 输入试验振动

11.1 概述

试验中的人体-座椅系统的动态特性应当在特定幅值的宽带伪随机振动作用下加以研究。也应在正弦振动作用下加以研究，以探测可能存在的非线性。

11.2 伪随机激励

11.2.1 激励信号的产生

振动台的激励信号应当是伪随机类型的。

这种类型的激励防止在分析中发生任何频谱泄漏。该频谱容易形成，以至于仅激励那些关注的频率范围内的频率。尤其是，它能用于补偿试验设备的频率响应，并提供一个在关注的频率范围内平坦的频谱，如公式(6)和公式(7)所要求的那样。此外，这种评价可以用平均少量序列的结果来实施。

应用18个连续的相等长度序列形成激励信号，每个序列持续5 s或更长时间，这要根据频率分辨率而定。5 s是满足0.2 Hz分辨率要求的最短时间。所以，激励持续的总时间应至少为18×5 s=90 s。

激励信号每一个序列的时间历程应是由纯正弦分量的总和形成，这些分量的个数取决于频率分辨率。每一分量的幅值应遵循公式(6)和公式(7)给出的功率谱密度。每个分量的相位，应是一个由0～2π组成的均匀密度概率的随机变量。

作为例子，附录A说明一个控制信号产生过程的详细流程图。

11.2.2 功率谱密度

对X、Y和Z每个方向激励产生的加速度功率谱密度由公式(6)和公式(7)计算(频率范围：0.5 Hz～50 Hz)：

$$G(f)=0.05f^{4}(\mathrm{m/s^2})^2/\mathrm{Hz}^5 \qquad f<1\ \mathrm{Hz} \quad \cdots\cdots(6)$$

$$G(f)=0.05(\mathrm{m/s^2})^2/\mathrm{Hz}=常数 \qquad 1\ \mathrm{Hz}\leqslant f\leqslant 50\ \mathrm{Hz} \quad \cdots\cdots(7)$$

分辨率应小于或等于0.2 Hz。

11.2.3 加速度均方根

在频率0.5 Hz～50 Hz范围内的加速度均方根值应为1.6 m/s^2。

11.2.4 容差

在进行试验时，在振动台P点测量到的加速度功率谱密度所允许的最大容差应为0.5 Hz～50 Hz范围内每一个频率下的规定数值的±20%。就均方根值而言，要求容差为±0.16 m/s^2。

11.3 正弦激励

座椅也应在纯正弦条件下被激励，激励频率为在测试期间根据随机激励确定的频响函数模数到达最大值的频率。

若不能做到，座椅应在1.5 Hz和10 Hz的频率下激励。

加速度的两个幅值应当相继使用：(0.5±0.1)m/s^{2}和(1±0.1)m/s^2。

作为实例，附录A说明一个控制信号产生过程的详细流程图。

12 用于表征振动传递的参数

12.1 伪随机激励

对于每一个测点S和B，表征振动传递由如下参数来确定：

——频率响应函数$H(f)_{\alpha ik}$(应给出每0.2 Hz或更小间距的模数与相位，频率范围从0.5 Hz～50 Hz)；

——相干函数$\gamma^2(f)_{\alpha ik}$；

——传递率$T_{\mathrm{R}\alpha ik}$；

——计权传递率$T_{\mathrm{Rw}\alpha ik}$。

可能会出现这样一种情况，即与某些频率响应函数有关的函数的数值相对较低。通常在非振动台激励方向上测量到的座椅响应的加速度相当微弱。在与某个频率响应函数相关的相干函数小于0.6时，该频率响应函数可视为0，但其模数及相位的计算结果应在试验报告中体现。

12.2 正弦激励

对于伪随机激励下的频响函数模数$H(f)$曲线图中突显的峰值所产生每一个频率值f_{r}，在加速度幅值分别为0.5 m/s^{2}和1 m/s^{2}正弦激励下的频率响应函数模数$H(f_{\mathrm{r}})_{\alpha ik}$的两个新值将会被计算出来。

这两个频率响应函数模数$H(f_{\mathrm{r}})$之差应能计算出来。这个差以数值较高的百分数表示。

超过30%的差表示包括相关频率及其响应、激励方向明显的非线性。

13 测试程序

13.1 初始程序

把座椅安装在试验平台上,搭载试验人员并试车。座椅传感器的倾斜度调整到和图1所示的方向相一致(见第4章)。

选择测量链的部件,安放到位并进行连接。加速度计按照GB/T 13823和GB/T 20485中相关部分的说明校准,并安装好。特别是在P点,要符合GB/T 14412中的建议。

13.2 伪随机激励下的试验

第一个试验人员坐在相应的座椅上。

试验在 X、Y 和 Z 的激励方向上连续进行。

指定方向的激励和第11章中规定的内容相一致。测试持续时间至少90 s。每个测试应重复进行,直到连续三次试验的频响函数模数的算术平均值与每次试验值的差别在±5%之内为止,试验频率范围为0.5 Hz~50 Hz。三次测试的频率响应函数,相干函数和传递率的平均结果确定测试的最终结果,并以 $H_s(f)_{\alpha ik}$,$\gamma_s^2(f)_{\alpha ik}$ 和 $T_{Rs\alpha ik}$ 的形式表示。

第二个试验员应坐在相应的座椅上,并按照以上的详细说明再做一次新的测试。

13.3 在正弦激励下测试

应施加符合11.3的正弦激励。

每个测试应重复进行,直到连续三次测试中频响函数模数的平均值与每次试验值的误差在±5%之内为止。得到的平均值被确定为最终结果,以频响函数模数 $H_s(f_r)_{\alpha ik}$ 的形式表示。

14 试验报告

14.1 座椅

安装座椅的装置和把它紧固到试验平台上的装置应正确地描述记录下来。坐垫和靠背上的测点应详细说明。

14.2 试验人员

每个试验人员的体重、身高、年龄、性别应说明。

当使用多座位座椅时,在测试中所使用的座位应报告,以免混淆。

14.3 测量链

测量链应符合GB/T 18707.1中的要求。

14.4 测试结果

测试结果应按照下列规范书写。

伪随机激励条件下的测试结果应以数字和图表的形式表示出来。

每个频率响应函数模数、相位和相干函数应以一组值描述,这些值在0.5 Hz~50 Hz范围内,以每0.2 Hz或更小的步长记录。

图表应符合图4中的规定。

用于计算的传递率值和加速度均方根值应报告出来。

在正弦激励下的测试结果应与表1中规定的一致。

纵向伪随机激励(X 方向)

试验人员:编号1

体重:55 kg　　　　身高:1.66 m

性别:女　　　　　年龄:32岁

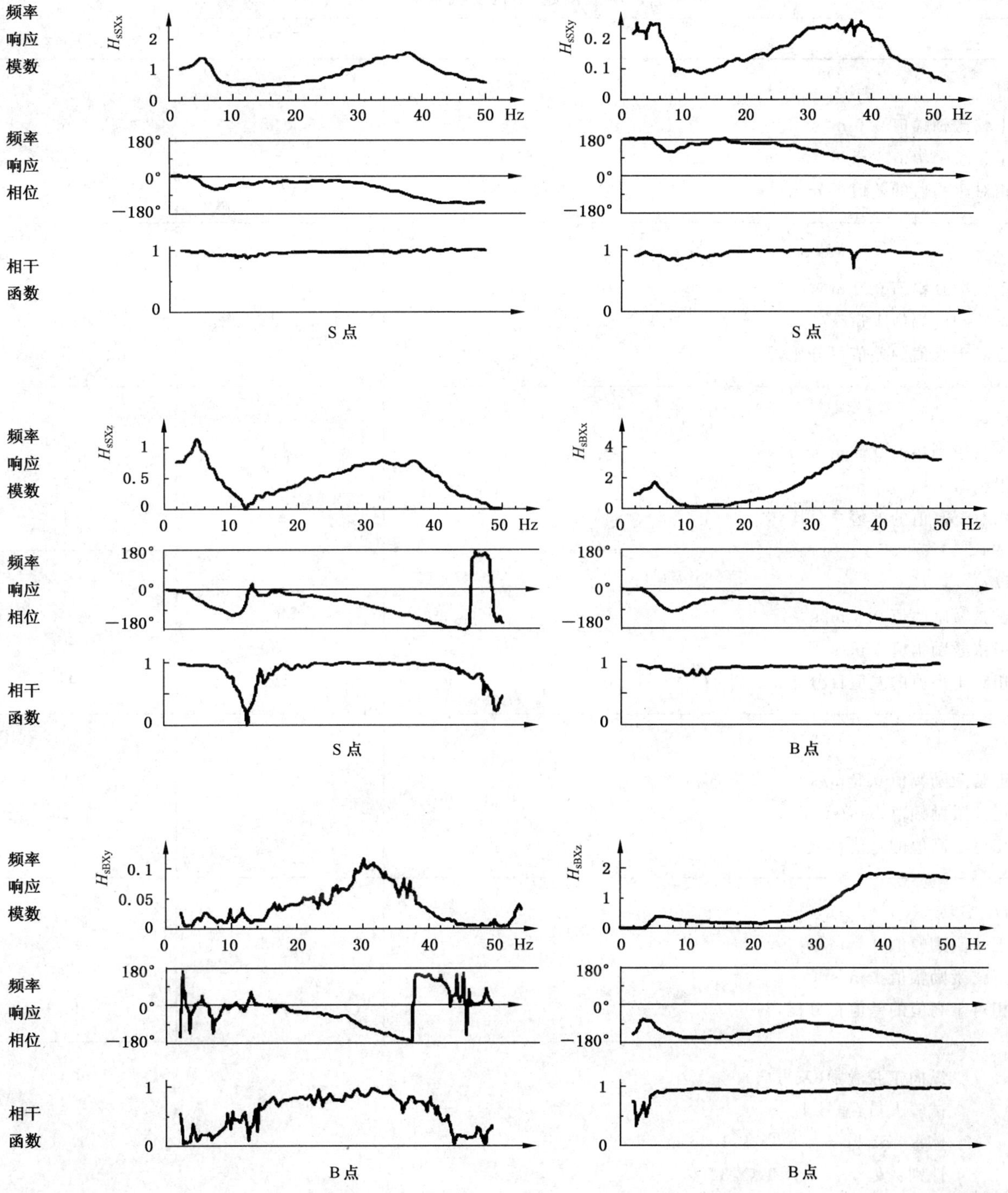

图 4　伪随机激励条件下的测试结果（示例）

表 1　正弦激励条件下的测试结果(示例)

频率 f_r 的响应模数(由伪随机激励产生的频率)[a]		
	5 Hz	36 Hz
H_{sSXx}		
正弦激励幅值 0.5 m/s²	1.38	1.59
正弦激励幅值 1 m/s²	1.07	1.55
相对于高值的差值百分比,%	22	3
H_{sSXy}		
正弦激励幅值 0.5 m/s²	0.24	0.25
正弦激励幅值 1 m/s²	0.23	0.21
相对于高值的差值百分比,%	4	16
H_{sSXz}		
正弦激励幅值 0.5 m/s²	1.13	0.78
正弦激励幅值 1 m/s²	1.04	0.67
相对于高值的差值百分比,%	8	14
H_{sBXx}		
正弦激励幅值 0.5 m/s²	2.02	4.64
正弦激励幅值 1 m/s²	2.39	4.84
相对于高值的差值百分比,%	15	4
H_{sBXy}		
正弦激励幅值 0.5 m/s²	0.055	0.12
正弦激励幅值 1 m/s²	0.050	0.13
相对于高值的差值百分比,%	9	8
H_{sBXz}		
正弦激励幅值 0.5 m/s²	0.53	1.78
正弦激励幅值 1 m/s²	0.46	1.99
相对于高值的差值百分比,%	13	11

[a] 纵向正弦激励(X 方向)

试验人员:编号 1

体重:55 kg　　身高:1.66 m

性别:女　　年龄:32 岁

附 录 A
（资料性附录）
激励产生过程的示例

A.1 概述

本附录的示例给出了可以对试验设备产生控制信号的方法。

可以应用下列两种激励方法：

——伪随机激励；

——正弦激励，仅在伪随机激励试验中出现的共振频率下激励。

A.2 伪随机激励

该激励必须是纯的、相位随机变化的正弦激励的集合。

如果分辨率 B_e 是 0.2 Hz，该激励可以覆盖 0.4 Hz～50 Hz 的频率范围。

因此激励频谱由(50 Hz－0.4 Hz)/0.2 Hz ＋1＝249 条谱线构成。

本部分用加速度功率谱密度 $G_a(f)$ 定义产生的激励；见 11.2。

通常用一个位移信号来控制试验设备。如果在这个位移振幅谱（频率分辨率 B_e）中频率 f 线有一个位移幅值 d，则相应的加速度功率谱密度 $G_a(f)$ 具有下列数值：

$$G_a(f)=d^2\times 8\pi^4 f^4/B_e \qquad \cdots\cdots(A.1)$$

因此，得出 d

$$d=(2B_eG_a(f))^{1/2}/(4\pi^2 f^2) \qquad \cdots\cdots(A.2)$$

式中 $G_a(f)$ 由公式(6)和公式(7)得出。

测试可以按照图 A.1 所示流程图进行。

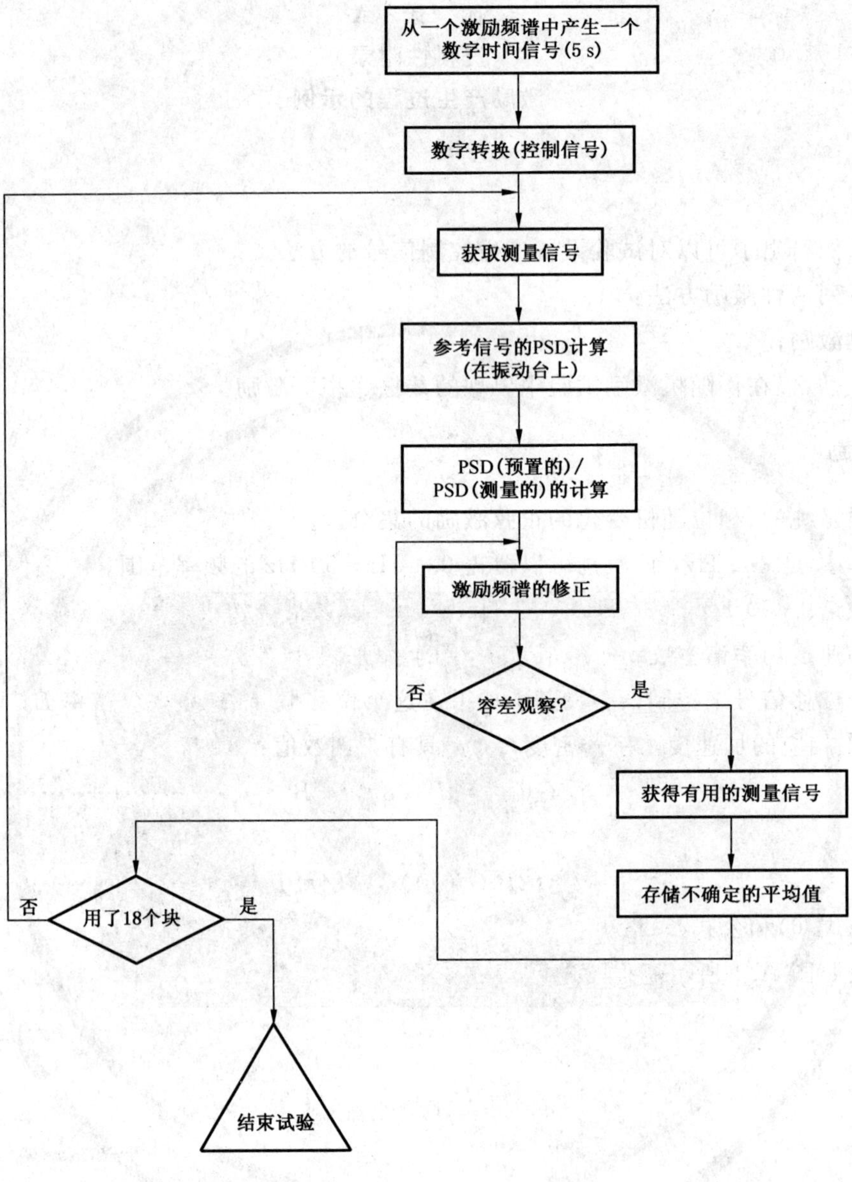

图 A.1 伪随机激励试验过程流程图

A.3 正弦激励

每一测试可以按照图 A.2 中所示流程图进行。

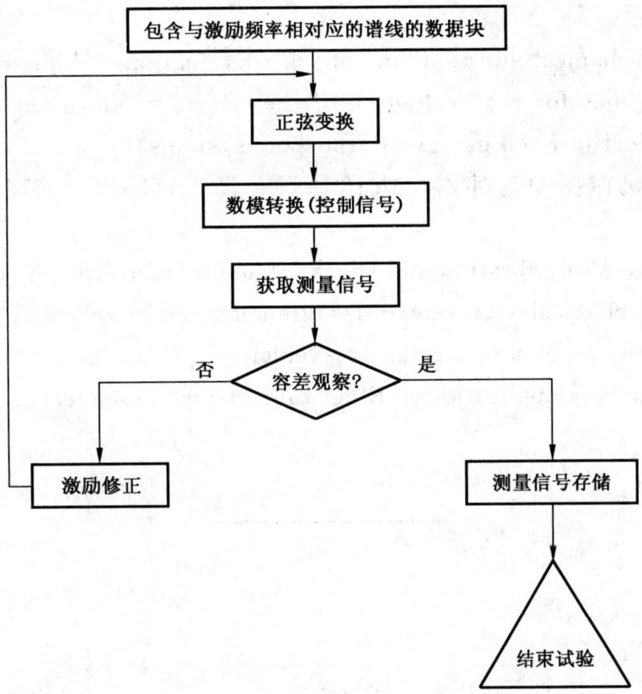

图 A.2 正弦激励测试过程流程图

参 考 文 献

[1] ISO 2631-4 Mechanical vibration and shock—Evaluation of human exposure to whole-body vibration—Part 4: Guidelines for the evaluation of the effects of vibration and rotational motion on passenger and crew comfort in fixed-guideway transport systems.

[2] GB/T 15619 机械振动与冲击　人体暴露　词汇(GB/T 15619—2005, ISO 5805:1997, MOD)

[3] ISO 8727 Mechanical vibration and shock—Human exposure—Vocabulary.

[4] ISO 10056 Mechanical vibration—Measurement and analysis of Whole-body vibration to which passengers and crew are exposed in railway vehicles.

[5] ENV 12299 Railway applications—Ride comfort for passengers—Measurement and evaluation.